横山草堂文集

萧墨芳 著

西南交通大学出版社

·成 都·

内容介绍

《横山草堂文集》由萧氏史话、科学研究、学术论文、专题编撰和科技译文等五篇文章组成。史话篇介绍作者的身世、家庭变迁与当前美满家庭的现状。科学研究篇中介绍《具有预应力镫筋的薄腹板预应力钢筋混凝土梁的研究》专题的科研内容。学术论文篇中包含与铁路桥梁墩台设计计算有关的论文，其中三篇关于柔性墩，一篇关于地震区桥墩台，目的是让全路桥梁勘测设计人员，对这些新型桥墩台都有一个明晰的了解并能从事正规的勘测设计。专题编撰篇中系统全面地介绍了预应力混凝土谱中最为重要的一员——部分预应力混凝土的各方面内容。科技译文篇内有：《非预应力钢筋对预应力损失及挠度的影响》《美国混凝土学会建筑法规中的第十一章和第十八章》《分段式桥梁的设计》等四篇译文，供读者参考学习。

图书在版编目（CIP）数据

横山草堂文集 / 萧墨芳著. —成都：西南交通大学出版社，2014.10
ISBN 978-7-5643-3269-3

Ⅰ. ①横… Ⅱ. ①萧… Ⅲ. ①预应力混凝土－文集 Ⅳ. ①TU528.571-53

中国版本图书馆 CIP 数据核字（2014）第 190995 号

横山草堂文集

萧墨芳　著

责任编辑	杨　勇
助理编辑	姜锡伟
封面设计	墨创文化
出版发行	西南交通大学出版社 （四川省成都市金牛区交大路 146 号）
发行部电话	028-87600564　028-87600533
邮政编码	610031
网　　址	http: //www.xnjdcbs.com
印　　刷	成都勤德印务有限公司
成品尺寸	185 mm×260 mm
印　　张	27.75
字　　数	663 千字
版　　次	2014 年 10 月第 1 版
印　　次	2014 年 10 月第 1 次
书　　号	ISBN 978-7-5643-3269-3
定　　价	68.00 元

自 序

横山草堂于明景泰七年（1456）始建于无锡市横山（今雪浪山）之麓，位于今横山寺所属地域内，距今已有五百五十余年历史。清道光二年（1822），高祖玉田公移建横山草堂于横山之南一里许的烧香浜，与既有厅堂崇古堂、九如书屋、稻香居等构成“三堂一斋”，和暨后花园的九进四十余间豪宅一座。豪宅已历经近二百年的沧桑，又遭“文化大革命”之痛，其风采已不可同日而语。20世纪80年代初，无锡市各界慧眼识宝，无锡市人民政府核定横山草堂在内的豪宅为无锡市级文物保护单位。

本文集冠以横山草堂之名，乃尊祖规之举。昔十一世叔祖光绪，曾刊印《横山草堂文钞》以录其生平著述。先祖焕梁亦于民国三年（1914）自刊《横山草堂杂钞》一书涵其所著。

《横山草堂文集》共有萧氏史话、科学研究、学术论文、专题编撰和科技译文等五个篇章。萧氏史话篇中的《萧氏〈横山草堂〉家传》，记叙了世祖们对当地历史、社会、经济及文化等方面的贡献，以及名闻乡邑的书香门第形成的史实。

随着无锡经济建设旅游事业的迅速崛起，现今烧香浜已拆迁殆尽，拟在原地围绕横山草堂新建由无锡市文物局参与的，万达文化旅游区项目，总投资210亿元，唯有横山草堂故居伶仃孤立。烧香浜行将被遗忘，在《家传》中虽有当今人们知之甚少，录之于文者更少的有关它在最繁荣年代的历史、地理盛况的描绘，但面对当前景况，那只能看作是片言只语，而非浓墨重笔的评实写照，对此深感自责。

《萧氏〈横山草堂〉家传》之重点是记述母亲张秀英在托住正在下沉的家业过程中所作出的功绩，以示后人。事发1935年，祖父母、父亲三人同年相继辞世，全家只剩母亲和八个未成年的子女。丧事不仅债务缠身，而且基本断绝了家庭的经济来源，家境开始沉陷。面对此等惨景，看似目不识丁，缠足女辈的母亲，由于出身名门，思路清晰，胆识过人。痛定思变，深谋远虑地构架出立足当前，着眼未来的治家措施，并以超强毅力挑起振兴家业的重担。

母亲从实际出发，先易后难，循序渐进地发展生产以开源。先以自己的特长苏绣工艺开始创收，继之常领子女开展无须太多劳动力的家庭副业，接下来大力发展旱田农副业生产。母亲苦于缠足，下不得水田，无法带领子女从事水田生产。但母亲智足多谋，竟从舅家借到长工一名，前来专职指导子女们从事水田操作技术，从此逐年扩大水田耕作面积，获取了最高收益。

在节流方面，采取缝缝补补又三年之法；主食吃饱，副食从少，不花钱最好的方法实施最大限度的节流。开源节流，使得每年都有小余。几年以后，债务得到偿还，精神压力得以消除，正在下沉的家业开始复苏。

为了日后振兴家业、后继有人，母亲远见卓识，将三岁丧父的幼子，五岁送到小学去读书，直到二十一岁大学毕业，为振兴家业创造了条件。虽然母亲未能亲眼目睹振兴后的家业盛况，但在嗣后各自成家立业的四姐弟共同努力下，母亲的遗愿终于实现了。今日之横山草堂一家无须再归属于书香门第之列，而可称之为阳光之家，它可与业已核定为无锡市文物保护单位的古横山草堂相匹配、相融合，为此，母亲真的可以含笑于天国了。

横山草堂由于各种原因，业已成为家徒四壁的残破陋房，人们对它已是相当陌生，与核定为无锡市文物保护单位的现实极不相称，所幸有了解和爱护横山草堂历史的友人，尤其是一大批长期从事于考古研究的老专家，如王晓羿先生。为此，作为横山草堂的后裔，我有责任向世人提供它的文化历史遗产，以餍读者。在《萧氏〈横山草堂〉家传》中简要叙述了一、望族名人，社会活动家辈出的世家，二、书香门第，著书立说世家，三、助人为乐，行善积德的慈善世家，四、教书育人，传道授业解惑的教育世家，五、造福人民，现代桥梁世家等五方面，用此印证前文所述横山草堂世祖们及后人对当地历史、社会、经济及文化等方面作出的贡献。

科学研究篇中转载了中苏合作丰台科学研究基点专题之九的《具有预应力镫筋的薄腹板预应力钢筋混凝土梁的研究》一文，其中凡是本人未全过程参与的试验研究项目，在此仅作简介，以便读者对本专题有一个全貌的了解。本专题的苏方负责人是 M.C.鲁登科工程师，中方负责人是唐山铁道学院桥梁隧道系主任张万久教授。由于事后苏联撤走苏联专家和“文化大革命”时张万久教授的谢世，至使本科研项目未能按计划圆满完成而夭折了。

当时铁路桥梁中，跨度 16 m 以内的选用 T 形截面的钢筋混凝土梁，跨度 40 m 以上的选用钢梁，跨度在两者之间的则开始试用 T 形截面的预应力钢筋混凝土梁。众所周知，无论对于钢筋混凝土梁还是预应力钢筋混凝土梁，人们对它的抗挠受力机理的认知程度远比抗剪受力机理清晰得多。为此，本专题以预应力钢筋混凝土梁为母体，增设预应力镫筋，增强梁体的抗剪能力，在一些与抗剪能力有关的因素作用下，通过科学试验厘清抗剪机理。同时减薄腹板厚度，节省梁体圬工。若能以此项圬工供作增长梁体长度之用，则可在不增加梁体重量，不改变梁体运输、架设所用设备的条件下，加大梁体的跨度，实现利用、发展 T 形截面预应力钢筋混凝土铁路桥梁的目的，这就是本专题选题的初衷。至于钢筋混凝土铁路桥梁，因其跨度较小，腹板减薄所得的经济效益，不一定能补偿因梁体构造复杂而增加的制造费用，本专题的科学试验只是厘清其抗剪机理。

在本专题开始之初，在国内外科技文献上搜集到的，出现剪力破坏的钢筋混凝土或预应力钢筋混凝土的试验梁的确众多（详见第一次中间报告的摘要）。各自提出的计算剪力强度的公式也不少，但它们之间的适用性、通用性都不强。发现影响抗剪强度的因素也很复杂，呈现出的剪力破坏形式亦是多变，就是无法综合地表述剪力破坏的真正原因或称抗剪机理。

由于影响抗剪强度的因素较多，故本专题共设计了 74 片试验梁（详见第二次中间报告的摘要）。其中每若干片梁组成一组，它们的结构及生产条件是相同的，只有准备考察的某一因素在这组梁中是一个变数，这样通过试验就可掌握该因素在梁体破坏全过程中的实际表现。

第一批试验梁共计 15 片，它们的构造、生产制造、试验分析和总结等内容均见第三次中间报告（简介）内。这 15 片试验梁都是用来考察混凝土强度不同这一个因素，其中 8 片梁由静载试验至破坏，另 7 片梁中有 6 片由动载至破坏，为了与动载试验的结果相对照，剩下的最后一片梁也是由静载至破坏。

至此，本专题的科研工作由前述的夭折原因而停止，而仅凭现已掌握的混凝土强度一个因素所表现出来的试验梁的破坏资料，还不足以提出对今后抗剪设计具有指导性的意见。故在后来的实际设计中仍然沿用以往的方法：在强度方面取用较保守的安全系数，在构造上采用一些加强措施，以应对尚不甚知晓的抗剪设计。希望钢筋混凝土梁或预应力钢筋混凝土梁在使用中不出现剪力破坏的现象。

随着现代电算程序分析的不断发展，以及箱形截面桥跨结构的制造和架设方法的日趋完善，用它替代T形截面的预应力钢筋混凝土梁，甚至跨度大于40 m的钢梁，都将成为可能。由于箱形截面的预应力混凝土梁，具有抗挠刚度和抗扭刚度方面的优势，因此在设计计算过程中可能会出现一些忽视抗剪设计的趋势。然而事实并非如想象中的那样简单。在时隔30年后的1988年，本人翻译了《预应力混凝土分段式桥梁的设计与施工》一书中第四章《分段式桥梁的设计》一文（见本文集科技译文篇之四)。该书作者不仅介绍了在欧美各国已建成的大跨度箱形截面预应力混凝土桥梁的实例，在论述箱形截面的抗剪设计时，首先指出这是一个犯难的问题，由于在抗剪机理上各国的认知不同，所以在设计时，无论细节还是原则都存在着差异，而且在箱形截面预应力混凝土的桥梁设计、建造和运营过程中又出现过与抗剪有关的新问题，等待人们去解决。这表明预应力混凝土桥梁无论采用何种截面形式，始终存在着抗剪设计问题。由此可以设想，本专题的夭折，丧失了一次厘清预应力混凝土梁体的抗剪机理的机会，这的确是一个损失。

学术论文篇中有四篇论文，都涉及铁路桥梁中墩台的设计计算问题，前三篇是有关柔性墩的，最后一篇则是关于地震区桥墩台的。

铁路上沿用的桥墩墩身差不多都是实体的混凝土或石砌圬工建筑的，材料的抗压强度较高。墩身的横截面尺寸却不是根据受力条件设计计算确定的，顶面是根据直接支承桥梁的顶帽尺寸确定的，底面则是根据地质条件计算出来的基础平面尺寸确定的，因此，墩身总是显得非常笨重，造成浪费。现代的设计人员想了很多办法来改变这种现状，柔性墩就是成果之一。

柔性墩的实质就是采用纤细的墩身去替代以往笨重的墩身，不过一座桥梁中至少有一个桥墩仍然需要采用以前那样的笨重的桥墩，这是因为由两个桥墩支承的桥梁上，在火车运营过程中总会产生制动力或牵引力，由于柔性墩墩身非常纤细，它承受不了这种水平力。因此，在柔性墩桥梁中，要用特殊的设备把所有的梁体联成一个整体，让所有的水平力传到一个笨重的桥墩上，让它去承受，这样就保证了柔性墩不承受水平力。

出现柔性墩时，高速铁路尚不存在，所以柔性墩是否适用于高速铁路桥梁上，甚至在这组桥梁上是否可以让高速铁路列车做一次运营试验等问题谁都不敢回答，因为柔性墩实在太纤细了。

经济建设发展到一定程度，建筑物也多起来了。国内大地震屡有发生，造成的损失也难以估计。国家对此高度重视，于是在全国范围内，对有关机构和设计人员进行了广泛的防震抗震等地震知识教育，随之颁布了各种建筑物的抗震设计规范，要求位于地震区的建筑物必须按有关的抗震设计规范进行设计。在此之前，有经验的工程师对位于地震区的建筑物进行过抗震设计，但方法、内容、标准等方面均不统一。

以上的四篇论文，都是为了全体铁路桥梁的勘测设计人员，学习掌握有关新型桥墩和地震区桥墩台的基本知识、勘测设计的方法及步骤而编写的，并附有设计算例，以便设计文件及质量满足各方面的要求。

在专题编撰篇中只有1983年编撰的约15万字的《部分预应力混凝土》一书，当时在国内该书是全面系统介绍部分预应力混凝土的第一书，时至今日，近30年来尚未见相似内容的第二书问世。在以之前，国内外在建筑物中使用钢筋混凝土和预应力混凝土已司空见惯。

就技术进步而言，人们创造钢筋混凝土并使用它是一种进步，实践中发现了它的优点，同时也认识了它的缺点。随后人们又创造了预应力混凝土，有时也称预应力钢筋混凝土，知道它能克服钢筋混凝土的缺点，但随着使用时间的推移，发现它会出现一些人们事先不想看到的缺点。虽然人们暂时还无法消除这个缺点，但这仍是一个技术进步。又经过了相当长时间的科学研究和实践，人们发现了部分预应力混凝土，此时才恍然大悟，原来钢筋混凝土、部分预应力混凝土和预应力混凝土（有时可称全预应力混凝土）三者组成一个完整的预应力混凝土谱。钢筋混凝土和全预应力混凝土只是这个谱的两个边缘的极端状态，部分预应力混凝土则是这个谱的主体。

由此可以设想，企图用两个边缘状态的方法去设计各种不同技术条件下的结构物，这就难免要产生缺点，甚至缺点无法克服。部分预应力混凝土则更能满足各种技术条件，使建筑物处于理想状态，这就是部分预应力混凝土的最基本的概念。

若用一个术语部分预应力比 PPR 来表述这个概念的话，则人们更能理解预应力混凝土谱的实质。设受弯构件的总抗挠能力 M_u，是由非预应力钢筋和预应力钢筋共同提供的，其中由预应力钢筋提供的部分为 M_{uy}，则 $PPR=M_{uy}/M_u$。对于钢筋混凝土来说，因为 $M_{uy}=0$，所以 $PPR=0$；对于全预应力混凝土来说，$M_u=M_{uy}$，所以 $PPR=1$；对于部分预应力混凝土来说，则 PPR 位于 0 与 1 之间，所以 $0<PPR<1.0$。

部分预应力混凝土一书的内容包含当时能搜集到的有关部分预应力混凝土的概念、定义、优点、科研、设计和应用等诸门份，其中科研一节中又对非预应力钢筋的作用、疲劳、裂缝、变形和抗震等专题进行了详细的描述。

部分预应力混凝土在全国范围内进行了广泛深入的学习讨论后，在各单位都得到了很好的推广使用。铁道部颁布了部分预应力混凝土铁路桥梁设计规范（初稿），有关单位在一些新建铁路线上，设计修建了多座大跨度部分预应力混凝土系杆拱桥，取得了很好的效果。

当时《部分预应力混凝土》一书受到各方的重视，铁道部科技情报研究所将该书编列书目后作为该所藏书收藏。湖北省铁道学会为该书颁发科技二等奖。西南交通大学劳远昌教授、铁道科学研究院程庆国院长、原长沙铁道学院徐铭枢教授等学者对该书高度赞誉。

科技译文篇有：① 1980 年翻译的《非预应力钢筋对预应力损失和挠度的影响》；② 1983 年翻译的《美国混凝土学会建筑法规 ACI318-77》中的第十一章——剪切及扭转；③ 同书中的第十八章——预应力混凝土；④ 1988 年翻译的《预应力混凝土分段式桥梁的设计及施工》一书中的第四章（分段式桥梁的设计）等四篇译文。

本人工作之初，从事钢筋混凝土课程的教学工作，后来又从事预应力钢筋混凝土梁的科研工作，且着重于抗剪问题。随后本人又从事铁路桥梁课程的教学工作，最后又落脚于铁路桥梁的勘测设计工作。从上述工作经历来看，翻译以上四篇译文好像顺理成章。

翻译的目的偏重于结合工作实际，学习和充实自己的科学知识。比如翻译《非预应力钢筋对预应力损失和挠度的影响》一文，对于学习和撰写《部分预应力混凝土》一书很有帮助。

1983 年翻译美国 1977 年的《美国混凝土学会建筑法规》，在时间上来说好似晚了一点。不过作为《法规》之类的书籍，从学术意义上来说，它总是具有总结历史，指导未来的特征。对于国内的广大建筑人员来说，学习它、运用它都有借鉴作用。

当前国内无论公路桥梁还是铁路桥梁，设计和建筑箱形截面的桥已逐步有了共识，本人作为国内正宗的第一届桥梁隧道系毕业生，对于欧美各国在这方面取得的经验和教训当然非常感兴趣，1988 年翻译的《分段式桥梁的设计》一文虽然当时未发表，现在收集在本文集中仍感欣慰。

目　录

萧氏史话篇

科学研究篇

*本项目本人并非全过程参与，故在此仅作简介。

学术论文篇

专题编撰篇

科技译文篇

萧 氏 史 话 篇

萧氏“横山草堂”家传

（之一～之六）

一、萧氏“横山草堂”史话

据《无锡萧氏宗谱》所载，西汉丞相萧何的55世孙萧培（1241—1300），字弘值，号敬斋。南宋末年官居户部右侍郎，为官清正廉洁，深得朝廷信赖，民众爱戴。于1282年定居无锡城中水曲巷，开创了无锡萧氏的光辉历史，后裔尊之为无锡萧氏始祖。

长江以南的茅山山脉，其支脉在无锡太湖之滨呈群山绵亘之势，山体走向均为南北向，主峰为晖嶂山。唯有支峰之一雪浪山，横卧于长广溪之西，走向则为西东向，故雪浪山又称横山。始祖次子虎，字如山，后迁居无锡城南三十里的横山（即雪浪山），后裔尊之为横山萧氏始祖。

江南大地由泰伯开吴而导入中原文化源流；梅里建都，奠东南文明基础。首府无锡，得益更甚，由此人杰地灵，人文荟萃，英才辈出。吴大帝孙权赤乌八年（245 年），农校尉陈勋统率屯兵三万，开凿五里湖之南的水道长广入太湖，促当地水上运输，农田灌溉日臻发达。溪流两岸，山明水秀，风光秀丽，民物以聚，物华天宝，田畴丰腴，宝地一块。横山东濒长广溪，横山始祖迁于此地，得天独厚，子孙世代繁衍，遍布烧香浜、陈巷、吊桥、东萧、西萧、石码头、庄里、南泉、新安、杨明、坊前等地，盛极一时。及至明代，于明景泰七年（1456 年），后裔始建草堂一所，因住于横山之麓，故名“横山草堂”。时至今日已成为萧氏一支脉的标志及当地古文化的缩影。草堂建成之后，很快成为当地民众聚会议事之处。

十世祖涵，字容卿，号和所，明文人。平生以设塾授徒为业，则以横山草堂设塾，督课颇严，讲解详细，循循善诱，诲人不倦，授道于民间而著称，城乡学生负笈相从。十世祖涵，苦志力学，工诗善文，尤善史传，深刻研究宋代程朱，明季顾高性理之学，著述甚富。撰有《纲目纂要》《性理纂要》《山房别集》《鬼神实录》等行世。十世祖涵，性慈善，慷慨好义，邻族之贫困者，每多济助；对地方公益善举，竭力倡导；里有争执事，必善为排解。

十世祖涵的为人深受庶民大众的爱戴，而其文才则为当时文人墨客所赞誉，而横山草堂则成为十世祖涵读书会友授业之处。人喻之为“晋之兰亭”，有“山阴之胜”，终成无锡名胜之一。

横山之南一里许，有一溪流，汇集西向东径流，经长广溪注入太湖。溪水清澈，鱼虾丛生，名谓烧香浜。每年三月三，长广溪以东方圆十余里内居民，顷刻成为善男信女，邻近的几个村庄会主动组成一个香会，眺望晖嶂山顶峰三天门的禅寺，虔诚地口念南无阿弥陀佛朝山进香。凡远者则会提前数日，乘香船经水路至烧香浜，租用沿溪宽敞民宅，设立佛堂，供奉佛像，设置香炉，焚香点烛，彻夜诵经，待至三月三，由烧香浜始发进香。无论远近，进山香会来至烧香浜，都会划地为界，拉围人圈，以便在场中展示各自独特的风采。譬如，在半空中你可见头戴官帽，身穿戏服，脚踩高跷，时而阔步漫行，时而踢腿平举，真令人心跳。而在场中则有伸拳踢脚，跳跃翻滚，相继演示各门拳术的。另有舞弄大刀，嬉耍棍棒，飞镖上天，刀剑劈地等惊险场面。围观群众目不暇接，总是报以阵阵掌声，高声叫好。前一香会演毕则继续前行朝山进香，后一香会随接进场，再作演示。如此，三月三朝山进香总会在烧香浜形成盛大庙会。这一庙会又令各地商贾小贩，自摇乌篷小船，提前云集烧香浜，鳞次栉比地布满水域，其间还点缀艘艘香船，使水面上形成另一道风景线。为抢得商机，商贩们迅速登岸，选定有利位置，搭盖临时风雨棚，布置摊位，展示各种自制的传统糕点糖果，摆放各地的日用特产，迎接顾客的光临。众多商贾挤满烧香浜，吸引着川流不息的顾客和游客。一连数日，喜气洋洋的场面为三月三大庙会的到来做了充分的准备，烧香浜也因朝山进香大庙会而得名。

十一世祖际舜，字子升，偕弟光绪（1595—1656，字子健，后改子冶，号枫庵），迁居烧香浜。临水而居，生活条件大有改善，又因地处风水宝地，明天启三年，光绪中秀才，崇祯六年又中举人，著有《枫庵诗草》《横山草堂文钞》等行世。后殁，开封知府薛孟谐作《孝廉枫庵公个传》，收入《萧氏宗谱》内。

以人文历史而言，横山乃萧氏之发祥地，而烧香浜则为萧氏的发迹地。后者重于前者。萧氏宗祠修建于烧香浜，横山草堂也由横山移建于此。清代声名显赫的嵇曾筠、嵇璜父子相继任清代宰相，和嵇曾筠之父嵇永仁世称“嵇氏三阁老”。嵇氏所建的匾额名为“鹤龄硕德”的“阁老厅”，亦位于烧香浜。“嵇氏三阁老”乃嵇氏的荣耀，而“阁老厅”则为萧氏的光彩，由此，亦可一瞥烧香浜对萧氏之重要。

随着社会经济建设的发展，当前烧香浜已不复存在，只见横山草堂旧居孤伶孑立。出于怀念，在此不禁多了一些回忆，录之以备今后查考。烧香浜实为雪浪山山前的一片较为阔宽的冲积地，它包含山前的大南湖与邻接宜居的烧香浜。抗战时期的大南湖，是一片翠绿的所谓双百松树林，这里的“双百”是指松树数量超百棵和每棵松树的树龄逾百年。棵棵树干挺拔，平顶树冠彼此相握，遮天盖日。春季里淡黄色的松花嵌满树冠，沁人心脾；秋季里棕红色的松果结满枝头，含笑吐籽。平日里松涛声声，溪水潺潺。苍鹰高空翱翔，兔鼠地面觅穴，一幅如诗如画景色。不过好景不再长存，后被砍伐，仅留一枝孤守家园，好不惨怛。不久终于枯寂，了此残生。如今，大南湖早已成了农业生产要地，茶树成行，终年寂静，仅见茶青，只待春季采茶女点缀美丽。

烧香浜实为烧香浜（河）与烧香浜（村）的总称。烧香浜（村）地势优越，它东濒长广溪（后称梁溪河），南贴烧香滨（河），西傍雪浪山，北为平展的农田。烧香浜（村）人口众多，萧氏为大姓，它西邻王姓王甲里，北靠薛姓小园里和陈姓陈巷上，总数不下数百户，俨然是一个大村落。就当地水准来说，烧香浜（村）的文化教育水平较高。早在民国初期已设有敦睦小学，抗战时间又增办了敦睦中学，为周边村庄青少年提供了很好的学习条件。烧香浜（村）的交通运输相当的发达，暂不说每日在长广溪中过往的橹摇木帆船有几多，光是每日往返于无锡县城与各村庄之间的定时航班就有汽轮一班、木帆船二至三班，人员流通和货物运输极其畅通。至于陆路交通，则由东西向与南北向的交通大道汇交于村中。故东可通达锡南各大村镇，西可深入山区村落，南可直达太湖边岸，北可直至无锡县城，真可谓是四通八达。烧香浜（村）的经济基础较为强劲，肥沃的土地支持着农业生产自不待言。新中国成立前在申锡创办小型工商业者众多，新中国成立后虽有所减少，但改革开放后又见蓬勃发展。行走在公路上，只见两侧工厂林立，店铺满街，为长三角的经济崛起作出了重大贡献。

烧香浜（河）也有一段沧桑历史，它本是用于水上运输和农田灌溉的，所以在河上游端部筑有土坝，当遇旱季时可用人工车水提高水位，满足高处农田的灌溉要求。新中国成立初期，农民得到解放，积极性高涨，疏浚河道，不仅挖去土坝，而且将河道向上游开挖，保证高处的农田直接得以灌溉。“文化大革命”后，因人口增长，居民纷纷在烧香浜（河）南岸修建民居，两岸居民的生活垃圾抛向河中，淤塞河道。最终变成一条由排水沟串联起来的若干个水塘组成的葫芦状臭水沟，极不环保。正因为如此，在21世纪初，又对烧香浜（河）进行了一次疏浚，不过没有成功。时至今日，烧香浜（村）已不存在了，烧香浜（河）原来的水上运输和农田灌溉的功能也不需要了，它只要能排泄雪浪山的地面径流流量就可以了。因此，按照科学的城市规划要求，只要埋设一条地下排水涵洞就可以了，这样倒可以增加不少公用土地，供经济建设之用。

十四世祖钟海（1692—1765），字汉斯，一生慈善为怀，热心公益事业。生活在横山与烧香浜之间的萧氏后裔，因西有雪浪山绵亘，东有长广溪阻隔，在发展上受到很大限制。十四世祖为适应生活生产上的需要，在长广溪上选定烧香浜和横山两处，率众分建南北两桥，分别名为丁泽（石）桥和横山桥，以此创造了向东扩展的条件。不过在长广溪以东的区域内，还有一条自东向西流向长广溪的河流，形成南北阻隔。为此，十四世祖再次在此河流上率众修建葛埭桥，沟通南北。三桥鼎立之势，为子孙后代极大地舒展了生活空间，并因此屡得省县嘉奖。乾隆癸未年（1763），恩赐粟帛，授侍郎，成为子孙们的楷模。后十五世祖文漪斐，字奕斐，乾隆甲辰年（1784），同样受恩赐粟帛，赠登侍郎；十七世祖鹤瑞，字运青，道光丙申年（1836）又受恩赐粟帛，授登侍郎。十四世祖又修葺烧香浜之萧氏宗祠，设立规则制度以垂永久。

十八世祖（高祖）玉田（1797—1862），字宝光，号蓝坡，清名医。幼年投师从医，因读书有大志，攻读医书，通宵不寐。不数年，尽得秘奥，学成开业，远近就诊者门庭若市，终成名医。乡邑庶人，无论贫富，不分老幼，如染病疾，即得诊治，人谓妙手回春。

昔日乡里，凡遇旱荒饥饿，水涨泽国，飞蝗遮天，战乱疾疫，萧氏世祖遵循族规，必立事赈济，施衣，施粟，施药，施棺，均皆有之。因善待灾民，故颂声不绝。但凡此种种，高祖认为此乃仅救一时之急，而非日常之计，故愿以其精湛医艺，行善于平日生活之中。凡贫病无力者，均助药物，且不惜工本，精制丸散膏丹，救治于危急之中。

高祖性好图籍，并工书画，今凭医术精湛，家道日丰，故秉承祖志，欲营造一个行善积德，厢房正厅，书生辈出，名著乡邑的书香门第。为此，高祖亲授医道予次子斗杓（1828—1901），字敬甫，为继续行善积德奠定基础。并筑“九如书屋”一厅堂，供作耕读之用。“九如书屋”后俗称新厅，以示与既有老厅“崇古堂”有先后之分。新厅前设庭院，凿池架石，布置古雅，四时花卉不缺。平日种竹浇水，焚香默坐，一片书院景色。道光二年（1822），高祖又将“横山草堂”由横山迁至烧香浜，建于“九如书屋”的右后侧，专供幼子汝金耕读诗文。其间，次子斗杓又另设书斋“稻香居”于老厅“崇古堂”前楼房的二楼内，供作罗列书画，收藏图籍，以诗会友，切磋经文之用。至此，高祖已拥有“崇古堂”、“九如书屋”、“横山草堂”及“稻居香”等一宅四斤，平楼房兼有的前后八进，当计及其中第五进本挂房后，则为九进，计房四十余间暨后花园一座的豪宅。尔后，幼子和两孙相继中科登榜，可谓书生辈出。高祖名著乡邑的书香门第之愿终成现实。

十九世祖（曾祖）汝金（1831—1860），字吉甫，生而颖敏，六岁入乡塾，过目成诵，作文授笔立就。咸丰六年（1856）丙辰科秀才，先酬高祖书香门第之愿。入主“横山草堂”后，更为之整修一新。曾祖英豪其气，菩提其心，品节行谊，盛传乡邑。里党善举，必首为倡导。克承父志，终生乐善好施，行善积德。

二十世祖（先祖）焕梁（1856—1935），字少瞻。五岁丧父，时值战乱，茕茕母子，形影凋零，避难在外，历时四载，九岁时始从师就读，十年寒窗，未及弱冠，十九岁时便与堂兄焕唐（1854—1908，字少华），于光绪元年（1875）同科中秀才。此举慰高祖在天之灵，再圆书香门第之愿。先祖如此成绩，除天赋聪颖，勤学攻读外，更是曾祖母循循善诱，课督从严，教子有方之功，也与萧氏“横山草堂”业已延续的浓厚读书风尚有关。

光绪九年，英商茧行用十八两乃至二十两为一斤的大秤收购鲜茧，坑害茧农，对此有争议者，动辄报县遭弹压。曾因知县亲赴茧行弹压茧农，遂有激成事端之势。此时先祖与堂兄焕唐等七人出面调停，英商不仅不接受调停，反而上告县府，要求对“七人”予以戒饬。因未获准，英商经驻沪领事再度将“七人”状告至省府。“七人”之师张云生闻及此事，乃呈文南洋大臣曾沅圃，陈述事系公益，“七人”乃为民请命，仗义执言，深堪嘉尚，查问应无庸。事后议定，凡收茧之秤均应由知县送牙厘总局校正，并以十六两四钱为一斤且贴县府印花的秤进行收茧，以保护茧农利益。对此世人评议“七人”为办洋务之能手，见自治之精神，堪比晋之竹林七子。

光绪十年，近代思想家、政治家、外交家无锡人薛福成擢升浙江宁绍道台。光绪十三年，先祖就聘助司笔扎，承办文件起草，书信往来，校勘出版书文。因操办合意而深受赞扬。后因薛氏出任驻英、法、意、比四国大使，先祖则卸任而归，入主“横山草堂”，且另作修缮供己专用。

先祖尊十世祖涵授业传道之命，毕生致力于教育事业。光绪七年在城中道场巷陈敬之家设馆授业。光绪二十四年设馆于浙江萧山陈光淞家，光绪二十六年又在无锡学前街薛观察家设馆。1920 年任开化乡学董期间，在无锡各地先后成立小学 17 所，设于烧香浜萧氏宗祠内的敦睦小学即为其一。先祖毕生为当地的教育事业作出了重要贡献。

在清末民初，先祖历任开化乡自治会会长，无锡县参议员、乡学董等职，参与当时的政治事务。

民国（1914），先祖自刊《横山草堂杂钞》一书行世。后又将邑人王抱承于康熙初年撰录的《开化乡志》初稿增辑完编后刊印于世，为当地的人文史作做出贡献。

在萧氏“横山草堂”的家史中，先祖在世时间最长，事业最为光辉，不仅实现了高祖书香门等之愿，而且传承了十世祖涵读书为上，慈善为本，授业传道的治家之道，且结出了硕果。

先父治馨（1896—1935），字艾臣。先父英年早逝，不幸不孝幼子年仅三岁，因此丧失了长期接受严父亲身教诲的条件和机会，这是一个终生不会消忘的遗憾。虽说对自己其后的人生有所影响，但在母亲的教导下，仍能承担起使家族兴旺的使命，对社会尽自己的绵薄之力，才有了今日横山草堂的复兴，才有了社会对自己的认可。

由于缺乏亲身体验和缺少有关的文字记载，不孝对先父可谓知之甚少。幼年时曾听伯母几次戏言，不孝曾站在先父病床床头，扒着床架在枕边拉屎的闹笑故事。即使如此，但从未听说按推理接下来应该是挨屁股的事，可见先父对这小子还是蛮喜欢的。还是在幼年时期，冬季为替妈妈暖脚而和妈妈同床睡觉时，偶尔在临睡前会听到妈妈谈及先父的片言只语，说先父任（开化乡）乡长时，老百姓都很称赞他，说他办事公道，精明能干。乡里之间出现了争议，都要叫他去调解，最终使各方心服口服，消除了争议。从这里不难看出，先父具有很高的洞察力和分析能力，可谓精明能干。

先兄孟倬（1919—2000），在家排行第二，又名艺芳。1935年内，因丧事三起而使家庭濒临破产的边缘。此时先兄尚未成年，在家亲眼目睹先母在悲哀中苦苦煎熬度日，从而立志要勤俭节约，为先母分担振兴家业之责，因而平日在家劳动自不待言。有时也要进城访亲办事，此时除非因携带物品过多而无法步行，只能乘船进城外，其他情况下必定步行三十里进城，这是为了节省买船票的钱。不仅如此，每次都是带了袜子而不穿，光穿鞋子步行进城，待到快进城时才穿袜子，保持衣着端正。外人对此不好理解，其实他的目的是节省买袜子的钱。因穿袜子步行三十里，把袜子磨破了，需要花钱再去买一双，鞋子磨破了不必花钱去买，先母会重新做一双，买袜子的钱自然就节省下来了。成年后，经友人介绍便远离家乡，过长江来到苏北海门当学徒工。三年学徒期间，虽无工资无假期，但可减轻先母供养一人三年的伙食费，值得。学徒期满又逢喜事，经亲戚介绍进入无锡民族资产阶级荣氏企业当一名小职员，不过企业不在无锡、上海，而在四川成都。人云蜀道难，难于上青天，从此定居在成都直至终老。期间只有两次较长时间回无锡与先母团聚。其一是回无锡结婚。一名小职员积存每月工资所余达数年之久，用于支付结婚费用，确实不易，这对先母来说确实减轻了很大的经济和精神压力。其二是先母病重回无锡侍候，以及后来的守孝殡丧事宜。从以上过程看来，似乎先兄在振兴家业方面做得并不突出，其实不然，先兄始终把这一重任挑在肩头，只是作为一名小职员力不从心而已。1950年，当墨芳考取中国交通大学唐山工学院土木系后，先兄立即赠送当时最为精美的美制KE牌计算尺一支，瑞士英纳格手表一只，美制军用绿色毛毯一条，自织开胸毛衣一件。这些物品对于墨芳来说都是首次见识。这一举动标示着振兴家业已有了新的希望，为此先兄甘当后勤保障。1965年，墨芳夫妇同时调入铁道部第四设计院工作，由于当时社会时代的原因，工作调动不准携带家属，因而出现了三个子女无人抚养的问题。七姐首先承担了抚养工作，后来先兄负责抚养。先兄把这三个孩子视为亲生子女一样来抚养。由于当时的干部下放政策，先兄已不在成都工作，每周回成都，总是手提篮、背负篓，捎带的主副食品、新鲜水果，足够享用一周。期间儿子沁凯突患黄疸病，当时还没有120服务，发现后只能立即抱着孩子跑步去医院求医。后至孩子入学年龄，都及时安排入学，件件事情都安排妥切。虽然墨芳每月按时邮寄生活费，先兄却一分钱都没有花。三个孩子离开成都时，如数归还墨芳。这一切都是为了减轻墨芳的负担，好好工作，尽早实现振兴家业的目标。

先兄少年时生活在书香门第的环境之中，接受的是儒家教育。一生没有做出什么惊天动地的工作，只是普通的出纳、会计、事务等工作。即使如此，也已显露出不少让人们赞美、受人敬重的品德。就说与钱币打交道的出纳、会计工作，先兄一生中没有发生过一分钱的差错，这可以说是一个奇迹，可透视先兄的廉洁人品。一个原本对此一无所知的年轻人，要做出这一成绩，首先要在尊重先知者的基础上，持之以恒地虚心学习，认真地实践。

尊重、持恒、虚心、认真缺一不可。其次要有严肃认真的工作态度，没有这种工作态度，别说一生没有发生过一次一分钱的差错，或许在一天之内就会产生几次更大的差错。对待工作有条不紊，一丝不苟正是先兄的优良品质。第三要有正确的思想认识，才会出现这种奇迹。先兄幼年时在家劳动，尊重劳动所得，懂得公私分明，厌恶占有他人劳动所得，只把货币看作是自己工作的对象，因而始终保持洁身自爱，出污泥而不染的高尚情操。说到事务工作，先兄能做到领导和群众都满意，确实不容易，当时为人民服务之说尚未深入人心，而孔子说过“有君子之道四焉：……其事上也敬，其养民也惠……”这里孔子认为君子有四种道德标准，……对待上级要恭敬，对待群众要给予实惠……，这就是说做事务工作，对上级要把事情办得完美，对待群众要考虑他们的利益。为此，先兄办事勤快认真，不怕劳苦，乐于奔波，一丝不苟，办事清廉，考虑群众的利益，绝不近水楼台先得月，中饱私囊，也不肥此损彼，办事不公。由此可见，先兄具有的公正、清廉、无私、忍劳等优点为他办好各项事务工作打下了基础。

孔子对富贵问题曾说过：“富与贵，是人之所欲也，不以其道得之，不处也。”这就是说，人人都想得到富与贵，但若不是用正当的方法得到的，君子是不会接受的。孔子又说：“不义而富且贵，于我如浮云。”这是说行不义而得到富贵，在我看来好比是天上的浮云。先兄在书香门第中学到这些知识，成为他一生工作的指南。孔子还说过：“人而无信，不知其可也。”这里的意思是说，一个人不讲信用，是根本不可以的。孔子又说：“人之生也直，罔之生也幸而免。”这里的意思是说，人活着要正直，不正直的人能活着，只是侥幸地躲过了劫难罢了。这里所说的诚信、正直、美德等真是先兄一生的处事准则。先兄一生没有发大财，这丝毫不能有损于他的人品美德，孔子说过：“以约失之者鲜矣。”这里说的是，一个人一生崇尚俭约，那么他犯错误的事情便很少了。先兄不穿袜子步行三十里的事例，表明他事事处处崇尚节俭，心怀坦荡，从不贪非分之财，这就保证了先兄能少犯错误，直至终身，以上点滴说明了先兄少年时期受到的儒道教育还是管用的。

二、萧氏“横山草堂”近代三女性

先母张秀英（1895—1953），出身于秀才之家，在兄妹五人中，排行第三。兄长弟妹均受过相当高水准的教育，唯先母一人是目不识丁的大文盲。问其原因，只因生母早亡；观其结果，却是自幼培养了自强奋斗的意志。在这样的家庭背景和所处环境等条件下成长的大家闺秀，呈现出种种独特的素质，如：举手投足，皆合礼仪；待人接物，不亢不卑；衣着打扮，庄重得体；侍候公婆，无可指摘；夫妻相处，恩爱无间；妯娌之间，和睦共事；家务杂活，利索快捷；浆洗烹调，无不老到；面对不测，沉着不惊；身处坎途，自强自立；等等。

先母二十而嫁，进入萧氏，一路畅顺，养子育女，渐成主妇。家有名望乡邑的公公在上，大树底下好乘凉，无所忧虑。前有精明达理的夫君掌门，重要家政，何须烦心。膝下四子四女环绕，多子多福，尽享天伦。在这种高祖所期的书香门第全盛时期，时下一片祥和景象。然而天有不测风云，人有祸福轮转之时。

1935 年，晴天霹雳，噩耗频频，丧事三起，将帅谢世，妇幼一群，困守灵堂，前程未卜，谁主沉浮。这种突如其来的惨状对先母是一种灾难性的打击。

是年，先祖仙逝，享年八十。其时先父已因病卧床不起。按照习俗，凭先祖生前的身份和地位，殡礼规格和程序绝不能草率更易，作为孝子的先父，按其自身的社会地位，也不能对殡礼稍有怠慢。故此，悲哀而庄重的殡礼毕，既有家蓄已十去八九。如此沉重的精神和经济压力，对本已病魔缠体的先父而言，不堪承受。不多日，英年早逝，紧随先祖而去。先母操办丧事只得量力而行，但终究耗尽积蓄，开始举债。年内，先祖母又参与夫君和爱子西逝行列，不治身亡。因先祖先父均为单传独子，以及先母在娘家所处的地位，故无望取得内助外援，只得再度举债，料理丧事。

一年之内，书香门第也不复存在，家庭地位已坠入深渊，家庭经济已濒临破产。先母则判若两人，由温顺庄雅的主妇成为遍体鳞伤的寡妇。但在前无挡兵，后无援军，仅孤身一人的形势下，又身缠债务，膝缠子女，动弹不得的困境下，在各方面的重压下，先母没有倒下，而是站立着保护好未成年的八个子女，在自强自立的意志支撑下，沉着地与厄运进行抗争。从抗争走过的脚印中，可清晰地看到抗争的目标是：重振家业，使自己无愧于祖先，造福于子女。具体的内容则是：发展生产，增加收入；节衣缩食，减少支出；供子读书，学成立业；行善积德，以祈未来。

关于发展生产，先母以身作则，从自己做起。先母娘家位于临近苏州的无锡新安镇，故在闺房中已练就一手娴熟的苏绣工艺。苏绣本为显示高贵身份，而在当时的困境中却成为谋生的一种手段。于是放下身段，先当绣女，承揽绣品。邻近村户，凡因婚嫁喜庆，儿孙弥月，欲刺绣鞋帽、衣裙嫁妆、荷包褡裢、枕套床罩者，纷相前来相约订绣。先母来者不拒，全部承接。为保质保量按期交货，有时先母除日夜刺绣外，还需大姊做些零活。此项收益当然不菲。

栽桑养蚕，这对于先母来说，在娘家时已是一大拿手活。春秋两季，先母必带领全家大小，搬桑喂蚕，上山摘茧，卖茧收款，收益可观。至于桑园的修枝施肥，翻地锄草等农活，则由孩儿们承担。对于弱棵残枝较多，产桑不丰的桑田，则予以全部砍伐，套种大豆西瓜等经济作物和小麦等耐旱作物，获利更丰。对仅可镰割茅草作为燃料之用的山麓平地，则开垦后栽种桑苗，初期套种棉花、红薯等作物，充分利用地力。先母原本是一位闺秀和书香门第的主妇，而对旱地耕作竟有如此高超的见地，可见先母观察事物的精微，思维的敏捷非同一般。不过更精彩的一招还是在水田耕作上。

江南太湖流域的农业生产，原本以水田耕作为主，一年两熟，收益最高。先母出身于书香世家，自幼缠足，双足虽非金莲，但下不得水田，无法率全家儿女下水田耕作。先母压根儿没有想到，那双金莲竟然成为振兴家业、发展生产的最大障碍。不过爱动脑筋的先母总会想出高招来。先母先收回少量出租的水田，再从舅家借得一名长工，请了这位“老师”带领全家儿女一起下水田耕作。如此教子耕耘的奇特方法，竟然取得了成功。之后，随着子女年龄的增长，体力的增强，技能的提高，收回的出租水田数量也相应增加，得到的回报当然是收益的大幅提高。

随着耕种土地的增加，农家肥的需要量也急增。先母便扩大副业生产，增加家畜养殖。由原本圈养几头生猪，改为生猪母猪兼养，另添若干绵羊。由此全年猪羊不断，解决了肥料问题。同时猪仔、生猪和绵羊交替卖出，又增加了收入。

先母节衣缩食、减少支出的措施其实很简单，即实施所谓的新三年，旧三年，缝缝补补又三年。反正膝下有四女四男，总会使每件衣服的使用价值达到极致。在饮食方面实施主食吃饱，副食从简，能不花钱最好的措施。为此，每年秋末，先母一定会在桑田内栽种各种蔬菜，待来年春季，腌制可供食用一年的十余坛腌菜，作为副食的基本品种。平时买些低价的黄豆芽、豆腐之类的小菜与腌菜烧煮，调调口味。或蒸一碗鸡蛋羹，或加一个韭菜炒鸡蛋，或在鱼塘中摸一点螺蛳河蟹改善一下生活，总之副食花钱很少。后来减少开支的另一举措是让年长兄长外出当学徒，当小伙计。全家生活虽然很艰苦，但子女们并无反感，因为先母身教在先，子女们一视同仁在后。这样的艰苦生活倒是培养了子女们勤俭节约、毫不浪费，不求奢侈、只求温饱的良好素质。

实施以上两项措施后，收入有所增加，在经济上逐年分批偿还债务就有了保证，最终克服了困难，走出了困境。这一过程对子女们来说，也是一个实际的教育，说明生活中不要害怕困难，而要自强自立，开动脑筋，踏踏实实地通过劳动去克服困难。

不孝墨芳三岁丧父，五岁上学。人问其因，答曰，由正该入学的七龄七姐带领五岁的八弟一起上学，且所读小学敦睦小学设于萧氏宗祠内，与本家仅一墙之隔，南北之分，何忧之有。但望子成龙心切，早上学早当家的真正原因隐而未答。十一岁小学毕业后，理应去县城读初中。此时，先母却犹豫了，觉得实在太小，尚不能自理，要独立寄宿在学校生活，太让人担心了。故决定在敦睦中学读初一，后又觉得在农村中学读书，一定会耽误儿子的前程，故一年后，狠心将儿子送入无锡县立中学重读初一，这样虽然浪费了一年光阴，但从长远来说还是值得的。不过事情的发展并不如想象的那样理想，寒假回家的小儿子带回一身白虱，先母对此极度悔恨，真是处于进退两难的境地。最后由于爱子之心占了上风，决定重返敦睦中学再读一次初一作为过渡。十三岁时，先母送儿去位于无锡东部农村梅村镇的吴风中学（后改为中华中学并与梅村师范学校合并成当今的梅村中学）读初二。由家乡去梅村，需先去无锡县城再乘船到梅村，交通较为不便。但在那里读书，开学之初需一次性缴纳的学杂费、伙食费由姨妈承诺代为缴纳，容许先母事后分批偿还给姨妈，这样对拮据的家庭经济极为有利，故当时未去无锡县立中学读书。从此之后，直到在无锡县立中学（后改为无锡市立中学，现为无锡市立第一中学）读完三年高中，均未发生使先母不愉快的事情。

1950年，18岁的幼子参加高考，先由华东地区高校联合招生办录取于浙江大学机械系。对此，先母喜出望外，极度兴奋，立即筹备报到事宜。开学首日，不孝即去浙江大学办理完报到注册手续，随后去西湖游览了一次。不几日，华北地区高校联合招生办发榜，不孝录取于中国交通大学唐山工学院土木系（今西南交通大学桥隧系）。先母对此欣喜若狂，后获知该校隶属于铁道部，学生毕业后有铁饭碗可捧，这在当时毕业即失业的社会条件下尤为可贵。于是速令不孝在浙大退学返沪，北上唐山，临行前特买牛皮提箱一只，以资鼓励，其余携带的衣物行囊均与赴浙大时的相同。时至冬日，先母又听说唐山地处北方，现在已是冰天雪地，风雪交加，冰冻封门的时候。先母听后又是悔恨万分，自责不该让儿子由杭州转去唐山，不知儿子现在冻成什么样子，随之涕泪俱下，泣不成声。先母如此悲伤，不孝前所未闻。先母教育子女，不用长篇大论的教育训导，也无事事处处的禁句唠叨，更无棍棒交加的高声斥骂，而是按如欲治其心，必先劳其身的思维，先从劳动着手，让你渐渐体验人生的真谛。以不孝为例，自懂事之日起，割草喂羊，搬桑养蚕，除草松地，车水灌溉，下地耕耘，除体弱力薄不能胜任者外，种种劳动均需参与。故名为书香门第之孙，却似务农老汉之子。

不孝年龄稍大后，先母又将翻晒先祖图书典籍，书画条幅，每年适时更换厅堂画轴及对联，年终摆桌祭祖，上烛焚香，敬酒跪拜，烧纸放炮，送迎灶爷；新春期间的悬挂列祖神像，上香供祭等等家规习俗事项归属为不孝专职，以此进行家族的历史文化教育。

1953年8月，不孝大学毕业，而1953年2月先母仙逝，未见不孝立业而含恨而去。哀哉！不孝未曾一日报恩先母。痛哉！至今虽已历经一甲子，但此痛至今未消。

先母在娘家时生活得并不舒畅，1935年后又在坎途上挣扎，故在实际的生活中秉承萧氏世祖行善积德的传统，祈求来世，保佑子孙。

作为一名虔诚的佛教徒，凡邻近禅寺佛庵举行佛事，先母必洁身前往，烧香拜佛，上供善款，虔诚祷告，祈求保佑。

先母对受困无援者，必施善举。昔日先祖的侍从在先祖去世后已无侍事之需，本可辞退。但因其家境清寒，故先母一直供养到老汉临终前夕，才由其子领回料理丧事。另有一位族内太婆，实为无房无地，无子无财的寡老，平日靠为他人念诵佛经取酬度日。先母则无条件收留在家居住，直至临终前夕，由其侄子领回殡葬。再如一堂叔经商失利，回乡变卖全部房产以抵债，全家三代四口，无处安身。先母为其特辟专间，提供免租住房达数年之久。现今我家一个厨房内建有三个灶台，其因就在于此。以上诸事均在先母身处逆境时所为，平时对于乡亲间一般的受困者而言，总是有求必应，或施以衣物，或给予米粮，赈济少量钱财等等均是常有之事，故深受民众赞誉。种种善举在生前除赞誉外，别无它偿，而在身后却得到了无与伦比的回报。在“以粮为纲”时期，山麓平地成为村民们垦荒种植的主要对象，凡位于其间的坟墓均遭平去封土，掘土吊棺，开棺抛骨，棺木他用之灾。但对先父母之墓，群众仅去封土，并堆石以示之，未毁及墓穴，保持墓室原状。幸哉！问其何故，民众说，墓主有德于民，不可忘恩。这确是先父母生前行善积德所赢得的福气。

先母晚年，在坎途上对困难所作的抗争，其结果是：托起了行将衰落的家业，保护了业经五百年的“横山草堂”，为日后子孙的重振家业奠定了牢固的基础，在萧氏“横山草堂”的家史中功不可灭，故在此作书立传，以昭示后世。

七姐梅芳（1930—），在家排行第七。自幼性格好强耿直，是先母的贴心孝女。先母膝下原有四女四子，后因种种原因仅有二女二子，大姐家住上海，二哥立业于成都，不孝就读于唐山，只有七姐在家侍奉先母，这是七姐成为贴心孝女的家庭条件。

新中国成立前后，先母因长期操劳而显得力不从心，为此七姐不怕困难，通过自己的劳动保证了母女两人的最低生活需求，并劝慰先母不要再参与劳动，先母则会心一笑予以夸奖。新中国成立后，七姐由参与土改工作转任小学教师，从此便以微薄的工资赡养先母。先母晚年，身染重症，七姐一人在家精心护理，还多次陪护先母往返无锡上海等地求医诊治。一次在上海就医时，大姐夫安排不当，先母不悦，七姐当即以其耿直性格批评了大姐夫。先母临终时，只有七姐一人与先母诀别，悲痛万分，号啕大哭。但为了让先母能够顺利通过阎王爷的隘路，立即哀痛地按习俗只身去往横山庙，点香求告，祈求让先母宽容地过关。虽然出殡时四子女均披麻戴孝为先母服丧，但殡葬礼仪主要由七姐操办。为了先父母入土为安和子女们时来运转，七姐事先已聘请有名的占卜先生，觅得风水宝地一穴，后择定黄道吉日，掘土成穴，移运先父母灵柩，烧纸暖穴，吊棺入土，垒培封土等无不按礼仪习俗要求，庄重实施，凡此种种均由七姐一人操办。先母的终老病死，事事处处，无不显示出七姐贴心孝女的真情，对此，其余同胞三姐弟无不深感愧疚。

先母仙逝后，七姐主动承担起守护横山草堂旧居的任务，并一次性购置红砖两万块，分装四船，经水路运至烧香浜，再搬运贮存在横山草堂厅内，为大修横山草居旧房作准备。后因新中国成立初期的形势，无法实施大修，只能进行局部修缮。尔后七姐由学转工，由乡进城，结婚成家，定居城内。虽然如此，七姐每年总会不定期的回家多次，开启门窗，通风除尘，截漏掸屋，疏通水道，整理庭园，修剪花木，保持旧居完整无损。因旧居无人居住，故时有盗窃之事发生。七姐得知后，总会凭其众所共知的强势性格，毫不留情地追究到底。不过在守护旧居的过程中曾当了一回东郭先生，铸成大错，悔恨不已。一堂兄，兄弟三家，共居一套祖传单间两层楼房。老大明智，结婚后即迁居无锡城中，私营工商业。实施公私合营后，原在苏州工作的老二、老三相继离职回家。老二当时已是两代五口之家，住房确实存在困难，便求助于七姐。七姐以先母为榜样，泛起恻隐之心，将三进十间旧居，除关锁两间卧室外，其余全部免租供其使用。唯一的条件是保护好旧居的全部房舍、物品及设备。七姐认为这不仅是一件助人于患难之际的善事，而且可免遭盗窃，还能日日通风保养旧居。但事与愿违，"文化大革命"期间，旧居作为"四旧"横遭抄家，书册图籍、饰品挂件均被一扫而光，横山草堂匾额也遭摘除抛作废物。不久，堂兄购得二手房一套，便以搬家为名，全家动员将旧居内的可搬运物品，如桌椅板凳，日用器皿，生产工具，床板木盆悉数席卷而去，仅剩空屋一栋。作为"四旧"家庭出身的七姐，对此岂敢深究，只得自认当了一回东郭先生，以此自慰。无奈之下，只得再锁家门，以图安全。然而在当时的情景下，岂能安稳，盗窃更为猖獗。因盗贼无随身可取之物，故原为房屋固定构件之物，如地板、阁板、木门等均成为盗窃对象，致使旧居满目疮痍，好不凄凉。

20 世纪 80 年代初，欣闻横山草堂由无锡市人民政府核定为市级文物保护单位。不过这一过程的确使人纳闷，因为事先未征询过业主的任何意见，也未要求提供任何文物资料。事后业主也未收到过有关的正式文件或口头告知。因此对于这个"文物保护单位"新鲜事物糊涂了起来：保护的是单纯的三进十间横山草堂民房，还是包含横山草堂在内的高祖创建的"三厅一斋"八进四十余间豪宅？核定为文物保护单位后，业主还有没有权利或责任对它进行维修养。这些问题的确困扰着我们。七姐对于"文化大革命"后凋零的横山草堂，曾试图予以维修。不过刚开始就有好心人前来劝阻，告知这是文物保护单位，不要乱动，以免殃及文物。对于这种劝告，七姐不知所措。对于原本负有保护横山草堂之责的七姐来说，真的是心有余而力不足了。

如果说先母的"供子读书，学成立业"是为振兴家业播下种子的话，那么七姐所做的一切则是在扶植能振兴家业的幼苗。在七姐看来，先母西游后不久，于 1953 年大学毕业的八弟，就是先母播下种子的幼苗，应精心扶植。为了扶植这幼苗，七姐主动承担保护旧居至今已近六十载。1964 年得知在内蒙古包头工作的弟妹已身怀第三胎，考虑到如在包头分娩，则会因无人侍候而影响到婴儿的哺育和弟的工作，故希望弟妹回无锡分娩。虽然七姐本身的确存在着许多困难，但从未提出过任何困难和要求，倒是盼望着能生个侄儿为萧家延续香火。为此还提前与在无锡育婴堂工作的表姐商量，物色好一位奶水充盈的奶妈，以便奶养将要出生的侄儿。这一过程又一次显示了七姐为扶持八弟这棵幼苗所做的努力。1964 年 11 月 23 日，弟妹果真顺产一子，如愿以偿，七姐喜庆万分。

1964 年 11 月 25 日，学校领导通知本人说：当前形势严峻，毛主席因三线建设事宜而睡不着觉，故准备调你去三线建设工作，杨礼奇如愿同去也可照顾，但不能带家属，你的意见如何？其时杨礼奇正在无锡医院里分娩尚未出院。在当时的形势下，凡涉及毛主席的指示有谁敢违抗。不过事后得知，真有胆大者，竟敢不服从组织调动而拒绝去三线建设的。当然结果是可想而知的，开除党籍团籍，开除公职返乡劳动者均皆有之。本人当时表态，服从组织分配，听从党的安排。表态容易，但因不能带家属而产生的实际困难如何解决？实际困难是：一、如果同意一人前去三线建设，杨礼奇仍留包头工作，三个孩子谁来照料，除非退职回家。二、如果两人同去三线工作，又不准带家属，三个孩子交给谁？真是左右为难，莫衷一是。为难之际，将这突如其来的情况告诉了七姐。七姐欣然同意夫妻两人都去三线建设，三个孩子由她来抚养，而且又一次没有提出任何困难和要求。口说没有困难，实际困难却是大得很。因为七姐原本一家四口蜗居在一个 12 平方米的房间内，现今又要增添三个小孩子的住宿和抚养，怎能不困难？满口承诺则是为了促成两人同去三线建设，避免因不服从分配而带来的没顶之灾，摧残现已成长起来的振兴家业之木，用心良苦。如此姐弟之情，感激万分。事后得知，七姐按原计划将婴儿交由奶妈养育，老大则送回无锡乡下请七姐的姑姑抚养，老二则留在自己身边亲自抚养。对此，本人感激万分，决心更加奋发图强振兴家业。

七姐在家侍奉先母期间，由于个性好强，为获得较好的劳动收成改善生活，经常会超负荷劳动，因此埋下病根。时至中年身患血崩妇女病，到处求医均未见成效，全家为此十分悔恨和无奈。本人得知后也夜不能寐，焦灼万分。回忆起对先母的生前侍奉，身后殡葬诸事，本系为儿之责，七姐却全力承办了。近期又因孩儿抚养之事，两度劳神七姐，本该以恩相报。现面对病疾缠身、久治不愈的七姐，却无能为力，深感内疚。为此，暗下决心要寻找一个医方来治愈七姐之病，而后在安徽宁国工地，利用业余时间，反复多次深入学习由河北张锡纯老中医综合其丰富的实践经验，按实际病例编写而成的《医学衷中参西录》一书。待自觉略有心得后，便贸然自拟处方，抓全药味后亲自送回无锡供七姐服用。当时，各人对此举都有相当复杂的思想反应。七姐对此没有拒绝，其因有二：一是久治不愈，死马当活马医，故愿意一试；二是对八弟的高度信任，相信决不会伤害自己。堂兄（系传承高祖医业的二曾伯祖斗杓之曾孙）虽不从医，但对中医有一定的知识，见自拟处方后，未予以反对，仅说“过猛”，意指药物用量过大。本人则处于既自信又无把握的矛盾之中：自信源于姐弟之情，希望七姐早日康复，而处方则是对《医学衷中参西录》一书进行了较长时间的学习和思考后拟定的；无把握则因本人毕竟不是医学专业人士，难免有失。故只能采取尝试一下的态度，如服后出了问题就应立即停药，如有效果则继续服用。最后大家同意尝试一下。七姐服药后果真见效，皆大欢喜。不过出现了呼吸稍有不适的小恙，究其原因，则是外行开中医处方，君臣配伍处理不当，收涩药物用量过重，而配伍佐药则略显不足所致。不过小恙已无大碍，不久即恢复正常。此举距今已逾数十载，七姐仍安然健在。幸哉！

亡妻杨礼奇（1934—2011），广西玉林人，1953 年于唐山铁道学院参加工作，任教学辅助员，1956 年 9 月 29 日两人结婚，1958 年调至内蒙古包头市工作，同年考取包头铁道学院桥梁隧道系学习，1962 年大学毕业后在呼和浩特铁路局包头工务段工作，1965 年元月调至武昌铁道部第四设计院桥梁隧道处工作，1983 年因病退休，2011 年 3 月 24 日因身患尿毒症病逝。

艰苦奋斗　勤俭持家

1958 年调至内蒙古包头工作后，很快适应了当地以土豆、杂粮、牛羊肉为主的生活方式。在地图上看，自广西玉林由南向北沿东经 110° 线至内蒙古包头，几乎是南北向跨越了整个中国的腹地，对一位青年女子来说，能迅速适应不同地区之间差别颇大的生活方式，的确难能可贵。经大跃进和紧随其后的三年自然灾害，包头的生活供应更显窘境。其间有一年冬季，当地按人口定量分配供作冬季窑藏用的副食品是一定数量的土豆和整棵包心菜。在地处严寒的包头，冬季的确是没有其他叶菜类副食供应的。为保证长达五六个月的冬季有菜吃，礼奇将土豆和包心菜的可食部分入窖冬藏后，还将南方视作废料的包心菜老帮子叶视作佳品，把它整叶洗净、煮沸、晾晒后贮存起来供作冬季食用。这种勤俭持家的精神真可谓到家了。

在计划经济的年代里，各种票证纷纷登场，严重地限制了人们的生活需求。在有了两个孩子之后，如何充分利用有限的布票满足全家人的需要，成了一个需要研究的课题。研究后认为，只有自己动手缝制衣服才能解决这个问题。于是费了牛劲买了一台缝纫机并学会了使用它，再买了一本衣服裁剪书，照图裁剪和缝制，终于解决了布票不足的难题。不过看图裁剪衣服并不像想象中的那样容易，的确需要从头学起。但是有了心得后，参照不同版本的裁剪书，吸收其优点，再运用已有的裁剪经验，对局部进行修改，就可得心应手地缝制出更合体美观的衣服来。由此可见，礼奇在艰苦奋斗的道路上越走越有成效了。

敬老爱幼　和谐家庭

礼奇娘家有父母双亲、兄嫂二人和他们的四子一女。兄长的小学教师工资则是家庭的主要收入，家境较为拮据。礼奇工作后，以其微薄的工资供养父母双亲。结婚后又另对兄嫂进行一些经济帮助。直至双亲逝世。嗣后的父母殡丧墓葬费用均由礼奇承担。其实娘家是相当重男轻女的，连女儿的生日都不知道。礼奇在履历表上填的 1934 年 12 月 1 日出生，其中 12 月 1 日是杜撰的，但对此礼奇并不在意，仍然对父母非常敬爱孝顺。孔子在论述孝道时指出“色难”，意思是说在孝顺父母的过程中最难做到的是对父母和颜悦色，至于供养父母和替父母做点事，只是一般的孝顺。礼奇由于性格温柔，故总能和颜悦色地对待父母，以此感谢父母的养育之恩。在外工作虽然路途遥远，但每年至少会有一次回家探望父母，共享天伦。如父母愿意，则会仔细认真陪同父母北上唐山或包头，观赏异地风情，共赏北国风光，其乐融融。若遇风寒，必即问医投药，从不懈怠，以显孝心。

礼奇膝下二女一子，由于本身的工作与学习条件限制和调至铁道部第四设计院后长期未分配到住房等原因，在孩儿幼年时期未能全身心地抚养他们，为此心怀内疚。然而在全家团聚之后，礼奇通过身教，把温柔的性格潜移默化地感染给子女，这使得全家成为和谐家庭有了基础。如老大在幼年时期，先去广西玉林由外婆抚养，后回内蒙古包头后，又因无家人照料而去江苏无锡姑姑家，再因要上学而去成都二伯家，最终又回到武汉定居，可谓南北东西中都有她的足迹，可是一回到家，在妈妈的抚慰下立即亲昵地依偎在妈妈的怀抱里，真是奇迹。三个孩子从婴儿经上学，到结婚立业的整个成长过程中，没有发生过让他们不愉快的事情，在家中无论是交流见闻，反映情况，或是提出问题，进行讨论，各人都会耐心听取，平心静气地各抒己见，实事求是地分析研究，尊重别人，不妄自尊大。所以在礼奇有生之年内，从未出现过或高声争论，或大吵大闹，或出言不逊，恶言相待的场面，显示出一个和谐家庭的概貌。孩儿们对于妈妈则是有令必行，事必躬亲。尤其是患病期间，无论何时何地，只要妈妈呼唤，一定会停下自己手上的工作，前来操办与妈妈有关之事，始终把妈妈放在首位。礼奇对于孙辈，因自己业已退休，更是充满爱心。从小孩的命名开始，及至婴儿养育，何时入幼儿园，进什么样的小学等等，从不放弃自己的决定权，幼儿园出操，小学放学，则有空必看，有暇必接。当时供应虽然不丰，但为保证孙辈的健康成长，各种供应可谓上乘。孙辈们对于礼奇的慈爱，也是怀念在心，总是喜欢围绕在礼奇身边不愿离去。外孙女在美国加州读大学，当时得知阿婆（礼奇）噩耗，立即回国服孝。由此可见祖孙之间的深厚感情。

不怕困难　努力工作

礼奇的第一份工作是在唐山铁道学院桥隧系桥梁教研组任教学辅助员和图书资料保管员，这项工作的工程专业性非常强，对于一位普通中学生来说并非一件易事。对礼奇来说，初生牛犊不怕虎，勇敢地承担了这一任务。好在桥梁教研组对此有所预见，故派人予以辅导并要求随堂听教授讲课，多学多问多做，有错就改，逐步提高。礼奇也在不怕困难的前提下，努力工作。在较短的时间里面，达到了要求，受到了赞誉。

进入包头铁道学院桥隧系学习后，由于有了一段在唐院桥隧系工作学习的经历，故在学习专业课时有一定优势，但在学习基础课方面，则因未接受过正规的高中学习，困难当然不少。要克服这个困难只有用不怕困难的精神，聚精会神地听课和用比别人更多的时间去学习。当时是一个大跃进、大炼钢铁、大办农业、以粮为纲、以钢为纲和要培养工人阶级知识分子的年代，用于大炼钢铁，下乡支农的时间较多。在班内又被尊为大姐，学习、工作、劳动需齐头并进，要挤更多的时间学习就更困难了。有时则显神情疲乏，面带倦容。但在这种困难条件下，坚持了四年，终于修成正果，顺利毕业。

1965 年 1 月调入武昌铁道部第四设计院后，立即投入铁路外业勘测工作。这一工作当时的特点是由铁路起点一直向前勘测至铁路终点，勘测队伍始终是处于流动状态，勘测队员则必须三五天地搬运铺卷，拿起行囊搬迁至一个未知的场所，如寺庙仓库，或学校民居等等。这种生活方式对女同志来说确实很难适应。就勘测内容来说，线路专业是由始点向终点勘测，涉及范围可以说是一条线。而桥涵专业的勘测内容则不仅涉及线路上的桥涵，还要涉及通过桥涵的水文，所以它要勘测的是一条沟渠或河流的流域，因此要勘测的是一个面，不是一条线。 勘测过程中需要涉水蹚河，爬坡登山。当时使用的勘测装备也不能和现在的相比，较为落后。从生活、工作和装备上来说，桥涵外业勘测工作对女同志来说确实不太适合。从现在回望过去，可以看出，以往参加过这项工作的女同志大多数衰老得都比较快。礼奇因初出茅庐，不知底细，不怕困难，任劳任怨，兢兢业业地完成了各项任务。不过长此以往，难保无患。礼奇先后在武广复线、焦枝铁路、枝柳铁路、皖赣铁路等干线上参加勘测工作，在皖赣铁路勘测其间，身感不适，经医院检查后，得知患慢性肾炎症。

性格耿直　诚恳待人

礼奇无亲密无间、形影不离的朋友，也无怀恨在心、势不两立的仇人。而以耿直的性格，坦荡的胸怀诚恳待人，可谓君子之交淡如水。礼奇从不以伶牙俐齿与人争辩，以显自己的高明。决不会用满口讨人喜欢的花言巧语去博得他人的赞美，更不会以满脸讨人喜悦的伪善神色去骗取别人的好评。礼奇光明磊落，诚信待人，拒绝尔虞我诈。礼奇行为正派，不为私欲，蔑视阿谀奉承，不为五斗米而折腰。正因为平时不会阿谀奉承，吹捧他人，或吹牛拍马，见风使舵。故在生活中遇到困难时，别人可以迎刃而解，礼奇只能艰难忍受。如调入铁四院后，多年没有解决住房问题，只得以单身身份住招待所，一家五口都成为无家可归的流浪汉。后来分得一间14.2平方米的房间，全家五口蜗居其间，困难可想而知。其实领导就住在同一层楼，日日见面，但困难总是无法解决。但礼奇对于少数危难在身，长期无法解脱的同事，则会极尽全力，设法解决。如有一对不孕夫妇，多年来因不孕而焦急烦恼不已，礼奇对此极为同情，鼎力相助，通过多种关系，在外地婴幼堂里领得女婴一位，以了此愿。今全家三代和谐相处，共享天伦。

面对不测　沉着应对

常言道天有不测风云，其实人又何尝不是如此。礼奇碰到的第一个不测是在1964年11月底，当时正在无锡休产假。突然接到一封信，内容有三：一是毛主席为三线建设睡不着觉，故包头学校要调老公去武昌铁道部第四设计院参加三线建设。二是你想不想去武昌，由你决定。三是如果两人同去武昌，两人都不能带家属。经过初步思考以后，觉得面对这一不测，实质上是要在服从国家需安而拆散自己的家，与保全自己的家而不服从国家需要两者之间作一艰难的抉择。根据当时的政治思想觉悟，礼奇对此进行了反复思考。如果选择后者，那么想象中的家是保住了，而在当时的历史条件背景下，这个家只是空中楼阁永远也不会存在的，所以只能选择前者，老公服从组织分配去武昌进行三线建设。接下来的问题是自己去不去，如果不去则一个人在包头，既要工作又要抚养三个孩子，这样一个家当前不好过将来也不会有很好的预期。如果同去武昌，那么这个家肯定是要拆散了。但是如果目前能妥善地解决好三个孩子的抚养问题，暂时拆散这一家庭，留待将来某一时刻重新恢复这一个家庭，这可能是一个解决矛盾的方案。后来真的如愿地找到了抚养三个孩子的妥然办法，因此最后决定夫妇两人同去铁四院参加三线建设。

礼奇碰到的第二个不测是在“文化大革命”时期。“文化大革命”初期，我参加了单位成立的战斗组张贴大字报，后划为造反派。“文化大革命”后期，办了很多毛泽东思想学习班，进行清理阶级敌人和批斗造反派的打砸抢罪行。当时本人在焦枝线工地抓革命促生产，任桥梁设计组组长。突然接到通知，调去参加学习班，几经周折到湖南石门第二中学，进入“五不准”学习班，历时近一年半。由于是“五不准”学习班，外界对班内情况一无所知。这一不测使礼奇极度恐慌，焦虑不安，但只得静观其变，别无他法。为预防由于自身的过失，而使老公罪上加罪，因而采取明哲保身的态度，保护好自己和在成都二伯家的三个孩子，同时在不怕困难的前提下，更加不顾一切地努力工作，避免自己戴上在“五不准”学习班中反革命分子的老婆等帽子。的确本人在“五不准”学习班内有四顶帽子，其一是历史反革命。这是在1942—1943年抗战时间，原先在无锡当学徒的三哥，因患癫痫病回家养病，后被推为保长。他因工作所需，常要外出。先母担心他在出外过程中旧病突发，无人照料，便令我同行外出，这样当万一出事，还有一个人能回来告知家人。正因为有这种安排，在“五不准”学习班内，伪保长的历史反革命帽子却转戴在我的头上了。二是在1957年反右派斗争开始前，不少著名学者对高校工作发表了不少意见，有的后来因此而划为右派。当时我在唐山铁道学院桥隧系的学习讨论会上，曾说过那些意见中有的讲得很有道理之类的话。可谁知讲那些意见的人后来划为右派，当时我没有随之划为右派，据说是因为我当时还年轻。但在“五不准”学习班内，则成为漏网右派。三是在我当桥梁设计组组长时，大家出于对毛主席的敬爱，喜欢在设计画上加写一条毛主席语录。当时有一位老工程师，用镂空的艺术体写了一条毛主席语录，后来发现其中的毛字应该是一撇两画，但他写成一撇三画，这被认为是对毛主席不忠，是现行反革命。因为我当时是组长，所以在“五不准”学习班内我便成了现行反革命。四是我在“文化大革命”初期，在桥隧处的铁路浮桥设计组工作，这是一个保密单位。组内有的人需要铁路浮桥的钢浮趸资料，便从铁道兵部队借来一套有关的保密图纸，“文化大革命”期间听说其中有一张图纸找不到了。该套图纸与我的工作内容无关，也与本人无任何关系。可是进入“五不准”学习班后，因那张找不着的图纸，我成了里通外国的特务。因为礼奇有一位姐夫，在当时还是英国殖民地的香港当公务员，这位连襟我们从未相见过，不知尊姓大名、年方或高寿几多，家居何方、尊容如何等等一概不知。但在“五不准”学习班里，找不到的那张图纸，肯定是由我里通外国转到我那位从未见过面的连襟那里去了，因此成了里通外国的现行特务。本人长期关在“五不准”学习班出不去，这件事本身足以使礼奇忐忑不安，日夜煎熬。礼奇除仅对伪保长一事略知一二外，其他到底出了什么事都不得而知，又不能过问，所以只能找更多的工作做，以劳消愁。但对老公办事稳重的性格，一贯诚信，从不做越规之事等有深刻的认识，对决不会出现大乱子这一点具有信心，因此采取了忍耐，忍耐，等待，等待的态度。在学习班待了相当长时间后，学习班的有关领导曾几次找我谈话，说前三个问题已经清楚了，暗示我可以回去抓革命、促生产了。我没有同意，而是希望继续把图纸问题对我说明白。这样学习班领导找我多次谈话后，说先去抓革命，促生产，图纸问题可以以后再说嘛，这样我就回队去搞设计了，但图纸问题至今都没有说明白，不了了之。但我在离开学习班后，得知那张图纸根本就没有丢，而是压在某人的资料箱内，而那某人却是“五不准”学习班内的有关重要领导人员。原来如此，图纸问题是不能公开说明白的原因不就很清楚了吗！出学习班后第一次见到礼奇真的心酸欲泪，但不敢落泪，因怕招来不必要的麻烦。此时的礼奇已是白发盖耳，面庞消瘦，脸呈黝黑，神色憔悴。受苦了。礼奇面对这次不测的确能沉着应对，全面分析，权衡利弊，争取到最好的结果。

身患绝症　顽强抗争

由于长期处于工作和家务的压力下，原有的慢性肾炎未能治愈，至 1983 年，礼奇无奈因病退休。2001 年体格检查后，发现肾功能指标远远超出正常值，遵医嘱入住职工医院治疗。由于治疗采用的仅是通常的吃药和滴吊方法，不几日病情加重，全身浮肿。又遵医嘱转入武汉大学中南医院三内科住院治疗，经检查确诊为尿毒症，医院立即发出病危通知书，此时礼奇已不能平卧，只能坐在床上趴在特别架设在床上的木板上休息，危在旦夕。医生先后实施了几次透析治疗，配合一般的服药和静脉滴注，病情有了好转。礼奇第一次冲过了生死关，以后坚持了十年的透析治疗。所谓尿毒症就是肾功能衰竭到了晚期，已丧失了排尿和排毒的功能，滞留在体内的尿液和毒素必须要用透析方法来排减。而透析治疗则是将体内的血液从动脉连续不断地抽出体外，通过透析机用透析液把血液中的毒素和尿液分离出去，再把清洁的血液从静脉注入体内的一种治疗过程。透析时每分钟从体内抽出的血液量在 250 毫升左右，所以穿刺动静脉的针头要相当的粗才行，这对病人来说是相当痛苦的。每次透析的时间一般都是四个半钟头，病人躺在床上不能动弹，这也是相当艰苦的事。所以礼奇第一次冲过生死关，实质上就是对病魔进行抗争的一次胜利。肾脏是不能再生的，所以得了尿毒症实际上就是得了绝症。因此不能把透析治疗认为是在治疗肾脏的疾病，使之恢复正常。只能把透析治疗看作是一个人工肾脏在替代业已损坏的肾脏工作。透析治疗是一把双刃剑，它可以延长病人的生命，同时也在损伤病人的机体，因为透析过程中同样会把血液中的养料和钙、钾等微量元素泄出体外。礼奇在中南医院透析一段时间后，便转入医保医院解放军161医院继续接受透析治疗。目前，161医院接受透析治疗的患者近三百人，其中个别患者接受透析治疗的历史已超过二十年。不过透析病史只有一二年便去世的占有相当大的比例，病史超过五年者占比例较小，超过十年的则屈指可数。礼奇于2011年3月病逝，透析史已达十年，这主要是由于抱着乐观的精神向病魔抗争的结果。从未见过礼奇因身患绝症而显露出来的垂头丧气、悲观失望、魂飞魄散等情境。2002年，适逢老公七十大寿，特身穿唐装率领全家赴皇宫婚纱照相馆合照全家福和个人生活照以资庆贺，还去步行街边玩边摄影，精神十分爽朗。2004年喜得小外孙，又回复到十余年前第一外甥女降临时那样的喜悦，兴奋。立即为小外孙命名为黄肖铭。2005年饶有兴趣地去海南旅游，边透析边出游，玩遍了海口、琼海、博鳌、陵水、三亚等地。时值初春，海南温暖的阳光，纯洁的空气，宜人的气候，遍地的鲜花，使人流恋忘返。

在三亚观赏天涯海角，登南山拜佛烧香，去陵水，渡海观猴。观东海日出天红，赏南海海天一线。到处摄影留念，随时品尝美味鲜果，如此种种，有谁会说这是一个身患绝症之人所为。2006年，祈盼多年的金婚吉日终于来临，回忆起当年的幸福甜蜜时刻，礼奇终日喜气盈面。又一次率全家再进皇宫婚纱照相馆，修发化妆，选配婚纱，室内室外摆足姿势狂拍双人、单人婚纱照，以补当年之所缺。同时再度拍摄包括小外孙在内的全家福，以资留念。此次摄影择其优者录入《金婚特册》内，喜悦之情，难以言表。当然与绝症抗争不仅要有乐观的精神，还要有坚强的毅力。在患病的前五六年间，往返医院，礼奇均坚持步行至公交车站乘公交车，后改乘出租车。到后期才由儿女私家车接送。直至最后双脚失去了行走功能后才借助轮椅代步。这从一个侧面反映了礼奇抗争的毅力。在抗争过程中，另一个重要条件是要在医患之间建立起一个良性的互动机制，使治疗效果达到最佳。礼奇自患病住院起的十年期间，每日都有日记，共计十一本。记录着每天的病情，一日三次测记血压。将这些资料及时地通报给医院和医生，由此作出妥然的治疗方案，如透析的次数由每周两次增至两周五次，最后是每周三次。透析的方法在血透、血滤和灌流之间合理搭配，服药的品种和数量也随病情的变化而调整，总之，治疗方面应该尊重医嘱。另一个重要条件是要尽可能充分地提供食物营养和提高免疫力，因为透析是要损伤人的机体的。因此只要礼奇想吃的食品，除在武汉市暂时买不到的外，都会尽一切努力予以提供。事实上患者的吸收功能也在不断降低，所以礼奇从一日三餐调整到一日四餐，再后期则是一日五餐，凌晨两点至三点间必须增加一餐。为提高免疫力，患者初期，礼奇每年冬季必进冬虫夏草，按一日一次，每次五条的标准服用。如此，礼奇在乐观的态度、顽强的精神、遵医嘱、保营养和提高免疫力的综合条件下，与病魔抗争整整十年。

殡丧盛事　圆满一生

2011年3月24日，礼奇躺在161医院的病床上，吸着氧气实施静脉滴注治疗，心脏监测器上的图形由波型慢慢地、渐渐地变为直线，礼奇在毫无痛苦表情，没有任何呻吟，极其平和地离开了人世，西游佛国而去。这应该说是礼奇享受人生的最后一次幸福，这也是对全家的莫大安慰。礼奇有福，有福！可是全家却在悲恸欲绝中，失去了爱妻，失去了妈妈，失去了阿婆，失去了奶奶，因而有号啕大哭的，有低头悲泣的，有愕然肃立凝视的，忍受着刻骨铭心之痛。至于殡丧怎样办理，全家有了共识。一是丧事按白喜事办。礼奇享年近八旬，三子女各各事业有成，孙辈成长可期，故可谓有喜。二是丧事不应草率从事，以求完美为准，要善待礼奇，以表孝心。三是在不产生浪费的前提下，所有费用从宽，不必过于拘泥，因为现实不差钱，应报答礼奇。由此，灵堂布置肃穆而不哀伤。友人题挽联一副，上联为：勤劳传家经风雨；下联为：廉洁诚信冶后人。妙哉，对联字字切入礼奇平生为人真谛，彰显礼奇的品德。遗像不用黑白而改用彩色，白烛改为红烛，花圈挽联写成“爱妻礼奇西游天国，恩夫墨芳驻足远眺”。废弃千古、敬挽等陈词。不聘用乐队奏哀曲，不必失声痛哭表哀情，营造一种白喜事的气氛。另外，暂不张贴讣告，以便从容办理与殡丧有关的事项。先去派出所注销户口，继之去殡仪馆选定追悼会礼堂，确定礼堂布置格式及仪式程序，选购寿衣、鞋帽、骨灰盒等等。同时悲告亲友及有关单位，哀接及致谢前来吊唁人士。当有关事项业已办妥或准备就绪或已有眉目后，于三月二十六日公示讣告，确定三月二十八日举行追悼会和火化。在筹备工作中做得最慎重、最仔细、最充分的一件事是觅寻墓地，连续三天去墓地踏勘，研究。先从九峰陵园内的几块墓地进行筛选，再对选定的墓地进行深入的利弊权衡，最后听取了各亲友的意见后作出决定，选定的墓地位于九峰陵园艺林区，阔 1.9 米，进深 3.0 米，地势平坦。墓地位居艺林区正中央，方位正东正西。东观红日冉升，西靠观音保佑。墓地远方则呈左有青龙右有白虎，前有笔架山作为照壁，三山围抱。近处左有见义勇为广场，右有碧水荷花池塘。面向三梯级堰塘，常年水流潺潺。左右则有若干院士、艺术大师墓穴为邻。该墓地可谓是一风水宝地。后用罗盘仪实测，墓地中轴线与正东西向方位线偏移 4°，征得陵园方同意后，将墓穴中轴线调整至与正东西向方位线重合。墓地地价九万八仟元，整体墓台石及墓碑价一万元，合计拾万零八仟元。最后签订墓穴的购买合同，并附有补充协议一纸，商定有关周围的绿化要求。另有墓地平面图一张，明确平面位置及尺寸。

在出殡以前，前来吊唁的亲友宾客，天天络绎不绝。其中包括多位院长和各处处长，实在担当不起，在此特表谢意。花圈也日见增多，门前走道两侧爆满，一再向两端扩展，总数多达六十余个，实在超出事先预期。夜间，亲族分批在灵堂守灵，香火袅袅。28 日出殡之时，早晨先后共发出大小汽车九辆，满载人员和物品前往殡仪馆。按现定程序，庄重而肃穆地举行了追悼会，之后进行火化。因陵墓尚未竣工，故骨灰盒暂存殡仪馆藏灰楼 1929 号内。中午在白玫瑰酒楼二楼宴会厅举行答谢宴会。全厅满摆十四桌，答谢宾客，结果座无虚席。设计院院长及各处处长等均亲临宴席，十分感人，总计一百五十余宾客出席。家属代表在宴会上致谢词，本人也至各桌躬亲致谢。整个殡丧过程，完美终场，大大超出了全家的预期，这一方面见证了礼奇有福，同时也表示两位女婿和儿媳妇努力工作，人际关系非常和谐。最后期待着明年清明时节，礼奇入土为安，圆满一生，含笑而去。礼奇一生最大的功绩是养育了三个子女，他们成家立业，至今已各各事业有成，表征着振兴家业的任务已完成，甚至超过了 1935 年书香门第的水准。在振兴家业的过程中，先母托起了 1935 年因人祸而正在沉落的家业；七姐则在当时极为不利的天时条件下，避免了家业的更进一步衰败；礼奇则在如此脆弱的基础上振兴了家业，萧氏“横山草堂”三位女性，前赴后继共同创造了佳绩，故予以立传。礼奇第二个功劳是养了一个儿子，为先母洗刷怨恨。先母虽有四子四女，但临终时未见孙子。为此族内以不孝有三，无后为大的习俗指责先母，先母无言以对，只得把怨恨吞肚，直至含恨而去。至今有了孙子，先母将含笑于九天云外，悠闲自得。

三、二十二世孙墨芳

二十二世孙墨芳（1932—），在家排行第八。不仅在家庭内为最小，而且也是族内同辈中最小。故长辈直呼其名为阿八，兄长则叫八弟，嫂侄们则称八叔叔。墨芳五岁上学，二十一岁大学毕业，为何如此幼小便上学。先母从未提及此事，但生长在那样的家庭环境中，很快就能领悟到是为了要振兴家业。二十一岁在正规大学毕业，这在当时，在家乡两三公里范围内可以说是空前第一位，但墨芳自十二岁时便在外上学，故这一点对当地农村没有什么影响。大学毕业前夕，被批准为母校唐山铁道学院第三批抗美援朝工程队队员。全班五十人，共批准十六名同学赴朝。当时国内外斗争十分严峻，家庭出身并非工农兵，何故会被批准赴朝。墨芳自忖可能是源于在班委内担任文娱干事之故。大一时墨芳经常跳苏联集体舞，后来又跳交谊舞。大二时思想有所进步，申请入团。班委和团支部便委以文娱干事。其实墨芳对于文娱没有什么天赋，但班内确有跳舞和唱歌方面的高手各一位，可请求他们帮助，于是在班委和团支部的领导下，开展了文娱活动，大三时全院举行歌咏比赛，我们班居然获得第一名。为此班委和团支部觉得这位同学还可以。不妨批准他去朝鲜锻炼考察一番，可能因此便被批准了。抗美援朝工程队日夜兼程，自唐山出发，经丹东跨鸭绿江，露宿平壤，抵三八线后直奔开城，欢庆八一建军节。上级领导部门在板门店附近选定一片水稻田，拔苗排水，挖基填土，迅速开展飞机场的建筑工程，供中立国代表团飞抵板门店参加停战协议书的签字仪式，任务非常紧急。为此中国人民志愿军有不少团的战士参加了修建工作，工程队向每团指派两名队员负责技术工作，整个飞机场迅速建成，胜利完成了任务。工程队撤回至新义州，连夜徒步经鸭绿江浮桥至丹东回到唐山母校，完成了第三批抗美援朝工程队的光荣任务。

墨芳服从组织分配，未出校门留任桥梁隧道系助教。第一项任务是任劳远昌教授的助教，负责钢筋混凝土课程的辅导工作。因为助教的知识结构太贫乏，所以是没有资格和能力进行讲课的，其职责是负责解答学生对相关课程提出的种种问题。为避免在解答过程中出现难堪，因而培养了自早晨八点至晚十点半之间，除了吃饭、活动及一些必须做的事务以外，都用来精读与辅导课程有关的书籍的习惯，这一习惯对后来的工作大为有益。后来又担任其他教授的助教，直至1955年。当时高等教育工作已在进行改革，要求工科类学生在毕业前必须进行毕业设计课程的考核，这对老师们来说就需要有关教师具有指导毕业设计的教学经验及能力。因此桥隧系选定两位青年教师试做毕业设计，可能是认为墨芳在以往的助教工作还算认真，故被选为其中之一，由桥隧系系主任兼桥梁教研组主任张万久教授负责指导试做毕业设计。说实在的，由于功力不足，整个毕业设计阶段都处于加班加点状态，使人梦寐萦怀。不过结果尚好，在以铁道部设计总局总工程师林诗伯为主席的答辩会上通过了答辩，取得了最高分5分的好成绩。

毕业设计结束后便脱离了教学工作，张万久教授要墨芳参加中苏合作丰台科学研究基点专题之九的“具有预应力镫筋的薄腹板预应力钢筋混凝土梁的研究”专题科研题目。该专题中方负责人是张万久教授，苏方负责人是鲁登科。开展这项科研工作，需要阅读已发表的与此专题有关的大量文献资料，了解该项目当时的科学水平、存在哪些尚未解决的问题、应该如何对这些问题进行分析研究，再通过试验测定有关数据，在分析试验所取得成果的基础上，作出最后的科学结论。当时大多数信息资料都是在英文或俄文刊物和报告中，这就造成了不少困难。因为在新中国成立初期，由于历史的原因在大学里没有开设英语课程，又因师资力量不足，也没有开设俄语课程，待至留校任助教后，在当时向苏联学习的口号下狠补了一下俄语。现在又要阅读大量的英文资料，仅靠高中学习时掌握的一点英语，无疑是不能胜任的，因此又苦苦地学习了一下英语。在张万久教授的指导下，边工作边学习，顺利开展了该专题的科研工作，后转入试验梁的设计、制造和试验阶段。试验梁拟在铁道部丰台桥梁厂制造，而在铁道部科学研究院试验。为此墨芳被派常驻丰台桥梁厂，并委以代表唐院方与桥梁厂、铁科院积极研究、磋商有关试验梁的制造及试验工作，并负责有关试验梁的日常制造事宜。

至1958年，大跃进已逐步成为全国人民行动的最主要纲领，支援少数民族地区的大跃进也成为一个重要任务。在此情景下，唐院领导作出调墨芳去内蒙古包头市任教的决定，张万久教授也只得忍痛割爱，表示同意，从此又回到了教学工作岗位，而且要自己开始讲课了。1958年秋季开始在包头铁路工程学校讲授基础课，后讲授桥梁专业课。1960年秋季开始在包头铁道学院讲授桥梁专业课和指导桥梁毕业设计。在从事教学工作期间，学校领导为了提高老师们的教学质量，差不多每个学期都会安排一次墨芳主讲的公开教学课，供大家观摩学习讨论。

至1964年底，墨芳调入铁道部第四设计院后，因主要工作是桥梁的外业勘测和内业设计，故讲课工作又中断了一次。但是当毛主席发表要培养工人阶级知识分子的指示后，单位领导在浙江金华成立了一所七·二一工人大学，命墨芳去任教讲课，从此又开始了一段直至退休的较为漫长的讲课过程。其间在铁四院职工学校中连续几年脱产讲课。此事好像不翼而飞，相继引来武汉市城建学校、武汉钢铁公司职工大学、武汉水运工程学院（现武汉理工大学）等院校相继前来铁四院桥梁隧道处洽谈聘请墨芳前去以上院校讲课事宜。后均获批准，按当时的俚语来说俨然成为一名讲课专业户。其实这仅是工作地点和内容上的改变，其他方面一切如旧，仍然是一位老师。之后，在桥隧处内任专职职工教育工作。

由于工作需要，会经常外出参加铁道部范围内的、全国建筑系统内的、各铁路设计院之间的、高等院校间的以及武汉市土木工程学会等召开的各种科技报告讨论会，待回处以后，必将会议内容精准地汇总后在处内向大家汇报，以提高科技人员对新科技的认识。在20世纪70年代，无论国际或国内都广泛关注部分预应力混凝土这种新材料，不少单位通过各种会议报告他们对这种新材料的研究、试验、运用等各方面的成果，可谓盛极一时。为了系统地将这种新材料介绍给桥隧处的科技人员，于是在1983年悉心撰写了《部分预应力混凝土》一书，打印成册，分发给处内科技人员学习参考，并举办了历时半年的专题讲座班。该书内容包括部分预应力混凝土的概念、定义、优点、科研、设计及应用等部分，其中科研一节又介绍了非预应力钢筋的作用、疲劳、裂缝、变形及抗震等内容。该书曾分别赠送西南交通大学劳远昌教授、铁道部科学研究院程庆国院长、长沙铁道学院徐铭枢教授及国内其他单位的专家学者等审阅，受到了高度赞誉。铁道部科学技术情报研究所将该书编列为该所书目后作为藏书收藏。湖北省铁道学会为该书颁发了科技二等奖奖状。随后不久国家颁布了有关部分预应力混凝土的设计规范，为在工程结构中大量采用部分预应力混凝土新材料创造了条件。铁道部第四勘测设计院桥隧处则在广（州）深（圳）准高速铁路上，于广东石龙跨越东江的铁路桥上，设计施工了一座大跨度三跨部分预应力混凝土连续梁，后来又在京九铁路线上采用了更大跨度的连续梁。在当时该书可能是国内第一本内容最丰富、叙述最系统的有关部分预应力混凝土的专著。直至1992年墨芳退休时为止，也未见过有类似的专著出版。时至今日，又过去了20多年，情况仍然如此，故或许可以说该书是唯一的一本有关部分预应力混凝土的专著。在退休以前的八九年间，墨芳继续以讲课的方式，向处内科技人员专题介绍各个时期的国内外、公铁路桥梁科技在设计、施工及运用等方面的先进技术，不过涉及的范围都不如部分预应力混凝土专题那样全面系统。退休前，铁四院组织人事部门为了摸清楚业已分配到院工作的工农兵大学生的实际技术水平，组织了一次考试。为此事先专门开办了一期工农兵大学生复习班，墨芳参加了该复习班的讲课辅导工作，历时超过半年。

回忆起自1953年参加工作至1992年退休这近40年的工作经历，似乎墨芳与讲课特别有缘，长盛不衰，时而还冒出点火花来。如欲觅其源，则必须再从劳远昌教授的关怀和指导说起。劳远昌教授出身于教师世家，对教学工作很有造诣。在英国获得博士学位后，回国任教于母校唐山铁道学院，墨芳有幸充当麾下。作为一位助教，本毋需讲课，而作为高等学校的教师，则必须能讲课。为此，劳远昌教授要求助教试讲，通过试讲逐步掌握讲课艺术的真谛。所谓试讲就是将教科书中一些算例之类的内容，由助教直接面对学生进行讲授。在此之前，助教必须对有关讲授内容充分掌握，书写讲稿，面对由有关教师们临时组织起来的小组进行讲课。开讲之前，劳远昌教授发表简短讲话，祝贺助教踏上神圣的教师工作岗位，希望今后虚心学习，做好讲课工作。试讲完后，各位老师会提出不同的意见、建议甚至批评。在此基础上，对讲稿再进行修改、调整后，才能登上讲台向学生讲授。在听取学生们的意见后，再慢慢地领悟讲课工作的内涵、实质和要求，使自己有所提高。另一方面通过长期观摩劳远昌教授的讲课过程，自己也会得到很大的提高。至于劳远昌教授的讲课艺术，墨芳不敢妄加评论，更不敢班门弄斧。但他的艺术精华已起到了潜移默化的作用，在墨芳后来的讲课过程中均有所体现。

这里要提出一个教学质量的问题。教学质量的高低不是以老师讲课的优劣来衡量，而是以学生听课后对所听课程的内容掌握多少和理解多深来考核。事实上学生掌握理解的内容总是比他在课堂上听到的内容要少。对老师而言，能讲出来的内容同样要比自己实际拥有的内容要少。从这种在数量上逐步减少的趋势来看，要提高教学质量，最根本的是要求老师最大限度地充实和提高自己的科技知识水平。但是这还不够，因为提高教学质量还要解决老师讲得好和学生听得好两个关键问题。老师具有丰厚的知识只是使讲得好有了保证，它仅是一个必要条件，而另一个充分条件是老师必须高度重视教学法。所谓教学法，概括来说就是使学生听得好的方法。至于怎样才能使学生听得好呢？它的基本要点是在讲课开始之前把学生的注意力集中起来，而且一直保持到下课，一个纷乱的班级课堂秩序决不会出现良好的教学质量。为了一开始就能把学生的注意力集中起来，老师必须衣冠端正，形态庄重。进入教室师生相互致意后，老师应直面学生，而且扫视全班，待学生都集中注意力后立即开讲。在一节课的整个时间内，应尽可能多地面向学生，让学生能盯住你讲课的口形。为了做到这一点，老师在讲台上的移位要小、要缓慢。书写黑板要分段由左向右、由上而下地进行。不能明显地摆出看手表的动作，所以手表只能戴在左手上，而且表面放在手心一侧，利用书写黑板的时刻，抬手扫瞄一下，以控制讲课进度。不能手拿讲稿，照本宣科，更不能站在讲台上低头翻阅讲稿。另外老师不宜在课间擦抹黑板，而应控制好在一节课内正好写满两块黑板的标准来讲课。利用课间休息时间，一次性把两块黑板擦干净，以便下节课使用。这一要求实践起来很难，但只要努力是办得到的。以上各个环节都有可能因老师控制不好而使学生注意力分散，也有可能因某种偶然事件而分散学生的注意力，此时老师应立即停止讲课，重新将学生的注意力集中起来，然后才能进行讲课。最后应切忌响了下课铃后再拖堂讲课，因为这时学生们的注意力再也不可能集中了，如继续讲课，绝不可能会有好的效果，相反地会使学生觉得老师做事没有诚信，不守课堂纪律。因此这是做了一件得不偿失的事。由上可知，为了提高教学质量而运用了教学法，这对老师是提出了一个更高的要求。

另外，在对一个问题的讲述方法上也要很讲究。要条理清晰，主次分明。首先要把它的主题提出来，然后用简洁的语言予以说明，不必啰嗦重复。如果觉得对主题还没有表述清楚，再用另外的言语进行讲解，这将是一种失败，因为这将会松弛已经集中起来的注意力。这看起来是一个表述的能力问题，其实是因为对教材内容没有真正吃透。又如讲两节课都不需看讲稿的问题，听起来很难，其实对青壮年教师来说并不困难，关键是备课的问题。讲稿应提前若干天写好，讲稿不能照抄教科书的内容写成语句化的报告体，而应按教材次序，依次对各个问题先列出主体内容，后附若干有关的各种说明，用图表的形式写就。这样的讲稿可以说是理解了教材的内容后用自己的语言写成的讲稿。有了这样的讲稿，在讲课前一天再做一次认真的复习，讲课当天起身后头件大事就是默背讲稿。按照这种方法备课，可以保证两节课不要看讲稿，墨芳甚至可以把包含很多数字的算例，不看讲稿一字不错地讲演完毕。至于一节课刚好写满两块黑板，下课铃响前不要擦黑板，这只是控制时间的技巧问题，多作实践后不难解决。

考试是考核教学质量的手段，它既考老师也考学生。如果老师按前述方式进行教学工作的话，应该对教学质量有信心，不必过于担心考试会考垮自己。为了考学生，老师则应认真对待考试。墨芳过去采用过的四条可供参考。一是出题非常认真。试题内容应顾及全面，难易兼备。这样才能反映出学生各自的真实水平。二是考试非常严格。只有严肃的考试纪律，才能保证真实的考试成绩。三是给分非常吝啬。不必为众多100分而自豪，也不必为有不少不及格而自卑。众多的高分只能引起学生自满，不及格却能鼓励学生发奋努力。四是补考非常宽松。在相信自己教学质量的前提下，相信补考学生通过自己的进一步的努力，已克服了考试时出现的缺点，故应予鼓励，不必苛求。这里顺便记述一下一件往事。在前述工农兵大学生复习班结束前，进行了一次考试。近百人的学生中，没有一位能对试题中的一道题正确地解答出来。其中两位佼佼者大为不悦，便状告桥梁隧道处，称试题本身有误，并恳请几位老工程师试答，以判别试题是否有误。由于老工程师们久未接触过本属大学基础课程方面的内容，果真没有能提供正确的答案，于是足以确证该试题有误。不过当墨芳公布正式答案后，大家确认试题无误，一切烟消云散，归于平静。事后时有偶遇当年的工农兵大学生，谈及此事，颇有感触，觉得学无止境，不可稍有自满。

墨芳在铁道部第四设计院（现名中国铁路第四勘测设计院）工作二十八年，其中直接从事铁路桥梁勘测设计工作达十年，先后参加武（昌）衡（阳）铁路复线工程施工图设计、武（昌）大（冶）铁路初步设计、4016（铁路浮桥）设计组、焦（作）枝（城）铁路新建施工图设计、皖（芜湖）赣（景德镇）铁路新建施工图设计并配合施工和宁（南京）芜（湖）铁路改造设计。在铁四院工作期间，还先后发表了《铁路柔性墩的墩顶水平位移计算》和《柔性墩桥的设计与计算》两篇专题论文。前者入编《'92 全国桥梁结构学术大会论文集》，该会于 1992 年在武汉召开。后者在《铁路标准设计通讯》杂志 1992 年第 6 期上发表，后入编《中国综合运输体系发展全书》和《走向 21 世纪的中国——中国改革与发展文鉴》两大型文献内。后又撰写了《柔性墩》和《地震区桥墩台》两篇专题文章。前者作为长期研究柔性墩桥梁的总结；而后者则是因为在《铁路工程抗震设计规范》（GB J111—87）制定过程中多次参与了有关条文内容的讨论会，和平时学习了不少国内外有关建筑物遭受地震劫难的资料后写成的心得。有幸的是这两篇专题文章均由《铁路工程设计技术手册——桥梁墩台》一书作为其第四章和第九章的内容而被采纳，并已出版发行，以供铁路桥梁勘测设计人员工作和学习时参考之用。在文献翻译方面，先翻译了《非预应力钢筋对预应力损失和挠度的影响》一文，刊登在铁道部第四设计院编辑的科技刊物上。1983 年翻译了《美国混凝土学会建筑法规》（ACI318—77）中的"剪切及扭转"和"预应力混凝土"等两章，后由铁道部第四设计院编印出版。最后于 1988 年又翻译了《预应力混凝土分段式桥梁的设计与构造》一书中的第四章"分段式桥梁的设计"一文，现刊登于本文集中。

四、今日之萧氏"横山草堂"一家

先母仙逝时，有两女两子守孝，其时大姐二哥已成家立业，七姐与墨芳尚处青年。时至今日，四子女均已退休，大姐二哥亦已西去侍候先母。大姐两子均定居上海，各为三口之家，生活可谓不差。二嫂携女带孙定居成都，长孙大学毕业后亦在成都工作，家中其他人员均退休在家，共享天伦。七姐定居无锡，其女为幼教老师，大有作为。墨芳一家可谓人丁兴旺。可告慰先母者，此乃一和谐家庭。

和谐家庭由先母的四子女及孙辈共八家组成，子孙共计 24 人，他们之中从未出现过一位啃老族，故彼此之间在经济上没有任何利害冲突。在生活上，每家都以先母为范例，艰苦奋斗，自食其力。不仅如此，如若其中某一成员出现暂时困难，各方都会鼎力相助。形成和谐之家的另一个重要原因是，各成员都是在书香门第传统教育的熏陶下成长起来的，彼此都以礼仪相待，真诚待人，助人为乐。文化思想上均有相似的基础。

礼奇生前身患绝症，与病魔顽强抗争十年。墨芳不离不弃相随拼搏十载。初期采用中医，到处觅寻专家博士，问医求方，购药煎熬，喂药灌肠，烦琐诸事，力行不辞。但实践证明，中医治疗，疗效甚微，后则确认透析治疗。从此，自始至终每隔数日，必往返解放军 161 医院透析一次，次次全程陪护。每次透析交通工具事先安排，携带物品，必仔细清点，以免影响透析的顺利进行，透析之前，称量体重。铺床整褥，为透析创造良好的条件。透析之中，侍候在旁，随时观察病态变化，如有异态，及时报告医生予以处理。因每次透析历时很长，故透析中途必购买可口食品，耐心喂食。透析后穿衣戴帽，再称体重记录在册，以供下次透析之用，然后搀扶回家。平时在家休养，天天测血压两次，将实测结果和病情、精神、食欲、服药后的反应等情况详细记录在日记本中（至今已记录满十一厚册），待下次透析时向值班医生汇报，据此开列医药处方，交款取药，供在家时服用。因病住院治疗期间，则必定全家动员，日夜陪护，力求早日康复，回家共度天伦，如此十年如一日。这种典型事例，不仅巩固了和谐家庭的基础，而且引起了周围群众和医院院方的关注。致使出现了下面一件突如其来的事。

2011 年 2 月 14 日，众所共知这是年轻人的情人节，与耄耋老人毫不相干。当日礼奇按正常日程安排，实施着透析治疗，其间 161 医院政治部干事陪同长江日报、楚天都市报、楚天金报、武汉晨报和武汉晚报等五位记者突然前来集体来访，并说今日是情人节前来采访，希望介绍一些有关透析治疗的情况、和谐家庭的内容以及对情人节的感受等等。我们对于这次采访的确很感愕然，事先毫无准备，出于礼貌又无法推辞，最后只得简要介绍一些有关透析治疗的情况和感谢 161 医院医务人员的精心治疗。然后谈及恩爱夫妻，白头偕老，自畅游国内外山水名城，品尝各地美味佳肴的年青时代，经竞挑生产生活重任，共御人生不测的中年时期，至各自光荣退休，更谋和谐家庭的老年时期的一些简单内容。采访历时两个小时，最后还为我们老两口摄影彩照一张以示纪念。次日采访内容刊登在 2 月 15 日的武汉晚报上，引起多位好友来电询问。后来询问护士长为何采访我们，护士长说，按照记者的采访要求，在全院近三百名透析病员中，在和谐家庭和夫妻恩爱方面找到了你们最具代表性的一对，故前来采访。

12 月 1 日是礼奇的生日，她一般不过生日。2011 年 12 月 1 日，次女特意订制了生日蛋糕，点了生日蜡烛，带领外甥在病床上给妈妈祝贺生日快乐，礼奇十分快乐。次女是妈妈的“小棉袄”，事事处处贴在妈的心坎上，真是一件“贴身的棉袄”。长女则是妈妈的“顶梁柱”，不论什么事情，由她去办理，总是可以完美地解决，妈妈由此可以清闲自得。儿子又是妈妈的“心头肉”，对于宝贝儿子宁可自己病退也要让儿子早日去顶职。儿子对于妈妈则是体贴入微，有关妈妈的事，总是首先去完成，不论自己身处何地，手上有无工作。对于这样一个融洽无间的五口之家，称之为和谐家庭实无不愧。

今日之萧氏“横山草堂”一家又可称为知识分子之家。1982 年，国家首设高级工程师职称时，墨芳即为铁道部首批桥梁高级工程师。曾先后入编《无锡名人辞典》《中国专家大辞典》《中国人才大辞典》等典籍。次婿黄正华现为铁道部铁路线路教授级高级工程师；长婿龙舒华则为铁路桥梁高级工程师，现任海南省海口市规划局副局长；儿子沁凯亦为铁路桥梁高级工程师，儿媳也是处办高级机要秘书；爱妻礼奇生前为铁路桥梁工程师；长女沁春为电讯工程师；次女沁晳为工民建工程师。工程师济济一堂，无愧乎工程师之家。追忆家史，曾祖与祖父父子于清代相继中科，祖父及其堂兄，兄弟两人同为清光绪元平秀才，书香门第终居乡邑之首。但在 1935 年因突发丧事三起，书香门第终成空名。时至今日，时隔七十余年之久，书香门第之名以知识分子之家再呈于世，可喜可慰。

今日之萧氏“横山草堂”一家不妨称之为殷实之家或小康之家。重提 1935 年的三起丧事，家境由此跌至破产的边缘。先母采取增加生产，节衣缩食等有效措施才托起了行将坠落深渊的家业。子辈们处于当时的条件下，只能以微薄的工资收入维持生计，根本谈不上有什么积累，唯求努力工作，涨点工资，少出乱子。可是到了孙辈，改革开放后形势大变，财富积累有了可能。外甥女龙霏霏说得好，君子爱财，取之有道，这里所谓“有道”意指：运用自己智慧，通过自己的努力，坚守诚信原则，符合有关法律法规，获取合理收益。拒绝投机，拒绝诈骗，拒绝暴利。今以老大为例，改革开放初期，中国电信实施机制改革，老大因病划归内退，事后定居海口。不久为测试自己的一点才能，组建了一个小型基础公司，专营各种基础施工。在遵循以上“有道”所含的要点，公司时有扩展，由此收益也有所增多，至今小有绩效。长婿目前在海口市规划局任公职，夫妻俩公私各居一方，但公私始终泾渭分明，一方不谋求借公济私，一方则不以公助私。清正廉洁，依法经营，互不相扰。次婿和儿子两人均在铁道部第四勘测设计院工作，在近几年铁路事业（包括高铁）高速发展之际，生产任务极度繁忙，需要天天加班加点，效益始终不菲。长期积累，也是小有结余。由此看来，三子女皆可称为小康人家，或殷实之家。在此颇有感叹，先母期盼的振兴家业之愿，墨芳未能成就，今孙辈如愿以偿，可贺可嘉。加上上节所述知识分子之家已替代了书香门第，今日之萧氏“横山草堂”一家，的确恢复甚至超过了1935年以前的家境。现以此告慰先母，墨芳无愧于先母，已无它求，足矣。

最后还要小叙今日之萧氏“横山草堂”一家将是阳光之家。今日之萧氏“横山草堂”一家，三代十一口，子辈六人中共有四位中共党员，次婿黄正华现任中铁第四勘察设计院集团有限公司线站处党委书记，1983 年毕业于长沙铁道学院，工作一向兢兢业业，任劳任怨。但在升迁之路上，总有后来居上者。对此次婿并不介意，仍然服从党的安排，以党的利益为重，一如既往地做好自己的工作，不因个人得失而影响党的事业，表现出纯洁的党性。长婿龙舒华，共产党员，现任海南省海口市规划局副局长。规划局本属是非之地，前任副局长因贪污而判刑十余年，至今年尚在服刑。党组织在选派龙舒华任副局长时，家人曾产生过该职风险太大的忧虑。可是事实已证明，他竟有出污泥而不染之节，甚至对于爱人也始终保持公私泾渭分明之势，实属不易。至于次女肖沁皙、儿媳段灵俐均为普通中共党员，在各自的工作岗位上，积极工作发挥了党员的模范带头作用，完成各项任务，屡受嘉奖，分别提升为科长和主任职称。以上所述，各种党性的优良表现是萧氏“横山草堂”一家行将成为阳光之家的根基。

孙辈共有四位，先从小外孙黄肖铭说起。2011 年暑假，铭铭在电话里说，他们全家要到海南旅游。我便告诉他，我缺少一支铅笔、一支红色圆珠笔和一块橡皮，希望来海口时带来。当铭铭到海口时，做的第一件事真的就是恭恭敬敬地把三件文具交给了我，做事如此诚信，可喜。今年四月在武昌住宅小区内，观看邻居新娘出嫁，铭铭得喜糖一包，当他拆开喜糖包后，便将喜糖主动分发给没有拿到喜糖的小朋友和大人们。铭铭对待他人竟是如此的毫不利己，大度待人，可嘉！铭铭年仅九岁，在读小学三年级，天资聪颖，待人处事品质优良，真是了不起。再说孙子萧宇龙，目前在武汉二中读高二，明年参加高考，学习任务很紧。因身材较高，被选为二中篮球队员，已被评为国家二级篮球运动员，每天早锻炼都要出操练球。但家住武昌要赶到汉口二中，需要花较长的时间，虽然如此，整个一学期内从未缺席过一次篮球队早练，能实现天天出操练球的学生仅他一人，为此受到教师和学校的特别表扬。对待工作，如此认真，真是难能可贵。大外甥黄肖磊，目前还在大学攻读钢琴专业。思维敏捷，眼光宽阔，较有前瞻性。故目前正在利用暑假空闲时间学习会计科目，为日后创造更多的就业机会。最后要说说外孙女龙霏霏，目前正在美国南加州大学商学院学习。相对各位弟弟而言，由于中西互参，阅历较广，心胸坦诚，勇于实践，待人接物较为成熟，日后事业成功可期。有了这样一代年青人，可以期望他们将为萧氏“横山草堂”一家成为阳光之家带来了希望。

五、萧氏“横山草堂”的文化简介

为了便于人们了解萧氏“横山草堂”，今从以下几方面就萧氏“横山草堂”的文化作一简要介绍。

望族名人，社会活动家辈出的世家

萧氏始祖萧何，就是一位社会政治家。在西汉初期，官至丞相，协助汉高祖刘邦立法以治国。无锡萧氏始祖萧培，系萧何的55世孙，南宋末年，任度宗、恭帝、端宗三朝的户部右侍郎，掌管土地、户籍、财税等大事，从政惠及民生。十四世祖萧钟海，热心社会公益事业，修葺位于烧香浜的萧氏宗祠，延续萧氏宗族历史文化，多次主持赈灾善事，受宠皇恩，乾隆癸未年（1763年），恩赐粟帛，援侍郎。二十世祖（先祖）萧焕梁，为保护茧农利益，奋起与英商抗争。光绪九年（1883年），英商用十八两甚至二十两为一斤的大秤收购鲜茧，坑害茧农。先祖与堂兄萧焕唐等七人，为民请命，告至县府，后至省府，最后呈文南洋大臣曾沅圃，终获胜果，最终茧商必须用县府核准的十六两四钱为一斤的公平秤收茧，保护了茧农利益。后人称“七人”为办洋务之能手。光绪十三年（1887），先祖受聘近代思想家、政治家、外交家薛福成助司笔扎，专注文书事宜。宣统三年（1911），先祖任开化乡筹备自治所副所长，自治会会长。民国元年（1912），任无锡县参议员，参与政治事务。先父萧治馨（1896—1935），生前任开化乡乡长。社会活动家的辈出，显示萧氏“横山草堂”各代世祖对当时的社会进步、政治安全，都有一定的促进作用，作出了自己微薄的贡献。

书香门第，著书立说世家

十世祖萧涵，明代学者，平日精读经书，勤于写作，著有《纲目纂要》《山房别集》《神鬼实录》等书目行世。十一世祖叔萧光绪，性颖敏，幼时就读东林顾、高二师处，刻苦勤学，工诗词古文，明天启三年考取秀才，明崇祯六年考取举人，遂成书香门第。著有《枫庵诗草》及《横山草堂文钞》行世。十九世祖（曾祖）萧汝金，六岁入塾就读，咸丰六年丙辰科秀才，再秀书香门第。先祖萧焕梁，九岁从师读书，十年寒窗，十九岁时与堂兄萧焕唐一起于光绪元年（1875）同科中秀才，双秀书香门第。所撰《横山草堂杂钞》于民国三年行世。二十二世孙萧墨芳，1953 年大学毕业，已发表《铁路柔性墩的墩顶水平位移计算》和《柔性墩桥的设计与计算》等两篇专题论文。为《铁路工程设计手册——桥梁墩台》一书编写了《柔性墩》和《地震区桥墩台》两专题的科技资料，供广大铁路桥梁设计人员学习和应用。编撰了十六万字的全国首部《部分预应力混凝土》一书，作为本人专题讲授之用。该书受到著名学者的高度赞誉，并得到湖北省铁道学会科技二等奖的奖励，参与“具有预应力镫筋的薄腹板预应力钢筋混凝土梁的研究”专题科研工作的成果也已出版发行。翻译出版了《非预应力钢筋对预应力损失和挠度的影响》，《美国混凝土学会建筑法规》（ACI318—77）中的“剪切及扭转”、“预应力混凝土”等两章的设计规范内容。已翻译的《预应力混凝土分段式桥梁的设计与构造》一书中的第四章“分段式桥梁的设计”一文，也在本《文集》中出版。

由以上史实表明，萧氏“横山草堂”作为书香门第，著书立说世家，当之无愧。著书立说决非只是为了显露自己的文才，更重要的是记录当时社会的某种文化，或科技发现，或社会变迁，或思想演变，或文艺创作，等等，以供后人借鉴，推动社会进步。当然个人在这方面的作用是有限的，但并不排斥去努力做好此事。著书立说，有益于文明，有益于人类。

助人为乐，行善积德的慈善世家

据《开化乡志》记载，世祖萧涵性慈善，慷慨好义，邻族之贫困者每多济助，对地方公益善举，竭力倡导。这一慈善之心，历代世祖视作家规，身体力行延续至今。凡遇旱荒饥饿，水涨泽国，飞蝗满天，战乱疾疫等特发灾情，世祖们必立事赈济，以慰民心。除前列十四世祖萧钟海受皇恩外，十五世祖萧文漪和十七世祖萧鹤瑞均因实施慈善事业而先后于乾隆甲辰年（1784）和道光丙申年（1836）恩赐粟帛，授侍郎，十八世祖（高祖）萧玉田因身为名医，故终身以其精湛医艺，行善于平日生活之中。乡邑庶人，无论贫富，不分老幼，如染病疾，即可得治，尽显慈善之心。先母张秀英，是一位虔诚的佛教徒。周边寺庵如有佛事，无论远近，先母必洁身前往，烧香拜佛，祈求平安，此等菩萨之心最能领悟世祖的慈善之举的真谛。故在乡亲邻里之间，凡平日里受困无援者，前来告知，必扶危急难，施以善举，缓解燃眉之急。此等善举，对处于殷实之家的先母而言，本无必要提及，但待至1935年，家境突变，一年内丧事三起，耗尽钱财，乃至负债，膝下八位子女有待抚养，均由先母一人担当，又因出身书香门第，无下水田种植取粮的能力，故原为殷实之家，顷刻濒临破产的边缘。此时的先母头脑清醒，意志坚强，振足精神，顽强自救。先发挥自己苏绣特长，再开展旱地农业，扩大农副业生产，逐步培养子女参与水田生产，采取发展生产、节衣缩食的措施进行自救，如此艰辛地度过了十余年的经济拮据生活，但先母从未放弃过任何慈善之举，如先祖逝世后，其侍从本可早日辞退，先母则认为他对先祖生前生活有助，故供养至终身。又如一位族内远房太婆，因无房无地，无子无财，是无人供养的寡老，平日靠为他人念诵佛经取酬度日，先母则无条件收留在家居住，直至临终前夕，由其侄子领回殡葬。再如一堂叔经商失利，回乡变卖全部房产以抵债，全家三代四口，无处安身。先母为其特辟一间住房，免租供其居住达六七年之久。先母无论实施何种善举，只为助人为乐，别无他求。慈善是一种社会美德，各代世祖均以此立为家规族规，并身体力行，此举不仅助人于危难之际，更是修炼了自己的身心修养，促进了社会安定，为国泰民安作了一份贡献。故长期以来，行善积德成为萧氏“横山草堂”一家的一种文化，传承至今，现于此记录之。

教书育人，传道授业解惑的教育世家

萧氏“横山草堂”的建成，为传道授业解惑工作创造了物质条件，十世祖萧涵即在此设塾授徒，督课颇严，讲解详明，循循善诱，诲人不倦，城乡学生负笈相从。先祖萧焕梁遵家训，于光绪七年（1881）在无锡城中道场巷陈敔之家首次设馆授业；继之于光绪二十四年（1898）在浙江萧山陈光淞家和光绪二十六年（1900）在无锡城中学前街薛观察家先后设馆授业；于1920年任开化乡学董期间，先后在乡内各地创立小学17所，为教育事业作出了很大的贡献。原设于烧香浜萧氏宗祠内的敦睦小学即为其一。直至1953年，二十二世孙墨芳大学毕业，留任母校唐山铁道学院任教。后转入内蒙古包头铁道学院任教，开始正式讲课。至1964年调入铁道部第四设计院后，仍先后从事教学工作共16年。在“文化大革命”期间，毛主席发表“七二一”指示要培养工人阶级知识分子。单位领导随即在浙江金华开办了一所“七二一工人大学”，调本人去该校讲课，从此又走上了讲台讲课。之后又在铁四院职工学校中讲了几年课，后又相继到武汉市城建学校、武汉钢铁公司职工大学、武汉水运工程学院（现武汉理工大学）等院校讲课。完成以上讲课任务后，回到铁四院桥隧处任专职职工教育工作，每周为桥梁设计人员讲课一次，介绍当时国内外在桥梁科技领域内的最新成果，为此在1983年专门撰写了长达十六万字的《部分预应力混凝土》一书，刊印后分发给学员学习参考。铁四院虽非教学单位，而墨芳的实际工作却大部分是教学工作。究其原因是在唐山铁道学院任教时，得到恩师劳远昌教授的指导和培养，加上自己的努力实践，总结出一套提高教学质量的方法和经验。自十世祖涵开始，至今四百余年间，萧氏“横山草堂”族系的子孙们，在传道授业解惑的教育工作方面，不仅长盛不衰，且有独到的见地，故称之谓教育世家，当仁不愧。

造福人民，现代桥梁世家

萧氏横山系子孙，聚居横山和烧香浜两地。因东有长广溪阻隔，西有雪浪山绵亘，生产与生活均受到限制，与邻近居民的交流也极不畅通。此种人文地理环境对萧氏后裔的发展非常不利。十四世祖钟海，平生三度募资修桥，分别修建了丁泽（石）桥、横山桥和葛埭桥。对当地的经济、文化和交通发展起到了很重要的作用。真是造福子孙，造福人民，萧氏“横山草堂”也就有了造桥的鼻祖。1953 年，二十二世孙墨芳毕业于唐山铁道学院桥梁隧道系，十年后夫人杨礼奇毕业于包头铁道学院桥梁隧道系，夫妻双双同时调入铁道部第四设计院，从事铁路桥梁的勘测设计工作。三十年后长婿龙舒华毕业于西南交通大学桥梁隧道系，加入了铁道部第四勘测设计院的桥梁勘测设计队伍。四十年后儿子沁凯又以高级工程师职称参与铁四院的桥梁勘测设计工作，一家四口相继接力为铁路桥梁的勘测设计作出贡献，为社会主义建设事业设计了多少公、铁、城市的桥梁，目前尚未统计。将来是否还有萧氏子孙参与造福人民的桥梁建设事业，现在不可预测。不过有了建桥鼻祖，桥梁设计人员齐集一家也是很正常。故称为桥梁世家，也很确切。

“横山草堂”于明景泰七年（1456 年）始建于横山之麓，至今已有 557 年历史。高祖玉田于清道光二年（1822 年）迁建于烧香浜，亦已历时 192 年，后因年久失修，又遭劫难。至今孤立一方，不堪一睹。但从上面的简介中，不难看出萧氏“横山草堂”对当地的社会、政治、经济、文化及教育等方面都有一定的促进作用。故记叙于此，以供后人参阅。

六、跋

《无锡萧氏“横山草堂”家传》一文已入编《无锡望族与名人传记》一书中，该书于2003年11月由黑龙江人民出版社出版。在出版前，按编辑部和有关人士的意见，在内容上较2000年的初稿已有了不少删减。

本文《萧氏“横山草堂”家传》，将编入《横山草堂文集》一书内。本文与前文相比，时间上已后延了十余年，家境也有较大的变化，现又不受篇幅的限制，故内容有所增加，介绍较为翔实。如增加了先兄孟倬、七姐梅芳、亡妻礼奇等内容。也有将原有内容改按独立小节书写的，如先母张秀英、二十二世孙墨芳等。在文体格式上，两文也有所不同。本文按独立小节书写，如萧氏“横山草堂”近代三女性、今日萧氏“横山草堂”一家、萧氏“横山草堂”的文化简介等。

《无锡萧氏宗谱》曾收藏于先祖的书库中，在“文化大革命”期间遭抄家后遗失。本文中各世祖的序号未按《无锡萧氏宗谱》进行校核，故恐有所不精确。对此如有据实提出修正意见者，笔者在此深表谢意。

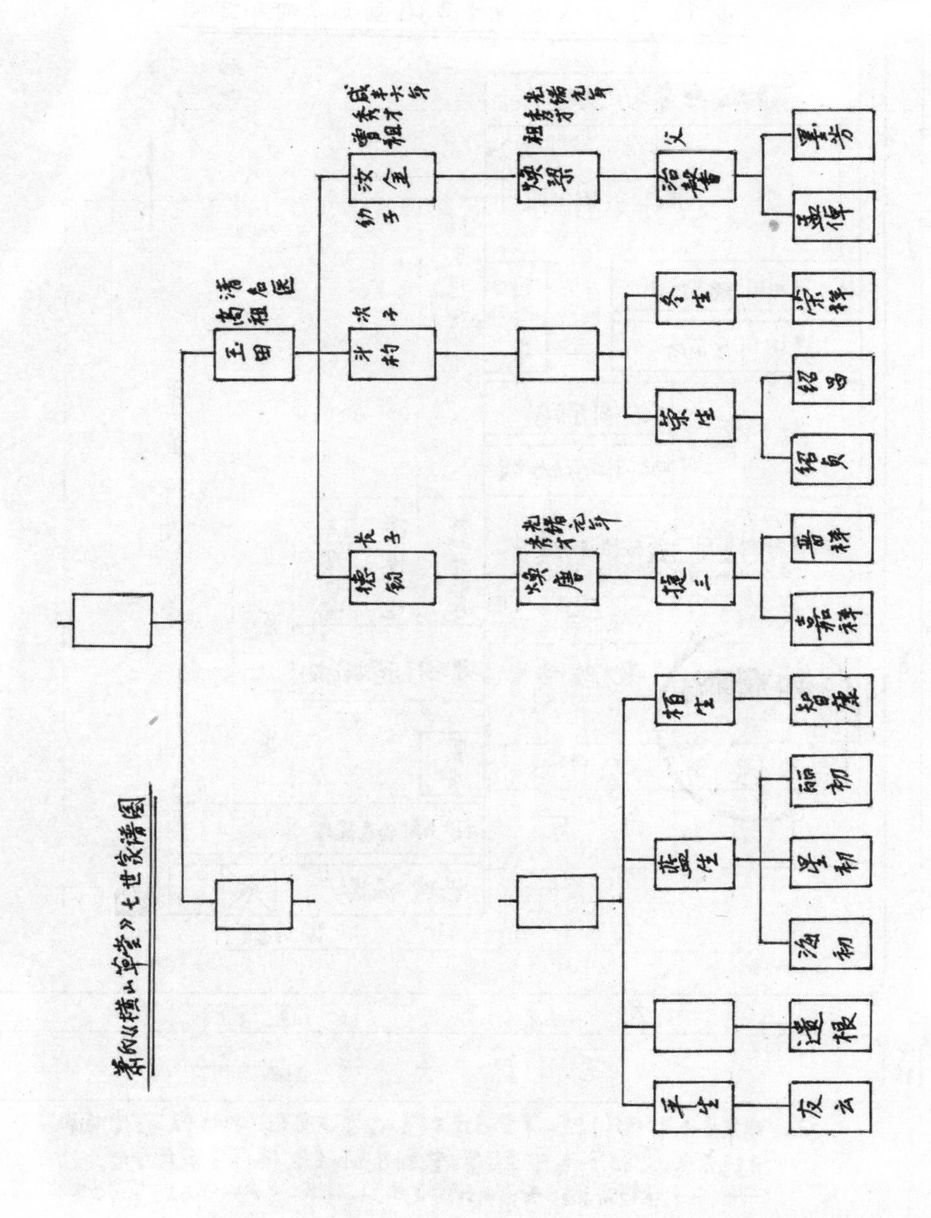

萧氏“横山草堂”七世家谱图

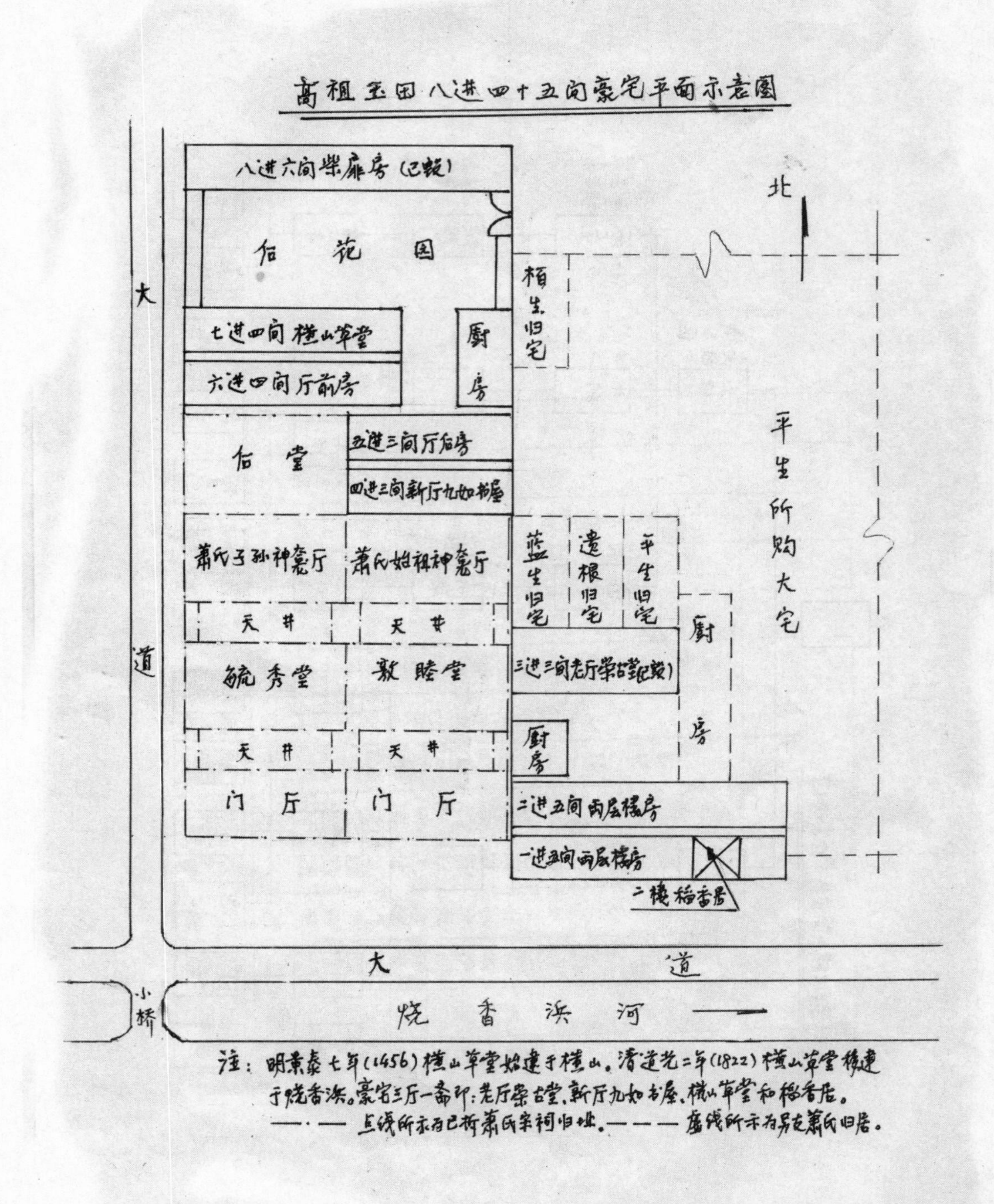

高祖玉田八进四十五间豪宅平面示意图

毕业文凭

学生相礼奇系广西省市自治区王林县旗市人现年二十七岁于一九五八年九月入本院铁道桥梁与隧道系学习铁道桥梁与隧道专业四年现已学完全部课程成绩及格准予毕业

包头铁道学院院长

一九六二年八月　日

文凭登记第0086号

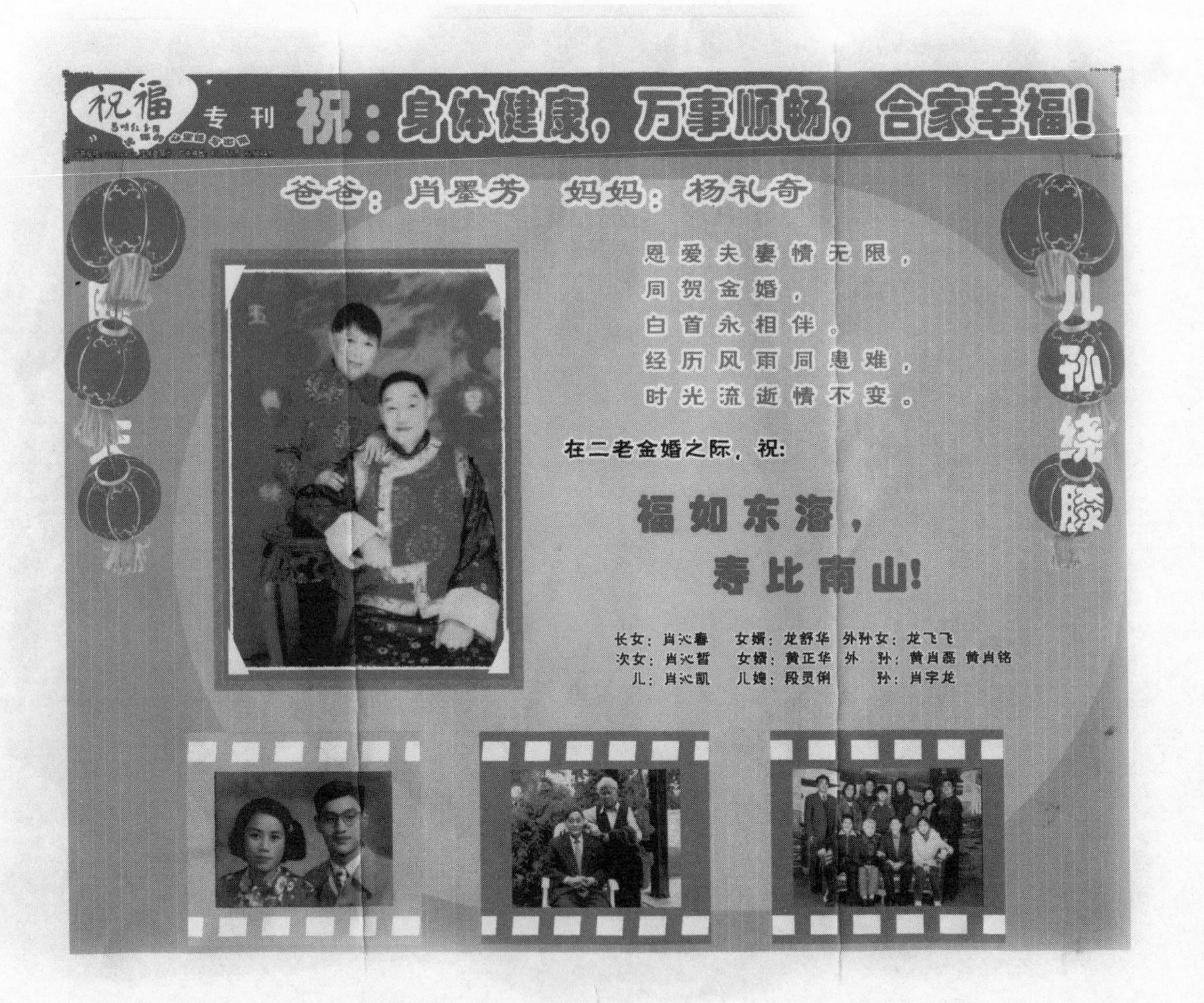
祝福 专刊
祝：身体健康，万事顺畅，合家幸福！
爸爸：肖墨芳 妈妈：杨礼奇
恩爱夫妻情无限，
同贺金婚，
白首永相伴。
经历风雨同患难，
时光流逝情不变。
在二老金婚之际，祝：
福如东海，
寿比南山！
长女：肖沁春 女婿：龙舒华 外孙女：龙飞飞
次女：肖沁晳 女婿：黄正华 外孙：黄肖磊 黄肖铭
儿：肖沁凯 儿媳：段灵俐 孙：肖宇龙
儿孙绕膝

本报讯（实习生　段绚　记者周晔　通讯员　张晨）“来，再吃一口”，昨日下午，在解放军161医院透析病房里，82岁的萧墨芳老人一口口将豆腐脑送到老伴嘴边。自从2001年老伴杨礼奇被查出尿毒症以来，萧老像这样贴身照顾她，10年如一日未曾变过。萧老和老伴已携手走过50年岁月。老人告诉记者，10年前婆婆在中南医院体检时被查出肾衰竭晚期，必须定期接受透析治疗。从那时起，他便贴身照顾老伴。二老家住友谊大道，当时没有公交直达医院，萧老便搀着婆婆走到中南医院做透析。一年多后，杨婆婆转到161医院，这才有医院专车接送。最开始透析时，杨婆婆对治疗不了解，每当全身毒素排不出去时，老人就感觉说不出的难受，心情也会烦躁低落。每当难受时，婆婆就瞪着萧老；萧老立刻就明白老伴身体不舒服，总会柔声安慰、劝解。近10年来，婆婆的饮食起居、治疗全由萧老一人照顾，家务活也全都由他“包干”。

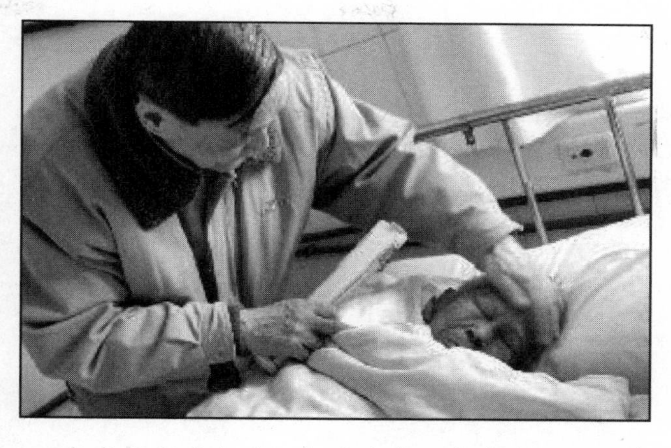

直到去年，在子女的“抗议”下，二老才请了一个小保姆。萧老总觉得非要自己照顾她才放心。如今，杨婆婆每周需透析3-4次，每次来回都要耗费五六个小时。萧老次次陪同，一刻不离。透析完毕后，他还会时刻注意老伴的表情变化，一旦发现她有什么不舒服、或者需要什么，都会轻声询问；然后尽力满足。昨日下午，婆婆想吃豆腐脑，萧老便立即到附近买来，再喂给婆婆吃。老人回忆，当初刚刚开始照顾老伴，也曾觉得麻烦、有郁闷，但如今都习惯了，“现在只要她还好好的陪在我身边，就是我最大的快乐”。

本文原载2011年2月15日《武汉晚报》

科 学 研 究 篇

具有预应力镫筋的薄腹板预应力钢筋混凝土梁的研究

前　言

本专题的研究工作是在唐山铁道学院桥梁教研组、铁道科学研究院和中苏合作丰台科学研究基点共同领导下进行的。

本研究题目的苏方负责人是M.C.鲁登科工程师（兼），中方负责人是张万久教授。

本文包括三次中间报告。第一和第二次中间报告的工作是由张万久、何广汉、萧墨芳、孙天啓和陆乾文等同志集体完成的。第三次中间报告和附篇的工作是由张万久、何广汉、张开敬、王福惠和孙天啓等同志共同完成的。许成业、朱颖、孙和松、关书清、张之洲、赵成灏、周绍烈、赵庚群等同志先后参加了梁的试验工作。

全部试验梁是在丰台桥梁工厂试验车间制造的。梁的试验工作是在铁道科学研究院结构试验室内进行的。

一、第一次中间报告的摘要

1956年12月

本文综述了普通及预应力钢筋混凝土梁的受剪破坏方式和原因，并根据试验资料分析了钢筋混凝土梁的受剪破坏现象。我们用摩列托（O. Moretto），波里山斯基（M. C. Ъоришанский），克拉克（A. P. Clark），莫地（K. G. Moody）和斯和耶（E. M. Zwoyer）等抗剪强度公式对几种文献所载的322根试验梁进行了计算，借以检查这些公式的精确性及适用范围。我们利用现有的试验资料，对影响工字形截面钢筋混凝土梁的抗剪强度的各因素作了新的分析，因此，决定了试验研究的方向及试验梁的设计、制造和试验方法。

I 绪 言

为了增加钢筋混凝土梁的跨度，预应力钢筋混凝土已得到广泛的应用，若同时采用预应力镫筋的薄腹板梁，减轻腹板重量，则可以获得更大的效果。

1938年，德国建造了一座具有预应力镫筋的公路简支预应力钢筋混凝土梁桥，跨度为33 m，腹板厚度仅为12 cm[1]。

法国佛烈西涅（E. Frcyssinet）于1941—1950年间，先后筑了跨越马恩河的6座预应力钢筋混凝土桥，都是具有预应力镫筋的。桥式为两铰拱，跨度 55～78 m。拱肋截面为箱形及工字形，腹板厚度仅为10 cm[2,3]。

1953年，苏联格里哥列夫（Д. А. Грuгорвев），设计并建造了一座跨度为20.5 m的预应力钢筋混凝土铁路梁桥，桥跨的腹板厚10 cm，并具有预应力镫筋[4,5]。

各国工程师在设计预应力钢筋混凝土梁的镫筋时，都将梁作为一个弹性体以计算主拉应力的数值并作为设计根据[4,6-9]。然而，超载时则主拉应力比荷载增加得更快，所以，假如超载是可能的话，就必须按极限抗剪强度来核算[4,7,8]。

计算预应力钢筋混凝土梁抗剪强度还没有可靠的公式。1935—1937年在德国曾经进行过具有预应力镫筋的预应力钢筋混凝土梁的试验，梁的中部受挠曲破坏，没有得到关于梁的抗剪强度的资料[10]。1942年，英国艾云斯（R. Evans）也做过具有预应力镫筋的预应力钢筋混凝土梁的试验，但没有得到比较肯定的结论[11]。苏联格里哥列夫（Д. А. Грuгорьвв）近年进行了3根预应力钢筋混凝土薄腹板梁的试验，其中两根是具有预应力镫筋的。试验结果认为可以用波里山斯基（M. C. Борищанский）公式来计算这种梁的抗剪强度[12]。

美国斯和耶（E. M. Zwoyer）曾经用没有腹筋的长方形截面预应力钢筋混凝梁来进行试验，结果建议用类同于受压破坏的抗弯强度公式来计算梁的抗剪强度[13]。

1953年，在伦敦举行的国际预应力学会中对预应力钢筋混凝土梁的抗剪强度进行了很广泛的讨论，英国爱比利斯（P. W. Abeles）和艾云斯（R. Evans），比国马格涅尔（G. Magnel）都认为这是一个未解决的问题。而且，假如最大剪力和最大力矩发生在同一截面上，则梁的抗剪强度将大大降低，更应特别注意[14]。

近年以来，在普通钢筋混凝土梁抗剪强度方面也做了一些研究工作，如克拉克（A. P. Clark）[15]，维尔比（C. B. Wilby）[16]，卡拉巴斯（B. T. Карабаш）[17]，莫地（K. G. Moody）[18]，摩列托（O. Moretto）[19]，波里山斯基（M. C. Борищанский）[20]，等。

上述研究工作指出钢筋混凝土梁的抗剪强度随：

1. 混凝土的截面 $b \times h_0$ 和强度 R 而增加。

2. 纵向钢筋率 μ 而增加。

3. 腹筋率 $\frac{f_x}{ba_x}$ 而增加。

4. 梁高与受剪跨度*之比 $\frac{h_0}{\alpha}$ 而增加。

5. 钢筋的有效预应力（包括纵向和横向）而增加。

6. 预应力纵向筋所受的剪力而增加。

然而必须指出：由于试验研究资料的缺乏，我们至今仍未能清楚地知道钢筋混凝土和预应力钢筋混凝土梁受剪破坏的原因，至于要比较准确地来计算梁的抗剪强度则更有待于进行大量的关于这方面的研究工作。

由于要推广薄腹板预应力钢筋混凝土梁的应用，我们便要更准确地来计算梁的抗剪强度。同时，静不定预应力钢筋混凝土结构的应用日益广泛，又迫使我们经常遇到最大剪力和最大力矩同时发生的截面的计算问题。要很好地把这些问题加以解决，就有必要对梁的抗剪强度作进一步的研究。

本专题之研究目的在于：

1. 寻求薄腹板预应力钢筋混凝土梁受剪破坏的原因。

2. 寻求混凝土强度、纵筋率、腹筋率、梁高与受剪跨度之比和钢筋的有效预应力对于薄腹板预应力钢筋混凝土梁的抗剪强度的影响。

3. 寻求薄腹板预应力钢筋混凝土梁抗剪强度的计算方法。

4. 寻求斜裂缝出现时荷载的计算方法。

5. 比较几种预应力镫筋的形式。

研究的范围将限于简支梁，在同时受弯与扭转作用下薄腹板梁的问题也暂不考虑。

Ⅱ 对现有普通钢筋混凝土和预应力钢筋混凝土梁抗剪强度研究资料的分析

1. 钢筋混凝土梁的受剪破坏的方式及原因——在剪力和力矩的作用下，梁的腹部就会出现斜裂缝。由于斜裂缝的出现，可能引起以下方式的破坏（在此情况下梁的抗弯强度须大于抗剪强度）：

（1）梁在斜裂缝出现的同时即行破坏，亦即斜裂缝是在梁的极限荷载下出现的[18]。

（2）斜裂缝出现以后，如荷载继续增加，裂缝即继续向上伸展，终于使裂缝上部的混凝土受压破坏[13,18,19]。

（3）斜裂缝出现以后，如荷载继续增加，则裂缝即继续向上伸展，终于使裂缝上部

---

* 梁的支点与最近集中荷载施力点的距离称为受剪跨度。

的混凝土受剪割破坏。[19,20]。

（4）斜裂缝出现以后，由于沿斜裂缝截面上内力的重分布，受拉主筋的应力增加。对于比较短的梁如果又用光滑钢筋的话，则主筋可能大量滑动而发生裹握力的破坏[18]。但是，这种方式的破坏是不多的（当然，在斜裂缝出现以前，也可能有裹握力的破坏。这是众所周知的）。

（5）斜裂缝出现以后或在出现的同时，梁沿拉筋被撕开，成水平裂缝而破坏[13,18,21]。

（6）斜裂缝出现以后，在梁端附近沿主筋出现裂缝而使梁破坏。这种裂缝出现的原因是在很大的裹握应力作用之下，钢筋与混凝土之间起楔着作用，混凝土受周界拉力而破坏[22]。

上面主要是叙述长方形截面梁的受剪破坏方式。对于工字形截面的钢筋混凝土梁来说，试验研究的结果指出，主要的破坏方式是：

（1）腹板混凝土沿竖向腹筋被压碎剥落[23]，或在腹板沿竖向腹筋被压碎后下翼缘被剪裂[12]。这种破坏可能是由于腹筋占去腹板的厚度过多，腹板在斜压力下产生许多局部压碎的点而拼成的。

（2）腹板混凝土沿纵向腹筋被压碎并剥落[23]。

（3）腹板混凝土沿斜裂缝被压碎[23]，或与沿斜裂缝压碎的同时，腹板和上下翼缘接缝处的水平裂缝大量发展。腹板破坏时，斜裂缝伸入下翼缘的上部[12]。

（4）腹板沿斜裂缝被拉裂[23]。

由上所述，可以认为斜裂缝的出现是受剪破坏的必需条件。当斜缝出现以后，梁的受剪破坏方式就可以是如上所述的多种多样。在这些破坏方式中可以有一种以上在同一试件上发生，而与极限荷载同时出现的就是破坏的主要原因，梁的抗剪强度由它来决定。

2. 从试验观察所得的受剪破坏现象可概括如下：

（1）斜裂缝一般是从梁腹的下半部开始的。但是，台尔伯脱（A. N. Talbot）同时又认为斜裂缝有可能是从已达到主筋水平的竖向裂缝开始的[21]。莫地（K. C. Moody）等在试验中也有与之相同的发现[18]。摩列托（O. Moretto）则确认斜裂缝是从梁腹的下半部开始，只当荷载增加之后，才又有从梁底出现的竖向裂缝，向上延伸，转成45°倾角，而与其他已有的斜裂缝平行发展[19]。然而，莫拉谢夫（B. И. Муращев）又肯定地认为斜裂缝是从受拉部分的竖向裂缝发展而成，而且认为由于斜裂缝发生于受拉的混凝土开裂之后，所以它的发生与主拉应力数值没有明确的关系，但却受力矩数值的影响[24]。至于工字形截面梁的斜裂缝则都是从腹板开始的[12,13]。

（2）台尔伯脱（A. N. Talbot）认为斜裂缝的倾角和开始点与支点间的距离视混凝土强度、梁的长度和钢筋数量而定[21]。摩列托（O. Moretto）和斯来脱（W. A. Slater）试验所得的倾角均约为45°[19,23]。莫地（K. C. Moody）等确认为斜裂缝的开始点与支点之间的距离随$\frac{a}{h_0}$而增大[18]。格里哥列夫（П. A. Григорьев）的试验表明斜裂缝的倾角与横向预应力有关[12]。

（3）波里山斯基（M. C. Борищанский）所试验的梁中有许多是斜裂缝上部的混凝土受剪破坏的[20]。摩列托（O. Moretto）的梁也主要具有这种破坏方式。然而镫筋率为1.12%的梁，则系混凝土受压破坏[19]。至于莫地（K. C. Moody）[18,23]和斯和耶（E. W. Zwoyer）

等的试验梁则全是由于斜裂缝上部混凝土压碎而破坏的。所以，可以认为对于长方形截面梁，斜裂缝所引起的主要是以上两种破坏方式。而 p、r 和 $\frac{a}{h_0}$ 的数值对于所发生破坏方式有所影响。

从斯来脱（W. A. Slater）和格里哥列夫（Ⅱ. A. Григорьев）的试验结果看来，薄腹板工字形截面梁的破坏方式似乎主要是腹板被压碎或拉裂。压碎的方向可以是水平的、竖直的和沿斜裂缝的[12,28]。这与混凝土截面被钢筋所占厚度有绝大关系。

（4）梁破坏时的荷载一般大于斜裂缝出现时的荷载，但也有与斜裂缝出现的同时破坏的[21,28]。后者通常是没有腹筋而且 $\frac{a}{h_0}$ 的数值比较大的梁。

（5）混凝土沿主筋被撕裂的现象主要发生于无镫筋和无压筋的梁中。斯和耶（E. W. Zwoyer）指出这种现象发生于梁受压部分的混凝土被压碎之后[13]。其他试验结果也没有指出梁的破坏是由于混凝土被水平撕裂而产生的。所以，可以认为这是一种引发性的破坏。

3. 几种抗剪强度公式及其比较——为了研究各种抗剪强度公式的精确性和适用范围，我们用摩列托（O. Moretto）[19]，波里山斯基（M. C. Борищанский）[20]，克拉克（A. P. Clark）[15]，莫地（K. G. Moody）[18]和斯和耶（E. M. Zwoyer）[13]等公式进行几种文献所载的试验梁（共 322 根）的计算，结果列于表 1-1。

从上述计算结果来看，按力矩数值来计算抗剪强度的公式比之按剪力或剪应力来计算的要精确些，适用范围也比较广。然而无论如何，这些公式有一个共同缺点，那就是适用范围都受一定的限制。

4. 工字形截面梁的抗剪强度——从表 1-1 所示的计算结果来看，工字形截面梁抗剪强度的计算比之长方形截面梁是存在着更多问题的。斯和耶（E. M. Zwoyer）公式对于摩列托（O. Moretto）、波里山斯基（M. C. Борищанский）、克拉克（A. P. Clark）、莫地（K. G. Moody）和斯来脱（W. A. Slater）等试验梁都是比较精确的。

然而，对于格里哥列夫（Д. A. Григорьев）预应力梁的计算结果就不能令人满意了。此外，我们在工字形截面梁的计算中加入许多假定，如将梁宽作为肋宽，略去翼缘的影响；略去受压纵向筋的作用；略去纵向及横向钢筋的预应力作用等。不这样假定会使计算结果与试验数值相去甚远。但这些假定又使计算所根据的出发条件与梁的实际情况不符，增加了计算结果偶然凑合的可能性。

此外，还要注意到以上所用的公式都是根据长方形截面梁的试验资料推演出来的。而且，只有斯和耶（E. M. Zwoyer）公式是考虑到预应力影响的。腹筋预应力问题在各种公式推演时固然没有考虑到，而且只有 2 根这样的梁的试验资料，实在太少。所以，目前的分析只能主要地借助于斯来脱（W.A.Slater）钢筋混凝土工字形截面。

从斯来脱（W.A.Slater）的试验资料[23]可以进一步检查一下薄腹板钢筋混凝土梁抗剪强度的各有关主要问题。取 R_u、p、r 和 $\frac{a}{h_0}$ 大约相同的梁来看，仅是 $\frac{h_0}{b_P}$ 和 $\frac{h_0}{b_N}$ 值对梁的抗剪强度是没有多大影响的，见表 1-2。

表 1-1　各种抗剪强度公式的计算结果

公式			摩列托		波里山斯基		克拉克		莫地		斯和耶	
试验梁	梁数	破坏方式	$\frac{\tau_{计}}{\tau_{试}}$ 平均值	标准误差	$\frac{Q_{计}}{Q_{试}}$ 平均值	标准误差	$\frac{\tau_{计}}{\tau_{试}}$ 平均值	标准误差	$\frac{M_{计}}{M_{试}}$ 平均值	标准误差	$\frac{M_{计}}{M_{试}}$ 平均值	标准误差
摩列托无腹筋	2	斜拉裂	1.23	0.070 6	1.43	0.134	1.14	0.036 3	1.22		1.22	0.070 7
1″/4，3″/8 腹筋	12	斜拉裂	0.990	0.077 8	1.15	0.974	0.854	0.070 1	0.987	0.076 4	0.950	0.074 3
1″/2 腹筋	6	压碎	1.13	0.034 7	1.31	0.066	0.762	0.054 2	0.887	0.109	0.902	0.072
1a，1″/4，3″/8	2	斜拉裂	1.12	0.127	1.40	0.120	0.935	0.007 06	0.980	0.042 4	0.885	0.092
波里山斯基	27	斜拉裂	1.07	0.331	0.815	0.169	1.020	0.233	0.752	0.223	0.954	0.272
克拉克	55	斜拉裂	1.26	0.237	1.62（4 根梁）	0.114	1.029	0.100	0.966	0.089	1.073	0.162
莫地												
Ⅲ组	14	压碎	0.835	0.104	0.946（3 根梁）	0.243	0.834	0.133	0.887（12 根梁）	0.121	0.957	0.131
A 组	12	压碎	1.96	0.333			1.23	0.142	1.022	0.103	1.123	0.195
B 组	16	压碎	2.46	0.369	1.85（3 根梁）	0.335	1.40	0.118	1.044	0.079	1.07	0.069
斯和耶	28	压碎	2.23	0.878	—	—	0.757	0.217	0.463	0.107	1.02	0.071 5
格里哥列夫			假定 $b=b_n$		假定 $b=b_p$		假定 $b=b_p$		假定 $b=b_p$		假定 $b=b_p$	
No.1	1	斜拉碎	0.764		1.01		0.696		1.612		1.65	
No.2	1	斜压碎	0.823		1.08		0.618		0.620		1.53	
No.3	1	竖压碎	1.010		1.25		0.460		0.457		1.00	
平均			0.867	0.128	1.11	0.124	0.592	0.120	0.563	0.091 8	1.39	0.344
斯来脱			假定 $b=b_n$		假定 $b=b_p$		假定 $b=b_p$		假定 $b=b_p$		假定 $b=b_p$	
	58	斜拉裂			1.35	0.354	1.057	0.293	0.805	0.161	0.951	0.246
	32	斜压碎	1.18	0.306	1.92	0.628	1.116	0.323	0.78	0.193	1.08	0.231
		水平和竖向压碎	1.68	0.570								
台尔伯脱												
1907（无腹筋）	3	斜拉裂	1.523	0.372	—	—	1.21	0.187	1.078	0.238	1.32	0.236
1908（无腹筋）	40	斜拉裂	1.876	0.514	—	—	1.353	0.369	1.01	0.215	1.175	0.303
1907（有镫筋）	4	斜拉裂	3.355	0.757	—	—	2.53	0.398	—	—	1.78	0.522
1908（有镫筋）	6	斜拉裂	2.760	0.765	—	—	2.031	0.518	—	—	1.61	0.534
李察特												
1910	11	斜拉裂	2.01	0.404	3.76	1.15	1.42	0.298	1.225（3 根梁）	0.086	1.28	0.255
1913	2	斜拉裂	2.06	0.367	1.97	0.24	1.56	0.003	1.320	0.142	1.39	0.282
1917	5	斜拉裂	1.84	0.134	0.78 (4 根梁)	0.046	1.406	0.277	0.622	0.059	0.848	0.141
1922	4	斜拉裂	1.021	0.117	0.890（2 根梁）	0.340	0.856	0.108	0.889	0.095	0.997	0.124

表 1-2 $\frac{Q_{试}}{b_p h_0 R_M}$ 或 $\frac{M_{试}}{k_1 k_3 R' b_p h_0^2}$ 与 $\frac{h_0}{b_p}$ 或 $\frac{h_0}{b_N}$ 的关系

斯来脱梁号	R_M lb/（in^2）	P（%）	R（%）	$\frac{a}{h_0}$	$\frac{h_0}{b_p}$	$\frac{h_0}{b_N}$	$\frac{Q_{试}}{b_p h_0 R_u}$	$\frac{M_{试}}{k_1 k_3 R' b_p h_0^2}$	破坏方式
57	3 900	11.5	1.15	3.8	5.77	7.13	0.226	0.760	斜拉裂
58	3 840	12.2	1.24	3.8	6.12	8.15	0.232	0.780	斜拉裂
60	4 340	12.4	1.28	3.8	6.25	9.08	0.198	0.670	斜拉裂
56	4 030	11.5	1.16	3.8	12.30	14.40	0.222	0.742	斜拉裂

斯来脱（W.A.Slater）梁按其破坏方式来说可分为腹板斜拉裂和腹板斜压碎，竖向或水平压碎两类。腹板斜拉裂破坏的情况和长方形截面梁的相似，可以说是一般的受剪破坏。而腹板斜压碎，竖向或水平压碎则是薄腹板所特有的。这种破坏方式带有局部破坏性质，对于梁的抗剪强度起削弱作用（表 1-3）。由此看来，腹板斜压碎，竖向或水平压碎的破坏方式是应该尽力避免的。

分析一下各种不同破坏方式的梁之 $\frac{h_0}{b_w}$ 值，可以有如下的结果：腹板竖向压碎的 $\frac{h_0}{b_N}$ 为 14.0～19.0，其中一根达 36.9；水平压碎梁的为 8.98～13.6；斜压碎梁的为 11.2～14.4；斜拉裂梁的达 15.6，而 $\frac{h_0}{b_y}$ 在 10 以上的占 58 根中的 43%。

结合腹筋的形式来看，16 根具有水平和竖向腹筋的梁当中，有 14 根是腹板被水平压碎而破坏的。其余 2 根则为斜拉裂破坏。前 12 根梁的腹板厚度被水平腹筋占去 11.6%~24.3%，后 2 根被占 8.34%~11.6%。腹板竖向压碎的梁都是仅有竖向腹筋的。腹筋所占腹板厚度为 17.8%~29.5%。斜拉裂梁中有许多是有竖向腹筋的，其中 2 根梁的腹筋占去腹板厚度各达 30.0%和 31.2%，但这 2 根梁的 $\frac{h_0}{b_N}$ 仅各为 8.57 和 9.08。此外，尚有 5 根斜拉裂破坏梁的腹板被占厚度超过 17.8%（各为 19.0%,20.6%,21.0%,22.8%和 24.8%），但它们的 $\frac{h_0}{b_N}$ 各为 7.13、13.2、13.7、12.6 和 8.15，均在竖向压碎梁的 $\frac{h_0}{b_N}$ 值 14.0~19.0 之下。在腹板斜压碎的梁中，有的仅有竖向腹筋，有的则竖向、水平腹筋兼有之。腹板被占厚度为 14.0%~18.5%。值得注意的是用 45°斜向腹筋的梁虽然 $\frac{h_0}{b_N}$ 已达 15.6，腹板被占厚度达 24.4%，但没有不是斜拉裂破坏的。主要原因可能是斜向腹筋引起较小的腹板斜压力。

格里哥列夫（Д. А. Григорвев）No.1 和 No.3 是具有竖向腹筋的。它们的 $\frac{h_0}{b_N}$ 值各为 22.7 和 58.8．腹板被占厚度各为 21.5%和 55.5%，前者为腹板斜压碎破坏，后者则是竖向压碎破坏的[12]。

表 1-3 薄腹板钢筋混凝土梁的破坏方式对抗剪强度的影响

（各梁的 R_u,r, $\frac{a}{h_0}$, p 值大致相同）

斯来脱梁号	R_u(lb/in²)	r（%）	$\frac{a}{h_0}$	P（%）	$\frac{Q_{试}}{b_p h_0 R_u}$	$\frac{M_{试}}{k_1 k_1 B / b_p h_0^2}$	破坏方式
4	5 620	3.50	1.78	9.10	0.206	0.319	水平压碎
2	5 320	3.40	1.78	9.24	0.227	0.464	水平压碎
5	5 710	3.35	1.78	9.08	0.282	0.527	斜拉裂
8	5 520	2.60	1.78	7.06	0.178	0.355	水平压碎
9	5 750	2.63	1.78	7.15	0.194	0.370	水平压碎
23	5 450	2.60	1.78	7.63	0.288	0.540	斜拉裂
33	5 020	1.51	1.78	9.24	0.213	0.396	水平压碎
32	5 000	1.46	1.78	8.97	0.245	0.457	水平压碎
31	5 300	1.44	1.78	8.82	0.249	0.480	水平压碎
34	5 450	1.55	1.78	9.51	0.262	0.497	斜拉裂
73	5 160	1.49	1.78	9.08	0.307	0.577	斜拉裂
72	5 300	1.58	1.78	9.66	0.311	0.577	斜拉裂
20	5 150	2.34	1.78	9.24	0.236	0.442	水平压碎
22	5 550	2.52	1.78	9.81	0.297	0.560	斜拉裂
69	5 400	2.38	1.78	9.63	0.321	0.604	斜拉裂
70	5 250	2.52	1.78	9.80	0.322	0.601	斜拉裂
4	5 620	3.50	1.78	9.10	0.206	0.391	水平压碎
2	5 320	3.40	1.78	9.24	0.227	0.464	水平压碎
5	5 710	3.35	1.78	9.08	0.282	0.527	斜拉裂
45	3 800	1.78	1.78	10.90	0.304	0.540	竖向压碎
79	3 720	1.72	1.78	10.50	0.439	0.788	斜拉裂
27	3 650	2.64	1.78	10.4	0.328	0.588	竖向压碎
71	3 820	2.69	1.78	10.50	0.472	0.852	斜拉裂

由上所述，可知腹板的破坏方式将受 $\frac{h_0}{b_N}$ 值，腹筋所占腹板厚度和腹筋斜度的影响。上述试验结果列于表 1-4。对于腹板受斜压碎、竖向或水平压碎的梁，由于腹板被占厚度已将截面削弱至局部破坏的程度，所以再用增加镫筋直径的方法来提高梁的抗剪强度将是无效的，如图 1-1 和图 1-2 所示。如果用斜拉裂破坏梁的试验结果作图，则没有抗剪强度随腹筋率 γ 的增加而减小的趋势，见图 1-3～1-5。

表 1-4　几种破坏方式的梁的 $\frac{h_0}{b_N}$，腹板被占厚度和腹筋斜度的比较

梁　号	破坏方式	$\frac{h_0}{b_N}$	腹板被占厚度%	腹筋斜度
斯来脱				
19	腹板竖向压碎	17.9	29.5*	90°
24	腹板竖向压碎	19.0	27.0*	90°
27	腹板竖向压碎	14.0	21.7*	90°
45	腹板竖向压碎	14.1	17.8*	90°
123	腹板竖向压碎	36.9	19.3*	90°
1	腹板水平压碎	13.6	24.3+	0°和 90°
7	腹板水平压碎	8.98	17.2+	0°和 90°
9	腹板水平压碎	9.26	11.6+	0°和 90°
54	腹板斜压碎	13.7	14.0*	90°
120	腹板斜压碎	14.4	18.5*	90°
119	腹板斜压碎	14.4	18.3*	0°和 90°
121	腹板斜压碎	11.2	15.0*	0°和 90°
122	腹板斜压碎	13.1	17.2*	0°和 90°
5	腹板斜拉裂	12.6	22.8*	90°
22	腹板斜拉裂	13.2	20.6*	90°
23	腹板斜拉裂	13.7	21.0*	90°
56	腹板斜拉裂	14.4	14.5*	90°
57	腹板斜拉裂	7.13	19.0*	90°
58	腹板斜拉裂	8.15	24.8*	90°
59	腹板斜拉裂	8.57	30.0*	90°
60	腹板斜拉裂	9.08	31.2*	90°
75	腹板斜拉裂	15.6	24.4*	45°
10	腹板斜拉裂	8.5	8.34+	0°和 90°
36	腹板斜拉裂	8.4	11.6+	0°和 90°
格里哥列夫				
1	腹板斜压碎	22.7	21.5	90
3	腹板竖向压碎	58.8	55.5	90

*　按竖向腹筋所占厚度算。

+　按水平向腹筋所占厚度算。

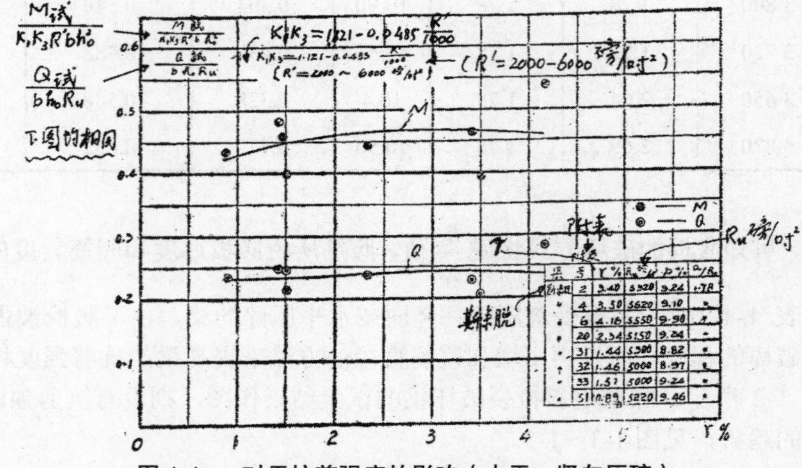

图 1-1　γ 对于抗剪强度的影响（水平、竖向压碎）

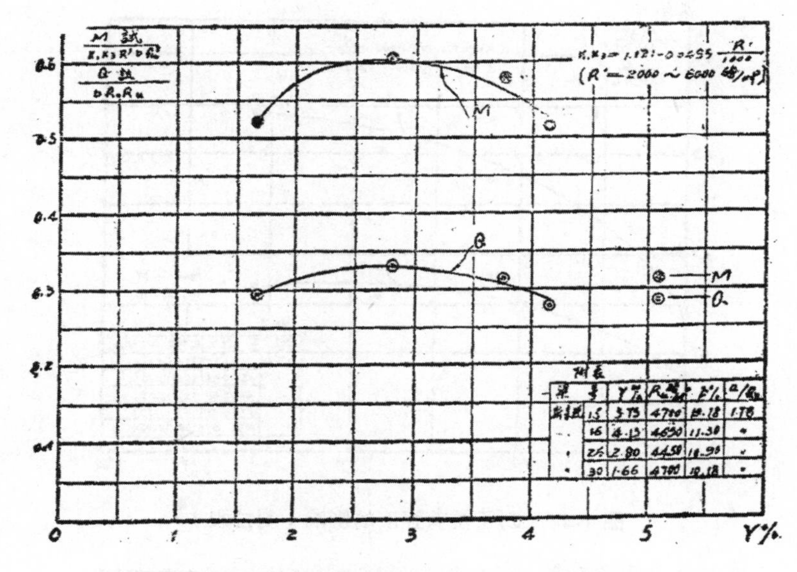

图 1-2 γ 对于抗剪强度的影响（水平、竖向压碎）

梁的上翼缘对抗剪强度的影响尚待进一步确定。从斯来脱（W.A.Slater）梁的试验结果来看，上翼缘破坏时的荷载已比最大的为小，翼缘的破坏只是引发性的[23]。格里哥列夫（Д. А. Григорвев）试验梁的上翼缘则根本没有破坏[12]。这都说明上翼缘的作用在于将梁加强，并避免了如在长方形梁所发生的斜裂缝上部混凝土的剪裂或压碎。但从各种公式的计算结果来看，波里山斯基（М. С. Борищанский）、克拉克（A. P. Clark）、莫地（K. G. Moody）和斯和耶（E. M. Zwoyer）等公式都以略去上翼缘作用，将梁作为 $b_p \times h_0$ 的矩形截面梁来计算，结果才较为准确，见表 1-1。如果将梁当作 $b_n \times h_0$ 的矩形截面，则计算结果的误差更大。摩列托（O. Moretto）公式的计算结果则与此正好相反，即将梁作为 $b_n \times h_0$（计算 γ 时，仍用 b_p）的矩形梁时，计算结果才比较准确。

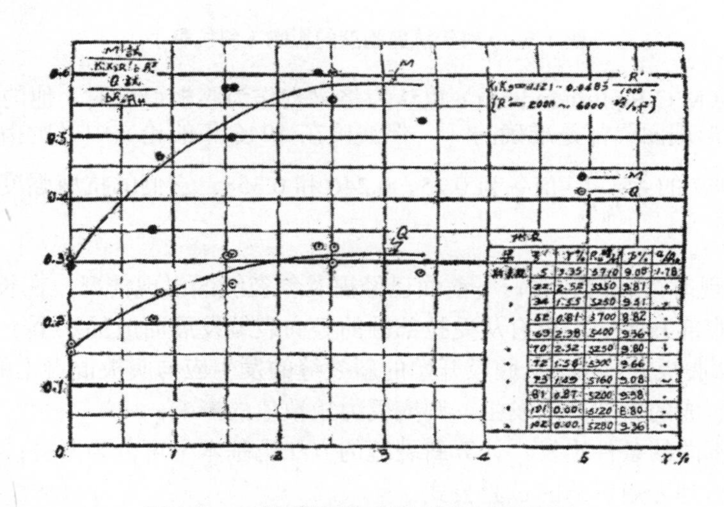

图 1-3 γ 对于抗剪强度的影响（斜拉裂）

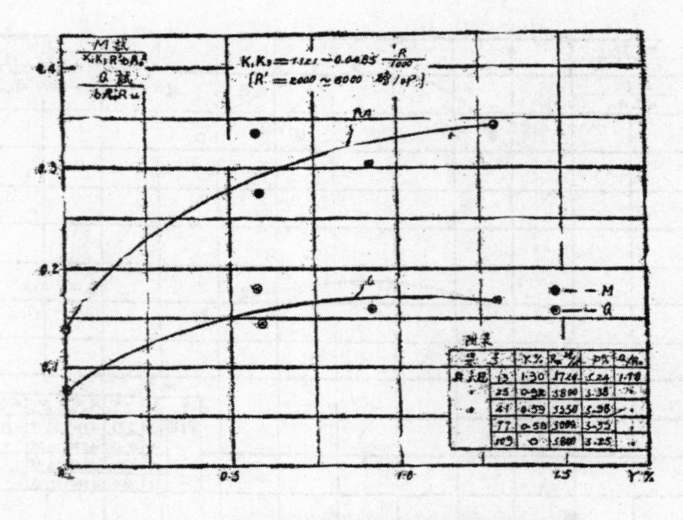

图 1-4　γ 对于抗剪强度的影响（斜拉裂）

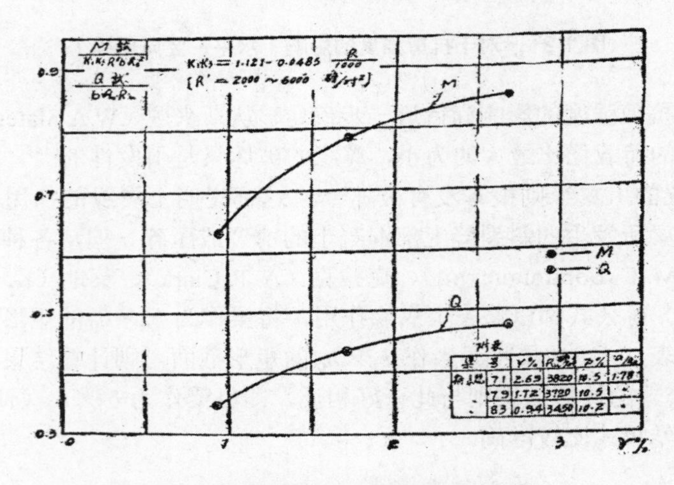

图 1-5　γ 对于抗剪强度的影响（斜拉裂）

波里山斯基（M.C. Борищанский）也认为将梁宽作为腹板厚度时，他的公式的计算结果对于工字形和 T 形截面梁都是准确的[25]。但波氏在 1946 年的论文中又曾指出：T 形截面梁 No.957、967 和 977 的 $\dfrac{Q_\sigma \cot\alpha}{b_p h_0 R_u}$ 值各为 0.25、0.246 和 0.358。它们的抗剪强度大大超过 $b_p \times h_0$ 长方形截面的梁[20]。

5. 斜裂缝出现时荷载的计算——前面已经提及斜裂缝的出现情况，在长方形截面梁中，斜裂缝有从梁的腹部开始的，也有从受拉部分的竖向裂缝发展而成的。至于工字形截面梁的斜裂缝，则都是从腹板开始的。从腹板开始的斜裂缝的发生应与腹板混凝土的主拉应力有关。从竖向裂缝发展而成的斜裂缝的发生，则应受力矩数值的影响。

由上述两个不同的条件出发，计算斜裂缝的方法也基本上可分为两种：按主拉应力计算的理论方法，考虑到力矩影响的试验公式。

格里哥列夫（Д.А.Григорbев）用前一方法计算他的 3 根试验梁，结果列于表 1-5[12]。

表 1-5　格里哥列夫实验梁斜裂缝出现时剪力的计算

梁号	斜裂缝出现时的计算荷载（t）	斜裂缝出现时的实际荷载（t）	$\frac{Q_{t\kappa计}}{Q_{t\kappa试}}$
1	14.0	8	1.75
2	10.5	11.5	0.914
3	27.6	23.1	1.19
平均值 1.28		标准误差 0.427	

钟斯（R. Jones）也是用计算主拉应力的方法来决定斜裂缝出现时的荷载的，结果列于表 1-6[26]。

表 1-6　钟斯试验梁斜裂缝出现时剪力的计算

梁号	斜裂缝出现时的计算荷载（t）		斜裂缝出现时的实际荷载（t）	$\frac{Q_{T\kappa计}}{Q_{T\kappa试}}$	
	a.计及混凝土收缩应力	b.不计混凝土收缩应力		计及混凝土收缩应力	不计及混凝土收缩应力
J12	0	7.4	9.0	0	0.832
J7	8.0	14.5	9.0	0.889	1.61
J6	8.0	16.0	10.0	0.800	1.60
J13	6.9	19.6	10.0	0.690	1.96
J8	12.7	16.1	11.0	1.150	1.46
J16	9.1	20.5	10.0	0.910	2.05
J11	11.5	22.0	11.0	1.040	2.00
J14	0	14.3	10.0	0	1.43
J4A	0	15.0	11.0	0	1.36
J10A	0	24.7	12.0	0	2.06
J9A	0	20.0	15.0	0	1.33
		平均值		0.498	1.61
		标准误差		0.49	0.382

上述计算结果是不够精确的。

莫地（K.G.Moody）根据试验结果做出考虑到力矩影响的斜裂缝出现时的剪应力计算公式，对于他自己的 3 组梁的计算结果如下（18）：

上述计算结果颇好。可是，当用莫地（K.G.Moodk）公式来计算钟斯（R.Jones）和格里哥列夫（Д. А. Григорвев）的试验梁时，$\frac{Q_{计}}{Q_{试}}$ 的平均值各为 0.502 和 0.511，标准误差各为 0.145 和 0.221，就不很精确了。

6. 结论*——综上所述，关于薄腹板预应力钢筋混凝土梁的抗剪强度可有如下结论：

* 本文发表以后，关于预应力钢筋混凝土梁抗剪强度的研究有了新的发展[27]。然而，问题仍未得到解决。在 1958 年国际预应力学会第三次大会中，西德吕希（H.Räsch）在第一分组的总报告中发表了以下的意思："在能够提出一个合适的剪力破坏理论之前，必须首先从一步的试验中将各种影响因素加以明确。这些影响因素就是截面形状，预应力的大小，受剪跨度荷载和支点的形式，腹筋，混凝土的强度和在复合应力下的强度。必须指出上面所提到的都只是一些最重要的因素[28]。

这个意见于本专题之研究目的有若干相同之点。

表 1-7　用莫地公式计算斜裂缝出现时的荷载

组别	梁数	$\dfrac{\tau_{tk\text{计}}}{\tau_{tk\text{试}}}$ 平均值	标准误差
莫地梁Ⅲ	12	1.152	0.117
莫地梁 A	12	0.932	0.067
莫地梁 B	16	1.005	0.090

（1）梁的受剪破坏方式受梁高与腹板厚之比、腹板所占厚度的百分率、腹筋斜度等因素影响，但是，影响的程度尚未能确定。

（2）梁的破坏方式对于抗剪强度的影响很为显著。然而，影响的程度尚未能确定。

（3）混凝土强度、纵筋率、腹筋率、梁高与受剪跨度之比，纵和横向钢筋有效预应力、翼缘宽度、厚度和所含受压钢筋率等对于梁的抗剪强度都有大小不等的影响。但是，影响的程度尚不能确定。

（4）计算抗剪强度的公式都各有其局限性，已有的公式对薄腹板预应力梁是不适用的。

（5）斜裂缝的出现是剪力破坏的必需条件。当斜裂缝出现时的荷载大于梁的抗剪强度时，就由它来决定梁的抗剪强度。然而目前计算斜裂缝出现时荷载的方法尚很不精确。

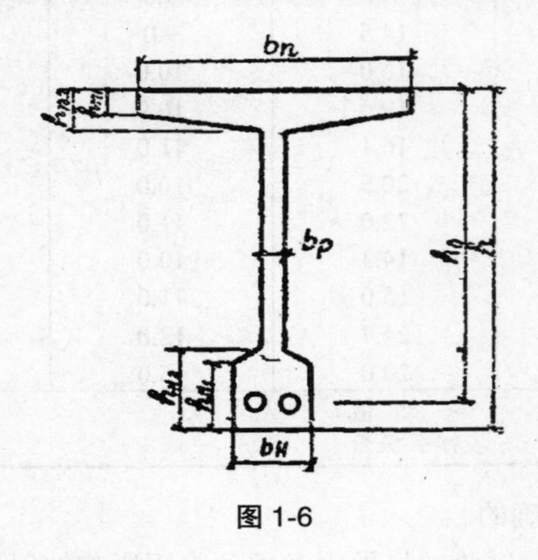

图 1-6

Ⅲ　实验梁的基本尺寸及分组

1. 试验梁的基本尺寸

（1）梁全长 3.30 m，l_p=3.00 m

（2）梁截面尺寸如下，单位为 cm

h	h_0	b_n	h_{n1}	h_{n2}	b_p	h_{H1}	h_{H2}	b_N
38.0	35	36	3.0	4.5	3.0	6.0	6.5	12.0
48.0	45	40	3.5	5.5	3.0	6.0	7.0	16.0
58.0	55	44	4.0	6.5	3.0	6.0	7.0	16.0
68.0	65	48	4.5	7.5	3.0	6.0	7.0	16.0
78.0	75	52	5.0	8.5	3.0	6.0	7.0	16.0

（3）纵向钢筋

h_0（cm）	ϕ3 mm 钢丝数目	F_a（cm^2）	$p=\frac{F_a}{h_0 b_p}$（%）	钢丝束数目及其直径
35	30	2.12	2.02	2 根，21 mm
35	36	2.54	2.42	2 根，24 mm
35	42	2.96	2.82	2 根，26 mm
35	50	3.53	3.36	2 根，28 mm
45	60	4.52	3.14	2 根，31 mm
55	80	5.65	3.42	2 根，39 mm
65	90	6.35	3.26	2 根，42 mm
75	100	7.06	3.14	2 根，46 mm

（4）镫筋组成及距离

	r%
1ϕ3@10 cm（高强钢丝）	0.236
1ϕ3@10 cm（普通钢丝）	0.236
	0.472
1ϕ3@8 cm（高强钢丝）	0.294
1ϕ3@8 cm（普通钢丝）	0.294
	0.588
1ϕ3@6 cm（高强钢丝）	0.393
1ϕ3@6 cm（普通钢丝）	0.393
	0.786
1ϕ3@4cm（高强钢丝）	0.590
1ϕ3@4cm（普通钢丝）	0.590
	1.180
2ϕ3@8 cm（高强钢丝）10 mm套筒	0.590
2ϕ3@8 cm（普通钢丝）	0.590
	1.180
2ϕ3@8 cm（高强钢丝）10 mm套筒	0.590
2ϕ3@8 cm（普通钢丝）	0.590
	1.180

2. 检查 R，p，$\frac{\alpha}{h_0}$，$\sigma_{\alpha 1}$，σ_y 的影响（见下页）

其中 A-2=B-3

B-4=C-1=D-2=E-3

两小组相同的一小组作动力试验共 6 根，四小组相同的只制造两小组。共制造梁 44 根。

实验梁组别	h_0（cm）	检查因素	R（kg/cm²）	$p=\frac{F'_\alpha}{t_p h_0}$(%)	γ（%）	$\frac{\alpha}{h_0}$	$\sigma_{\alpha 1}$(kg/cm²)	σ_y(kg/cm²)	镫筋斜度	梁数
A_0	35	R（400,500,600,700） p（2.02,2.42,2.82,3.36） γ(0.236,0.294,0.393,0.590) γ_0(0.236,0.294,0.393,0.590) γ_μ(0.236,0.294,0.393,0.590) $\frac{\alpha}{h_0}$（1.47,1.71,2.94,4.42） $\sigma_{\alpha 1}$(3 500,4 500,5 500,6 500) σ_y(0,20,35,50)	—	2.82	0.236 $(\gamma_0=0.236)$ 0.236 $(\gamma_0=0.236)$— 0.236 $(\gamma_0=0.236)$ 0.236 0.590 $(\gamma_0=0.590)$	1.17	5500	20	90°	2×4=8
B	35		500	—		1.17	5500	20	90°	2×4=8
C	35		500	3.36		1.17	5500	20	90°	2×4=8
D	35		500	3.36		—	5500	20	90°	2×4=8
E	35		500	3.36		1.17	—	20	90°	2×4=8
F	35		500	3.36		1.17	5500	—	90°	2×4=8

3. 检查$\frac{h_0}{b_p}$，腹板被占厚度和镫筋斜度的影响

试验梁组别	h_0（cm）	$\frac{h_0}{b_p}$	R（kg/cm²）	P（%）	γ（γ_0）（%）	$\frac{\alpha}{h_0}$	$\sigma_{\alpha 1}$(kg/cm²)	σ_y(kg/cm²)	镫筋形式和中距	腹板所占厚度（%）	镫筋斜度
G—1a,b	35	11.7	500	3.36	0.590	1.71	5 500	20	1ϕ3@4(cm)（10 mm 套筒）	10	45°,90°
G—2a,b	35	11.7	500	3.36	0.590	1.71	5 500	20	2ϕ3@8(cm)（10 mm 套筒）	20	45°,90°
G—3a,b	35	11.7	500	3.36	0.590	1.71	5 500	20	2ϕ3@8(cm)（10 mm 套筒）	33	45°,90°
H—1a,b	45	15.0	500	3.14	0.590	1.71	5 500	20	1ϕ3@4(cm)（10 mm 套筒）	10	45°,90°
H—2a,b	45	15.0	500	3.14	0.590	1.71	5 500	20	2ϕ3@8(cm)（10 mm 套筒）	20	45°,90°
H—3a,b	45	15.0	500	3.14	0.590	1.71	5500	20	2ϕ3@8(cm)（10 mm 套筒）	33	45°,90°
I—1a,b	55	18.3	500	3.42	0.590	1.71	5 500	20	1ϕ3@4(cm)（10 mm 套筒）	10	45°,90°
I—2a,b	55	18.3	500	3.42	0.590	1.71	5 500	20	2ϕ3@8(cm)（10 mm 套筒）	20	45°,90°
I—3a,b	55	18.3	500	3.42	0.590	1.71	5 500	20	2ϕ3@8(cm)（10 mm 套筒）	33	45°,90°
J—1a,b	65	21.6	500	3.26	0.590	1.71	5 500	20	1ϕ3@4(cm)（10 mm 套筒）	10	45°,90°
J—2a,b	65	21.6	500	3.26	0.590	1.71	5 500	20	2ϕ3@8(cm)（10 mm 套筒）	20	45°,90°
J—3a,b	65	21.6	500	3.26	0.590	1.71	5 500	20	2ϕ3@8(cm)（10 mm 套筒）	33	45°,90°
K—1a,b	75	25.0	500	3.14	0.590	1.71	5 500	20	1ϕ3@4(cm)（10 mm 套筒）	10	45°,90°
K—2a,b	75	25.0	500	3.14	0.590	1.71	5 500	20	2ϕ3@8(cm)（10 mm 套筒）	20	45°,90°
K—3a,b	75	25.0	500	3.14	0.590	1.71	5 500	20	2ϕ3@8(cm)（10 mm 套筒）	33	45°,90°

共制造梁 30 根。

Ⅳ 试验梁制造方法简述

由于梁的腹板很薄（3 cm）所以必须摆平来灌注混凝土。

梁拟用先张拉的纵向钢丝束，仿莫斯科铁道学院制造法，钢丝束两端有扣环，各连接于常备钢丝束带有扣环的一端。常备钢丝束的另一端有柯罗夫金式锚环，可用千斤顶张拉。预应力镫筋也用先张法张拉，于混凝土凝固后将钢丝截断。钢丝束是在四周各由两根槽钢组成的长方形加力床上张拉的，8 根梁可以同时一次灌筑。

二、第二次中间报告的摘要

1857 年 4 月

Ⅰ 试验梁的设计

1. 基本尺寸的决定——由于影响梁的抗剪强度的因素很多，所以要对数目很多的试验梁进行试验。目前的试验只限于：① 检查 R，p,γ，$\frac{\alpha}{h_0}$，σ_α, σ_y 的影响，共试验 44 根梁；② 检查 $\frac{h_0}{b_p}$，腹板被镫筋所占厚度和镫筋斜度的影响，共试验 30 根梁。

由于铁道科学研究院现有的试验机只能试验跨度 3 m 的梁。如梁跨度超过 3 m，就需添置附加设备。其次梁的跨度超过 3 m 时，制造成本和材料用量也将大量增加。所以，决定采用跨度为 3 m 的试验梁。根据试验结果，如有必要，再进行几根长一些的梁的试验。

梁高与跨度之比，梁高与腹板厚度之比，纵筋率，腹筋率等都是尽可能地以现有铁路预应力钢筋混凝土桥的数据为基础来拟定的。A~F 组的梁*原想用 30 cm 的高度，但这样做则在腹板厚度不太小（3 cm）的情况下，梁高与腹板厚度之比过小。故终于采用 38 cm 的梁高，而有效高度为 35 cm。这样所得到的梁高与腹板厚度之比为 $\frac{38}{3}=12.6$，比现有腹板梁者稍小一些。

G~K 组梁的跨度与梁高之比各为 6.22,5.08,4.42 和 3.85，对于一般预应力钢筋混凝土铁路桥跨来说，这个比值显然过小。但是，在试验室时，我们使受剪跨度与梁的有效高度之比等于 1∶1.71，相信不会产生短梁的作用。

由于梁的腹板比较薄（3 cm），所以在集中荷载之下设置了加劲肋。这样做法相信不会对主要斜裂缝的出现和扩展发生影响，因为这些裂缝是在荷载与支点之间发生的。

2. 试验梁的构造：

A，B，C，D，E，F 和 G 组梁的构造见图 2-1，H，I，J 和 K 组梁的构造与 G 组梁相似，但预应力镫筋的倾角有 90° 与 45° 两种。

梁的主要尺寸和钢筋组成见第一次中间报告摘要的第Ⅲ部分。

3. 实验梁的设计和计算。

主要数据列于表 2-1。

Ⅱ 试验梁的制造

试验梁在钢加力床上制造，其构造简图示于图 2-2。

---

* 参阅第一次中间报告的摘要。

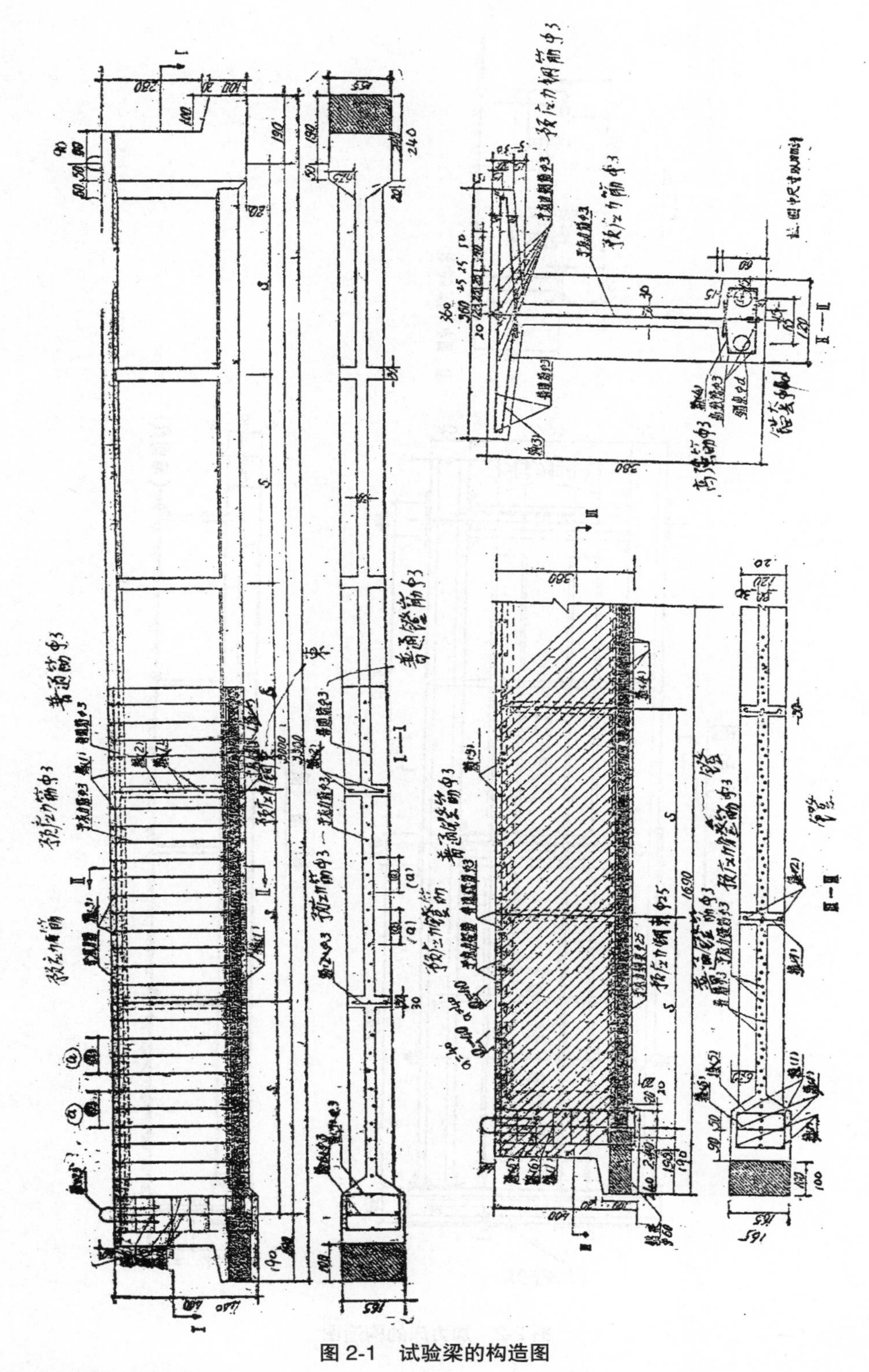

图 2-1　试验梁的构造图

说明：凡用\划去者均不用标识。

图中尺寸以 mm 计。

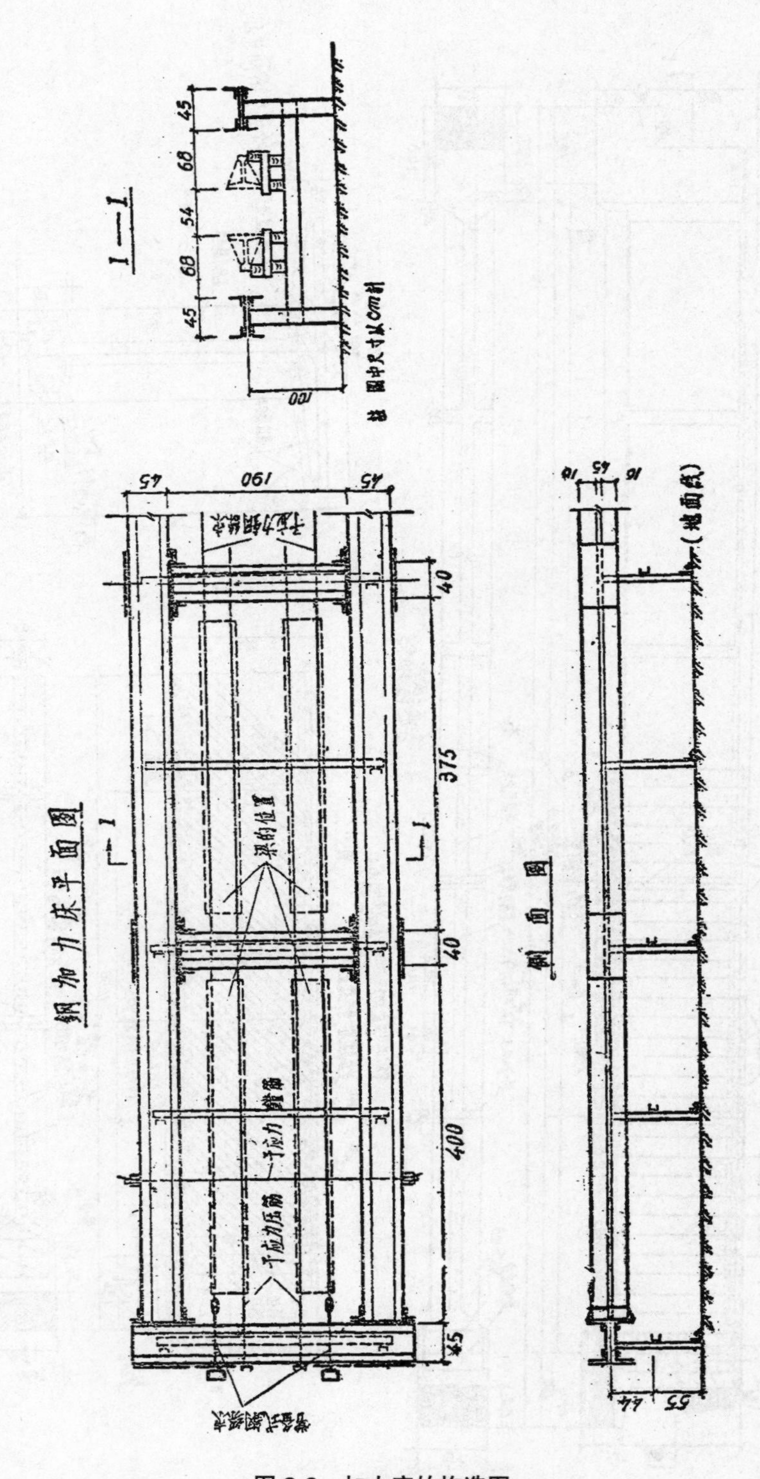

图 2-2　加力床的构造图

表 2-1　试验梁的设计和计算主要数据

梁号	$M_{计}$ (kg·cm)	Q_M (kg)	$Q_{计}$ (kg)	$\frac{Q_M}{Q_{计}}$	$\sigma_{\alpha k}$ (kg/cm²)	$\sigma_{\alpha l}$ (kg/cm²)	$Q_{Tk计}$ (kg)	$Q_{Tk计}$ (kg)	$Q_{Tk计}$ (kg)	σ_{xk} (kg/cm²)	σ_y (kg/cm²)
A—1	1 475 000*	16 400*	9 860	1.66	7 440	5 500	6 280	5 800	22 400	9 790	20
2	1 490 000*	16 600*	11 080	1.5	7 445	5 500	6 400	6 080	28 900	9 790	20
3	1 500 000*	16 700*	12 040	1.39	7 455	5 500	6 500	6 330	35 200	9 790	20
4	1 570 000*	16 800*	12 820	1.31	7 464	5 500	6 560	6 440	41 800	9 790	20
B—1	1 285 000*	14 300	16 860	0.85	7 166	5 500	4 920	5 540	29 500	9 790	20
2	1 490 000*	16 600	16 860	0.98	7 296	5 500	5 650	5 820	29 200	9 790	20
3	1 960 000*	18 800	16 860	1.11	7 440	5 500	6 400	6 100	28 900	9 790	20
4	1 960 000*	21 800	16 860	1.29	7 640	5 500	7 400	6 460	28 500	9 790	20
C—1	1 960 000	21 800	11 090	1.97	7 640	5 500	7 400	6 450	28 500	9 790	20
2	1 960 000	21 800	12 360	1.76	7 640	5 500	7 400	6 450	28 500	7 800	20
3	1 960 000	21 800	14 290	1.53	7 640	5 500	7 400	6 450	28 500	6 100	20
4	1 960 000	21 800	17 520	1.24	7 640	5 500	7 400	6 450	28 500	4 390	20
D—1	1 960 000	21 800	11 080	1.97	7 640	5 500	7 400	6 450	28 500	9 790	20
2	1 960 000	21 800	11 080	1.97	7 640	5 500	7 400	6 450	28 500	9 790	20
3	1 960 000	19 600	11 080	1.77	7 640	5 500	6 660	6 450	28 500	9 790	20
4	1 960 000	13 100	11 080	1.18	7 640	5 500	4 440	6 450	28 500	9 790	20
E—1	1 760 000*	19 600*	11 080	1.77	5 270	3 500	5 170	5 680	29 400	9 790	20
2	1 760 000*	19 600*	11 080	1.77	6 460	4 500	6 300	6 100	29 200	9 790	20
3	1 760 000*	19 600*	11 080	1.77	7 640	5 500	7 400	6 490	28 500	9 790	20
4	1 760 000*	19 600*	11 080	1.77	8 360	6 100	8 120	6 700	28 300	9 790	20
F—1	1 960 000	21 800	17 530	1.24	7 640	5 500	7.400	4 920	29 500	4 390	20
2	1 960 000	21 800	17 530	1.24	7 640	5 500	7.400	6 460	28 500	4 390	20
3	1 960 000	21 800	17 530	1.24	7 640	5 500	7.400	7 400	27 900	6 940	35
4	1 960 000	21 800	17 530	1.24	7 640	5 500	7.400	8 210	27 200	9 770	50
G—1a	1 960 000	21 800	17 530	1.24	7 640	5 500	7.400	6 460	85 500	4 390	20
G—1b	1 960 000	21 800	17 770	1.23	7 640	5 500	7.400	6 460	58 500	5 800	20
G—2a	1 960 000	21 800	17 530	1.24	7 640	5 500	7.400	6 460	58 500	4 390	20
G—2b	1 960 000	21 800	17 770	1.23	7 640	5 500	7.400	6 460	58 500	5 800	20
G—3a	1 960 000	21 800	17 530	1.24	7 640	5 500	7.400	6 460	58 500	4 390	20

续表 2-1

梁号	$M_{计}$ (kg·cm)	Q_M (kg)	$Q_{计}$ (kg)	$\frac{Q_M}{Q_{计}}$	$\sigma_{\alpha k}$ (kg/cm²)	$\sigma_{\alpha 1}$ (kg/cm²)	$Q_{726计}$ (kg)	$Q_{7k计}$ (kg)	$Q_{7k计}$ (kg)	σ_{xk} (kg/cm²)	σ_y (kg/cm²)
G—3b	1 960 000	21 800	17 530	1.56	7 640	5 500	7.400	6 460	38 350	4 670	20
H—1a	2 740 000*	35 600*	22 179	1.58	7 640	5 500	13 200	7 720	35 700	4 670	20
H—1b	2 740 000*	35 600*	22 550	1.56	7 456	5 500	13 200	7 720	35 700	4 670	20
H—2a	2 740 000*	35 600*	22 850	1.58	7 456	5 500	13 200	7 720	35 700	4 680	20
H—2b	2 740 000*	35 600*	22 850	1.56	7 456	5 500	13 200	7 720	44 600	4 680	20
H—3a	2 740 000*	35 600*	22 500	1.73	7 456	5 500	13 200	7 720	44 600	4 670	20
H—3b	2 740 000*	35 600*	22 850	1.56	7 456	5 500	13 200	7 720	44 600	4 670	20
I—1a	4 480 000*	47 700*	27 550	1.73	7 456	5 500	17 700	7 720	44 600	4 680	20
I—1b	4 480 000*	47 700*	27 960	1.71	7 630	5 500	17 700	7 720	44 600	4 680	20
I—2a	4 480 000*	47 700*	27 550	1.73	7 456	5 500	17 700	9 950	44 600	4 680	20
I—2b	4 480 000*	47 700*	27 960	1.71	7 630	5 500	17 700	9 950	44 600	4 680	20
I—3a	4 480 000*	47 700*	27 550	1.73	7 630	5 500	17 700	9 950	44 600	4 680	20
I—3b	4 480 000*	47 700*	27 960	1.71	7 630	5 500	17 700	9 950	44 600	4 680	20
J—1a	5 975 000*	54 400*	32 400	1.68	7 650	5 500	21 600	12 700	58 100	4 270	20
J—1b	5 975 000*	54 400*	33 350	1.63	7 650	5 500	21 600	12 700	58 100	4 270	20
J—2a	5 975 000*	54 400*	32 400	1.68	7 650	5 500	21 600	12 700	58 100	4 270	20
J—2b	5 975 000*	54 400*	33 350	1.63	7 650	5 500	21 600	12 700	58 100	4 270	20
J—3a	5 975 000*	54 400*	32 400	1.68	7 650	5 500	21 600	12 700	58 100	4 270	20
J—3b	5 975 000*	54 400*	33 500	1.63	7 650	5 500	21 600	12 700	58 100	4 270	20
K—1a	7 670 000*	60 000*	37 400	1.60	7 760	5 500	22 400	25 000	58 600	4 680	20
K—1b	7 670 000*	60 000*	38 200	1.57	7 760	5 500	22 400	25 000	58 600	4 680	20
K—2a	7 670 000*	60 000*	37 400	1.60	7 760	5 500	22 400	25 000	58 600	4 680	20
K—2b	7 670 000*	60 000*	38 200	1.57	7 760	5 500	22 400	25 000	58 600	4 680	20
K—3a	7 670 000*	60 000*	37 400	1.60	7 760	5 500	22 400	25 000	58 600	4 680	20
K—3b	7 670 000*	60 000*	38 200	1.57	7 760	5 500	22 400	25 000	58 600	4 680	20

附注：（1）*未计及下翼缘的 6 根 ϕ3 mm 高强度钢丝；

（2）$Q_{计}=\sum f_x\sigma_p+\sum f_{0x}\sigma_M 0.15b_p h_0 R_{utg\alpha}$。

（3）Q_M 为相当于 $M_{计}$ 时的最大剪力。

三、第三次中间报告（简介）[①]

1959 年 12 月

（简要介绍）

本次试验梁共 15 片，8 片进行静载试验，其余 7 片中，1 片进行静载试验，6 片进行动载试验，以便验证具有预应力镫筋的薄腹板预应力钢筋混凝土梁，能否用作承受反复动荷载的铁路跨桥梁的梁式桥跨结构。

试验梁中有 11 片梁的构造和施工条件是相同的，只是使用的混凝土强度不同。借此通过试验，研究混凝土强度对试验梁的抗剪强度和斜裂缝出现时的剪力有何影响，并将试验所得数据，与用“规程”[②] 所示方法算得的各对应值进行比较后以校核计算方法的精确度。

I　试验梁的构造与施工

试验梁的构造载于第二次中间报告的摘要内。但在施工时，得到的是 $\sigma_p = 14\,000\ \text{kg/cm}^2$ 和 $\sigma_p = 17\,000 \sim 19\,000\ \text{kg/cm}^2$ 两种 $\phi 3$ mm 高强度钢丝，与原设计采用的 $\sigma_p = 15\,000\ \text{kg/cm}^2$ $\phi 3$ mm 高强度钢丝不同。为了使试验梁在试验中得以保证出现受剪破坏，试验梁的纵向钢丝束采用 $\sigma_p = 17\,000 \sim 19\,000\ \text{kg/cm}^2$ 的 $\phi 3$ mm 高强度钢丝，而预应力镫筋和压筋则采用 $\sigma_p = 14\,000\ \text{kg/cm}^2$ 的 $\phi 3$ mm 高强度钢丝。此外，为了便于施工，纵向预应力钢丝束的间距由 6.5 cm 增至 7.5 cm，下翼缘宽度则改为 13 cm。

修改后的 A-1，2，3，4；B-3；C-1 和 F-2 等组试验梁的构造示于图 3-1，截面特性示于表 3-1。

表 3-1

梁号	h_0（cm）	$p=\frac{F_\alpha}{h_0 b_p}$（%）	γ_0 和 γ（%）	$\frac{\alpha}{h_0}$
A-1,2,3,4	35	2.82	0.236	1.71
B-3	35	3.36	0.236	1.71
C-1	35	3.36	0.590	1.71
F2	35	3.36		

① 本项目本人并非全过程参与，故仅作简介。

② 预应力钢筋混凝土桥跨结构及制造规程（草案），苏联运输建筑科学研究院，1957 年，铁路专业设计院标准设计处译。

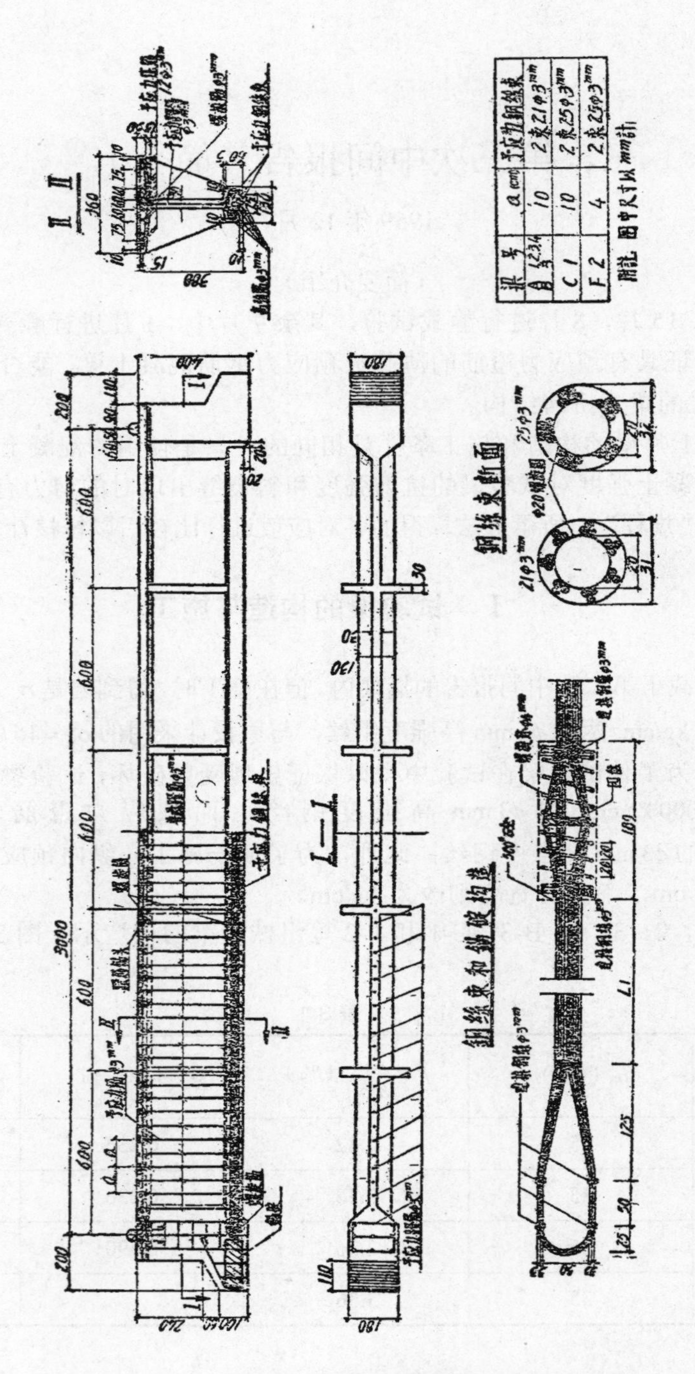

图 3-1　试验梁的构造图

试验梁是在先张法钢加力床（图 2-2）上制造的。预应力钢丝束、压筋和镫筋在张拉之后均用钢丝应力测定仪测量其安装应力。试验梁灌注混凝土后用 60 ℃的蒸汽养护，至混凝土强度达 $0.7R_{28}$ 以上时拆除模板，并剪断预应力钢丝束。试验梁所用高强度钢丝的力学性能见表 3-2。

表 3-2

梁号	纵向钢丝束的 $\phi 3$ mm 高强度钢丝				上翼缘的 $\phi 3$ mm 高强度钢丝				预应力镫筋的 $\phi 3$ mm 高强度钢丝			
	σ_p (kg/cm^2)	$\sigma_{0.2}$ (kg/cm^2)	E_0 (kg/cm^2)	$E_{0.2}$ (kg/cm^2)	σ_p (kg/cm^2)	$\sigma_{0.2}$ (kg/cm^2)	E_0 (kg/cm^2)	$E_{0.2}$ (kg/cm^2)	σ_p (kg/cm^2)	$\sigma_{0.2}$ (kg/cm^2)	E_0 (kg/cm^2)	$E_{0.2}$ (kg/cm^2)
A-1-甲	19 450	16 200	1.870×10^6	1.560	14 660	11 150	1.881×10^6	1.456×10^6	14 660	11 150	1.881×10^6	1.456×10^6
A-1-乙	19 450	16 200	1.870×10^6	1.560×10^6	14 660	11 150	1.881×10^6	1.456×10^6	14 660	11 150	1.881×10^6	1.456×10^6
A-2-甲	18 590	14 600	1.880×10^6	1.570×10^6	14 715	12 050	1.714×10^6	1.339×10^6	14 715	12 050	1.714×10^6	1.339×10^6
A-2-乙	19 450	16 200	1.870×10^6	1.560×10^6	14 715	12 050	1.714×10^6	1.339×10^6	14 715	12 050	1.714×10^6	1.339×10^6
A-3-甲	17 050	14 400	1.875×10^6	1.465×10^6	14 600	11 150	1.881×10^6	1.451×10^6	14 840	11 400	1.801×10^6	1.436×10^6
A-3-乙	17 050	14 400	1.875×10^6	1.465×10^6	14 600	11 150	1.881×10^6	1.451×10^6	14 840	11 400	1.801×10^6	1.436×10^6
A-4-甲	17 050	14 400	1.875×10^6	1.465×10^6	14 600	11 150	1.881×10^6	1.451×10^6	14 840	11 400	1.801×10^6	1.436×10^6
A-4-乙	17 050	14 400	1.875×10^6	1.465×10^6	14 600	11 150	1.881×10^6	1.451×10^6	14 840	11 400	1.801×10^6	1.436×10^6
B-3-甲	17 060	13 500	1.865×10^6	1.450×10^6	14 715	12 050	1.714×10^6	1.339×10^6	14 840	11 400	1.801×10^6	1.436×10^6
B-3-乙	16 925	13 600	1.870×10^6	1.455×10^6	14 660	11 150	1.881×10^6	1.456×10^6	14 715	12 050	1.714×10^6	1.339×10^6
B-3-丙	16 925	13 600	1.870×10^6	1.455×10^6	14 660	11 150	1.881×10^6	1.456×10^6	14 715	12 050	1.714×10^6	1.339×10^6
C-1-甲	17 450	13 950	1.915×10^6	1.478×10^6	14 715	12 050	1.714×10^6	1.339×10^6	14 840	11 400	1.801×10^6	1.436×10^6
C-1-乙	17 450	13 950	1.915×10^6	1.478×10^6	14 715	12 050	1.714×10^6	1.339×10^6	14 840	11 400	1.801×10^6	1.436×10^6
F-2-甲	16 925	13 600	1.870×10^6	1.455×10^6	14 600	11 150	1.881×10^6	1.456×10^6	14 840	11 400	1.801×10^6	1.436×10^6
F-2-乙	16 925	13 600	1.870×10^6	1.455×10^6	14 600	11 150	1.881×10^6	1.456×10^6	14 840	11 400	1.801×10^6	1.436×10^6

Ⅱ A组梁的试验

A组试验梁共8片，其编号为A-1-甲、乙；A-2-甲、乙；A-3-甲、乙和A-4-甲、乙。进行静载试验使其破坏的目的如前所述。

1. 试验梁及其特性

试验梁为跨度3 m的具有预应力镫筋的薄腹板预应力钢筋混凝土梁。在试验梁制成以后及试验进行之时，陆续求得的混凝土试件的强度和弹性模量数值示于表3-3。根据施工时的预应力控制数值，按“规程”所示方程计算所得的各试验梁的力学特征示于表3-4。

2. 试验方法

梁的试验是在铁道科学研究院结构试验室的500 t Amsler压力机上进行的，试验荷载是由分别作用在梁跨 $l/5=60$ cm点处的4个等量荷载组成（图3-2）。总荷载则以5 t，10 t，13 t，15 t，18 t等逐级增加。试验时每级荷载都反复加载5次，在加载的第一次和第五次时，测读梁各点的挠度（图3-3）以及梁跨中截面和端节间腹板的变形。挠度用千分表测度，变形用标距分别为10″和25″的两种古金柏变形仪测定。千分表和变形仪的放置位置见图3-4。

图3-2 四荷载作用点示意图

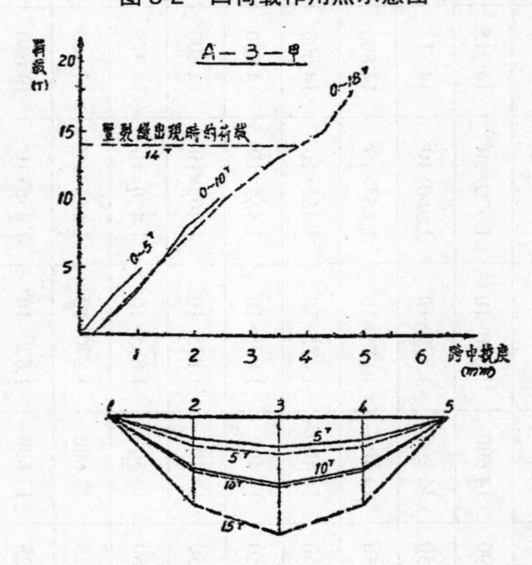

图3-3 A-3-甲梁在荷载下的挠度曲线

当竖向或斜裂缝出现时，则徐徐加载，以便准确地确定这些特殊荷载的数值，同时仔细观察它们的发展过程，静载试验直至试验梁破坏为止，随之仔细观察破坏后的各种形态。

表 3-3

梁　号	混凝土理论配合比	混凝土强度试验（kg/cm²）			混凝土立方强度 R（kg/cm²）	R'（kg/cm²）（6″×12″圆柱）	R'/R	$R_{p试验}$（kg/cm²）	$R_{p计算}=\frac{1}{2}\sqrt[3]{R^2}$	$E_6\times10^{-5}$（kg/cm²）	灌梁日期	试验日期
		剪钢丝时	梁试验前后	梁试验时								
A-1-甲 A-1-乙	1∶1.707∶2.96 399，В/Ц=0.544	R_{12}=286 R_{12}=520	R_{21}=334 R_{21}=515	389 555 557	389 556	279.5 464, 445 } 454	0.72 0.814	—	26.6 33.8	1.805 2.45	58/9/4 ″	58/10/4 ″
A-2-甲 A-2-乙	1∶1.050∶2.448 488，В/Ц=0.42	R_8=561	—	672 740 634 662	706 648	—	—	—	39.6 37.4	2.48 2.36	58/8/1	58/9/18 58/9/3
A-3-甲 A-3-乙	1∶1.51∶2.803 430，В/Ц=0.50	R_8=383	R_{28}=499	470 440	455	377, 465 } 421	0.84	50.5	29.6	2.32	58/9/28	58/10/14
A-4-甲 A-4-乙	1∶1.72∶2.995 400，В/Ц=0.54	R_8=472	R_{28}=532	464 495 472	477	405, 462 } 433.5	0.815	36.8	30.5	2.00	″	″

附注：混凝土立方强度用(15×15×15)cm³立方体求得，乘以 0.9 换算为(20×20×20)cm³标准立方强度。

表 3-4

梁号		纵向预应力（kg/cm^2）				$M_{T计}$（t-m）	$Q_{m计}$（t）	$\sigma_{x\kappa}$[②]（kg/cm^2）	σ_y（kg/cm^2）	$Q_{Tk计}$（t）	$\alpha_{计算值}$	$Q_{计}$（t）
		$\sigma_{a\kappa}$[①]	$\sigma'_{a\kappa}$	σ_{a1}	σ'_{a1}							
A-1-甲	东端	7 920	4 000	5 454	2 433	5.92	6.57	9 200	19.20	5.80	37°00′	9.37
	西端							9 400	19.70	5.83	39°9′	9.38
A-1-乙	东端	7 480	3 950	5 396	2 383	6.11	6.79	9 200	19.20	6.45	37°40′	10.69
	西端							9 400	19.70	6.47	37°47′	10.69
A-2-甲	东端	7 350	4 370	5 012	2 709	6.17	6.85	10 300	19.20	6.94	38°37′	12.00
	西端							10 340	19.25	6.94	38°37′	12.00
A-2-乙	东端	7 620	4 330	5 439	2 670	6.34	7.04	10 300	19.20	6.86	38°1′	11.49
	西端							10 340	19.25	6.86	38°1′	11.49
A-3-甲	东端	7 380	3 820	5 482	2 183	6.00	6.67	8 820	18.35	5.97	37°3′	9.95
	西端							9 200	19.10	6.03	37°12′	9.95
A-3-乙	东端	7 280	3 800	5 387	2 160	5.60	6.22	8 820	18.35	5.94	37°5′	9.96
	西端							9 200	19.10	5.98	37°18′	9.94
A-4-甲	东端	7 380	3 820	5 428	2 188	5.99	6.66	8 620	17.85	5.90	37°8′	10.11
	西端							9 750	20.50	6.09	37°53′	10.16
A-4-乙	东端	7 280	3 800	5 386	2 163	5.95	6.61	8 620	17.85	5.96	37°15′	10.10
	西端							9 750	20.0	6.05	37°56′	10.07

注：① 张拉钢丝时测量；② 剪断钢丝时测量；③ $Q_{T计}=\dfrac{M_{T计}}{0.9_T}t$。

3. 梁的挠度

A-3-甲：试验梁在各次加载后测得的挠度示于图 3-3。就 8 片试验梁而言，经过 5 次反复加载，最后测得的挠度值比第一次加载测得的要大些。如当荷载为 5 t 时，增加值为 1.2%～27.0%，A-1-甲试验梁甚至增大了 83.6%。当荷载为 10 t 时，上述挠度增加值则为 1.7%～22.4%。可见荷载越增加，挠度的增大率则渐小，不过挠度的总值却总是增加的。

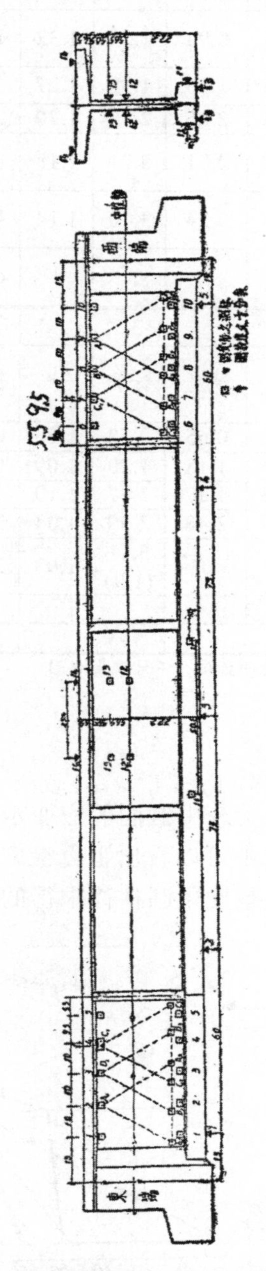

图 3-4　A 组梁测标仪和千分表设置位置图

实验梁跨中挠度的实测值与计算值之比列于表 3-5。一般来说，挠度的计算值比试验值大 3%～84%。

表 3-5　梁跨中挠度实测值和计算值比较表

	荷载（t）	A-1-甲 试验	A-1-甲 计算	$\frac{f_{计}}{f_{试}}$	A-1-乙 试验	A-1-乙 计算	$\frac{f_{计}}{f_{试}}$	A-2-甲 试验	A-2-甲 计算	$\frac{f_{计}}{f_{试}}$	A-2-乙 试验	A-2-乙 计算	$\frac{f_{计}}{f_{试}}$
跨中挠度值（mm）	3	0.52	0.96	1.84	0.53	0.74	1.40	—	0.73	—	0.77*	1.01 (4 t)*	1.31
	5	0.98	1.61	1.64	0.94	1.24	1.32	1.19	1.23	1.03	1.02*	1.52 (6 t)*	1.49
	8	1.65	2.57	1.56	1.56	1.98	1.27	—	1.96	—	1.31*	2.02	1.54
	10	2.25	3.22	1.43	2.05	2.47	1.20	2.58	2.45	0.95	1.76	2.53	1.44
	13	2.25 (12t)*	3.86	1.51	2.71	3.21	1.18	—	3.18	—	2.16*	3.04 (12 t)	1.41
	15	3.34 (14 t)*	4.50	1.35	3.24	3.70	1.14	4.43	3.68	0.83	2.65*	3.54 (14 t)	1.33
	18	4.92	5.79					6.26	4.41	0.71	3.16*	4.05 (16 t)	1.28

	荷载（t）	A-3-甲 试验	A-3-甲 计算	$\frac{f_{计}}{f_{试}}$	A-3-乙 试验	A-3-乙 计算	$\frac{f_{计}}{f_{试}}$	A-4-甲 试验	A-4-甲 计算	$\frac{f_{计}}{f_{试}}$	A-4-乙 试验	A-4-乙 计算	$\frac{f_{计}}{f_{试}}$
跨中挠度值（mm）	3	0.59	0.78	1.32	0.65	0.78	1.20	0.56	0.89	1.59	0.62	0.89	1.43
	5	1.10	1.29	1.17	1.18	1.29	1.09	0.98	1.48	1.51	1.05	1.48	1.41
	8	1.64	2.07	1.26	1.87	2.07	1.10	1.72	2.38	1.38	1.83	2.38	1.30
	10	2.20	2.59	1.18	2.48	2.59	1.04	2.20	2.97	1.35	2.43	2.97	1.22
	13	3.22	3.37	1.05	3.03*	3.11 (12t)	1.03	3.14	3.86	1.23	—	3.86	—
	15										4.43	4.45	1.03
	18												

附注：① 试验挠度值取用第一次加载时的数值，不计残余变形。

② *括号内所注荷载之挠度。

③ E 值见图 3-2。

4. 试验梁跨中截面的变形

随加载用测试仪测得的试验梁跨中截面的应变示于图 3-5。上翼缘应变的试验数值和计算数值的比较列于表 3-6。从表中可以看出上翼缘应变的试验值一般都比理论计算值小，这可能是因为混凝土实际弹性模量比用圆柱体求得的弹性模量大一些。

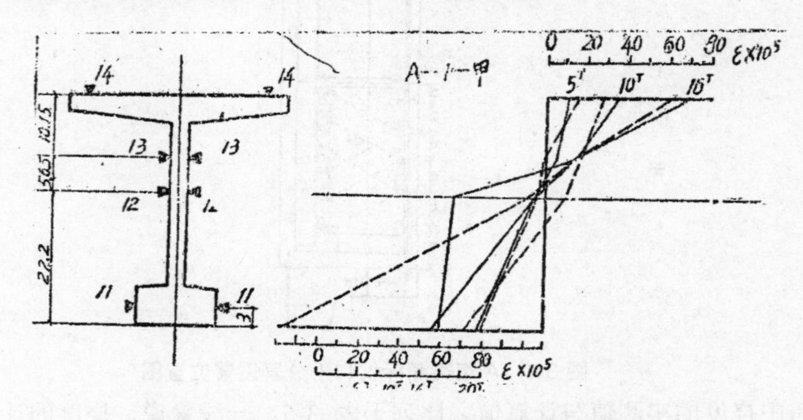

图 3-5　A-1 甲梁跨中截面混凝土的应变图

表 3-6

荷载(t) \ 梁号	A-1-甲 $\varepsilon_{试}$	A-1-甲 $\varepsilon_{计}$	A-1-甲 $\frac{\varepsilon_{计}}{\varepsilon_{试}}$	A-1-乙 $\varepsilon_{试}$	A-1-乙 $\varepsilon_{计}$	A-1-乙 $\frac{\varepsilon_{计}}{\varepsilon_{试}}$	A-2-甲 $\varepsilon_{试}$	A-2-甲 $\varepsilon_{计}$	A-2-甲 $\frac{\varepsilon_{计}}{\varepsilon_{试}}$	A-2-乙 $\varepsilon_{试}$	A-2-乙 $\varepsilon_{计}$	A-2-乙 $\frac{\varepsilon_{计}}{\varepsilon_{试}}$
5	13.0	28.1	2.16	24.2	21.2	0.87	16.5	21.0	1.27	19.8	21.8	1.10
10	31.0	56.2	1.81	38.7	44.3	1.14	31.8	41.9	1.32	32.0	43.7	1.36

荷载(t) \ 梁号	A-3-甲 $\varepsilon_{试}$	A-3-甲 $\varepsilon_{计}$	A-3-甲 $\frac{\varepsilon_{计}}{\varepsilon_{试}}$	A-3-乙 $\varepsilon_{试}$	A-3-乙 $\varepsilon_{计}$	A-3-乙 $\frac{\varepsilon_{计}}{\varepsilon_{试}}$	A-4-甲 $\varepsilon_{试}$	A-4-甲 $\varepsilon_{计}$	A-4-甲 $\frac{\varepsilon_{计}}{\varepsilon_{试}}$	A-4-乙 $\varepsilon_{试}$	A-4-乙 $\varepsilon_{计}$	A-4-乙 $\frac{\varepsilon_{计}}{\varepsilon_{试}}$
5	21.9	22.2	1.01	23.2	22.2	0.96	17.7	25.8	1.46	22.0	25.8	1.17
10	50.4	44.4	0.88	46.5	44.4	0.95	40.4	51.7	1.28	44.5	51.7	1.16

注：① 表中 ε 值为实际值的 10.5 倍；② $\varepsilon_{试}$ 取用上翼缘南北两边应变的平均值。

5. 试验梁端节间腹板的变形

随加载测得的端节间各测标之变形，计算出的主应变示于图 3-6。

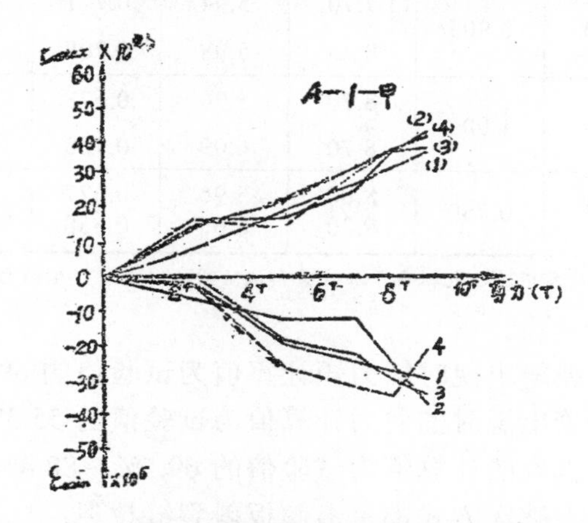

图 3-6　A-1-甲梁端节间腹板混凝土的主应变图

6. 试验梁的开裂和破坏情况

A 组试验梁的开裂和破坏情况比较一致。随着荷载的增大，跨中部位先出现竖裂缝，继之在两端节间的腹板上出现斜裂缝。但亦有少数试验梁，这两种裂缝是同时出现的。可能由于镫筋的配筋率较底（γ=0.236%），斜裂缝的数量不多，一般只有三条。第一条斜裂缝出现的位置并不固定，有的出现在端节间腹板的外上角，有的则在内下角，也有在荷载作用点至梁支点的连线附近，这一斜裂缝往往是造成试验梁剪力破坏的主要裂缝。

试验梁的破坏是突发性的，并随发巨响。破坏形式是腹板沿上述主要斜裂缝被拉裂，镫筋被拉断，上下翼缘被剪碎。试验梁 A-1-甲随荷载出现的竖向和斜裂缝位置以及破坏状况示于图 3-7。较为特殊的试验梁 A-3-乙的破坏情况则为，荷载增至 24.6 t 时，只见试验机的荷载指针向后倒退，表示梁已破坏，失去承载能力，但未见镫筋拉断，上下翼缘被剪裂碎等状态，也无巨声发作。

关于竖向裂缝出现时的力矩，斜裂缝出现时的剪力，剪力破坏时的荷载，和按“规程”计算所得的各项对应值均列于表 3-7。

表 3-7　M_T，Q_{TK}，Q 的试验和计算数值的比较

梁号		M_T (t-T) 试验	M_T (t-T) 计算	$\frac{M_{T计}}{M_{T试}}$	Q_{TK} (t) 试验	Q_{TK} (t) 计算	$\frac{Q_{TK计}}{Q_{TK试}}$	Q (t) 试验	Q (t) 计算	$\frac{Q_{计}}{Q_{试}}$
A-1-甲	东端	8.26	5.92	0.716	10.45	5.80	0.555	13.35	9.37	0.701
	西端				10.45	5.83	0.558	—	9.38	—
A-1-乙	东端	7.80	6.11	0.783	10.10	6.45	0.638	—	10.69	—
	西端				10.10	6.47	0.641	14.20	10.69	0.752
A-2-甲	东端	8.26	6.17	0.747	9.20	6.94	0.754	—	12.00	—
	西端				10.20	6.94	0.680	13.58	12.00	0.884
A-2-乙	东端	9.16	6.34	0.692	10.20	6.86	0.672	—	11.49	—
	西端				10.20	6.86	0.672	16.52	11.49	0.695
A-3-甲	东端	6.46	6.00	0.928	9.20	5.97	0.649	—	9.95	—
	西端				9.20	6.03	0.656	12.97	9.95	0.767
A-3-乙	东端	6.18	5.60	0.905	7.70	5.94	0.771	12.50	9.96	0.796
	西端				8.45	5.98	0.708	—	9.94	—
A-4-甲	东端	5.98	5.99	1.001	8.70	5.90	0.678	13.25	10.11	0.764
	西端				8.70	6.09	0.700	—	10.16	—
A-4-乙	东端	7.88	5.95	0.750	8.80	5.96	0.677	—	10.10	—
	西端				9.20	6.05	0.658	13.90	10.07	0.725

注：表中所列 M_T，Q_{TK}，Q 试验各值均已包括由于加载梁和试验梁的自重所产生的力矩 0.16 t・m 或剪力 0.20 t。

7. 结　论

（1）A 组试验梁竖向裂缝出现时的力矩计算值为试验值的 69.2%～100.1%；

（2）A 组试验梁斜裂缝出现时的剪力计算值为试验值的 55.5%～77.1%；

（3）A 组试验梁抗剪强度的计算值为试验值的 69.5%～88.4%；

（4）A 组试验梁的剪力破坏方式都呈沿腹板斜裂缝拉裂；

（5）A 组试验梁的抗剪强度随混凝土标号的提高而增加；

（6）A 组试验梁所用的混凝土标号比较集中在 450～500 号附近，显得过于集中。宜选用 400 号左右和 600～1 000 号的混凝土各增添 1～2 片试验梁进行试验，以期取得为完美的试验成果。

Ⅲ　6 片动载梁的试验

1. 试验梁及其特征

如前文所述，实际有待试验的梁是 7 片，其中编号为 B-3-甲的一片梁，与 A 组梁相似仅作静载试验，故不再赘述，在此仅对 6 片动载试验梁作一简要介绍。

试验梁的编号为 B-3-乙、丙；C-1-甲、乙和 F-2-甲、乙。它们的构造示于图 3-1。三组试验梁的预应力镫筋配筋率 γ 分别为 0.36%、0.236%及 0.59%。

试验梁所用的高强度钢丝与 A 组梁相同，其力学性能见表 3-2。

试验梁制成以后及进行试验时的混凝土试件的强度和弹性模量的数值示于表 3-8。

根据施工时的预应力控制数值，按“规程”所示的计算方法，求得的各试验梁的力学性能，列于表 3-9 内。

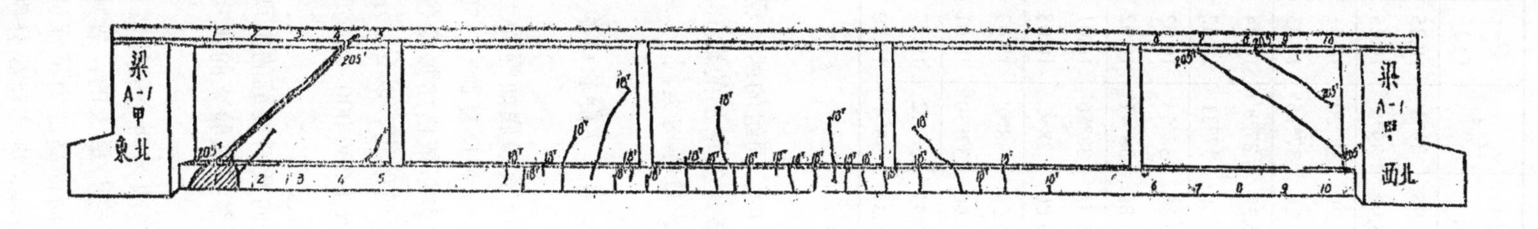

图 3-7 A–1–甲梁的裂缝及其发展的情况

表 3-8

梁号	混凝土理论配合比	混凝土强度试验（kg/cm²）			混凝土立方强度 R（kg/cm²）	R'（kg/cm²）（6″×12″圆柱）	R'/R	$R_{p\,试验}$（kg/cm²）	$R_{p\,计算}=\frac{1}{2}\sqrt[3]{R^2}$	$E_6\times10^{-5}$（kg/cm²）	灌筑日期	试验日期
		剪钢丝时	梁试验后	梁试验时								
B-3-甲	1∶1.72∶2.995∶400，В/Ц=0.54	R_1=451	—	512, 500 } 506	506	376	0.740	41.8	31.7	1.985	58/10/19	59/3/21
B-3-乙 B-3-丙	1∶1.505∶2.620∶425，В/Ц=0.52	R_{10}=500	—	514, 415, 629 } 519	519	452	0.870	46.5	32.3	2.32	58/11/12	59/4/9
C-1-甲 C-1-乙	1∶1.72∶2.995∶400，В/Ц=0.54	R_7=455	R_{19}=479	364, 414, 308 } 362	479	387	0.603	—	30.6	2.11	58/10/17	59/4/11
F-2-甲 F-2-乙	1∶1.505∶2.62∶425，В/Ц=0.52	R_5=455 R_5=485	—	364, 414, 308 } 364 580, 572, 580 } 577	489* 577	415 495	取 0.85 0.855	42.3 35.3	31 34.6	2.48 2.48	58/10/7	59/4/11

附注：表内的混凝土立方体强度都是用(15×15×15)cm³ 立方体试验求得，并乘以 0.9 换算为(20×20×20)cm³ 的标准立方体强度。

*F-2-甲的混凝土立方体强度是按（$R'/0.85$）求得的。

表 3-9

梁号		纵向预应力（kg/cm²）				$M_{T计}$	$Q_{m计}$	σ_{xk} ②	σ_y	$Q_{Tk计}$	$\alpha_{计算值}$	$Q_{计}$
		σ_{ak} ①	σ'_{ak}	σ_{a1}	σ'_{a1}	（t－m）	（t）	（kg/cm²）	（kg/cm²）	（t）		（t）
B-3-甲	东端	7 300	3 800	4 446	2 168	5.31	5.90	9 385	19.70	5.95	39°6′	10.25
	西端							9 110	19.00	5.92	39°5′	10.25
B-3-乙	东端	8 100	4 400	5 365	2 720	5.98	6.65	9 250	19.40	6.29	37°30′	10.41
	西端							8 680	18.00	6.20	37°15′	10.43
B-3-丙	东端	8 100	4 400	5 365	2 720	5.98	6.65	8 860	18.00	6.23	37°8′	10.44
	西端							9 300	19.45	6.30	37°31′	10.42
C-1-甲	东端	7 400	4 000	3 886	2 346	5.40	6.00	9 385	19.70	5.85	38°54′	10.02
	西端							9 110	19.00	5.80	38°41′	10.02
C-1-乙	东端	7 400	4 000	3 886	2 346	5.40	6.00	9 500	19.90	5.85	38°56′	10.01
	西端							8 920	18.70	5.80	38°6′	10.08
F-2-甲	东端	7 700	3 850	4 750	2 170	6.28	6.98	4 250	21.80	6.04	38°0′	19.03
	西端							4 330	22.30	6.00	37°30′	19.01
F-2-乙	东端	7 750	4 600	4 650	2 920	6.34	7.04	4 250	21.80	6.41	38°12′	19.77
	西端							4 330	22.30	6.37	38°4′	19.80

注：① 张拉钢丝时测量；② 剪断钢丝时测量。

2. 试验方法

试验梁是在铁道科学研究院结构实验室 100 t Amsler 脉冲机上进行的。同组的两片梁同时在同一脉冲机上进行试验。试验中荷载的加载点位置及个数、总荷载逐级增加的数值、每一级荷载的反复次数、何时测度挠度及变形、测度所用的仪表及其计量等均类同于 A 组梁的静载试验。

整个动载试验由以下五步组成。第一次静载试验、第一次动载试验、第二次静载试验、第二次动载试验和第三次静载试验。

第一次静载试验时，4 个荷载的总和的最大值为 Q_P，其数值为当下翼缘底面混凝土压应力等于 10 kg/cm² 时计算所得的梁上最大剪力。第一次动载试验时每分钟反复荷载 250 次，达 1 000 000 次后结束。荷载幅度为（0.4～1.0）Q_P，动载试验时用葛依格尔振动仪测度梁的挠度。第二次静载试验的最大荷载由跨中出现第一条竖向裂缝时确定，以 $Q_{T试}$ 示之。第二次动载试验的荷载幅度为（0.4～1.0）$Q_{T试}$。反复荷载次数也为 1 000 000 次。第三次静载试验的最大荷载即为试验梁破坏时的荷载。

随着试验荷载的增加，对各片实验梁在各试验阶段所产生变形、竖向及斜裂缝的出现和发展、破坏时的形态和特征等都进行了仔细的观察和记录，借此全面掌握试验梁的优劣性能。

在这里需介绍 F 组试验梁在第三次静载试验阶段，试验荷载由四个改为两个的原因。如前所述 F 组试验梁的镫筋含筋率 γ=0.59%，相对于其他试验梁来说，它是最大的，故其拥有的抗震强度也将是最大的，但 F 组试验梁的抗挠强度并没有因此而提高。为了保证试验梁仍然出现剪力破坏的形式，故将原作用在跨中部位的两个荷载撤除，将其荷载分别加到靠近支点荷载位置上，由此原来四点荷载改成了两点荷载。

3. 梁的挠度

B-3-丙试验梁随各次加载所测得的第一次与最后一次加载的挠度值示于图 3-8 中。就全试验过程而言，据统计试验梁最后一次测得的挠度要比第一次测得的挠度值大，当荷载等于 5 t 时，要大 25.2%～70.5%；而当荷载等于 10 t 时，则要大 4.3%～34.5%。

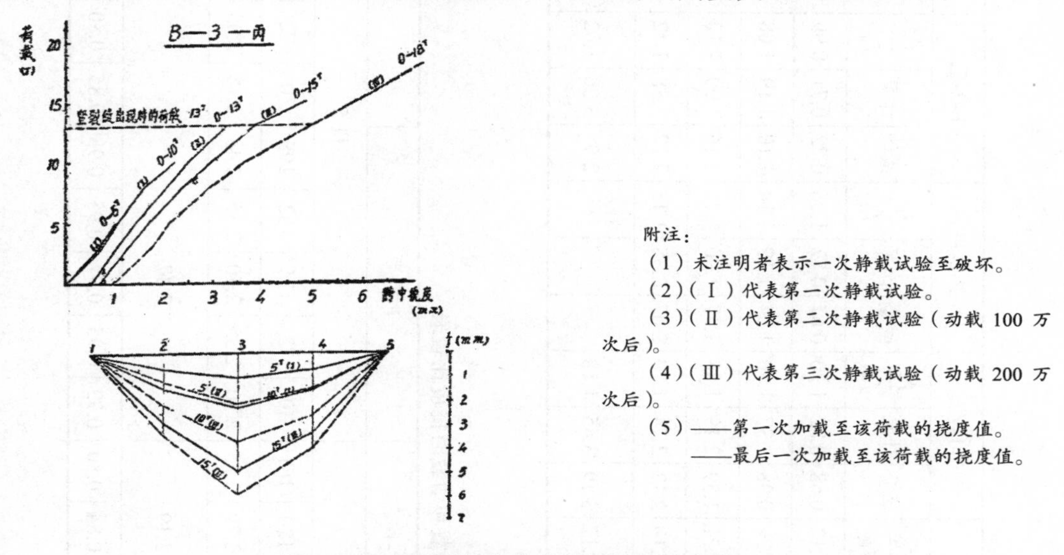

图 3-8　B-3-丙梁在荷载作用下的挠度线

试验梁跨中挠度的实测值和计算值之比列于表 3-10。计算值比试验值大 2%～54%，但也有个别梁在个别荷载时两者的比值并非如此。

动载时用葛依格尔振动仪测得的挠度和静载时测得的挠度比较列于表 3-11。动载下的挠度等于动荷载最大值时静载下挠度的 75%～99%。

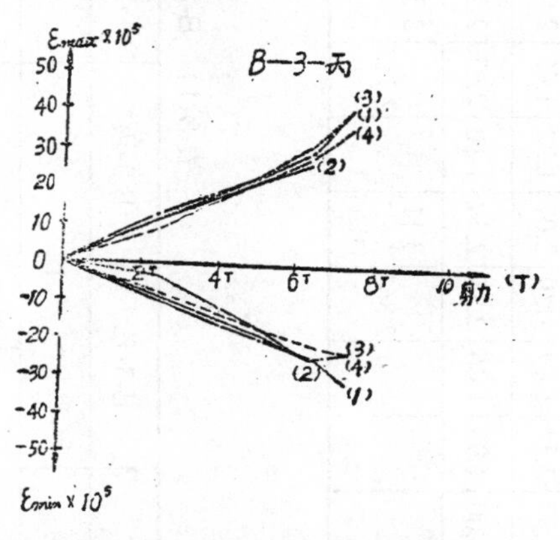

图 3-9　B-3-乙梁跨中截面的应变

4. 试验梁跨中截面的变形

随加载测得的 B-3-乙试验梁跨中截面的应变形示于图 3-9 中。所有试验梁上翼缘应变的试验值和计算值的比较列于表 3-12。从表中可以看出，同 A 组梁一样，上翼缘应变的试验值小于理论计算值。

表 3-10

荷载（t）		B-3-甲			B-3-乙			B-3-丙			C-1-甲			C-1-乙			F-2-甲			F-2-乙			附注
		试验	计算	$\frac{f_{计}}{f_{试}}$	试验	计算	$\frac{f_{计}}{f_{试}}$	试验	计算	$\frac{f_{计}}{f_{试}}$	试验	计算	$\frac{f_{计}}{f_{试}}$	试验	计算	$\frac{f_{计}}{f_{试}}$	试验	计算	$\frac{f_{计}}{f_{试}}$	试验	计算	$\frac{f_{计}}{f_{试}}$	（1）实验挠度值取用第一次加载时的数值不计残余变形；（2）*为括号内所注荷载之挠度；（3）E 值见图 3-10
跨中挠度值（mm）	3	0.57	0.88	1.54	0.75	0.78	1.04	0.67	0.78	1.16	0.73	0.82	1.12	0.68	0.82	1.20	0.67	0.72	1.06	0.72	0.71	0.99	
	5	0.99	1.46	1.47	1.14	1.29	1.13	1.02	1.29	1.26	1.09	1.37	1.26	0.98	1.37	1.40	1.04	1.19	1.14	1.10	1.19	1.08	
	8	1.57	2.34	1.49	1.70	2.07	1.22	1.42	2.07	1.46	1.81	2.19	1.21	1.59	2.19	1.38	1.57	1.90	1.21	1.16	1.90	1.12	
	10	2.00	2.93	1.46	2.35	2.59	1.10	2.03	2.59	1.28	2.30	2.74	1.19	2.12	2.74	1.29	2.07	2.38	1.15	2.12	2.38	1.12	
	12.6				2.86*	3.11（112t）		2.71*	3.37（113t）	1.09	2.95	3.45	1.17	3.19	3.45	1.18				2.94	3.00	1.02	

表 3-11　B-3，C-1，F-2 组梁静载和动载时挠度比较表

梁　号	B-3-乙		B-3-丙		C-1-甲			C-1-乙			F-2-甲					F-2-乙				
最大动荷载（t）	12				12.6						11.5									
动载次数（万次）	160	200	160	200	100	120	161	100	120	161	30	72	125	162	198	30	72	125	162	198
动载时的挠度（mm）	2.38	2.45	2.45	2.45	2.25	2.60	2.50	2.40	2.70	2.55	2.30	2.35	2.40	2.35	2.43	2.18	2.05	2.28	2.18	2.30
等于动荷载最大值的静载下的挠度（mm）	2.86		2.47		2.95			3.19			2.47					2.57				
$f_{动}/f_{静}$	0.83	0.88	0.99	0.99	0.76	0.88	0.85	0.75	0.84	0.80	0.93	0.95	0.97	0.95	0.98	0.85	0.80	0.89	0.85	0.89

5. 试验梁的端节间腹板的变形

B-3-丙试验梁端节间的主应变，是根据加载时用测标仪测得的变形求算的，现示于图 3-10 中。

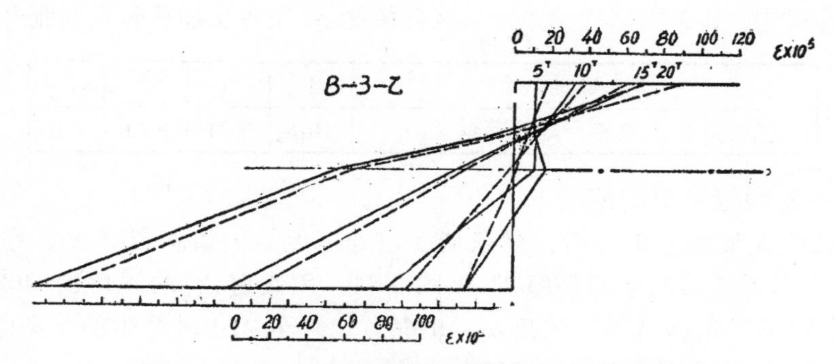

图 3-10　B–3–丙梁端节间腹版混凝土的主应变

6. 试验梁的开裂和破坏情况

试验梁的开裂和破坏情况仅以 B-3-丙梁为例作一简要说明，其他试验梁如由特殊者则一并介绍之。

表 3-12　跨中截面上翼缘应变的实测值和计算值的比较

荷载(t)	B-3-甲			B-3-乙			B-3-丙			C-1-甲			C-1-乙			F-2-甲			F-2-乙		
	$\varepsilon_{试}$	$\varepsilon_{计}$	$\frac{\varepsilon_{计}}{\varepsilon_{试}}$	$\varepsilon_{试}$	$\varepsilon_{计}$	$\frac{\varepsilon_{计}}{\varepsilon_{试}}$	$\varepsilon_{试}$	$\varepsilon_{计}$	$\frac{\varepsilon_{计}}{\varepsilon_{试}}$	$\varepsilon_{试}$	$\varepsilon_{计}$	$\frac{\varepsilon_{计}}{\varepsilon_{试}}$	$\varepsilon_{试}$	$\varepsilon_{计}$	$\frac{\varepsilon_{计}}{\varepsilon_{试}}$	$\varepsilon_{试}$	$\varepsilon_{计}$	$\frac{\varepsilon_{计}}{\varepsilon_{试}}$	$\varepsilon_{试}$	$\varepsilon_{计}$	$\frac{\varepsilon_{计}}{\varepsilon_{试}}$
5	18.0	25.4	1.41	15.0	22.2	1.48	19.5	22.2	1.14	21	25.1	1.19	19.0	25.1	1.32	18	20.7	1.15	19.5	20.7	1.16
10	44.0	50.9	1.15	35.5	44.4	1.25	40.5	44.4	1.19	45	48.2	1.07	38.5	48.2	1.25	37	41.4	1.12	39.5	41.4	1.15

注：① 表中 ε 值为实测值的 10.5 倍；② 取上翼缘南北两边应变的平均值作为 $\varepsilon_{试}$。

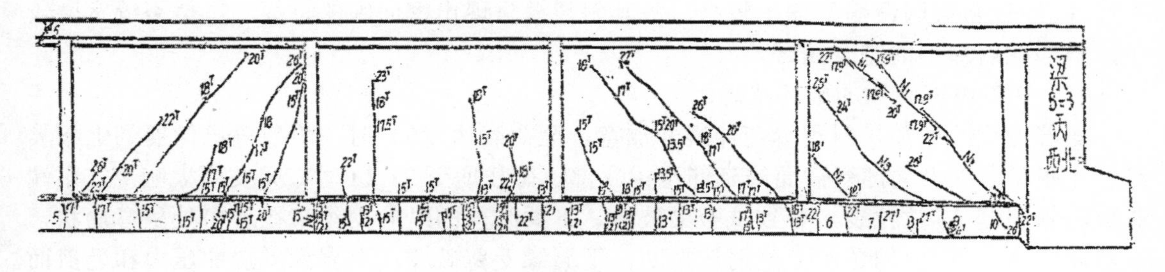

图 3-11　B–3–丙梁的裂缝及其发展情况

（1）竖向裂缝的出现情况。

B-3-丙试验梁和同组的 B-3-乙梁在第 1 次静载（0～10 t 即 0～Q_p）和第 1 次动载（4～10 t 即 0.4Q_p～Q_p）中均未出现竖向裂缝，梁体完整。第 2 次静载当加载至 13 t 时，梁北面中部节间和劲肋下面同时产生 8 条竖向裂缝，南面两处各有 1 条竖向裂缝，见图 3-11。C-1-甲试验梁也在荷载 13 t 时，梁中部同时出现 4 条竖向裂缝，南面 1 条，北面 3 条。C-1-乙试验梁在荷载 12.6 t 时，便出现了 9 条竖向裂缝，南面 4 条，北面 5 条。F 组两片试验梁，在荷载 11.5 t 时，F-2-甲梁在北面出现第一条竖向裂缝，在荷载 12.6 t 时，出现第 2 条竖向裂缝，但南面未见裂缝。F-2-乙梁在荷载 12.6 t 时，只在南面出现了竖向裂缝，北面没有。

在第二次动载中，B-3-丙试验梁和其他试验梁都出现了新的竖向裂缝，原有裂缝则宽度增大，长度伸展。

在第三次静载中，B-3-丙试验梁第一条竖向裂缝 N_1 在各次加载时重新张开的荷载如下：

反复加载的次数	Ⅰ	Ⅱ	Ⅲ	Ⅳ
竖向裂缝重新转开时的荷载（t）	10.1	9.21	9.21	9.0

（2）第一条斜裂缝出现的情况。

B-3-丙试验梁在加载至 15 t 时。梁东端上角处出现第一条斜裂缝 N_1，在 0～15 t 反复加载的第 2 次，出现了第二条斜裂缝 N_2 见图 3-11，斜裂缝 N_1 的倾角 $\alpha=40°56'$。加载至 17.9 t 时西端出现第一条斜裂缝，倾角 $\alpha=40°6'$。加载至 21 t 时产生的一条斜裂缝 N_3，成为导致梁剪力破坏的主要斜裂缝。

随着荷载的增加，斜裂缝宽度的发展见下表。

荷载（t）	西端 N_1 裂缝（mm）	东端 N_2 裂缝（mm）
15		0.2
18	0.3	0.3
20	0.4	0.42
22	0.5	0.5
24	0.6	0.5
26	0.7	0.6

虽然其他各片试验梁斜裂缝产生时的荷载大小、位置、倾角、先后顺序、发展状态、是否伴随响声等各有差异，但它们的基本特征却与 B-3-丙试验相似，故不再一一介绍。不过 F 组试验梁因镫筋配筋率较高，故其斜裂缝呈现出密而细的特征，虽然裂缝宽度较小，但卸载后却不能完全闭合。

（3）B-3-丙试验梁的破坏状态。

随着荷载的增加，斜裂缝会伸展并加宽，至荷载达 26 t 时，斜裂缝已伸展到上下翼缘，并在下翼缘沿端部变截面线延伸至梁底部。荷载增至 31.2 t 时。突发巨大响声，东端腹板沿斜裂缝 N_2 被拉裂，导致试验梁破坏。下翼缘内的纵向钢丝束在裂口处呈弯曲状，沿斜裂缝 N_2、N_3 内的预应力镫筋被拉断。下翼缘受剪破坏，上翼缘受挠曲压力和受剪而破坏。斜裂缝两侧的预应力镫筋因此而带着锚楦被拉出下翼缘，但锚楦本身并未破坏。B 组、C 组试验梁的破坏情况大致如此，但 F 组试验梁的破坏状况与此有别，故下面另作介绍。

F-2-甲试验梁虽也是腹板被拉裂破坏，但斜裂缝延伸至上翼缘底部后，在加劲肋处竖直向上发展，致使上翼缘也被剪断。上翼缘和腹板连接处的混凝土强度不足以支撑预应力镫筋的拉力，故镫筋带着锚楦从上翼缘中被拉出来。这表明预应力镫筋的配筋率对试验梁的剪力破坏形式有所影响，因而也对梁的抗剪强度产生影响。

F-2-乙试验梁的破坏更为不同，虽然也是源于斜裂缝，但不是腹板沿斜裂缝被拉裂，而是被压碎，混凝土剥落所致，因此预应力钢丝束及镫筋均未见异状，上下翼缘也未剪裂。

由于 F 组试验梁破坏时的特殊现象，才有了对它们进行第二次试验的想法。便分别将两试验梁已破坏的一端去掉，在原跨中部位进行加固，使之能成为一个新支点，这样来破坏的试验梁段，成为一片新的试验梁，它的跨度则是原试验跨度的一半。之后放在脉冲机上，在其跨中加一集中荷载再进行试验致其破坏，试验结果发现，两片试验梁各自在原端节间的腹板上，出现与F-2-乙试验梁相似的腹板沿斜裂缝压碎的现象，预应力钢丝束和镫筋未见异状，上下翼缘保持完整。

7. 试验数据与计算数值的比较

关于竖向裂缝出现时的力矩，斜裂缝出现时的剪力，和剪力破坏荷载的试验数据与计算数值的比较，列于表3-13。

表3-13 M_T,Q_{TK}和Q试验和计算数值的比较

梁号		M_T (t−m)		$\frac{M_{T计}}{M_{T试}}$	Q_{TK}(t)		$\frac{Q_{TK计}}{Q_{TK试}}$	Q(t)		$\frac{Q_{计}}{Q_{试}}$
		试验	计算		试验	计算		试验	计算	
B-3-甲	东端	5.42[②]	5.31	0.98	9.29	5.95	0.641	—	10.25	—
	西端				7.84	5.92	0.755	16.94	10.25	0.605
B-3-乙	东端	5.64[②]	5.98	1.060	7.89	6.29	0.797	—	10.41	—
	西端				7.89	6.20	0.786	14.69	10.43	0.711
B-3-丙	东端	6.08[②]	5.98	0.983	7.79	6.23	0.800	15.89	10.44	0.658
	西端				9.24	6.30	0.680	—	10.42	—
C-1-甲	东端	5.92[③]	5.40	0.914	9.74	5.85	0.600	—	10.02	—
	西端				9.79	5.80	0.593	16.59	10.02	0.605
C-1-乙	东端	5.92[③]	5.40	0.914	9.04	5.85	0.647	—	10.01	—
	西端				9.04	5.80	0.642	15.69	10.08	0.643
F-2-甲	东端	5.46[④]	6.28	1.150	8.79	6.04[④]	0.687	20.79	19.03	0.917
	西端				6.59	6.00	0.910	19.11[⑤]	19.01	0.995
F-2-乙	东端	5.92[④]	6.34	1.070	7.79	6.41[④]	0.823	19.39[⑤]	19.77	1.019
	西端				6.59	6.37	0.067	17.79	19.80	1.113

注：① 只做静载试验。
② 第二次静载时出现竖向裂缝。
③ 第一次静载时出现竖向裂缝。
④ 第一次静载时出现竖向裂缝及斜裂缝。
⑤ 梁加固后的试验结果（包括由于梁的自重所产生的Q=0.06 t）。
⑥ 表中所列M_T,Q_{TK}，Q试验各值均已包括由于加载梁和试验梁的自重所产生的力矩0.24 t-m或剪力0.29 t。

8. 结　论

（1）竖向裂缝出现时，梁B-3-甲、丙的力矩计算值为试验值的98.0%～98.3%，而B-3-乙梁则为106.0%；C-1组梁为91.4%；F-2组梁为107.0%～115.0%。计算力矩大于试验值者不在少数，值得注意。但C-1组梁和F-2组梁，在第一次静载时，已出现了竖向裂缝。

（2）B-3、C-1和F-2组试验梁斜裂缝出现时的剪力计算值为试验值的59.3%～96.7%。

（3）B-3和C-1组梁的剪力破坏方式都是腹板沿斜裂缝被拉裂。梁F-2-甲的东端基本上也是腹板沿斜裂缝被拉裂，但斜裂缝有一段是竖直的。梁F-2-甲的西端和F-2-乙梁的两端则都是腹板沿斜裂缝压碎而破坏。可见预应力镫筋的配筋率不同，足以改变试验梁的剪力破坏方式，因而对梁的抗剪强度也会发生影响。

（4）B-3和C-1组试验梁的抗剪强度，计算值为试验值的60.5%～71.1%。梁F-2-甲则为91.7%～99.5%，梁F-2-乙则为101.9%～111.3%。

（5）在反复动荷载下，6 片梁的工作情况尚属良好。已经出现的裂缝，其长度和宽度虽均有所增加，裂缝数量和挠度也均可能增加，但并不严重。

（6）B-3-甲试验梁仅作了静载试验，B-3-乙和 B-3-丙两片试验梁都进行了反复动荷载试验，但三梁的 M_T、Q_{TK} 和 Q 值大致相同，这足以说明反复的动荷载，不致使梁的抗裂性（包括竖向裂缝和斜裂缝）和抗剪强度受到显著的影响。

Ⅳ　混凝土强度对梁的抗剪强度的影响

1. 混凝土强度对梁的抗剪强度的影响

A 组和 B-3 组试验梁抗剪强度的数值列于表 3-14。把这些数值点绘在图上并运用统计原理，可得梁的抗剪强度和混凝土强度的关系曲线（图 3-12）。其公式为

$$Q'_{计}=11\,280+5.83\,R\ (\text{kg}) \tag{1}$$

表 3-14

梁　号	R（kg/cm^2）	$Q_{计}$（kg）	$Q'_{计}$（kg）	$Q'_{计}/Q_{试}$
A-1-甲	389	13 350	13 550	1.015
A-1-乙	556	14 200	14 520	1.022
A-2-甲	706	13 580	15 400	1.133
A-2-乙	648	16 520	15 060	0.911
A-3-甲	455	12 970	13 935	1.075
A-3-乙	455	12 500	13 935	1.115
A-4-甲	477	13 250	14 060	1.060
A-4-乙	477	13 900	14 060	1.010
B-3-甲	506	16 940	14 230	0.840
B-3-乙	519	14 690	14 310	0.975
B-3-丙	519	15 890	14 310	0.902

平均值=1.005　　平均值的标准误差=0.027

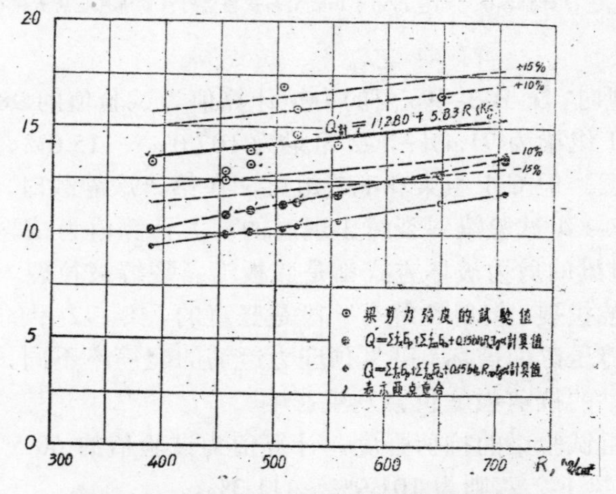

图 3-12　抗剪强度和混凝土强度的关系

按“规程”计算所得抗剪强度数值也点绘在图中，它们一般比用公式（1）算得的数值小15%以上。值得指出的是：由计算所得各点定出的坡度公式与（1）式的不同。可以推想，当混凝土强度低时，按“规程”求得的抗剪强度是相当保守的。但当混凝土强度过高，则未必能保证安全。对于A组和B-3组梁而言，用 R_{np} 计算 Q_σ 要比用 R_u 好些。

由于试验所用的混凝土标号大多集中在 450～550，致使试验点的分布不匀，故拟增加补充试验。

2. 混凝土强度对于斜裂缝出现时的剪力影响

试验梁出现第一条斜裂缝时的剪力数值列于表 3-15。同样把这些数值点画于图上，并运用统计法原理，可得试验梁出现第一条斜裂缝时剪力与混凝土强度的关系曲线，如图3-13 所示。其公式为

$$Q'_{TK计}=6\,420+5.831\,8\,R(\text{kg}) \tag{2}$$

图 3-13 中还绘出了按“规程”计算所得的出现第一条斜裂缝时的剪力数值，它们比用公式（2）算得的数值小 25% 以上。

表 3-15

梁号		R（kg/cm²）	$Q_{TK试}$（kg）	$Q'_{TK计}$（kg）	$Q'_{TK计}/Q_{TK试}$
A-1-甲	东端	389	10 450	8 400	0.807
	西端		10 450		0.807
A-1-乙	东端	556	10 100	9 300	0.921
	西端		10 100		0.921
A-2-甲	东端	706	9 200	10 080	1.095
	西端		10 200		0.988
A-2-乙	东端	648	10 200	9 780	0.959
	西端		10 200		0.959
A-3-甲	东端	455	9 200	8 780	0.955
	西端		9 200		0.955
A-3-乙	东端	455	7 700	8 780	1.140
	西端		8 450		1.039
A-4-甲	东端	477	8 700	8 890	1.021
	西端		8 700		1.021
A-4-乙	东端	477	8 800	8 890	1.010
	西端		9 200		0.965
B-3-甲	东端	506	9 290	8 040	0.865
	西端		7 840		1.025
B-3-乙	东端	519	7 890	9 110	1.153
	西端		7 890		1.153
B-3-丙	东端	519	7 790	9 110	1.170
	西端		9 240		0.980

平均值=0.996　　　　平均值的标准误差=0.022

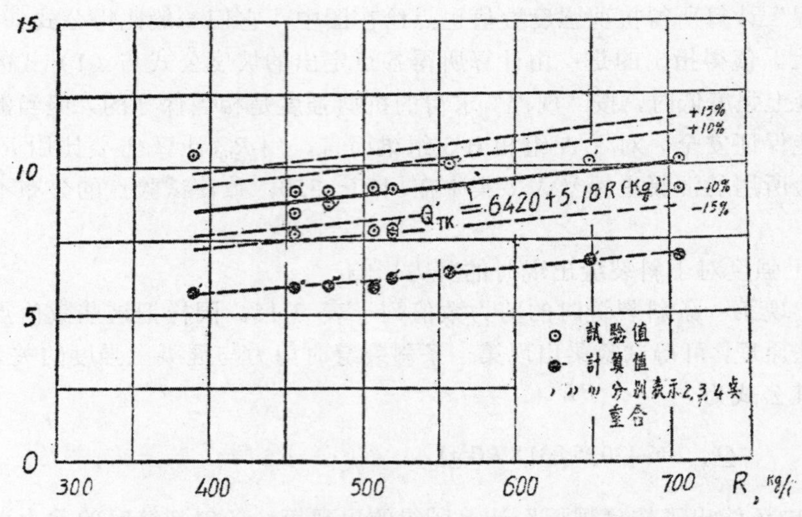

图 3-13 第一条斜裂缝出现时的剪力和混凝土强度的关系

3. 斜裂缝的倾角

试验梁的斜裂缝倾角与按“规程”计算所得的值大致相等，见表 3-16。

表 3-16

梁的编号		$\alpha_{计算值}$（°）	第一条斜裂缝的倾角 α_1（°）	$\frac{\alpha}{\alpha_1}$	主要剪力破坏的斜裂缝的倾角 α_2（°）	$\frac{\alpha}{\alpha_2}$
A-1-甲	东端	37.00	45.60	0.810	45.60	0.810
	西端	39.15	33.00	1.185	—	—
A-1-乙	东端	37.67	35.00	1.075	—	—
	西端	37.78	39.80	0.950	39.80	0.950
A-2-甲	东端	38.62	31.50	1.230	—	—
	西端	38.62	37.80	1.020	37.80	1.020
A-2-乙	东端	38.02	36.87	1.030	—	—
	西端	38.02	36.23	1.050	36.23	1.050
A-3-甲	东端	37.05	35.25	1.050	—	—
	西端	37.20	40.37	0.922	40.37	0.922
A-3-乙	东端	37.08	32.62	1.140	32.62	1.140
	西端	37.30	37.30	1.000	—	—
A-4-甲	东端	37.13	41.20	0.900	38.60	0.962
	西端	37.88	34.30	1.105	—	—
A-4-乙	东端	37.25	31.77	1.172	—	—
	西端	37.93	37.42	1.011	32.20	1.177
B-3-甲	东端	39.27	39.87	0.985	—	—
	西端	39.08	43.65	0.895	43.65	0.895
B-3-乙	东端	37.50	39.80	0.942	—	—
	西端	37.25	46.93	0.794	33.70	1.105
B-3-丙	东端	37.13	40.93	0.908	39.70	0.935
	西端	37.52	40.10	0.935	—	—

平均值=1.005　平均值=0.997　平均值的标准误差=0.025　平均值的标准误差=0.034

Ⅴ 总 结

1.按“规程”所示方法计算所得的双向预应力钢筋混凝土薄腹板梁的抗剪强度比之实际强度一般偏低，但也有偏高的如F-2-乙梁。

2.双向预应力钢筋混凝土薄腹板梁的受剪破坏方式可以是腹板斜拉裂或腹板的压碎。后一种方式发生于腹板率较大的梁中。因此计算抗剪强度时宜有反映腹筋率影响的公式。

3.鉴于腹筋率增大后，可能使梁的腹板受压破坏，因而不能充分发挥镫筋的作用，使梁的抗剪强度降低。为了减小腹板的主压应力，采用45°倾角的腹筋，可能比较好些。

4.双向预应力钢筋混凝土薄腹板梁的抗剪强度随混凝土强度提高而增加，但增加率不如按“规程”算得的大。故当采用600以上的混凝土时，宜考虑另订抗剪强度的计算公式。计算Q_σ时，用R_{np}代替R_u是比较合理的。

5.多次反复的动荷载对双向预应力钢筋混凝土薄腹板梁的抗裂性和抗剪强度无显著影响。

6.本次试验的15片梁，仅研究混凝土强度一个因素，对双向预应力钢筋混凝土薄腹板梁的抗剪性能的影响。至今仍有近60片梁（表2-1）尚待试验研究，故本专题并未按计划完成。但本文于1959年12月出版以后，随后的几年内，国际国内的政治经济形势均有所改变，加上不久之后的“文化大革命”和张万久教授的辞世长眠，在这种主客观条件下，本专题恐难有后继之作了。以上诸点仅为初步意见。

四、双向预应力钢筋混凝土薄腹板试验梁的制造研究报告简介

1959年7月

（简要介绍）

本专题因研究多种因素对双向预应力钢筋混凝土薄腹板试验梁抗剪性能的影响，故设计的试验梁数量众多（表 2-1），但不应由此而大量增加科研费用。同时试验梁将在铁道科学研究院结构实验室内进行试验，试验梁的尺寸又受到压力机工作时的多种条件的限制。因此试验梁设计得较为纤细。它全长 3.30 m，计算跨度 3.00 m，梁高 38.0 cm，腹板厚 3.0 cm，下翼缘宽 3.0 cm，高 6.5 m，上翼缘宽 36.0 cm，翼缘端部厚 5.0 cm，腹板两侧设有多条加劲肋。这种双向预应力钢筋混凝土薄腹板试验梁，对于当时铁路桥梁中常用的预应力混凝土梁式桥跨结构而言，堪称精致的工艺品。对于成批生产钢筋混凝土和预应力混凝土铁路梁式桥跨结构的丰台桥梁厂来说，制造这种小型的试验梁本应该不存在什么困难的。但试验梁不仅尺寸细小，而且在上下翼缘内均设有高强度预应力钢丝束，腹板内设有 ϕ3 mm 高强度钢丝的预应力镫筋，以及作为钢筋混凝土构件梁件内必须设置的各种构造钢筋，这些都造成了试验梁制造上的困难。

另外试验梁是本专题试验中的母体，必须保证它本身具有较高的质量。其次为了能将各种不同的因素试验所得的各项数据资料进行相互比较，各试验梁更应具有高度的一致性、同一性，这就提高了质量要求。为此在试验梁正式制造之前，对某些专题先进行试验研究。现简述如下。

数量众多的双向预应力钢筋混凝土薄腹板试验梁，选用莫斯科铁道学院式的钢加力床（图 2-2），进行先张法制造非常合宜。将试验梁平躺着一次可以制造 8 片梁。在钢加力床上，纵向一次可张拉 4 片试验梁的高强度预应力钢丝束，横向一次张拉两片试验梁的 ϕ3 mm 高强度预应力镫筋，这样就可制造出更多同一性或一致性的试验梁。若事先把相邻加劲肋之间的腹板模板和上下翼缘模板构建成若干个单元构件，则在制造之初，将它们作为底模铺设在钢加力床内，即可铺设和张拉预应力纵向钢丝束和横向镫筋，盖上上模板和架立好两端和两侧竖模板后，一口气完成梁体混凝土的灌注、振捣、养生，直到混凝土达到所需强度时，剪断预应力钢丝束和镫筋，拆去模板，试验梁就制造完成了。这种制梁方法确实很理想，可是就在此时，问题产生了。

剪断预应力钢丝束和镫筋，将使试验梁体受压而变形，但未拆除的模板，尤其是下模板对梁体造成不均匀约制，致使混凝土可能出现裂缝，最终可能使试验梁达不到原先要求高质量的标准，这就差不多从源头上否定了用钢加力床制造试验梁的施工工艺。这样便提出了第一个需要试验研究的课题。在预应力钢丝束和镫筋剪断之前，如何能将模板（尤其是下模板）顺利地拆除。

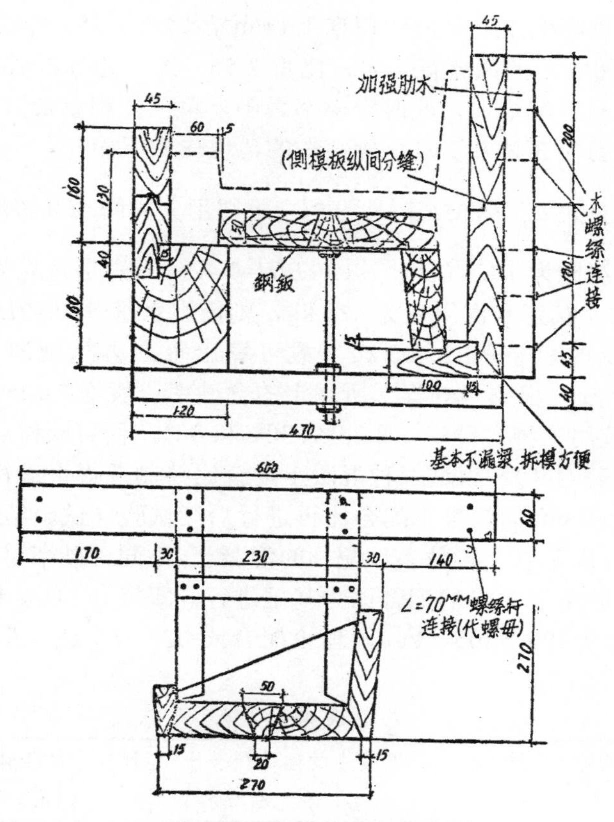

图 4-1　可拆式木模的横断面

对于这一课题，丰台桥梁厂的师傅们，运用他们的实践经验，花了不少时间，反复思考，多次琢磨试验，终于找到了一个极其完美的模板构造（图 4-1）。模板不能顺利拆除的主要原因是通常的模板构造中腹板模板是一块整体的木板。现将它在中间锯成一梯形木条和左右两块相连的木块，这样一来，问题便解决了。在安装模板时，上模板用肋木将它重新恢复为一个整体，下模板先用一块板把三块分离木板托起，再用螺钉将它们连成一整体，下面用螺丝杆将钢板撑住，保持了它们的整体性。拆模时上模去掉肋木，下模拆去螺杆及螺钉，利用梯形木块的形状特征，便可很顺利地拆除掉所有模板，为纵向预应力钢丝束和横向预应力镫筋的剪断创造了良好的条件。

I　混凝土的试验研究

混凝土试验研究的目的，在于利用现有的建筑材料拌制出一种混凝土，它的锥体坍落度的 1～3 cm，且具有较好的和易性，以满足灌注尺寸细纤的预应力钢筋和普通配筋密集的试验梁的要求。每立方米混凝土使用的水泥用量不应超过 500 kg，以避免因混凝土的收缩和徐变引起过大的预应力损失。但混凝土的强度则要达到 500 级，变差系数 C_v 不超过 5%～10%或匀质指标 K 在 0.7～0.85。

现有的建筑材料是水泥：大同牌 500 级磷酸盐水泥，比重 3.18，其中掺有 14%的矿渣，单位体积重 1.31 t/m^3，初终凝时间分别为 2 小时 48 分和 4 小时 43 分。

砂子：中等粒径且略偏细，单位体积重 1.4 t/m^3，比重 2.55，空隙率 41.3%。

碎石：粒径 5～10 mm 的风化花岗岩，比重 2.56，经筛孔分析后得知，用 7.5 mm 筛孔筛余量为 40%的碎石级配最佳，此时空隙率最小，单位体积重最大。

混凝土试验研究的内容和方法是众所共知的，现作如下简介。

利用现有的经验公式 $R_{28}=0.55R_{y}\left(\dfrac{Ц}{B}-0.5\right)$[31] 求得用大同牌 500 级酸盐水泥伴制成 500 级水泥时所需用的水泥比为 $B/Ц$=0.43，初定 $B/Ц$=0.42。为满足每立方米混凝土水泥用量不超过 500 kg 的要求，初定水泥用量为 488 kg，则需用水量 B=0.42$Ц$=0.42×488=250 kg。通常每立方米混凝土的总重为 2 400 kg，故可算出每立方米混凝土中砂石的重量为 2 400−488−205=1 707 kg。根据“规程”所规定的含砂率一般均在 25%～50%，而通常多采用 30%～38%。现选用三种含砂率，即 25%、30%和 33%，便可获得三种水泥：砂：石：水的混凝土配合比（表 4-1）。用这三种混凝土配合比拌制混凝土进行锥体坍落度试验，选定一组坍落度为 1～3 cm 的混凝土配合比再进行后续试验（试验结果示于表 4-1 中）。

由试验结果可知，满足以上各种条件配制的混凝土，不同含砂率对坍落度的影响甚微，故以后的试验均以含砂率为 30%的配合比为基础进行。即每 m^3 混凝土水泥：砂：石：水的用料为 488：427：1 280：205（kg），理论配合比 $Ц$：$П$：$Щ$：B=1：0.875：2.620：0.420。

表 4-1

组别	每立方米混凝土的材料用量（kg） 水泥：砂：石：水	混凝土的理论配合比 （水泥：砂：石：水）	混凝土的锥体陷度 （cm）	混凝土 含砂率（%）
1	488：427：1 280：205	1：0.875：2.620：0.420	0.6～0.8	25
2	488：512：1 195：205	1：1.050：2.448：0.420	0.6～1.0	30
3	488：564：1 143：205	1：1.155：2.340：0.420	0.6	33

表 4-2

编号	混凝土理论配合比 $Ц$：$П$：$Щ$：B	R_3 （kg/cm^2）	平均值 （kg/cm^2）	自然养生 28 天的 强度（kg/cm^2）	锥体陷度 （cm）
Ⅰ	1：1.050：2.448：0.42	435 524 495	484	532	1～1.5
Ⅱ	1：1.041：2.430：0.44	374 350 375	366	475	6.5
Ⅲ	1：1.050：2.334：0.43	425 450 477	450	542	2.5～3.5

表 4-3 混凝土立方体强度的试验结果

组别	编号	混凝土理论配合比（Ц : П : Щ : В）	单位体积重（kg/m³）	$(\alpha_1)R_7$（kg/cm²）	平均值 M_1（kg/cm²）	$(\alpha_1-M_1)^2$	$(\alpha_2)R_{28}$（kg/cm²）	平均值 M_2（kg/cm²）	(α_2-M_2)	$(\alpha_2-M_2)^2$	锥体陷度（cm）
Ⅰ	1	1 : 1.050 : 2.448 : 0.42 488 : 512 : 1 195 : 205	2 365	456	510	2 915	441	545	−101	10 810	2～2.5
	2			422		7 331	545		0	0	
	3			440		4 969	458		−87	7 560	
Ⅱ	4	1 : 1.050 : 2.488 : 0.42 488 : 512 : 1 195 : 205	2 390	499	510	132	487	545	−58	3 360	1～1.5
	5			450		3 599	490		−55	3 020	
	6			475		1 224	496		−49	2 400	
Ⅲ	7	1 : 1.050 : 2.488 : 0.42 488 : 512 : 1 195 : 205	2 360	520	510	100	538	545	−7	49	1～1.5
	8			395		13 230	446		−99	9 800	
	9			435		5 623	538		−7	49	
Ⅳ	10	1 : 1.050 : 2.488 : 0.42 488 : 512 : 1 195 : 205	2 400	470	510	1 599	580	545	35	1 225	1.5～2
	11			525		225	505		−40	1 600	
	12			498		144	513		−32	1 025	
Ⅴ	13	1 : 1.050 : 2.488 : 0.42 488 : 512 : 1 195 : 205	2 405	525	510	225	678	545	133	17 700	1
	14			530		400	672		127	16 130	
	15			488		483	605		60	3 600	
Ⅵ	16	1 : 1.050 : 2.488 : 0.42 488 : 512 : 1 195 : 205	2 388	488	510	483	525	545	−20	400	1～1.5
	17			492		342	545		0	0	
	18			432		476	608		63	3 970	
Ⅶ	19	1 : 1.050 : 2.488 : 0.42 488 : 512 : 1 195 : 205	—	485	510	624	469	545	−76	5 780	1～2
	20			514		16	497		−48	2 305	
	21			428		6 726	551		6	36	
Ⅷ	22	1 : 1.050 : 2.488 : 0.42 488 : 512 : 1 195 : 205	2 400	600	510	8 283	610	545	65	4 225	0.5
	23			570		3 601	620		75	5 625	
	24			603		8 651	605		60	3 600	
Ⅸ	25	1 : 1.050 : 2.488 : 0.42 488 : 512 : 1 195 : 205	2 385	601	510	8 283	583	545	38	1 444	0.6～1
	26			533		530	588		43	1 850	
	27			535		626	558		13	169	
Ⅹ	28	1 : 1.050 : 2.488 : 0.42 488 : 512 : 1 195 : 205	2 400	640	510	16 900	580	545	35	1 225	1
	29			578		4 625	505		−40	1 600	
	30			575		4 326	513		−32	1 025	

$\sum=15\,302$　$\sum=107\,091$　$\sum=16\,349$　$\sum=111\,582$　标准误差 $\sigma_1=\sqrt{\dfrac{\sum(\alpha_1-M_1)^2}{n-1}}=60.8$　变差系数（Коэффиционт Бариации）$C_{v_1}=\dfrac{\sigma_1}{M_1}=11.9\%$

匀质指标 $K_1=\dfrac{R_{MUH}}{R_{HOPM}}=\dfrac{M_1(1-3C_{v_1})}{R_{HOPM}}=0.66$　标准误差 $\sigma_2=\sqrt{\dfrac{\sum(\alpha_2-M_2)^2}{n-1}}=62.1$　变差系数 $C_{v_1}=\dfrac{\sigma_2}{M_2}=11.4\%$　匀质指标 $K_2=\dfrac{M_2(1-3C_{v_2})}{R_{HOPM}}=0.72$

R_{28} 的平均值超出标号“500”的 9%。

确定含砂率为 30%后，再通过试验选定一个更为合理的水灰比 $B/Ц$。由上面的理论配合比中水灰比为 0.42，由经验公式求得的水灰比为 0.43，现增加一个水灰比 0.44，组成三个理论配合比如下：

a. $Ц:П:Щ:B$=488：512：1 195：205=1：1.050：2.488：0.420

b. $Ц:П:Щ:B$=488.6：508.9：1 187.5：215=1：1.041：2.430：0.440

c. $Ц:П:Щ:B$=488.4：561.5：1 140.1：210=1：1.150：2.334：0.430

用这三个理论配合比灌筑混凝土试块，用相同的拌和、振动和养生条件，对期龄为 3 天和 28 天的试件进行试验，其结果示于表 4-2 中。由表中数据可知，水灰比为 0.42 的一组试件，3 天和 28 天的强度、锥体坍落度等均为最佳，故仍以水灰比为 0.42 理论配合比灌筑混凝土试件，进行混凝土的质量控制试验。

1958 年 3 月至 4 月在丰台桥梁厂试验车间以水灰比为 0.42 的混凝土理论配合比 1：1.050：2.488：0.420，用前面所述的建筑材料，用同样的拌和、灌筑和振动方法浇灌了 60 块 20 cm×20 cm×20 cm 的标准立方体。它们共分 10 组，每天灌筑 1 组计 6 块，其中 3 块天然养生 28 天后测压，另 3 块按统一的标准蒸汽养生 7 天后测压，试验结果示于表 4-3 中。

由表中的所列数据可知：

（1）用前述材料按理论配合比 1：1.050：2.488：0.420 可以制成 R_7=510 kg/cm^2、R_{28}=545 kg/cm^2 的高标号混凝土，水泥用 488 kg 不超过 500 kg。

（2）掺用水泥重量 0.2%的塑化剂后，增加混凝土锥体坍落度，可满足坍落度 1～3 cm 的要求。

（3）当严格控制碎石级配，水泥和集料的质量，水灰比，混凝土配合比，拌和方法，振动时间和养生条件时，混凝土强度的变差系数可达 11.4%～11.9%。混凝土的匀质指标可以保持在 0.66%～0.72%内。

（4）混凝土的期龄越高，匀质系数则越大，变差系数则渐小。

以上诸点表明，通过混凝土的试验研究，采用既定的建筑材料和选定的混凝土理论配合比，按照规定的工艺要求生产的混凝土，可以满足用于双向预应力钢筋混凝土薄腹板梁的研究工作中。

Ⅱ　预应力镫筋锚楦形式的试验研究

作为预应力镫筋的 ϕ3 mm 高强度碳素钢丝，埋置在高 38 cm 的薄腹板 T 形梁内，仅依靠钢丝与混凝土间的黏结力这样一种自锚作用，使混凝土受压，恐怕不甚可靠。另外，当梁端出现斜裂缝后，预应力镫筋承受主拉应力，直至断裂。此时预应力钢丝亦需借助锚具，锚固在上下翼缘的混凝土内。故此必须对预应力镫筋锚楦形式进行试验研究。由于上翼缘仅厚 3 cm，预应力镫筋的最小间距仅 4 cm，故选用的锚楦尺寸应严格限制在长不大于 4 cm，宽不大于 2.5 cm 之内。至于锚楦的构造，应使由于钢丝对锚楦产生的相对滑移量，而引起的预应力损失不足以影响到钢丝原有的预应力值。

本次试验研究的预应力镫筋锚楦包括苏联常用的环式锚楦、美国道尔兰式钢丝夹具和锥体式锚楦三种。现作简要介绍如下。

1. 苏联环式锚楦

环式锚楦是用$\phi 5$ mm 高强度钢丝或 8 号铁线或焊条弯制成宽 15 mm 的圆端形环体，两端用焊接相连（见图 4-2）。然后再弯制成弯折角$\alpha=90°$及$\alpha=110°$的单环体或$\alpha=105°$的 S 形双环体，将它们分别套在$\phi 3$ mm 的高强度钢丝上，在环体弯折角底部与钢丝之间插入直径 8 mm、10 mm 或 12 mm 的小销栓，使钢丝、销栓和环体三者组成一个环式锚楦。锚楦外再灌筑不同标号的混凝土，待养生到期后，在拉力机上进行锚楦的拉力试验。此项试验于 1957 年底在丰台桥梁厂试验室内进行。试验结果示于表 4-4。从试验所得的数据中可以看出：

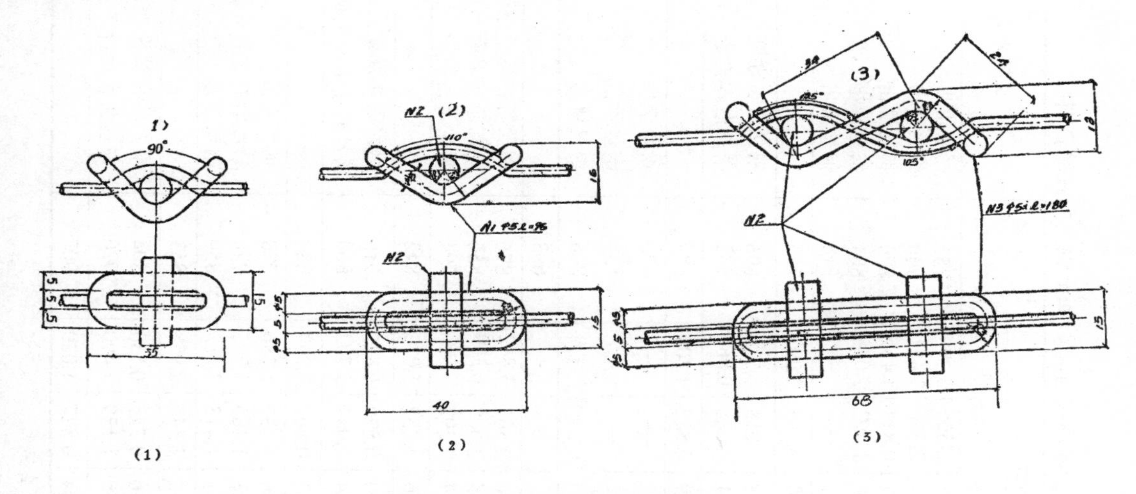

图 4-2 苏联环式锚楦

（1）锚环弯折角α越小，钢丝滑动量也越小。如当荷载 p=750 kg，销栓直径 $d=10$ mm 时，$\alpha=90°$，钢丝平均滑动量$\Delta_{cp}=1.300$ mm，承受最大的荷载$P_{max}=842$ kg。

（2）在相同的荷载 P=750 kg，d=10 mm 的条件下，$\alpha=110°$的 S 形双环锚楦测得的$\Delta_{cp}=1.020$ mm，$P_{max}=907$ kg，而$\alpha=110°$的单环锚楦，则为$\Delta_{cp}=5.075$ mm。可见双环锚楦比较良好。

（3）销栓直径 d 越大，则Δ_{cp}越小。如当 P=750 kg，α=90°的条件下，d=8 mm 时的$\Delta_{cp}=2.293$ mm。而当 d=10 mm 时，$\Delta_{cp}=1.300$ mm。对于α=110°的单环锚楦和双环锚楦，试验后也得到了类似的结果。

（4）当销栓直径 d=8 mm 时，拉力试验均因钢丝滑出而无法继续进行试验，这种现象说明销栓直径不能采用 8 mm，宜选用 10 mm 或 12 mm。

（5）试验完毕后，从混凝土中取出的锚楦上发现，在锚环两端及销栓中部均有较深的钢丝划痕，这说明锚楦所用材料的硬度不够。

众所共知，Дмитриев C.A.曾著文指出，环式锚楦中的钢丝，在荷载作用下，由于受到锚楦的挤压会产生延伸变形，其抗拉强度也必将有所降低[32]。这显示锚楦中的销栓直径对钢丝的抗拉强度会有所影响。故为此需再作试验，试验结果示于表 4-5 中，从所列试验数据来看，可明确以下几点。

表 4-4　苏联环式锚楦在混凝土内锚固单根高强度 ϕ3 mm 钢丝的试验资料*

组别	混凝土试件的强度（kg/cm^2）	锚环弯折角 α	销栓直径 d（mm）	编号	钢丝滑动量 $\varDelta$（mm）						最大荷载 P_{max}（kg）	破坏方式	备注
					200 kg	400 kg	500 kg	600 kg	700 kg	750 kg			
Ⅰ	586	90° 单环	8	1	0.259	0.725	1.096	1.595	2.505	3.490	752	钢丝滑出	锚环由 ϕ5 mm 或 8 号线制成
				2	0.703	0.976	1.403	1.811	2.336	2.451	900	钢丝滑出	
				3	0	0.156	0.347	0.579	0.814	1.185	800	钢丝滑出	
				4	0.056	0.213	0.514	0.896	1.497	2.048	804	钢丝滑出	
				5	0.223	0.995	2.198	—	—	—	518	钢丝滑出	
	平均值				0.248	0.613	1.112	1.220	1.785	2.293	755		
Ⅱ	521	90° 单环	10	1	0.426	0.566	0.623	0.695	1.016	1.739	896	钢丝断在混凝土试件外面	锚环由 ϕ5 mm 钢丝或 8 号铁丝制成
				2	0.060	0.178	0.328	0.504	0.688	0.861	882	钢丝断在混凝土试件外面	
	平均值				0.243	0.372	0.475	0.599	0.852	1.300	889		
Ⅲ	433	110° 单环	8	1	0.311	2.437	—	—	—	—	470	钢丝滑出	锚环由焊条制成
				2	0.654	2.591	—	—	—	—	534	钢丝滑出	
				3	0.001	0.571	0.774	（超出千分表的量度范围）			806	钢丝滑出	
	平均值				0.322	1.866	—	—	—	—	603		
Ⅳ	538	110° 单环	10	1	0.201	0.197	—	1.376	2.562	3.842	876	钢丝断在混凝土试件内部	锚环由焊条制成
				2	—	0.326	0.689	1.165	2.007	6.309	856	钢丝断在混凝土试件内部	
				3	0.036	0.133	0.657	1.437	2.292	—	794	钢丝滑出	
	平均值				1.118	0.219	0.673	1.326	2.237	5.075	842		
Ⅴ	521	110° 单环	12	1	0.038	0.060	0.252	0.440	0.570	0.825	916	钢丝断在混凝土试件外面	锚环由焊条制成
	538			2	0.247	0.522	0.617	0.844	1.044	1.702	860	钢丝断在混凝土试件内部	
	平均值				0.143	0.291	0.434	0.642	0.807	1.263	888		
Ⅵ	433	110°双环 S 形	8	1	0.488	1.511	2.022	2.786	4.137	5.386	770	钢丝滑出	锚环由焊条制成
	443			2	0.537	0.575	0.750	1.108	1.485	1.705	940	钢丝断在试件外面	
	433			3	0.002	0.500	0.714	1.001	1.413	1.783	850	钢丝滑出	
	平均值				0.342	0.862	1.162	1.632	2.345	2.958	853		
Ⅶ	538	110°双环 S 形	10	1	0.248	0.331	0.400	0.450	0.525	0.550	894	钢丝断在试件外面	锚环由焊条制成
				2	0.321	0.727	0.845	0.959	1.129	1.490	920	钢丝断在试件外面	
	平均值				0.284	0.529	0.622	0.704	0.827	1.020	907		

* 锚环系用 ϕ5 mm 钢丝、8 号线或焊条焊制而成，故无法对锚环淬火；销栓也未会淬火。

表 4-5

组别	锚楦类型	编号	钢丝的极限抗拉强度 N_{np}（kg）	安设锚楦后钢丝的极限抗拉强度 N_{np}（kg）	$\frac{N'_{np}}{N_{np}}$	锚环的制成材料	备注
Ⅰ	单环锚楦 α=90° d=8 mm	1	990	816	0.822	ϕ5 mm 钢丝	① 试验是在丰台桥梁厂实验室 5 t 压力机上进行的，加载速度 v=5 mm/min。② 钢丝均在锚楦处断裂。③ 锚环及销栓均未经淬火
		2	997	843	0.850		
		3	990	791	0.797		
		4		797	0.804		
		5		823	0.829		
	平均值		992	815	0.082		
Ⅱ	单环锚楦 α=90° d=8 mm	1	1 002	879	0.885	8 号铁线（ϕ4.0 mm）	
		2	994	886	0.891		
		3	989	890	0.895		
	平均值		995	885	0.890		
Ⅲ	单环锚楦 α=90° d=10 mm		995	716	0.72	ϕ5 mm 钢丝	
Ⅳ	单环锚楦 α=110° d=8 mm	1	989	906	0.912	焊条	
		2	1 002	914	0.922		
		3	994	899	0.904		
		4		907	0.913		
		5		906	0.912		
	平均值		995	907	0.911		
Ⅴ	单环锚楦 α=110° d=8 mm	1	同Ⅱ	790	0.794	焊条	
		2		792	0.796		
	平均值		995	791	0.795		
Ⅵ	单环锚楦 α=110° d=12 mm	1	同Ⅱ	716	0.719	焊条	
		2		750	0.755		
	平均值		995	733	0.737		
Ⅶ	S 形双环锚楦 α=110° d=8 mm	1	同Ⅱ	849	0.854	焊条	
		2		846	0.851		
		3		864	0.870		
	平均值		955	853	0.857		
Ⅷ	S 形双环锚楦 α=110° d=10 mm		995	761	0.764	焊条	

（1）无论哪种锚楦，总是销栓直径越大，使钢丝的极限强度降低越多。就降低后的抗拉极限强度 N'_{np} 与原钢丝的抗拉极限强度 N_{np} 之比 N'_{np}/N_{np} 而言，以 $\alpha=110°$ 的单环锚楦为例，锚栓直径分别为 d=8 mm、10 mm 及 12 mm 时 N'_{np}/N_{np} 之比值则为 0.911、0.795 及 0.737。

（2）从表中Ⅰ组和Ⅱ组的试验数据中可看出，不同材料制成的锚环，对钢丝抗拉极限强度的影响也是不同的。如锚环用 ϕ5 mm 钢丝制成，则 N'_{np}/N_{np}=0.822，而改用 ϕ4 mm 铁丝（即 8 号线）后，N'_{np}/N_{np}=0.890。这表明锚环材料的强度和刚度越大，抗拉强度降低得越多。

（3）锚环弯折角 α 越大，钢丝的抗拉强度降低得越少。例如同为 d=8 mm，α=110°，则 N'_{np}/N_{np}=0.911；α=90°时，N'_{np}/N_{np}=0.822。同样当 d=10 mm，α=110°，则 N'_{np}/N_{np}=0.795；α=90°时，N'_{np}/N_{np}=0.270。当然从施工角度来看，如 α=90°，则 d 不容许超过 10 mm。

从以上试验数据中也可以看出，对用以制造锚楦的材料硬度，亦应予以注意。故在铁道科学研究院结构试验室作了补充试验，试验结果示于表 4-6。从表 4-4 表 4-6 的对照中可以看出：

（1）同为 $\alpha = 90°$，d=10 mm，荷载 P=750 kg 时，淬火的与未淬火的平均滑动量 Δ_{cp} 分别为 0.183 mm 和 1.300 mm。若 $\alpha = 110°$，而其他条件如前，则 Δ_{cp} 分别为 0.410 mm 和 5.075 mm。

以表 4-6 中的第Ⅱ、第Ⅳ组与第Ⅲ、第Ⅴ组的试验数据相比，可明显地看出，用钢板制成的锚环且经淬火后，其效果要比用焊条或 ϕ5 mm 铁丝制成的锚环要好一些。

从表 4-4 中的第Ⅱ、第Ⅳ组表 4-6 中的第Ⅲ、第Ⅴ组所列数据来看，即使只有销栓单独淬火，效果也要好一些。

（2）对比表 4-6 中的第Ⅰ组与第Ⅱ组的数据后可以看出，α=90°的单环锚楦要比 α=110°的单环锚楦要好。S 形双环锚楦对 ϕ3 mm 钢丝的锚固力则不如单环锚楦者好。

综上所述，苏联环式锚楦的试验结果并未给出满意的结果，即使采用 α=90°，d=10 mm 的单环锚楦，当荷载 p=700 kg 时（即钢丝应力 $\sigma = 9\,905\ \text{kg/cm}^2$，大约相当于镫筋张拉控制应力——$0.7\sigma_p$），钢丝的平均滑动量 $\Delta_{cp} = 0.091\ \text{mm}$，此时钢丝应力的损失值已达 $\Delta\sigma = 860\ \text{kg/cm}^2$，这一数值已达到控制应力的 9%。而且尚缺少在长期荷载作用下，这种锚楦钢丝滑动现象的研究成果，故应再作进一步的研究。

2. 道尔兰式钢丝夹具的试验研究

道尔兰式钢丝夹具实质上是用钢板夹住钢丝，形成锚楦后埋入混凝土内，锚住预应力钢丝。由于结构上的限制，锚楦长度不能大于 4 cm，所以选用了长 32 mm、宽 25 mm 的钢板制作道尔兰式钢丝夹具。制作前先用高强度合金钢铸成一个中部具有凹槽的胎模，利用它将钢板弯折 180°圆弧后形成一个两肢间净宽 2.95 mm 的 U 形板。为此，另外还需制备一个能将钢板冲压成这一要求的胎蕊。为使钢板夹具能更紧地夹住钢丝，胎模和胎蕊表面均应设有相同的皱折波纹。实际制造时，需先将钢板烧红，放在胎模顶面，再用胎蕊试压成型。从制作的角度来说，钢板的厚度不宜太厚，而且需具有一定延伸性。而从能更好地夹住钢丝这一功能来说，钢板的强度和硬度均宜较高。厚度也要大一点为佳，这里实际选用了厚 3 cm 的钢板。施工时先将 ϕ3 mm 的高强度钢丝敲入 U 形钢板底部，再用老虎钳将其夹紧，最后用点焊将 U 形钢板的两肢焊牢，形成一个道尔兰式钢丝夹具，这一制造工艺是由北京航空工业学校实习工厂的师傅们共同研究确定的。

表 4-6 经过淬火处理的苏联环式锚楦在混凝土内对单根高强度 ϕ3 mm 钢丝的锚固作用

组别	锚楦类型	编号	钢丝滑动量 Δ（mm）						最大荷载 P_{max}（kg）	破坏方式	锚楦材料
			200 kg	400 kg	500 kg	600 kg	700 kg	750 kg			
I	单环锚楦 α=110° d=10 mm	1	—	0.122	0.152	0.257	0.360	0.411	1 360	钢丝断在试件外面	锚环用钢板，销栓用钢筋制成，均经淬火
		2	0.029	0.064	0.108	0.185	0.262	0.305	1 430	钢丝断在试件外面	
		3	0.059	0.214	0.241	0.303	0.494	0.514	1 430	钢丝断在试件外面	
	平均值		0.044	0.133	0.167	0.248	0.357	0.410	1 406		
II	单环锚楦 α=90° d=10 mm	1	0	0	0	0	0.004	0.018	1 070	钢丝滑动	锚环用钢板，销栓用钢筋制成，均经淬火
		2	0	0.001	0.001	0.001	0.012	0.205	1 000	钢丝滑动 7 mm	
		3	0	0	0	0.105	0.256	0.327	1 000	钢丝滑出	
	平均值		0	0	0	0.035	0.091	0.183	1 023		
III	单环锚楦 α=90° d=10 mm	1	0	0	0	0.299	0.579	0.719	1 010	钢丝滑动	ϕ5 mm 钢筋制成，不淬火；销栓用钢筋制成，淬过火
		2	0	0	0	0.032	0.482	0.652	1 070	钢丝滑动 7 mm	
		3	0	0	0.231	0.491	0.781	0.981	1 070	钢丝滑动	
	平均值		0	0	0.077	0.274	0.614	0.784	1 050		
IV	S 形双环锚楦 α=110° d=10 mm	1	0.081	0.161	0.188	0.215	0.481	0.600	1 300	钢丝断在试件外面	锚环用钢板，销栓用钢筋制成；均经淬火
		2	0.216	0.389	0.824	1.154	1.464	1.649	1 300	钢丝断在试件内部	
		3	0.097	0.199	0.242	0.297	0.493	0.553	1 300	钢丝断在试件外面	
		4	0	0	0	0	0.548	0.648	1 400	钢丝断在试件外面	
	平均值		0.098	0.187	0.313	0.416	0.746	0.862	1 325		
V	S 形双环锚楦 α=110° d=10 mm	1	0	0.256	0.481	0.761	1.115	1.374	970	钢丝断在试件外面	锚环用焊条制成，不淬火；销栓用钢筋制成，经过淬火
		2	0	0	0	0.216	0.394	0.459	1 110	钢丝断在试件外面上	
		3	0	0	0.141	0.642	1.023	—	985	钢丝断在试件外面	
	平均值		0	0.085	0.207	0.539	0.844	0.916	1 022		

道尔兰式钢丝夹具在埋入混凝土试件中以前及以后，均进行过抗滑拉力试验，但试验数据并不理想，当荷载 P=700 kg 时，滑动量 $\Delta_{cp}=1.563\sim2.510$ mm，且全部试件在 P=350～910 kg 内时，钢丝已全部滑出夹具。查其原因一是钢板的硬度尚嫌不足，但如继续提高硬度，恐将带来制造上更多困难，另一原因是夹具上的波纹数量不够，不能用此将钢丝卡得很紧，但在长度仅 25 mm 的夹具上再增加波纹数量，也可能并不现实。

3. 锥体式锚楔抗滑试验的研究

锥体式锚楔由锚套及锚楔组成（图 4-3）。锚套是将长 25 mm 的 ϕ3 mm 钢筋，在车床上用斜度 1/25 的车刀，通过圆心车出一个锥形圆孔，圆孔两端直径分别为 9 mm 和 7 mm。锚楔则是用长 30 mm 的 ϕ12 mm 钢筋，先在车床上车制成两端直径分别为 9.1 mm 和 6.7 mm 的圆锥体，再削去厚 2.7 mm 的半月状锥体，使两端各厚 6.4 mm 和 5.7 mm 的半月状锥体。该锥体的弧面应加工得十分光滑，而其平面上则应刻制高 0.5 mm 的逆向锯齿。锚套和锚楔均在唐山铁道学院实习工厂经过渗碳处理，它们的硬度一般可达罗氏系数 R_c45～65，而 ϕ3 mm 高强度钢丝的硬度则为 R_c30～35。将锚套套在 ϕ3 mm 的钢丝上，再用锚楔揳紧从而形成锥体式锚楔。实践证明，采用两次张拉钢丝，两次揳紧锚楔的制造工艺，可大为减少钢丝的相对滑动量。1958 年 3～4 月间，在北京铁道科学研究院结构实验室，对单根 ϕ3 mm 钢丝套上这种锚楔后进行抗滑试验，试验结构示于表 4-7。

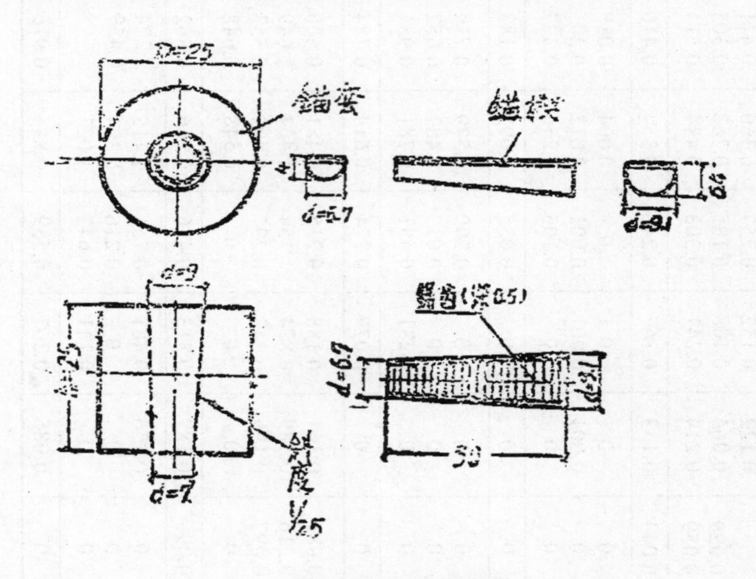

图 4-3　锥体式锚楔

对上述两次张拉、揳紧钢丝后的锚楔进行试验，当荷载 P=700 kg 时，钢丝的滑移量在 0.085～0.395 mm，试验数据也说明，锥体式锚楔张拉次数越多，滑移量也随之越小。这说明这种锥体式锚楔是经得起长期考验的。

综上所述，通过试验研究，本次试验梁中预应力镫筋选用锥体式锚楔。虽然经过淬火的 α=90°单环锚楦效果也比较好，但缺乏在长期荷载作用下，这种锚楦形式抗滑性能的研究成果。对于道尔兰式夹具，则因选材和制造工艺方面可能尚不能成熟，故也暂不使用。

表 4-7　锥体式锚楔对单根 $\phi 3$ mm 钢丝的抗滑试验资料

试件编号	张拉次数	钢丝滑动量 Δ（mm）															最大荷载 P_{max}（kg）	破坏方式
		100	150	200	250	300	350	400	450	500	550	600	650	700	750	800		
Ⅰ	第 1 次	0	0.435	0.835	1.185	1.605	2.035	2.475	2.985	3.440	3.737	4.534	4.937	5.537	5.837	—	（重按千分表作第 2 次张拉） 900	钢丝断裂
	第 2 次	0.012	0.012	0.016	0.021	0.025	0.052	0.053	0.059	0.063	0.065	0.073	0.080	0.085	0.089	0.118		
	第 3 次	0.003	0.006	0.008	0.014	0.018	0.022	0.028	0.032	0.038	0.044	0.049	0.055	0.060	0.064	0.070		
	第 4 次	0	0.002	0.012	0.016	0.020	0.026	0.030	0.035	0.039	0.045	0.050	0.055	0.060	0.069	—		
	第 5 次	0	0	0	0	0.003	0.006	0.011	0.015	0.018	0.022	0.030	0.035	0.040	0.044	0.050		
	第 6 次	0.002	0.004	0.008	0.010	0.012	0.016	0.020	0.023	0.027	0.031	0.037	0.042	0.049	0.054	0.062		
	第 7 次	0	0	0	0	0.001	0.006	0.010	0.014	0.022	0.027	0.033	0.037	0.042	0.047	0.052		
Ⅱ	第 1 次	—	—	0.953	0.953	1.253	—	2.153	2.353	2.753	3.153	3.353	—	—	—	—	995	钢丝断裂
	第 2 次	0	0	0	0	0	0	0	0.001	0.001	0.011	0.013	0.159	0.395	0.815	1.195		
	第 3 次	0	0	0	0	0	0	0.001	0.02	0.004	0.006	0.010	0.013	0.017	—	—		
	第 4 次	0	0	0	0	0	0	0	0	0.001	0.004	0.008	0.011	0.016	—	—		
	第 5 次	0	0	0	0	0	0	0	0	0	0.002	0.005	0.008	0.012	—	—		
	第 6 次	0	0	0	0	0	0	0	0	0	0.001	0.004	0.007	0.010	0.014	0.018		
	第 7 次	0	0	0	0	0	0	0	0	0	0	0.001	0.004	0.008	0.011	0.016		
Ⅲ	第 1 次	0	0	0.023	0.043	0.206	0.431	0.631	0.881	1.081	1.251	1.461	—	—	—	—	1 020	钢丝断裂
	第 2 次	0	0	0	0	0	0.002	0.006	0.013	0.017	0.021	0.025	0.056	—	—	—		
	第 3 次	0	0	0	0	0	0.003	0.006	0.009	0.012	0.017	0.021	0.031	—	—	—		
	第 4 次	0.010	0.010	0.016	0.018	0.022	0.025	0.029	0.032	0.036	0.039	0.043	0.048	—	—	—		
	第 5 次	0	0	0	0	0	0	0	0.005	0.007	0.010	0.014	0.017	0.086	0.307	0.611		
	第 6 次	0	0.010	0.010	0.014	0.016	0.022	0.025	0.028	0.031	0.034	0.037	0.041	0.044	0.048	0.116		
	第 7 次	0	0	0	0	0	0	0	0.001	0.003	0.006	0.010	0.014	0.016	0.019	0.116		

Ⅲ　钢丝束的制造与试验

本专题属先张法双向预应力混凝土体系，其横向单根 ϕ3 mm 高强度钢丝预应力镫筋的锚楦形式，也已通过试验研究后选决。而由高强度钢丝组成的纵向预应力钢丝束的构造形式亦需通过试验研究后才能确定。虽然对于生产后张法预应力混凝土铁路桥梁梁式桥墩结构的丰台桥梁厂来说，制造预应力钢丝束具有一定的技术力量，但由于当前所用钢丝的强度较高，以及先张法预应力钢丝束因连续配筋而需在两端设置扣环，而且锚锭需要先期制成。因此这样的钢丝束仍需事先进行认真的试验研究，方能选定最佳的构造形式。试验研究的内容大致可分为钢丝束的制备、МИИТ 式锚锭的制造以及锚锭的试验。

1. 钢丝束的制造

当时丰台桥梁厂还没有一套系统的机械设备，可使高强度钢丝从钢厂成批生产的钢丝盘中抽出，通过钢丝调直机将原为弧曲状的钢丝调直后，再直接缠绕在钢丝束编组机上，形成两端常有扣环且长度满足设计要求的纵向预应力钢丝束。因此，只能在充分利用现有设备的基础上，将高强度钢丝束的制造分为先调直后缠绕两步进行。

不同强度的高强度钢丝通过调直机后能否达到调直的目的，取决于调直机的绕轴转速 ω_0、调直机弯管曲度 f/l 值和钢丝通过调直机的线速度 v_T 三者的合宜组合。实践证明，丰台桥梁厂原用于调直 $\sigma_p = 1\,200\ \text{kg/cm}^2$ 高强度钢丝的一套设备，无法调直现今 $\sigma_p = 17\,000$□$19\,000\ \text{kg/cm}^2$ 的高强度钢丝。然而现有设备的 ω_0 和 v_T 暂时无法改变，唯一能调整的是弯管的曲度 f/l 值，但其值几何，目前尚无从查考。对此，丰台桥梁厂机配车间调度周正屏智高多谋，将原来曲度 f/l=1/2.5 的固定式弯管，改装成用三个滚轮支撑弯管，只要调整中间的滚轮就可改变弯管 f/l 值的装置（图 4-4）。

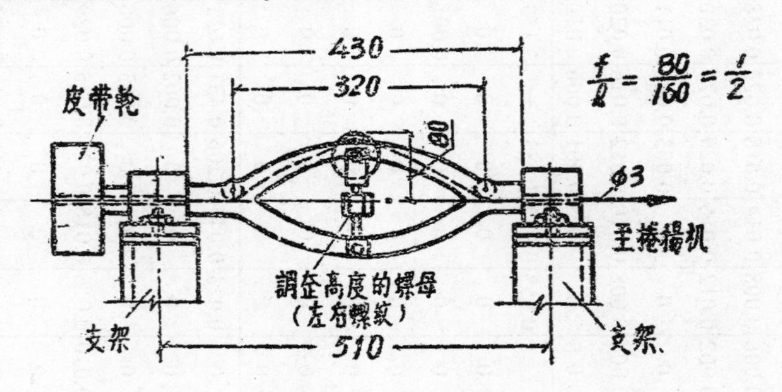

图 4-4　轮式绞直钢丝机

利用改装后的调直机，选用曲度不同的 f/l 值，对从出厂时钢盘直径为 0.6 m 的钢丝盘中轴出的高强度钢丝进行调直试验，试验结果示于表 4-8。实际制造钢丝束时，钢丝是采用表中编号 6 所示的曲度 f/l=1/2 的弯管调直的。它重新缠绕成直径 2.0 m 的钢丝盘，以备缠绕钢丝束之用。实践说明盘成直径 2.0 m 的高强度钢丝，并不会使它产生较大的边缘塑性变形，故使用前不要再进行调直，按理论计算的边缘纤维应力 $\sigma = E \cdot d/2R = 1\,800\,000 \times 0.003/2 \times 1 = 2\,700\ \text{kg/cm}^2$，此值确实远小于高强度钢丝的比例极限应力。

表 4-8　钢丝的矫直试验资料

编号	弯曲度 f/l	矫直机的转速 ω_0（转/分钟）	钢丝通过矫直机的速度 v_T（m/sec）	矫直机的类型	钢丝矫直情况	备注
1	1/3	1350	0.40 ~ 0.50	弯管	矫不直，依然呈直径为 1 m 左右的圈盘	用电动卷扬机牵引
2	1/3	1350	约为 0.05	弯管	矫不直，依然呈直径为 1 m 左右的圈盘	用人力牵拉
3	1/2.5	1350	约为 0.05	弯管	钢丝基本被矫直，但仍有直径为 1.5 m 左右的弯环	用人力牵拉
4	1/2	1350	0.40 ~ 0.50	轮式矫直机	钢丝顺直，但有许多间距为 2 cm 的小扭弯	用电动卷扬机牵引
5	1/2	1350	约为 0.05	轮式矫直机	*钢丝常有断裂	用人力牵引
6	1/2	1350	约为 0.05	弯管	钢丝顺直，也无小扭弯	

*用轮式矫直机整直钢丝时，钢丝常易在中间滚轮处因摩擦发生高热而被烧断，这说明钢丝不能像在弯管中那样自由转动。若因故停止工作时须先使矫直机停止转动才不致使钢丝断裂。

制造钢丝束之前需要制备一台钢轨转盘架，以便缠绕钢丝束。该转盘架是利用早先遗留的一个转向架，再装上一根长钢轨，在钢轨两端的轨面上各焊上一根轴杆，两轴杆外侧间的距离，应等于钢丝束两扣环内侧之间的计算距离。制造钢丝束的设备布置见图 4-5。

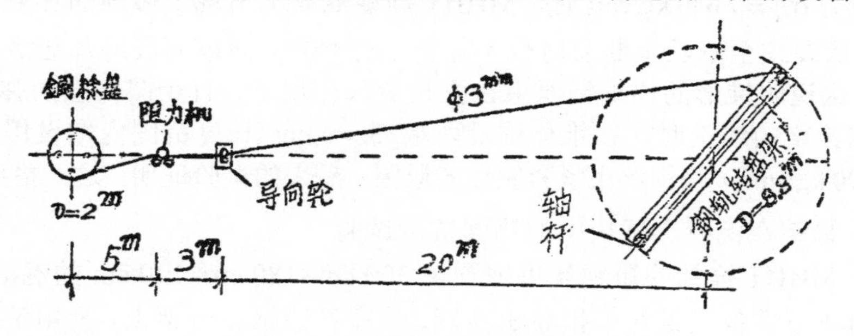

图 4-5　制钢丝束时设备的平面布置图

钢丝束的制造工艺大致如下：经调直后的钢丝从直径 2.0 m 的钢丝盘中抽出，通过阻力机使它保持顺直，再经导向轮，以避免钢丝在缠绕过程中左右摆动，最后绕钢轨转盘架上的两轴杆缠绕钢丝，使钢丝束两端带有扣环且长度符合设计要求。在缠绕过程中常使用过弯曲扳手，使本身具有一定内力的钢丝能在轴杆处形成扣环。之后在每一个锚锭的设计位置中心，设置一个直径 5 cm 的横隔盘，该盘沿周边按设计要求设有凹槽，以便钢丝通过且能形成锚锭所需的锥形钢丝束，最后在锥形钢丝束两端的设计位置上，用粗铁线紧扎两圈，并沿锚锭外周，缠上一层用 8 号线（$\phi 4\ \text{mm}, \sigma_p = 8\,730\ \text{kg/cm}^2$）的螺旋筋。至此，高强度预应力钢丝束的制造工作已全部结束，将它取下后留待灌筑锚锭部分的混凝土。

2. МИИТ 式钢丝束锚锭混凝土的灌筑

设计的锚锭尺寸，长 18 cm，直径 6.4 cm。为灌筑混凝土，事先按设计要求制成上下两块铸铁模具，为防止漏浆，在上下模具接缝面设置企口接缝。为增加锚锭与梁体混凝土间的黏结力，在模具内侧设有螺距 1.27 cm，螺纹高 3 mm 的螺旋纹凹槽。混凝土设计标号大于 500 号，理论配合比为 1∶1.030∶2.0∶0.415，水泥∶砂∶碎石∶水的重量配合比为 540∶556∶1 080∶224，要求锥体坍落度为 0.5～1.0 cm。灌筑混凝土前，先在铸铁模具内侧抹一层油，再铺上一层聚氯乙烯薄胶布，以便顺利脱模和保持螺旋纹的完好。

灌筑混凝土时，先将下半模块托住锚锭锥形钢丝束，然后灌筑混凝土，用小插钎捣实，盖好上半模块，放在特制的强力振动台上，压紧后振动 2 min。取上下半模块，添加混凝土，盖好上半模块后再强振 1 min。然后翻转钢丝束和铁模，揭开现在处于上面的模块（原来位于下面的模块），检查混凝土是否密实并加填 500 级以上的高标号水泥砂浆，盖好上半模块后，再加压振动半分钟。至此锚锭混凝土的灌筑结束，用特制夹具夹紧上下模块后，卸去振动台的压具，取下钢丝束和铁模，养护 4 h 即可脱模继续浇水养护，钢丝束上的锚锭即已全部制成。

对经过梁体试验后取得的这种锚锭进行检查，表明上述锚锭的制造工艺是合宜的，质量是可以得到保证的。

3. МИИТ 钢丝束锚锭的试验

（1）钢丝束的拉力试验和 МИИТ 锚锭混凝土灌筑质量的检查

1958 年 4 月，在丰台桥梁厂对按前述工艺制成的钢丝束锚锭进行了拉力试验。共有两根由 15 根 $\phi3$ mm 高强度钢丝组成的钢丝束进行了拉力试验，试验结果它们都在扣环处断裂，极限荷载达 35.5 t，钢丝的极限应力 $\sigma_{p}=35\,500/30\times0.070\,7=16\,700\ \text{kg/cm}^2$。当荷载增至钢丝张拉应力 $\sigma_{ak}=7\,640\ \text{kg/cm}^2$ 时，МИИТ 锚锭混凝土出现了微细的环状裂纹和明显的纵向裂缝。环状裂纹至钢丝束断裂时也不显得十分严重，而纵向裂缝却导致了锚锭混凝土的整体剥落。这说明锥形的锚锭钢丝束在张拉荷载作用下，有企图伸直的弹力作用。这是后来在制造试验梁的锚锭时，在锥体锚锭两端 3～4 cm 长度范围内增设用 10 号铁线（$\phi3\ \text{mm}, \sigma_{p}=3\,290\ \text{kg/cm}^2$）将钢丝束紧紧缠住的原因。后来的试验证明，这一措施是有效的。

（2）МИИТ 锚锭在混凝土试块中的锚固抗滑试验

将两根具有 МИИТ 锚锭的短钢丝束埋置在 300 cm×180 cm×120 cm 的混凝土试块内，钢丝束一端的扣环与常备式钢丝束扣环相连接，故在试验钢座台架上，利用油压千斤顶牵动常备钢丝束另一端的柯罗夫金锚锭，使试验钢丝束承受拉力，利用千分表即可测度钢丝束在混凝土试块表面的相对滑动量。试验结果示于表 4-9。

表 4-9

油压千斤顶的读数（kg/cm^2）	荷载（t）	钢丝应力（kg/cm^2）	钢丝束滑动量（mm）		平均值（mm）
			1 号短钢丝束	2 号短钢丝束	
0	0	0	0	0	0
20	8.5	4000	0	0	0
40	17.5	8250	0.0020	0	0.0010
60	25.5	12000	0.0040	0.0050	0.0045
63	27.0	12700	0.0050	0.0060	0.0055

由试验结果可知，МИИТ 锚锭抗滑试验是成功的。另外在 15 片试验梁的试验过程中，也曾对纵向钢丝束 МИИТ 锚锭的滑动进行过观察，结果也是满意的。而且当试验梁破坏时，在 МИИТ 锚锭范围内的梁体也均未发现水平的和竖向的裂缝。

五、用电阻应变仪测量$\phi 3$ mm钢丝应变的试验研究简介

1959年7月

（简要介绍）

I　概　述

埋置在混凝土中的预应力纵向钢丝束和横向镫筋，在试验过程中的应力大小和变化过程，可根据荷载大小和梁体的截面特征用公认的计算方法求得其理论值。但实际的应力状态和大小却无从知晓。现有的科技方法，可利用贴在钢丝上的电阻丝片测度随荷载而变的钢丝应变，计算出钢丝的相应应力和变化过程。用这些测得的实际值与计算所得的理论值相校核，就可以验证试验结果的可靠性，但是$\phi 3$ mm钢丝直径太小，应采用何种方法将电阻丝片粘贴得最好。其次粘贴电阻丝片的钢丝还要埋入混凝土内，又要经受蒸汽(60±5)℃高温养生；试验梁的腹板厚仅 3 cm，如要用防水层来保护电阻丝片的话，保护层厚度不能超过 1 mm。这些问题都要经过试验研究后方能落实。

II　电阻丝片的粘贴手续与方法

电阻丝片的粘贴步骤：

1. 除锈、清洗

用砂纸在将粘贴电阻丝片的钢丝表面，沿 45°方向交叉打磨，目的是除锈同时使钢丝表面具有粗细适当的擦痕。实践表明，钢丝表面过于光滑，反而不易粘贴电阻丝片。而过于粗糙，也会因中间存在空隙而同样不易贴牢。接着进行清洗，用脱脂棉顺序浸透阿姆尼亚米、清水和酒精揩洗数次，将钢丝表面的油污除净，最后用丙酮涂洗一次，之后不许再用手摸，待其全干后，方可粘贴电阻丝片。

2. 粘贴电阻丝片

粘贴电阻丝片时，现在钢丝表面和电阻丝片的背面涂上一层薄薄的胶水，放在 45℃的恒温下烘烤 2 h。然后再各涂上一层薄薄的胶水，将电阻丝片贴上钢丝上，并将多余的胶水挤出，用力将电阻丝片按牢，最后对它加压。加压的方法是：① 用棉绳紧缠已贴好电阻丝片的钢丝。② 把钢丝放在沙内加压，压力分别为 0.5 kg/cm^2 和 1.0 kg/cm^2。③ 用长度稍大于电阻丝片长度的木料，在其表面挖成直径 6 mm 的槽，槽内垫以软胶皮或绒布，将贴电阻丝片的钢丝放入槽内后上加盖板，用夹具压紧。最后将有电阻丝片的钢丝放在45℃的恒温下烘烤，12～24 h 后，测量电阻丝的绝缘度达到 20 MΩ 以上时，即认为合格。

III　防水层的做法

防水层所用材料为酚醛清漆、橡皮膜、棉线、松香和石蜡。将前述加压过的电阻丝漂白，在其表面涂漆一道，放在 45 °C 的恒温下烘烤 12 小时，如此涂漆烘烤共三次。在电

阻丝片上焊接导线，用漆皮线作导线，外套 1 mm 直径的塑料套管。随后在清漆外面缠绕橡皮膜，缠上一层棉线后抹一层配合比为 1∶2 的松香石蜡混合液，防水层乃告完成。

Ⅳ 试验结果

将上述制备好的贴了电阻丝片的 $\phi3$ mm 高强度钢丝，在 25 t 的万能试验机上进行拉力试验，用电阻应变仪测量钢丝的应变 ε_b（表 5-1）；另外，在钢丝上安装了标距 10 cm 且带有 100 mm 的千分表的钢丝应变夹具，用它直接测度钢丝应变 ε_a。令 K 为 $\varepsilon_b/\varepsilon_a$ 之比的平均值，$\sigma=\sqrt{\dfrac{\overline{z}\delta^2}{n(n-1)}}$ 为平均值的标准误差。试验结果示于表 4-10。

表 5-1

电阻丝片的加压方法	测度应变范围	K	σ
棉线缠绕	$\varepsilon_a\leqslant3$	0.777	0.068
	$\varepsilon_a\leqslant5$	0.764	0.053
沙子加压 0.5 kg/cm^2	$\varepsilon_a\leqslant3$	1.037	0.016
	$\varepsilon_a\leqslant5$	1.010	0.012
沙子加压 1.0 kg/cm^2	$\varepsilon_a\leqslant3$	0.940	0.017
	$\varepsilon_a\leqslant5$	0.925	0.012
木板加压	$\varepsilon_a\leqslant3$	1.007	0.010
	$\varepsilon_a\leqslant5$	0.974	0.008

包有防水层的电阻丝片的试验结果示于表 5-2。它的试验方法同前，试验的试件分为在水中浸泡 7 d 后，电阻丝片的绝缘度≥20 MΩ、≥15 MΩ 和 5～10 MΩ 的 3 种以及灌在混凝土中且经过 36 h 蒸汽（60 ℃）养生的等 4 种。

表 5-2

试件类型		测度应变范围	K	σ
水中浸泡7天	≥20 MΩ	$\varepsilon_a\leqslant3$	1.087	0.024
		$\varepsilon_a\leqslant5$	1.031	0.022
	≥15 MΩ	$\varepsilon_a\leqslant3$	1.071	0.025
		$\varepsilon_a\leqslant5$	1.043	0.020
	5～10 MΩ	$\varepsilon_a\leqslant3$	0.862	0.018
		$\varepsilon_a\leqslant5$	0.822	0.018
埋入混凝土内，60 ℃蒸汽养生 36 h			防水层已破坏，无试验结果	

Ⅴ 结 论

1. 国外 Phillip 牌和国内祖国牌电阻丝片，用相同的胶水贴在 $\phi3$ mm 钢丝上做拉力试验，其效果大致相同。

2. 贴在ϕ3 mm 钢丝上的电阻丝片，用木板加压的，在应变为 0～1‰时，由电阻应变仪测得的应变ε_b与用千分表测得的应变ε_a之比$\varepsilon_b/\varepsilon_a$的平均值为 1.059，其标准误差为 0.019。当应变分别为 1‰～2‰、2‰～3‰、3‰～4‰和 4‰～5‰时，$\varepsilon_b/\varepsilon_a$的平均值各为 1.011、0.973、0.929 和 0.912。其相应的标准误差则分别为 0.018、0.015、0.019 和 0.819。

3. 电阻丝片泡水 7 d 后，若绝缘度仍能保持≥15 MΩ，则仍能使用。若绝缘度小于 10 MΩ，则不能正常工作。

4. 电阻丝片的粘贴技术尚待改进。现有电阻丝片宽度较大，不易在小直径的钢丝弧面上粘贴。细铜丝的接头也不便于弯曲。

5. 本次试验中所用的防水层，经不起 60 ℃蒸汽的养生，所以有待改进。

后　记

本文于 1959 年 12 月已由人民铁道出版社出版，属本专题所有参考人员的集体劳动成果。本人参考了文中“第一次中间报告的摘要”和“第二次中间报告的摘要”所述的工作，现将其转载于本文集——《横山草堂文集》中。原文中的其他部分内容，因本人未直接参与其研究的全过程，故不再予以转载，读者可直接阅读原文。但为了便于读者对本专题有一个较完整的了解，未转载部分的内容在此稍作简要介绍。

符号表

h——截面总高度。

h_0——截面有效高度。

b——矩形截面的宽度。

b_n——工字形截面上翼缘宽度。

b_p——工字形截面腹板厚度。

b_N——扣除腹筋直径的腹板厚度。

l_p——梁的计算跨度。

F_a——纵向预应力钢筋截面面积。

f_x——预应力镫筋截面面积。

f_{ox}——普通镫筋截面面积。

p——纵向筋百分率。

μ——纵向钢筋率。

a_x——镫筋间距。

γ——预应力腹筋百分率$\left(\dfrac{f_x}{b_p a_x}\times 100\%\right)$。

γ_0——普通腹筋百分率$\left(100-\dfrac{f_{ox}}{b_p a_x}\right)$。

R——20 cm×20 cm×20 cm 混凝土立方体的 28 d 抗压强度。

R'——30 cm×15 cm 混凝土圆柱体的抗压强度。

R_u——混凝土受弯时的抗压强度。

R_{np}——混凝土棱柱体强度（用 R_{np}=0.7 R）

R_p——混凝土的抗拉强度。

E_σ——混凝土的弹性模量。

E_0——高强度钢丝初始时的弹性模量。

$E_{0.2}$——高强度钢丝残余应变等于 0.2%时的弹性模量。

ε——试验时测得的混凝土应变。

$M_{试}$、$M_{计}$——试验及计算所得的最大弯矩。

$M_{T试}$、$M_{T计}$——试验及计算所得的竖向裂缝出现时的最大弯矩。

Q_M——最大弯矩时的最大剪力。

$Q_{试}$，$Q_{计}$——试验及计算所得的抗剪强度。

$Q_{TK试}$，$Q_{TK计}$——试验及计算所得的斜裂缝出现时的最大剪力。

$Q_{TK试}$—— 腹板斜压碎时的最大剪力计算值。

$Q_{T试}$，$Q_{T计}$——试验及计算所得的竖裂缝出现时的最大剪力。

Q_σ——混凝土承受的剪力。

Q_p——当梁底面混凝土的压应力=10 kg/cm^2 时的最大剪力。

$\tau_{试}$, $\tau_{计}$——试验及计算所得的最大剪应力。

$\tau_{TK试}$, $\tau_{TK计}$——试验及计算所得的斜裂缝出现时的剪应力。

σ_{a1}——纵向筋的有效预应力。

$\sigma_{a\kappa}$——纵向筋的安装预应力。

$\sigma'_{a\kappa}$——压筋的安装预应力。

$\sigma_{x\kappa}$——预应力镫筋的安装预应力。

σ_y——腹板混凝土的横向有效预应力值。

σ_p——高强度钢丝的极限抗拉强度。

σ_T——普通钢筋的屈服强度。

α——斜裂缝的倾角。

δ_{max}——裂缝的最大宽度。

a——受剪跨度（梁的支点与最近集中荷载施力点的距离）。

$$k_1k_3=1.121\sim0.048\ 5\frac{R'(\text{lb}/\text{in}^2)}{1\,000}$$

参考文献

[1] Передерий，Г. П.，,,Курс Мостов“，Том Ⅲ，Трансжедориздат，Москва，1951.

[2] Lalande，M.，,,Le pont de Luzancy sur la Marne “, Trauaux,1946,Aout.

[3] Lalande，M.，,,Diversite des applications du bèton prècontraint “, Travaux 1949，Janvier，Fèvrier.

[4] Троицкий，Е. А., Вогданов，Н. Н., Иосилевский，Л. И.，,, Пролетные Стро-ения жепеэнодорожных Мостов иэ предваритепьноНалряжённого железо-бетона，“трансжелдориздат，Москва 1955.

[5] Григорьев， Д. А., Троицкий， Е. А., ,,Сборные Тонкостенные предварительно напряжённые пролетные строения с напряженным Хомуамй，“Ветон и железобетон，1955，No 3.
[6] Guyon，Y.，,,Bèton prècontraint“Editions Eyrolles,Paris,1953.
[7] Lin,T.Y.，,,Design of prestressed concrete structures “, John Wiley & Sons, New York，1955.
[8] Rusch,H., ,,Design specifications for structural Members in prestressed Concre-te“, 7th Draft,Jan. 1950,Cement & Concrete Association,London.
[9] Magnel，G., ,,Prestressed concrete“，concrete Publications Ltd.,London,1954.
[10] Oppermann,R., ,,Grundlagen fur die Ausufhrung von Spannbetonträgern“, Be-ton und Eisen, guni 1940,Heft 11, s.141[转摘自(12)]
[11] Evans,R., ,,Influence of prestressing Reinforced Concrete beams on their Re-sistance to shear “,Structural Engineer,August,1942.[转摘自(12)]
[12] Григорьев,Д.А, ,,Исследование работы Тонкостенных железобетонных Ва-лок с предварительно напржёнными продольной арматурой и Хомутами“，Труды ЦНИИС，Выпуск 19，Трансжелдориздат,Москва，1956.
[13] Zwoyer, E. M., Siess, C. P., ,,Ultimate Strengthin Shear of Simply-Supported Prestressed concrete Beams without Web Reinforcement“，Journal of American concrete Institute, Oct,1954,Proc.Vol.51 ,,Discussion“ACI Journal Dec.1995.
[14] Session Ⅱ，First Congress of the Fèdèration Internationale de la prècontrainte, London,1953,Cement & Concrete Assoc, London.
[15] Clark,A.P., ,,Diagonal Tension in Reinforcete Concrete Beams“，ACI Journal Oct.1951，Proc.Vol.48.
[16] Wilby,C.B., ,,The strength of Reinforced Concrete Beams in Shear“，Mag of Concrete Research, No7,Aug.1951.
[17] Карабаш，В. Г., ,,Скалывание при изгибе железобетонных Валок“，Иссле-дования-железбтонные конструкции, ЦНИС，Стройизат,1955.
[18] Moody,K.G.Elstner,R.C.,Viest,I.M.,Hognegtad,E., ,,Shear Strength of Reinfored Concrete Beams“，ACI Journal,Dec.1954,Jan.,Eeb.,Mar.,1955.
[19] Moretto,O., ,, An Invesigation of the strength of Welded Stirrups In Rein-forced Concrete Beams“，ACI Journal,nov,1945,Proc.Vol.42.
[20] Воришанский,М.С., ,,Расчет отогнутных стержней и хомутов железобе-тонных изгибаемых злементов в стадии разрушения“，стройиздат,1946.
[21] Talbot,A.N., ,,Test of Reinforced Concrete Beams：Resistance to web Stres-ses,Series of 1907 & 1908“，Univ. of Illinois Bulletin No 29. 1909,U.S.A.
[22] Ashdown,A.J.,Discussion,ACI Journal Dec,1955.Proc,Vol.51.
[23] Slater,W.A.Lord A.R.Zipprodt,R.R.,，Shear Test of Reinforced Concrete Beams “，Bureau of Standards Paper No 314. Government printing office,washington, D.C.1926.
[24] Мурашев,В.И.,,Трешиноустойчивость,жесткость и прочность железобетона“，

Машстройиздат,Москва,1950.

[25] Воришанский，М. С., ,,Новые данные о сопротивлении Изгибаемых Элементов Действию поперечных сил“ , Вопросы современного железобетонного строительства, ЦНИПС, Москва，1952.

[26] Jones,R., ,,The Ultimate Strength of Reinforced Concrete Beams in shear“，Magazine of Concrete Research, Vol.8.No 23, Aug. 1956.

[27] 参阅 Paper N 8，9，10，11，12 和 13，Session I, Third Congress of the federation, Internationale De la precontrainte Berlin 1958.

[28] Rüsch,H, ,,Developments in design methods “General Report, Session I, Third Congress of the federation Internationale De la precontrainte, Berlin,1958.

[29] E. B. 波瓦廖也夫：,,对高强度混凝土所制就的钢筋混凝土梁的抗剪作用的研究“，铁道科学技术简讯，1958,17 期。

[30] ,,Указания по вычислению показателя однородностн Ветона “у—131—54，Минсттой，Москва，1954.

[31] В.Г.Скрамтаев,Н.А.Попов,Н.А.Герливанов,Г.Г.Мудров:,,Строительные материалы“，Москва，1954.

[32] С.А.Дмитрнев: ,, Сопротивление скольжению в бетоне предварительно напряженной холоднотянутой арматуры“—Исследования обычных и предварительно напряженных железо бетонных конструкций,Стройиздат，1949.

[33] К.В.Сахановский：,,Железобетонные Конструкции“，Москва,1959.

学 术 论 文 篇

一、柔性墩桥的设计与计算

本文首刊于铁道部第四勘测设计院《铁道勘测与设计》1992 年第 6 期上。1997 年 5 月和 8 月又分别转载于《中国综合运输体系发展全书》和《走向 21 世纪的中国——中国改革与发展文鉴》两大文献内。2003 年 1 月再次转载于《新时期中国共产党人》(综合卷)内。

早在 1966 年修建成昆铁路时，我国便诞生了第一座铁路柔性墩桥，至今已有 25 年的历史。公路桥开始采用柔性墩的年代则更远，本世纪四、五十年代，桩柱式柔性墩公路桥已被广泛采用。在 25 年里，我国共修建了约 50 座柔性墩铁路桥，这个数字与同期内修建的铁路桥梁总数相比是微不足道的。在承受重型荷载的铁路桥梁设计中，设计者习惯采用粗壮的实体墩台。而柔性墩则为直坡的薄壁板式或小直径桩柱式的轻型墩身结构，当墩身稍高时，使人产生安全感不足之虞，再加上柔性墩桥的设计、施工和运营实践经验不多，影响柔性墩桥的发展。

时至今日，积 25 年柔性墩桥设计、施工和运营实践等各方面的经验与考验，经铁道部建设司会同铁道建筑总公司组织审查后认为：铁路柔性墩桥在技术上已经基本成熟，且有显著经济效果，可纳入正常设计序列，并发布了《铁路柔性墩桥设计暂行规定》。

当前铁路柔性墩桥的主要形式，一般是由多跨简支梁桥演变而成。将多跨简支梁桥中的活动支座（最边端处的活动支座除外）改换成固定支座后，便成为由各梁跨和墩台组成的多跨铰接钢架，俗称固定支座体系柔性墩桥。保留最边端处的活动支座的目的，在于保证整个铰接钢架能自由变形，消除温度应力。由于结构体系的转换，改变了作用在梁上的水平力（制动力或牵引力）的传递方式。在简支梁桥的设计中，假定通过固定支座将一跨梁上的全部水平力传递给桥墩（台），水平力便成为控制截面设计的主要作用力之一。作用在柔性墩桥上的总水平力，虽然也通过固定支座传递给各墩台，但因各墩台均在同一个铰接刚架内，所以各墩台顶的纵向水平位移 Δ_i 相同，可按下式计算

$$\Delta_i = P / \sum K_i \tag{1}$$

式中　P——作用在铰接刚架上的总水平力；

$\sum K_i$——各墩台纵向剪力刚度之和。

由结构力学可知，悬臂直杆的剪力刚度 $K_i = 3E_i I_i / h_i^3$（E_i 为所用建筑材料的弹性模量；h_i、I_i 为悬臂直杆的高度和截面惯性矩）。因而可用下式求得各墩台承受的水平力 P_i

$$P_i = K_i \Delta_i = K_i \frac{P}{\sum K_i} = \frac{K_i}{\sum K_i} P \tag{2}$$

由（2）式可知，P_i 与其剪力刚度 K_i 成正比，这是柔性墩桥优点之源。设计人员可以在满足安全要求、便于施工、有利运营的前提下采用截面细纤、柔度较大（即刚度较小）的桥墩，使其承受极小水平力，而使绝大部分的水平力由一个刚度较大的桥墩（台）承受。前者称为柔性墩，后者称刚性墩（台）。柔性墩因承受的水平力大大小于同条件的简支梁桥墩，墩身截面可以减小，造价大为降低。而按一般简支梁桥体系设计的桥台或截面略为加大后的桥墩，即可满足刚性墩（台）的受力要求。尽管柔性墩因墩身截面减小而需增设

钢筋，但根据部分已建柔性墩的经济分析，柔性墩与简支梁桥墩相比，可节省 60%以上的圬工，并使每延米桥梁的造价降低 10%～15%，经济效益极为显著。

柔性墩的截面细纤，抗撞击能力较低，故不宜在山坡有落石的傍山谷架桥上或在有泥石流、流冰、通航、有漂流物的河流上采用，当河水对混凝土有侵蚀作用时也不宜采用。柔性墩的优点也只有与刚性墩（台）和梁体组成多跨铰接刚架时，才能充分发挥。

总结已建柔性墩的运营经验，表明它可因地制宜地用于各级铁路线上。当然它和其他桥梁一样，目前尚无在重载、高速及无缝线路地段运营的经验，故暂不宜采用。另外为使柔性墩桥在运营中具有较高的安全度，故规定柔性墩的墩高不宜超过 30 m，柔性墩桥的联长（相邻刚性墩台间的距离）一般不宜大于 132 m；当用于 Ⅰ、Ⅱ级铁路上时，曲线半径不宜小于 600 m。

多跨简支梁桥中用固定支座代替 n 个活动支座后，便增加了 n 个水平赘余力。所以柔性墩桥在纵向的计算图式是一个 n 次超静定的多跨铰接刚架。当墩台建于扩大基础上时，则墩台底部视为固结于基顶，否则随不同的地质条件固结点将在地面或局部冲刷线以下不同的深度。

柔性墩可用近似法计算。计算图式可简化为一次超静定的悬臂杆（见附图），下端为固结，顶端设置一个水平链杆后成为铰接，并有一个水平赘余力。墩顶作用力有竖向力 N_0 和弯矩 M_0，墩身所受风力强度为 q kN/m。因各种原因使墩顶产生水平位移 $\varDelta$。水平链杆的赘余力反 H_0 可用叠加原理求得。

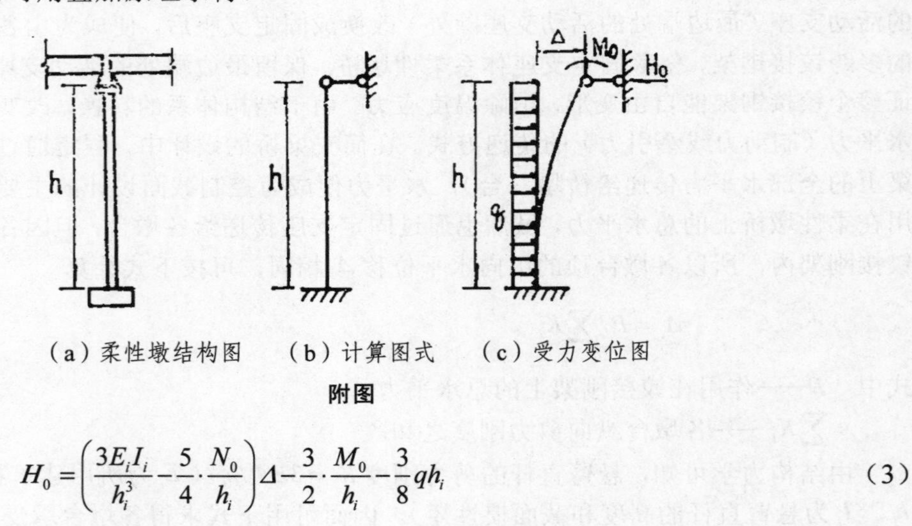

（a）柔性墩结构图　（b）计算图式　（c）受力变位图

附图

$$H_0=\left(\frac{3E_iI_i}{h_i^3}-\frac{5}{4}\cdot\frac{N_0}{h_i}\right)\varDelta-\frac{3}{2}\cdot\frac{M_0}{h_i}-\frac{3}{8}qh_i \tag{3}$$

墩底截面的弯矩 M_h 为

$$M_h=\left(\frac{3E_iI_i}{h_i^2}-\frac{1}{4}N_0\right)\varDelta-\frac{1}{2}M_0+\frac{1}{8}qh_i^2 \tag{4}$$

式中的墩顶竖向力 N_0 和弯矩 M_0 可用常规方法求得，风荷载强度 q 可根据桥梁所在地区的气象资料确定。柔性墩计算中的一个特点是需要计算墩顶的纵向水平位移 $\varDelta$，而且 $\varDelta$ 对内力的影响颇大。计算 $\varDelta$ 时按《铁路柔性墩桥设计暂行规定》应考虑下列因素：梁体受垂直荷载时的下缘伸长；年温变化时梁体的伸缩；梁体混凝土的收缩和徐变；支座缝隙的影响；

架梁时残留的墩顶变形；墩身混凝土超强的影响等。

1. 梁体受垂直荷载时的下缘伸长$\varDelta_1$可按弹性阶段的理论公式计算。

$$\varDelta_1 = 2\theta y_c = 2\frac{ql^3}{24\times 0.8EI}y_c = \frac{ql^3}{12\times 0.8EI}y_c \tag{5}$$

式中 θ——梁端转角；

y_c——支点截面处梁中性轴至梁下翼缘的距离；

$0.8EI$——钢筋混凝土梁或预应力混凝土梁的截面抗弯强度；

l——梁的计算跨度；

q——作用在梁上的每延米荷载重（分为架梁完毕后，铺设的线路上部建筑与桥面和换算均布活载两项，梁体自重不计）。

现有的动载试验实测结果表明，活载产生的下翼缘伸长量$\varDelta_{活}$仅为理论计算值的40%和60%。理论值较大的原因可能是：① 由于按《桥规》（TBJ2—85）规定计算变形时截面抗弯刚度取$0.8EI$，而在通车后不久进行试验时，截面抗弯刚度尚未因经受足够多次的重复荷载而降低至$0.8EI$值，致使计算值偏大。② 实际梁体并非简支，而是由两个固定支座支承的一次超静定结构，梁体下缘伸长受到约束，使实际的伸长量小于计算值。③ 线路上部建筑实际上是参与了梁体的抗弯工作，减轻了梁体承受的荷载，也使实际伸长量小于计算值。因此按（5）式计算$\varDelta_{活}$时应加以修正，修正系数β可按下列建议取用：

16 m 钢筋混凝土梁　　$\beta = 0.7$

24 m、32 m 预应力混凝土梁　　$\beta = 0.8$

即使作了修正后，计算值仍将比实测值大30%和75%，可见还保留了相当大的储备。

2. 年温变化时梁体的伸缩$\varDelta_2$按下式计算

$$\varDelta_2 = \alpha l(t_1 - t_2) \tag{6}$$

式中 t_1——当地年平均最高或最低气温；

t_2——架梁完毕锚固支座时的气温；

α——混凝土的线性膨胀系数；

l——梁的计算跨度。

现有实测资料表明，梁温的变化幅度小于气温，且有滞后现象，故用（6）式按气温变化计算梁体的伸缩时，计算值将大于实测值。因此由（6）式计算所得的$\varDelta_2$应乘上一个修正系数ϕ后始能符合梁体的实际伸缩。根据现有资料提出的修正系数ϕ如附表。

附表

支座锚固时的气温(°C)	−20	−15	−10	−5	0	+5	+10	+15	+20	+25	+30	+35	+40
修正系数ϕ	0.6	0.72	0.82	0.90	0.96	1.0	1.0	1.0	0.96	0.90	0.82	0.72	0.6

3. 梁体混凝土的收缩和徐变$\varDelta_3$可按下述方法计算：钢筋混凝土梁的总收缩由（6）式按降温15°C计算，且不需进行修正。预应力混凝土梁的总收缩和徐变变形量可将《桥规》（TBJ2—85）中所列计算该项预应力损失终极值的公式除以预应力筋的弹性模量后求得。再由应变量乘上梁长后便得总变形量，但这里所需的是架梁完毕后尚未完成的梁体混凝土收缩和徐变变形量，故应扣除从钢筋混凝土梁灌制完毕或预应力混凝土梁张拉完毕至架梁完毕这一段时间内已完成的收缩和徐变变形量。这一段时间内完成的变形量在总变形

量中，所占的比值可从《桥规》（TBJ2—85）中所列的有关用表中求得。

4. 支座缝隙的影响Δ_4的计算。因固定支座的销钉孔直径比销钉大 2 mm，若架梁时销钉处于极端不正位状态，则在水平力作用下每一支座将产生 4 mm 的位移。但这种极端状态不一定都会出现，即使出现了，亦会因线路上部建筑以及支座上下摆间摩擦力的影响而使实际的位移量减小。因此在初期柔性墩的设计中，因支座缝隙的影响而产生的墩顶纵向水平位移按每孔梁 2 mm 计，并按逐孔累加计算。固定支座上下摆连接处的卡口间前后均有 3 mm 的间隙，在水平力的作用下也会产生墩顶位移，因此后来演变成取Δ_4为 3 mm。现有的动载试验结果表明，实测的墩顶纵向水平位移量等于由梁在垂直荷载作用下产生的下翼缘伸长量减去支座上下摆间由挠曲力产生的相对位移量。由此可见，支座缝隙的存在对于墩顶纵向水平位移来说，是有利因素。这种有利因素有随着跨度的加大而增长的趋势，因此，在计算因各种因素而产生的墩顶纵向水平位移总量时，Δ_4应取（-）号，而不应取（+）号。当前盆式橡胶支座的应用日益广泛，这种支座上下摆间的缝隙可控制在 1 mm 以内。故当采用盆式橡胶支座时，为增大柔性墩的安全储备，可忽略Δ_4的有利因素，计算时可取$\Delta_4=0$。

5. 架梁时残留的墩顶变形Δ_5。未架梁前，柔性墩是一个独立的悬臂结构，由于它柔度较大，故在架梁过程中因偏压而使墩中心线向前或向后偏离设计位置，为此需在落梁以后调整墩位。为了加快架梁进度，在调整时容许墩顶保留小量残留变形Δ_5，以往取$\Delta_5=\pm3$ mm，通过柔性墩桥的架梁实践，建议残留的墩顶变形可取$\Delta_5={}^{0}_{-3}$mm。这是由于利用两台卧式油压千斤顶进行调整时，两台千斤顶所调整的变形是难于相等的，因而使墩顶出现少量的扭转。现取$\Delta_5={}^{0}_{-3}$mm 的目的是防止出现人为的扭转现象。

按以上方法计算各项变形Δ_i、Δ_1、…、Δ_5后，根据不同的荷载组合求得总变形$\sum\Delta$，即可用于（3）式和（4）式计算水平链杆的赘余反力H_0和墩底截面弯矩M_h。当按《铁路柔性墩桥设计暂行规定》的要求还应考虑墩身混凝土超强的影响。

6. 墩身混凝土超强是指以下现象：在柔性墩桥施工中，为确保截面细纤的墩身施工质量；或为了要及时架梁而赶施工进度，施工人员有意识地增加混凝土中的水泥用量，使竣工的混凝土标号超过设计标号，强度也同时超过，俗称超强。由于超强，混凝土的弹性模量提高，截面刚度增大，当墩顶变形总量$\sum\Delta$不变时，由式（3）和式（4）计算所得的H_0和M_h也将增大。对混凝土来说，由于混凝土标号提高容许应力也提高，所以内力的增大不致造成过大的超应力现象。但对钢筋而言，容许应力不随混凝土超强而提高，而内力却随超强而提高，因此墩身混凝土的超强导致钢筋的超应力，为此必须考虑超强的影响。

在以往计算时，将混凝土的标号提高一个等级后取其弹性模量进行计算，以反映超强的影响。从理论上来说，这种处理方法未尝不可，但从实践上来说似有不妥。首先，在设计阶段，无法确定施工时是否会出现超强现象。如作为一个统一规定，无论超强与否都要考虑超强影响，则当墩身混凝土没有超强时，势必增大钢筋的用量。其次，Δ_i在$\sum\Delta$中所占比值最大，而当全桥各墩都超强时，Δ_i并不随超强而增大，也不会使钢筋超应力。只有在$\sum\Delta$中占比值不大的Δ_1、…、Δ_5等的影响而使钢筋出现超应力，因此考虑超强影响的现实意义也就减小了。最后，柔性墩桥中各个柔性墩的$\sum\Delta$值不同，离刚性墩（台）最远的而且设置了固定支座的柔性墩$\sum\Delta$值最大，内力也最大，因此由这个墩控制柔性墩的设计。所以当其他墩出现超强时，钢筋并非肯定会出现超应力，只有离刚性墩（台）最远的且设置固定支座的唯一一个柔性墩墩身混凝土出现超强后，钢筋将出现超应力。由上分析可知，需要考虑墩身混凝土超强影响的现实意义极小。对于唯一可能需要考虑这种影响的柔性墩来说，未必要将弹性模量提高一级来计算。柔性墩是钢筋混凝土的偏心受压构件，现有的试验结果表明，这种构件的截面刚度将随偏心弯矩的增大而降低，从而可一定程度地减小高应力部位的控制内力。这种特性目前在设计计算中尚未充分利用，如在唯一需要考虑墩身混凝土超强影响的柔性墩上确认这种有利因素的存在，则在设计与计算时便不需要考虑这种影响了。

按《铁路柔性墩桥设计暂行规定》的要求，柔性墩按（3）式和（4）式计算 H_0 和 M_h 外，尚应计及墩身日照的影响。这是因为柔性墩墩身厚度较薄，在日照升温（降温同理）影响下，向阳面和背阳面间将出现温差，沿厚度方向上出现呈指数曲线分布的温度场，并出现非线性分布的自由应变，而墩身截面本身的力学特性是线性分布的，它约束了非线性分布的自由应变，因此在截面上出现了第一种温度应力。其次，同样由于温差而使墩身产生自由的弯曲变形，这种弯曲变形，却因受到设于墩顶和墩底的支承约束而产生第二种温度应力。

柔性墩在横向的受力特性与一般梁桥桥墩相似，但因截面较小，横向刚度要比同高度的一般桥墩小。当桥墩位于曲线上时，纵向水平力和位移均使桥墩承受横向力，横向受力处于不利状态。为了确保安全，横向墩顶位移的容许值取为 $0.4\sqrt{L}$。这里 L 为梁的计算跨度（m），当 $L \leqslant 24.0$ m 时，则取 24.0 m，计算所得的容许位移以 mm 计。

柔性墩桥中的刚性墩（台），它的设计计算与一般梁桥墩台基本相同，但它承受的纵向水平力则应按（2）式计算。

柔性墩桥中的梁体目前均用现行简支梁的标准设计，但两端用固定支座与墩台相连后，改变了原简支梁的受力条件。当梁体下翼缘伸长时，梁体由受弯构件改变成拉弯构件。因此，为了保持柔性墩桥的安全，应按这种受力状态对简支梁体进行检算。

作用于固定支座体系柔性墩桥上的纵向水平力，绝大部分是通过梁体、支座、顶帽逐孔传至刚性墩（台）上的，因此传递纵向水平力的结构系统，包括梁体、支座（尤其是刚性墩（台）上的固定支座，它要传递几乎全联上的全部水平力）、锚栓和顶帽等应加以检算，使之具有足够的强度。

固定支座体系柔性墩桥上的活动支座，其活动量应满足全联梁体纵向水平位移的需要，如采用一般简支梁的摇轴支座，常因活动量过大而产生摇轴倾倒的病害，故对活动支座也要检算，必要时宜进行特别设计。

由上可知，在固定支座体系柔性墩桥中，无论是固定支座还是活动支座，如选用一般简支梁桥的支座则需要加强，甚至改造。当采用盆式橡胶支座时，固定支座和活动支座，都能满足要求，故大力采用盆式橡胶支座成为目前柔性墩桥的一个发展方向。

柔性墩桥的另一发展方向是扩大柔性墩桥的联长。扩大联长受到纵向水平力的传递方式、温度的变化、刚性墩（台）的刚度、桥梁与线路相互作用等因素的控制。

已建柔性墩桥中除一座为铰接简支梁体系外，其余均为固定支座体系。铰接简支梁体系的结构形式是：所有相邻梁体均用设置在中性轴高度处的纵向铰相连接，梁体与墩台的连接仅在刚性墩（台）上用固定支座相连，其余均用活动支座，故有时称这种体系为活动支座体系。这种体系的优点是全联上的纵向水平力逐孔经纵向铰通过固定支座直接传递给刚性墩（台），这样不仅传力方式明确，而且改善了柔性墩的受力条件。另一点是由垂直荷载产生的梁体下翼缘伸长量不会逐孔叠加。因此采用这种体系可促使柔性墩桥的联长扩大。它的缺点是在中性轴处需设置纵向铰，使得构造复杂，施工困难，故有待进一步改进研究。

扩大联长的另一关键问题是要使在温度升降和活载挠曲力作用下，线路与梁体之间的相对位移不要过大。因为按照线路与梁体间相互作用原理，出现的相对位移因受到扣件的约束，而使钢轨产生附加应力。如相对位移过大，将使钢轨超过保持稳定的容许压应力，造成病害。为此，需要设置简易的轨道伸缩调节装置，以减少钢轨的附加应力。

附件

荣誉证书

萧墨芳 同志：

您的文章 柔性墩桥的设计与计算 立意新颖，内容详实，结构严谨，具有学习和交流价值，经编辑部评定，被评为优秀作品。

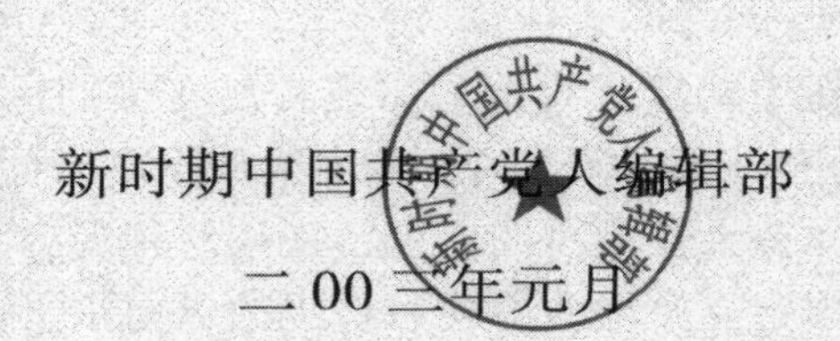

新时期中国共产党人编辑部

二00三年元月

二、铁路柔性墩的墩顶水平位移计算

本文首刊于1992年11月在武汉召开的全国桥梁结构学术大会汇编的《'92全国桥梁结构学术大会论文集》(上册)中，后又转载于《铁道标准设计通讯》杂志内。

内容摘要

本文为适应铁路柔性墩桥的发展，在充分利用现有的科技资料基础上，改进了既有的计算方法，提出了柔性墩墩顶顺桥向水平位移的分项计算方法。该方法不仅反映了当代的科技水平，而且可获得明显的经济效益。

我国自1966年修建第一座铁路柔性墩桥以来，至今已经历了一个设计施工、科学实验、运营实践的阶段。其间共修建了47座铁路柔性墩桥，它们的技术条件相当广宽，如梁跨跨度有16.0 m、24.0 m、32.0 m；最高的柔性墩高达40 m；60%的桥梁位于曲线上，之中约90%的曲线半径$R \geqslant 500$ m；柔性墩桥的联长小于130 m的约有90%，而最大联长达200 m；柔性墩的构造形式则有桩柱式、框架式、板式和上柔下刚式等。在积25年实践经验的基础上，经过技术审查，认为铁路柔性墩桥的技术基本成熟，并有显著的经济效果。为此，铁道部于1991年发布了《铁路柔性墩桥设计暂行规定》[1]，将柔性墩桥纳入正常设计序列。从此铁路柔性墩桥便进入了一个新的发展阶段，今后则应本着安全可靠、经济合理的原则，以积极稳妥的态度推广应用。

已建的铁路柔性墩桥中，除个别桥梁采用串联简支梁形式外，绝大多数柔性墩桥均采用固定支座体系的形式。即在一联中的简支梁上，除最端部的一个支座采用活动支座外，其余均用固定支座与墩台相连。这样作用在梁跨上的水平力将通过固定支座和柔性墩的变形逐孔传至刚性墩（台）上。因此，原由多跨简支梁组成的铁路柔性墩桥实质上已演变成多次超静定的铰接框架（图 1）。在设计计算固定支座体系中的柔性墩时，可将它简化成为墩底固结于基础顶面，墩顶有一水平链杆支承的一次超静定悬臂杆（图 2）。由于柔性墩顺桥向的柔度较大，在水平力作用下产生墩顶水平位移将较大，位移引起的截面内力在总内力中所占比例也较大。因此，如何合理地计算柔性墩的这一水平位移量在设计计算中具有重要的意义，也是直接影响到能否积极稳妥地推广应用柔性墩桥的一个关键因素。

《铁路柔性墩桥设计暂行规定》明文规定："柔性墩桥顺桥方向的计算除考虑一般情况下的荷载外，还应考虑下列因素：梁体受垂直荷载时的伸长；年温度变化时梁体的伸缩；梁体混凝土的收缩和徐变；支座缝隙的影响；架梁时残留的墩顶变形；墩身日照的影响；墩身混凝土超强的影响"，但文中并未对所述诸多影响规定具体的计算方法。虽然在修建铁路柔性墩桥的初期，曾提出了相应的计算方法，不过，由于当时实践经验不足，科技资料缺乏，所用的计算方法显得粗糙，使得计算结果与实测数据间有相当程度的差异，故与当前的发展形势颇不适应。本文的目的在于利用现有的科技资料，改进原有的计算方法，提出新的计算公式，使之能反映当代的科技水平和能适应新的发展要求。

1. 梁体受垂直荷载时的伸长$\varDelta_1$

简支梁受垂直荷载后产生的下翼缘伸长将通过活动支座而自由伸展，不使墩（台）顶产生顺桥向的水平位移，而在固定支座体系的柔性墩桥中，由于柔性墩顺桥向的柔度较大，故垂直荷载产生的下翼缘伸长将通过固定支座使墩顶产生水平位移。原用的计算梁体受垂直荷载时的下翼缘伸长量$\varDelta$的公式为

$$\varDelta_1 = 2\theta y_c = 2\frac{ql^3}{24\times 0.8EI}y_c = \frac{ql^3}{12\times 0.8EI}y_c \tag{1}$$

此式是由人们熟知的裸体简支梁在弹性阶段时计算支承截面的转角公式诱导而得。式中θ为支承截面的转角；y_c为支承截面处梁中性轴至下翼缘的距离；$0.8EI$为按《铁路桥涵设计规范》（TBJ2—85）[2]计算钢筋混凝土梁或预应力混凝土梁的截面抗弯刚度；l为梁的计算跨度；q为架梁完毕后施加在单位长度梁上的道砟桥面重量和活载重量。

用式（1）计算所得的活载作用时下翼缘伸长量$\varDelta_{1计}$与动载试验时的实测值$\varDelta_{1活}$之间有颇大的差值。当跨度为16.0 m时，$\varDelta_{1活}$约为$\varDelta_{1计}$的40%；跨度为24.0 m时，则为60%[3]。使$\varDelta_{1计}$偏大的原因是多方面的。首先，在通车后不久进行试验时，截面抗弯刚度尚未因经受了足够多次重复荷载而由EI值降至$0.8EI$；其次，梁体并非裸体简支梁，而是在梁顶部由钢轨、枕木、道砟等组成的道砟桥面的一次超静定梁。虽然线路上部结构参与了梁体的抗弯工作，但想把这一因素确切地用参数形式表示尚待进一步的研究[4]。为此，作为一种粗略的修正，$\varDelta_{1活}$可按（2）式计算

$$\varDelta_{1活} = 2\beta\theta y_c = \beta\frac{ql^3}{12\times 0.8EI}y_c \tag{2}$$

式中修正系数β值建议取用：

16.0 m钢筋混凝土梁 $\beta = 0.7$

24.0 m、32.0 m预应力混凝土梁 $\beta = 0.8$

即使用了这样的修正，计算所得的$\varDelta_{1活}$仍将比实测值大40%和25%，可见在柔性墩中还保留了相当大的储备。

2. 年温度变化时梁体的伸缩$\varDelta_2$

显而易见，年温度变化时梁体的伸缩在固定支座体系的柔性墩桥中同样会使柔性墩墩顶产生顺桥向水平位移。以往按（3）式计算年温度变化时梁体是伸缩量$\varDelta_2$

$$\varDelta_2 = \pm\alpha l(t_1 - t_2) \tag{3}$$

式中，年温度变化取桥位处年平均最高或最低气温 t_1 与架梁完毕后锚固支座时的气温 t_2 之差；α为混凝土的线膨胀系数；l为梁的计算跨度。

现有实测资料表明，梁温的变化度小于气温，且有滞后现象（图3）[5]。因此，按（3）式计算的$\varDelta_2$值将偏大，需要乘上一个小于1的折减系数ψ后始能接近实际伸缩量，即$\varDelta_2$应按（4）式计算

$$\varDelta_2 = \pm\psi\,\alpha\,l\,(t_1 - t_2) \tag{4}$$

ψ建议按下表查用：

支座锚固时的气温（°C）	−20	−15	−10	−5	0	+5	+10	+15	+20	+25	+30	+35	+40
折减系数 ψ	0.6	0.72	0.82	0.90	0.96	1.0	1.0	1.0	0.96	0.90	0.82	0.72	0.6

虽然上表源于特定地区的个别梁体，但它表征的气温与梁温间的物理特征对不同的梁却是相似的。为使Δ的计算值更接近于实际值，将上表用于不同的梁体也不失为是一种可行的权宜措施，待日后积累更多的资料后再对上表进行补充和修改。

3. 梁体混凝土的收缩和徐变量$\Delta_{3徐}$

无疑地，梁体混凝土的收缩和徐变在固定支座体系的柔性墩桥中亦将引起柔性墩墩顶顺桥向水平位移。众所共知，钢筋混凝土梁体的收缩量$\Delta_{3徐}$可按降温15°C用（3）式计算。预应力混凝土梁的收缩和徐变量$\Delta_{3徐}$最早是直接应用长期观测值。随着对混凝土收缩和徐变问题研究的深入，这种计算方法就日益显示出它的局限性。现在可以利用文献[2]中计算混凝土收缩和徐变引起的应力损失终极值的公式诱导出计算$\Delta_{3徐}$的公式（5）

$$\Delta_{3徐}=\varepsilon_{徐}l=\frac{\sigma_{s1}}{E_g}l=\frac{l}{E_g}0.8(\varepsilon_\alpha E_g+0.8n\,\phi_\alpha\sigma_h) \tag{5}$$

式中，$\varepsilon_{徐}$和σ_{s1}分别为预应力钢筋由于混凝土收缩和徐变引起的应变和应力损失终极值；l为梁的计算跨度；E_g和n分别为预应力钢筋的弹性模量和它与混凝土弹性模量之比；ε_α和ϕ_α分别为混凝土收缩应变和徐变系数的终极值；σ_h为传力锚固时，跨中和1/4跨度处由于预加应力（扣除相应阶段的应力损失）和自重产生的预应力钢筋重心处的混凝土正应力的平均值。

计算时，ε_α、ϕ_α和n诸量均可由文献[2]中查用，σ_h可由梁部设计计算书中查算。

由于只有架梁完毕后，锚固支座时起产生的$\Delta_{3徐}$值才影响到柔性墩墩顶顺桥向的水平位移，因此应从（5）式计算的$\Delta_{3徐}$中减去锚固支座前产生的收缩和徐变量$\Delta'_{3徐}$。而$\Delta'_{3徐}$可根据建立预应力后至锚固支座时所历时段的长短由文献[2]中查得$\Delta'_{3徐}/\Delta_{3徐}$的比值后求得。

4. 支座缝隙的影响Δ_4

以往在固定支座体系的柔性墩桥中，固定支座采用特别设计的铸钢支座。这种支座的上下摆连接处和通常的铸钢支座一样在卡口间前后均有3 mm的隙缝。当跨桥上的水平力经支座传至墩台时，上下摆间将产生±3 mm的相对位移，当时由于缺乏一定的实践知识，认为这一相对位移将加大柔性墩顺桥向的墩顶水平位移，因此在计算时将支座缝隙作为不利因素而取用$\Delta_4=\pm3$ mm。实践证明这种支座缝隙的存在不仅不是不利因素，反是减小墩顶顺桥向水平位移的有利因素[3,5]。动载试验的实测数据表明，柔性墩顺桥向墩顶水平位移量等于由梁体垂直荷载作用下产生的下翼缘伸长量减去支座上下摆间由挠曲力产生的相对位移量[3]。

因此，在计算墩顶总水平位移量时应在其他因素产生的水平位移总和中减去确实存在的支座缝隙Δ_4，这样才能符合实际。这种新的方法与原有的方法迥然不同。

在目前的技术水平条件下，文献[4]业已论证了在固定支座体系的柔性墩桥中，无论固定支座还是活动支座均以采用盆式橡胶支座为宜。而盆式橡胶支座上下摆间的缝隙可控制在1 mm以内，故当采用盆式橡胶支座时，为简化计算可取$\Delta_4=0$，意在将支座缝隙的有利因素作为安全储备存在柔性墩桥中。

5. 架梁时残留的墩顶变形 Δ_5

由于柔性墩顺桥向的柔度较大，架桥时，架梁孔前方墩因受偏载而使其轴线或前或后地偏离设计位置，故在架梁过程中通常采用两台卧式千斤顶进行纠偏，但要求纠偏后的柔性墩轴线完全准确地恢复到设计位置却是费时的。为了提高架梁进度，同时又不使轴线偏离量过大，故容许墩顶残留一定的偏离量 Δ_5。以往 Δ_5 的取值为±3 mm。架梁过程中纠偏工作的实践表明，要求两台千斤顶达到等量的纠偏值将是困难的，因此，事实上墩顶存在着少量扭转。为减少这种扭转，以取 Δ_5=0~3 mm 为佳[5]。

由图 1（b）所示的多跨铰接框架计算图式可知，以上讨论的 5 种水平位移中除 Δ 在各墩间彼此独立外，其余各 Δ 均应取用自刚性墩（台）起至计算墩间的各跨位移量的累计值。

时至柔性墩桥进入新的发展阶段的今日，以往对墩身日照和墩身混凝土超强两影响的认识，亦应随着实践经验和科学实验的增多而有所更新。但由于这两种因素对墩身的内力影响较大，而对柔性墩顶顺桥向的水平位移不甚显著，故本文对这两种影响的见解不作赘述。

柔性墩墩顶顺桥向的水平位移按本文建议的方法计算后，可取得明显的经济效益。今以刚性墩居中布置的 6 跨 16.0 m 钢筋混凝土梁组成的某柔性墩桥为例说明之。柔性墩的技术条件为：各墩均采用上柔下刚式，总高度均为 21.0 m，其中柔性段高 15.0 m，刚性段高 6.0 m，明挖扩大基础，主钢筋选用 T MnSi。墩顶水平位移按以往的方法计算时，主筋需用 32-ϕ12。含筋率由 0.367%降为 0.207%，减小了 45%。

参考文献

[1] 中华人民共和国铁道部. 铁路柔性墩桥设计暂行规定，1991.

[2] 中华人民共和国铁道部. 铁路桥涵设计规范（TBJ2—85）. 北京：中国铁道出版社，1986.

[3] 铁道部第三勘测设计院. 采用柔性墩桥简介. 柔性墩桥技术审查会文件之六，1990.

[4] 庄军生，卢耀荣. 柔性墩桥的设计、使用和发展. 铁道建筑，1991.

[5] 高铁宸. 柔性墩上架梁. 柔性墩桥技术审查会文件之七，1990.

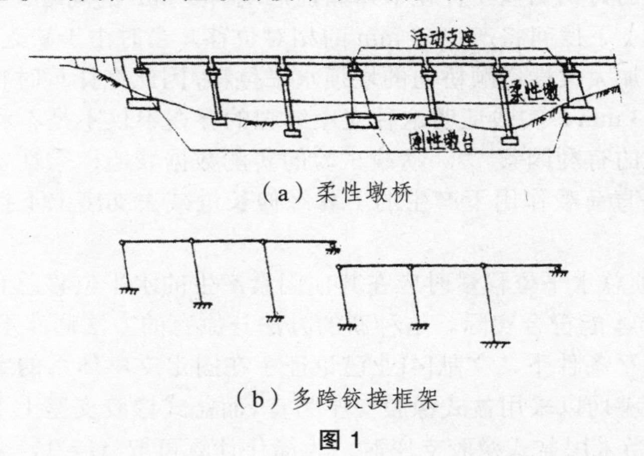

（a）柔性墩桥

（b）多跨铰接框架

图 1

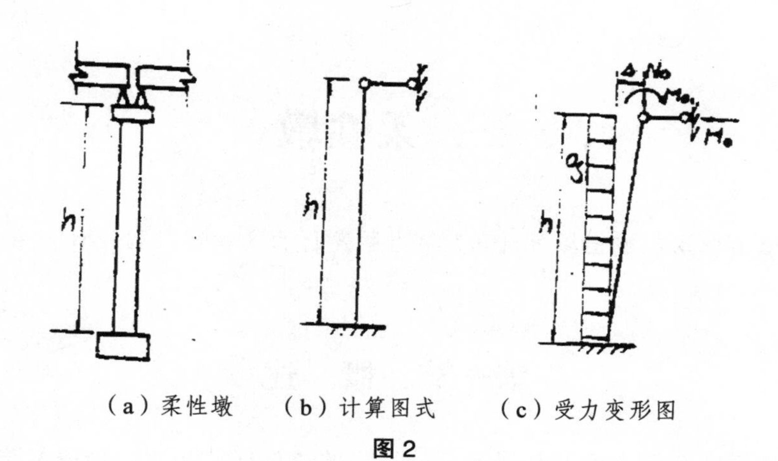

（a）柔性墩　（b）计算图式　（c）受力变形图

图 2

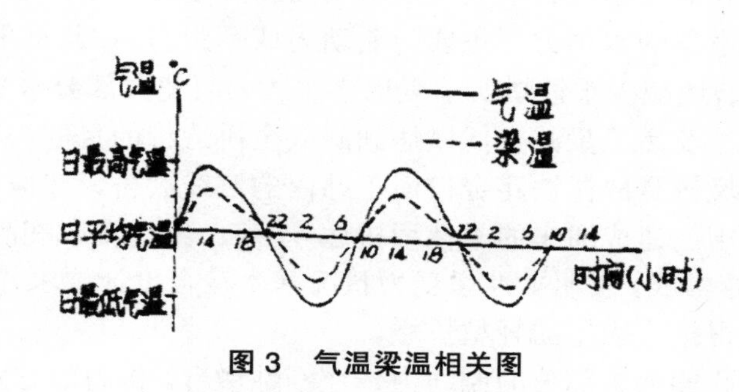

图 3　气温梁温相关图

三、柔性墩

本文首刊于由中国铁道出版社 1997 年出版发行的《铁道工程设计技术手册——桥梁墩台》一书内。

第一节 概 述

柔性墩桥是把几孔简支梁及其墩台，用适当的措施连接起来，形成多跨的门式结构，以共同承受桥上传来墩顶的水平力（主要为制动力或牵引力），此水平力按桥墩的剪力刚度分配，因此可以显著地减少柔性墩所承受的水平力，而使大部分水平力传往刚性墩，从而使柔性墩的截面尺寸及圬工量减少，以达到降低全桥造价的目的。

我国第一座柔性墩桥是成昆铁路金口河车站内的三线大桥，建成于 1966 年。其后各地相继修建，至今全国已建成通车的柔性墩桥达 47 座。经过动载和静载试验，温度应力测试，以及多年的运营实践，表明柔性墩受力状况基本符合设计要求，使用中可保证安全，这是一种可行的、值得推广应用的轻型桥墩。

柔性墩桥须使几孔梁上大部分的制动力传往刚性墩台。传力的方式主要有两种，一种是串联简支梁的传力方式，可用铰在梁的中性轴处把几孔梁串成一联，全联只设一个固定支座，其余均为活动支座。这种方式称为活动支座体系，能取得改善梁长变化引起的不利影响、水平力在桥上传递路径较直接等效果，我国已在广（源）罗（家坝）支线箱板河大桥使用。但总的来说，这种体系还处在试验研究阶段。

我国已建成的柔性墩桥，除上述箱板河桥外，其他桥均使用固定支座体系，即是把钢筋混凝土梁或预应力混凝土梁两端均用固定支座与桥墩、桥台分组联成整体，成为稳定的超静定结构，每联只设一个活动支座。这种传力方式结构简单，梁部结构使用标准设计的普通简支梁，一般不需要作特殊处理，只需对支座锚栓及销钉进行适当加强。实践证明这种柔性墩桥安全可靠，可推广使用。

本章所述内容，均按固定支座体系的柔性墩桥编写。

铁道部编制的行业标准《铁路柔性墩桥技术规范》（以下简称《柔性墩规》），适用于混凝土简支梁用固定支座与墩台分组联合整体的铁路柔性墩桥。柔性墩桥除应符合此规定外，尚应符合现行《铁路桥涵设计规范》（以下简称《桥规》）、《铁路桥涵施工规范》、《铁路架桥机架梁规则》等规章。

第二节 柔性墩桥设计的一般规定

柔性墩桥可因地制宜地用于各级铁路线上。但限于实践经验不足，目前在高速铁路和无缝线路地段的桥梁暂不使用。

柔性墩的截面较小，抗冲击能力较差，因此，在山坡有落石的傍山谷架桥，有泥石流、流冰、漂浮物的河流上，在通航的河流，在水流对混凝土有侵蚀的河流上，均不宜使用柔性墩桥。

柔性墩必须依靠刚性墩（台），方能形成稳定的承重结构。所以刚性墩台在全桥中占有极为重要的地位，其强度、刚度、稳定性和振动性能必须符合规定，有足够的安全度。刚性墩台应布置在地形、地质条件较为有利的位置上。

固定支座要承受一联多跨梁的水平力，是全桥构成超静定结构体系的关键部位，因此必须按受力情况加强支座锚栓及销钉等传力部件。盆式橡胶固定支座上下支座板之间的缝隙小，且钢盆抗剪能力大，传力可靠，特别适用于柔性墩桥。

活动支座的活动量须能满足位移量的要求。为了分散和减小柔性墩的墩顶位移，活动支座应尽可能布置在温度联的中部。

柔性墩基底在恒载作用下如发生不均匀沉陷，墩身将会产生附加内力。因此，当采用明挖基础时，为减小不利影响，要求基底范围内的地基土均匀，其容许承载力不宜小于0.25 MPa。

根据已建柔性墩桥的实践经验，规定柔性墩桥用于曲线上时，在Ⅰ、Ⅱ级铁路上，曲线半径不宜小于500 m。

多线桥的柔性墩，其墩身应各线分建。以免行车时各线荷载不同，引起梁下缘的伸长值不相等，使多线合建的柔性墩经常产生扭转的不利情况。

决定柔性墩桥的联长时，应考虑地形、地质及环境温度等因素。联长较大时，可减少刚性墩的个数，充分发挥柔性墩桥轻巧的特点。但联长过大时，则可能引起一些不利影响，如墩顶位移增大，使柔性墩受力加大，活动支座需有更大的活动量，固定支座传力系统各部件均须加强。联长过大时另一个主要的问题是桥上线路与桥梁之间相对位移增大，且活动支座处梁缝加大等，这些都使线路养护工作增加困难。综上所述，长大联长的柔性墩桥还存在一些问题，有待进一步研究。根据已建桥的经验，大部分桥梁联长在130 m以下，这些桥均使用标准设计梁，只在支座锚栓和桥墩台顶帽局部加强，未进行桥上线路的特别处理。现经多年运营，情况基本正常。《柔性墩规》规定，柔性墩桥的联长（相邻刚性墩、台间距离）一般不宜大于132 m。

第三节　柔性墩的形式

为使桥上的纵向水平力较多地传往刚性墩台，应减小柔性墩的纵向剪力刚度。所以柔性墩一般应设置于墩身较高处。但桥墩的横向应有足够的刚度，以保证结构的稳定和安全。由于这些要求，柔性墩的形式一般有构架式、板壁式和上柔下刚式三种。

图1为用于金口河大桥的构架式柔性墩，由两根立柱加上一些横撑组成。这种桥墩混凝土用量最少，但施工立模较麻烦。如将两根立柱造成斜柱，则桥墩的横向刚度更大，适用于跨度较大的曲线桥。

板壁式柔性墩构造简单，见图2。我国已建成的柔性墩，大部分采用这种形式。实践证明，这种桥墩能承受较大的外力，设计中对两个方向的尺寸容易调整，使之合乎要求。

板壁式柔性墩采用等截面、直坡、外观简洁，适合于使用滑动模板灌筑墩身，施工方便。

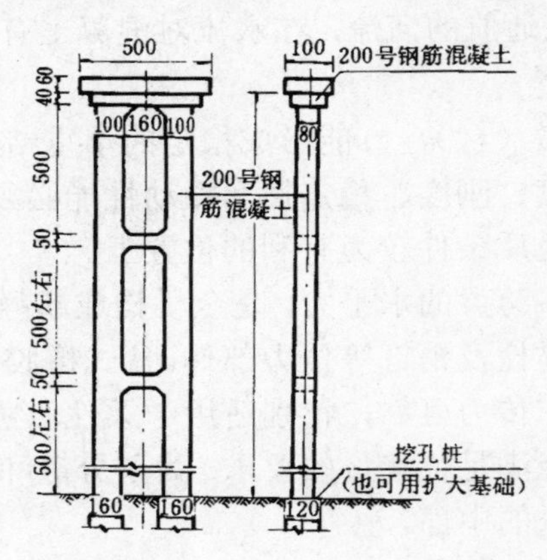

图 1　构架式柔性墩（单位：cm）

柔性墩高度超过 20 m 时，已经具有足够柔度，达到了减小水平力的目的。而柔性墩过高，柔度过大，对施工、架梁都可能存在一些问题。故桥墩很高时，可采用上柔下刚式桥墩，见图 3。刚性部分承受柔性部分传来的内力，截面较大，结构与实体墩相同。

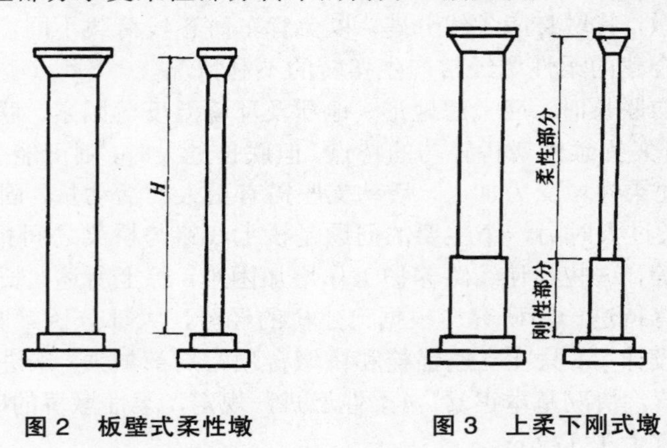

图 2　板壁式柔性墩　　　　图 3　上柔下刚式墩

《柔性墩规》规定，全柔的柔性墩墩高或上柔下刚桥墩的柔性部分，高度不宜超过 24 m，柔性墩的总高度不宜超过 40 m。另外，在水位较低而水流湍急的河流上，或在有漂流物的河流上，宜采用上柔下刚式桥墩。

柔性墩墩身材料一般采用钢筋混凝土。较矮的柔性墩或靠近刚性墩的柔性墩，因其墩顶位移量较小，计算中用混凝土不设钢筋也能满足要求。但考虑柔性墩截面纤细，这种桥墩仍应设置护面钢筋。

第四节　计　算

柔性墩桥结构计算，按梁与各墩、台用固定支座铰联，而在活动支座处隔断了顺桥向水平力的联系，其计算图式如图 4 所示。以结构联为一组作整体计算。此结构联实为一多铰连续排架，柔性墩的个数即为超静定的次数。

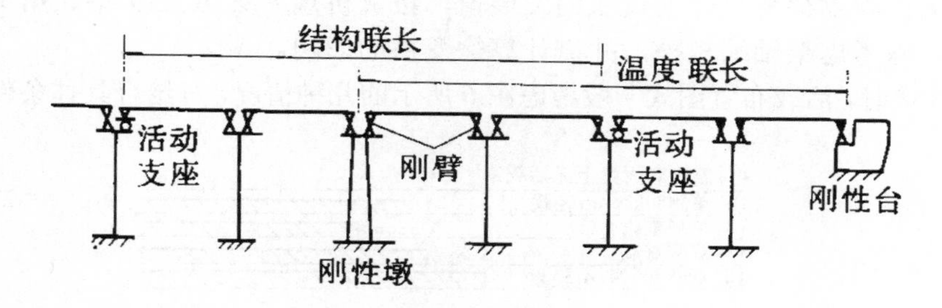

图 4　柔性墩桥结构计算图式

注：图中未标明者为柔性墩及固定支座。

在同一结构联内，当刚性墩顺桥向的抗推刚度为柔性墩刚度的 50 倍以上时，可将柔性墩按单墩作简化计算。此时柔性墩假定为顶端铰支并具有一定的水平位移 Δ，而下端为刚性固定的偏心受压杆件（图 5）。简化计算实际上是把刚性墩的刚度假定为无限大的近似计算，规定刚度比为 50 倍是考虑到这样已有相当高的近似度，也适应了大多数桥墩常用的合理尺寸。

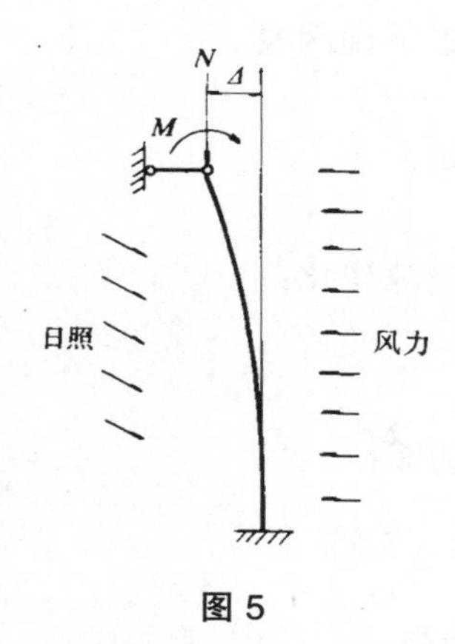

图 5

柔性墩按单墩进行简化计算时，顺桥向计算图式如图 5 所示。就现已使用的柔性墩的结构形式和尺寸而言，在设计荷载作用下，柔性墩仍属于小变形结构，假设其荷载与变形呈线性变化。因此，分析计算可采用叠加原理。把各种外力分别求算墩顶支座水平反力 P 和墩底截面弯矩 M，然后叠加。

上柔下刚式桥墩的刚性部分承受柔性部分传来的内力，其计算方法见图 5 及要求和普通混凝土实体墩相同，按《桥规》有关规定办理。不再另外叙述。

柔性墩设计中，铁路列车竖向活载、制动力或牵引力、离心力以及风荷载，均按《桥规》办理。

梁体温度变化幅度，视梁的构造式样、尺寸和当地外界气温等条件，按《桥规》附录五“钢筋混凝土、混凝土和砌石矩形截面杆件计算温度图解”确定梁体的计算温度。外界气温根据桥梁所在地区参照《桥规》附录六“全国 1 月平均气温（℃）”图和“全国 7 月平均气温（℃）”图确定。

钢筋混凝土梁的收缩，按《桥规》第 3.4.5 条相当于降低温度 5℃~10℃酌情采用；预应力混凝土梁的收缩徐变只计架设后的发展值，按《桥规》第 6.3.39 条、第 6.3.40 条有关公式计算，除考虑架轴缩短外，并需计算徐变拱的影响。

检算柔性墩时，活载布置图式一般考虑图 6 所示的几种情况，可结合具体条件选择拟定。

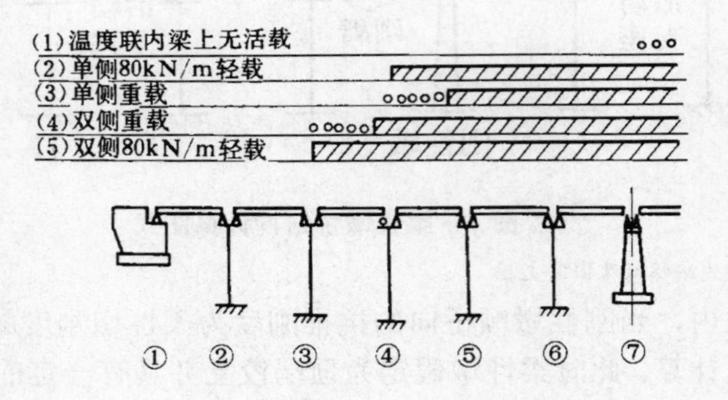

图 6　检算柔性墩活载布置式

注：最不利活载位置均对 4 号墩而言，其余墩类推。

柔性墩桥顺桥向计算中应考虑下列因素：

（1）列车制动力或牵引力；

（2）梁受垂直荷载时下缘伸长；

（3）温度变化时梁的伸缩；

（4）水平力作用时固定支座缝隙变化；

（5）梁体混凝土收缩徐变；

（6）架梁时残留的墩顶位移；

（7）支座垂直反力及其偏心力矩；

（8）墩身风力；

（9）墩身日照；

（10）架梁误差及墩身施工误差。

上述第（1）至（6）项均以墩顶位移 Δ 的形式表现，须逐项计算出墩顶位移，考虑最不利的情况组合，定出 Δ 值作为柔性墩设计的数据。其计算办法于下节叙述。

4.1　顺桥向墩顶位移计算

柔性墩计算图式（图 5）表明，顺桥向墩顶水平位移值须在墩身检算之前拟定，这是柔性墩设计的一个特点。如上所述，产生墩顶位移的因素有 6 项，现分别叙述如下。

（一）制动力或牵引力产生的墩顶位移阶段

$$\Delta_1=\frac{P}{K_r} \tag{1}$$

式中　Δ_1——制动力或牵引力作用下结构联内各墩、台顶得位移，cm；

P——结构联内全部制动力或牵引力，kN；

K_r——刚性墩、台的抗推刚度，kN/cm。

$$K_r = \frac{3EI}{l^3}$$

其中　E——圬工的弹性模量，MPa，按《桥规》查取；

I——桥墩的截面惯性矩，m^4；

l——桥墩高度，m。

柔性墩桥上的水平力按各墩的抗推刚度分配，由于刚性墩与柔性墩刚度悬殊，绝大部分制动力将由刚性墩承受。设二者的刚度比为 1∶50，如共有三个柔性墩与刚性墩相联，则全结构联上制动力 P 分配作用在刚性墩上的水平力 P_r 应为

$$P_r = P \cdot \frac{50}{50+3\times1}$$

上式表明，实用中以 P 代替 P_r，则结果很近似且略偏安全，故可以用 P 来计算刚性墩的位移。又因混凝土梁受轴向水平力时可认为是完全刚性，支座缝隙已另行考虑，支座可看作完全固定，于是由式（1）算出的刚性墩顶位移即等于结构联内各柔性墩顶得位移。

（二）梁受垂直荷载时下缘伸长产生的墩顶位移计算

$$\Delta_{zl} = \lambda \sum d_l \tag{2}$$

$$\Delta_{zD} = \lambda \sum d_D \tag{3}$$

式中　Δ_{zl}——受活载时梁下缘伸长产生的墩顶位移，cm；

Δ_{zD}——架梁后加上的线路上部建筑重，使梁下缘伸长产生的墩顶位移，cm；

$\sum d_l$——自计算墩至相关联的刚性墩之间各孔简支梁在活载作用下，梁下缘伸长之和，cm；

$\sum d_D$——自计算墩至相关联的刚性墩之间各孔简支梁在线路上部建筑重作用下，梁下缘伸长之和，cm；

λ——折减系数。对 24 m、32 m 跨度梁为 0.8，对 16 m 跨度梁为 0.7。

梁下缘伸长值 d 的计算，可先计算简支梁受载后梁端发生的转角 θ，再根据梁中性轴至梁下缘的高度 y_c，即可算出其伸长值。

$$d = 2\theta y_c = 2 \cdot \frac{ql^3}{24EI} y_c = \frac{ql^3}{12EI} y_c$$

式中，E，I 分别为梁的弹性模量及截面换算惯性矩，l 为梁的跨度。式中的 q 以梁上活载及线路上部建筑重代入，即可分别求出式（2）及式（3）中的 d_l 及 d_D。梁上的换算均布活载第一孔按 2 为 0.5 在《桥规》附表 3 查用，其后各孔按第一孔活载位置相应推算。

由于梁上有钢轨等线路上部建筑的约束，支座的转动也存在摩擦阻力。使实测的梁下缘伸长值小于理论计算值，根据一些实测试验资料，在式（2）及式（3）中均加算了折减系数 λ。

（三）梁体温度变化产生的墩顶位移计算

$$\Delta_3 = nm\alpha lt \tag{4}$$

式中　Δ_3——梁体温度变化产生的墩顶位移，cm；

α——梁体混凝土的线膨胀系数；

l——梁的跨度，cm；

t——梁体温度变化幅度，℃；

m——对墩内应力效应系数，采用 0.6；

n——所计算柔性墩与相关联的刚性墩之间梁的孔数。

其中温度变化幅度是相对于架梁时的温度而定。

梁体因温度变化的伸缩并使柔性墩产生内力，是一个缓慢的过程。混凝土的塑性变形与加载速度有关，同一荷载，如加载速度慢，则塑性变形部分增大，总的变形也随之增大。因此，如变形相同，则加载速度慢者其内力亦相应较小。所以柔性墩设计中采用折减效应系数 $m=0.6$。

（四）固定支座缝隙产生的墩顶位移计算

$$\Delta_4 = 2ne_f \tag{5}$$

式中　Δ_4——固定支座缝隙产生的墩顶位移，cm；

e_f——每个支座的缝隙，对盆式橡胶支座采用 0.03 cm，对铸钢支座采用 0.08 cm。

（五）梁体混凝土收缩徐变产生的墩顶位移计算

1. 钢筋混凝土梁

$$\Delta_5 = nr\alpha lt_s \tag{6}$$

式中　Δ_5——梁体混凝土收缩产生的墩顶位移，cm；

r——相应于梁收缩徐变，柔性墩亦发生徐变的应力效应系数，按表 1 采用；

t_s——相当的温度幅度，架桥机架梁可用 5℃~10℃。

表 1　相应于梁收缩、徐变柔性墩亦发生徐变的应力效应系数

架设时梁混凝土龄期（d）	60				90				180			
架设时墩混凝土龄期（d）＼徐变增长速度系数 β	1	2	3	4	1	2	3	4	1	2	3	4
60	0.39	0.51	0.61	0.69	0.44	0.57	0.67	0.74	0.51	0.65	0.75	0.81
90	0.42	0.55	0.67	0.75	0.46	0.61	0.72	0.79	0.53	0.69	0.79	0.85
120	0.45	0.60	0.72	0.81	0.49	0.65	0.76	0.84	0.56	0.72	0.83	0.89
180	0.51	0.68	0.81	0.89	0.55	0.72	0.84	0.91	0.61	0.78	0.88	0.94
270	0.59	0.79	0.90	0.96	0.63	0.81	0.91	0.96	0.69	0.86	0.94	0.97
360	0.67	0.86	0.95	0.98	0.70	0.88	0.96	0.99	0.76	0.91	0.97	0.99
540	0.82	0.95	0.98	1.00	0.84	0.96	0.99	1.00	0.88	0.97	0.99	1.00
720	0.92	0.98	1.00	1.00	0.94	0.99	1.00	1.00	0.96	0.99	1.00	1.00

注：① 预应力混凝土梁的龄期按梁建立预应力时起算。

② 徐变增长速度系数 β 湿、冷地区取较小值，旱、热地区取较大值。

③ 架设时梁的混凝土龄期，当 t_s=5℃时按 180 d，当 t_s=10℃时按 90 d。

2. 预应力混凝土梁

$$\Delta_5 = nr(\Delta_{L1} + \Delta_{L2})(1-C) \tag{7}$$

式中 Δ_5——梁体混凝土收缩徐变产生的墩顶位移，cm；

C——按梁建立预加应力后至架设的间隔查《桥规》表 6.3.40 确定；

r——相应于梁收缩徐变，柔性墩亦发生徐变的应力效应系数，按表（1）采用。

Δ_{L1}、Δ_{L2} 按下述方法计算。

（1）由于梁体混凝土的收缩和预加应力作用下徐变的轴向变形终极值按下式计算：

$$\Delta_{L1} = 0.8\left(\varepsilon_\infty + 0.8\frac{\sigma_h}{E_h}\varphi_\infty\right)L \tag{8}$$

式中 Δ_{L1}——梁收缩和徐变的轴向变形终极值，cm；

ε_∞——混凝土收缩应变终极值（《桥规》表 6.3.39-1）；

σ_h——梁内预加应力产生的混凝土平均应力，MPa；

E_h——梁体混凝土的弹性模量，MPa；

φ_∞——混凝土徐变系数的终极值（《桥规》表 6.3.39-1）。

（2）由于梁体预知应力作用产生徐变拱使梁下缘缩短的终极值按下式计算：

$$\Delta_{L2} = 6.4 f_c y_c / L \tag{9}$$

式中 Δ_{L2}——徐变拱影响梁下缘缩短终极值，cm；

f_c——徐变终极上拱度 cm，无资料时 24 m 跨度梁用 3.4 cm，32 m 跨度梁用 6 cm；

y_c——梁端换算截面重心轴至梁底距离，cm。

（六）架梁时的残留墩顶位移，按每个柔性墩单独考虑

$$\Delta_6 = 0.3\text{ cm}$$

以上 6 项墩顶位移算出后，可结合实际情况进行组合。柔性墩强度为主力加附加力情况控制设计，以上各项可按温度联内有车或无车的最不利情况组合如下。

有车梁伸长：

$$\Delta = \Delta_1 + \Delta_{2D} + \Delta_{2L} + \Delta_{3U} + \Delta_4 + \Delta_6 \tag{10}$$

无车梁伸长：

$$\Delta = \Delta_1 + \Delta_{2L} + \Delta_{3U} + \Delta_4 + \Delta_6 \tag{11}$$

有车梁缩短：

$$\Delta = \Delta_1 - \Delta_{2D} - \Delta_{2L} + \Delta_{3D} + \Delta_4 + \Delta_5 + \Delta_6 \tag{12}$$

无车梁缩短：

$$\Delta = \Delta_1 - \Delta_{2D} + \Delta_{3D} + \Delta_4 + \Delta_5 + \Delta_6 \tag{13}$$

式中　Δ_{3U}、Δ_{3D}——相对于架设气温、梁体温度升、降产生的墩顶位移，cm。

Δ的组合可以结合实际情况，作相应的改变，设法减小其数值，取得经济效果。例如秋季架梁，估计当年温升梁伸长将不会发生，可不予组合，待来年夏天要计入温升梁伸长时，梁已发生了一定的徐变缩短，它以负值参加梁伸长的情况组合，使Δ的幅度减小。如果伸长缩短情况不平衡，或架梁气温不适宜时，可采用预加调整墩顶位移的措施，使设计更经济合理。

当墩顶位移Δ拟定后，即可用以计算墩身内力，计算图式如图 7 所示，按结构力学求得墩顶水平反力 P 及墩底弯矩 M。图中示出因Δ作用而产生的弯矩图。

$$P=-\frac{3EI}{l^3}\Delta \tag{14}$$

$$M=\frac{3EI}{l^2}\Delta \tag{15}$$

式中，弹性模量 E 应对混凝土按设计标号提高一级后再按《桥规》表 5.2.2-2 查取。墩身截面刚度按《桥规》第 5.3.1 条采用 $0.8E_hI$，I 包括全部混凝土截面，不计钢筋。

上述规定是考虑到由于各种原因，竣工的柔性墩混凝土标号往往比设计标号高，其弹性模量亦相应增大，在式（14、15）中会引起超额应力。虽然混凝土容许应力随着标号提高亦相应增大，但钢筋的容许应力不会因混凝土超强而增加。为安全计，《柔性墩规》规定：在计算柔性墩内力时，混凝土弹性模量按设计标号提高一级。

4.2　墩顶垂直力、活载偏心力矩及顺桥向风力的计算

柔性墩受活载偏心力矩及顺桥向风力时，虽然可能产生墩顶水平位移，但因结构联（包括刚性墩台）的整体刚度很大，所以上述这种位移是很微小的。为了计算简化，计算时按墩顶为不移动的铰，墩底为固定的结构计算图式进行。

（一）墩顶偏心弯矩的计算

设墩顶偏心弯矩为 M_0，桥墩的计算图式如图 8 所示，其墩顶水平反力 P 及墩底弯矩 M 为：

$$P=\frac{3M_0}{2l} \tag{16}$$

$$M=\frac{M_0}{2} \tag{17}$$

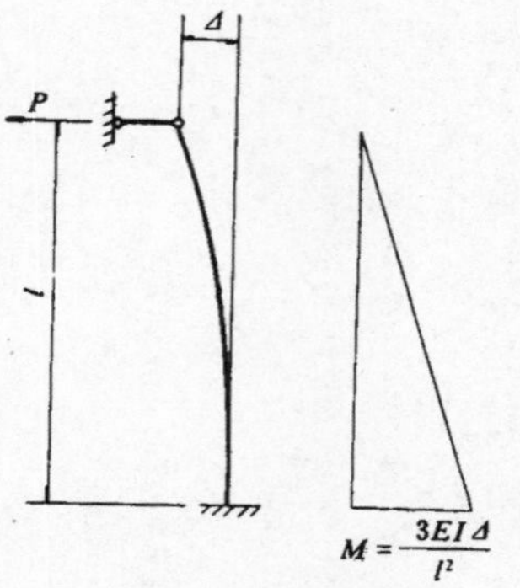

图 7

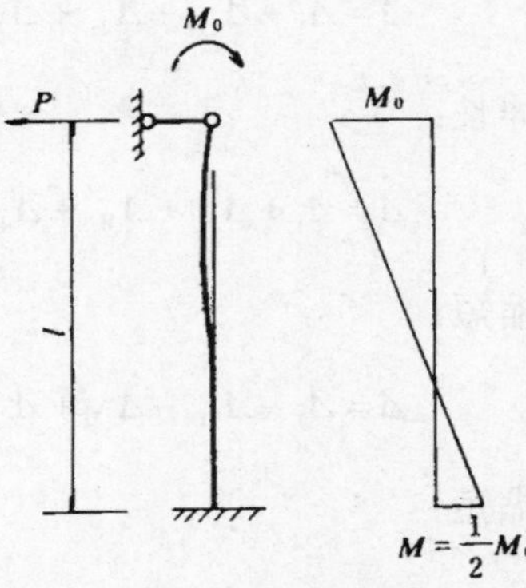

图 8

（二）顺桥向风力的计算

设风力强度为 W，桥墩的计算图式如图 9 所示，则每单位墩宽的墩顶水平反力 P 及墩弯矩 M 为：

$$P=\frac{3}{8}Wl \tag{18}$$

$$M=\frac{1}{8}Wl^2 \tag{19}$$

图 9 示出墩身弯矩图。

（三）墩顶垂直力的计算

墩顶垂直力 N 直接作用于全墩，为墩身计算的主要力素。因计算图式中，墩顶有侧向约束且具有一定的水平位移 Δ，故 N 力在垂直作用之外，还会产生相应的侧向水平力，使墩身产生弯矩，计算图式如图 10 所示。

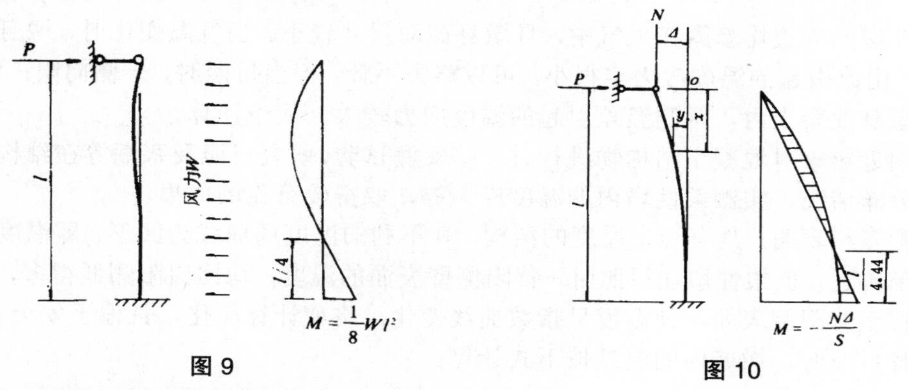

图 9

图 10

设墩顶位移后墩身挠度曲线为：

$$y=\frac{1}{2l^3}(2l^3-3l^2x+x^3)\Delta \tag{1}$$

在图 10 所示结构中，以墩顶水平反力为赘余力，则在基本体系悬臂梁上，由墩顶单位水平力作用下发生的墩顶水平位移

$$\delta_{11}=\int_0^l\frac{x^2\mathrm{d}x}{EI}=\frac{l^3}{3EI}$$

由 N 作用下发生的墩顶水平位移

$$\delta_{1N}=-\int_0^l\frac{N(\Delta-y)x\cdot\mathrm{d}x}{EI} \tag{2}$$

以 y 值代入即以式（1）代入式（2）并积分，得

$$\delta_{1N}=-\frac{2l^2N\Delta}{5EI}$$

故考虑 Δ 的存在，N 使墩顶产生水平力 P 为：

$$P=\frac{\delta_{1N}}{\delta_{11}}=\frac{-\dfrac{2l^2N\Delta}{5EI}}{\dfrac{l^3}{3EI}}=-\frac{6N\Delta}{5l} \tag{3}$$

墩身 $$M = Px + N(\Delta - y) \tag{4}$$

以式（1）、（3）代入式（4）

当 $x=\left(1-\dfrac{1}{4.44}\right)l$ 时，$M=0$。

当 $x=l$ 时，墩底截面 $M=-\dfrac{1}{5}N\Delta$。

图 10 示出墩身弯矩，从图中可看出，在墩身下部控制截面处，发生的弯矩为负号，即与主要因素 Δ 产生的弯矩方向相反，而且当 N 越大时，相反方向的弯矩也越大，至于零点以上的正弯矩，因其位置在墩身上段非控制部位，且其数值很小（最大为 0.09 $N\Delta$）。故《柔性墩规》规定，柔性墩顺桥向计算中，可不计挠度对偏心距影响的增大系数。即不计算本节所述的由 $N\Delta$ 产生的反向弯矩。

4.3　温度应力计算

柔性墩的周边均暴露在大气中，且墩身截面尺寸较小。当气温变化时，墩身各部分温差甚小，由此引起的温度应力也很小，可以略去不计。但当日照时，一侧向阳，另侧背阳，此时在墩身混凝土内，两侧温差引起的温度应力较大，应予计算。

我国近年来对混凝土结构物进行过一些实测试验，研究日照及寒潮等在结构物内部的温度场分布情况，实测柔性墩内的温度应力等，取得较可靠的成果。

实测资料表明，具有一定厚度的结构，其不利的温度场曲线为凹形，即温度最低点在墩壁中部附近，但柔性墩在日照时，背阳侧壁表面的温度，均比向阳侧低得多，故将温度最低点移至背阳侧表面，使温度呈指数曲线变化，将使计算简化，且偏于安全。

墩身日照时，墩壁内的温差按下式计算：

$$T_x = T_0 e^{-ax} \tag{20}$$

式中　T_x——计算点 x 处的温差，℃；

T_0——顺桥向柔性墩向阳面与背阳面之温差，℃；对于标准设计用 16℃，对于个别设计按《桥规》附录 12 附图 12.1 计算；

a——采用 7，$\dfrac{1}{\text{m}}$；

x——计算点至向阳侧墩表面之距离，m；

e——2.718。

柔性墩的日照温度应力有两种。即温度的非线性变形与结构平截面变形不协调而产生的内约束应力，以及墩身弯曲变形受墩顶铰支限制而产生的外约束应力。现分述如下。

（一）日照内约束应力

柔性墩墩壁是一个非稳定的温度场，温度分布随时间和位置而变化。实测说明，除接近墩顶和墩底部分外，温度沿墩身高度基本不变。另外，墩身横向宽度远比纵向厚度大，故假定温度沿壁厚方向呈非线性变化，而沿墩宽方向不变。因此，温度应力的计算，可简化为平面应力问题。

内约束应力计算图式如图 11 所示。

在自由状态下，纤维按指数曲线而变形，其应变为 ε。

$$\varepsilon = \alpha T_x = \alpha T_0 \mathrm{e}^{-ax}$$

式中，α 为混凝土的线膨胀系数，T_x 等各符号的意义见式（20）

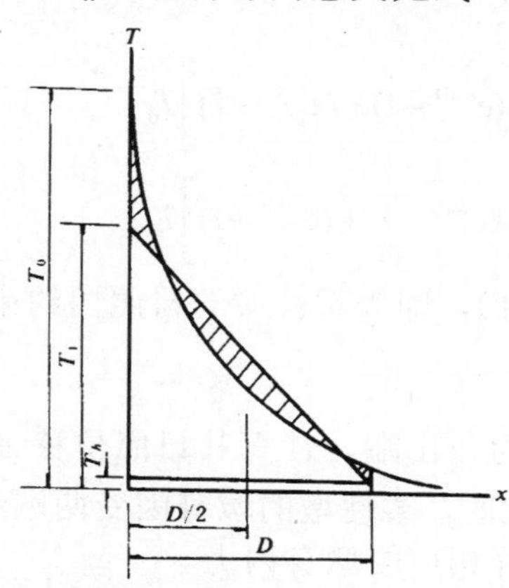

图 11　纤维自由变形和约束的平面变形相当温度示意图

在平截面变形的状态下，

$$T_x' = T_1 - (T_1 - T_n)\frac{x}{D}$$

$$\varepsilon' = \alpha T_x'$$

式中　D——墩壁的厚度，m；

T_1——向阳侧表面，当截面为平面变形时的相当温度，℃；

T_n——背阳侧表面，当截面为平面变形时的相当温度，℃；

ε'——当截面为平面变形时由温差引起的应变。

设纤维按指数曲线变形和按平截面变形的应变差为 $\varDelta_\varepsilon$，则

$$\begin{aligned}\varDelta_\varepsilon &= \varepsilon - \varepsilon' \\ &= \alpha\left[T_0 \mathrm{e}^{-ax} - T_1 + (T_1 - T_n)\frac{x}{D}\right]\end{aligned}$$

其应力为 $E\varDelta_\varepsilon$，此处 E 为混凝土的弹性模量，MPa。

$$E\varDelta_\varepsilon = E\alpha\left[T_0 \mathrm{e}^{-ax} - T_1 + (T_1 - T_n)\frac{x}{D}\right] \tag{21}$$

根据力的平衡条件，墩身任一截面的温度应力总和应为零。

$$\int_0^D E\varDelta_\varepsilon \mathrm{d}x = 0$$

即

$$T_0\left(-\frac{1}{a}\mathrm{e}^{aD} + \frac{1}{a}\right) - T_1 D + (T_1 - T_n)\frac{D}{2} = 0 \tag{1}$$

截面上应力对截面中心的弯矩的总和为零

$$\int_0^D E\varDelta_\varepsilon\left(\frac{D}{2} - x\right)\mathrm{d}x = 0$$

即
$$T_0\begin{bmatrix}\dfrac{e^{-aD}}{a^2}+\dfrac{De^{-aD}}{2a}+\dfrac{D}{2a}\\-\dfrac{1}{a^2}\end{bmatrix}-\frac{1}{12}(T_1-T_n)D^2=0 \tag{2}$$

联立解（1）、（2）两式，得

$$T_1=\frac{2}{aD}\left[\frac{3}{aD}(e^{-aD}-1)+(e^{-aD}-2)\right]T_0 \tag{22}$$

$$T_n=\frac{-2}{aD}\left[\frac{3}{aD}(e^{-aD}-1)+(e^{-aD}+1)\right]T_0 \tag{23}$$

以T_1、T_n的值代入式（21），即为柔性墩的日照内约束应力。

（二）日照外约束应力

计算方法是先假定墩顶为自由端，计算其日照位移Δ_s。但实际上墩顶为铰支，仅有日照时，墩顶位移应为零。此时，柔性墩的墩身因受两端约束，不能自由变形，而使墩身受到弯曲应力。由Δ_s即可计算相应的墩身内力。

由图 11，沿墩壁厚方向的温度梯度B(°C/m)为

$$B=\frac{T_1-T_n}{D}$$

以式（22、23）代入并化简得

$$B=\frac{bT_0}{aD^2}\left[\left(\frac{2}{aD}+1\right)(e^{-aD}-1)+2\right]$$

设沿墩身高度方向为y轴，则对于墩高微段dy的转角应为αBdy，墩顶位移Δ_s(m)为

$$\Delta_s=\int_0^H \alpha By\,dy=\frac{1}{2}\alpha BH^2$$

当墩身壁厚为全高一致时，D为常数，则

$$\Delta_s=\frac{3\alpha T_0H_2}{aD^2}\left[\left(\frac{2}{aD}+1\right)(e^{-aD}-1)+2\right] \tag{24}$$

当D随墩身高度而变时，可将墩身分节求和计算。

$$\Delta_s=\sum_{i=1}^{n}\frac{6\alpha T_0}{aD_i^2}\left[\left(\frac{2}{aD_i}+1\right)(e^{-aD_i}-1)+2\right]y_i\Delta y_i \tag{25}$$

式中 H——柔性墩的高度，m；

n——计算分节数；

Δy_i——计算分节节长，m；

y_i——第i节节中心至墩顶距离，m；

D_i——第i节墩身顺桥向宽度，m。

Δ_s是假设墩顶自由时的日照位移，实际上墩顶为铰支，墩身受到外约束，此时墩顶有水平反力P。

$$P=\frac{3EI}{H^3}\Delta_s \tag{26}$$

墩底弯矩 $$M=PH=\frac{3EI}{H^2}\Delta_s \tag{27}$$

式中，E、I 的含义可参照式（4.7）的说明。

由式（26、27）即可算出墩身的日照外约束应力。向阳侧为压应力，背阳侧为拉应力。

（三）日照应力的组合

《柔性墩规》规定："顺桥向日照墩身的影响可只计墩顶铰支的外约束作用，温度变形与平横截面变形不协调产生的内约束应力一般可不予计算。"

这是因为内约束应力只存在于未开裂的截面内，即是在墩身上部，这部分墩身承受外力的弯矩较小，因而截面受力的偏心也较小，即使加上日照内约束应力也不控制设计。在墩身下部大偏心受压，控制截面处，拉力区混凝土不参与工作，压力区范围较小，内约束应力大部分已释放，故可不予计算。

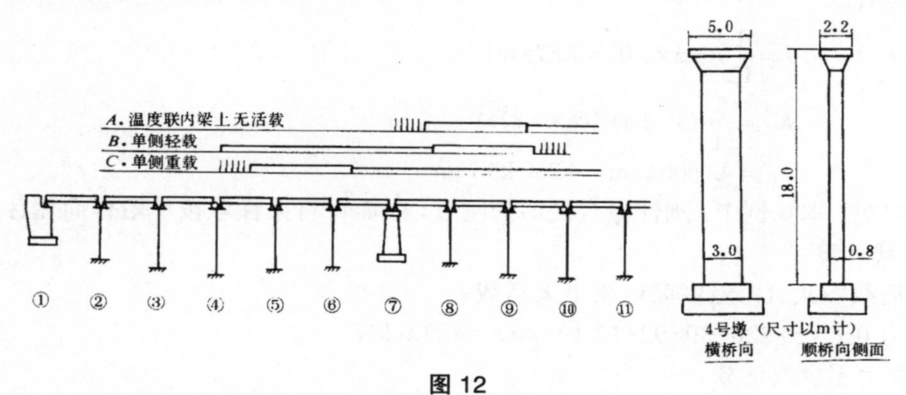

图 12

说明：1. 梁部均为 16.0m 钢筋混凝土梁。
2. 活动支座设于 4 号墩及 10 号墩，其余均为固定支座。
3. 4 号墩为本算例的检算墩。
4. 本图活载布置为检算顺桥向墩身内力用。当检算稳定、横向式基底应力等项目时，尚须计算其他活载图式。

4.4 顺桥向墩身内力计算算例

本算例为 6 孔 16 m 钢筋混凝土梁作为一组计算联，活动支座设于 10 号墩，其余均为固定支座。桥梁在直线上，如图 12 所示。

计算墩为 4 号墩，尺寸见图。建筑材料为 250 号钢筋混凝土。

7 号墩为刚性墩，墩高（顶帽顶至墩身底）11.0 m，平均尺寸为 3.0×3.5 m，150 号混凝土。

检算 4 号柔性墩墩身底截面的顺桥向墩身内力。

1. 恒载计算

梁重 1 029.8 kN　　见专桥（88）1023 标准图

梁上道砟等桥面重 39.2×16.5=646.8 kN

顶帽重 5.0×2.2×0.5×25=137.5 kN

托盘重 $\frac{1}{2}(4.6\times1.8\times3.0\times0.8)\times1.2\times25=160.2\ \text{kN}$

墩身重 3.0×0.8×16.3×25=978.0 kN

恒载共计　　2 952.3 kN

2. 桥墩刚度计算

柔性墩刚度计算

$$I=\frac{1}{12}\times3.0\times0.8^3=0.128\ \text{m}^4$$

抗推刚度

$$k=\frac{3EI}{L^3}$$

$$=\frac{1}{18^3}(3\times2.7\times10^6\times0.128)$$

$$=178\ \text{t/m}=17.8\ \text{kN/cm}$$

刚性墩刚度计算

$$I=\frac{1}{12}\times3.5\times3.0^3=7.875\ \text{m}^4$$

$$K=\frac{1}{11^3}(3\times2.4\times10^6\times7.875)$$

$$=42\,600\ \text{t/m}=4\,260\ \text{kN/cm}$$

由上可见，本算例中，刚性墩有足够的刚度，因而可将柔性墩按单墩作简化计算如下。

3. 活载计算

（1）活载图式 A，温度联内梁上无活载。

制动力 0.1（5×220+30×92+12.12×80）=483.0 kN

4 号墩上无垂直活载。

（2）活载图式 B 单侧轻载。

制动力 0.1（5×220+30×92+61.8×80）=880.4 kN

4 号墩上墩顶垂直力 0.5×16.53×80=661.2 kN

活载偏心力矩 661.2×0.28=185.1 kN · m

（3）活载图式 C，单侧重载。

制动力同图式 B，为 880.4 kN

4 号墩上墩顶垂直力 $\frac{1}{16}(5\times220\times13.25+9.03\times92\times4.235)=1\,130.8\ \text{kN}$

活载偏心力矩 1 130.8×0.28=316.6 kN · m

4. 墩顶位移计算

（1）制动力或牵引力产生的墩顶位移。

按式（1）计算

活载图式 A，$\Delta_1=\frac{483}{4\,260}=0.113\ \text{cm}$

活载图式 B、C，$\Delta_1=\frac{880.4}{4\,260}=0.207\ \text{cm}$

（2）梁受垂直荷载时下缘伸长引起的墩顶位移。

梁部用专桥（88）1023 标准图，跨度为 16.0 m 梁。其截面换算惯性矩 I=0.766 m^4，梁中性轴至梁下缘的高度 y_c=1.50 m，梁的混凝土为 250 号，弹性模量 E=29 GPa，按《桥规》，钢筋混凝土结构计算变形时，截面刚度应按 0.8EI 计算。

梁上的换算均布活载，第一孔按 α 为 0.5 在《桥规》附表 3 查得为 119.4 kN/m，此时活载位置相应如图 13 所示，则第二孔的均布活载为 92.0 kN/m，第三孔可用 $\frac{1}{2}(92+80)=86.0\ \text{kN/m}$，线路上部建筑重为 39.2 kN/m。

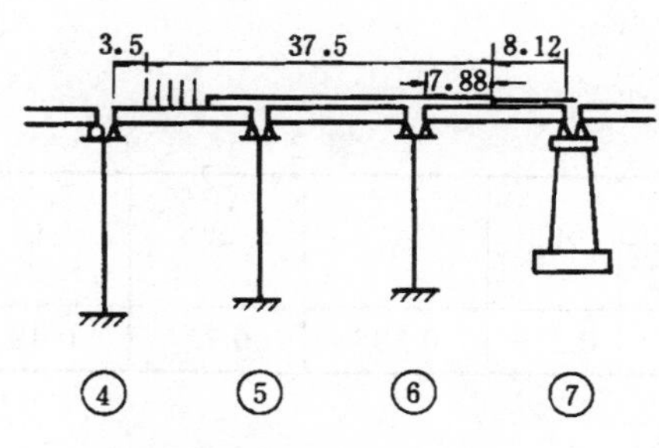

图 13　（单位：m）

按式（2、3）各孔梁下的下缘伸长值计算如下：

公式为 $d=\dfrac{ql^3}{12EI}y_c$

由于活载

第一孔　　$d=\dfrac{119.4\times16.0^3}{12\times0.8\times29\times10^6\times0.766}\times1.5=0.003\,44\ \text{m}$

第二孔　　$d=\dfrac{92.0}{119.4}\times0.003\,44=0.002\,65\ \text{m}$

第三孔　　$d=\dfrac{80.0}{119.4}\times0.003\,44=0.002\,31\ \text{m}$

由于恒载

每孔　　$d=\dfrac{39.2}{119.4}\times0.003\,44=0.001\,13\ \text{m}$

故 4 号墩的

$$\Delta_{2L}=0.7(0.344+0.265+0.231)=0.588\ \text{cm}$$
$$\Delta_{2D}=0.7\times3\times0.113=0.237\ \text{cm}$$

（3）梁体温度变化产生的墩顶位移。

按式（4）计算。设梁体温度变化幅度 t=25℃

梁体混凝土的线膨胀系数 α 为 0.000 01

则 4 号墩的

$$\Delta_3=3\times0.6\times0.000\,01\times1\,600\times25=0.72\ \text{cm}$$

（4）固定支座缝隙产生的墩顶位移。

设本桥用铸钢支座，按式（5）计算则 4 号墩的

$$\Delta_4 = 2\times3\times0.08 = 0.48\ \text{cm}$$

（5）梁体混凝土收缩产生的墩顶位移。

按式（6）计算

设 t_s =10 ℃，查表（1），当 β 为 3 时，γ =0.27

则 4 号墩的

$$\Delta_5 = 3\times0.72\times0.000\,01\times1\,600\times10 = 0.346\ \text{cm}$$

（6）架梁时的残留墩顶位移。

$$\Delta_6 = 0.3\ \text{cm}$$

（7）墩顶位移数值与组合。

计算数值列表如表 2 所示。

表 2

Δ_1		Δ_{2D}	Δ_{2L}	Δ_3	Δ_4	Δ_5	Δ_6
图书 A	图式 B、C						
0.113	0.207	0.237	0.588	0.72	0.48	0.346	0.30

按式（10、11、12、13）

有车梁伸长

$$\Delta=\Delta_1+\Delta_{2D}+\Delta_{2L}+\Delta_{3U}+\Delta_4+\Delta_6 = 2.532\ \text{cm}$$

无车梁伸长

$$\Delta=\Delta_1+\Delta_{2D}+\Delta_{3U}+\Delta_4+\Delta_6 = 1.85\ \text{cm}$$

无车梁缩短

$$\Delta=\Delta_1-\Delta_{2D}+\Delta_{3D}+\Delta_4+\Delta_5+\Delta_6 = 1.722\ \text{cm}$$

5. 日照外约束作用力计算

按式（24），

本算例 T_0 用 14℃，a=7 墩身高 H=18.0 m，墩身宽 D=0.8 m

$$aD = 7\times0.8 = 5.6$$

假定墩顶为自由，其日照位移为 Δ_s，

$$\Delta_s = \frac{3\times0.000\,01\times14\times18^2}{7\times0.8^2}\left[\left(\frac{2}{5.6}+1\right)(\mathrm{e}^{-5.6}-1)+2\right]$$

$$=0.019\,68\ \text{m}$$

$$=1.968\ \text{cm}$$

6. 墩身底截面各项弯矩计算

① 按式（14、15），已知墩顶位移而求算墩身弯矩，须先计算墩身截面刚度，式（14、15）的说明规定对混凝土的弹性模量 E_h 应按设计标号提高一级后查取，本算例设计为 250 号，则应按 300 号查得 E_h 为 31GPa。

$$0.8E_hI=0.8\times31\times10^6\times0.128=3.174\,4\times10^6\ \text{kN}\cdot\text{m}^2$$

故有车梁伸长时

墩身底 $$M = \frac{1}{18^2}\times3\times3.174\,4\times10^6\times0.025\,31 = 744.2\ \text{kN}\cdot\text{m}$$

无车梁伸长时

$$M=\frac{0.018\,5}{0.025\,32}\times744.2=543.8\text{ kN}\cdot\text{m}$$

日照外约束时

$$M=\frac{0.019\,68}{0.025\,32}\times744.2=578.4\text{ kN}\cdot\text{m}$$

② 风力计算：设本算例风力强度为 800 Pa=0.8 kPa。

按式（19），并忽略托盘及顶帽的加宽，

墩身底 $M=\frac{1}{8}\times0.8\times18^2\times3=97.2\text{ kN}\cdot\text{m}$

③ 墩顶偏心弯矩：当墩顶有偏心弯矩作用时，按式（17），墩身底截面相应的弯矩为

活载图式 B 时，$M=\frac{1}{2}\times185.1=92.6\text{ kN}\cdot\text{m}$

活载图式 C 时，$M=\frac{1}{2}\times,316.6=158.3\text{ kN}\cdot\text{m}$

7. 墩身底截面外力组合

垂直力共计为 N，相应的弯矩共计为 M，均为主力加附加力的组合。

（1）活载图式 B，单侧轻载，梁伸长。

N=2 952.3+661.2=3 613.5 kN

M=744.2+578.4+97.2+92.6=1 512.4 kN · m。

（2）活载图式 C，单侧重载，梁伸长。

N=2 952.3+1 130.8=4 083.1 kN

M=744.2+578.4+97.2+158.3=1 578.1 kN · m。

（3）活载图式 A，检算墩两侧梁上无活载，梁伸长。

N=2 952.3 kN

M=543.8+578.4+97.2=1 219.4 kN · m

柔性墩身为钢筋混凝土偏心受压杆件，钢筋布置后，用上述各组 N 和 M 进行检算，可作出顺桥向墩身底截面的设计。墩身其他截面亦应作必要的检算。此外，柔性墩尚应进行横桥向计算，墩身整体稳定检算，墩顶位移等计算工作。这些计算都和普通桥墩相同。

4.5 横桥向计算

柔性墩横桥向计算和普通桥墩相同。

但曲线上的柔性墩受力情况较复杂，因每孔梁之间有偏角，梁轴线与墩中心线不相垂直，当梁的长度发生变化时，伸长或缩短均会引起墩身发生横向位移。另外，制动力或牵引力沿梁的轴线传递作用时，在墩顶处需改变方向，这样也将使桥墩受到相应的横向水平。

上述两种因素在曲线上柔性墩的横向计算中，需加以考虑。此径向分力按下式计算（图 14）。

$$F_i=\frac{L}{R}\sum T_i^n+\frac{L}{2R}\left(\sum P_{i+1}^n+\sum P_i^n\right) \quad (28)$$

$$P_i = S_i \Delta_i \tag{29}$$

式中　F_i——第 i 墩上的横向力，向曲线外侧为正，kN；

L——梁的跨度，m；

R——线路曲线半径，m；

$\sum T_i^n$——自 i 孔至 n 孔制动力或牵引力的累计值，向刚性墩为正，kN；

S_i——第 i 墩顺桥向墩顶抗推刚度，kN/cm；

Δ_i——墩顶产生的位移，背离刚性墩为正，其中日照墩身按墩顶为自由计算墩顶位移，阳光来自刚性墩者为负，cm；

P_i——相应于 Δ_i 第 i 墩墩顶水平力，如图 14 所示，若 n 墩活动支座在左侧时，则 P_n=0.4，kN；

$\sum P_i^n$——自 i 墩至 n 墩墩顶水平力的累计值，kN。

其中第 n 墩是结构联的终端墩，其上设置活动支座。墩顶位移 Δ_i 包括梁长变化，支座缝隙等。

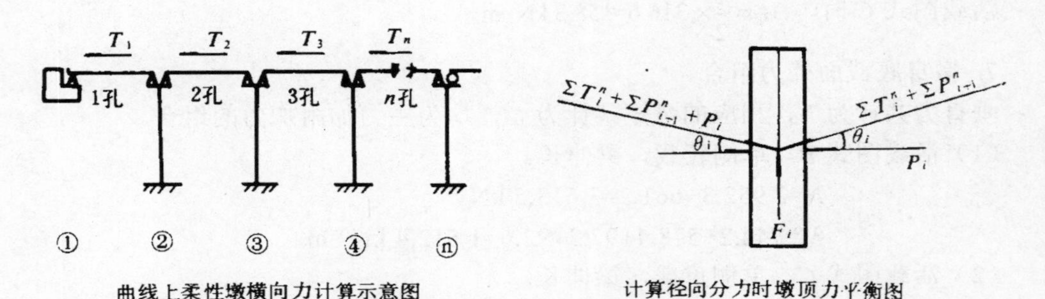

图 14　计算径向分力时墩顶力平衡图

曲线上的柔性墩须考虑外力对墩中心产生扭矩的影响。这些外力包括单侧有活载时的离心力和车上风力。当桥墩设有横向预偏心时，梁上制动力或牵引力等水平力将不通过桥墩中心，因而产生扭矩。

4.6　整体稳定检算

桥墩为受压构件，其截面设计除满足强度的要求外，并应检算桥墩的整体稳定性。柔性墩的整体稳定应分别顺桥向和横桥向按下式检算：

$$KN < N_{cr} \tag{30}$$

式中　N——作用于桥墩顶面处的轴向压力，包括墩身柔性部分自重的 1/3，MN；

K——安全系数，主力时 K=30，主力加附加力时 K=2.5；

N_{cr}——构件屈曲临界荷载，MN。

计算时可用

$$N_{cr} = \frac{\pi^2 EI}{l_0^2}$$

式中，E 为临界荷载时各截面混凝土弹性模量，MPa，按下式计算：

$$E = E_0\left(1 - \frac{N_{cr}}{1.1R_a A_0}\right)$$

上两式中

E_0 ——混凝土初始弹性模量，按《桥规》表 5.2.2-2 查用，MPa；

R_a ——混凝土抗压棱柱体极限强度，MPa；

A_0 ——墩身截面面积，m^2。须计算钢筋的换算截面面积。$A_0=bd(1+\mu m)$，其中 b，d 为矩形截面的边长，μ 为截面配筋率，m 为钢筋计算强度与混凝土棱柱体强度之比，按《桥规》表 5.3.6-1 查用。

I ——截面的惯性矩，m^4。须计算钢筋的换算面积。

l_0 ——构件的计算长度，m；可用 0.85 倍墩高。

混凝土的弹性模量随压力而变，构件承受的压力增大时。弹性模量将会降低。在计算柔性墩的临界荷载时，N_{cr} 和 E 的公式中互相影响，所以计算是时需分节试算逐次逼近求得。

对于板式柔性墩，也可采用《桥规》（5.3.6-2）式作稳定性的简化计算。式中 A_h、b 可取平均值，l_0 取 0.85 倍墩高。

基础为单根桩（摩擦桩或埋深较大的支承桩）与墩身直接相连的柔性墩，在稳定计算中可假定固定点移至《桥规》附录十四中的 $\dfrac{2}{\alpha}$ 处，不再计固定点以上桩侧壁土的弹性抗力。

基础为多根桩而以承台与墩身相连的柔性墩，计算稳定性时可先按《桥规》附录十四求出承台顶的弹性约束刚度，然后将桩基换算为下端固定的等刚度的直杆，顶端与墩身相接，以作近似的稳定计算。此换算杆的长度和截面惯性矩按下式计算：

$$l = \sqrt{\frac{3(a+\beta_H h)}{\beta}} \tag{31}$$

$$I = \frac{l}{E\beta} \tag{32}$$

$$A = \frac{l}{bE} \tag{33}$$

式中 l ——换算杆的长度，m；

I ——换算杆的截面惯性矩，m^4；

A ——换算杆的截面面积，m^2；

E ——换算杆的弹性模量，MPa；

h ——承台厚度，m；

a、β_H ——由《桥规》附录十四式（附 14.10）联立方程中，以 N=0，M=h，H=1MN 解得，m/MN，rad/MN；

β ——由《桥规》附录十四式（附 14.10）联立方程中，以 N=0，H=0，M=1 MN-m 解得，rad/MN · m；

b ——由《桥规》附录十四式（附 14.10）联立方程中，以 N=1 MN，H=0，M=0 解得，m/MN。

上式的 a、β_H 为在实有的桩基中，单位水平力作用于承台顶时承台底的水平位移和承台转角。β为单位垂直力作用于承台顶时承台的垂直位移。

设等效杆为等截面、下端固定、上端自由，其长度为 l，截面面积为 A，截面惯性矩为 I。则

$$\left.\begin{aligned}\delta_H&=\frac{l^3}{3EI}\\\theta&=\frac{l}{EI}\\\delta_v&=\frac{l}{AE}\end{aligned}\right\}\tag{1}$$

式中，δ_H为单水平力作用于等效杆顶时杆顶的水平位移，m/MN；θ为单位力矩作用于杆顶时杆顶的转角，rad/MN · m；δ_v为单位垂直力作用于杆顶时杆顶的垂直位移，m/MN。

当等效杆与实有的桩基等效时，应有：

$$\left.\begin{aligned}\delta_H&=\alpha+\beta_H h\\\theta&=\beta\\\delta_v&=b\end{aligned}\right\}\tag{2}$$

将式（1）代入式（2），可解得式（31、32、33）三个公式。

4.7 其他有关计算

（1）上述柔性墩顺桥向内力计算中，是假定墩身底与基础固结，而基础则为不动的刚体。实际上桥墩承受外力后，将有移动和转动。明挖基础柔性墩的基础转动值甚小（移动值更小），设计中可不考虑，使工作简化，并偏于安全。桩基柔性墩的承台及桩顶变形值可能对墩身内力影响较大，此时应予计入。计算的办法应按照《桥规》附录十四进行。

刚性墩台在柔性墩桥中十分重要，其强度和刚度必须符合规定，并有足够的安全度。刚性墩台在以恒载为主的长期荷载作用下，地基土会产生塑性变形，从而使刚性墩台增大了墩顶位移，对本联内的柔性墩产生不利的影响。所以，当刚性墩台采用桩基础时，特别是对采用垂直桩基础的桥台，必须严格控制桩侧壁横向压应力σ_x。计算方法是按照《桥规》附录十四式（附 14.6），并考虑总荷载中恒载所占比例的影响系数对桩侧土容许横向压应力的折减，使σ_x符号《桥规》第 241 页所述的要求，使桩基有足够的抵抗长期侧向荷载的能力，确保刚性墩台的稳定。

（2）为了保证列车运行安全等因素，柔性墩亦应检算顶帽面的弹性水平位移，并规定其容许值$\varDelta$如下：

横桥向 $\qquad \varDelta\leqslant 4\sqrt{L}$

式中，$\varDelta$以 mm 计；L为桥梁跨度，以 m 计。顺桥向，$\varDelta$按《桥规》第 8.2.3 条规定。

上述规定中横桥向比一般桥墩严格，墩顶位移的容许值减小，这是考虑到柔性墩顺桥向尺寸大幅度减小，在一定程度上也影响到横桥向刚度，为确保安全，对横桥向的要求适当提高。计算横桥向墩顶位移时墩身截面抗弯刚度按《桥规》第 8.2.4 条处理。

顺桥向墩顶位移已在计算墩身内力时逐项算出。但在衡量柔性墩的刚度中，只考虑活载作用下墩顶的动位移，即制动力的牵引力的作用，垂直活载上桥后梁下缘的伸长以及支座缝隙的影响。

（3）《桥规》对一般的桥墩，以限制墩顶位移数值的形式对桥墩的刚度作了规定。因墩顶位移的大小与桥墩所受的外力有关，但有时外力数值较小，仅以刚度为依据时，会使桥墩纵横向尺寸比例失调，需要人为加以调整。而自振频率可从另一方面来控制桥墩尺寸。一般柔性墩尺寸相对较小。故要求在柔性墩设计中应进行自振频率检算。

柔性墩的横桥向自振频率可按各墩单独计算。

柔性墩的顺桥向自振频率应按全结构联作整体计算。在以往的柔性墩桥动载试验中，对4座桥的实测资料作了整理，证明同一结构联中，在顺桥方向各墩（包括柔性墩和刚性墩）作同频率同相位振动。又以一个结构联作为整体，用有限元法作了顺桥向自振频率的计算，结果证明，当柔性墩的刚度在常规范围内时，第一振型（频率最小的振型）为墩顶位移最大，且各墩同频率振动。另外，此频率有质量集中于墩顶按刚性墩单独计算的自振频率相近。

柔性墩的顺桥向及横桥向自振频率的容许值规定如下：

$$f > \frac{5}{\sqrt{H}}$$

式中 f——计算的墩身自振频率（桥上无活载），Hz；

H——墩身高度，m；

（4）柔性墩桥传递顺桥方向水平的结构系统，包括梁体、支座、锚栓、桥墩顶帽等应加检算，使其有足够的强度。

柔性墩桥应按所采用的架梁方法，对架梁全过程各个步骤的安全作必要的检算。

第五节　构　造

在柔性墩的截面突变处，如墩身底与基础顶面，上柔下刚式桥墩的刚柔交界处，应采取设置牛脚，或布置竖向短钢筋等加强措施，以改善截面突变处应力集中的现象。

板式柔性墩的基础顶层和上柔下刚式墩刚性部分顶部 1 m 厚范围内均应采用与柔性部分同标号的混凝土，并设置两层水平钢筋网。

固定支座的设计要力求减小支座缝隙。使传力时效果良好，改善柔性墩桥的受力情况。

活动支座的设计应有足够的活动量以保证支座的正常使用。同时为了使支座上板在平均温度时尽可能居中，以便于运营养护，故规定一个预设偏移值，按下列公式计算。

$$s = 2\delta_1 + \delta_{2L} + \delta_3 + 2\delta_4 + \delta_5 + x \tag{34}$$

$$\delta_3 = \alpha L_t (t_h - t_e) \tag{35}$$

$$e = \frac{1}{2}(\delta_{2L} + \delta_{2D} + \delta_3 - \delta_5) - \alpha L_t t_e - z \tag{36}$$

式中 s——活动支座最大活动的全幅，cm；

e——架设时支座预设的上板偏向（负值为背离）其所联的刚性墩（台）值，cm；

δ_1——制动力或牵引力作用时，温度联内两刚性墩（台）最大相对位移，cm；

δ_{2L}——活载作用下温度联内各孔梁下缘伸长之和的最大值，cm；

δ_{2D}——架梁后增加的线路上部建筑重产生的温度联内各孔梁下缘伸长之和，cm；

δ_3 ——温度联内温度升降联长变化全幅度，cm；

δ_4 ——温度联内所有固定支座缝隙（按式 5 取值）之和，cm；

δ_5 ——架梁后温度联内各孔梁混凝土收缩徐变量之和，cm；

α ——混凝土线膨胀系数，1/℃；

L_t ——温度联长，cm；

t_h ——设计采用的最高梁温，℃；

t_l ——设计采用的最低梁温，℃；

t_e ——架设时梁温，℃；

z_c ——架梁后半年期限内温度联内各孔梁收缩徐变值之和，cm；

x、z ——调查值，按支座结构条件取用；

当用大的活动幅度无困难时，

$$x=\frac{\delta_5}{2},z=\frac{\delta_5}{2};$$

当活动幅度受限制且为春、夏架梁时，$x=0$，$z=0$；

当活动幅度受限制且为秋、冬架梁时，$x=0$，$z=\frac{z_c}{2}$。

在布置柔性墩桥时，梁端空隙在只有固定支座的桥墩上按照《桥规》第 8.3.2 条规定办理。在有活动支座的桥墩上，梁缝须比照上述规定适当增大，当联长为 132 m 时增大值可采用 6 cm，联长小于 132 m 时可按比例适当减小。曲线上外侧梁缝尽可能不大于同跨度标准设计梁用于最小曲线半径时的最大值，当超过此值时梁缝应采取特别设计措施。

对于墩身直接建筑在钻孔桩或挖孔桩上的柔性墩，桩径应比墩身直径大，其值最小为 10 cm。以保证桩位发生偏差时仍能顺利连接。

柔性墩在建造完成而未架梁，这段时间如较长，或需渡过大风季节，则应对桥墩注意保护，必要时须采取临时支撑等安全措施。

四、地震区桥墩台

本文首刊由中国铁道出版社 1997 年出版发行的《铁路工程设计技术手册——桥梁墩台》一书内。

第一节　墩台抗震设计的一般规定

我国是一个多地震的国家，只是地震发生的概率在不同的地区之间有大小之别，地震发生的频率有强弱之异。对于随机性的突发地震，工程的抗震设计应贯彻以预防为主的方针。铁路工程建筑物遵照这一方针设计后，应能保障铁路运输的畅通和人民生命财产的安全。

地震的震级是用来表示某一次地震所释放能量的多少和其规模的大小，但不能告知人们它所造成的各种影响。为了定性的表示地震造成的影响，人们根据地震时的自身感觉、室内物品和设备的移位状态、建筑物的损坏或破坏情况、地表的崩滑和陷烈现象等诸多影响，将它们从轻到重地分段划定后编制成地震烈度表，我国的地震烈度表分为 12 度。根据某一次地震在某地区内反映出的实际影响，对照地震烈度表内所列的内容即可确定地震的烈度。

基本烈度是由有关部门根据某一地区的地质地形条件和地震的历史资料，预测在今后一定时期内该地区可能遭受到的最大烈度。

位于基本烈度为 7 度、8 度 9 度地区内的新建国家铁路网 1 435 mm 标准轨距铁路（以下简称铁路）和工业企业标准轨距铁路（以下简称工企铁路）的桥梁墩台均应按中华人民共和国《铁路工程抗震设计规范》（GBJ111—87）（以下简称《抗规》）进行抗震设计。

对于基本烈度超过 9 度地区内的桥梁墩台，或有特殊抗震要求的和新型结构的桥梁墩台，它们的抗震设计应进行专门的研究。

由于地震发生的随机性，要求按前述进行抗震设计的桥梁墩台保证绝对安全，这几乎是不可能的，而且在经济上也是不合理的。抗震设计和一般的结构设计不同，当按遭受相当于基本烈度的地震影响设计时，可根据墩台所在的铁路线路在运输方面的重要性不同，容许桥梁墩台出现损坏，或者不严重的破坏，但不容许出现倒塌。因此《抗规》规定桥梁墩台抗震设计的相应标准是：Ⅰ、Ⅱ级铁路上的桥梁墩台，容许出现稍加整修后即可正常使用的损坏；Ⅲ级铁路和Ⅰ级工企铁路上的桥梁墩台，容许出现需经短期抢修后才能恢复通车的损坏或破坏；Ⅱ、Ⅲ级工企铁路上的桥梁墩台，即使出现了破坏但不严重时仍属许可。

Ⅰ、Ⅱ、Ⅲ级铁路和Ⅰ级工企铁路上的桥梁墩台采用所在地区的基本烈度的设计烈度进行抗震设计；重要的桥梁墩台，设计烈度可根据国家的特殊规定予以提高；Ⅱ、Ⅲ级工企铁路上的桥梁墩台，除桥梁支座和防止落梁设施用基本烈度进行抗震设计外，其余部分的设计烈度均应按基本烈度降低Ⅰ度采用。

跨越铁路的跨线桥、天桥、渡槽等建筑物，它们的破坏和倒塌对铁路运输造成的影响并不亚于铁路桥梁本身所造成的影响，故对它们的桥墩台进行抗震设计的设计烈度不应低于该处铁路所用的设计烈度。

进行桥梁墩台的抗震设计时，应按《抗规》要求采取抗震措施，并按规定范围验算抗震强度和稳定性。

地震发生时，地震能量将以岩层破坏处的震源为中心，并以纵波，又称 P 波、压缩波和横波，又称 S 波、剪切波等两种体波在地球内部向各方传播，及至地面则以呈滚动状运动的瑞利波和呈蛇形运动的乐甫波等两种面波传播，从而造成地面运动。作用于建筑物上的地震惯性力与地面运动的加速有关。地面运动的最大加速度的统计平均值与重力加速度的比值定义为地震系数。当检算建筑物的抗震强度和稳定性时，应只计水平地震荷载的作用。我国工程力学研究所分析所得的对应于有关设计烈度的水平地震系数见表 1。

表 1　水平地震系数

设计烈度（度）	7	8	9
水平地震系数 K_h	0.1	0.2	0.4

地面的竖向运动在震源正上方地面附加的震中区内比较强烈，因此规定对位于设计烈度为 9 度区的悬臂结构和预应力混凝土刚构桥等应计入竖向地震荷载的作用，并应按水平与竖向两个地震作用同时发生的最不利情况组合。地面运动的竖向加速度仅为水平加速度的 1/3～2/3，且两者的最大值并不同时达到。若在组合中粗略地取用遇合系数为 0.5，其他条件看作和一般计算时常遇者相同，并用动力法进行略算后所得的竖向地震荷载约相当于结构重力（包括恒载和活载）的 7%。因为，为了简化计算，在有关验算中可按此百分值直接求得竖向地震荷载的大小。在有条件时，也可按竖向地震系数 K_r 等于 0.2 进行计算竖向地震荷载。

从总体上说，提高建筑物的抗震能力不囿于各项验算。国内外的多次地震经验都已证明，当建筑物处于有利的场地内，且结构合理，整体性强，施工质量良好时均能提高抗震能力。故建筑物的抗震设计方案，应符合下列原则：

建筑物选择在基本烈度较低和对抗抗震有利的地段上设置。

采用体形简单、自重轻、刚度和质量分布匀称、重心低的建筑物。

采用有利于提高结构整体性的连接方式。建筑物要技术上先进、经济上合理和便于修复加固。

桥墩台的抗震设计除应符合《抗规》的各项要求外。尚应符合现行有关标准、规范的规定。

第二节　墩台地震作用的计算

2.1　场地与场地土

从概念上说，地震产生的地面运动受到诸多因素的影响，如地层土质的特性、震源的机制、与震源的距离、地震波通过的地质情况等。就当前的技术水平而言，仅能一般地对待地层土质特性的影响。建筑物所在地周围能产生上述影响的一定范围内的地域称为场地。场地内的各种土层总称为场地土。受震时，土的自振周期称为卓越周期。不同性质和深度的土层卓越周期便不同。

从震源发生的地震波十分复杂，它可由若干个不同周期的简谐波组合而成。场地土对他们都有不同程度的放大作用，当其中某一波的周期接近或等于卓越周期时，则其分量将被极大地放大甚至产生共振。因此，研究地表土层的这一作用，对用反应谱理论计算地震的影响时具有重要的意义。

2.1.1　场地的特征可用场地土来表征

场地土除极少数国家外可分为三类，每一类除可用土层的物理特征表述外，尚可根据实测土层的平均剪切波速 v_{sm} 予以分类。

Ⅰ类场地土：岩石和土层为密实的块石土、漂石土，或岩石、土层的平均剪切波速 v_{sm} 大于 500 m/s。

Ⅱ类场地土：Ⅰ类场地土和Ⅲ类场地土以外的稳定土，或土层的平均剪切波速 v_{sm} 大于 140 m/s 并小于或等于 500 m/s。

Ⅲ类场地土：土层为松散饱和的中砂、细沙、粉砂；新近沉积的黏性土和软塑至流塑的黏性土；淤泥和淤泥质土；新填土，或土层的平均剪切波速 v_{sm} 小于或等于 140 m/s。

2.1.2　场地类别的确定

场地为单一场地土时，场地类别应取用场地土的类别。

场地内存在多层的场地土时，其类别应取各土深度内土层的平均剪切波速 v_{sm} 值，并按表 2 的规定，确定场地类别。

表 2　场地分类

场地类别	Ⅰ	Ⅱ	Ⅲ
场地土平均剪切波速 v_{sm}(m/s)	＞500	500～＞140	≤140
场地土基本承载力 σ_0（kPa）	＞1 000	1 000～＞100	≤100

当无土层剪切波速的实测资料时，可按附录 7 不同岩土的平均剪切波速值选用。但对于特大桥和结构复杂，修复困难的桥梁，为提高地震力计算的可靠性，仍应实测多层场地土的剪切波速，以加权平均值确定场地类别。

土层对地面运动的影响将随土层所在深度的增大而减弱。故在评定场地类别时，土层深度取地面（指旱桥）或一般冲刷线以下 25 m，并不得小于基础底面以下 10 m。

2.2　桥墩地震作用

《桥规》规定，桥墩的地震作用应采用反应谱理论计算。亦即应采用动力法计算。动力法是把地震影响作为作用于建筑物上的周期干扰力。造成建筑物强迫振动，从而用振动理论求得地震作用。地震作用不仅与地震特征有关，而且与场地和建筑物的自振周期等动力特性有关。地震影响通过场地将在建筑物振动的位移、速度和加速度等要素上反映出来。以建筑物的不同自振周期为参数将这些要素点绘成的曲线称为反应谱。

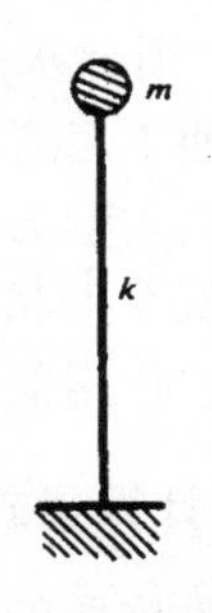

图 1　单质点计算图式

按振动理论计算反应谱曲线时是将建筑物的全部质量集中置于其顶端，并用无质量的弹簧系数为 k 的弹簧支承于地基上，建筑物内部的阻尼系数一般取为 ζ=0.05 的单质点图式计算的，如图 1 所示。

当计算出建筑物的自振周期后，便可利用已计算好的反应谱曲线求得单质点的相应位移、速度和加速度等反应值。加速度反应值乘上建筑物的质量便是地震惯性力，亦即地震荷载或地震作用。这种计算方法称为反应谱理论。梁式桥桥墩的自振周期按附录 8 的规定计算。

2.3　反应谱曲线

在建筑物设计阶段，无法预测在它的寿命期间将遭受到何种特征的地震。因此，便不能事先专门为它点绘好所需的反应谱曲线。所以设计时用的反应谱曲线是在根据搜集到的已发生过的各项地震特征和绘制各自的反应谱曲线后，取其统计平均值点绘而成的。

如将不同的场地土特征包含在反应谱曲线内时，便成为如图 2 所示的动力系数 β 曲线。这种曲线是加速度反应谱曲线，所示当求得建筑物的自振周期后，用该图查得动力系数 β 值，即可直接用于计算地震作用。

动力系数 β 的定义是单质点弹性体的最大水平加速度（包括地面最大加速度和质点弹性振动的最大加速度）的绝对值与地面最大加速度的绝对值之比，所以它是一个无量纲系数。

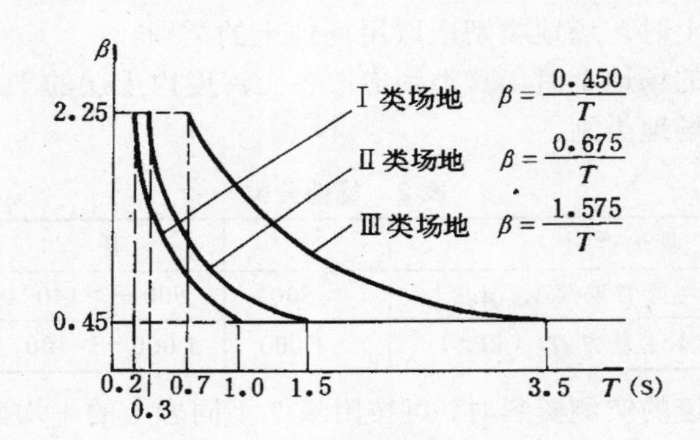

图 2　动力系数 β 曲线

图 2 所示的动力反应谱曲线是由中国科学院工程力学研究所根据国内外的强震记录，取用临界阻尼比 ζ=0.05，进行计算分析后取其统计平均值点绘而成的。

三种场地土的反应谱曲线均为双曲线型。顶部和底部分别由 β=2.25 和 β=0.45 两条水平线所截。顶部水平线表示当建筑物自振周期与卓越周期相等时将产生的最大反应值。因每一类场地中包含了多种场地土，且有不同的卓越周期，故用一段水平线来表示各种场地土产生的最大动力反应值。三周期自 0~0.1 s 的一段水平线是因测度周期时可能失真而采取的偏于安全的措施。ζ=0.45 的下限水平线是为保证不论何种建筑物均应具备最小限度的承受地震作用的能力而采取的措施。

2.4　计算梁式桥桥墩水平地震作用的计算图式

梁式桥桥墩的计算图式见图 3。

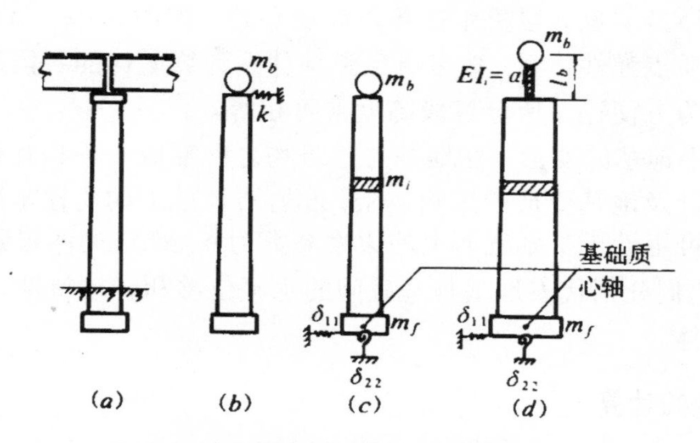

图 3　梁式桥桥墩地震作用计算图式

（1）梁式桥桥墩两侧通过支座支承着各种类型的桥跨结构，以及轨道等线上结构（见图 3（a）），因此，桥墩和上部结构之间形成了弱空间连接体系。这种弱空间连接作用对桥墩横桥向的振动影响甚微，故可忽略。对顺桥向振动时的第一自振频率的影响则甚为敏感，故在计算图式中宜于墩顶处设一线弹簧系数为 k 的顺桥向弹簧支承以反映这一约束作用（见图 3（b）。曾对同一桥墩，在架梁前后分别进行了振动试验，根据实测结构分析所得的 k 值约为 5 000 N/m。此值并不算大，表明在计算中似可忽略这种约束作用。根据计算，若计及这一约束作用，墩底内力将可降低，但墩顶内力则要增大，导致连接设计上的困难。故现行《抗规》采用的梁式桥桥墩计算图式不计算顶弱空间约束作用，而采用单墩的计算图式。

（2）国内外的地震记载表明，地震时桥上有车的机遇很小。即使桥上有车，因车轮，无法把顺桥向的地震作用传递给桥墩，只能把垂直活载传递给桥墩。在横桥向，由于车架弹簧的消能作用，也不能把全部地震作用传递给桥墩。考虑到Ⅰ、Ⅱ级铁路线上行车密度的日益提高，地震时桥上有车的机遇也会相应增大，为保证这些重要线路的行车安全，《抗规》规定，Ⅰ、Ⅱ级铁路上的桥墩应分别按桥上有车和无车两种情况考虑，有车时活载垂直力在顺桥向和横桥向均按 100%计。在顺桥向不计地震作用，而横桥向只计 50%活载质量的地震作用，它的作用点位于轨顶以上 2 m 处。其他各级铁路上的桥墩均按无车情况考虑。

（3）按照惯性力的定义，梁式桥桥墩两侧的桥跨结构质量以及活载质量的地震作用，作用点应在各自的质心处。顺桥向的地震作用将通过支座铰传至桥墩，即可将顺桥向的地震作用移至支座中心。因此《抗规》规定，可直接将桥跨结构的集中质量 m_b 置于支座中心处，再计算它的顺桥向地震作用（见图 3（c））。而横桥向的地震作用是通过左右两个支座刚性地传至桥墩的，所以不能移至支座中心，仍应将桥跨结构质量和活载质量均置于各自的质心处，用 $EI=\infty$ 的钢臂连至桥墩顶，再计算它的地震作用。以上各质量至墩顶的距离即刚臂长度 l_b（见图 3（d））。《抗规》规定桥跨结构横桥向的地震作用位于梁高的 1/2 处。

（4）将梁重（包括线上结构）质量和活载质量简化成置于墩顶的集中质量 m_b 后，能使计算得到简化，误差也并不大。如将整个墩身的质量也以集中质量形式置于墩顶，同样能使计算简化，但计算结果甚为粗略。这是因为将原来沿整个墩高分布的质量人为地集中于一点的缘故。为了求得较为精确的结果，《抗规》容许将墩身在墩高方向分成若干小段，把原来连续分布的墩身质量分段集中在各段的质心处，如图 3（e）、（d）中 m_i，这样便将桥墩简化成一个多质点弹性体系。按多质点弹性体系计算所得的各段地震作用，它们均位于各自的质心处。为方便计，所分各段高度常可相等。

（5）地震时由于地基的变形，在地基与建筑物之间形成一种相互作用。《抗规》规定，计算地震作用时应计及地基变形的影响。对于非岩石地基上的明挖基础、桩基础和沉井基础，这种相互作用可用设于基础底面上的柔度系数为 δ_{11} 和 δ_{22} 的两根弹簧连杆来反应（见图 3（c），（d）），它们分别代表地基与基础间的水平位移和转动特性。计算地震作用时则假定基础本身为刚体。

2.5 柔度系数的计算

计算非岩石地基基础的柔度系数时、应该计及土的弹性抗力。

柔度系数有：

δ_{11}——当基底或承台底作用单位水平力时，基础底面产生的水平位移（m/kN）；

δ_{22}——当基底或承台底作用单位弯矩时，基础底面产生的转角（rad/kN · m）；

$\delta_{21}=\delta_{12}$——当基底或承台底作用单位弯矩时，基础底面产生的水平位移（m/kN · m）。

明挖基础和沉井基础底面的地基柔度

系数计算公式

当基础置于非岩石地基上（包括基础置于岩石风化层内和置于风化层面上）时，采用下列公式计算：

$$\delta_{11}=\frac{6(b_0mh^4+6C_0aW)}{b_0mh(b_0mh^4+18C_0aW)} \tag{1}$$

$$\delta_{22}=\frac{36}{b_0mh^4+18C_0aW} \tag{2}$$

$$\delta_{12}=\delta_{21}\frac{-12}{b_0mh^4+18C_0aW} \tag{3}$$

当基础底面嵌入沿层内较浅时，采用下列公式计算：

$$\delta_{11}=\delta_{12}=0$$

$$\delta_{22}=\frac{12}{b_0mh^4+6C_0aW} \tag{4}$$

式中 b_0——基础侧面土抗力的计算宽度，m，应按《桥规》的规定计算。对于明挖基础应由地面或一般冲刷线以下的基础的平均宽度确定的基础侧面土抗力的计算宽度；

m——非岩石地基系数的比例系数，kN/m^4，可按表 3 采用。

表 3　非岩石地基系数的比例系数 m 值

序号	土的名称	$m(kN/m^4)$
1	流塑黏性土 $I_L \geqslant 1$，淤泥	3 000 ~ 5 000
2	软塑黏性土 $1 > I_L \geqslant 0.5$，粉砂	5 000 ~ 10 000
3	硬塑黏性土 $0.5 > I_L \geqslant 0$，细砂、中砂	10 000 ~ 20 000
4	半干硬的粘性土、粗砂	20 000 ~ 30 000
5	砾砂、角砾土、圆砾土、碎石土、卵石土	30 000 ~ 80 000
6	块石土、漂石土	80 000 ~ 120 000

注：表中 I_L 为液性指数。

h ——基础底面位于地面以下或一般冲刷线以下的深度，m；

C_0 ——基础底面竖向地基系数，kN/m^3，按《桥规》的规定计算；

a ——基础底面顺外力作用方向的基础长度，m；

W ——基础底截面的抵抗矩，m^3。

2.6　水中实体桥墩动水压力计算

发生地震时，梁式桥跨结构的实体桥墩在常水位以下部分将受到墩周附着水体的动水压力的作用。这是由于实体桥墩和墩周附着水之间产生耦联振动而引起的。分析研究时所用的计算图式如图 4（a）所示。该图式是将实际桥墩简化成同高度的等截面圆柱墩，换算的圆柱墩横截面面积由原墩墩高中点处的实际截面面积 A_1 求得，因而简化后的墩身质量沿墩高方向是均匀分布的。代表梁重质量与活载换算质量之和的集中质量 m_b 则仍按常规置于墩顶。引起动水压力的墩周附着水体的质量在墩高方向按图 4（b）分布。简化后的桥墩墩底是嵌固于基础上的。对于图 4（a）所示的等截面悬臂梁，当已知墩身、墩周附着水体好墩顶集中质量的分布后，在地震干扰力的影响下，即可按通常的方法写出其振动方程式。如仅计算基本（第一）振型的反应时，可用近似的能量法求得其自振频率。运动方程中的形函数可假设是墩顶有一单位水平集中静力作用时的挠度曲线方程。在根据水和墩柱的边界条件，即可求得沿墩高分布的地震作用力。从所求得的力中减去相应条件下不计水的附着质量时求得的地震作用力后即为附着水质量产生的动水压力。为简化计算，在计算公式的具体推导过程中再作某些近似后便得下列计算公式。

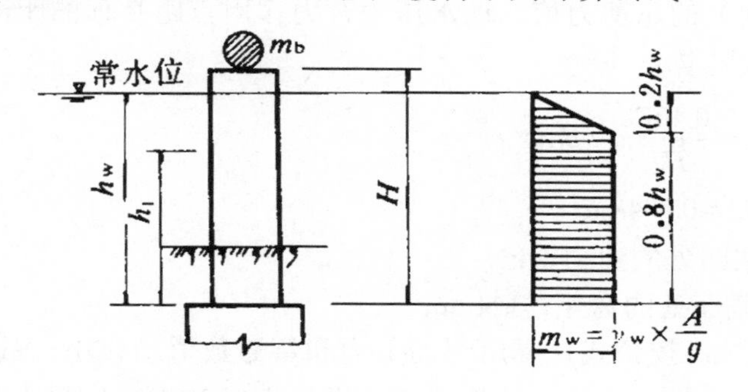

（a）计算图式　　（b）附着水体的质量分布

图 4　桥墩承受的地震水压力

（1）位于常水位以下的实体圆形或圆端形桥墩，在墩身高度 h_i 处的单位墩高上的动水压力应按（5）式计算。

$$F_{iwE} = K_h \frac{h_i}{H} m_w g_n \gamma_1 \beta_1 \tag{5}$$

式中　F_{iwE}——常水位以下的墩身任一高度 h_i 处单位墩高上的动水压力，kN；

H——墩身高度，m；

m_w——常水位以下的墩身单位高度内墩周附着水的质量，t/m 按下列公式计算：

当　　$0 \leqslant h_i \leqslant 0.8h_w$ 时　$m_w = \gamma_w \dfrac{A}{g_n}$　　(6)

当　　$0.8h_w < h_i \leqslant h_w$ 时　$m_w = \dfrac{5(h_w - h_i)\gamma_w A}{h_w g_n}$　　(7)

其中　h_w——常水位至基顶截面的水深，m；

γ_w——水的重力密度，kN/m³；

A——在桥墩 $h_w/2$ 高度处的横截面中，以垂直于计算方向取得的墩宽作为直径计算所得的圆面积，m²；

γ_1——桥墩计算方向的基本（第一）振型参与系数，按下式计算：

$$\gamma_1 = \frac{0.375\gamma A_1 H + m_b g_n}{0.236\gamma A_1 H + m_b g_n} \tag{8}$$

γ——墩身材料的重力密度，kN/m³；

A_1——墩高中点处的墩身横截面面积，m²；

β_1——桥墩计算方向的基本（第一）振型的动力系数，按“2.3”条所述和图 2 确定。其基本振动周期按下式计算：

$$T_1 = 2\pi\sqrt{\frac{H^3(0.236\gamma A_1 H + m_b g_n)}{3EI'_p g_n}} \tag{9}$$

其中　E——墩身材料的弹性模量，kPa；

I'_p——墩高中点处的截面在计算方向中的惯性矩，m⁴。

（2）将常水位中墩身全部 h_w 高度上的动水压力累加后即得墩周附着水体动水压力对基础顶面（墩底截面）的总剪力值。动水压力合力作用点距基顶的距离均为 $0.6h_w$。剪力和弯矩应按下列公式计算：

$$V_0 = \frac{0.407}{H} k_h \gamma_1 \beta_1 A \gamma_w h_w^2 \tag{10}$$

$$M_0 = 0.604 V_0 h_w \tag{11}$$

式中　V_0——基顶截面处的剪力，kN；

M_0——基顶截面处的弯矩，kN · m。

当 h_w 小于 5 m 时，按公式计算所得的剪力和弯矩数值均较小，故《抗规》规定当常水位的深度超过 5 m 时才应按公式计算此项动水压力以及相应的剪力和弯矩值。

2.7　水平地震力计算

地震时，桥跨结构质量 m_d 引起的水平地震力可由 $\eta_c k_h \gamma_1 \beta_1 m_d g_n$ 的乘积求得。通常 $\eta_c \gamma_1 \beta_1$ 之积小于 1.5，为安全计，在计算中取用 1.5。此地震力将在顺桥向或横桥向通过梁与支座的连接构件、支座本身的部件、支座与墩台间的锚栓传递给墩台。在顺桥向，活动支座的摩阻力将抵消水平地震中的一部分，故固定支座的上述部、构件承受的水平地震力可按下式计算：

$$F_{hE}=1.5k_h m_d g_n-\sum\mu R_a \tag{12}$$

式中 F_{hE}——与固定支座有关的部、构件承受的水平地震力，kN；

m_d——一孔简支梁包括桥面在内的质量，t；

$\sum\mu R_a$——所有活动支座摩阻力之和，kN，并应符合下列规定：

$\sum\mu R_a \leqslant 0.75\,k_h m_d g_n$

其中，μ 为活动支座的摩擦系数。钢辊轴、摇轴支座及盆式橡胶支座 μ=0.05；板式弧形支座及板式橡胶支座 μ=0.1~0.2；R_a 为活动支座的反力，kN。

在横桥向，一个桥墩墩顶处的计算质量 m_b 应包括简支梁桥垮结构及其桥面的质量和活载换算集中质量。M_b 引起的地震力为 $1.5\,k_h m_d g_n$，它将由固定支座和活动支座共同承受。据此即可确定各个支座部、构件承受的水平地震力的数值。由于橡胶支座无固定支座，故需用支挡设施防止其侧移。支挡设施所承受的水平地震力亦应按上述固定支座部、构件的方法进行计算。

2.8　桥台地震作用的计算

对建筑结构物进行抗震计算的初期阶段采用的是静力法。该法假设建筑结构物是一个刚体，在地震力的干扰下本身不产生动力反应，这样使得抗震计算类同于一般的结构计算。震害调查的结果表明，用静力法计算的某些建筑结构物，它的实际震害与计算成果并不相符。这就促使人们去寻找更能反映地震特征的抗震计算新方法。随着电子计算机技术的发展好广泛应用以及抗震计算的实验研究和理论分析的深入，采用动力法进行抗震计算的方法逐步得到完善，因而目前大多数建筑结构物的抗震计算采用动力法。现《抗规》仍规定桥台的地震作用应采用静力法计算，这是由于至今积累的桥台动力特性的观测资料甚少；由于仿照三面甚至四周与填土、椎体护坡等土体相连的桥台进行振动模型试验的难度较大，所以现今获得的试验研究资料也甚少，致使目前尚难提出一个较为实用的抗震计算动力法。更主要的是用静力法对桥台进行抗震计算所得的结果与震害调查现实之间的差异人们尚能接受，因此计算桥台的地震作用时仍沿用了静力法。结合桥台的构造特点，用静力法计算地震作用时应符合下述的有关规定。

（1）基础襟边以上土桩和椎体填土引起的水平地震力不应计入桥台地震作用之内。这是因为桥台前后端基础襟边上的土柱所引起的地震力在计算前后端的地震土压力时将要计及。桥台两侧基础襟边上土柱及椎体填土引起的顺桥向水平地震力，无疑是不作用在桥台上的，故毋需计及。就横桥向而言，如果在地震前锥体填土未遭破坏，则两侧锥体填土在同一地震干扰力作用下，将产生同向同值的位移，而在静力法中又假定桥台是一个刚体，在地震时仅作刚性运动，因此可以认为原来与桥台紧贴的两侧锥体填土在地震时始终与桥台紧贴，这样一侧锥体填土引起的土压力通过桥台后将被另一侧锥体填土的反力所平衡，故对桥台来说仍可不计横桥向的该项地震土压力。

（2）地震时台后填土产生的主动土压力仍按库仑理论公式计算。唯台后土楔块体重量

W 引起的水平地震力 $F_{hE}=\eta_c k_h m\cdot g_n$ 将参与力的平衡。作用的各力系平衡图见图 5（a），力多边形见图 5（b）。

其中三角形△abc 为非地震时的力系平衡图。求得 W 和 F_{hE} 的合力 W_E 后所得的三角形△$ab'c'$为有地震时的各力系平衡图。从两个三角形中可得：

非地震时　主动土压力 E 和 W 的夹角

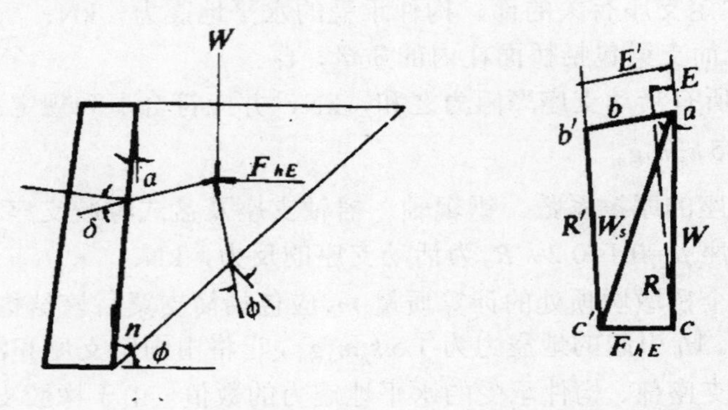

（a）力系平衡图　　　　（b）力多边形

图 5　台后填土的地震主动土压力

$$\angle bac=90^\circ+\alpha-\delta$$

反力 R 和 W 的夹角

$$\angle bca=90^\circ+\eta-\varphi$$

有地震时　主动土压力 E' 和 W_E 的夹角

$$\angle b'ac'=90^\circ+\alpha-\delta-\theta=90^\circ+\alpha-(\delta+\theta)$$
$$=90^\circ+\alpha-\delta_E$$

反力 R' 和 W_E 的夹角

$$\angle b'c'a=90^\circ-\eta-\varphi+\theta=90^\circ-\eta-(\varphi-\theta)$$
$$=90^\circ-\eta-\varphi_E$$

对以上两种情况进行比较后可知，欲计算地震时台后填土产生的主动土压力，仅需将地震时的土内摩擦角 φ_E 或土的综合内摩擦角 φ_{0E}、墙背摩擦角 φ_E、土楔块体重 W_E 或土的重力密度 γ_E 等分别按下列各式进行修正后代入不计地震影响时计算主动土压力的公式中即可求得。

$$\varphi_E=\varphi-\theta \tag{13}$$

$$\varphi_{0E}=\varphi_0-\theta \tag{14}$$

$$\delta_E=\delta+\theta \tag{15}$$

$$W_E=\frac{mg_n}{\cos\theta}\text{或}\gamma_E=\frac{\gamma}{\cos\theta} \tag{16}$$

式中，φ_0 为综合内摩擦角，θ 为地震角。由图 5（b）

可知
$$\mathrm{tg}\theta=\frac{F_{hE}}{mg_n}=\frac{\eta_c k_h W}{mg_n}=\eta_c k_h$$

故
$$\theta=\mathrm{arctg}\eta_c k_h \tag{17}$$

当$\eta_c=1/4$时，各设计烈度时的地震角可从表 4 中查得。

表 4　地震角

地震角 \ 设计烈度（度）		7	8	9
θ	水上	1°30′	3°	6°
	水下	2°30′	5°	10°

地震主动土压力着力点高度仍可近似地认为位于计算截面以上 1/3 计算高度处。

同理台前地震土压力亦可利用不计地震时的库仑理论公式进行计算。但地震时土的内摩擦角φ_E应按下式修正：

$$\varphi_E + \varphi + \theta \tag{18}$$

（3）计算台后破坏棱体上列车活荷载产生的土压力时，不应计入地震角的影响。这是由于地震角只是在推导土楔块体引起的水平地震力的计算公式过程中的产物，它并不改变土体固有的内摩擦角的数值。因此在计算通过土楔块体传递的、由台后破坏棱体上的列车活荷载引起的土压力时，不应计入地震角的影响。

（4）桥台身和上部建筑的水平地震力应按下式计算：

$$F_{ihE} = \eta_c k_h \eta_i m_i g_{\mathrm{n}} \tag{19}$$

式中　F_{ihE}——第 i-i 截面以上（见图 6）桥台身质心处的水平地震力，kN；

η_c——综合影响系数。岩石地基应采用 0.20，非岩石地基应采用 0.25。震害调查表明，岩石地基上的桥台抗震稳定性较好，故采用较小的综合影响系数值；

η_i——水平地震作用沿台高增大系数，应按表 5 采用，并见图 6；

m_i——第 i-i 截面以上台身的质量，t；

H——台顶至基顶间的高度，m；

h_i——第 i-i 截面以上台身质心至基顶间的高度，m。

表 5　水平地震作用沿台高增大系数 η_i

台高（m） \ 铁路等级	Ⅰ、Ⅱ级铁路	Ⅲ级铁路及Ⅰ级工企铁路
$H\leqslant 12$	1	1
$H>12$	$1+\dfrac{h_i}{H}$	1

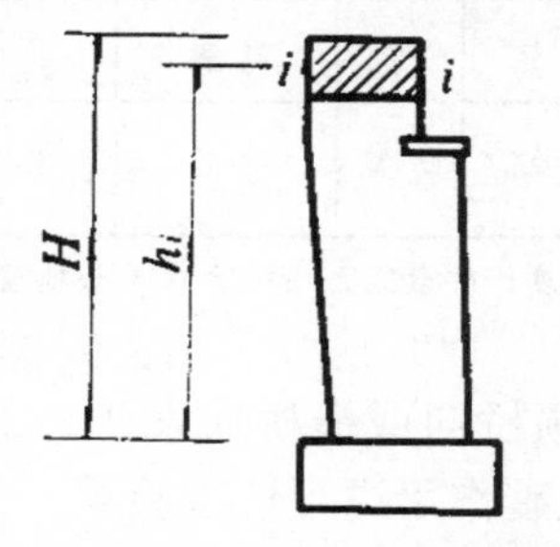

（a）验算第 i-i 截面以上台身

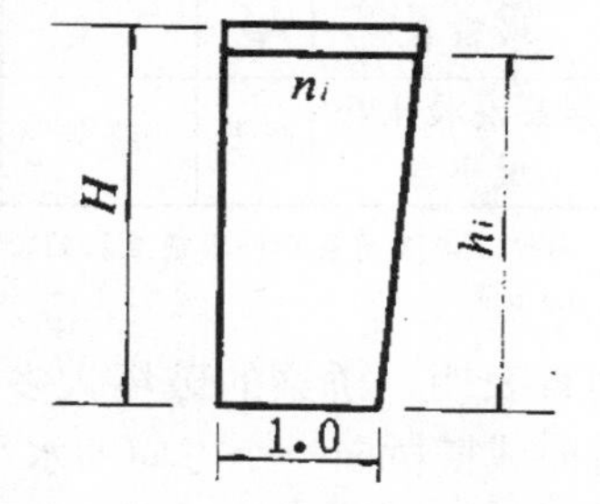

（b）水平地震作用增大系数

图 6　水平地震作用增大系数图式

基础水平地震作用沿桥台高度的增大系数采用 $\eta_i=1.0$。

计算横向活荷载引起的水平地震力时，采用的增大系数 η_i 与桥台顶面之值相同。

如前所述，桥台地震作用采用静力法计算是限于当前积累资料不足事实上，只有某些低矮的实体建筑结构物尚可当作刚体来看待。实际的震害调查表明，较高的挡土墙顶部或上部易遭震害。国内外的一些动力试验结果表明，振动试验的水平加速度反应沿墙高的分布并非均匀的，顶部和底部反应值的差值可达一倍以上。为了在静力法计算中反映这种动力特征，《抗规》规定了要按上述条件采用水平地震作用沿高度的增大系数 η_i。

（5）梁体质量引起的水平地震力，顺桥向应作用在支座中心，横桥向应作用在梁高的1/2处。

（6）桥台穿过液化土层时，应按《抗规》，第3.1.4条的规定，将内摩擦角折减后再进行桥台的地震土压力计算。当桥台穿过力学指标不同的多种土层时，则应分层计算地震土压力。

第三节　墩台抗震强度及稳定性验算

为了保障铁路运输的畅通和人民生命财产的安全，铁路桥墩台根据《抗规》的要求应进行抗震强度和稳定性的验算。

1.桥墩桥台抗震验算范围：实际的宏观震害调查结果表明，一次强震对同一地区内的建筑结构物所造成的震害并非一律相同的，而是随着建筑结构物的高度、地基土的特性等因素而变。地震烈度越高所造成的震害越严重。建筑结构物本身的重要性是在研究抗震验算中的一个重要因素。《抗震》结合这些因素对桥墩桥台的抗震验算范围作了如下的规定（见表6）。

表6　桥墩桥台抗震验算范围

项目 \ 铁路等级		Ⅰ、Ⅱ级铁路			Ⅲ级铁路及Ⅰ级工企铁路			Ⅱ、Ⅲ级工企铁路	
设计烈度（度）		7	8	9	7	8	9	7	8
液化土*及软土地基上的特大桥、大中桥的桥墩桥台		验算	验算	验算	验算	验算	验算	验算	验算
岩石、非液化土及非软土地基上的特大桥、大中桥	石砌、混凝土桥墩桥台	不验算	$H>10$ m 验算	$H>5$ m 验算	不验算	$H>15$ m 验算	$H>10$ m 验算	不验算	$H>15$ m 验算
	钢筋混凝土桥墩桥台	验算	验算	验算	验算	验算	验算	验算	验算

注：1.H 为桥墩桥台高度。桥墩高系指桥墩顶至基础顶面高度；桥台高系指桥台顶至基础顶面高度。
2.*液化土详见9.3.6条。

2.宏观震害调查表明，桥梁的破坏大多沿顺桥向或横桥向发生，故《桥规》规定桥墩桥台、分别用顺桥向或横桥向一个方向的水平地震作用进行抗震验算，使两个方向各自都具有适当的强度和稳定性，以保证整个结构的安全。竖向地震作用在验算中的考虑见9.1.7条。

3.用于桥墩桥台抗震验算的各种地震作用，它们的各个力学要素均按第二节中的有关条款确定。由于地震作用的数值大，作用时间短，故用于抗震验算中的地震作用仅与表7中所列的桥梁荷载进行最不利组合，而通常的各种附加力和部分主力均不计在内。

表7 与水平地震作用组合的桥梁荷载

荷载分类	荷载名称
恒载	结构自重
	土压力
	静水压力及浮力
活荷载	活载重力
	离心力
	列车活载所产生的土压力

桥上有车时，表中活载重力按最大计算值的100%计。如前所述，地震时单线桥上有车的机遇很小。双线桥梁上两线均有车的机遇则更小，故双线桥仅考虑单线桥的活荷载。地震时适遇设计水位或高水位的机遇亦极小，故验算桥墩桥台时一律按常水位考虑。常水位则包括地表水或地下水。

4. 桥墩桥台抗震偏心距验算：

（1）基础底面的合力偏心距 e 应符合表8的规定。

表8 基础底面合力偏心距 e

地基上	e
未风化至风化颇重的硬质岩石	$\leqslant 2.0\rho$
上项以外的其他岩石	$\leqslant 1.5\rho$
基本承载力 $\sigma_0 > 200$ kPa 的土层	$\leqslant 1.2\rho$
基本承载力 $\sigma_0 \leqslant 200$ kPa 的土层	$\leqslant 1.0\rho$

表中 ρ 为基础底面计算方向的核心半径。

（2）砌石及混凝土截面合力偏心距 e 应符合表9的规定。

表9 砌石及混凝土截面合力偏心距 e

截面形状	e
矩形及其他形状	$\leqslant 0.8s$
圆形	$\leqslant 0.7s$

注：s为截面形心至最大压应力边缘的距离。

（3）重力式混凝土桥墩桥台截面内配有小量钢筋后的截面偏心距可大于表9中所列之值，但配筋量应按钢筋混凝土构件由强度计算确定，配筋率和裂缝开展度则不必进行校核。作此规定是为了减小重力式墩桥台混凝土截面的面积，这样就可减少构件的质量及刚度，最终使动力系数 β 和地震作用也得到减小，达到经济安全的目的。由于地震作用的短暂性，故不验算配筋率和裂缝开展度也不会影响桥墩桥台的耐久性或使材料产生疲劳破坏。

5. 桥墩桥台抗震强度验算：

（1）建筑材料的容许应力修正系数应符合表10的规定。

表 10 建筑材料容许应力修正系数

材料名称	应力类别	修正系数
混凝土和石砌体	剪应力、主拉应力	1.0
	压应力	1.5
钢筋	剪应力、拉、压应力	1.5

在桥墩桥台抗震强度验算时，建筑材料的容许应力用表 10 中所列的修正系数予以提高，这是符合 9.1.3 条所述的精神的。表中所列不同的修正系数是由建筑材料本身的材性确定的。钢材属匀质材料，故拉、压、剪应力均可同等提高。容许应力即使提高 50%后，安全系数仍可达 1.3 左右，故还能满足承受地震作用的要求。混凝土和砌体的抗压强度潜力较大，容许应力提高 50%后安全系数仍达 1.6 左右。但抗拉强度甚低，是导致材料破坏的重要因素。为保证必要的抗震强度，《抗规》规定容许主拉应力不予提高。剪应力将诱导主拉应力的产生，故容许应力也不予提高。

（2）验算地基的抗震强度时，地基土的容许承载力应予提高。容许承载力的修正系数应符合表 11 的规定。

表 11 地基土容许承载力的修正系数 ϕ 值

地基上	修正系数 ϕ 值
未风化至风化颇重的硬质岩石	1.5
未风化至风化轻微的软质岩	1.5
基本承载力 $\sigma_0>500$ kPa 的岩石和土	1.4
150 kPa$<\sigma_0\leqslant$500 kPa 的岩石和土	1.3
100 kPa$<\sigma_0\geqslant$150 kPa 的土	1.2

表中软质岩是指饱和单轴极限抗压强度为 15~30 MPa 的岩石；100 kPa$<\sigma_0\leqslant$150 kPa 的土，不包括液化土、软土、人工弃填土等。

柱桩的地基容许承载力修正系数可取 1.5；摩擦桩的地基容许承载力修正系数根据土的性质可取 1.2~1.4。

上述地基土容许承载力的修正系数，是在地震时不致发生超过允许沉降的前提下，适当降低了安全系数而确定的。

6.液化土：宏观震害调查时，往往会发现在某一范围内的地面上出现多处喷砂，低洼处或有积水，建筑物则普遍出现不均匀下沉等现象。经现场勘察分析和室内试验与理论探讨后，对产生这种现象的原因作了如下解说。

位于地下水位以下的饱和砂土、黏砂土或塑性指数 I_P 小于或等于 10 的砂黏土，在受到地震的突然振动作用后，土颗粒间有压密的趋势，孔隙水压力则随之迅速增高，在某些地质条件下，它就可能造成向地面上喷砂冒水的现象。未能排出的水量，则使土颗粒处于悬浮状态，造成形如液体状的土体。这种因地震产生的物理现象称为液化。使土颗粒处于悬浮状态的另一原因是因受震后土层内超静水压力产生了自下而上的渗流作用，使土颗粒失去了自重。故液化实质上包含振动液化和渗流液化两种成分。

（1）液化土的初判条件

宏观震害调查结果和室内试验资料表明，上述可能形成液化的土层，并不是在任何条件下一遇地震振动就会产生液化的。因此，《抗规》规定，凡可能液化的土层只要符合下列三点内容中的一点者，则可不考虑其液化影响而判定其为不液化土层。

①宏观调查表明，未发现在晚更新统地质年代中的饱和砂土层受震后出现液化现象。考虑到地质年代的划分往往与工程性质的确定不相一致，故从妥善计将上更新统或更早年代沉积层中的饱和砂土、黏砂土和塑性指数 I_P 小于或等于 10 的砂黏土判为不液化的土层。

②室内试验结果和现场勘察资料表明，饱和的黏砂土和塑性指数 I_P 小于或等于 10 的砂黏土，当黏粒含量达到一定数值后则受震时很少出现液化。因此，《震规》规定，对应于设计烈度为 7 度、8 度和 9 度时的黏粒重量百分比 P_c 值分别大于 10、13 和 16，则可判为不液化土层。这里的黏粒含量必须严格按照操作规程，采用六偏磷酸钠作分散剂进行侧定所得的值。

③宏观调查结果又表明，即使可能液化的土层确已液化，但在地下水位较深或上部覆盖的非液化土层较厚时，因较大的上部覆盖压力而抑制了液化土的喷冒，地基也不产生大量的下沉或不均匀沉降。这对基础埋置深度不超过 2 m 的建筑物来说，可认为没有受到液化的影响。故《抗规》规定，当基础埋置深度不超过 2 m 时，天然地基中的砂土、黏砂土和塑性指数 I_P 不大于 10 的砂黏土可分别利用图 7（a）、（b）判定其受震时是否液化。

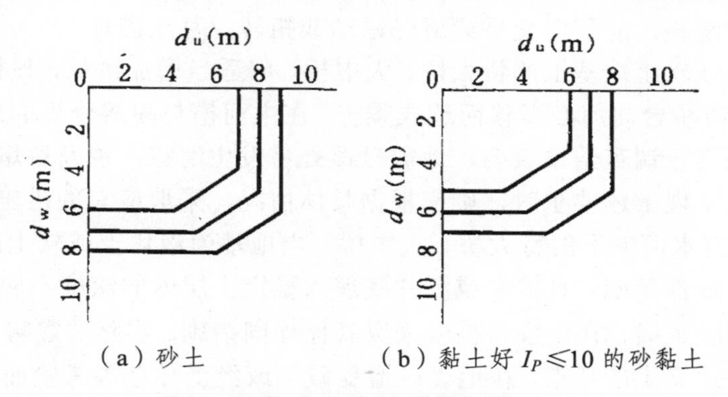

（a）砂土　　（b）黏土好 $I_P \leqslant 10$ 的砂黏土

图 7　利用 d_u 和 d_w 的液化初判图

d_u——第一层液化土顶面至地表或一般冲刷线之间所有上覆非液化土层的厚度，不包括软土和砂类土的厚度；

d_w——最高地下水的埋深。

（2）液化土的判定

可能液化的土层经初判后不能判定其不液化时，应按附录 10 液化土的判定方法中的标准贯入法或静力触探法进行试验后判定其液化与否。上述需待判定的可能液化土层仅指设计烈度为 7 度时的地面以下 15 m 以内者；设计烈度为 8 度或 9 度时的地面以下 20 m 以内者。这些有关深度的规定均来自宏观震害调查及现场勘察资料分析计算的结果。

液化是一种很复杂的物理现象，单凭机械的试验方法判定是否液化尚嫌不足，故《抗规》要求结合场地的工程地质和水文地质条件进行综合分析后，判定其受震时液化与否。

根据《抗规》的要求，桥墩台抗震验算中对基底的滑走安全系数 $K_c \geqslant 1.1$，倾覆安全系数 $K_0 \geqslant 1.2$。

第四节　抗震措施

震害调查中常见的桥梁震害计有：桥头路堤下沉；桥台椎体铺砌破裂；桥台向河心滑移或后倾、胸墙剪断或基础不均匀下沉；桥墩歪斜或滑移、墩身挤裂或剪断、基础不均匀下沉；支座锚固螺栓剪断、支座位移或掉落；梁部发生纵、横向位移或坠落等。

地震是一种复杂的自然现象，宏观地说造成这些震害的原因除不同的地震烈度外，尚与桥台的构造细节；建筑材料与施工工艺等有关。

为了提高建筑结构物的抗震安全性，根据地震的实践经验现行《抗规》制定了一些抗震措施。

1.桥位应选择在具有良好的地基和稳定的河岸地段，以保证桥梁有良好的抗震能力。

桥孔布置宜选用等跨。结构对称、刚度均匀对抗震有利，这已为力学分析和抗震实践所证明。不等跨桥梁容易发生震害也已由国内外的震害调查结构所证实，故桥孔宜按等跨布置。

震害调查结果表明。常用的T形或U形桥台在地震时均未出现损坏，故推荐使用。

2.当桥位难以避开液化土或软土地基时，桥梁中线应与河流正交。因地震时软弱土层造成河岸向河心滑移，能使斜交桥梁遭受错动或扭转，甚至破坏。

位于液化土或软土地基上的特大桥、大中桥，应适当增加桥长，使桥台位于稳定的河岸上，避免地震时桥台向河心滑移而造成震害。在主河槽与河滩分界的地形突变处不宜设置桥墩。国内外震害调查结果表明，地震时该处易发生滑移，殃及桥墩以致桥梁的安全。墩台位置如无法实现上述要求时，则应根据具体情况，采取应有的措施。

3.位于常年有水河流上的特大桥、大中桥，当地基为液化土或软土时，其墩台基础应采用桩基或沉井等深基础，且桩尖或沉井底埋入稳定土层内的深度不应小于1~2 m。当桥台承受的水平力较大时，宜设置斜桩或采取其他加固措施。实际的震害调查结果表明，位于液化土或软土地基上的桥梁，在地震时遭受破坏或经受住地震考验而幸存者均有之。经分析比较后得知，凡深基础满足本条要求者，当液化土或软土地基在地震时丧失了部分承载能力后，尚不足以根本上危及基础，故墩台基础震害并不严重。反之则毁于地震。

4.设计烈度为8度或9度地区的Ⅰ、Ⅱ级铁路上的特大桥、大中桥，当桥头路堤的高度大于3 m，地基中有液化土或软土时，应将从台尾向后算起15 m长度内的路堤基底中在地面以下7 m范围内存在的液化土或软土采取振密、砂桩、砂井、碎石桩、石灰桩或换填等加固措施。这是因为在上述地基上填筑的路堤，当地震时普遍出现下沉、锥体铺砌遭到破坏，加重了桥台的震害。故在抗震措施中作这规定。

5.活动断裂常在地震时可能再次发生位移。如果桥墩台位于其上，势将出现歪斜、走动或倾倒，造成严重的震害。故作为抗震措施之一，《抗规》规定桥墩台基础不应置于严重破碎带上。

6.桥墩桥台的建筑材料应按表12选用。

表 12 桥墩桥台的建筑材料

设计烈度（度）	7			8			9		
墩台高度 H（m）	≤15	15~30	＞30	≤10	10~20	＞20	≤5	5~15	＞15
材料名称	石砌体或混凝土	混凝土	混凝土加护面钢筋	石砌体或混凝土	混凝土	混凝土加护面钢筋	石砌体或混凝土	混凝土	混凝土加护面钢筋

选用石砌体或混凝土为建筑材料的较矮桥墩台。我国已有较多的经受住地震考验的实例，故表中对较矮的桥墩桥台均可选用石砌体或混凝土作为建筑材料。但国内外均缺乏高墩经受地震的经验。考虑到高墩造成的震害修复困难，故稍高的桥墩台选用混凝土，更高的桥墩台则选用由护面钢筋的混凝土作为建筑材料，以策安全。

无护面钢筋的混凝土桥墩台应减少施工缝。不可避免的施工缝处则必须设置接头钢筋并保证施工质量。

7.在一般土质地基上建造的明挖基础桥台，地震时可能向河心发生滑移，造成桥长缩短，梁缝顶实的震害。为避免这种震害的发生，当基础底面摩擦系数小于或等于 0.25 时，宜将基底面以下不大于 0.5 m 厚的土层用砂卵石换填，以提高摩擦系数。桥台后沿线路方向的地面坡度大于 1∶5 时，路堤基底应挖成台阶，台阶宽度不应大于 1.5 m，以减小地震时桥头路堤对桥台产生的土压力。

桥头路堤的填筑和桥墩桥台明挖基坑的回填，应分层夯填密实，其压实系数不应小于 0.90。前者在于减小地震时桥头路堤对桥台产生的土压力，后者在于使基坑中的回填土与原土层形成一个整体，增强桥墩桥台的抗震能力。

8.未经抗震设防的简支梁在地震时造成落梁的震害并不鲜见给修复工作带来许多困难，故在抗震措施中应对防止落梁给予高度重视。为防止落梁一般应采用下列措施。

（1）在相邻简支梁的梁端应采用纵向联结构造把它们连接起来。联结构造在地震时应能使分离的简支梁形成整体，而在平时则不应妨碍简支梁因温度变化或挠曲产生的变形。应在简支梁上采用的另一措施是各简支梁的梁端设置纵向之挡，防止因出现过大的位移而造成落梁。

对于连续梁应在墩台上支挡，并应对端横隔板作局部加强。

钢筋混凝土梁，除纵向采取抗震措施外尚应加强同一跨内各片梁之间的横向连接，以增强整体性。

实际的震害表明，地震时落梁与否和桥梁整体位移受到的约束程度有很大的关系。故这里所列的防止落梁措施着重在增强梁部的整体性，以减小位移量。横向水平地震作用由活动支座和固定支座共同承担，纵向水平地震作用扣除活动支座的纵向摩擦力后完全由固定支座承担。由此可见，支座承担的纵向水平地震作用将大于横向者，故造成纵向落梁震害的机会多于横向者。因此上列防止落梁措施又着重于纵向的措施。

（2）橡胶支座无固定支座的构造，为了抗震应增设防移、防震角钢或挡轨，或将相邻跨的端道砟槽挡墙用连接板连接起来，以防止受震时可能产生的位移，减少落梁震害的形成。计算上列构件时所需的水平地震作用应按 2.7 条的规定计算。

（3）深水、高墩、大跨度等桥梁，地震时造成落梁后修复极为困难。故应适当加宽墩台顶帽以减少落梁的可能性。或在顶帽上设置消能设施，使受震时桥跨的位移量得到减小。

9.防止落梁措施一般可根据经验确定，当需要验算其结构强度时，除橡胶支座外，一个桥墩墩顶的水平地震作用可按（20）式计算：

$$F_{hE} = K_h \cdot m_d \cdot g_n \tag{20}$$

式中 F_{hE}——一个桥墩墩顶的水平地震作用，kN。

m_d——简支梁为一孔梁和桥面的质量，t;

g_n——标准自由落体加速度，m/s^2。

10.根据宏观震害调查，当低矮的重力式桥墩桥台建筑在稳定密实的地基（如基岩、卵石等土层）上时，支承于地基上的梁跨并未因地震而造成落梁震害。在常年无水的河流上，即使造成了落梁震害，修复难度也不大。故《抗规》规定，在满足上述条件时，对于设烈度为 7 度或 8 度、桥墩桥台高度 H 小于等于 10 m 或 5 m，则可不设防止落梁设施。

11.宏观的震害调查发现，位于液化土或软土地基上的小桥，如满河床采用浆砌片石铺砌后，虽经受高烈度的地震，其震害也较经。故对上述地基上的小桥，可在桥墩、桥台的基础间设置支撑或河床采用浆砌片石铺砌作为抗震措施。

对于Ⅰ、Ⅱ级铁路上的上述小桥，还宜采用换填砂卵石、打桩等措施，以增强抗震能力。

12.目前尚缺乏装配式桥梁墩台抗震的实践经验，但从工民建和其他拼装式结构的实际震害中可知，连接接头处造成震害的居多。故为提高装配式桥墩、桥台的抗震能力，应加强其接头，增强整体性。

13.地震造成的直接震害理应高度重视，对桥涵工程来说，由地震引起的次生灾害亦不应忽视。当桥涵址上游具有陡峻的山坡，风化破碎的岩石地层时，则在地震时易于发生崩坍、滑坡等现象，造成大量风化破碎物质汇集于沟谷之中。待洪水时便形成泥石流。淤塞桥涵孔径，造成地震的次数灾害。为此《抗规》规定，在Ⅰ、Ⅱ、Ⅲ级铁路及Ⅰ级工企铁路上的桥涵洞，如位于地震后可能形成泥石流的沟谷上，则孔径和净高宜根据流域内的地形地质情况酌情加大，以免产生因泥石流淤塞桥涵而造成的地震次生灾害。

14.众所周知，拱式桥跨对墩台水平位移是十分敏感的。地震区的拱桥，如由于地震的非同步激振，使相邻墩台产生较大的伪静力反应，这种反应有时甚至比惯性力引起的动力反应还大，这样最后会因相邻墩台产生过大的相对位移而造成拱桥严重的震害。为了减小这种非同步激振，在抗震措施中便规定了地震区的拱桥不应跨越断层。拱桥的桥墩桥台则应设置在整体岩石或同一类土层上。

15.实际的震害调查结果表明，在各级铁路线上的各种涵洞均未发现破坏性的震害，仅在 9 度地区，个别涵洞在端墙与翼墙间的沉落缝出现变形，翼墙上呈现水平裂缝。由此可见，涵洞的抗震性能明显高于小桥。为此，在水文及结构条件允许时，地震区内的小桥宜采用各式涵洞代替，但非岩石地基上的涵洞不宜设置在路堤填土上，涵洞出入口应采用翼墙式。

第五节　算　例

5.1　用简化方法进行实体圆形桥墩的抗震计算

（一）设计资料

桥墩位于 8 度地震区。Ⅱ类场地。桥址处为黄土地貌。地质条件为红黏土，地基系数的比例系数：m=30 000 kPa/m^2；m_0=30 000 kPa/m^2。

桥墩两侧支承 31.7 m 预应力混凝土梁。实体圆形墩身及圆形沉井尺寸见图 8。两者所用材料均为 150 号混凝土，其弹性模量 E=24 000 000 kPa，容量 $\gamma = 23\ \text{kN/m}^3$。

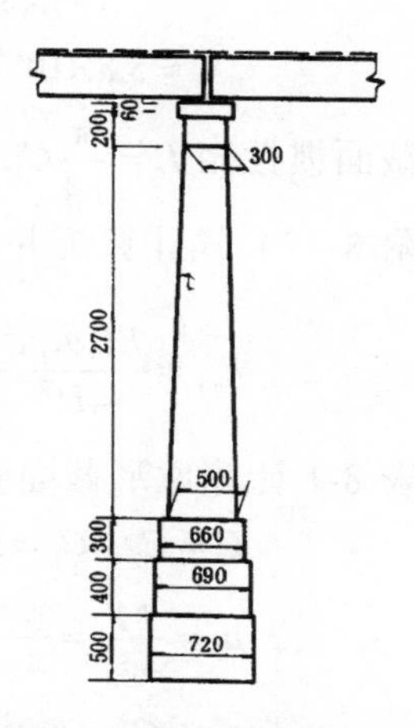

图 8　实体圆形桥墩计算简图（单位：cm）

（二）墩顶荷载计算

一孔 31.7 m 预应力混凝土梁的质量为 347.00 t。经计算双孔满载时的 50%活荷载质量为 144.12 t。

对于桥墩顶部具有直段的顶帽和托盘，将它们的中间部分看作是以 27∶1 边坡向上延伸的墩身，除此以外的外围部分处理为作用于墩顶的附加质量 Δm。如此处理后的墩顶直径 $C_1 = 2.81\ \text{m}$，墩底直径 $C_2 = 5.00\ \text{m}$。Δm 则为

$$\Delta m = \left[\frac{\pi\times3.4^2}{4}0.6+\frac{\pi\times3.0^2}{4}2.0-\frac{1}{3}\pi2.6\left(\frac{3.0^2}{4}+\frac{2.81^2}{4}+\frac{3.0\times2.81}{4}\right)\right]23/10$$
$$= 5.40\text{t}$$

这里为便于计算将标准自由落体加速度 9.81 取为整数 10。

（三）未架梁时的桥墩自振特性计算

计算对象是实体圆墩，故未架梁时的自振特性纵横向相同。

按（2）式计算基底柔度系数 δ_{22}

$$\delta_{22} = \frac{36}{b_0 m h^4 + 18 C_0 a w}$$

式中，b_0 为圆形沉井侧面计算宽度，按《桥规》附表 14.1 规定计算。此时沉井的加权直径 d_0 为

$$d_0 = \frac{1}{12}(3\times6.6+4\times6.9+5\times7.2) = 6.95\ \text{m}$$

故

$$b_0 = 0.9(d_0+1) = 0.9(6.95+1.0) = 7.155\ \text{m}$$
$$m = 30\,000\ \text{kPa/m}^2$$
$$h = h_f = 12.0\text{m}$$
$$C_0 = h m_0 = 12\times30\,000 = 360\,000\ \text{kPa/m}$$

基底计算方向的长度 a=7.2 m

基底截面抵抗矩 $W=\frac{\pi}{32}7.2^3=36.64\ \text{m}^3$

将上式各值代入（2）式后得

$$\delta_{22}=\frac{36}{b_0mh^4+18C_0aw}$$
$$=\frac{36}{7.155\times30\,000\times12^4+18\times360\,000\times7.2\times36.64}$$
$$=5.8\times10^{-9}\ \text{rad/kN}\cdot\text{m}$$

墩底截面惯性矩 $I_0=\frac{\pi}{64}C_2^4=\frac{\pi}{64}5.0^4=30.68\ \text{m}^4$

按（附 8-47）式计算沉井质心处第一振型的角变位 k_{f1}

$$k_{f1}=\frac{EI_0\delta_{22}\pi^2}{4H^2}=\frac{24\,000\,000\times30.68\times5.8\times10^{-9}\times\pi^2}{4(27.0+2.6)^2}=0.012$$

附录表 8-1 计算墩形截面参数：

$$C=C_2-C_1=5.0-2.81=2.19\ \text{m}$$
$$a_1=\frac{\pi\gamma}{4g_n}=\frac{\pi\times23}{4\times10}=1.81$$
$$a_2=C_2^2=5.0^2=25.00$$
$$a_3=C_2\cdot C=5\times2.19=10.95$$
$$a_4=C^2=2.19^2=4.79$$

按（附 8-66）式至（附 8-71）式计算诸 $\varDelta$ 值

$$\varDelta_1=a_2-a_3+\frac{a_4}{3}=25.00-10.95+4.79/3=15.65$$
$$\varDelta_2=a_2-\frac{4}{3}a_3+\frac{1}{2}a_4=25.00-\frac{4}{3}10.95+\frac{1}{2}4.79=12.80$$
$$\varDelta_3=\frac{1}{3}a_2-\frac{1}{2}a_3+\frac{1}{5}a_4=\frac{1}{3}25.00-\frac{1}{2}10.95+\frac{1}{5}4.79=3.8$$
$$\varDelta_4=0.363\,4a_2-0.537\,3a_3+0.212\,7a_4=4.22$$
$$\varDelta_5=0.268\,6a_2-0.425\,5a_3+0.175\,9a_4=2.91$$
$$\varDelta_6=0.226\,7a_2-0.37\,2a_3+0.157\,4a_4=2.35$$

按（附 8-74）式计算墩身广义质量 m_P^*：

$$m_P^*=a_1H\left[k_{f1}^2\left(h_f^2\Delta_1+h_fH\Delta_2+H^2\Delta_3\right)+2k_{f1}\left(h_f\Delta_4+H\Delta_5\right)+\Delta_6\right]1.81\times29.6$$
$$=[0.012^2(12^2\times15.65+12\times29.6\times12.80+29.6^2\times3.82)+2\times$$
$$0.012(12\times4.22+29.6\times2.91)+2.35]$$
$$=380.06$$

按（附 8-78）式计算墩身广义刚度 k_P^*：

$$k_P^* = \frac{E}{H^3}(0.149C_2^4 - 0.178C_2^3C + 0.117C_2^2C^2 - 0.041C_2C^3 + 0.006C^4)$$

$$= \frac{24\,000\,000}{29.6^3}(0.149\times5^4 - 0.178\times5^3\times2.19 + 0.117\times5^2\times2.19^2 -$$

$$0.041\times5\times2.19^3 + 0.006\times2.19^4)$$

$$= 52\,203.4$$

按（附 8-80）式计算基本周期 T_1：

$$T_1 = 2\pi\left\{\frac{m_P^* + m_b\left[k_{f1}(H+h_f)+1\right]^2}{k_P^* + \dfrac{k_{f1}^2}{\delta_{22}}}\right\}^{0.5}$$

$$= 2\pi\left\{\frac{380.06 + 5.4\left[0.012(29.6+12)+1\right]^2}{52\,203.4 + 0.012^2/5.8\times10^{-9}}\right\}^{0.5} = 0.488(\text{s})$$

相应的频率则为

$$f_1 = 1/T_1 = 1/0.448 = 2.23(\text{Hz})$$

此计算值与架梁前的实测频率 $f_{1测}$=2.33（Hz）极为接近，表明计算可靠。

（四）运营阶段抗震计算（横桥向）

由墩顶荷载计算可知，当计及 50%的活荷载质量后，墩顶集中质量 m_b 为

$$m_b = 5.40 + 347.00 + 144.12 = 496.52t$$

用（附 8-80）式计算的基本周期 T_1 为

$$T_1 = 2\pi\left\{\frac{380.06 + 496.52\left[0.012(29.6+12)+1\right]^2}{52\,203.4 + 0.012^2/5.8\times10^{-9}}\right\}^{0.5} = 0.875\,6(\text{s})$$

基础质量 m_f 为

$$m_f = \frac{\pi}{4}(3\times6.6^2 + 4\times6.9^2 + 5\times7.2^2)23/10 = 1\,048.3\ \text{t}$$

按（附 9-6）式计算系数 A_1

$$A_1 = a_1H\left[k_{f1}\left(h_f\varDelta_1 + \frac{H}{2}\varDelta_2\right) + \varDelta_4\right]$$

$$= 1.81\times29.6\left[0.012\left(12\times15.65 + \frac{1}{2}29.6\times12.80\right) + 4.22\right]$$

$$= 468.62$$

由（附 9-5）式计算第一振型参与系数 γ_1

$$\gamma_1 = \frac{\left(A_1 + m_f\dfrac{h_f}{2}kf_1\right)[kf_1(H+h_f)+1] + m_b[k_{f1}(H+h_f)+1]^2}{m_P^* + m_b[k_{f1}(H+h_f)+1]^2}$$

$$= \frac{\left(468.62 + 1\,048.3\dfrac{12}{3}0.012\right)[0.012(29.6+12)+1] + 496.52[0.012(29.6+12)+1]^2}{38.06 + 496.52[0.012(29.6+12)+1]^2}$$

$$= 1.291$$

综合影响系数 η_c 根据《抗规》第 4.1.7 条进行计算，今 H =29.6 m，故用直线内插法计算 η_c 值

$$\eta_c = 0.2 + \frac{0.5-0.2}{60-10}(29.6-10.0) = 0.317\,6$$

水平地震系数 k_h 由表 9-1 查得，当设计烈度为 8 度时，

$$k_h = 0.2$$

动力系数 β_1 可从图 2 中查用，已知基本周期 T_1 和Ⅱ类场地后，β_1 可用下式计算

$$\beta_1 = 0.675/T_1 = 0.675/0.875\,6 = 0.771$$

Ⅱ类场地时桥墩剪力振型遇合系数 C_q 可按附表 9-1 公式计算如下

$$\begin{aligned} C_q &= 0.000\,539H^2 - 0.007\,7H + 1.026 \\ &= 0.000\,539\times29.6^2 - 0.007\,7\times29.6 + 1.026 = 1.27 \end{aligned}$$

用（附 9-7）式计算基础顶截面的剪力 V_0 为

$$\begin{aligned} V_0 &= \eta_c C_q k_h \beta_1 \gamma_1 \left[m_b + \frac{A_1}{k_{f1}(H+h_f)+1} \right] g_{\rm n} \\ &= 0.317\,6\times1.27\times0.2\times0.771\times1.291\left[496.52 + \frac{468.62}{0.012(29.6+12)+1}\right]10 = 649.7\ \text{kN} \end{aligned}$$

由（附 9-9）式可计算系数 A_2 如下：

$$\begin{aligned} A_2 &= a_1 H^2 \left[k_{f1}\left(\frac{1}{2}h_f \varDelta_2 + H\varDelta_3\right) + \varDelta_5 \right] \\ &= 1.81\times29.6^2\left[0.012\left(\frac{1}{2}12.0\times12.80 + 29.6\times3.82\right) + 2.91\right] = 8\,228.12 \end{aligned}$$

用（附 9-8）式计算基础顶截面的弯矩 M_0 为

$$\begin{aligned} M_0 &= \eta_c k_h \beta_1 \gamma_1 \left[m_b + \frac{A_2}{k_{f1}(H+h_f)+1} \right] g_{\rm n} \\ &= 0.317\,6\times0.2\times0.771\times1.291\left[496.52 + \frac{8\,228.12}{0.012(29.6+12)+1}\right]10 = 12\,762.7\ \text{kN}\cdot\text{m} \end{aligned}$$

按通常的方法计及 100%的活荷载时，作用在基础顶截面上的垂直力 N_0 计算如下：

$$N_0 = [347.0 + 2\times144.12 + 5.4 + \frac{1}{3}\pi 29.6\left(\frac{5^2}{4} + \frac{2.81^2}{4} + \frac{5\times2.81}{4}\right)\frac{23}{10}]10 = 14\,773.8\ \text{kN}$$

（五）运营阶段抗震计算（顺桥向）

运营阶段抗震计算顺桥向与横桥向不同之处在于前者不计活荷载质量引起的水平地震作用，而后者则计及 50%活荷载质量引起的水平地震作用。现仿照横桥向的抗震计算进行顺桥向的抗震计算如下：

$$m_b = 5.4 + 347.0 = 352.4\ \text{t}$$

$$T_1 = 2\pi\left\{\frac{380.06 + 352.4[0.012(29.6+12)+1]^2}{52\,203.4 + 0.012^2/5.8\times10^{-9}}\right\}^{0.5} = 0.775(\text{s})$$

$$\beta = 0.675/0.775 = 0.871$$

$$\gamma_1 = \frac{\left(468.62 + 1\,048.3\frac{12}{2}0.012\right)[0.012(29.6+12)+1] + 352.4[0.012(29.6+12)+1]^2}{380.06 + 352.4[0.012(29.6+12)+1]^2} = 1.372$$

基础顶截面内力计算如下：

$$V_0 = \eta_c C_q k_h \beta_1 \gamma_1 \left[m_b + \frac{A_1}{k_{f1}(H+h_f)+1} \right] g$$

$$= 0.317\,6 \times 1.27 \times 0.2 \times 0.871 \times 1.372 \left[352.4 + \frac{468.62}{0.012(29.6+12)+1} \right] 10 = 641.1\ \text{kN}$$

$$M_0 = \eta_c k_h \beta_1 \gamma_1 \left[m_b H + \frac{A_2}{k_{f1}(H+h_f)+1} \right] g_n$$

$$= 0.317\,6 \times 0.2 \times 0.871 \times 1.372 \left[352.4 \times 29.6 + \frac{8\,228.12}{0.012(29.6+12)+1} \right] 10 = 12\,084.5\ \text{kN} \cdot \text{m}$$

$$N_0 = 14\,773.8 - 2 \times 144.12 \times 10 = 11\,891.1\ \text{kN}$$

5.2 用简化方法进行刚架桥墩的横向抗震计算

（一）设计资料

桥墩位于Ⅱ类场地的 8 度地震区内。地基系数的比例系数 m=40 000 kPa/m^2；基底竖向地基系数 C_0=400 000 kPa/m^2。

桥墩两侧支承 32 m 预应力混凝土梁。桥墩各部尺寸见图 9。各部材料的容重均为 $\gamma = 23\ \text{kN/m}^3$，弹性模量 E=24 000 000 kPa。

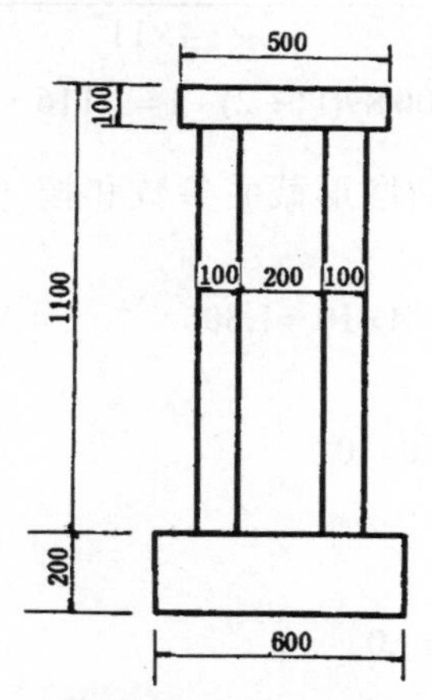

图 9　刚架桥墩简图（单位：cm）

（二）墩顶荷载计算

一孔 32 m 预应力混凝土梁的质量为 344.0 t。帽梁中扣除计入直径为 1.0 m 的刚架柱部分后的质量为

$$m = \left(2.0 \times 5.0 \times 1.0 - 2\frac{1}{4}\pi 1.0^2 \times 1.0 \right) 23/10 = 19.4\ \text{t}$$

为简化计算，标准自由落体加速度以 10 计（下同）。本例中未计及 50%的活荷载换算质

量。故墩顶质量为

$$m_b = 344.0 + 19.4 = 363.4\ \text{t}$$

（三）横桥向抗震计算

刚架柱直径 $C_1 = C_2 = 1.0\ \text{m}$。基础厚度 $h_f = 2.0\ \text{m}$。基础质量 m_f 为

$$m_f = 6.0\times3.0\times2.0\times23/10 = 82.8\ \text{t}$$

两刚架柱横向的中心距 L_P=3.0 m。基础侧面土抗力的计算宽度今按《桥规》附表 14.1 规定计算为

$$b_0 = b + 1 = 3.0 + 1.0 = 4.0\ \text{m}$$

基础底面顺外力方向的基础长度 a =6.0 m，基底截面的抵抗矩

$$w = bh^2/6 = 3.0\times6.0^2/6.0 = 18\ \text{m}^2$$

按（2）式计算的基底柔度系数 δ_{22} 为

$$\delta_{22} = \frac{36}{b_0 m h_p{}^4 + 18c_0 a w} = \frac{36}{4\times40\,000\times2^4 + 18\times400\,000\times6\times18} = 4.614\times10^{-8}$$

单根刚架圆柱的惯性矩 $I_0 = \pi d^4/64 = \pi1.0^4/64 = 0.049\,1\ \text{m}^4$。单排双柱式刚架横向总性矩 I_{ot} 按（附 9-83）式计算，柱的总根数 $N_P = 2$，故

$$I_{ot} = 4N_P I_0 = 4\times2\times0.049\,1 = 0.392\,8\ \text{m}^4$$

墩高 H =11.0 m，第一振型基础质心的角变为 K_{f1} 可按（附 8-81）式计算

$$K_{f1} = \frac{EI_{ot}\delta_{22}\pi^2}{4H^2} = \frac{24\,000\,000\times0.392\,8\times4.614\times10^{-8}\pi^2}{4\times11^2}0.008\,9$$

$$K_{f1}(H + h_f) + 1 = 0.00\,89(11 + 2) + 1 = 1.116$$

按附表 8-1 计算单根刚架圆柱的墩形截面参数和按（附 8-66）式~（附 8-71）式计算各 $\varDelta$ 值如下：

$$a_1 = \pi\gamma/4g = \pi\times23/4\times10 = 1.806$$
$$a_2 = C_2^2 = 1.0^2 = 1.0$$
$$C = C_2 - C_1 = 1.0 - 1.0 = 0$$
$$a_3 = C_2 C = 0$$
$$a_4 = C^2 = 0$$
$$\varDelta_1 = a_2 - a_3 + a_4/3 = 1.0$$
$$\varDelta_2 = a_2 - \frac{4}{3}a_3 + \frac{1}{2}a_4 = 1.0$$
$$\varDelta_3 = \frac{1}{3}a_2 - \frac{1}{2}a_3 + \frac{1}{5}a_4 = \frac{1}{3}$$
$$\varDelta_4 = 0.363\,4a_2 - 0.537\,3a_3 + 0.2127a_4 = 0.363\,4$$
$$\varDelta_5 = 0.268\,6a_2 - 0.425\,5a_3 + 0.175\,9a_4 = 0.268\,6$$
$$\varDelta_6 = 0.226\,7a_2 - 0.372a_3 + 0.157\,4a_4 = 0.226\,7$$

按（附 8-74）式计算单柱的墩身广义质量 m_p^*

$$m_P^* = a_1 H[k_{f1}^2(h_f^2 \Delta_1 + h_f H \Delta_2 + H^2 \Delta_3) + 2k_{f1}(h_f \Delta_4 + H\Delta_5) + \Delta_6]$$

$$= 1.806 \times 11.0 \left[0.008\,9^2 \left(2.0^2 \times 1.0 + 2.0 \times 11.0 \times 1.0 + 11.0^2 \times \frac{1}{3} \right) \right.$$

$$\left. + 2 \times 0.008\,9 (2.0 \times 0.363\,4 + 11.0 \times 0.268\,6) + 0.226\,7 \right]$$

$$= 5.197$$

按（附 8-78）式计算单柱的墩身广义刚度 k_P^*

$$k_P^* = \frac{E}{H}(0.149C_2^4 - 0.178C_2^3 C + 0.117C_c^2 C^2 - 0.041C_2 C^3 + 0.006C^4)$$

$$= \frac{24\,000\,000}{11^3}(0.149 \times 1.0^4) = 2\,686.7$$

分别用（附 9-6）式和（附 9-9）式计算单柱的 A_1 和 A_2 系数

$$A_1 = \alpha H[k_{f1}(h_f \Delta_1 + \frac{H}{2}\Delta_2) + \Delta_4]$$

$$= 1.806 \times 11.0 \left[0.008\,9 \left(2.0 \times 1.0 + \frac{11.0}{2} \times 1.0 \right) + 0.363\,4 \right]$$

$$= 8.537$$

$$A_2 = \alpha H^2 [k_{f1} \left(\frac{1}{2} h_f \Delta_2 + H\Delta_3 \right) + \Delta_5]$$

$$= 1.806 \times 11.0^2 \left[0.008\,9 \left(\frac{1}{2} 2.0 \times 1.0 + 11.0 \times \frac{1}{3} \right) + 0.2686 \right]$$

$$= 67.86$$

单排柱横向的总广义质量 m_{ot}^* 和总广义刚度 k_{ot}^* 按（附 8-83）式计算

$$m_{ot}^* = N_P m_p^* = 2 \times 5.917 = 11.834$$

$$k_{ot}^* = 4N_P k_p^* = 4 \times 2 \times 2\,686.7 = 21\,494$$

系数 A_1 和 A_2 乘以刚架柱总根数 N_P 后得总系数 A_1' 和 A_2'

$$A_1' = N_P A_1 = 2 \times 8.537 = 17.074$$

$$A_2' = N_P A_2 = 2 \times 67.86 = 135.72$$

将作为墩身广义质量的 m_{ot}^* 和广义刚度的 k_{ot}^* 代入（附 8-80）式后即可求得基本周期 T_1

$$T_1 = 2\pi \left\{ \frac{m_{ot}^* + m_b \left[k_{f1}(H + h_f) + 1 \right]^2}{k_{ot}^* + \dfrac{k_{f1}^2}{\delta_{22}}} \right\}^{0.5}$$

$$= 2\pi \left\{ \frac{11.834 + 363.4 \times 1.116^2}{21\,494 + 0.008\,9^2 / 4.614 \times 10^{-9}} \right\}^{0.5} = 0.888\,8(\text{s})$$

由（附 9-5）式可求得第一振型与系数 γ_1

$$\gamma_1 = \frac{\left(A_1' + m_f \frac{h_f}{2} kf_1\right)[kf_1(H+h_f)+1] + m_b[k_{f1}(H+h_f)+1]^2}{m_{ot}^* + m_b[k_{f1}(H+h_f)+1]^2}$$

$$= \frac{\left(17.074 + 82.8\frac{2.0}{2}\times 0.008\,9\right)1.116 + 363.4\times 1.116^2}{11.834 + 363.4\times 1.116^2}$$

$$= 1.017$$

按《抗规》规定刚架桥墩的综合影响系数 η_c 应采用 0.25。设计烈度为 8 度时的水平地震系数 k_h 由表 1 查得为 0.2。当 $T_1 = 0.888\,8(\mathrm{s})$ 时Ⅱ类场地的动力系数 β_1 可在图 2 中的曲线上查出，或用下列公式计算

$$\beta_1 = 0.675 / T_1 = 0.675 / 0.888\,8 = 0.759$$

Ⅱ类场地时的剪力振型遇合系数按附表 9-1 所列公式计算

$$C_q = 0.000\,539H^2 - 0.007\,7H + 1.026$$

$$= 0.000\,539\times 11.0^2 - 0.007\,7\times 11.0 + 1.026$$

$$= 1.007$$

将下列诸系数代入（附 9-7）式和（附 9-8）式内即可求得基顶截面的剪力 V_0 和弯矩 M_0

$$V_0 = \eta_c C_q k_h \beta_1 \gamma_1 \left(m_b + \frac{A_1'}{k_{f1}(H+h_f)+1}\right) g_n$$

$$= 0.25\times 1.007\times 0.2\times 0.759\times 1.017\left[363.4 + \frac{17.074}{1.116}\right]10 = 147.2\ \mathrm{kN}$$

$$M_0 = \eta_c k_h \beta_1 \gamma_1 \left[m_b H + \frac{A_1'}{k_{f1}(H+h_f)+1}\right]$$

$$= 0.25\times 0.2\times 0.759\times 1.017\left[363.4\times 11.0 + \frac{135.72}{1.116}\right]10 = 1\,589.7\ \mathrm{kN\cdot m}$$

每根刚架柱底截面的剪力按（附 9-12）式计算

$$V_1 = V_0 / N_P = 147.2/2 = 73.6\ \mathrm{kN}$$

单排刚架每根柱底截面的横向弯矩按（附 9-14）式计算

$$M_1 = M_0 / 2N_P = 1\,589.7/2 = 397.4\ \mathrm{kN\cdot m}$$

由 M_0 使每根柱增加或减小的垂直力按（附 9-15）式计算

$$F_1 = \pm M_0 / 2N_P = \pm 1\,589.7/2\times 3.0^* = \pm 265.0\ \mathrm{kN}$$

基底垂直力 N 和弯矩 M 及基底应力 $\sigma_{\max}$ 计算如下：

$$N = (m_b + m_{柱} + m_f)g_n = (363.4 + 2\pi\times 0.5^2\times 11.0\times 2.3 + 82.8)10 = 4\,859.4\ \mathrm{kN}$$

$$M = M_0 + V_0\times h_f = 1\,589.7 + 147.2\times 2.0 = 1\,884.1\ \mathrm{kN\cdot m}$$

$$\sigma_{\max} = \frac{N}{b\times h} + \frac{M}{W} = \frac{4\,859.4}{3.0\times 6.0} + \frac{1\,884.1}{\frac{1}{6}3\times 6^2} = 270.0 + 104.7 = 374.7\ \mathrm{kPa}$$

$$\sigma_{\min} = 270.0 - 104.7 = 165.3\ \mathrm{kPa}$$

---

* 因由弯矩求刚架柱底面的垂直力，故用双柱的边缘距离 2+1=3 m。

5.3 用简化方法对建于较柔地基上的低桥墩进行抗震计算

（一）设计资料

桥墩位于八度地震区。Ⅱ类场地区。地基为细砂、淤泥质砂黏土，容许承载力 $[\sigma]=150\text{ kPa}$，地基系数的比例系数 m=8 000 kPa/m^2，m_0=15 000 kPa/m^2。

桥墩两侧支承 16 m 钢筋混凝土梁。墩身为直坡式圆端形，墩高（包括顶帽）为 5.10 m，承台厚 2.0 m，基础由 4 根长 26 m 直径为 0.8 m 的钻孔桩组成，桩尖土为细砂。桥墩各部尺寸见图 10。混凝土受压弹性模量 $E_h=290\,00\,000\text{ kPa}$，受弯弹性模量 $E=24\,000\,000\text{ kPa}$，材料容重 $\gamma=23\text{ kN/m}^3$。

（二）墩顶荷载计算

一孔 16.0 m 钢筋混凝土梁的质量为 159.7 t。双孔满载时的 50%活荷载质量为 0.5×156.9=78.0 t。顶帽作为直坡式墩身的顶部，飞檐质量则予以略去。故墩顶集中质量 m_b 为

$$m_b=159.7+78.0=237.7\text{ t}$$

（三）桩顶柔度系数计算

按《抗规》规定，桩基础承台底面的地基柔度系数应按《铁路桥涵设计规范》的方法计算。现按《桥规》附录十四的方法计算如下：

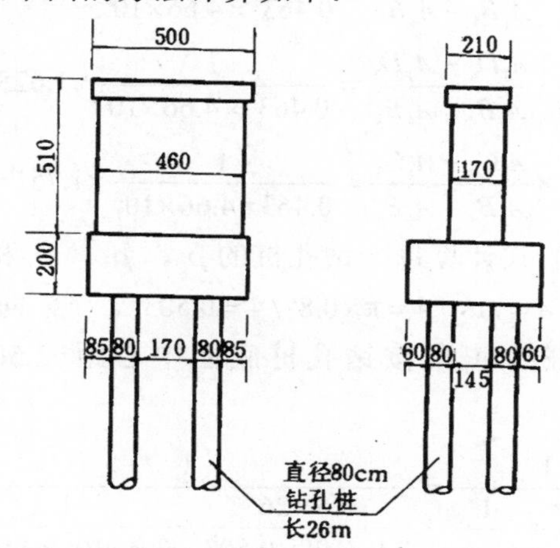

图 10　建于较柔地基上的低桥墩简图（尺寸单位除注明者外，均为 cm）

桩基础由 4 根直径为 0.8 m 的钻孔桩组成，纵横向均有两根钻孔桩，它的埋入地面以下的深度 h_0 按下式计算

$$h_0=3(d+1)=3(0.8+1)=5.4\text{ m}$$

钻孔桩横向静距 $L_0=2.50-0.80=1.70\text{ m}$ 它小于 $0.6h_0$ =0.6×5.4=3.24 m，故构件的相互影响系数 k 按下式计算

$$k=C+\frac{1-C}{0.6}\times\frac{L_0}{h_0}$$

式中，因纵横向均有两根钻孔桩，故 C=0.6，由此可得

$$k=0.6+\frac{1-0.6}{0.6}\times\frac{1.7}{5.4}=0.81$$

考虑相互影响系数 k 和按《桥规》附表 14.1 的规定，基础侧面土抗力的计算宽度 b_0 按下式计算

$$b_0=k\times0.9(1.5d+0.5)=0.81\times0.9(1.5\times0.8+0.5)=1.24\ \text{m}$$

钻孔桩的计算刚度 EI 为

$$EI=0.8E_hI=0.8\times29\,000\,000\frac{\pi}{64}\times0.8^4=4.66\times10^5$$

基础变形系数 α 为

$$\alpha=\sqrt[5]{\frac{mb_0}{EI}}=\sqrt[5]{\frac{8\,000\times1.24}{4.66\times10^5}}=0.463$$

因桩基础支于非岩石地基上，当地面处作用单位横向力 $Q_0=1$ 和单位力矩 $M_0=1$ 时，构件该处的横向位移和转角可用《桥规》（附 14.1）式计算，因钻孔桩的入土深度 $h=26\ \text{m}>2.5/\alpha=2.5/0.463=5.4\ \text{m}$，故（附 14.1）式中的系数 $k_h=0$，且因换算深度 $\bar{h}=\alpha h=0.463\times26.0=12.04>4.0$，故（附 14.1）式中分母和分子值均可从《桥规》附表 14.5 中按 $\alpha=4.0$ 查得，现用（附 14.1）式计算各变位。

$$\delta_{QQ}=\frac{1}{\alpha^3EI}\cdot\frac{B_3D_4-B_4D_3}{A_3B_4-A_4B_3}=\frac{1}{0.463^3\times4.66\times10^5}2.441=5.278\times10^{-5}=\delta_1$$

$$\delta_{MQ}=\frac{1}{\alpha^2EI}\cdot\frac{A_3D_4-A_4D_3}{A_3B_4-A_4B_3}=\frac{1}{0.463^3\times4.66\times10^5}\times1.625=1.627\times10^{-5}=\delta_3$$

$$\delta_{MM}=\frac{1}{\alpha EI}\times\frac{A_3C_4-A_4C_3}{A_3B_4-A_4B_3}=\frac{1}{0.463\times4.66\times10^5}\times1.751=0.812\times10^{-5}=\delta_2$$

继之可用《桥规》（附 14.9）式计算每一钻孔桩的 ρ_1、ρ_2、ρ_3 和 ρ_4。计算 ρ_1 时，钻孔桩自由长度取 $l_0=0,\xi=0.5,A=\pi d^2/4=\pi\times0.8^2/4=0.503$，竖向地基系数 $C_0=m_0h=15\,000\times26=3.9\times10^5$，摩擦桩的 A_0 现按钻孔桩底面中心距 2.50 m 计算，$A_0=\pi D^2/4=\pi\times2.5^2/4=4.909$。

$$\rho_1=\frac{1}{\dfrac{l_0+\xi h}{EA}+\dfrac{1}{C_0A_0}}=\frac{1}{\dfrac{0.5\times26}{2.9\times10^7\times0.503}+\dfrac{1}{3.9\times10^5\times4.909}}=7.074\times10^5$$

$$\rho_2=\frac{\delta_2}{\delta_1\delta_2-\delta_3^2}=\frac{0.812\times10^{-5}}{5.278\times10^{-5}\times0.812\times10^{-5}-(1.627\times10^{-5})^2}=0.496\times10^5$$

$$\rho_3=\frac{\delta_3}{\delta_1\delta_2-\delta_3^2}=\frac{1.627\times10^{-5}}{5.278\times10^{-5}\times0.812\times10^{-5}-(1.627\times10^{-5})^2}=0.993\times10^5$$

$$\rho_4=\frac{\delta_1}{\delta_1\delta_2-\delta_3^2}=\frac{5.278\times10^{-5}}{5.278\times10^{-5}\times0.812\times10^{-5}-(1.627\times10^{-5})^2}=3.22\times10^5$$

以上 ρ_1、ρ_2、ρ_3 和 ρ_4 的物理意义均与《桥规》定义的物理意义相同。

现设承台底与一般冲刷线标高相平，故可用《桥规》（附 14.15）式计算各 γ 值，其中 γ_{bb} 为由于座板产生单位竖向位移时，所有钻孔桩顶产生的竖向反力之和，显然此值与欲

求的柔度系数无关，故不予计算，

$$\gamma_{\alpha\alpha}=\sum\rho_2=4\times0.496\times10^5=1.984\times10^5$$

$$\gamma_{\beta\beta}=\sum\rho_4+\sum x^2\rho_1=4\times3.22\times10^5+4\times1.25^2\times7.074\times10^5=5.709\times10^5$$

$$\gamma_{\alpha\beta}=-\sum\rho_3=-4\times0.993\times10^5=-3.972\times10^5$$

上列计算中 x 为各钻孔桩中心至桩群中心在横向的距离，故 x=2.50/2=1.25 m。

利用以上各 γ 值按柔度系数定义根据《桥规》（附 14.14）式中的后两式即可求得相应的柔度系数。

当 H=1，M=0 时，用（附 14.14）式中的第二式求得柔度系数 δ_{11}

$$\delta_{11}=\alpha=\frac{\gamma_{\beta\beta}H-\gamma_{\alpha\beta}M}{\gamma_{\alpha\alpha}\gamma_{\beta\beta}-\gamma_{\alpha\beta}\gamma_{\beta\alpha}}$$

$$=\frac{5.709\times10^5\times1}{1.984\times10^5\times5.709\times10^5-(-3.972\times10^5)^2}$$

$$=\frac{5.709\times10^5}{97.49\times10^{10}}=0.586\times10^{-5}$$

当 H=0，M=1 时，用同一公式即可求得柔度系数 $\delta_{12}=\delta_{21}$

$$\delta_{12}=\delta_{21}=\alpha=\frac{3.972\times10^5}{97.49\times10^{10}}=0.0407\times10^{-5}$$

当 H=0，M=1 时，若用（附 14.14）式中的第三式即可求得柔度系数 δ_{22}

$$\delta_{22}=\beta=\frac{\gamma_{\alpha\alpha}M-\gamma_{\beta\alpha}H}{\gamma_{\alpha\alpha}\gamma_{\beta\beta}-\gamma_{\alpha\beta}\gamma_{\beta\alpha}}=\frac{1.984\times10^5}{97.49\times10^{10}}=0.020\,4\times10^{-5}$$

（四）$H/EI\delta_{22}$ 值的计算

已知墩高 H=5.1 m，墩顶截面和墩底截面的惯性矩平均值 I 因本桥墩为直坡式桥墩，故不必计算其平均值，仅计算墩底截面的惯性矩即可。现计算如下：

$$I=\frac{1.7\times2.9^3}{12}+\frac{\pi}{4}0.85^2(0.85^2+2.9^2+1.699\times2.9\times0.85)=11.01\text{ m}^4$$

故

$$\frac{H}{EI\delta_{22}}=\frac{5.1}{24\,000\,000\times11.01\times0.0204\times10^{-5}}=0.095<1$$

（五）按摇振进行桥墩抗震计算

由上计算可知，$H/EI\delta_{22}$=0.095<1，故本桥墩可按摇振进行抗震计算。

先计算质心位置。墩身质量（包括顶帽质量，但飞檐部分已略去）m_1 为

$$m_1=\left(\frac{\pi}{4}1.7^2+1.7\times2.9\right)\times5.1\times\frac{23}{10}=84.45\text{ t}$$

其质心位于基底截面以上 $y_1=2.0+5.1/2=4.55$ m 处。

承台质量 m_2 为

$$m_2 = \left(4.25\times5.0-4\times\frac{0.8^2}{2}\right)\times2\times23/10=91.86\ \text{t}$$

其质心位于基底截面以上 $y_2 = 2.0/2 = 1.0$ m 处。

桥墩总质心位于基底截面以上的距离 h_1 则为

$$h_1 = \frac{84.45\times4.55+91.86\times1.0+237.7\times7.1}{84.45+91.86+237.7}=5.23\ \text{m}$$

墩身和承台质心处的转动惯量分别计算如下：

墩身截面面积为：

$$A_1 = \frac{\pi\times1.7^2}{4}+1.7\times2.9=7.2\ \text{m}^2$$

故转动惯量 J_1 为

$$J_1 = \left(I\times H+\frac{1}{12}A_1H^3\right)\gamma=\left(11.01\times5.1+\frac{1}{12}7.2\times5.1^3\right)23=3\,122.1\ \text{kN}\cdot\text{m}^2$$

承台截面惯性矩 I_2

$$I_2 = \frac{1}{12}4.25\times5.0^3-4\left[\frac{0.8\times0.8^3}{36}+\frac{1}{2}0.8\times0.8\left(\frac{1}{3}0.8+1.7\right)^2\right]=39.27\ \text{m}^4$$

承台截面面积 A_2

$$A_2 = 4.25\times5.0-4\times\frac{1}{2}0.8^2=19.97\ \text{m}^2$$

承台质心的转动惯量 J_2 为

$$J_2 = \left(I_2h_f+\frac{1}{2}A_2h_f^3\right)\gamma=\left(39.27\times2.0+\frac{1}{2}19.97\times2.0^3\right)23=2\,112.6\ \text{kN}\cdot\text{m}^2$$

桥墩总质心处的转动惯量 J_P 则为

$$\begin{aligned}J_P &= 237.7(7.1-5.23)^2+312.21+84.45(5.23-4.55)^2+211.26+91.86(5.23-1.0)^2\\&=3.07^2\ \text{t}\cdot\text{m}^2=30\,370^2\ \text{kN}\cdot\text{m}^2\end{aligned}$$

已知总质量 m_K 为

$$m_K = 237.7+84.45+91.86=414.01\ \text{t}=4\,140.1\ \text{kN}$$

根据已求得的桩顶（承台底）柔度系数用（附 8-91）式计算桥墩总质心处的柔度系数

$$\begin{aligned}\delta'_{11} &= \delta_{11}+2h_1\delta_{12}+h_1^2\delta_{22}\\&=0.586\times10^{-5}+2\times5.23\times0.040\,7\times10^{-5}+5.23^2\times0.020\,4\times10^{-5}\\&=1.570\times10^{-5}\end{aligned}$$

$$\delta'_{22} = \delta_{22} = 0.020\,4\times10^{-5}$$

$$\delta'_{12} = \delta'_{21} = \delta_{12}+h_1\delta_{22} = 0.040\,7\times10^{-5}+5.23\times0.020\,4\times10^{-5}=0.147\,4\times10^{-5}$$

将以上求得的诸值代入（附 8-88）式频率方程式内后，即可求得相应的频率值

$$m_P J_P(\delta'_{11}\delta'_{22} - \delta'^2_{12})\omega_j^4 - (m_P\delta'_{11} + J_P\delta'_{22})\omega_j^2 + 1 = 0$$

$$4\,140.1\times 30\,370.0\left\{1.57.0\times 10^{-5}\times 0.020\,4\times 10^{-5} - (0.147\,4\times 10^{-5})^2\right\}\omega_j^4 -$$

$$(30\,370.0\times 0.020\,4\times 10^{-5} + 4\,140.1\times 1.570\times 10^{-5})\omega_j^2 + 1 = 0$$

$$1.259\,2\times 10^{-4}\,\omega_j^4 - 7.119\times 10^{-2}\,\omega_j^2 + 1 = 0$$

$$\omega_j^2 = \frac{7.119\times 10^{-2} \pm \sqrt{(7.119\times 10^{-2})^2 - 4\times 1.295\,2\times 10^{-4}}}{2\times 1.295\,2\times 10^{-4}} = \begin{cases} 535.38 \\ 14.42 \end{cases}$$

解之得

$$\omega_1 = 3.80;\ \omega_2 = 23.14$$

利用（附 8-11）式可求得相应的周期 T_j 为

$$T_1 = 2\pi/\omega_1 = 2\pi/3.80 = 1.65(\text{s})$$

$$T_2 = 2\pi/\omega_2 = 2\pi/23.14 = 0.27(\text{s})$$

相应的总质心处的角变位可用（附 8-90）式计算。

$$k_1 = \frac{\dfrac{1}{\omega_1^2} - m_P\delta'_{11}}{J_P\delta'_{12}} = \frac{\dfrac{1}{14.42} - 4\,140.1\times 1.570\times 10^{-5}}{30\,370\times 0.147\,4\times 10^{-5}} = 0.097\,1$$

$$k_2 = \frac{\dfrac{1}{\omega_2^2} - m_P\delta'_{11}}{J_P\delta'_{12}} = \frac{\dfrac{1}{535.38} - 4\,140.1\times 1.570\times 10^{-5}}{30\,370\times 0.14\,74\times 10^{-5}} = -1.410$$

Ⅱ类场地时相应的动力系数 β 为

$$\beta_1 = 0.675/T_1 = 0.675/1.65 = 0.409$$

$$\beta_2 = 0.675/T_2 = 0.675/0.27 = 2.5 > 2.25$$

因 β_2 的计算值大于 2.25，故 β_2 仍采用 2.25。

相应的振型参与系数可按（附 9-20）式计算

$$\gamma_1 = \frac{m_P}{m_P + J_P k_1^2} = \frac{4\,140.1}{4\,140.1 + 30\,370\times 0.097\,1^2} = 0.935$$

$$\gamma_2 = \frac{m_P}{m_P + J_P k_2^2} = \frac{4\,140.1}{4\,140.1 + 30\,370\times(-1.410)^2} = 0.064$$

因桥墩自基顶至顶帽顶的高度仅 5.1 m，故按《抗规》规定综合影响系数取 $\eta_c = 0.20$。

设计烈度为八度时的水平地震系数由表 1 中查得 $k_h = 0.2$。

桥墩总质心处的水平地震作用可用（附 9-16）式计算，而式中 H_i 值为零。

$$F_{01E} = \eta_c k_h \beta_1 \gamma_1 m_P g_\text{n} = 0.2\times 0.2\times 0.409\times 0.935\times 4\,140.1 = 63.33\ \text{kN}$$

$$F_{02E} = \eta_c k_h \beta_2 \gamma_2 m_P g_\text{n} = 0.2\times 0.2\times 2.25\times 0.064\times 4\,140.1 = 23.85\ \text{kN}$$

桥墩总质心处的地震力矩可用（附 9-17）式计算

$$M_{01E} = \eta_c k_h \beta_1 \gamma_1 J_P k_1 g_\text{n} = 0.2\times 0.2\times 0.409\times 0.935\times 30\,307\times 0.097\,1 = 45.11\ \text{kN}\cdot\text{m}$$

$$M_{02E} = \eta_c k_h \beta_2 \gamma_2 J_P k_2 g_\text{n} = 0.2\times 0.2\times 2.25\times 0.064\times 30\,307\times(-1.410) = -246.65\ \text{kN}\cdot\text{m}$$

考虑两个振型的耦合影响后的地震作用效应可用（附 9-21）式计算

水平地震作用 F_{OE} 为

$$F_{OE}=\sqrt{F_{01E}^2+F_{02E}^2}=\sqrt{63.33^2+23.85^2}=67.67\ \text{kN}$$

地震力矩 M_{OE} 为

$$M_{OE}=\sqrt{M_{01E}^2+M_{02E}^2}=\sqrt{45.11^2+(-246.65)^2}=250.74\ \text{kN}\cdot\text{m}$$

承台底截面的合力可用一般方法计算

垂直力 N_0 为

$$N_0=m_P=4\,140.1\ \text{kN}$$

水平力 $F=F_{OE}=67.67\ \text{kN}$

弯矩为 $M=M_{OE}+F\times h_1=250.74+67.67\times5.23=604.65\ \text{kN}\cdot\text{m}$

专题编撰篇

部分预应力混凝土

一九八三年四月

提 要

编写本文的目的是供铁道部第四勘测设计院桥隧处举办的钢筋混凝土学习班的教学之用。内容包括部分预应力混凝土的概念、定义、优点、科研、设计及应用等部分。除较为系统地介绍部分预应力混凝土的一般知识外，重点介绍这一新技术的最新科研成果。希望本文对从事部分预应力混凝土的科技工作者、高等院校土建及结构工程专业的师生也有一些参考价值。

前　言

在国际范围内部分预应力混凝土的发展虽不如全预应力混凝土那样快，应用也没有那样广，但在1970年召开的第六届国际预应力混凝土会议上，欧洲混凝土委员会和国际预应力混凝土协会（CEB-FIP）把部分预应力混凝土正式列入规范草案中后，无论在理论研究、科学实验和工程实践等方面，它都有迅速的进展。现已证明，部分预应力混凝土比起全预应力混凝土或钢筋混凝土来，它具有优良的使用性能和明显的经济效益。这些优点目前均已为工程界所公认。采用部分预应力混凝土，这在设计思想上是一个重大的突破，可以相信，它必将把预应力混凝土结构的设计水平推向一个新的高度。

我国对部分预应力混凝土的研究和应用都开展的较迟，但近几年来发展较快。在工程实践方面，已建成大跨度多层框架、双向预应力装配整体式屋盖及楼盖、公路桥梁等部分预应力混凝土结构。在理论研究方面，对部分预应力混凝土的设计准则、预应力损失、刚度、裂缝和疲劳等专题进行了探讨和试验，所得科研成果在学术上都有较高的水平。为了促使部分预应力混凝土在我国得到更迅速地发展和广泛地应用，中国土木工程学会混凝土及预应力混凝土学会部分预应力混凝土委员会已组成了《部分预应力混凝土设计和施工建议》编写组，在汲取国内外科研成果，总结施工实践经验的基础上，以期尽快提出可供我国设计和施工部分预应力混凝土结构时遵循或参考的系统的技术条文。

为了防止知识老化，为技术更新创造条件，作者首次于铁道部第四勘测设计院桥隧处举办的钢筋混凝土学习班中讲授部分预应力混凝土这一新技术。由于至今未见高等院校和科技界学者编写的有关部分预应力混凝土的系统教材和论著，故作大胆尝试，编写本文，暂作学习班教材之用。

本文除对部分预应力混凝土的概念、定义及优点进行全面介绍外，对科研和设计两专题进行重点介绍，以便供从事部分预应力混凝土的科技工作者进行科研和设计工作时参考之用，最后扼要介绍国内外应用部分预应力混凝土的概况。

现已出版的部分预应力混凝土专著为数不多，有关的科研成果、学术论文大多散见于各种期刊、科技情报之中，大多数科技人员，由于资料收集和时间等方面的条件限制，不可能全部阅读到这些著作。现本文可作导引，能使读者掌握概貌。故在编写本文时，力求按专题进行较为系统地介绍有关知识，以期对科技工作者和高等院校土建及结构工程专业师生的学习有所裨益，据了解，三十年后的今日，该书仍是一部可供部分预应力混凝土专题的专家、研究学者、学生学习的主要参考书。

由于作者水平有限，经验不足，时间短促，文中不妥之处实为难免，恳请读者批评指正。

部分预应力混凝土

一、概　念

钢筋混凝土是由两种性质不同的材料——脆性的混凝土和弹性的钢筋组合成的一种新型建筑材料。当混凝土凝结后，两者之间便产生可靠的黏结力，在荷载作用下，它是混凝土和钢筋共同受力的基础。

混凝土的力学特性是抗压强度甚高而抗拉强度较低，故在使用荷载作用下，钢筋混凝土的受拉区将因拉应力超过了混凝土的极限抗拉强度而产生裂缝。由此，截面刚度随之降低，梁的挠度相应增大，高强度的钢材和高标号的混凝土也不能在钢筋混凝土中得到经济合理的利用，钢筋混凝土结构的发展也因其自重过大而受到限制。虽然上述裂缝使钢筋混凝土结构产生了这些严重的缺点，但是历来的钢筋混凝土结构的设计准则总是容许这种裂缝出现的。

预应力混凝土也是由混凝土和钢材两种不同的材料组合而成的，但其概念却与钢筋混凝土不同。预应力混凝土将混凝土作为基材，在结构未受荷载以前，通过张拉钢材人为地在混凝土内造成某种受压状态，当结构承受荷载时，这种人为的受压状态与荷载产生的受力状态相叠加后，以期改善混凝土的应力状态，使混凝土不致出现拉应力，从而改变了钢筋混凝土结构在工作时出现裂缝的现象。

1928 年，法国工程师尤琴·弗莱西奈通过试验弄清楚了混凝土徐变的重要特性和利用高强度钢材使预应力的最终损失完成后仍能保存足够的有效预应力时，预应力混凝土才得到成功。但直到 20 纪 40 年代末期，弗莱西奈等人创造了既可靠又经济的张拉钢材的方法和锚固钢材的锚头后，预应力混凝土才真正得到发展。

弗莱西奈把预应力混凝土看作是一种新的完全匀质的材料，可以完全避免混凝土出现裂缝，并注意到混凝土抗压强度和抗拉强度相差悬殊等特点。因此，弗莱西奈为预应力混凝土规定的设计准则是在全部使用荷载作用下混凝土应处于受压状态，这就是不容许出现拉应力的零应力设计准则。

数十年来的实践经验和试验结果均表明：按零应力准则设计的预应力混凝土结构中，常常保存着过大的强度，而且并不总是能够在任何时候、在构件的任何部位上消除裂缝。因此，不少学者对于用零应力设计准则设计所有的预应力混凝土构件提出不同的看法，认为把限制拉应力作为主要标准的设计方法是一种过于简单化的不能满足要求的经验方法。西德的莱翁哈特教授更认为这种预应力混凝土来自一个错误的概念。

当然，按零应力设计准则设计的预应力混凝土用于下列结构物上时认为是合理的，如承受永存活载的液体储存器；要求在振动中具有很大刚度的铁路桥梁；或不允许出现任何裂缝的结构等。除这些结构以外的预应力混凝土结构，则宜按预应力度或抗裂度设计准则进行设计，即根据结构物的使用条件，在使用荷载作用下容许混凝土截面上产生拉应力甚至裂缝。为了区分以上两种按不同准则设计的预应力混凝土，故将前者称为全预应力混凝土，后者称为部分预应力混凝土。

现在可以看出，部分预应力混凝土是全预应力混凝土和钢筋混凝土之间的一个中间状态。近年来的一个显著现象是把以上三种不同混凝土与钢材的组合融合到一个统一的组合体中去，有人把这一个统一的组合体称为加筋混凝土，亦有称之为预应力混凝土谱的。在这统一的组合体中，全预应力混凝土和钢筋混凝土是它的两个极端情况，除这两个极端以外的所有情况都作为是部分预应力混凝土。钢筋混凝土则可认为是预应力等于零的预应力混凝土。

建立一个预应力混凝土谱是非常必要的。比如，有时为了改善钢筋混凝土的受力特性，减小其裂缝，控制其挠度，便可用在钢筋混凝土结构中加上少量的预应力钢筋并施加预应力的办法来实现。对于这种混合结构，如把它看作是预应力混凝土，则在荷载作用下便不能产生拉应力，更不能出现裂缝；如把它看作是钢筋混凝土，则在荷载作用下，混凝土截面上便容许出现相当大的拉应力甚至大量的裂缝。在没有建立预应力混凝土谱以前，这种混合结构不知应该如何设计为好。如建立了预应力混凝土谱，则可看出，把它归属于上述部分预应力混凝土便十分合宜了。在混合结构上出现的这种矛盾，其根源是把限制拉应力作为设计预应力混凝土的主要标准。这也反映出用这种设计准则进行设计预应力混凝土的不合理性和不健全性，需要用其他的设计准则，如抗裂度、预应力度设计准则进行设计，使设计更为合理。

用零应力准则设计全预应力混凝土的构件时，由于经典抗弯理论中只计算预应力和荷载所产生的应力，而把由温度和收缩梯度等因素引起的拉应力当作次应力予以忽略，因此，在全预应力混凝土中就有出现裂缝的可能。即使在全预应力混凝土构件的轴线方向上存在着预应力，但也由于经常存在着局部集中应力而仍可能出现裂缝。至于在构件的垂直预应力方向上，构件本身属于钢筋混凝土，这就更可能出现裂缝。目前的技术水平还没有什么好的方法可以设计出不产生上述裂缝的预应力混凝土来，因此只好在这些区域里设置非预应力钢筋以改善裂缝的特征。这种在预应力混凝土中加了非预应力钢筋的结构，又是另一种形式的混合结构。把这种混合结构称之为部分预应力混凝土同样也是十分合体的，对于这种混合结构无论按全预应力混凝土或钢筋混凝土的设计准则来设计都是不合适的，故需要制定一套适合部分预应力混凝土的设计准则来。

按零应力准则设计的预应力混凝土，由于只要满足拉应力的限值条件，所以这常常是一个方便的设计方法，否则就要按必要的强度条件和各种适用特性来进行设计。当对拱度、挠度、锈蚀、疲劳和振动等适用特性尚未很好地作出合适的规定的情况下，用零应力准则设计就更觉方便。这种设计准则亦是在一定的工程实践基础上提出来的，它认为限制了拉应力，混凝土中便不会出现裂缝，从而得到良好的结构外观，并能防止钢筋锈蚀和消除钢材的疲劳破坏。由此可以看出，零应力设计准则是带有一定的经验性的。对不同的结构，不同形式的截面用同一个固定的拉应力作为限值进行设计，必然会得到不同的安全系数值，这是按经验性的零应力准则设计的一个缺点。

其实，如前所述，限制拉应力只能使结构沿预应力方向上在使用荷载和预应力作用下不出现裂缝，在其他条件下混凝土中仍然会出现裂缝，因此，就这一点来说，这种设计方法显得缺乏实际意义。

其次，就钢材锈蚀来说，在钢筋混凝土设计规范中对裂缝的宽度和间距都有限制。如果裂缝宽度和间距对预应力混凝土中的钢材同样也有不利影响的话，则钢筋混凝土中的有关限制，用于预应力混凝土也应该是合理的。满足这些限制后，良好的结构外观也能得到保证了。虽然拉应力是产生裂缝，促使钢材锈蚀的一个因素，但不是唯一的特征性的因素。锈蚀与裂缝的宽度和间距、周围环境条件、混凝土保护层厚度等因素有关，在预应力混凝土中还与力筋的构造形式有关，如对位于套管中的后张法力筋来说，穿透到力筋位置的裂缝，由它所产生的锈蚀，必然还与套管所用的材料有关。这些与钢材锈蚀有关的诸因素，企图用一个限制拉应力的简单条件来反映，这肯定是不合理的。

钢材的疲劳破坏与混凝土中的拉应力并没有直接关系，它与活载在力筋中引起的应力增量的大小，裂缝宽度和裂缝穿透力筋的情况，荷载重复的次数，力筋与混凝土的黏结状态等有关，当然如混凝土产生裂缝后，裂缝处的力筋应力将会出现跳跃，跳跃幅度的数值较大时，则可能导致疲劳破坏。限制拉应力意味着不出现裂缝，可以避免因应力跳跃幅度过大而引起的疲劳破坏，但限制拉应力不能把引起疲劳破坏的各因素都包括进去，所以为了消除钢材的疲劳破坏而对拉应力进行限制，理由也是不充分的。

综上所述，随着工程实践的发展和科学试验的深入，表明零应力设计准则存在着许多缺点，已不能满足设计预应力混凝土的需要。因此，目前把一种具有预应力钢筋和非预应力钢筋的混合结构称之为部分预应力混凝土，并用它把全预应力混凝土和钢筋混凝土联系起来，组成一个统一的预应力混凝土谱（见图 1)。图中在全预应力混凝土与钢筋混凝土之间的整个影线区都属于部分预应力混凝土，这样就可根据各种适用性的要求设计出最优化的结构物来。在设计方法上便不再应用零应力准则，对整个预应力混凝土谱都用同一的抗裂度或预应力度设计准则进行设计。虽然在设计方法上目前还做不到这一点，但在组成统一的预应力混凝土谱后，为用统一的设计方法创造了条件。

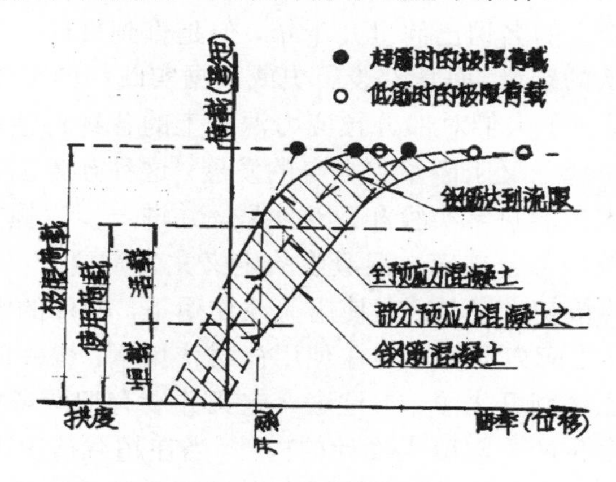

图 1　预应力混凝土谱的荷载位移关系图

需要着重指出的是，从裂缝的角度来说，钢筋混凝土在恒载作用下就会开裂(见图 1)，这是它的致命的弱点。全预应力混凝土则在使用荷载作用下仍能保持不开裂，这对钢筋混凝土来说是一个很大的进步。而部分预应力混凝土在恒载和部分活载作用下就会开裂（见图 1)，初看起来这是从全预应力混凝土上向后倒退。其实不然，从全预应力混凝土向部分预应力混凝土发展，是对裂缝认识深化的结果。建筑物的实际使用经验和科学研究成果均表明，在一定的自然环境条件中，预应力混凝土中产生的宽度受到限制的裂缝，并不降低其使用性能。相反地，为了不容许产生裂缝而在预应力混凝土构件上施加的过大的预压力却使它产生很多缺点。因此，由全预应力混凝土演变到部分预应力混凝土仍然是一个很大的进步。

二、定 义

弗莱西奈试验成功的预应力混凝土，是在混凝土承受荷载以前张拉高强度钢材使之对混凝土产生预压应力，从而达到消除钢筋混凝土的缺点和改善其使用性能的目的。为了达到同一目的，奥地利工程师冯·恩培格尔（Von Emperger）则在1939年建议采用另外一种方案，即在常规的钢筋混凝土中设置少量的高强度钢材，对它进行张拉后以提供较低的预应力。他作这一建议的指导思想是认为在使用荷载作用下混凝土中存在一定的裂缝是容许的，但他强调要校核在极限荷载作用下的构件强度。可见恩培格尔的观点与弗莱西奈的并不相同。

之后，艾贝莱斯（Abales）在恩培格尔建议的基础上不断实验，并进一步发展了这种思想，他建议应保留预应力混凝土的主要概念，但容许混凝土中出现临时性裂缝（微裂或可见的）。由于按弗莱西奈的建议设计成的预应力混凝土构件，在使用荷载作用下，截面上虽然永久保持受压，但它并不能始终保证有足够的安全系数，所以艾贝莱斯还建议应该用极限荷载进行设计。另外，他建议用高强度预应力钢材代替构件中原有的非预应力钢筋，以减少钢材的总用量。1948年后，英国在改建东部铁路时，对9～15 m跨度的组合式公路跨线桥梁，采用了艾贝莱斯建议的预应力混凝土体系。后来德国也采用了。为了与弗莱西奈所建议的预应力混凝土相区别，之后不久，艾贝莱斯第一个创造了“部分预应力混凝土”这一名词，而把弗莱西奈所建议的预应力混凝土称为全预应力混凝土。

虽然部分预应力混凝土的名词已问世几十年，但是直到目前，在国际范围内对部分预应力混凝土没有一个公认的定义，而是沿袭历史或根据实践经验赋予部分预应力混凝土以特定的含义。这种现象反映了人们对部分预应力混凝土的各种特性掌握得尚不充分，而部分预应力混凝土定义的不统一又阻碍了它自身的发展。这种互为因果的不利现象，只有对部分预应力混凝土进行大量的科学实验和建筑实践，并进一步掌握其特性后始能消除。目前来说，在国际范围内统一部分预应力混凝土的定义尤为重要。

部分预应力混凝土的最初定义是：在使用荷载作用下，构件的混凝土截面上容许出现拉应力。这一定义把部分预应力混凝土与在使用荷载作用下，构件的混凝土截面上不出现拉应力的全预应力混凝土区别开来了。不过这一定义并没有把两者实质性地区分开来，因为在使用荷载作用下按全预应力混凝土设计的构件，当在超载情况下混凝土截面上仍然可能出现拉应力；而在使用荷载作用下按部分预应力混凝土设计的构件，当在小于使用荷载的荷载作用下，混凝土截面上亦可能不出现拉应力。因此按不同标准设计的构件，在实际使用过程中表现出来的特性则可能是相同的，其区别仅在于受拉程度的不同而已，或者说，对同一个机构如按部分预应力混凝土设计则比按全预应力混凝土设计其拉应力要大一点，拉应力出现的次数要频繁一点。

在部分预应力混凝土中，高强度预应力钢材和普通软钢筋或高强度非预应力钢材通常都是同时存在的，因此，在最初的定义中也包含了这样的内容，把同时具有高强度预应力钢材和普通软钢筋或高强度非预应力钢材的称为部分预应力混凝土，而把仅有高强度预应力钢材的称为全预应力混凝土。不过在最初，各学者之间的争鸣主要集中在当使用荷载作用时预应力混凝土的混凝土截面上该不该存在拉应力这一问题上，而忽略了把同时存在高强度预应力钢材和普通软钢筋或高强度非预应力钢材作为定义部分预应力混凝土这一点。

在英国东部地区铁路改建中使用的部分预应力混凝土桥梁，通过实践证明其性能是令人满意的。后又在艾贝莱斯对部分预应力混凝土所作的实验基础上，1951 年，英国结构工程研究所为预应力混凝土的分类提出了第一个报告（下称“第一报告”）。它将预应力混凝土分为：

（Ⅰ）型：结构在使用荷载作用时必须避免出现可见裂缝，并又细分为两类：

（A）结构在设计荷载作用时，混凝土截面上仅有压应力；

（B）结构容许混凝土截面上有拉应力，且规定拉应力必须低于“破损模量”（弯曲强度），再进一步指出“这一抗拉强度较实际的直接抗拉强度大很多”。

（Ⅱ）型：结构在最大活载作用时（出现这种情况的机会是稀少的），容许混凝土截面中产生裂缝。但是规定“在正常荷载作用时，混凝土的‘受拉区’产生压应力，使上述裂缝得以闭合”。

（Ⅲ）型：结构在常规的使用荷载作用时，容许混凝土截面中出现可见的发纹裂缝。

在这个“第一报告”以后，英国设立了一个专门的实施法规委员会，规定了容许最大拉应力的数值：对先张法结构为 750 磅/平方英寸（52.5 公斤/平方厘米）；对先张法桥梁（仅用于英国东部地区铁路改建中的桥梁）和具有良好的分布钢筋的后张法结构为 650 磅/平方英寸（45.5 公斤/平方厘米）。这些容许值一直沿用至今。

在“第一报告”中，已出现了用裂缝作为对预应力混凝土分类的标准，其次，再根据应力的拉或压、拉应力数值的大小等条件把类型分细。报告中虽未明确地为全预应力混凝土和部分预应力混凝土下定义，但比起仅用混凝土截面上产生拉应力与否，作为区分全预应力混凝土和部分预应力混凝土来是一个很大的进步。如果仍然以不出现拉应力的构件称为全预应力混凝土的话，则除（Ⅰ）A 型的构件外，其余各类型构件均可称为部分预应力混凝土，这就扩大了部分预应力混凝土的范围。

德国在 1953 年编制的《预应力混凝土设计及施工规范》（DIN 4227）中，把在使用荷载作用下，混凝土截面中不出现拉应力者称为全预应力混凝土，它相当于“第一报告”中的（Ⅰ）A 型。部分预应力混凝土则分为：① 在使用荷载作用下，混凝土截面中的拉应力不超过弯曲抗拉强度的四分之三，这相当于“第一报告”中的（Ⅰ）B 型，并称为限值预应力；② 在稀有的不利荷载组合作用下，混凝土截面中的拉应力不超过规定的弯曲抗拉强度。由此可以看出，这一规范对部分预应力混凝土所作的定义和“第一报告”中的定义有所差异，它仍以应力作为划分全预应力混凝土和部分预应力混凝土的主要标准。奥地利和芬兰等国的规范基本上与（DIN 4227）规范相同。

在 1970 年召开的第六届国际预应力混凝土会议上，欧洲混凝土委员会和国际预应力混凝土协会（CEB-FIP）联合提出建议，把预应力混凝土分为三级。Ⅰ级为全预应力混凝土，在使用荷载作用下，混凝土截面中不允许出现弯曲拉应力；Ⅱ级为限值预应力，在使用荷载作用下，混凝土截面中允许出现低于弯曲抗拉强度的拉应力，即不允许出现裂缝，且在持久作用荷载下，不得出现拉应力；Ⅲ级为部分预应力，在使用荷载作用下，混凝土截面中允许出现弯曲拉应力并允许出现裂缝，但裂缝的宽度须加以限制。另外也可以把钢筋混凝土作为Ⅳ级归入这分类中。联合建议中用以分类的主要标准是预应力度的高低，各类之间表现出来的差异则是应力和裂缝。当预应力度为 1 时，则为Ⅰ级全预应力混凝土，全截面受压；当预应力度为 0 时，则为Ⅳ级钢筋混凝土，混凝土截面中不仅有拉应力而且必然开裂。预应力度在 1 与 0 之间时，则为Ⅱ级限值预应力混凝土和Ⅲ级部分预应力混凝土，混凝土截面中将出现拉应力，裂缝的出现与否需视预应力度的高低而定。

联合建议中明确定义Ⅲ级为部分预应力混凝土，它与（DIN 4227）规范中对部分预应力混凝土所作的定义不同，（DIN 4227）规范中所述的部分预应力混凝土相当于联合建议中的Ⅱ级。

之后，英国在 1972 年制定的混凝土结构统一的实施法规（CP 110：1972）中对预应力混凝土所作的分类与联合建议的分类相同，同样以在使用荷载作用下，混凝土截面允许出现裂缝的Ⅲ级为部分预应力混凝土。

（CEB 和 FIP）联合提出关于用预应力度把预应力混凝土划分为三级的建议后不久，在 1974 年召开的第七届国际预应力混凝土会议上，西德的莱昂哈特（F. Leonhardt）对这种分类法提出了不同的意见，他认为现在必须结束关于全部或部分预应力混凝土等的分类工作，也必须放弃对拉应力的不现实的限制。因为预应力混凝土结构质量的高低，不是取决于设计时采用的预应力度的高低，而是决定于它在使用条件下所反映出来的性能的好坏。为此，莱昂哈特建议为结构物使用性能的好坏制定一套准则，作为设计的依据。比如，对暴露于大气或位于水中的结构，所定准则可要求在持久或经常的活载作用下不容许出现拉应力，这样也就不会出现裂缝；又如，根据工作环境的不同，准则可规定在全部活载作用下及温度、收缩梯度影响下，最大裂缝宽度不得超过 0.1 或 0.2 毫米等。然后合理选用预应力度，使设计出来的结构物在使用条件下满足有关优良性能的要求。莱昂哈特还建议在全部活载作用下可能出现拉应力的部位，设置一定数量的普通钢筋，以保证结构物的最大应变和裂缝宽度满足规定的限值。

按照莱昂哈特的建议设计成的预应力混凝土结构就不再分为全预应力混凝土、限值预应力混凝土和部分预应力混凝土了，因为设计时所选用的合理的预应力度只是为了满足结构物在使用条件下所要求的优良性能。由此可见，根据结构物所要求的性能的标准不同，在设计时所采用的预应力度也就不同。如果结构物所要求的使用性能容许在恒载作用下出现有限宽度的裂缝，则把它设计成钢筋混凝土结构是最理想的了，亦可以说是设计成预应力度为零的预应力混凝土结构。因此，莱昂哈特建议的设计方法适用于从预应力度为零的钢筋混凝土至预应力度为 1 的全预应力混凝土的整个范围。这样就可把钢筋混凝土、全预应力混凝土及它们两者之间所包含的过渡段（见图 1 中的影线部分）组合成一个整体，这一整体中的各部分之间的差别只是预应力度的大小。如将预应力度定义为预应力钢材所受的拉力与预应力钢材及非预应力钢筋所承受的总拉力之比，则预应力度为零的钢筋混凝土表示着只存在非预应力钢筋，而无预应力钢材；预应力度为 1 的全预应力混凝土表示只有预应力钢材，而无非预应力钢筋；预应力度在 0 至 1 之间的过渡段表示着不仅存在着预应力钢材，而且存在着非预应力钢筋。

由于对（CEB-FIP）所提出的分类有不同的意见，因此，（CEB-FIP）在 1978 年提出的混凝土模式规范（MC 78）中，没有对预应力混凝土再进行分类。但是在 1980 年，国际桥梁和结构工程协会（IABSE）对预应力混凝土还是进行了分类（见表 1）。

这个分类中的等级改变了（CEB-FIP）所用的Ⅰ、Ⅱ、Ⅲ级，以免给人以错觉，误把Ⅰ、Ⅱ、Ⅲ级当作反映质量好坏的分类。除此以外，这个分类与（CEB-FIP）1970年的建议实质上是相同的，表中$\Delta\sigma_g$、$\Delta\sigma_y$是用限定普通钢筋和预应力钢筋的应力增量的方法来限定裂缝的宽度。

表1　IABSE对预应力混凝土的分类

等　级	名　称	特　征	
F	全预应力混凝土	截面不开裂	$\sigma_{hl}=0$
L	限值预应力混凝土	截面不开裂	$\sigma_{hl}>0$
P	部分预应力混凝土	截面开裂	$\Delta\sigma_g$、$\Delta\sigma_y$

注：σ_{hl}——混凝土截面最外缘受拉纤维的应力；
$\Delta\sigma_g$、$\Delta\sigma_y$——普通钢筋、预应力钢筋的应力增量。

1982年，国际预应力混凝土协会（FIP）根据（CEB-FIP）模式规范（MC 78）编制了《钢筋混凝土与预应力混凝土结构实用设计建议》（草案）（以下简称《建议》）。在这个《建议》中，关于按任何荷载组合下的主力状态定义预应力度时规定为：

（a）全预应力：沿预应力钢筋方向上没有达到消压极限状态。

（b）限值预应力：主拉应力没有达到混凝土抗拉强度的设计值。

（c）部分预应力：混凝土的拉应力没有限值。

这里虽然亦有全预应力、限值预应力和部分预应力等名称，但《建议》明确指出，这里并无用预应力来划分结构等级的意图，而只是作为拟采用的设计准则的一种指标。这表明预应力度由全预应力混凝土的1变化到常规的钢筋混凝土的零时，所采用的预应力度的大小并不表示结构质量的高低，而是用该预应力度设计成的结构达到某种指标，如这种指标是沿预应力钢筋方向上没有达到消压极限状态，那么这种结构就称之为全预应力混凝土结构，否则就是限值预应力或部分预应力。这实质上也是对预应力混凝土的一种分类，规定某种指标，然后以此作为划分预应力混凝土名称的标准，这是（CEB-FIP）对各类预应力混凝土定义的基本方法。

当部分预应力混凝土的定义在欧洲演变的时候，美国奈曼（A.E.Naaman）教授等人为部分预应力混凝土规定的定义是：部分预应力混凝土的必要和充分条件是同时设置预应力钢材和非预应力钢筋。相应地如构件中只有预应力钢材便称之为全预应力混凝土；只有非预应力钢筋便称之为钢筋混凝土；部分预应力混凝土便成为以钢筋混凝土和全预应力混凝土作为两个极限状态的所有中间状态的混凝土（见图1中的影线部分）。这里的部分预应力混凝土定义和最初的但被人们忽视的定义却又完全相同了，被忽视的那个定义也是把同时具有高强度预应力钢材和普通软钢筋或高强度非预应力钢材的混凝土称为部分预应力混凝土。

从奈曼教授等人所建议的定义中可以看出，他们区分全预应力混凝土、部分预应力混凝土和钢筋混凝土的主要标准是混凝土与钢材的不同组合，而不是应力或裂缝。因为对不同结构物的应力和裂缝限制，可按莱昂哈特建议的方法，采用最优的预应力度来予以满足，也可用奈曼教授等人建议的适用性设计法来予以满足。

由于当前国际上对部分预应力混凝土有（CEB-FIP）所建议的定义和奈曼教授等人所建议的定义等，它们之间存在着一些主要的差异，因此国内也无统一的定义，有的单位和学者引用奈曼等人的定义，有的则采用（CEB-FIP）的定义，有的则回避提及部分预应力混凝土一词。这样无疑会影响部分预应力混凝土的发展。

奈曼等人对整个预应力混凝土谱进行分类，也就是对部分预应力混凝土进行定义的主要标准是结构物在工作时所反映出来的使用性能。从图1中可以看出。钢筋混凝土的使用性能是由于在恒载作用下就有可能开裂，所以刚度小，挠度大，临破坏时预兆明显，延性大。全预应力混凝土由于预压应力较大，故反映出来的使用性能是上拱度大，刚度大，挠度小，在使用荷载作用下也不开裂，破坏状态接近脆性，延性小。如果使用性能既不像钢筋混凝土者，又不像全预应力混凝土者，而间于两者之间的，比如，刚度适中，上拱度较小，在使用荷载作用下可能开裂，破坏时有一定的延性等，这就称之为部分预应力混凝土。这样，位于图1影线部分内的任一构件必然都是部分预应力混凝土，不像（CEB-FIP）建议的那样分为限值预应力和部分预应力了。

全预应力混凝土向部分预应力混凝土发展的主要原因是，用部分预应力混凝土来克服全预应力混凝土在使用过程中反映出来的非人们所期望的不利的使用性能，因此，把使用性能作为定义部分预应力混凝土的标准是合乎逻辑的。这样定义后必然促使人们更直接地关心部分预应力混凝土的使用性能，使之在运营中观察它，设计时满足它，科研中研究它。从现今已掌握的部分预应力混凝土知识来看，与它的使用性能有关的课程如荷载、裂缝、变形等都有大量的工作要做。因此，如果选用的一个定义能使人们直接关心结构物的使用性能的话，这样对部分预应力混凝土的发展将是极为有利的。

（CEB-FIP）是对裂缝、应力等先定出各种指标，然后以此对预应力混凝土谱进行分类，并对部分预应力混凝土等进行定义，这是沿用全预应力混凝土规定在工作时截面上不允许产生拉应力的方法。虽然各种指标也是根据结构物在工作时的使用特性拟定的，在设计时也可选用合宜的预应力度来满足所规定的指标，并可使设计计算较为方便。不过，这样定义的结果，终归是使不少实际工作者与结构物的使用性能隔离了，使人们首先接触到的是那些指标，因而对部分预应力的发展较为不利。

关于部分预应力混凝土的定义，在几十年内几经演变，可是至今仍无一个为各国都能接受的统一定义。近年来奈曼等人建议的定义竟与最初的定义中被人们所忽视的那部分相同，粗看起来这好像是历史的简单重复。其实不然，从这现象中倒可以看出国际上对部分预应力混凝土不断深入研究的发展过程。最初把允许混凝土截面中出现拉应力的预应力混凝土定义为部分预应力混凝土，这是一个关键性的突破。在英国的“第一报告”中，把裂缝作为划分预应力混凝土类别的主要标准，这标志着在部分预应力混凝土中，研究对象已由应力转入裂缝，在（CEB-FIP）的联合建议中，把预应力混凝土分为三类，这是一个很大的进步。因为他实际上是规定了在使用荷载作用下的三种极限状态，Ⅰ级是拉应力等于零的极限状态，Ⅱ级是形成裂缝的极限状态，Ⅲ级是裂缝宽度的极限状态。这样分类为预应力混凝土采用像钢筋混凝土那样的极限状态法设计创造了条件。莱昂哈特建议制定一套反映结构物使用性能好坏的准则，供设计之用。这表明部分预应力混凝土的研究已由应力、裂缝扩展到更为广泛的使用特性范围。奈曼等人对部分预应力混凝土的使用性能进行了很多有益的研究工作，并在这基础上，提出了按混凝土与钢材不同的组合而定的预应力混凝土的新分类，把混合配筋作为部分预应力混凝土定义的必要和充分条件。这种定义虽然与最初的定义有点类似，但奈曼等人的新定义与其他的定义相比包含了一些优点：首先，在计算截面的固有特性时，可按混凝土截石和配筋的特征进行，而荷载则看作是一个外加的变量，这种与荷载（特别是与开裂荷载）的大小区别开来的计算就显得非常方便。其次，整个预应力混凝土谱的各种受弯构件的极限强度，它们的分析和设计工作均可用统一的办法进行。最后，把极限强度要求和适用性要求分开来考虑，适用性要求与开裂及裂缝开展程度有关，显得较为复杂。

目前，钢筋混凝土、预应了混凝土和部分预应力混凝土等构件的分析方法，设计建议或规范条文等尚未统一。为统一规范，奈曼等人在他们所建议的定义基础上，建议把ACI规范中的一些易于统一的条文扩充到适用于整个预应力混凝土谱。建议包括配筋系数的概念、矩形和 T 形截面配筋总量的上下限、连续梁弯矩重分布的必要条件和黏结预应力钢筋在极限状态时的应力等四方面。这是部分预应力混凝土研究中的一个新的开端。

目前，虽然在国内外对部分预应力混凝土有不同的定义，但以不同的定义为前提进行深入的研究，必将会形成一个公认的统一定义。

三、优　点

由于对部分预应力混凝土的受力特性和使用性能了解得不够全面，因此，最初人们对它的优点是表示怀疑的，甚至在提到部分预应力混凝土的优点时，被说成是用假想中的优点来代替用弗莱西奈方法建立起来的预应力混凝土的大部分优点。通过实践，部分预应力混凝土的优点现在已显示出来了，故在不少国家中已被广泛采用，并正式纳入有关的设计规范中。有些国家的设计规范中，虽未明文规定可采用部分预应力混凝土，但在有关条款中所作的一些规定，实质上是符合部分预应力混凝土概念的。例如：美国的《钢筋混凝土建筑法规 ACI 318-77》中，规定在使用荷载作用下，允许在混凝土截面中产生$6\sqrt{f_c'}$或$12\sqrt{f_c'}$的拉应力，$\sqrt{f_c'}$为混凝土标定抗压强度的平方根。这两个限值中的前者小于、而后者大于混凝土的弯曲抗拉强度，因此这一法规是含蓄地允许采用部分预应力混凝土的。我国的《公路预应力混凝土桥梁设计规范》（试行）中，允许在计算荷载作用下混凝土截面中出现拉应力，所以这规范也是符合部分预应力混凝土概念的。部分预应力混凝土的合理性现已逐渐得到公认了，目前，还有不少国家正在通过科研和实践挖掘部分预应力混凝土的潜在能力，以期使它在最大的范围内得到推广和使用。

关于部分预应力混凝土的优点可概述如下：

部分预应力混凝土构件的截面，是用预应力钢筋和非预应力钢筋混合配筋的，当两者的比值不同时，提供的安全储备量亦不同，但不论采用何种比值，总可以设计出所要求的极限强度的截面来。设计的实践表明，在一个给定的条件下，肯定有一个比值，能是设计出来的截面最为经济，不仅满足极限强度的要求，而且具有最良好的使用性能。因此，构件按部分预应力混凝土原理设计常常得到的是一个最优设计。

全预应力混凝土是按照在使用荷载作用下，混凝土截面中持久保持压应力的条件设计的，这就需要在截面中施加较大的预加应力，因而使构件产生较大的上拱度。另一方面这种较大的预加应力使得受拉区的混凝土长期处于高压应力状态，由此而产生的混凝土徐变使得上述上拱度不断增加，这种现象在有些桥梁上观察到经过一二十年后仍在继续。可是结构物在使用过程中，经常作用的活载只占最大设计活载的某一百分比，恒载和经常作用的活载所产生的挠度还不足以抵消上拱度。因此在房屋结构中，常因楼板的上拱度不断发展而危及隔墙。在桥梁结构中，常因主梁上拱度过大而造成桥面的不平顺，影响正常的使用。在铁路桥梁中，因此而必须减薄道砟，致使混凝土轨枕压碎。由于部分预应力混凝土的设计原则允许混凝土截面中出现拉应力，故所需的预加应力较小，这样在全预应力混凝土中因上拱度引起的弊端，在部分预应力混凝土中可以得到改善或避免。

预应力度较高的构件，当超载破坏时，呈现出混凝土被压碎的脆性破坏，这种没有预警的突然破坏，对于结构物来说是危险的。部分预应力混凝土所需的预应力度相应较低，因此，当它因超载而破坏时，先呈现出较大的挠度以示破坏的将至，使人们得以在结构物破坏之前采取必要的预防措施。从结构物的安全观点来说，部分预应力混凝土构件的这种塑性破坏是一个重要的优点。

部分预应力混凝土中采用较低的预应力度，标志着它所用的预应力钢筋的数量要比全预应力混凝土中者少，这样就减少了锚头、后张法中的套管及压浆等工程量，减少了张拉、锚固等工作量。不过，为了达到与全预应力混凝土构件相同的极限强度，必须在部分预应力混凝土中设置一定数量的非预应力的高屈服强度的变形钢筋。根据一些国家的调查资料，预应力钢筋（包括套管、张拉、锚固及压浆等工料费在内）的价格将比它的代用品高屈服强度变形钢筋的价格高 3.5～4.0 倍。瑞士的瑟利曼（B. Thürlimann）教授提供的价格比为 3～5，印度的拉马斯惠米（G. S. Ramaewamy）也提出了资料，证实了这个比值范围。如果按 1968 年的瑞士规范 SIA162 设计部分预应力混凝土的构件，瑟利曼估计可比全预应力混凝土节省 30%以上。罗马尼亚对工业厂房中的构件进行分析后得到的指标是：部分预应力混凝土比全预应力混凝土节省水泥 16%～20%，钢材 5%～10%，同时因采用了一部分非预应力的普通钢筋，所以预应力钢筋可减少 25%～40%。在铁路桥梁方面，日本橘田敏之提出了单线箱形简支梁桥的经济比较，采用部分预应力混凝土将比全预应力混凝土节省造价约 10%。国内采用部分预应力混凝土结构仅有一两年的历史，工民建系统用得较多，公路桥方面亦有采用的。上海市政工程设计院根据上海青浦北青公路朝阳河桥的设计施工经验提出的经济指标是：20 米跨度的公路桥采用部分预应力混凝土时可节省大约 30%的预应力钢筋。中国建筑科学研究院对吊车梁所作的经济分析指出，采用部分预应力混凝土后可比按现行规范设计的吊车梁节省的工程数量为：30 吨先张法和后张法工字形吊车梁，当梁的尺寸不变时，可节省预应力钢筋 23%～33%；15 吨先张法工字形吊车梁，当梁高和配筋不变时，可节省混凝土近 40%；10 吨先张法吊车梁，当梁高不变时，可节省混凝土 24%，节省预应力钢筋 20%。原第一机械工业部设计总院等单位对 6 米先张法吊车梁编制的标准试用图表明，当梁截面和混凝土标号不变的情况下，部分预应力混凝土将比全预应力混凝土节省预应力钢筋 13.3%～36%。由于国内采用部分预应力混凝土的工程为数尚少，上列有关经济指标不一定能说是具有代表性的，但这已使人们看到了部分预应力混凝土在经济上的优越性。

部分预应力混凝土构件中因预应力钢筋用得少而产生的另一个优点是：减小了为布置预应力钢筋所需的翼缘面积。同时因为预加应力小了，使得在预加应力时承受拉力的翼缘截面也可减小。翼缘截面的减小，使整个截面趋于规则，因为简化了模板，也便于施工，造价也必然降低。

强大的预应力易于在混凝土内出现平行于预应力钢筋的纵向水平裂缝。1963 年铁道部公务局、铁道部专业设计院和铁道科学研究院曾对运营中的216孔预应力混凝土铁路桥梁（全预应力混凝土梁）进行了调查，发现 70%以上的梁存在着沿预应力钢束导管的纵向水平裂缝。这种纵向水平裂缝与梁体中的竖向垂直裂缝不同，他不随荷载的减小而闭合，因此对于结构物的耐久性来说，纵向水平裂缝比竖向垂直裂缝更有害。在部分预应力混凝土中，由于预加应力较小，故减少了纵向水平裂缝对结构耐久性产生的不利影响。另外，混合配筋的非预应力钢筋对防止纵向水平裂缝的出现很有效果。

当加载至梁破坏时，将图1中的荷载位移曲线与横坐标轴围成一个面积，这个面积的大小表示梁破坏时吸收能量的能力。经比较后可以看出，预应力度等于1的全预应力混凝土梁的面积小于部分预应力混凝土者，这是因为全预应力混凝土梁内没有非预应力钢筋，在使用荷载作用下截面内不出现拉应力，更没有裂缝，故其弹性性能较强，吸收能量的能力就较小，延性也较差。反之，部分预应力混凝土梁的吸收能量的能力则较大，延性也较好。因此，对于承受冲击荷载或地震荷载的结构来说，选用部分预应力混凝土将优于全预应力混凝土。

部分预应力混凝土中存在的非预应力钢筋，对于提高构件的抗疲劳能力也是有利的。因为在反复荷载作用下，或受拉边缘纤维因拉力而出现裂缝时，这种非预应力钢筋将有限制裂缝宽度的作用和降低预应力钢筋的应力增加。全预应力混凝土构件如在超载时产生拉应力裂缝，则因没有非预应力钢筋而使其性能不如部分预应力混凝土。

从上面所列的各点来看，部分预应力混凝土所具的优点，打破了过去那种认为“预应力大一点总比小一点好”的老概念。但不可因上述的比较而全盘否定全预应力混凝土的优点，真如全预应力混凝土比钢筋混凝土具有很多优点，但因钢筋混凝土仍具有它本身的优点而得到广泛应用一样，在某些特定的条件下，选用全预应力混凝土仍是非常合理的。不过在通常的条件下，选用部分预应力混凝土往往能得到更为满意的结果。

部分预应力混凝土在使用荷载作用下，混凝土截面中不仅出现拉应力，而且可能出现裂缝。虽然如此，它比起钢筋混凝土来仍具有相当重要的优点。注意到部分预应力混凝土在使用荷载作用下出现裂缝的同时还应注意到经常作用在结构上的荷载往往小于使用荷载。因此，在经常作用的荷载作用下，部分预应力混凝土可能并不出现裂缝，即使在使用荷载或经常作用的荷载作用下，部分预应力混凝土中出现了裂缝，待这些荷载中的活载部分卸去以后，截面中的预压应力将使已出现的裂缝重新闭合。钢筋混凝土中由于荷载产生的持久张开的裂缝尚且许可，部分预应力混凝土中存在的那种可以闭合的裂缝当然更是无可非议的了。这种可以闭合的裂缝，是部分预应力混凝土中的一个特点，它对于防止钢筋的锈蚀将比钢筋混凝土中的裂缝更为有利。

部分预应力混凝土梁中由于包含预应力钢筋，故在荷载作用下产生的挠度将比钢筋混凝土者小。由于预应力钢筋的强度比软钢的强度高，所以部分预应力混凝土梁中所用的钢料数量将比钢筋混凝土者小。这亦是部分预应力混凝土的优点。总之，部分预应力混凝土在抗裂性、挠度控制和钢料消耗等方面均优于钢筋混凝土。

在整个预应力混凝土谱中，部分预应力混凝土是介于全预应力混凝土和钢筋混凝土之间的任何一种中间状态，并且是用预应力钢筋和非预应力钢筋混合配筋的，所以它能克服全预应力混凝土和钢筋混凝土的某些固有的缺点，从而获得更为理想的使用性能。这一点才是全预应力混凝土向部分预应力混凝土发展的最根本的原因。

四、科　研

当前部分预应力混凝土的优点已在国际上得到公认了。但是，由于已进行过的科学研究工作还不够深入广泛，因此对它的某些基本特性掌握得还不够全面，使用部分预应力混凝土的实践经验也不太多，现今的设计计算方法也不甚统一，甚至还没有一个关于部分预应力混凝土的公认而确切的定义，这些原因都使得部分预应力混凝土的发展受到了限制。为了广泛地使用部分预应力混凝土，便需要在科学研究和施工实践两方面加紧进行工作，以期积累更多的知识和经验，这里仅对已进行过的科研工作进行一些简要的介绍。

不论对部分预应力混凝土如何定义，它所需要的预应力钢筋总比全预应力混凝土的要少。但是为了保证它具有必要的极限强度，故必须增加若干非预应力钢筋。这种非预应力钢筋可以采用与预应力钢筋相同的高强度硬钢，但不施加预拉力；也可以采用低强度的普通钢筋，总之部分预应力混凝土中总是同时具有预应力钢筋和非预应力钢筋。非预应力钢筋的作用便首先成为它的一个科研项目。

四-1　非预应力钢筋的作用

在部分预应力混凝土中设置非预应力钢筋的目的是期望它像在钢筋混凝土中那样承受拉力，但是实际上当截面混凝土未开裂前，它们可能不但不承受拉力，反而是受压的。所以对承受截面开裂以前的荷载来说，非预应力钢筋是无效的。这是因为设置在由外荷载产生的受拉区截面内的非预应力钢筋，在传力锚固时将产生与其重心同一位置处的混凝土相同的压缩应变，它受到的压应力可按下列弹性理论的公式计算：

$$\sigma_g = n\left[\frac{N_y}{A}+\frac{N_y e}{I}y+\frac{M_g}{I}y\right] \tag{1}$$

式中　M_g——梁自重产生的弯矩；

N_y——刚传力锚固后的总预加力；

A——计算截面的总面积；

I——计算截面的惯性矩；

y——非预应力钢筋重心至计算截面重心轴的距离；

e——偏心距。

$n = E_g/E_h$，钢筋弹性模量与混凝土弹性模量比。

由于混凝土的收缩和徐变特性，将使截面内的应力进行重分布。非预应力钢筋约束了混凝土的收缩和徐变变形，导致非预应力钢筋压应力增大，而混凝土压应力减小。徐变后的钢筋压应力可用徐变系数φ乘以（1）式求得的钢筋应力σ_g后求得，混凝土收缩使钢筋承受的压应力可用收缩应变ε_{sh}乘钢筋弹性模量来计算，其值为$\varepsilon_{sh}\cdot E_g$。故非预应力钢筋承受的总压应力为$\varphi\sigma_g+\varepsilon_{sh}E_g$。只有当外荷载加大到使非预应力钢筋承受的拉应力等于这压应力时，它才开始受拉。继之像在钢筋混凝土中那样，其拉应力随着荷载的加大而增大。但其值在混凝土开裂以前，毕竟是很小的。只有在截面开裂以后，混凝土不再能承受拉力，并将原承受的拉应力转嫁给非预应力钢筋和预应力钢筋后，非预应力钢筋中的拉应力才会迅速增长。

在部分预应力混凝土中，虽然在截面未开裂以前非预应力钢筋所发挥的效用是不大的。但按极限荷载设计时，它所发挥的效用常常是很大的，很多试验的结果都证实了这一点。

如果非预应力钢筋选用的是与预应力钢筋相同的高强度硬钢，则在含筋率偏大的超筋梁中，当破坏时非预应力的高强度硬钢仅能发挥其三分之一的强度，面对于含筋率较小的梁来说，则可发挥其 90% 以上的强度。如果非预应力钢筋选用普通软钢，则不论含筋率偏大或较小，在梁破坏时，均可达到其屈服强度。有时当含筋率较小时，非预应力钢筋的应力甚至可能超过屈服强度。非预应力钢筋在部分预应力混凝土中的作用当然不仅反映在其应力大小这一方面，但就应力而言，根据有关试验已可肯定在混凝土出现开裂以前，它不能发挥预期的效用，而在极限荷载时，它可以发挥很好的效用，所以如按极限荷载设计部分预应力混凝土构件的强度时，使用非预应力钢筋将是有效的。但是，如构件的使用性能由于混凝土产生了裂缝而丧失掉时，这种构件便不宜使用非预应力钢筋。

部分预应力混凝土中的非预应力钢筋对于预应力的损失亦有相当大的影响。对于这一问题在没有进行仔细地试验研究以前，根据钢筋混凝土的众所共知的概念，认为非预应力钢筋既然能约束混凝土的自由收缩和徐变，它便能减小这些应变量，从而导致预应力损失的减小，这样非预应力钢筋在减少预应力损失方面便带来了好处。不过后经艾贝莱斯、本纳特（E. W. Bennett）等人的试验研究，证实上述看法是一种误解。试验证实非预应力钢筋的确是约束了混凝土收缩和徐变变形的发展，而且使得由徐变引起的上拱度也被减小了。但是它并不能使预应力钢筋及混凝土中的预应力损失同时减小，恰巧相反，非预应力钢筋的存在使得混凝土中的预应力损失增大，预应力钢筋中的预应力损失则有一定程度的减小。这是因为张拉预应力钢筋使包含非预应力钢筋的混凝土承受一个压力，而非预应力钢筋约束混凝土的收缩和徐变变形，使混凝土承受一个拉力，这拉力抵消了一部分预压力，故使混凝土中的预应力损失增大。这种损失随非预应力钢筋截面面积的增大而加大。如像在全预应力混凝土中那样，部分预应力混凝土中的预应力应力亦会因混凝土的收缩徐变而损失。不过由于预应力钢筋和非预应力钢筋共同约束混凝土的收缩和徐变。因此预应力钢筋中的预应力损失将比全预应力混凝土中的损失要小，其值亦与非预应力钢筋的截面面积大小有关。可是由混凝土收缩和徐变引起的预应力钢筋中的应力损失与混凝土中的应力损失并不是成正比的。

为了说明在部分预应力混凝土中. 非预应力钢筋用量的多少，对由于混凝土收缩和徐变所产生的混凝土和预应力钢筋中的应力损失的影响，本纳特提出了下述资料（见表 2）。

表 2　非预应力钢筋对预应力损失的影响

项　目	梁　号		
	1	2	3
$A_y/(b\times h)$ (%)	0.36	0.36	0.36
$A_g/(b\times h)$ (%)	0.42	0.84	1.26
钢筋的应变等于混凝土的自由收缩和徐变应变 ε 时，在全部钢材中产生的力	$0.0078bhE_g\varepsilon$	$0.0120\,bhE_g\varepsilon$	$0.0162\,bhE_g\varepsilon$
预应力钢筋中的预应力损失	$0.927\,E_g\varepsilon$	$0.895\,E_g\varepsilon$	$0.866\,E_g\varepsilon$
混凝土中平均压应力的降低	$0.0075\,E_g\varepsilon$	$0.0113\,E_g\varepsilon$	$0.0150\,E_g\varepsilon$
梁底混凝土压应力的降低	$0.0160\,E_g\varepsilon$	$0.0218\,E_g\varepsilon$	$0.0274\,E_g\varepsilon$
平均应力降低之比	1.00	1.51	2.00
梁底应力降低之比	1.00	1.36	1.71

表中：

A_y ——预应力钢筋截面面积；

A_g ——非预应力钢筋截面面积；

E_g 钢筋弹性模置；

$b \times h$ 梁截面的宽和高。

计算梁的截面尺寸及预应力钢筋、非预应力钢筋的配筋见图 2。

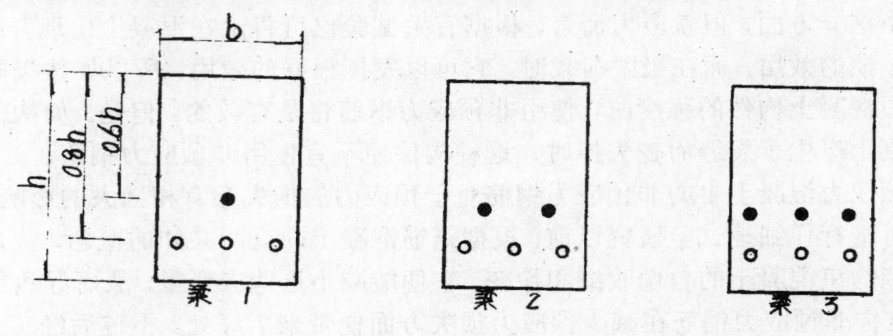

图 2 计算梁的截面尺寸及配筋图

表中所列混凝土中的预应力损失是按下述方法计算的：先假定混凝土的收缩和徐变不受钢筋的约束，全部钢筋的应变与混凝土的收缩及徐变应变相等，计算出此时钢筋所受的压力。再计算由于钢筋约束混凝土的应变而使混凝土中产生的应力变化，这一应力变化可将一个与上述大小相等方向相反的力作用在换算截面上时所求得的应力来表示。

从表 2 中所列结果看出，梁 2 的非预应力钢筋比梁 1 者多一倍，混凝土中平均压应力则减少 50%强，梁底的预应力则减少约三分之一强。梁 3 的非预应力钢筋比梁 1 者多两倍，相应的损失则更多。而预应力钢筋中的预应力损失则降低不多。

在部分预应力混凝土中，设置不同数量的非预应力钢筋后由于混凝土的收缩和徐变所引起的预应力损失问题，艾贝莱斯等人亦进行过试验研究，其结论与本纳特的计算结果相似。

艾贝莱斯等人进行了 12 根比较梁的试验，试验梁共分四个类型。它们的初始预应力均相同，极限抗力也大致相同，但所用的非预应力钢筋的数量却不同，其比例为 1∶2.68∶4.00∶5·22。每一类型中的三根梁又分别采用不同配合比的混凝土进行灌筑，所有试验梁均在平均温度 38℃(100°F)和平均湿度 32%以下条件下养生，在养生 86 天后，认为混凝土的收缩和徐变变形已终结。在养生 25、35、56 及 86 天后，分别对试验梁进行应变测量。

这个试验的目的不仅在于研究不同的非预应力钢筋的含筋率对预应力损失的影响。而且研究不同的周围条件（温度和湿度的不同）和不同的非预应力钢筋的含筋率等因素对混凝土收缩和徐变的影响。

试验结果表明，在 38℃的平均温度和平均湿度 32%的条件中养生 86 天后，四个类型梁中的预应力分别降至 73%、57%、51%及 43%。非预应力钢筋含筋率最大的梁，其有效预应力仅为含筋率最小的梁的 60%。根据应变测量结果算出的这些预应力损失值与 CEB-FIP 建议公式计算的结果相当吻合。但应将灌注 86 天后的实测应变看作是无穷期时的收缩和徐变极限值始能吻合。对于构件尺寸相对小的试验梁来说，这种假设是适宜的。它的实测应变量与可以计算不同条件下的收缩和徐变值的 CEB-FIP 建议公式所得结果会相符。

由于在上述养生条件下所得结果与 CEB-FIP 建议公式所得结果明显地吻合，而且建议公式又假设可用于不同的湿度条件，故艾贝莱斯等人利用建议公式对 100%、90%、70% 和 50%等不同的湿度条件进行了预应力损失的计算。计算结果表明，即使在相对潮湿的环境下，大的预应力损失也发生在无穷期时。看来 CEB-FIP 的建议公式有一个明显的缺点。它只考虑不周的湿度条件，而忽略了不同的温度条件，这样或许会在相同的湿度条件下而由于温度的不同出现不同的结果。鉴于收缩和徐变应变与周围环境的条件关系甚为密切，故艾贝莱斯等人认为宜以周围条件为依据，研究出一个包括有限参数的合理的 CEB-FIP 简化式，以便用于包括非预应力钢筋效应在内的考虑不同周围条件的计算中。

通过试验，艾贝莱斯认为在温和潮湿的气候条件下，非预应力钢筋的影响甚微，预应力损失与非预应力钢筋的截面面积无关。然而在上述试验中的干热条件下预应力的损失将较大。虽然通过了强验，但还不能对因非预应力钢筋的存在而对由徐变和收缩产生的最大可能的损失作出明确的结论。艾贝莱斯根据他的经验只提出了一个计算此项预应力损失的粗糙的近似公式

$$N_s = \left(\frac{A_g}{A_y} - 1\right)\frac{10}{100 + H}N_y \tag{2}$$

式中 N_s——预加力的损失；

N_y——传力锚固时的预加力；

A_y——预应力钢筋的截面面积；

A_g——非预应力钢筋的截面面积；

H——相对湿度百分数。

这一近似公式是以有限数量的预应力钢筋作为非预应力钢筋用时，所得的预应力损失很小为基础拟定的，而且假定当 $A_g = A_y$ 时，此项影响仍可忽略。然而后来的试验证实当 $A_g < A_y$，而且 A_y 截面很大时，也会出现预应力的损失，所以上列公式只是近似的。

艾贝莱斯等人根据已有实际建筑物的使用经验，对非预应力钢筋在部分预应力混凝土梁中的效应提出如下见解。按照艾贝莱斯的建议设计施工的用于英国东部铁路地区的部分预应力混凝土桥梁，是根据混凝土的拉应力为 2/3~3/4 的弯折模量（或破损模盏，相当于 45～52.5 kg/cm^2）设计的。在使用荷载作用下，梁上并没有出现可见裂缝，梁所处的周围条件是潮湿和温度适中。根据这一实践经验，艾贝莱斯对非预应力钢筋在部分预应力混凝土梁中的效应提出如下见解：如果预应力损失是以适当的应变为依据的，而且用预应力钢筋组成的非预应力钢筋的截面面积较小时，那么非预应力钢筋的效应将是无害的。

恰克斯（Chaikes）在比利时修建的桥梁，是按在使用荷载作用下，混凝土中会产生裂缝的条件设计的。但在恒载作用下，混凝土中则保存压应力，所以裂缝将闭合。对此，艾贝莱斯等人认为，如果设计是基于在恒载作用下混凝土承受较小的压应力，则在适中的周围环境条件中，即使使用了大量的非预应力钢筋，预应力损失的增大效应亦可以忽略。

日本冈田清教授等人就非预应力钢筋对预应力损失的效应问题也进行了试验。他的五根试验梁除分别配置 0、2ϕ10、2ϕ13、2ϕ16 和 2ϕ19 变形钢筋作为非预应力钢筋外，其

余条件都相同。预应力钢筋和混凝土之间是不黏结的，试验梁的周围条件为 20℃及 70%的相对湿度。预加应力后底面纤维混凝土的初始预压应力分别为 140、127、118、110 和 98 kg/cm^2 经过 140 天后，预压应力分别降至 118、87、65、40 和 21 kg/cm^2。可见非预应力钢筋含筋率高的梁，预应力的损失是相当大的。

以上所列的试验结果均表明，部分预应力混凝土中设置非预应力钢筋后，由于混凝土收缩和徐变的原因，预应力损失将会增大。但如何计算这一预应力损失的值，在计算方法上目前还不尽一致。塔德罗斯（Tadros）等人提出了一个计算方法。计算公式如下：

$$\sigma_{s1、2}=\varepsilon_{sh}E_g+\psi\sigma_{s2}+(\varphi-\mu)n\sigma_{ho} \tag{3}$$

式中 $\sigma_{s1、2}$——在 t_0 至 t_K 时段内由于混凝土收缩和徐变，预应力钢筋松驰引起的预应力损失；

ε_{sh}——在 t_0 至 t_K 时段内，混凝土的自由收缩应变；

E_g——预应力钢筋的弹性模量；

σ_{s2}——在 t_0 至 t_K 时段内，预应力钢筋按初应力张拉状态时计算的松弛驰损失；

n——预应力钢筋弹性模量与混凝土弹性模量之比；

σ_{ho}——预应力钢筋重心处的混凝土初应力；

ψ——预应力钢筋的松弛折减系教（<1.0）由图 3 查得；

φ——徐变系效，它等于在恒载作用下，在 t_K 时的徐变和在 t_0 时的即时应交之比；

μ——应变回复系效，可由图 4 查得。

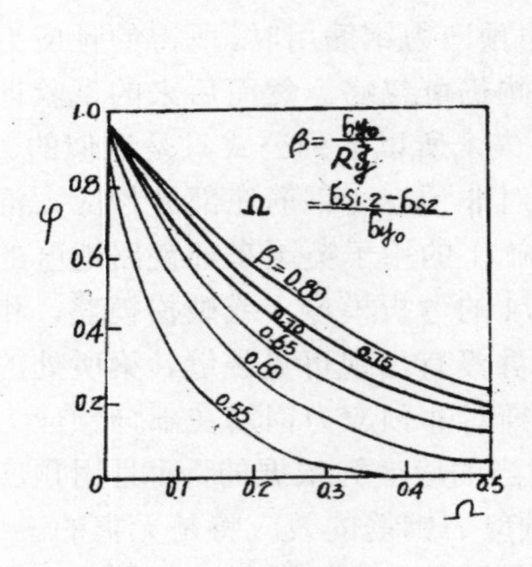

图 3　松弛损失系数

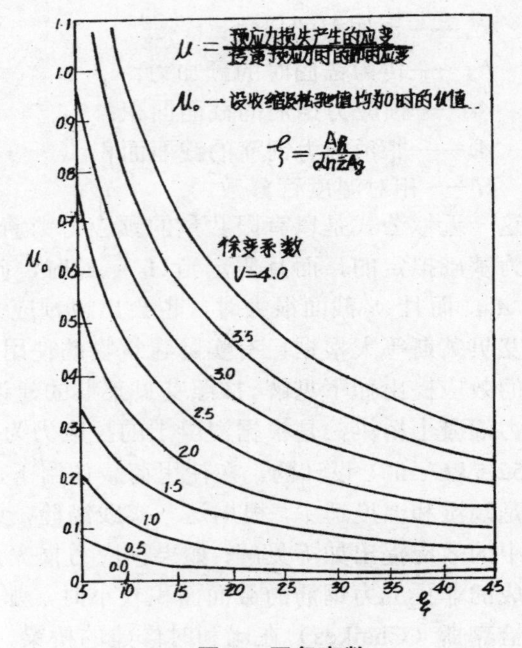

图 4　回复变数

由于实际的松弛损失 σ_{s2} 与预应力钢筋中的应力状态很有关系，它可用比值 β 来表示，β 等于预应力钢筋中的初应力 σ_{y0} 与极限强度 R_y^j 之比。图 3 中的 Ω 为预应力钢筋由于混凝土的收缩和徐变引起的损失（即 $\sigma_{s1、2}-\sigma_{s2}$）与传力锚固后的初应力 σ_{y0} 之比。

应变回复系数 μ 为即时应变加上由于预应力损失引起的徐变应变后与在传递预应力

时的混凝土的即时应变之比，所有应变都是指钢筋重心处的应变，如设置非预应力钢筋后，则为预应力钢筋和非预应力钢筋总面积的重心处的应变。

图 4 中的 μ_0 为收缩和徐变值均为零时的 μ 值，可在图 4 的相应位置处查得。$\xi=A_n/\alpha n\sum A_g$，A_n 为混凝土面积（见图 5）。

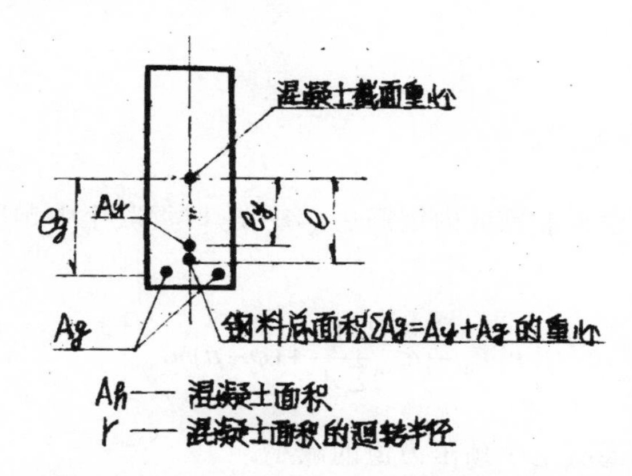

图 5　设置预应力钢丝和非预应力钢筋的预应力混凝土截面

$\sum A_g$ 为预应力钢筋与非预应力钢筋截面面积之和。α 由下武计算：

$$\alpha=1+e^2/r^2 \tag{4}$$

式中，e 为自混凝土截面重心向下量至 $\sum A_g$ 的重心处的距离。r 为混凝土截面的回转半径。

具体计算时先计算刚传力锚固时，偏距 e 处的混凝土应力 σ_{ho}，它可按下式计算：

$$\sigma_{ho}=\frac{N_{yo}}{A_h}+\frac{N_{yo}e_y}{I}e+\frac{N}{A_h}-\frac{M}{I}e \tag{5}$$

式中　N——使用荷载产生的截面法向力；

M——使用荷载产生的截面弯矩；

N_{yo}——刚传力锚固后作用在混凝土截面上的预压力（为了简化，假设它集中作用在偏距 e_y 处）；

e_y——混凝土截面重心至预应力钢筋重心处的距离。

第二步计算收缩——松弛系数，按下式计算 ω 值

$$\omega=\left(\varepsilon_{sh}E_g+\psi\sigma_{s2}\frac{A_y}{\sum A_g}\right)/h\sigma_{ho} \tag{6}$$

式中，ψ 是个未知效，因此需要进行简单的反复试算。试算时用的初值 ψ（I）可在 0 至 1.0 之间选用，在绝大多数的实际条件中，经简单反复试算后，求得的 ψ 精确值为 0.7。

用初值，ψ（I）求得 ω 后，可由下式求得 μ

$$\mu=\mu_0+\frac{(1+0.6\varphi)\omega}{1+0.6\varphi+\xi} \tag{7}$$

式中，μ_0 值可在图 4 的曲线上按收缩和松弛值均为零的相应位置处查得。然后可用（3）式求得 $\sigma_{s1、2}$，这里求得的 $\sigma_{s1、2}$ 只是首次估算值。当按下列两式计算出 β 及 Ω 后便可利用图

3 检查原采用的ψ（I）值是否精确。如由图 3 查得的ψ值与ψ（I）不同，则可改用查得的ψ作为ψ（II）重新试算。在大多数情况下，当以精确的ψ值计算出预应力损失$\sigma_{s1.2}$后。就不需要再反复试算了。

$$\beta=\frac{\sigma_{yo}}{R_y^j} \tag{8}$$

$$\Omega=\frac{\sigma_{s1,2}-\sigma_{s2}}{\sigma_{yo}} \tag{9}$$

第三步是计算由于设置非预应力钢筋后，在 t_K 时混凝土中预压力值的变化量。计算公式如下

$$\Delta N_h=-\sum A_g\left[\varepsilon_{sh}E_g+\psi\sigma_{s2}\frac{A_g}{\sum A_g}+(\varphi-\mu)n\sigma_{ho}\right] \tag{10}$$

其值冠以负号表示混凝土中预压力值的减小。

由于设置了非预应力钢筋，预应力钢筋中的应力损失值$\sigma_{s1.2}A_y$，其绝对值将小于混凝土中预压力的损失ΔN_h，其差额就是非预应力钢筋承受的压力。混凝土中的实际有效预应力等于初始预应力σ_{ho}减去将ΔN_n作用在偏距 e 处所算出的混凝土应力。

中国建筑科学研究院建筑结构研究所，在研究了考虑混凝土收缩徐变和钢筋松弛相互影响后的预应力损失计算的方法基础上，又提出了在部分预应力混凝土中考虑非预应力钢筋影响后的预应力损失的计算方法。对后张法受弯构件，该法就预应力钢筋、非预应力钢筋和混凝土三者之间的力的平衡条件和变形协调条件，以及三者各自的应力应变系建立了计算各种预应力损失的公式。现介绍如下：

设预加应力时的混凝土龄期为 t_1，计算预应力损失时的混凝土龄期为 t，预应力钢筋的特征强度为 R_y^b，其强度安全系数为 R_2，$\sigma_{y\cdot t1}$和$\sigma_{g\cdot t1}$为施加预应力后预应力钢筋和非预应力钢筋中的初始应力，$\sigma_{ys\cdot t}$、$\sigma_{gs\cdot t}$和$\sigma_{hs\cdot t}$为混凝土龄期 t 时所计算得的预应力钢筋、非预应力钢筋和混凝土中的预应力损失值。

当$\sigma_{y\cdot t_1}>R_2R_y^b$时，则

$$\sigma_{ys\cdot t}=\frac{\left(\sigma_y\cdot t_1-R_2R_y^b\right)\left[R_0+\varphi_g(t-t_1)\right]\left\{1+n_{t1}\mu_g\rho_1\frac{E_g}{E_y}\left[0.95+K_1(t,t_1)\varphi(t,t_1)\right]\right\}-nt_1\sigma_h\cdot t_1\varphi(t,t_1)-E_y\varepsilon_s h\cdot t}{1+\varphi_g(t-t_1)+\mu_y n_{t1}\rho_1\left[0.95+K_1(t,t_1)\varphi(t,t_1)\right]\left\{1+\frac{\mu_g E_g}{\mu_y E_y}\left[1+K_3(t,t_1)\varphi_g(t,t_1)\right]\right\}} \tag{11}$$

如不设置非预应力钢筋，则令μ_g=0，即可求得预应力钢筋的应力损失值。

$$\sigma_{gs\cdot t}=\frac{E_g}{E_y}\{1+\varphi_g(t-t_1)\sigma_{ys\cdot t}-(\sigma_{y\cdot t_1}-R_2R_y^b)[R_0+\varphi_g(t-t_1)]\} \tag{12}$$

$$\sigma_{hs}\cdot t=-\mu_y\rho_1\left\{\sigma_{ys\cdot t}\frac{\mu_g E_g}{\mu_y E_y}[1+\varphi_g(t-t_1)]\sigma_{ys\cdot t}-\frac{\mu_g E_g}{\mu_y E_y}(\sigma_{y\cdot t_1}-R_2R_y^b)\left[R_0+\varphi_g(t-t_1)\right]\right\} \tag{13}$$

当$\sigma_{y\cdot t_1}\leqslant R_2R_y^b$或不考虑预应力钢筋的松弛影响时，则

$$\sigma_{ys\cdot t}=\frac{-nt_1\sigma_{h\cdot t_1}\varphi(t,t_1)-E_y\varepsilon_{sh\cdot t}}{1+\mu_y n_{t1}\rho_1[0.95+K_1(t,t_1)\varphi(t,t_1)]\left(1+\dfrac{\mu_g E_g}{\mu_y E_y}\right)} \tag{14}$$

$$\sigma_{gs\cdot t}=\frac{E_g}{E_y}\sigma_{ys\cdot t} \tag{15}$$

$$\sigma_{hs}\cdot t=-\mu_y\rho_1\sigma_{ys\cdot t}\left(1+\frac{\mu_g E_g}{\mu_y E_y}\right) \tag{16}$$

式中，R_0为快速应力松弛系数，与预应力钢筋的品种有关，需通过试验予以确定，见表 3。

$$\varphi_g(t-t_1)=a_3 l_g[1+24(t-t_1)]+b_3 l_g^2[1+24(t-t_1)] \tag{17}$$

a_3、b_3为常数，见表 3。

刚预加应力时的弹性模量比$n_{t1}=E_y/E_{h\cdot t_1}$预应力钢筋和非预应力钢筋的含筋率分别为

$$\mu_y=A_y/A_j\text{；}\quad \mu_g=A_g/A_j$$

A_j为混凝土的净截面面积

$$\rho_1=1+e^2/r^2\text{；}\quad r^2=J_j/A_j$$

$$e=\frac{\sigma_{g\cdot t_1}A_g e_g+\sigma_{y\cdot t_1}A_y e_y}{\sigma_{g\cdot t_1}A_g+\sigma_{y\cdot t_1}A_y} \tag{18}$$

式中　J_j—— 混凝土浮截面面积的惯性矩；

$K_1(t,t_1)$—— 中值系数，见表 4；

$\varphi(t,t_1)$—— 混凝土徐变系数；

$\varepsilon_{sh\cdot t}$—— 龄期t时混凝土的收缩应变；

$K_3(t,t_1)$—— 中值系数；

$\sigma_{n\cdot t_1}$—— 刚预加应力后混凝土的初始应力。

从（11）~（16）式中可以看出，在部分预应力混凝土中，当考虑了非预应力钢筋的影响后，预应力钢筋中的预应力损失是减小了。但混凝土中的预应力损失则相对增大，而且随着非预应力钢筋截面面积的增大，混凝土中预压应力的损失则更为严重。因此，当检算构件截面的抗裂性时，如不计非预应力钢筋的影响，其结果将偏于不安全方面。

表 3

钢种	R_0	R_1	R_2	a_3	B_3
碳素钢丝	0.078	0.113	0.53	0.122	−0.008
冷拉热轧钢筋	0.078	0.026	0.64	0.029	−0.000 5

表 4　$K_1(t,t_1)$值

混凝土各类	$t-t_1$												
	1	7	14	21	28	45	60	90	120	180	270	365	∞
普通	0.20	0.22	0.25	0.27	0.29	0.32	0.34	0.37	0.39	0.41	0.42	0.43	0.44
轻骨料	0.29	0.30	0.32	0.33	0.34	0.37	0.39	0.42	0.44	0.47	0.50	0.52	0.57

建筑结构研究所会对 24 米后张法预应力混凝土屋架下弦杆作了分析计算。μ_g/A_y 的值分剧为 0.40、0.55、0.71、0.90 及 1.11。当用不考虑非预应力钢筋影响的《钢筋混凝土结构设计规范（T_J10-74）》计算抗裂安全系效 K_f 时，所得结果分别为 1.13、1.14、1.15、1.16 和 1.17。而用考虑非预应力钢筋影响的上列公式计算时，K_f 则为 1.06、1.04、1.03、1.01 和 1.00。可见当 μ_g/A_y 的比值增大时，K_f 将进一步降低，故在设计部分预应力混凝土构件时，非预应力钢筋的影响应予考虑。

在部分预应力混凝土构件截面中，如设置多层预应力钢筋和非预应力钢筋时，计算预应力损失则显得较为麻烦。对于这种构件截面，最近加拿大的狄尔格（W.H.Dilger）教授提出了一个称之为"徐变换算截面法"，它用准弹性理论进行计算有关的预应力损失，显得较为简单。

现以最简单的只有一排钢筋的构件截面为例，先对该法作一介绍，然后扩大用于设有多层钢筋的构件截面。

暂不考虑钢筋对混凝土徐变的约束作用，则从混凝土受载时的 t_0 到计算损失时的 t_K 期间，在钢筋所在纤维上由混凝土的无约束徐变和自由收缩所产生的应变为

$$\Delta\varepsilon_h^*(t_K)=\varepsilon_{ho}\varphi(t_K、t_0)+\varepsilon_{sh}(t_K、t_o) \tag{19}$$

式中　$\varepsilon_{ho}=\sigma_{ho}/E_h(t_0)$——钢筋所在纤维上在 t_0 受载时由混凝土的初预压应力 σ_{ho} 所产生的应变；

$E_h(t_o)$——t_0 时的混凝土的弹性模量；

$\varepsilon_{sh}(t_K、t_0)$——从预加应力 t_0 时开始到 t_K 时混凝土的自由收缩应变；

$\varphi(t_K、t_0)$——从 t_0 至 t_k 时段内的混凝土徐变系数。

此时计入松弛损失后的预应力钢筋中的应力为

$$\sigma_y^*(t_K)=n_0\sigma_{h0}\varphi(t_K、t_0)+\varepsilon_{sh}(t_K、t_O)E_g+\sigma'_{s2}(t_K) \tag{20}$$

式中，n_0 为 t_0 时的弹性模量比，$\sigma'_{s2}(t_K)$ 为 t_K 时的钢筋松弛损失，由此可得预应力钢筋中的拉力为

$$N_y^*=A_y\sigma_y^*(t_K) \tag{21}$$

此力作用在钢筋重心处，它距徐变换算截面重心轴之距离为 e_1^*，故其弯矩 m_y^* 为

$$M_y^*=N_y^*e_1^* \tag{22}$$

由 N_y^* 和 M_y^* 产生的钢筋所在纤维上的混凝土应力为

$$\Delta\sigma_h(t_K)=-\left(\frac{N_y^*}{A_h^*}+\frac{M_y^*}{I_h^*}e_1^*\right) \tag{23}$$

此值即为实际的随时间而变的应力，因为此时混凝土受的是压力，所以等式右边为减（-）号，式中，A_h^* 混凝土截面面积；I_h^* 混凝土截面惯性矩。

不过，它们是用弹性模量比 n^* 将钢筋换算成混凝土后求得的。n^* 用下式求得

$$n^{*}=n_{0}[1+\chi\varphi(t_{K},t_{0})] \tag{24}$$

相应的钢材应力为

$$\Delta\sigma_{y}^{*}(t_{K})=-\Delta\sigma_{h}(t_{K})n^{*} \tag{25}$$

将 $\Delta\sigma_{y}^{*}(t_{K})$ 与由（2.0）式求得 $\sigma_{y}^{*}(t_{K})$ 相加，即得钢筋中的随时间而变的应力变量

$$\Delta\sigma_{y}(t_{K})=\sigma_{y}^{*}(t_{K})+\Delta\sigma_{y}^{*}(t_{K}) \tag{26}$$

下面对（24）式作一说明。混凝土的徐变和收缩应变是逐步展现的。因此由于徐变和收缩引起的混凝土和预应力钢筋中的随时间而变的力亦是逐步呈现的。计算这种逐步呈现的混凝土应力的最好方法是用修正龄期的有效模量公式。

$$E_{h}^{*}=E_{h}(t_{0})\ /[1+\chi\varphi(t_{K},t_{0})] \tag{27}$$

式中，x 为衰老系数。

衰老系数反映混凝土自加载后徐变的逐步衰老效应。它与徐变系数值，混凝土加载时的龄期和荷载的持续时间有关。它可由图 6 和图 7 查得。

从上面的介绍中可以看出，为求得构件中的随时间而变的应力和变形，应该把钢筋中的与混凝土中的由无约束徐变（不考虑钢筋的约束）、自由收缩和预应力钢筋的松弛损失（即使有的话亦极小）等所引起的力都作用在徐变换算截面上。所谓徐变换算截面，就是用弹性模量 n^{*} 把钢筋换算成混凝土后的截面。这里 $n^{*}=E_{g}/E_{h}^{*}=n_{0}[1+\chi\varphi(t_{K},t_{0})]$（见式 24）。而

$$E_{\mathrm{h}}^{*}=E_{h}(t_{0})/[1+\chi\varphi(t_{K},t_{0})] \tag{28}$$

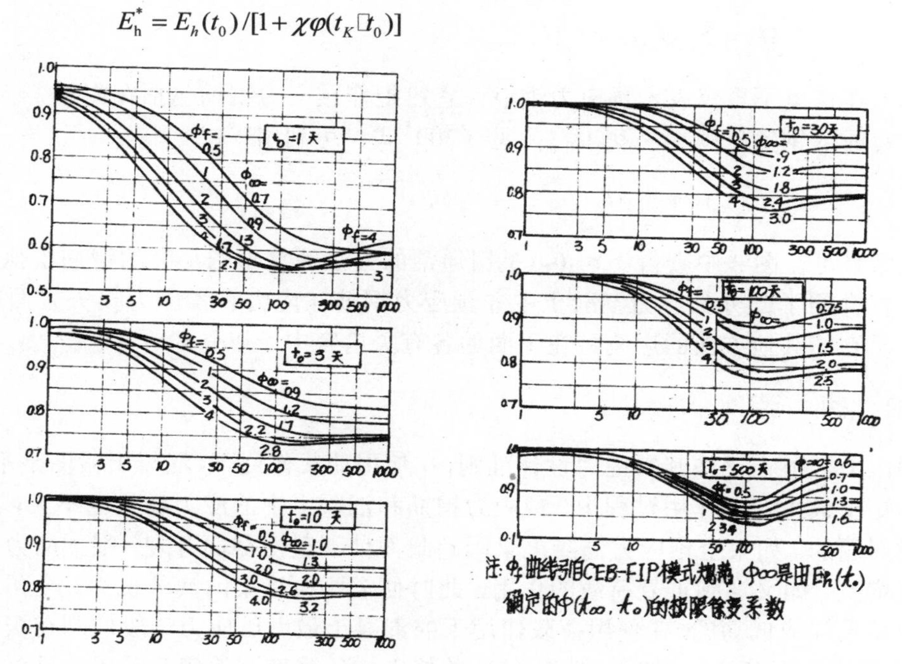

图 6　不同的初期加载龄期及不同的徐变系数的衰老系数

如果假设收缩和徐变按同一速率展现，那么这一计算方法变得非常一般但很严密。它就可以用于包含多层的预应力钢筋和非预应力钢筋的任何的截面。其方法是分别求得各层钢料的应力 $\sigma_y^*(t_K)$，见（20）式，再求算所有各层的 N_y^* 及 M_y^* 的总和，得

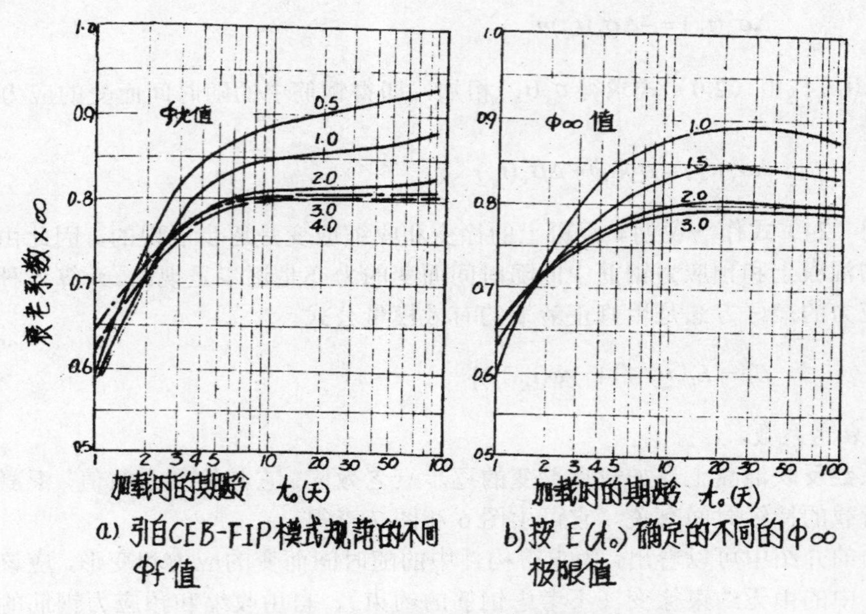

图 7 随加载龄期而变的衰老系数的极限值

$$N_y^* = \sum_{i=1}^{m} \sigma_y^*(t_K) A_{yi} \tag{29}$$

$$M_y^* = \sum_{i=1}^{m} \sigma_y^*(t_K) e_{iA_{yi}}^* \tag{30}$$

脚标 y 在这里不再仅表示预应力钢筋，它已把非预应力钢筋包括在内了。

计算 t_K 时的钢筋松弛损失 $\sigma'_{s2}(t_K)$，见（20）式，可利用下式

$$\sigma'_{s2}(t_K) = \psi \sigma_{s2}(t_K) \tag{31}$$

式中的系数 ψ 可在图 3 中查得。$\sigma_{s2}(t_K)$ 是用通常的方法计算出的 t_K 时的钢筋松弛损失。

以上仅介绍了部分预应力混凝土中非预应力钢筋在应力和预应力损失方面的作用和影响，关于它的其他方面的影响将在下面的各有关内容中予以叙述。

四-2 疲 劳

全预应力混凝土梁按其零应力设计准则，在使用荷载作用下，混凝土截面是不开裂的，在最小弯矩至最大弯矩作用过程中，预应力钢筋和混凝土中的应力增量也不大，所以疲劳是不会成问题的。如果全预应力混凝土梁因超载而使混凝土截面开裂，则预应力钢筋中的应力增量增大，如又遇到重复荷载的作用，此时便需要检算梁的疲劳抗力，全预应力混凝土梁通常是设计成低筋的，在使用荷载作用下的混凝土最大压应力一般控制在极限抗压强度的 50% 以内。而其疲劳强度一般为 55% 的极限抗压强度，故疲劳破坏几乎总是从受拉钢筋开始。

部分预应力混凝土梁通常是设计成在恒载作用下混凝土截面不开裂的，但在使用荷载作用下则开裂，混凝土截面中则同时设置了预应力钢筋和非预应力钢筋。鉴于全预应力混凝土梁在超载时的疲劳破坏特性，自然要对部分预应力混凝土梁的疲劳性能表示担忧。这是因为当某一荷载使截面开裂后，中性轴位置便向上移动，为了保持截面上力素的平衡，使得混凝土的压应应力和钢筋中的拉力突然增大。另外由于裂缝的存在与发展，使得钢筋与混凝土之间的黏结作用部分遭到破坏，因此钢筋中又会产生一个应力增加。活载的重复作用，使裂缝进一步发展，同时钢筋中的应力增量进一步加大，最后有可能导致部分预应力混凝土梁的疲劳破坏。如部分预应力混凝土用于铁路轨枕、小跨度铁路桥梁结构中时，则因这些结构本身的恒载小活载大的特点，使应力增量在截面未开裂以前就具有较大值。因此其疲劳问题更为人们所重视。

艾贝莱斯在 1951 年就对部分预应力混凝土梁和板承受重复荷载时的性能能进行过大量试验。他曾对一根部分预应力混凝土梁进行了三百万次的重复荷载试验。该梁跨度为 21 英尺，梁高 10 英寸，宽 18 英寸，梁内设置 31 根 $\phi 5$ 的高强钢丝，其中 19 根是张拉的，12 根不张拉的作为非预应力了钢筋。第一个百万次的重复荷载是使梁截面下缘产生 3.5 kg/cm^2 的压应力至 38.5 kg/cm^2 的拉应力，该拉应力是按截面尚未开裂的条件计算出来的，故称之为名义拉应力。第二个百万次重复荷载的上限名义拉应力增大了 1.4 倍为 56 kg/cm^2。在循环加载过程中，裂缝的开合已可觉察到，但待卸载后，裂缝都能完全闭合。第三个百万次重复荷载的上限名义拉应力又增至 63 kg/cm^2，这相当于出现可见裂缝的荷载。试验中梁体裂缝已清晰可见。卸载后，梁体裂缝闭合得几乎不能辨认，梁体无损坏也未发现永久性挠度。

另一个试验是在部分预应力混凝土板上做的。先加载到使截面开裂，然后在开裂状态下重复加载三百万次。卸载后再进行静力破坏试验，所得结果大致与未经循环试验的同样板的破坏荷载相同。

另一次对部分预应力混凝土梁的试验中，把上限名义拉应力逐步提高到 85.8 kg/cm^2，共进行了一千万次重复加载试验。以上试验的结果表明部分预应力混凝土构件的疲劳性能是令人满意的。不过，艾贝莱斯进行这些试验的目的看起来主要是在于研究组合梁桥中循环荷载对裂缝反复开合的影响，故未能根据这些试验的成果为部分预应力混凝土构件的疲劳设计提供具体的设计建议。

疲劳破坏是承受重复应力的结构物内部材料产生的永久性损伤积累过程的终了。部分预应力混凝土包含混凝土、预应力钢筋和非预应力钢筋三种不同的主要材料，它的积伤过程将受到三者之间的相互影响，所以如能根据原型构件的疲劳试验成果制定出一套适合于部分预应力混凝土构件的疲劳设计建议将是最合理的。因为它能较好地反映三者的综合影响，但是在原型构件上进行疲劳试验，常常要受到试验规模的限制，对某些构件（如斜拉桥的长钢缆等），甚至无法进行原型构件的疲劳试验。因此，目前一般的方法是分别对混凝土、预应力钢筋和非预应力钢筋进行疲劳试验，确定其疲劳强度。然后分析结构物在使用荷载作用下的混凝土、预应力钢筋和非预应力钢筋的应力，通过实际应力与相应材料的疲劳强度的比较来推算结构构件的疲劳特性。

材料的疲劳强度与材料的其他强度不同，它不是一定固定的定值，而是一个有条件限制的变数。以钢筋的抗拉疲劳强度而言，它除受钢材的化学成分和物理力学性能的影响以外，还受循环荷载所产生的最大应力σ_{max}和最小应力σ_{min}、循环荷载的作用次数 N 等因素的影响，所以疲劳强度有多种表示法。对预应力钢筋来说，它的最小应力等于有效预应力，对一个具体的构件来说它总是一个已知数。故把通常规定N等于2×10^6次时使预应力钢筋断裂疲劳的最大应力σ_{max}称为疲劳强度，也可以把应力增量$\Delta\sigma=\sigma_{max}-\sigma_{min}$称作疲劳强度，当然也可以把应力比值$\rho=\sigma_{min}/\sigma_{max}$称作疲劳强度的。疲劳强度的表示方法不同，但实质是一样的。

对钢筋进行疲劳试验，先以$\sigma_{min}=0$开始，在不同的σ_{max}作用下可试验出产生疲劳断裂时相应的循环次数 N，将结果点绘在对数格纸上后可以看出，在$N=2\times10^6$附近曲线有一个转折点，这就是确定疲劳强度时规定$N=2\times10^6$次的由来。再改换各种不同的σ_{min}值进行试验，就可得一系列曲线（见图 8）。由图 8 可以绘制各种不同定值N时的$\sigma_{max}-\sigma_{min}$图。图 9 即为$N=2\times10^6$次时的$\sigma_{max}-\sigma_{min}$图，此图称为修正的戈特曼图。通过图 8 的$2\times10^6$点作竖线与各曲线相交，由各交点得各相应$\sigma_{max}$值，将各对应的$\sigma_{max}$、$\sigma_{min}$值在图 9 中点绘成上限应力线，过原点作 45°线为下限应力线。图 9 中的 O a 即为图 8 中的σ_{max0}。余类推。上下限应力线间的纵坐标值即为$\Delta\sigma=\sigma_{max}-\sigma_{min}$，它可表示钢筋的最小应力为$\sigma_{min}$时，$N=2\times10^6$次的疲劳强度。上限应力线的顶端是一段曲线。

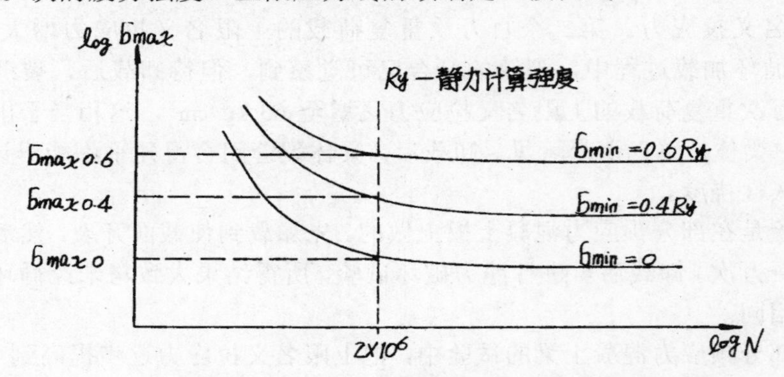

图 8 当σ_{min}为定值时的$\sigma_{max}-N$相关曲线

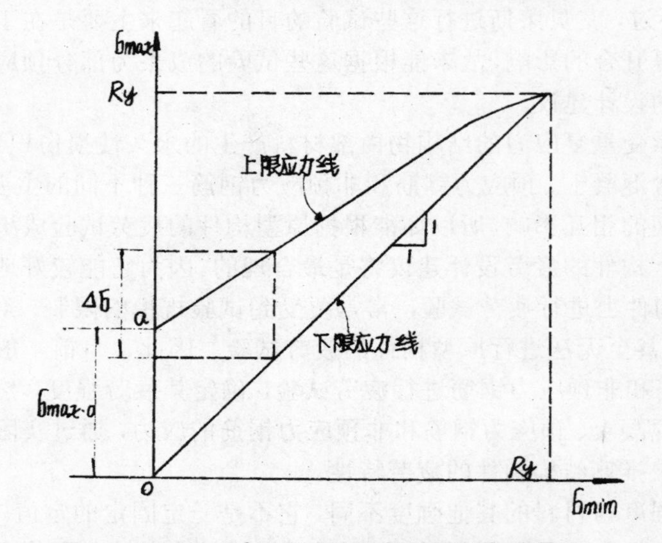

图 9 $N=2\times10^6$ 时预应力钢筋的修正戈特曼图

利用修正的戈特曼图检验钢筋的疲劳特性的方法是：计算在使用荷载作用下的预应力钢筋和非预应力钢筋的$\sigma_{\max}$和$\sigma_{\min}$值，并求出$\Delta\sigma$，然后与戈特曼图上的相应$\sigma_{\min}$处的$\Delta\sigma$相比，如计算的$\Delta\sigma$大于图上的$\Delta\sigma$，即表示产生疲劳破坏。反之就不产生疲劳破坏。

在计算使用荷载作用下预应力钢筋和非预应力钢筋的最大应力及最小应力时，作了如下假定：

（1）混凝土和钢筋都是弹性体，其应力应变按直线变化；

（2）在所计算的各荷载阶段，平截面假设都成立，所以由弯矩产生的各纤维处的应力和应变均与各纤维到中性轴的距离成正比；

（3）混凝土不受任何拉应力；

（4）预应力使混凝土顶部纤维处的应力为零；

（5）钢筋与混凝土之间保持理想的黏结；

（6）混凝土开裂前，按简单的弹性理论把梁作为一个匀质的混凝土截面进行分析；

（7）混凝土开裂以后，应力和应变的分布如图 10 所示。

图中：h_y、h_g及h_o分别为混凝土截面顶缘纤维至预应力钢筋、非预应力钢筋重心和两者的合重心的距离；β_y及β_g分别为预应力钢筋和非预应力钢筋的应变比列系数，并按下式计算

$$\beta_y=(h_y-x_b)/(h_0-x_b) \tag{32}$$

$$\beta_g=(h_g-x_b)/(h_0-x_b) \tag{33}$$

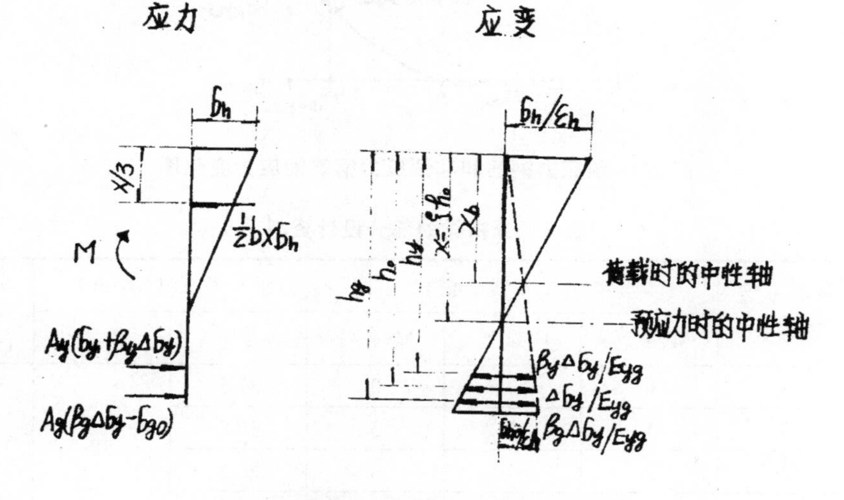

图 10　截面开裂后的应力应变分布图

式中　x_b——使用荷载和预应力作用时的截面受压区高度，可按下式计算

$$x_b=\frac{\sigma_{hx}}{\sigma_h+\dfrac{x}{h_0}\sigma_{ho}} \tag{34}$$

σ_{ho}——预加应力时，预应力钢筋和非预应力钢筋重心处的混凝土的初应力；

σ_{yo}——预加应力在非预应力钢筋中产生的应力；

$\Delta\sigma_y$——弯矩产生的在预应力钢筋和非预应力钢筋合重心处的钢筋应力；

σ_{y1}——预应力钢筋中的有效预应力；

E_{yg}——预应力钢筋和非预应力钢筋的平均弹性模量。

按照这种假定分析所得的结果见图 11，图 11（a）为各阶段的截面应力分布示意图。图 11(b)为预应力钢筋和非预应力钢筋的应力变化图。由图中的在使用荷载作用时的 σ_{max} 和 σ_{min} 值即可求得应力增量 $\Delta\sigma$，供校核疲劳特性之用。

本纳特等人按上述假定对一组工字梁进行了疲劳特性的分析。后张法带黏结钢筋的分析梁的部分设计资料见表 5。

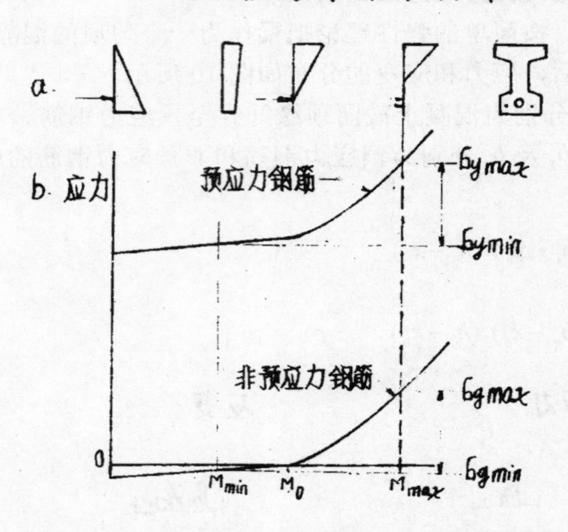

图 11　预应力钢筋和非预应力钢筋的应力变化图

表 5　分析梁的部分设计资料

梁号	预应力钢筋根数	非预应力钢筋根数			设计弯矩（kN·m）		分析弯矩的变化范围（kN·M）
		W 系列	H 系列	M 系列	开裂	极限	
1	4	0	0	0	37.3	58	20～40
2	3	1	2	3	30.0		
3	2	2	4	6	22.8		
4	1	3	6	9	15.6		
5	3	0	0	0	30.0	45	15.5～31.0
6	2	1	2	3	22.8		
7	1	2	4	6	15.6		

所有预应力钢筋均用极限强度为 19 000 kg/cm² 的 ϕ7 冷拔钢丝，非预应力钢筋为，M 系列：ϕ10 光面热轧钢筋；H 系列：ϕ10 变形热轧高强钢筋；W 系列：与预应力钢筋相

同的冷拔高强钢丝。

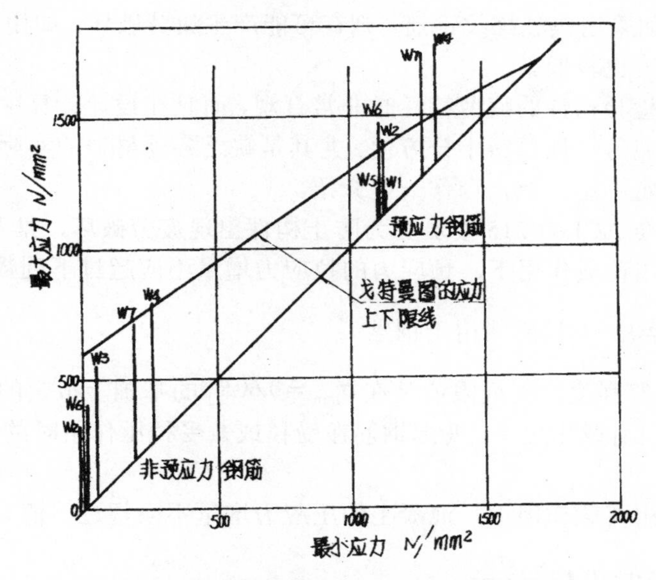

图 12　W 系列梁在戈特曼图上绘制的钢筋应力增量

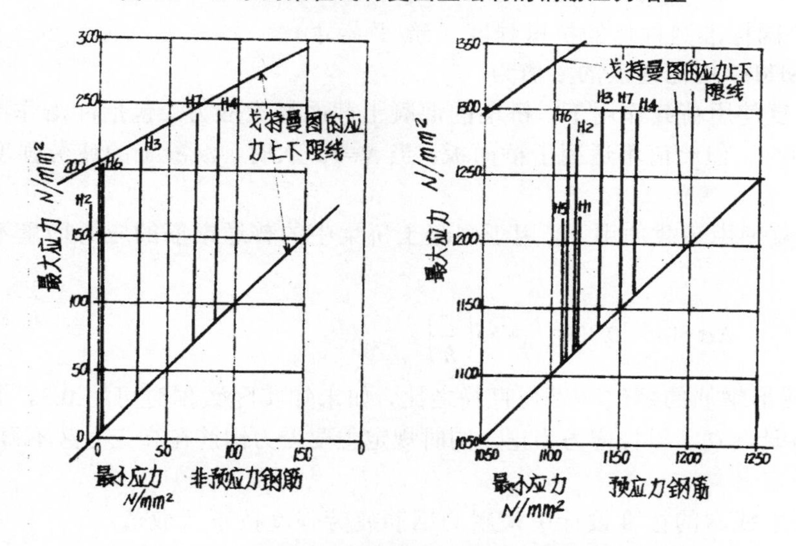

图 13　H 系列梁在戈特曼图上绘制的钢筋应力增量

用戈特曼图检算 W 系列和 H 系列分析梁的疲劳特征分别见图 12 和图 13。M 系列的预应力钢筋和非预应力钢筋，经检算后均无疲劳破坏的现场故未作图示。

通过上列分析后可看出，全预应力混凝土的梁相对于部分预应力混凝土来说其疲劳特性较好。非预应力钢筋截面面积大的梁，其疲劳特性较好，在 W 系列中的预应力钢筋，将先于非预应力钢筋出现疲劳破坏，而在 H 系列中则有相反的可能。故本纳特认为，大多数预应力混凝土构件是设计成低筋的，如果可能出现疲劳的话，将是由受拉钢筋引起的，不是预应力钢筋就是非预应力钢筋。同时建议设计时由预应力形成的消压弯矩（见图 11 中所示的 M_0）大于恒载弯矩，并设置足够大的非预应力钢筋截面面积等措施来防止疲劳破坏的出现。

从上列分析中还可看出，从非预应力钢筋所采用的品种来看，如果采用软钢则很少有疲劳破坏的危险，如采用热轧螺纹钢筋，则有可能产生疲劳破坏，如用与预应力钢筋相同的钢筋，则疲劳强度也较低。

利用戈特曼图检验构件的疲劳特性时非常直观，而且在设计计算中，利用疲劳应力的限值来检验构件的疲劳特性显得十分方便，尤其是缺乏各项材料的实际试验资料时。疲劳应力限值各国的规定不尽一致，今作一些介绍。

美国混凝土学会 ACI 的 215 委员会为防止构件出现疲劳破坏，推荐的应力限值为：

（a）在重复使用荷载作用下，预应力的拉应力增量不应超过下列数值

$$\Delta\sigma_y = 0.12R_y \text{（用于钢丝）}$$

式中，R_y 为静力计算强度，上列限值是在 $\sigma_{\min} = 0.60R_y$ 的基础上拟定的。

（b）在重复使用荷载作用下，变形钢筋在受拉或兼受拉压作用时的应力增量不应超过 140 MPa 。

（c）在重复使用荷载作用下，混凝土的压应力增量不应超过下值

$$\Delta\sigma = 0.4f_c' - \frac{\sigma_{\text{hmin}}}{2} \tag{35}$$

式中，f_c' 为美国标准圆柱体的抗压强度（磅/平英寸）。

美国 ASSHTO 规范建议的限值为：

（a）在重复使用荷载作用下，桥梁的混凝土截面最大应力（包括冲击作用）不得超过静力强度的 50%，但此值不适用于桥面板。当 $N=10^7$ 次时，混凝土的疲劳强度大致为静力强度的 55%。

（b）在重复使用荷载作用下，用于混凝土桥梁中的普通钢筋的应力增量不得超过下式的容许值

$$\Delta\sigma=145-0.33\sigma_{\min}+55\left(\frac{\gamma}{h}\right) \tag{36}$$

式中，γ/h 为变形钢筋的螺纹高度与直径之比，如未知实际数据时可用 0.3，上式中应力的单位均以 MPa 计，$\sigma_{\min}$ 以拉应力为正，同时规定主要受力钢筋在高应力区不得带有弯折。

日本的规定

日本全国干线网的标准设计中采用的钢筋疲劳强度按下式取值：

$$[\sigma_{\max}] = 1\,800c + 0.7\sigma_{\min} \tag{37}$$

式中，c 为容许应力折减系数，应力单位为 kg/cm^2 。

kahuta 提出对直径不大于 32 mm 的变形钢筋的设计疲劳强度可按下式求得的特征疲劳强度 R_{gh}^{p} 除以规定的安全系数后获得

$$R_{gh}^{p} = (160\ \text{MPa} - \sigma_g \text{d}/3)10^{\alpha}(\log N - 6) \tag{38}$$

式中 $\alpha=\begin{cases}-0.1,\ \text{当}\log N > 6\text{时} \\ -0.2,\ \text{当}\log N < 6\text{时}\end{cases}$

σ_{gd} 为钢筋的恒载拉应力。当有弯折或焊接点时，疲劳强度不得大于上述计算值的

50%，经试验证明可以超过此规定值时则除外。

混凝土的特征疲劳强度按下式计算

$$R_{\mathrm{hk}}^{\mathrm{p}}=(0.9\mathrm{krh\kappa}-\sigma_{\mathrm{hd}})\left(1-\frac{\log N}{15}\right) \tag{39}$$

式中　R_{hk}^{p}——混凝土的特征疲劳强度；

$R_{h\kappa}$——混凝土的静力强度；

K——取 0.85，表示结构的实际强度与圆柱体强度的差异。

特征疲劳强度除以规定的安全系数后即为设计的疲劳强度。

$\log N$ 按下式计算

$$\log N=17\left(1-\frac{s_{\gamma}}{1-s_{\mathrm{P}}}\right) \tag{40}$$

式中　s_{γ}——混凝土的应力增量与静力强度之比；

s_{P}——混凝土的恒载应力与静力强度之比。

国际预应力混凝土协会 FIP 在最新提出的《钢筋混凝土与预应力混凝土结构实用设计建议》（草案）1982 中的规定是：

（a）对混凝土的疲劳强度规定为“抗压强度很少起控制作用，抗拉强度则在设计中不应考虑”。

（b）普通钢筋的特性疲劳强度定义为在 σ_{max} 作用下经 2×10^{6} 次循环，试验值的 10%分位值，对锚固装置为 50%分位值。其中 $\sigma_{max}=0.70\sigma_{gk}$ 或 $0.7\sigma_{0.2k}$，σ_{gk} 为钢筋的特征抗拉强度，$\sigma_{0.2k}$ 为残余余应变为 0.2%处的屈服强度。

当缺少试验结果，$\Delta\sigma_{g}$ 限值如下：

光面钢筋：250 MPa

高黏结钢筋：150 MPa

但在以下情况应乘折减系数

曲线部位(γ 为曲率半径)：$\left(1-1.5\dfrac{\varphi}{\gamma}\right)$

点焊：　0.4

连续焊：　0.4

对焊：　0.7

（c）预应力钢筋的特征疲劳强度定义为在 σ_{max} 作为下经 2×10^{6} 次循环后试验值的 10%分位值，对锚固装置为 50%分位值。其中 $\sigma_{max}=0.8\sigma_{0.2}$。

当缺少试验结果时，$\Delta\sigma_{y}$ 限值如下：

无黏结变形截面预应力钢筋：200 MPa

有黏结变形截面预应力钢筋：150 MPa

钢绞线：200 MPa

高强钢筋：80 MPa

上海铁道学院对现行桥 2017 通用图 8.0 米、10.0 米、12.0 米及 16.0 米四种跨度的（铁路单线）道砟桥面低高度先张法预应力混凝土梁用上述分析方法进行了计算，在计算中逐步把原设计的预应力钢筋根数减少，并用非预应力钢筋替代，以保证梁具有相同的强度安全系数。预应力钢筋和非预应力钢筋的不同用量用下式的预应力度λ来表示：

$$\lambda=\frac{A_y\sigma_{0.2}}{A_y\sigma_{0.2}+A_g R_g} \tag{41}$$

式中　R_g——非预应力钢筋的设计强度；

　　　$\sigma_{0.2}$——残余应变为0.2%时的预应力钢筋的应力。

在恒载与预加力作用下的应力以σ_{min}表示，在恒载、活载与预加力作用时的应力以σ_{max}表示。随λ而变的应力数值见图14及图15。从图中可以看出预应力钢筋和非预应力钢筋应力增量均随λ的减小而增大，但预应力钢筋应力增量比非预应力钢筋的小，当$l=16$米，$\lambda\approx0.34$时，非预应力钢筋的应力增量约为1 200 kg/cm²，而当$\lambda\approx0.3$时，则降为700 kg/cm²。而普通钢筋混凝土梁里的主钢筋，由重复荷载产生的应力增量通常在1 100~1 300 kg/cm²。由此可以认为在部分预应力混凝土构件中，预应力钢筋比非预应力钢筋有较好的抗疲劳性能，即使在预应力较低的构件中，非预应力钢筋的抗疲劳性能与钢筋混凝土中的主筋相当。因此，部分预应力混凝土构件的疲劳问题不会比钢筋混凝土的疲劳问题更严重。疲劳强度与预应力度有关，这在国外的试验资料中亦有类似结论。

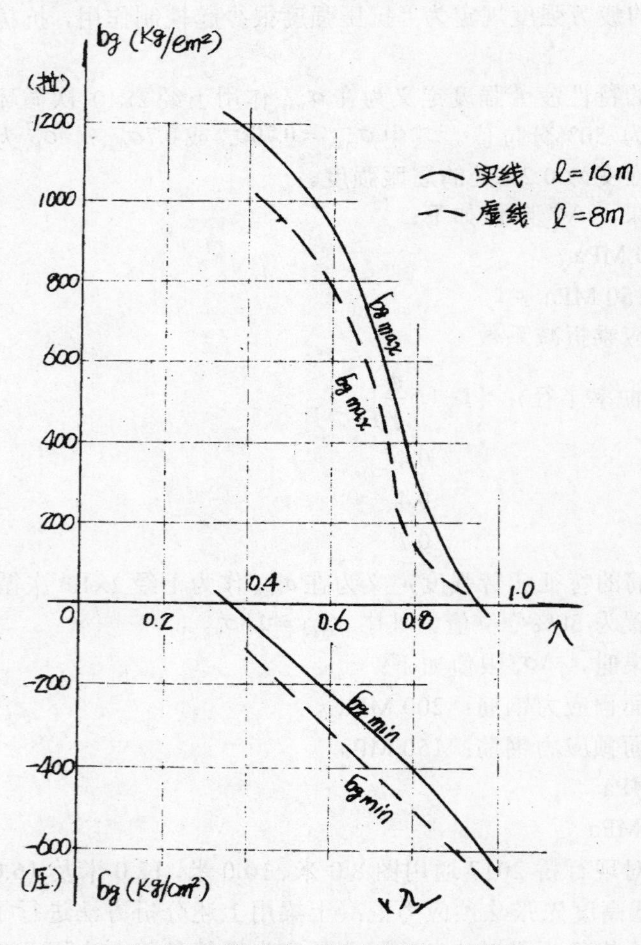

图14　非预应力钢筋应力随λ的变化

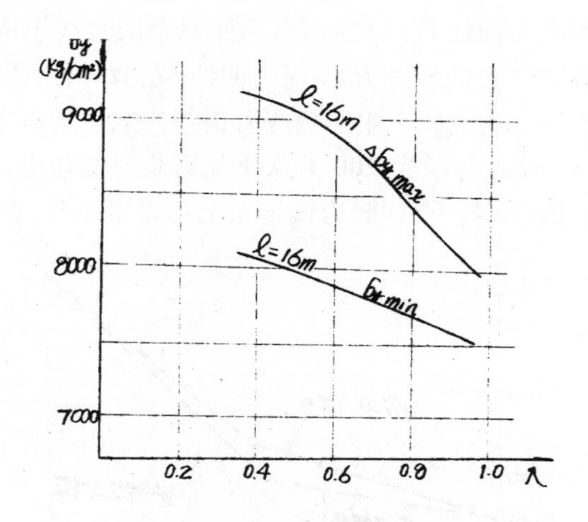

图 15　预应力钢筋应力随λ的变化

巴赫曼（H.Bachmann）曾指出：在混合配筋的混凝土梁上试验的结果表明，在重复荷载作用下，预应力钢筋处于有利状态，而非预应力钢筋则较早地趋向于不利状态。大多数桥的疲劳，首先在非预应力钢筋中出现。这种结论与上述分析结果是一致的。美国的试验研究指出，当普通钢筋的应力变化增量是由 $\sigma_{\min}$ 的压应力变化至 $\sigma_{\max}$ 的拉应力时，它所能经受的重复荷载次数 N 将比应力增量相同但应力符号不变时的次数要降低很多。对照图 14 的非预应力钢筋应力增量，亦可以认为非预应力钢筋将首先出现疲劳。不过，中国建筑科学研究院和铁道部科学研究院分别对部分预应力混凝土构件所作的疲劳试验结果表明，疲劳破坏是由预应力钢筋的疲劳脆断引起的。

中国建筑科学研究院对先张法和后张法部分预应力混凝土工字梁的正截面疲劳试验结果指出，在重复荷载作用下，预应力钢筋中的应力将因受拉区混凝土抗裂度的降低而增加；预应力的损失加大而降低；黏结力的逐渐破坏而减小；因受压区混凝土徐变发展，出现应力重分布后而增加。与未经重复荷载作用的预应力钢筋应力相比，最大应力的增长率在 5%以内（见图 16）。为此，根据预应力钢筋应力的实测结果提出了计算疲劳最大应力的两种方法。其中一法与前面所述的方法基本相同，另一法介绍如下（见图 17）。

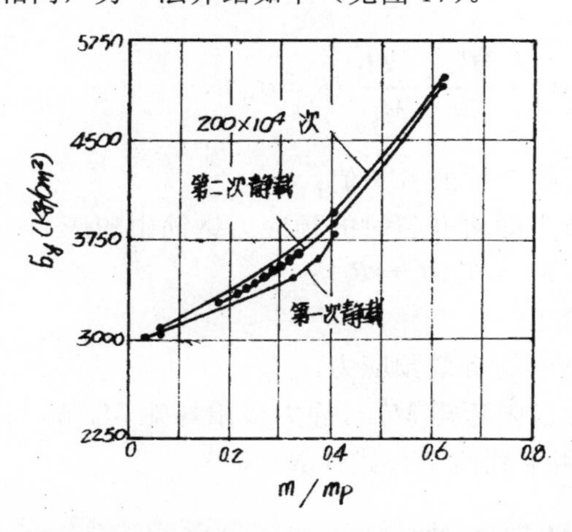

图 16　在静载及重复荷载作用下预应力钢筋的应力变化

第一次静载时的力矩-应力曲线 $M\text{-}\sigma_y$ 由两条不同斜率的直线组成，突变点是在开裂力矩 M_f 处。荷载重复作用 200 万次后的疲劳力矩-应力曲线 $M_P\text{-}\sigma_y^P$ 仍由两条不同斜率的直线组成，变坡点亦在 M_f 处。如果将第一次静载产生的预应力钢筋的应力乘以考虑受拉区混凝土开裂和疲劳作用的影响系数 β_y 后，使之与经受 200 万次重复荷载后的预应力钢筋应力相等，则根据以上试验资料可得 β_y 在 1.06~1.44，设计时为偏于安全可采用 1.5。计算时可用下列公式。

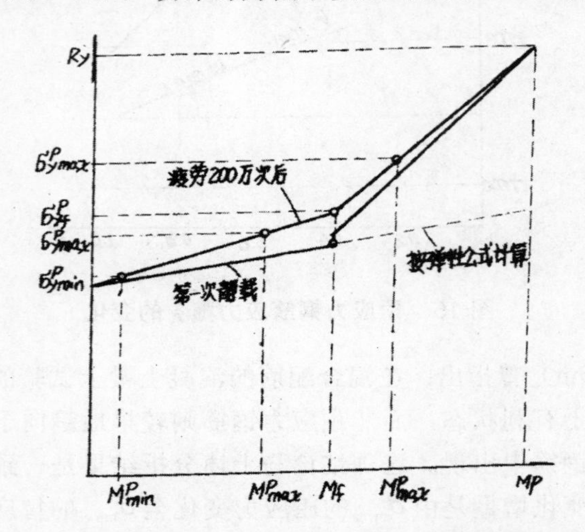

图 17　部分预应力混凝土梁钢筋疲劳应力计算模式

当 $M_{\max}^{P} < M_f$ 时，

$$\sigma_{y\min}^{P} = \sigma_{y1} + n\frac{M_{\min}^{P}}{j_0} y_{oy} \tag{42}$$

$$\sigma_{y\min}^{P} = \sigma_{y1} + n\frac{M_{\max}^{P}}{j_0} y_{oy} \tag{43}$$

当 $M_{\max}^{P} = M_f$ 时，

$$\sigma_{y\max}^{P} = \sigma_{yf} = \sigma_{y1} + n\frac{m_f}{j_0} y_{oy} \tag{44}$$

当 $M_{\max}^{P} > M_f$ 时

$$\sigma_{y\max}^{P} = \sigma_{yf} + \frac{M^{P}{}_{\max} - M_f}{M_P - M_f}(R_y - \sigma_{yf}) \tag{45}$$

式中，上角标 P 为疲劳荷载产生的有关值；

σ_{yf}——受拉区混凝土即将开裂时的预应力钢筋中的应力；

M_f——裂缝弯矩，$M_f = W_0(\sigma_h + \gamma R_f)$；

M_P——静载极限弯矩；

σ_{y1}——预应力钢筋中的有效预应力。

根据实验实测的疲劳极限弯矩 M_P^P 与静力极限弯矩 M_P 值，计算出的正截面疲劳强度折减系数 $k_M^P = M_P^P / M_p$ 可用下列两个公式计算：

$$k_M^P = 1.0 - 0.05\log N \tag{46}$$

$$k_{M}^{P}=0.85-0.05\log N \tag{47}$$

式中，N 为重复荷载的次数，其适用范围在 ρ=0.6~0.8 。

试验还指出，由于钢筋的疲劳强度分散性较大，因此疲劳破坏时往往不是所有钢筋同时破坏，当有一根预应力钢筋疲劳脆断后，梁不会立即破坏，它还可承受数千次到数万次的重复荷载，这样就会在疲劳破坏出现前，给出一个将要破坏的预兆。

中国建筑科学研究院的疲劳试验是在 I 字形的实体梁上进行的。铁道部科学研究院铁建所的疲劳试验是在混合配筋的轴心受拉试件上进行的，这种试验较好地反映了梁受拉区预应力钢筋、非预应力钢筋和混凝土三者综合的疲劳特性，而不是以通常的分项材料疲劳特性来表示梁的抗疲劳强度，这种试验又可不受实体梁尺寸的限制。

铁建所的疲劳试验具有的特点是：从试件制造开始一直到进行试验以前。仔细地测定了预应力钢筋和非预应力钢筋在不同养生期的应力，混凝土的弹性压缩和随时间而变的收缩徐变应变，从而计算出试验前试件各材料的实际应力，这些应力还可与静载试验的分析结果相校核。因为试件是轴心受拉，所以当疲劳试验的上下限荷载值已定后，便可容易地计算出各材料的应力增量。

试验结果表明，混合配筋的轴心受拉杆件疲劳试验时，预应力钢筋先于非预应力钢筋脆断。疲劳荷载作用下的钢筋应力及试件的破坏形态见表 6。从表中可看出，σ_{gmin} 可达 1 000~2 000 kg/cm^2 压应力，而 σg_{max} 在 1 000 kg/cm^2 拉应力以内，非预应力钢筋的应力增量已达 2 000 kg/cm^2 以上，并没有出现疲劳脆断，这说明在应力增量中压应力部分对钢筋的疲劳并不起重要作用，这一点与上面介绍的美国试验结论不同，也与巴赫曼提出的结论不同。试验报告认为，非预应力钢筋对混凝土的收缩徐变起约束作用，使混凝土的预应力降低，但使非预应力钢筋中保存较大的压应力储备，改善了它的疲劳特性，所以在重复荷载的最大值作用下，预应力钢筋的应力增量已经 2 000 kg/cm^2，而非预应力钢筋才 800 kg/cm^2 左右，因此预应力钢筋先发生疲劳脆断。

通过动载试验结果分析所得的 S-N 关系式为

$$S=1.265-0.110\,5\log N \tag{48}$$

式中，S 为最大疲劳应力均值与极限强度之比值。

相关系数 $\gamma=-0.831\,6$

剩余标准差 $S_X=0.245$

由此得相对于重复 200 万次时的疲劳强度均值 S_{max}=0.577 4 。分析所得的应力比 ρ 在 0.634～0.696 变动，其均值为 0.665。

根据实验资料，按 95%保证率计算所得应力增量，与 ACI215 委员会建议的预应力钢筋应力增量不应超过极限强度的 10%相比，显得该建议偏于安全，而与 FIP 的《钢筋混凝土与预应力混凝土结构实用设计建议》1982 年（草案）中规定的变形黏结钢筋的疲劳强度可达 150 N/mm^2 相比，则两者相当接近。

试验所得的预应力钢筋疲劳强度与在空气中对同类钢筋进行疲劳试验所得结果基本相同。

当前，关于部分预应力混凝土疲劳性能的科学研究已有新的发展。

表 6　疲劳荷载作用下钢筋应力及试件破坏形态

序号	试件编号	失压荷载（T）	疲劳荷载（T）			普通钢筋应力（kg/cm²）			预应力钢筋应力（kg/cm²）			ρ	循环次数 $N(\times 10^4)$	$\log N$	S	疲劳破坏形态
			N_{max}	N_{min}	ΔN	$\Delta\sigma_g$	σg_{min}	σg_{max}	$\Delta\sigma_g$	σ_{ymin}	$\sigma_{y max}$					
1	A2-3(10)	10.4	24	9	15	1 980	−1 525	455	1 785	3 827	5 612	0.682	194	6.285	0.583	端部预应力筋断
2	A2-3(12)	11.65	26	10	16	2 112	−1 389	723	1 904	4173	6 077	0.687	101.68	6.004	0.631	端部预应力筋断
3	A2-3(17)	8.95	22.5	9	13.5	1 782	−1 648	134	1 607	3684	5 291	0.696	200	6.301	0.549	通过 200 万次
4	A2-3(9)	9.05	28.5	11.4	17.1	2257	−1447	810	2035	3959	5 994	0.660	70	5.845	0.622	端部预应力筋断
5	A2-3(15)	8.95	24.0	9.6	14.4	1901	−1565	336	1714	3777	5491	0.688	200	3.301	0.570	通过 200 万次
6	A2-3(14)	9.8	28	11.2	16.8	2 218	−1385	833	1 999	3945	5 944	0.664	60.4	5.781	0.617	端部预应力筋断
7	A2-3(16)	9.8	30	12	18	2 376	−1279	1 097	2 142	4 040	6 182	0.654	50.89	5.707	0.642	中间预应力筋断
8	A2-3(13)	6.6	26	7.2	18.8	2 482	−1914	568	2 237	3 966	6 023	0.634	52.0	5.716	0.644	中间预应力筋断
9	A2-3(11)	8.3	28	12	16	2 112	−1 279	833	1 904	4 021	5 925	0.679	46.68	5.669	0.615	中间预应力筋断
10	A2-3(19)	10.0	26	9	17	2 244	−1 568	676	2 023	3 782	5 805	0.652	63.88	5.805	0.603	中间预应力筋断
11	A2-3(20)	7.15	24	3	21	2 772	−2 025	747	2 499	3 334	5 833	0.572	56.18	5.750	0.606	中间预应力筋断
12	A2-3(21)	7.6	32	15.6	16.4	2 165	−804	1 361	1 952	4 439	6 391	0.695	37.02	5.568	0.664	中间预应力筋断
13	A2-3(5)	7.8	24	7.5	16.5	2 178	−1 842	336	1 964	3 685	5 649	0.652	159.6	6.203	0.587	端部预应力筋断
14	A2-3(2)	7.5	23	7.0	16.0	2 112	−1 895	217	1 904	3 633	5 537	0.656	157	6.200	0.575	端部预应力筋断
15	A2-3(1)	10.9	20	6.0	14.0	1 848	−1 529	319	1 666	4 061	5 727	0.709	200	6.301	0.595	通过 200 万次
16	A2-3z	12.5	25	12.5	12.5	1 583	−1 267	383	1 488	4 135	5 623					静载试验

发展之一是从研究部分预应力混凝土梁的正截面的疲劳性能发展到研究斜截面的疲劳性能。中国建筑科学研究院对十二根先张法部分预应力混凝土梁进行了斜截面疲劳性能的研究。部分预应力混凝土梁当预应力度降低后，斜截面的抗裂安全系数可能得不到满足，在静力使用荷载作用下沿斜截面可能会出现裂缝。对这种在重复荷载作用下斜截面带裂缝工作的梁来说，如何保证它斜截面的疲劳强度便是一个很重要的问题。

经过试验得到的部分预应力混凝土梁沿斜截面疲劳破坏的过程是，通过斜裂缝的某一箍筋先发生疲劳断裂，然后其他箍筋随荷载重复次数的增加而逐根断裂。最后在受压混凝土疲劳剪压破坏或纵向预应力钢筋疲劳断裂时，梁便彻底破坏。因此。斜截面的疲劳强度验算，关键的是在疲劳使用荷载作用下正确地计算出箍筋的最大应力和最小应力，使其应力增量或最大应力不超过疲劳强度，以保证部分预应力混凝土梁在规定的荷载重复次数下不出现疲劳破坏。

试验中实测的箍筋最大应力 $\sigma_{gK\max}$ 与剪力 Q 的关系如图 18 所示。可以看出第二次静载试验所得的应力与第一静载所得者相差显著。在斜裂缝未出现以前，第一次静载产生的箍筋应力很小，但裂缝出现后，由于截面内各部分间产生内力重分布，使箍筋应力猛增。而且在卸载后，由于沿斜裂缝上的骨料的互相咬合和剪压区混凝土的塑性变形，使裂缝不能完全闭合，箍筋中保留了较大的残余应力，这是第一次和第二次静载试验中所测得箍筋应力不同的原因。重复荷载产生的箍筋最大应力的增长趋势与第二次静载试验时所得的曲线相似，但其值则随重复次数的增多而加大。这一特征表明，重复荷载作用下的箍筋最大应力可用第二次静载时的箍筋最大应力乘上考虑疲劳影响的增大系数 β_{K}^{P} 来计算。通过试验分析，实用上可取 $\beta_{K}^{P}=1.1$。

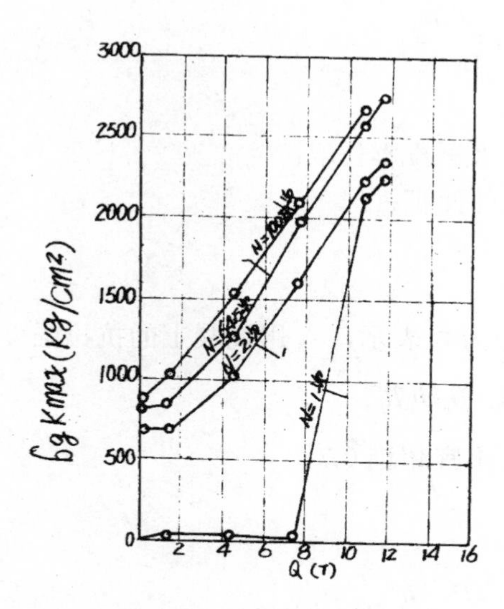

图 18　箍筋最大应力 b_gk_{max} 与剪力 Q 关系

试验还证实了在重复荷载作用下箍筋应力随预应力度的增大而减小，也随箍筋的配筋率增大而减小。

试验也证实了在重复荷载作用下通过斜裂缝的各箍筋应力的不均匀性。第二次静载时的箍筋最大应力与平均应力之比可取 α=1.2。

试验表明在重复荷载作用后的临界斜裂缝位置仍在静载产生的最大斜裂缝处，不过斜裂缝会向下翼缘延伸至纵向钢筋附近处。

根据外剪力 Q^P 由斜裂缝内箍筋抗剪力 Q_K^P、骨料间的咬合剪力 Q_c^P、减压区混凝土的抗剪力 Q_h^P 和下翼缘混凝土及一部分纵筋抗剪力 Q_{h1}^P 来平衡的原理，即得

$$Q^P = Q_K^P + Q_c^P + Q_h^P + Q_{h1}^P$$

$$Q_K^P = Q^P - Q_c^P - Q_h^P - Q_{h1}^P$$

则箍筋平均应力 $\overline{\sigma_{gK}}$ 及最大应力 $\sigma_{gK\max}^P$ 分别为

$$\overline{\sigma_{gk}} = \frac{Q_K^P}{A_K \dfrac{Q^P}{S}} = \frac{Q^P - Q_c^P - Q_h^P - Q_{h1}^P}{A_K \dfrac{Q^P}{S}} \tag{49}$$

$$\sigma_{gk\max} = \beta_K^P \alpha \frac{Q^P - Q_c^P - Q_h^P - Q_{h1}^P}{A_K \dfrac{Q^P}{S}} \tag{50}$$

为简化计算，可将 Q_c^P 、 Q_h^P 及 Q_{h1}^P 合并均看作是混凝土的抗剪力，则

$$Q_k^P = Q^P - Q_h^P = \overline{\sigma_{gK}^P} \cdot b \cdot c^{\,P} \mu_K$$

$$\overline{\sigma_{gk}^P} = \frac{Q_K^P}{b_c{}^P \mu_K} = \frac{Q^P - Q_h^P}{bc^P \mu_K} \tag{51}$$

$$\sigma_{gK\max}^P = \beta_K^P \alpha \frac{Q^P - Q_h^P}{Bc^P \mu_k} \tag{52}$$

式中 b——工字梁的腹板厚；

O^P——临界斜截面的水平投影长度；

A_K——一排箍筋的截面面积；

S——箍筋间距；

μ_K——箍筋的配筋。

Q_k^P 可用截面面积与假想剪应力 τ_h 表示，τ_h 用混凝土的抗拉强度来表示，则得

$$Q_K^P = \tau_h b h_0 = \beta_n b h_0 R_l^P \tag{53}$$

通过试验分析，建议 β_n 不宜超过 0.7。

O^P 可按下式计算确定；

当剪跨比 $m \leqslant 1.5$ 时

$$c^P = \frac{h_0 - h_i'}{h} \cdot \frac{M^P}{Q^P} = \frac{h_0}{h}(h_0 - h_i')m \tag{54}$$

当 $m \geqslant 2.0$ 时

$$c^P = \frac{h_0 - h_i'}{2}(1 + m) \tag{55}$$

当 $1.5 < m < 2.0$ 时 C^P 可用上两式内插。C^P 值不应大于 $2h_o$。

式中　h——梁高；

h_0——梁的有效高度；

h'_i——受压翼缘板厚。

求出的 $\sigma_{gK\max}^{P}$ 应小于或等于箍筋的试验疲劳强度 R_g^P 。

箍筋的最小疲劳应力 $\sigma_{gK\min}^{P}$ 可认为是第一次静载试验后卸载所得的残余应力，按下列条件取用

当 $$\frac{Q_{\max} h_f R_a}{Q_P b \sigma_h} \leqslant 40 \text{ 时}$$

$$\sigma_{gK\min}^{P} = 350 \text{ kg/cm}^2$$

当 $$\frac{Q_{\max} h_f R_a}{Q_P b \sigma_h} > 40 \text{ 时}$$

$$\sigma_{gK\min}^{P} = 11Q_p \frac{Q_{\max} h_f R_a}{Q_P b \sigma_h} - 90 \tag{56}$$

式中　$\sigma_{\max}$——静力使用荷载产生的剪力；

h_f——腹板部分的高度；

σ_h——预应力在梁重心处建立的预压应力；

Q_P——极根剪力值。

若结构的自重较大时，应计算其最大应力，然后与（56）式相比，取其大者作为 $\sigma_{gK\min}^{P}$。

用上列公式计算出的箍筋疲劳断裂应力与箍筋材料的平均疲劳强度之比的平均值为1.03，这表明用这些公式计算经200万次重复荷载的部分预应力混凝土薄腹梁的箍筋应力是较为正确的。

关于斜截面的疲劳性能研究，现有的资料并不很多。斜截面的抗剪强度计算相对来说比较复杂，至于斜截面的疲劳破坏机理更是一个非常复杂的问题，斜裂缝出现的位置和斜率均受很多因素而变，事先难于确切预料，甚至在重复荷载作用下，原来不应沿斜截面破坏的梁，亦会沿斜截面破坏，所以这方面的科研工作仍需大力进行。

发展之二是研究实际荷载与试验荷载之间存在着差异，对结构疲劳性能的影响。对实体构件或分项材料作疲劳试验时，一般都采用简谐波连续加载。而作用在实际结构上的重复荷载，其应力增量及频率都是变数，因此以往的研究疲劳性能的方法只能看作是一个简化的近似计算法。

不稳定重复荷载作用下，构件应力与时间的关系曲线可以图19表示，而试验时简谐波荷载产生的应力与时间的关系曲线如图20所示。比较后可以看出，即使 $\sigma_{\min}$，$\sigma_{\max}$ 及 $\Delta\sigma$ 相同时，实际上两者的应力有相当的出入，所以在这方面进行深入研究很有必要。

如果以 $\sigma_{\min}$、$\sigma_{\max}$ 和 $\Delta\sigma$ 等特征值进行一般的疲劳试验，材料当重复荷载达 N 次时发生断裂，试验便宣告结束。而在不稳定的实际重复荷载作用下（见图19），即使 $\sigma_{\min}$、$\sigma_{\max}$ 和 $\Delta\sigma$ 与前述试验时的相同，材料却会在重复次数小于 N 次时发生断裂。这是因为在实际的不稳定重复荷载作用的每一周期中，存在着若干个较小的应力变量 $\Delta\sigma_i$，按疲劳积伤概念考虑，这些 $\Delta\sigma_i$ 将使材料提前发生断裂。因此，便产生一个如何计算在不稳定重复荷载作用下，发生疲劳断裂时的次数 N 的问题。

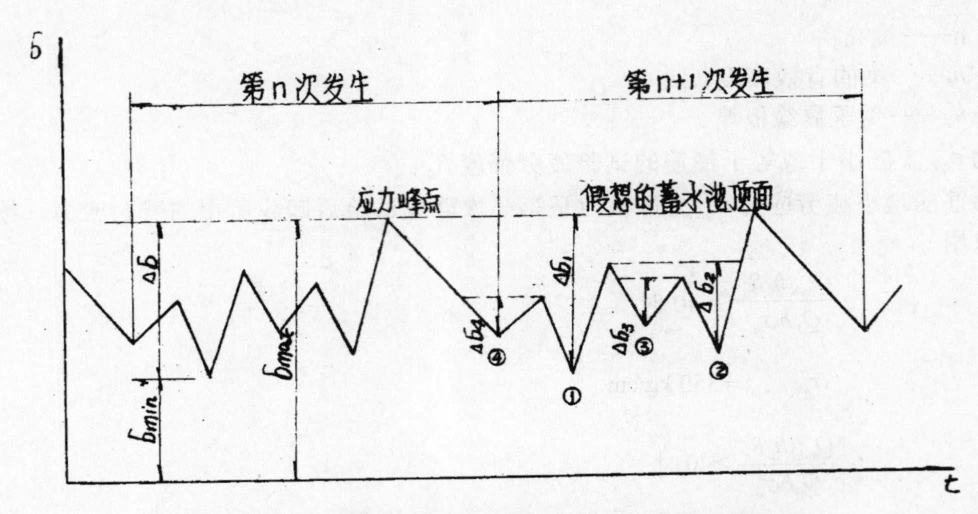

图 19　实际的不稳定重复荷载产生的随时间而变的应力图

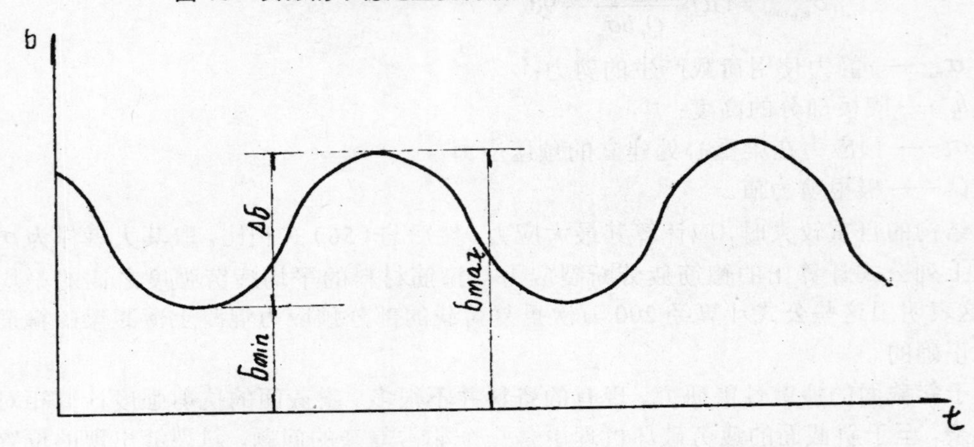

图 20　试验时简谐波荷载产生的随时间而变的应力图

英国 1980 年的规范 BS5400 提出的计算方法之一是所谓蓄水池法。该法将一个实际发生的应力~时间周期，按每个对应的应力峰点和谷点划分成若干个假想的蓄水池（见图 19），从中确定各应力增量 $\Delta\sigma_i$，并根据材料的试验结果，定出当各个定值 $\Delta\sigma_i$ 单独作用时发生疲劳断裂的重复次数 N_i,按照米奈（Miner）提出的线性积伤规律，当用不稳定重复荷载产生的各 $\Delta\sigma_i$，求得相对应的各重复次数 N_i 满足下式的条件时，材料便会发生疲劳断裂，由此便可确定发生疲劳断裂时的 N 值。

$$\Sigma = \frac{n_i}{N_i} = 1 \tag{57}$$

式中　n_i ——应力增量为 $\Delta\sigma_i$ 的实际发生次数；

N_i ——以应力增量为定值 $\Delta\sigma_i$，单独进行疲劳试验时，发生脆断时的荷载重复次数。

EIP 在 1982 年提出的《钢筋混凝土与预应力混凝土结构实用设计建议》（草案）中建议，按作用荷载的类别选用表 7 中所列的加载次数经验值 N，并在图 21 上确定预应力混凝土构件钢材的疲劳强度 $\Delta\sigma$ 值。图中安全系数 γ 采用 1.5，它由各为 1.15 的钢材基本安全系数 γ_1、考虑成组效应系数 γ_2 及由试验平均值转换为特征值时的系数 γ_3 连乘而得。

表 7　FIP 建议的经验 N 值

荷　载	加载次数检验值 N
分布活载	0.5×10^6
最大集中活载（计算局部效应时）	2×10^6
振动（钢缆振荡）	10×10^6

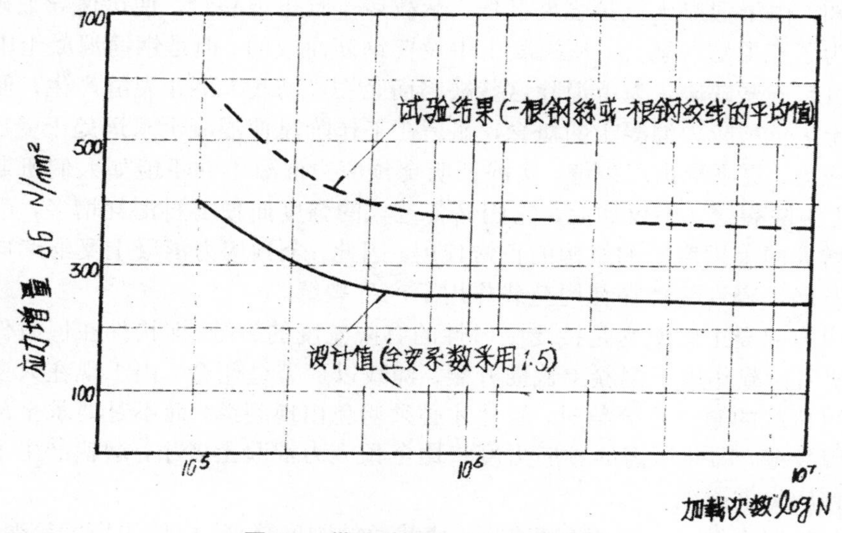

图 21　供设计用的 $\Delta\sigma$-$\log N$ 曲线

在计算 $\Delta\sigma$ 中，英国规范 BS5400 考虑到经常作用在桥梁上的车辆活载，低于验算静力强度时用的标准活载，所以可将标准活载乘以一个小于 1 的折减系数后进行疲劳验算。西德规范亦有类似的规定。BS5400 规范根据统计资料还列出了荷载谱，供设计人员按线路等级和桥梁使用寿命选定活载的大小和加载次数，以便进行疲劳验算。

由于结构物在使用期间承受的是不稳定的重复荷载，因此需要制定一些新的设计准则，以改进原本按稳定重复荷载计算，而显得不符合实际情况的设计准则。为此铁道部科学研究院提出了“基于可靠性的混凝土结构疲劳设计模式”，为今后编制有关设计规范时参考。该“模式”认为应该根据实际情况将重复荷载定为具有一定统计规律的不稳定重复荷载，然后以这种不稳定重复荷载验算结构物是否达到疲劳极限状态。和通常的极限状态分类一样可分为疲劳承载极限状态和疲劳使用极限状态两类。在不稳定疲劳荷载作用下，混凝土或钢筋达到极限状态时的相应最大应力称为条件疲劳强度，这种条件疲劳强度可作为疲劳承载极限状态的控制指标。疲劳使用极限状态的控制指标则主要包括混凝土受拉区裂缝开裂宽度达到某规定值和混凝土结构的整体变形（如挠度）达到某规定值。

铁道部科学研究院从结构物可靠性（安全度）的基本原理出发，考虑了重复荷载的不稳定性或随机性，提出了结构疲劳，极限状态设计表达式和设计参数的确定方法，以便用于全预应力混凝土、部分预应力混凝土和钢筋混凝土结构的疲劳性能估算。

四–3 裂 缝

裂缝不仅是部分预应力混凝土的一个重要研究课题，而且是与预应力混凝土概念的发展紧密相关的。其实自出现混凝土以来，裂缝一直为人们所重视，许多学者投入了巨大的劳动，并取得了卓越的成果，促成了混凝土向钢筋混凝土的发展，继之又向全预应力混凝土发展。当前为了使部分预应力混凝土更快地发展，仍要在裂缝专题上进行大量的工作。

众所共知，由于混凝土抗拉强度甚低，承载后一旦出现裂缝，便迅速导致破坏。钢筋混凝土便是为了克服这种弱点，在混凝土中设置钢筋而成的。但是钢筋混凝土中仍然存在着裂缝，且引起一些缺陷，为了消除这些缺陷而企图“彻底”不让裂缝产生，便产生了全预应力混凝土。全预应力混凝土的概念，就是在工作阶段使混凝土永远处于受压状态，不容许出现拉应力，更不准出现裂缝。实践证明全预应力混凝土并不能如人们所期望的那样实现“彻底”消除裂缝，不仅如此，它因储备过大的强度而使材料消耗增多，因混凝土徐变引起持续增大的上拱度影响结构的正常使用。因此，全预应力混凝土又继续向着部分预应力混凝土发展，容许构件在使用荷载作用下产生裂缝。

部分预应力混凝土的概念是接受临时性的有限宽度的裂缝，即构件在恒载作用下混凝土受压，在使用荷载作用下混凝土截面开裂，卸载以后裂缝闭合。由于现在只要求当作用荷载仅为使用荷载的某一百分数时，构件才必须避免出现裂缝，而不是要求全部使用荷载作用时不出现裂缝，因此所需的预应力度将比全预应力混凝土者小，这就产生了具有很多优点的部分预应力混凝土。

因为部分预应力混凝土中存在着裂缝，使截面的刚度降低，构件的挠度等变形便增大，这就可能使构件丧失其原有的使用特性。同时因混凝土开裂后将拉力转嫁给钢筋，使预应力钢筋和非预应力钢筋在使用荷载作用下的应力增量加大，这就可能导致疲劳破坏。又因当裂缝宽度超过某一限值后，周围的环境条件将使钢筋产生锈蚀，影响构件的耐久性。可见裂缝的存在，使结构物的外观不佳，且使结构物的使用者为之担心。诸如此类的问题都促使人们去研究部分预应力混凝土的裂缝特性。

对钢筋混凝土中裂缝的产生和开展进行研究后得知，裂缝与钢筋应力的大小、钢筋直径及其表面形状、钢筋的布置方式、含筋率的大小、混凝土保护层的厚度、混凝土的标号、施工质量及使用条件等有关系。对部分预应力混凝土来说，这些因素无疑也是重要的，但部分预应力混凝土是在一个新的领域内研究裂缝问题。

部分预应力混凝土构件或在恒载或在恒载加部分活载作用下不开裂，大于此荷载时，截面便开裂。当出现裂缝时的荷载称为开裂荷载。在大于开裂荷载的那部分荷载卸除以后，原有裂缝便会重新闭合。所以在研究部分预应力混凝土的裂缝时，必须研究首次出现裂缝时的荷载——开裂荷载的大小；卸载后裂缝的闭合程度和再加载时的重新张开；使用荷载时的裂缝宽度等问题。

部分预应力混凝土中，裂缝随荷载大小而张合的特性，在 1951 年艾贝莱斯对部分预应力混凝土梁、板构件的试验（见前面疲劳专题部分）中已被证实。这表明在部分预应力混凝土中裂缝是可以接受的，只要裂缝宽度不致引起钢筋的锈蚀。裂缝的出现并不会使部分预应力混凝土彻底丧失其使用性能。艾贝莱斯、本纳特等人在各自的试验中均发现设置非预应力钢筋的部分预应力混凝土梁，当非预应力钢筋的面积增大时，发裂和可见裂缝均出现得较早，开裂荷载也有所降低。这种现象的产生可解释为当采用较大面积的非预应力钢筋后，对混凝土的收缩和徐变变形约束力增大，随之混凝土的预应力损失增大，所以开裂荷载降低，发裂和可见裂缝出现得较早。

部分预应力混凝土中的非预应力钢筋，在截面开裂以前，可从图 11 中看出是受压的。由于预应力的作用，截面的中性轴将降低，开裂面上的平均拉应力的发展将受到限制，故非预应力钢筋中的应力比钢筋混凝土中的钢筋应力小很多。即使荷载一直增加到使用荷载，非预应力钢筋中的应力仍是较低的，如再考虑到部分预应力混凝土中的非预应力钢筋其含筋率较低，便可在计算部分预应力混凝土梁的开裂弯矩时，近似地采用全预应力混凝土的计算公式。

$$M_{\mathrm{f}} = \gamma R_l W_0 + M_0 \tag{58}$$

式中，M_{f} 为开裂弯矩；W_0 为最外受拉翼缘的计算截面模量；R_l 为混凝土的极限抗拉强度；γ 为塑性增大系数；M_0 为消压弯矩。这里可以看到开裂弯矩与消压弯矩直接有关。

当使部分预应力混凝土梁出现开裂的荷载卸除以后，原有裂缝即能闭合，这种现象可作如下解释：

混凝土截面开裂以后，裂缝宽度与非预应力钢筋的伸长量有关，即与开裂时的钢筋应力增量 $\Delta\sigma_g$ 大小有关。对于承受预压力 N_y 的梁而言，应力增量因 N_y 的存在而减小。图 22 为矩形梁的与 $\Delta\sigma_g$ 与含筋率 μ 、l/h 值之间的相关曲线。由 $\Delta\sigma_g$ 产生的较小的裂缝宽度，当卸去开裂荷载后，由于与混凝土有良好黏结的数量足够的预应力钢筋的预压力作用，使得裂缝闭合。这种裂缝可以重新闭合是部分预应力混凝土的一个独特的重要特性，在设计中应该充分予以利用。因为使用荷载是设计中的上限荷载，常遇荷载是小于使用荷载的，而且它作用在结构上的时间占结构使用寿命的比例也是很小的，所以只是在短暂的时间里结构上才会出现裂缝，在预压力的作用下，这种裂缝又能闭合。这样的特性使得部分预应力混凝土梁的刚度仍能满足要求，耐久性也不成问题。

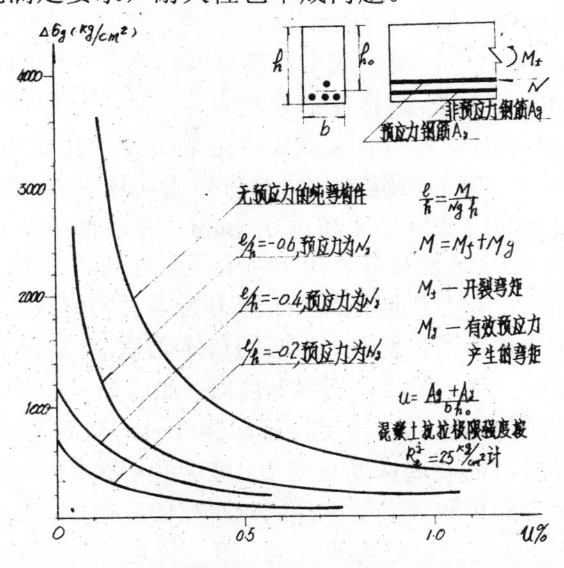

图 22　矩形梁开裂时钢筋应力增量与预应力及配筋率的关系

不过，部分预应力混凝土中已出现的裂缝，有时也不能完全闭合，即使荷载已全部卸去。日本学者后滕（Y. GoTo）的试验表明，开裂时的钢筋应力增量 $\Delta\sigma_g$ 的大小与初始裂缝宽度和裂缝两侧的黏结应力的大小有关。$\Delta\sigma_g$ 使螺纹钢筋凸缘处的混凝土产生小的内部黏结裂缝（见图 23），使小混凝土齿失去抗弯能力，这种抗弯能力的下降表明有一定长度的黏结力已丧失，但变形钢筋的应变并未减小，因而使裂缝的宽度增大。后滕粗略地假定失去黏结的长度 l_0 为

$$l_0 = \frac{\Delta\sigma_g}{450} d \tag{59}$$

式中，d 为钢筋直径。

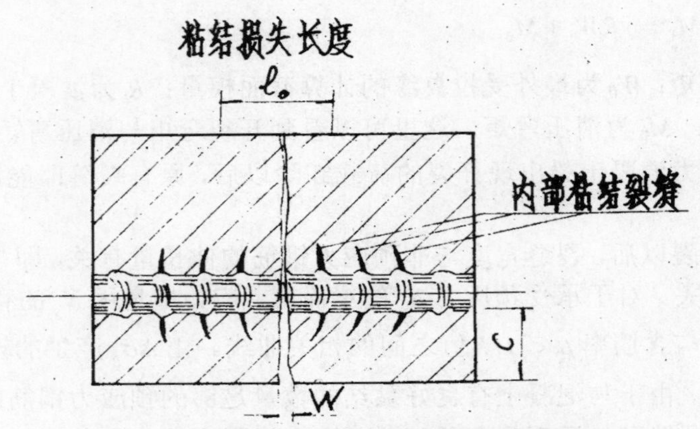

图 23　内部黏结裂缝产生的黏结损失长度

这表明当 $\Delta\sigma_g$ 降低到 450 kg/cm^2 时，则 l_0 便不会超过钢筋直径 d，初始裂缝宽度将保持在 0.01 mm 左右，这样在预压力的作用下，因内部损伤而已出现的裂缝就不会不闭合了。如 l_0 过大，当卸载后，在预压力作用下裂缝闭合过程中，l_0 长度范围内将出现较大的反向摩擦力，致使裂缝最终不能完全闭合。

在瑞士的 SIA 标准 162 中，根据瑞士苏黎世联邦工业大学的试验结果，规定钢筋的应力增量不应超过 1 500 kg/cm^2，这样在部分预应力混凝土梁中将只产生很细小的裂缝，当卸载以后，在预压力的作用下它们的大多数将完全闭合。澳大利亚的华纳（R. F. Warner）教授，对部分预应力混凝土梁的裂缝进行研究后指出，规定 $\Delta\sigma_g \leqslant 1500\ \mathrm{kg/cm^2}$ 的要求是合适的，此时实测的最大裂缝宽度均未超过 0.2 mm，一般都小于 0.1 mm。

已闭合的裂缝，在小于 M_f 的荷载作用下将会重新张开。使裂缝重新张开的荷载大致与按全部混凝土截面计算，使拉力面上的预压应力为零时的荷载相等。把相应于受拉边缘纤维的应力为零时的荷载称为消压荷载，相应的弯矩则称消压弯矩，这样已经闭合的裂缝将在消压荷载时重新张开。因此在计算裂缝宽度时，便以消压荷载时的裂缝宽度为零作为基准，而不是把应力达到混凝土的抗弯受拉极限强度时的裂缝宽度为零作为基准。

因为部分预应力混凝土的裂缝宽度与变形、疲劳和耐久性等问题有着密切的关系，因此引起了国内外许多学者的重视，并在各自试验研究的基础上，提出了很多计算裂缝宽度的不同公式，大体上说这些公式可分为两大类。第一类是把混凝土的名义拉应力作为计算裂缝宽度的参数，所谓混凝土的名义拉应力是假想混凝土具有足够大的抗拉强度，在荷载

作用下它并没有开裂的条件下计算出来的拉应力。第二类是把钢筋的拉应力作为计算裂缝宽度的参数。计算公式是根据试验数据用统计分析的方法建立的。

第一类公式是由艾贝莱斯提出的，斯蒂芬（Steven）和比拜及泰勒（Beeby and Taylor）亦用过此法。英国实施法规（CP110：1972）采纳这种计算方法。

虽然构件开裂后的变形和裂缝宽度，与混凝土名义拉应力的关系不像与钢筋应力或混凝土表面的应变关系那样密切，但利用名义拉应力计算裂缝宽度非常方便，而且在一定范围内是偏于安全的。根据裂缝宽度的限值可在表 8 中查得相应的最大名义拉应力。如果计算的名义拉应力小于表列相应的最大值时，则认为满足裂缝限制的规定，否则需调整非预应力钢筋的用量进行重算。

表 8　CP110：1972 规定的名义拉应力

预应力钢筋种类	限制裂缝宽度（mm）	混凝土等级（N/mm^2）			每增加 1%钢筋时的应力增量（N/mm^2）
		30	40	50	
A.先张法钢筋束	0.1	—	4.1	4.8	4.0
	0.2	—	5.0	5.8	4.0
B.灌浆的后张法钢筋束	0.1	3.2	4.1	4.8	4.0
	0.2	3.8	5.0	5.8	4.0
C.先张法钢筋束分布于受拉区并紧靠混凝土受拉区表面布置	0.1	—	5.3	6.3	3.0
	0.2	—	6.3	7.3	3.0
构件高度（mm）	≤200	400	600	800	≥1000
高度因子	1.1	1.0	0.9	0.8	0.7

总各义拉应力不得超过立方体特征强度的四分之一。

图 24 中所示各点为实际量得的裂缝宽度为 0.2 毫米时的名义拉应力数值。图中折线为统一法规 OP110:1972 的 4.3.3.2.2 条款所规定的对应于非预应力钢筋含筋率的容许名义拉应力数值。经点线对比后可看出，法规的规定较为保守，这是因为试验梁的钢筋保护层只有 19 毫米，如保护层加厚，则结果将偏于不利。

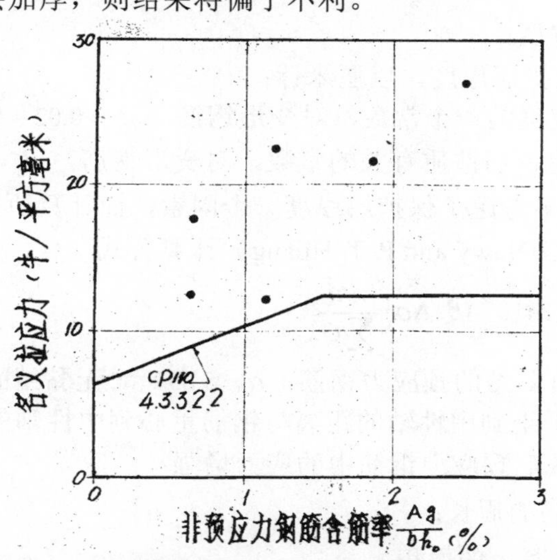

图 24　量得的裂缝宽度为 0.2 毫米时的名义拉应力

本纳特提出的计算公式如下：

$$W_{\max} = k \cdot C \cdot \sigma_h^0 \tag{60}$$

式中 σ_h^0——混凝土的名义拉应力；

C——钢筋的保护层；

k——系数，按下列条件取用；

变形钢筋 $k = 435 \times 10^{-6}\,\text{mm}^2/\text{N}$；

钢绞线 $k = 225 \times 10^{-6}\,\text{mm}^2/\text{N}$；

钢丝 $k = 1160 \times 10^{-6}\,\text{mm}^2/\text{N}$；

$W_{\max}$——最大裂缝宽度。

前已提及用名义预应力表征裂缝宽度不如用钢筋应力增量表征为好。事实上当出现裂缝后，裂缝宽度的增长不一定与名义拉应力的增长成比例。同济大学的有关文献指出，表 8 中的梁高修正系数，在有些试验中出现相反的现象，这表明这种方法有待进一步研究。

计算裂缝宽度的第二类公式目前国内外数量不少，现择要进行介绍。

1. 国际预应力协会——欧洲混凝土委员会（CEB-FIP）1970 年建义的公式：

$$W_{\max} = (\Delta\sigma_g - 40)10^{-3} \tag{61}$$

若为重复荷载时

$$W_{\max} = \Delta\sigma_g \times 10^{-3} \tag{62}$$

式中，$\Delta\sigma_g$ 为非预应力钢筋的应力增量，以 N/mm^2 计；$W_{\max}$ 为最大裂缝宽度，以毫米计。

2. 里兹大学建议的公式，这是根据本纳特等人在里兹大学对矩形和 I 字形截面部分预应力混凝土梁作作试验的资料分析后建议的。

$$W = \beta_1 + \beta_2 \frac{\Delta\sigma_g}{E_g} C \tag{63}$$

式中 W——平均裂缝宽度；

C——钢筋最小保护层厚度，以厘米计；

β_1——残余裂缝宽度的一个常数，对变形钢筋，$\beta_1 = 0.02 \sim 0.04\,\text{mm}$；

β_2——与非预应力钢筋性质有关的常数，对变形钢筋，$\beta_2 = 3.8 \sim 6.5$。

此式比 CEB-FIP 式多考虑了保护层厚度一个因素，而计算所得仅是平均裂缝宽度。

3. 纳维——黄（E. G. Nawy and P. T. Huang）计算公式

$$W_{\max} = \alpha(10^{-5})\beta\ \Delta\sigma_y \frac{Ahl}{\sum O} \tag{64}$$

式中 α——系数，对有黏结的预应力钢筋，$\alpha = 5.85$：对无黏结的预应力钢筋，$\alpha = 6.53$；

β——边缘受拉纤维到中性轴的距离与钢筋重心到中性轴的距离之比；

$\Delta\sigma_y$——消压荷载后预应力钢筋中的应力增强；

$\sum O$——所有钢筋的周长；

Ahl——受拉区混凝土的面积。

此式考虑的参数较多，适用性大，但计算较麻烦。

4. 荷兰公式

$$W_{\max}=0\cdot 8\Delta\sigma_g(2.0C+2.5\frac{d}{P})10^{-5} \tag{65}$$

式中 d——钢筋直径；

p——含筋率；

C——钢筋保护层。

这些公式和其他公式一样，在计算 $\Delta\sigma_g$ 时是不考虑受拉区混凝土的影响。重庆交通学院对此作了修正。认为在部分预应力混凝土梁内，裂缝宽度一般限制在 0.1 mm 以内。此时裂缝高度约为梁高的 1/6～1/7，故最少有 0.83 h 的截面是不裂开的，在计算 $\Delta\sigma_g$ 时宜将没有开裂截面的混凝土抗弯强度考虑在内。重庆交通学院提出了计算 $\Delta\sigma_g$ 的相应公式，这样计算出来的最大裂缝宽度比荷兰公式所得者更符合实测值。

5. 南京工学院建议公式，这是有丁大钧教授等对 51 个实验梁资料进行分析后提出的，最大裂缝宽度公式的保证率约为 70%。

$$W_{\max}=\left(8.0+0.16\frac{d}{\mu}\right)\frac{M_1}{(E_yA_y+E_gA_g)0.87h_0} \tag{66}$$

式中 M_1——截面开裂后梁承受的弯矩；

h_0——截面的有效高度；

d——钢筋直径，以厘米计；

μ——钢筋含筋量；

A_y、A_g——预应力钢筋和非预应力钢筋的截面面积；

E_y、E_g——预应力钢筋和非预应力钢筋的弹性模量。

6.大连工学院建议公式

$$W_{\max}=c_1c_2c_3\frac{\Delta\sigma_g}{E_g}\left(\frac{30+d_e}{0.28+10\mu_e}\right) \tag{67}$$

此式对于钢筋混凝土和部分预应力混凝土都是适用的。式中 c_1 为荷载特征系数，对梁取 1.0；c_2 为钢筋黏结系数，对混合配筋的部分预应力混凝土梁而言，c_2 按下列公式计算。

对配有预应力钢绞线与非预应力钢筋或钢丝的先张法预应力混凝土梁：

若钢绞线（$c_2=1.4$）与螺纹钢筋（$c_2=1.0$）混合使用时，

$$c_2=\frac{1.4n_1d_1+n_2d_2}{(n_1+n_2)d_e} \tag{68}$$

若钢绞线（$c_2=1.4$）与光面钢丝（筋）（$c_2=1.4$）混合使用时

$$c_2=\frac{1.4n_1d_1+1.4n_2d_2}{(n_1+n_2)d_e} \tag{69}$$

对于无黏结预应力钢筋束（$c_2=2.5$）与螺纹钢筋（$c_2=1.0$）混合使用的无黏结后张

法部分预应力钢筋混凝土梁

$$c_2=\frac{2.5n_1d_1+n_2d_2}{(n_1+n_2)d_e} \tag{70}$$

对于无黏结预应力钢筋束（$c_2=2.5$）与光面钢筋或钢丝（$c_2=1.4$）混合使用的无黏结后张法部分预应力混凝土梁

$$c_2=\frac{2.5n_1d_1+1.4n_2d_2}{(n_1+n_2)d_e} \tag{71}$$

c_3 长期或重复荷载的影响系数，按下式计算：

$$c_3=1+0.5\frac{M_0}{M} \tag{72}$$

式中　M_0——长期或重复荷载的弯矩，M 为总弯矩；

n_1、n_2——预应力钢筋和非预应力钢筋的根数；

d_1、d_2——预应力钢筋和非预应力钢筋的直径。

d_e 按下式计算

$$d_e=\frac{n_1d_1+n_2d_2}{n_1+n_2} \tag{73}$$

μ_e 按下式计算

$$\mu_e=\frac{A_y+A_g}{bh+(b_i-b)\ h_i} \tag{74}$$

式中，b_i、h_i 为 T 形截面翼缘的宽度及厚度。

预压力是作用在截面上的一个长期偏心荷载，它对控制梁底部的裂缝开展是有利的，因此 c_1 可用 0.8，而对控制梁顶裂缝开展是不利的，故 c_1 仍应取 1.0。

大连工学院建议公式考虑的因素较多，如钢筋应力、钢筋直径、配筋率、荷载特征、黏结特征及长期或重复荷载等影响。保护层厚度的影响在公式中虽未反映，但建立公式过程中对此亦已作了考虑。保护层越厚，裂缝将越宽，但钢筋锈蚀的可能性却越小，因此认为保护层厚度对计算裂缝宽度和允许裂缝宽度的影响大致可相消，所以公式中便无须再予以反映。

7.同济大学建议公式，此式是根据四根部分预应力混凝土矩形梁的试验资料分析后提出的，其特点是引进了裂缝的平均间距 S_f 及部分预应力比率 PPR 两个参数。PPR 是由奈曼等人提出，其定义为预应力钢筋产生的极限抵抗弯矩 M_y 和总的受拉钢筋产生的极限抵抗弯矩 M 之比，见下式

$$\mathrm{PPR}=\frac{M_y}{M} \tag{75}$$

$$S_{\mathrm{f}}=6.143c-1.571d \tag{76}$$

$$W_{\max}=(2-PPR^2)\frac{S_{\mathrm{f}}}{E_g}\sigma_g-\frac{A_{hl}}{\sum O}\,\frac{224}{E_g}\sigma_g' \tag{77}$$

式中　c——最底排非预应力钢筋的净保护层（以厘米计）；

d——非预应力钢筋的直径（以厘米计）；

σ_g'——非预应力钢筋在施加预应力时的预压应力（$\mathrm{kg/cm^2}$）；

σ_g——非预应力钢筋的实际应力，故 $\Delta\sigma_g = \sigma_g + \sigma'_g$；

A_{hl}——混凝土受拉区的有效握裹面积，$A_{hl} = 2b(h-h_0)$；b 为梁宽；h 及 h_0 分别为梁高和有效梁高；

$\sum O$——所有钢筋的周长。

8.天津大学建议公式，这是对 44 根部分预应力混凝土梁的试验资料分析后提出的。

$$W_{\max} = 4.0(900+\sigma_y)\times 10^{-5}\ \text{（毫米）} \tag{78}$$

式中，σ_y 为从消压弯矩 M_0 起算的预应力钢筋中的应力增强。

除以上两大类计算公式外，尚有一些特殊形式的校核方式。例如瑞士苏黎世联邦技术大学（E.T.H）提出的方法是直接用 $\Delta\sigma_g$ 对裂缝宽度进行校核，其标准是：

$\Delta\sigma_g = 150\ \text{N/mm}^2$，则 $W_{\max} < 0.15\ \text{mm}$

$\Delta\sigma_g = 200\ \text{N/mm}^2$，$W_{\max} < 0.24\ \text{mm}$

$\Delta\sigma_g = 240\ \text{N/mm}^2$，$W_{\max} < 0.36\ \text{mm}$

其中，$\Delta\sigma_g$ 的计算方法与荷兰公式是完全相同的。

又例如 OEB-EIP 在 1978 年提出的模式规范中，则建议计算裂缝的平均宽度 W_m，其公式为

$$W_m = S_{\mathrm{f}} \times \varepsilon_{gm} \tag{79}$$

式中，平均裂缝间距 S_{f} 按下式计算：

$$S_{\mathrm{f}} = 2\left(C + \frac{S}{10}\right) + K_1 \frac{d}{\rho_\gamma} \tag{80}$$

式中 C——钢筋保护层；

S——钢筋间距（≤15d）；

d——钢筋直径；

K_1——黏结系数（0.4～0.8）；

ρ_γ——受拉钢筋面积与混凝土有效埋置区之比，即

$$\rho_\gamma = \frac{A_g}{A_{hl}} \tag{81}$$

A_{hl}——混凝土的有效埋置区见图 25。

钢筋水平处的平均应变 ε_{gm} 按下式计算

$$\varepsilon_{gm} = \frac{\sigma_g}{E_g}\left[1 - \beta_1\beta_2\left(\frac{\sigma'_g}{\sigma_g}\right)^2\right] \nless 0.4\frac{\sigma_g}{E_g} \tag{82}$$

式中 σ'_g——刚开裂后，裂缝截面非预应力钢筋的应力；

σ_g——在计算荷载作用下，裂缝截面非预应力钢筋中的应力；

β_1——与钢筋的黏结性能有关的系数；

β_2——与荷载作用的久暂及是否重复加载有关的系数（一次加载时，$\beta_2 = 1$；长期荷载或重复加载时，$\beta_2 = 0.5$）。

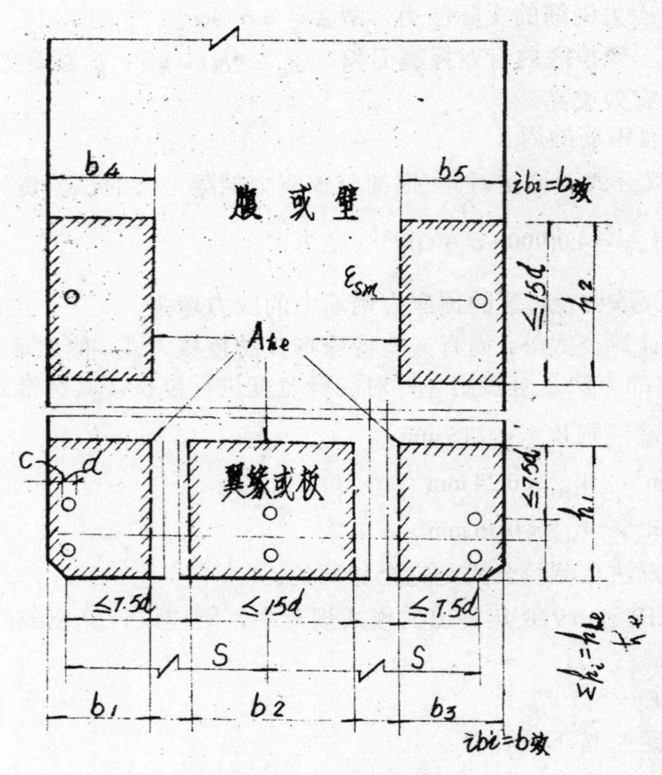

图 25　关于有效埋置区 A_{hl}

从上面的择要介绍中可以看出，关于计算裂缝宽度的公式，国内外确实很多。这里必须指出，各个公式都是根据特定的试验资料经分析后建立起来的，用这些公式计算的裂缝宽度与各自的试验梁上出现的实际裂缝宽度均吻合得较好。但是由于裂缝的形成与发展受到许多因素的影响，至今还没有一个公式能把所有的因素都包含在内，因此利用从某一试验梁资料分析所得的公式计算其他试验梁的裂缝宽度时，往往与实际宽度不能吻合，有的甚至相差甚远。奈曼等人曾利用不同的公式对同一个梁计算其裂缝宽度，其所得结果，彼此之间差值可达八倍之多。同济大学亦曾利用若干公式对同一梁计算其裂缝宽度，彼此的差值也不小（见图 26）。

如前所述，部分预应力混凝土的裂缝是它的一个重要特征，将影响到它的使用性能，故必须对裂缝进行控制。但利用现有计算公式，根据所得结果进行控制，则因离散性很大而难以实现。因此如何和对裂缝进行控制，国际上存在着很不相同的观点。

混凝土结构中钢筋的锈蚀，经大量试验研究后表明起因于电化学反应。钢筋周围的混凝土有一层碱性保护层，它能防止钢筋锈蚀。在长期使用过程中，空气中 CO_2 与混凝土中的氢氧化合物起反应后能使混凝土碳化，碳化层虽然很薄，但在裂缝处可能触及钢筋表面，将碱性保护层破坏后使钢筋锈蚀，其电化学反应如图 27 所示。碱性保护层被破坏之处便形成阳极，逸出铁离子。多余电子流向保护层未破坏的阴极，如遇水和氧，便形成氢氧离子，与阳极的铁离子形成 $2Fe(OH)_2$，再与水和氧进行二次反应，生成 $Fe_2O_3 \cdot H_2O$。由于这种生成物的体积膨胀，使钢筋的保护层剥落，或使沿钢筋纵向形成裂缝并扩展，最终导致结构物的崩裂和破损。

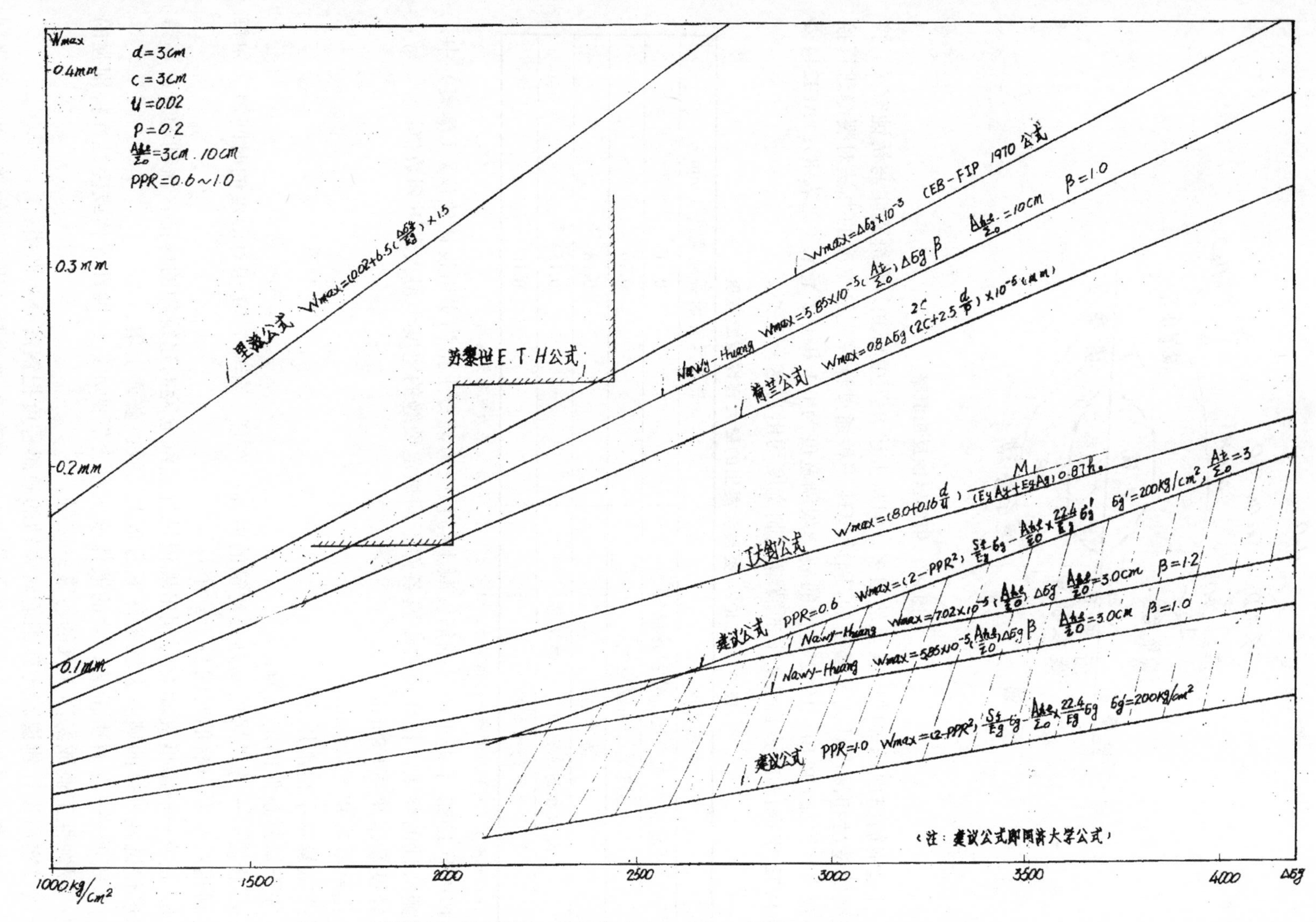

图 26　用不同公式计算同一根部分预应力混凝土试验梁时裂缝宽度的变化幅度

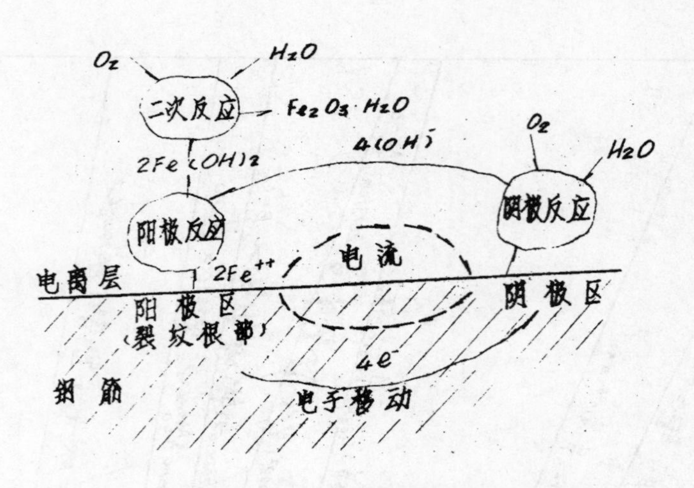

图 27 钢筋锈蚀反应概略

引起钢筋出现锈蚀的因素虽然很多，但从上述介绍中可知，裂缝确实与锈蚀有关，控制裂缝的宽度和深度认为是必要的，因此出现一种通过计算裂缝宽度的办法对裂缝进行控制的观点。比如 CP110：1972 提出的裂缝限制宽度为 0.1 和 0.2 毫米（见表 8）；ACI244 委员会 1972 年提出的示于图 9 中的裂缝限制宽度均出自这一观点。

表 9 ACI224 委员会提出的最大容许裂缝宽度

暴露情况	最大容许的裂缝宽度（mm）
干燥空气或当使用防护薄膜时	0.41
湿度大，潮湿空气	0.30
防冻剂	0.18
海水和海水浪花，干湿交替	0.15
海水结构	0.10

注：此表虽是对钢筋混凝土结构提的，但它也适用于部分预应力混凝土结构。

FIP 于 1982 年提出的《钢筋混凝土与预应力混凝土结构实用设计建议》（草案）中，根据耐久性的要求，按环境的暴露条件不同规定裂缝的宽度不得大于下列数值：

轻度暴露 $W \leqslant 0.2$ mm；

正常暴露 $W \leqslant 0.1$ mm；

严重暴露不得消压。

关于暴露条件的定义为：

a. 轻度——普通居住或办公建筑的内部；在任一年中，高相对湿度的时间短（如每年达到相对湿度 60%的时间少于三个月）。

b. 正常——湿度高和有短期出现侵蚀性蒸汽危险的建筑物的内部；流动的水；不带高浓度侵蚀性气体的城乡大气条件下的恶劣气候；普通土壤。

c. 严重——含有少量酸、盐的液体或大量含氧的水；侵蚀性气体或侵蚀性特别强的土壤；侵蚀性工业或海洋大气的污染；冻融。

该《实用设计建议》还就钢筋对腐蚀的敏感程度把钢筋分为两类：

a. 对腐蚀敏感的钢材包括直径不超过 4 毫米的各种类型（钢筋或钢丝）和各种级别

的钢材、经冷淬过的任何直径的钢材和承受的永久拉应力超过 400 N/mm^2（尤其是预应力钢筋）的冷加工钢材。

b. 其余各类钢筋均为对腐蚀不敏感的钢材。

这里所说的通过计算裂缝宽度对裂缝进行控制的方法，通常是指利用有关计算公式求得的构件表面的最大裂缝宽度应小于有关规范规定的相应裂缝宽度。中国、日本等国的一些学者认为上述按环境条件规定最大裂缝宽度限值的办法，从耐久性的观点来看，是一种很不好的方法。因为与钢筋锈蚀直接有关的是钢筋表面的裂缝宽度，而不是构件表面混凝土的最大宽度。混凝土表面的裂缝形状如图 28 所示，在不同的位置上裂缝宽度亦不同，即使混凝土表面裂缝宽度相同，钢筋表面处的裂缝宽度还会因钢筋的表面形状不同而不同（见图 29），比如变形钢筋表面处的裂缝宽度就比光面钢筋的小。钢筋表面处的裂缝宽度与混凝土表面处的裂缝宽度的差值还随保护层厚度的加大和钢筋应力的增长而增大（见图 30）。对弯曲裂缝来说，混凝土表面的裂缝宽度将比钢筋表面处的裂缝宽度增大 $\Delta = h_2 / h_1$ 倍（见图 31）。由于这些原因，认为根据环境条件、钢筋类型及应力、长期荷载占总荷载的比例、保护层厚度等因素来限定一个钢筋间距的最大值，可能比限定混凝土表面的最大裂缝宽度值更为合理。这实际上是另一种主张采用正确的构造措施对裂缝进行控制的观点。

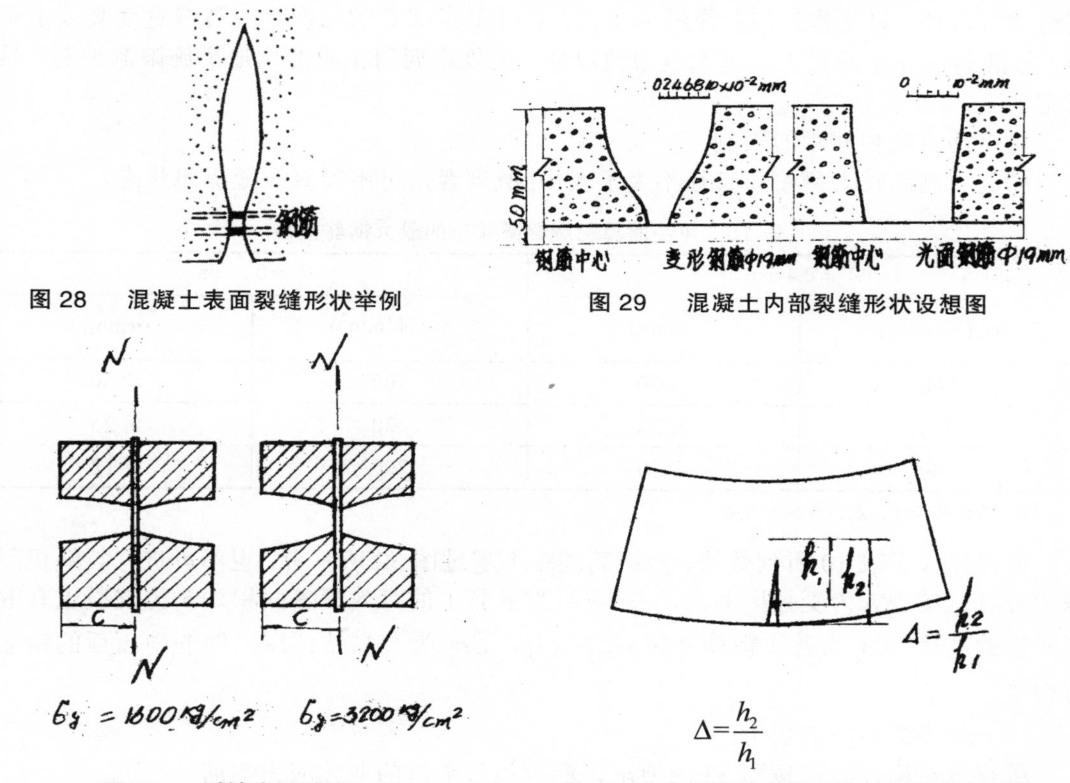

图 28　混凝土表面裂缝形状举例

图 29　混凝土内部裂缝形状设想图

$$\Delta = \frac{h_2}{h_1}$$

图 30　裂缝张开外形

图 31　构件挠曲引起梁下表面裂缝的增长

如前所述，现有的计算裂缝宽度的公式，所得结果离散性很大，这又是促使人们主张采用正确的构造措施对裂缝进行控制的一个原因。1975 年在列日召开的讨论会上，莱昂哈特提到慕尼黑大学的斯显萨尔（P. Schiesal）经过二十多年的深入细致地研究后所得的结论，坚定地认为钢筋的锈蚀强度与裂缝和裂缝宽度无关。对裂缝进行控制主要是出自外观上的原因，不能认为有了一条发纹裂缝就会引起钢筋锈蚀或使耐久性受损。为了防止锈蚀，头等重要的是要有一层非常密实的防水混凝土和足够厚度的保护层，使混凝土的碳化作用达不到钢筋。

丹麦的洛斯坦姆（S. Rostam）等人指出，丹麦曾对大部分是部分预应力混凝土的约两千座桥梁进行了 25 年的观察，发现由于施工质量和受力等的原因，梁上的确存在着大量裂缝，但这并没有引起钢筋腐蚀和耐久性降低的现象。捷克也有类似的实践经验。比拜（A. W. Beeby）的研究指出，垂直于钢筋的裂缝宽度对钢筋的锈蚀无明显影响，而沿钢筋方向的裂缝却要严重得多。这些实验经验进一步促使人们主张采用正确的构造措施来控制裂缝的观点。持这种观点的学者认为不要过于注意裂缝的计算公式及其计算结果，而把更多的注意力放在非预应力钢筋的具体设置和构造细节上，利用构造钢筋控制裂缝，或主张采用在准永久荷载作用下裂缝闭合，在全部荷载作用下裂缝张开的设计准则，而避免进行裂缝的计算。

1982 年的《钢筋混凝土与预应力混凝土结构实用设计建议》（草案），对裂缝控制所作的规定比较全面，从计算与构造两方面对裂缝进行控制。它首先要求设计者与结构的使用单位对结构物从施工到使用过程中有关裂缝的验算准则取得一致意见。明确设计时考虑裂缝宽度限值，只是作为控制裂缝的手段，它并不意味着实际产生的裂缝宽度必须小于此值。故除前已介绍的最大裂缝宽度限值以外，还规定要用正确的构造措施限制裂缝。具体规定如下：

对钢筋直径和间距的限制

如选用高黏结力钢筋，直径不大于表 10 所列者，可不验算裂缝极限状态。

表 10　可不验算裂缝极限状态的最大钢筋直径

$W=0.4$ mm		$W=0.2$ mm	
$\sigma_g(\mathrm{N/mm^2})$	α(mm)	$\sigma_g(\mathrm{N/mm^2})$	α(mm)
200	$\leqslant 50$	100	$\leqslant 50$
240	$\leqslant 25$	120	$\leqslant 25$
280	$\leqslant 20$	200	$\leqslant 12$

注：其他情况时，表内数值可内插。

如直径大于表 10 所列数值，但钢筋间距不超过图 32 所示者，也不可进行裂缝极限状态的验算。图中 h_l 为受拉区截面高度，A_{hl} 为混凝土的有效握裹面积，h_e 为混凝土有效握裹面积的高度，$\varDelta_g$ 为普通钢筋开裂后的应力，$\Delta\sigma_y$ 为有黏结预应力钢筋消压后的钢筋应力增量。

关于最小配筋率的规定：

所有承重构件必须按图 33 的要求，配置最低数量的非预应力钢筋

$$\mu_{\min}=\frac{A_s}{A_{hl}} \tag{83}$$

式中，A_{hl} 见图 32，A_s 为 A_{hl} 面积内的非预应力钢筋面积。

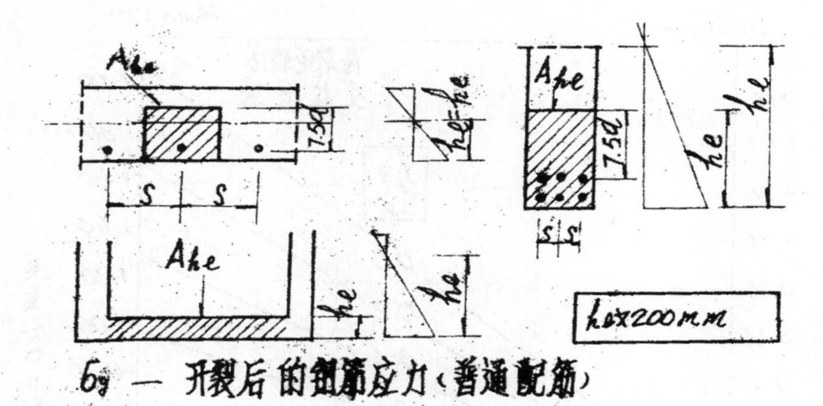

σg — 开裂后的钢筋应力（普通配筋）

Δσg — 消压后的钢筋应力增量（有粘结预应力筋）

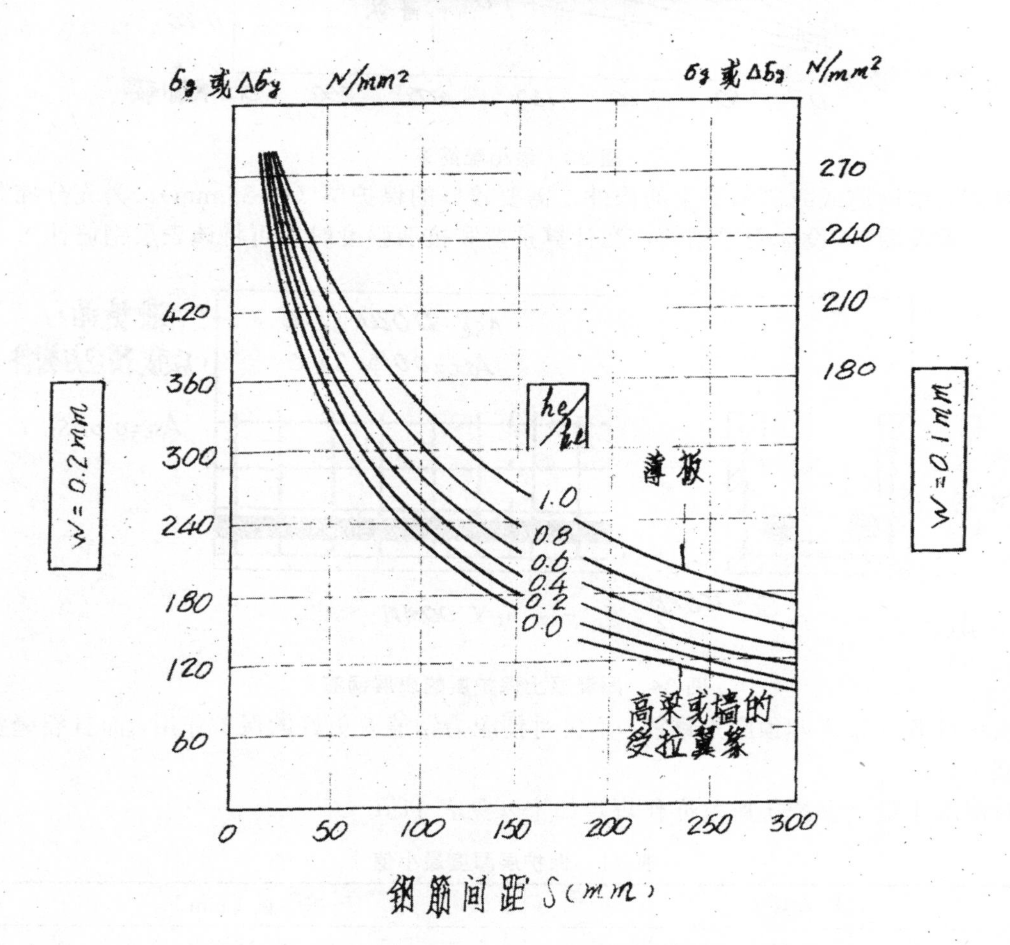

图 32 可不进行裂缝极限状态验算的最大钢筋间距

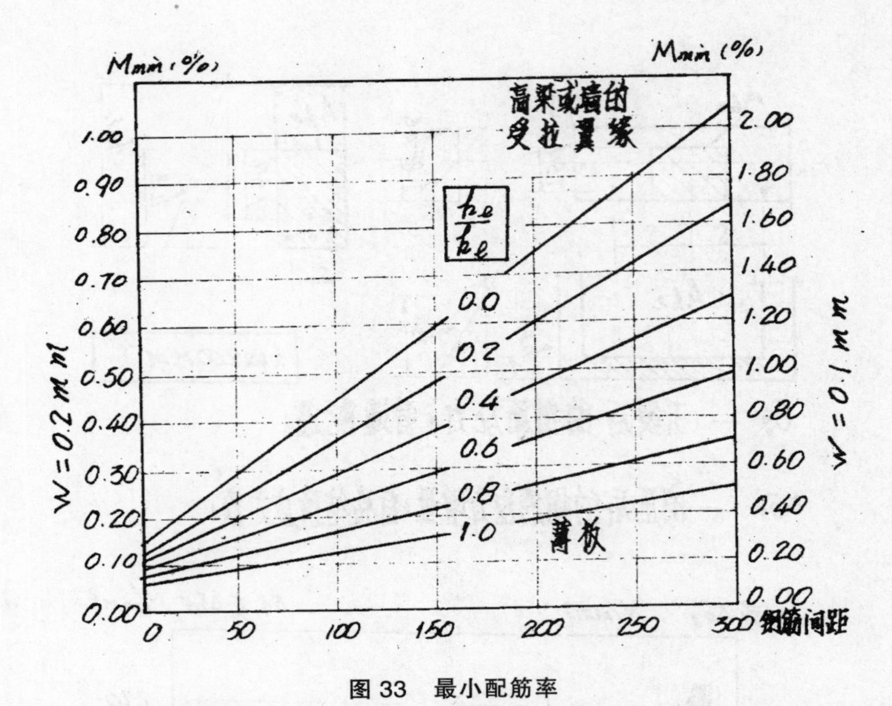

图 33 最小配筋率

配置大型钢筋或成群钢筋束的构件，需要较厚的保护层（C>35 mm）。为充分控制裂缝开展，须设图 34 设置表层钢筋，在计算抗弯和抗剪强度时，可将该表层钢筋计入。

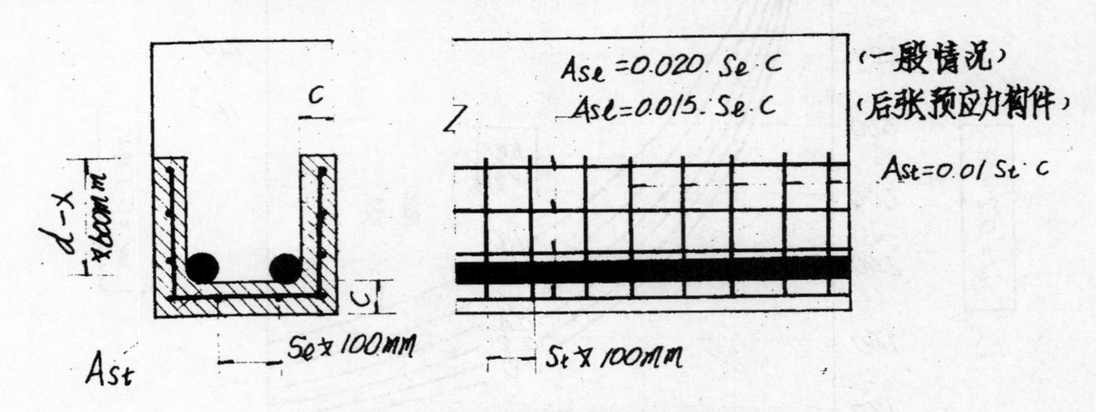

图 34 厚混凝土保护层的表层钢筋

按这种要求布置非预应力钢筋，不仅对预应力钢筋有更好的保护作用，而且裂缝宽度也可减小。

对混凝土最小保护层厚度亦作规定如下（见表 11）：

表 11 保护层厚度最小值

环境暴露条件	基本值（mm）
轻度	15
正常	25
严重	35

对锈蚀敏感的钢筋，其保护层厚度尚应相应增加 10 mm。

当前国内外在裂缝专题的研究方面有一些新的课题。其中之一是对“最大裂缝宽度”作明确的定义。构件受力后出现的裂缝，其宽度和条数因受多种复杂因素的影响均常有随机性，不同宽度的裂缝出现的概率也不同。统计规律表明，多数裂缝的宽度将在裂缝宽度的平均值附近波动，宽度与平均裂缝宽度差值越大的裂缝，其出现的概率便越小。在事先人们虽不能确切地预期构件中出现的最大裂缝宽度有多大，但可利用统计资料预期超过某一宽度的裂缝出现的概率。因此按通常的验算方法，不研究最大裂缝出现的概率，仅控制最大裂缝宽度不超过某一限值便变得没有实际意义，相反地却容易引起概念上的误解，似乎通过验算后，只要可能出现的某条“最大裂缝”其宽度不超过“限制值”，那么结构物上实际产生的裂缝，其宽度就保证不会超过“限制值”。其实，真如《钢筋混凝土与预应力混凝土结构实用设计建议》（草案）中所明确那样，裂缝宽度极限状态的校核只是常见的一种控制裂缝的手段，而并不意味着以后发生的裂缝必须小于“限制值”，这种校核只保证超过“限制值”的裂缝，其出现的概率小到某一程度。所以“最大裂缝宽度”的定义应该与它出现的概率相联系，通常可称为特征裂缝宽度。用它来进行控制裂缝计算，就是使结构中超过该裂缝宽度的裂缝，其出现的概率不超过某一协议概率（如 5%）。

另一个新课题是研究在重复荷载作用下梁中裂缝宽度的计算方法。虽然 CEB-FIP、大连工学院等建议的计算裂缝宽度公式都考虑了长期或重复荷载的影响，但这一影响一般是根据实验资料采用一个长期或重复荷载的增大系数来反映的。巴拉奇古（P. N. Balagwcu）提出一个用混凝土、预应力钢筋和非预应力钢筋的疲劳性能计算预应力混凝土梁的疲劳寿命、挠度和裂缝增长的理论方法，他指出材料中应力的大小、挠度和裂缝宽度的增大，取决于受压区混凝土的周期徐变、重复荷载作用下钢筋的周期松弛及受拉区混凝土对刚度的影响日益减小等因素。

在重复荷载下，钢筋与混凝土间的黏结力会部分失效，抗弯刚度降低，裂缝宽度增大。由于截面内产生应力重分布时，钢筋的应力变化与刚度的变化并不成正比，所以计算重复荷载作用下裂缝宽度的公式与抗弯刚度衰退这个因素相联系是合理的。巴拉奇古建议的计算方法考虑了混凝土的周期徐变和任何给定时刻及重复次数时的有效刚度逐渐衰退的影响，而把钢筋应力看作是稳定的。

巴拉奇古建议的具有 95.5%保证率的最大裂缝计算公式为

$$W_{\max}=1.64a_c\varepsilon_{lN} \tag{83}$$

式中，1.64 为保证率为 95.5%求出的系数，即将由 95.5%的裂缝宽度小于 $W_{\max}$，或者说随机抽取的一个裂缝，其宽度小于 $W_{\max}$ 的概率为 0.955。如将保证率提高到 97.7%，则系数为 1.96。

在梁受拉边缘的等效应变 $\varepsilon_{l\cdot N}$ 按下式计算

$$\varepsilon_{l\cdot N}=\varphi(h-C_N) \tag{84}$$

式中，φ 为在某荷载重复 N 次后的有效曲率，它与重复 N 次后的混凝土徐变、黏结力逐渐破坏以及荷载的大小有关。C_N 为重复 N 次后开裂截面的中性轴高度，h 为梁全高。

裂缝的平均间距 a_c 按下式计算

$$a_c = \frac{K_l' R_l A_{hl}}{K_c' C_{\max} \pi d} \tag{85}$$

式中　R_l——混凝土的抗拉强度；

A_{hl}——混凝土的受拉握裹面积；

$C_{\max}$——最大黏结应力；

d——钢筋直径；

K_c'、K_l'——平均黏结力系数和平均拉应力系数。

如假定黏结力按抛物线分布，受拉握裹面积内的拉应力均匀分布，并按 ACI 规范取值，则上式可改写成

$$a_c = \frac{7.5\sqrt{f_c'} A_{hl}}{0.667\sum_{i=1}^{n} \pi \mathrm{d}_i C_i} \tag{86}$$

式中　n——钢筋总根数；

$C_i = 6.7\sqrt{f_c'} / d_i < 560 P_{si}$（#3～#11 钢筋）；

C_i=$4.2\sqrt{f_c'} / d_i$（#14～#18 钢筋）；

$\sqrt{f_c'}$——圆柱体抗压强度的平方根。

国内外不少学者对部分预应力混凝土梁的裂缝进行了许多调查、实验和分析，但至今还不能说对它的认识已全面了，不过可以认为这一问题并不太严重，不至于因裂缝的出现而影响结构物的耐久性。就耐久性而言，目前很多学者认为更重要的影响因素是：组成材间的物理—化学作用，如冻融作用、碱与硅的化学作用、氯含量的作用等；集中力的作用，如锚头和支座反力产生的局部裂缝；由于结构变形受到约束而出现的拉力与裂缝；活载的冲击作用以及结构构件生产工艺缺陷引起的损害与裂缝等。因此如果把研究的重点放在上述各种问题上可能比继续大力研究静力反应和弯曲裂缝更为有效。

四–4　变　形

结构物的变形，包括挠度、拱度、转角和轴向变形等是正常使用极限状态校核中的重要内容，变形的大小直接反映结构物使用功能的优劣，同时亦影响材料中的应力数值，因此变形成为人们重视的一个对象。

部分预应力混凝土梁由于预应力度的降低，其上拱度将比全预应力混凝土梁者小，而其挠度将比全预应力混凝土梁者大，这是因为部分预应力混凝土梁总是设计成在恒载加部分活载作用下截面是不裂开的、在全部使用荷载作用下截面是开裂的，开裂截面的刚度下降导致挠度的增大。在选用部分预应力混凝土时对其变形特征、变形的计算（包括短期的和长期的、静力的和重复荷载的）等都是人们关心的问题。

在 EIP1982 年提出的《钢筋混凝土与预应力混凝土结构实用设计建议》（草案）中，所规定的变形计算的原则是：对于预应力度足以保持匀质状态的构件，其变形计算应按弹性理论进行，但应适当考虑收缩、徐变和松弛的影响。如果永久荷载的主要部分由预应力（预应力的效应与永久荷载的效应之比 K 大于 0.5）来平衡时，则变形计算可按弹性理论进行，而只以永久作用的（1-K）部分作为永久荷载。对于其余情况（低预应力度或钢筋

混凝土），如必须作变形计算，则按 CEB-FIP 的《裂缝及变形》手册中的方法详细计算。

预应力 N_y 作为一个偏心荷载作用在混凝土截面上，它使截面保持未开裂的匀质状态，故可利用材料力学中的公式计算其上拱度。图 35 中列出的计算上拱度的部分公式可供利用。

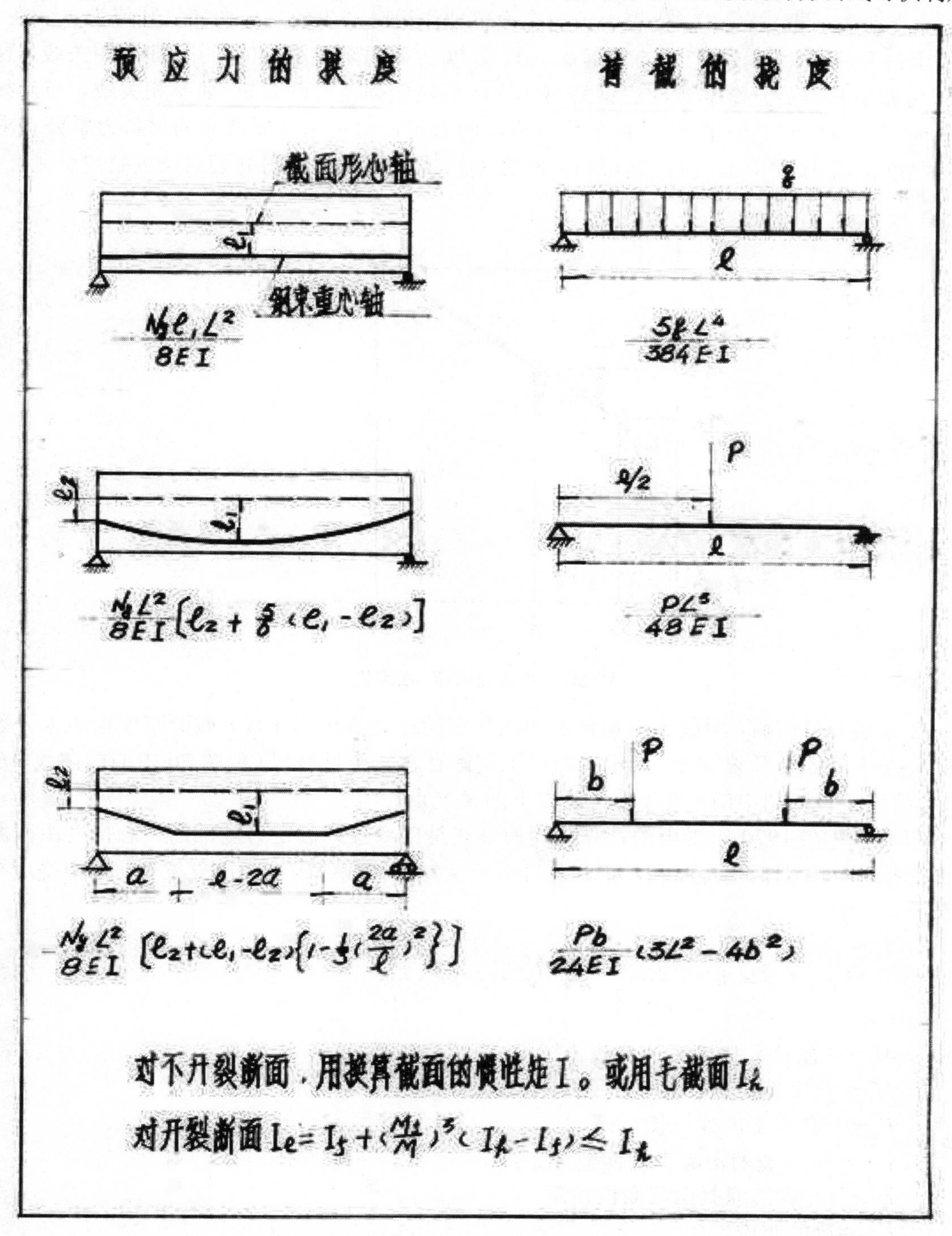

图 35　部分典型结构的上拱度及挠度计算公式

澳大利亚的淮奈（R. F. Warner）教授对开裂后的部分预应力混凝土梁的工作性能进行了研究，他将试验结果与各种简化法计算所得的值进行比较后指出，用简化的双直线弯矩-曲率近似图（见图 36）计算所得的曲率与在使用荷载范围内第一次加载时所测得的曲率符合得较好。图中的 P 点代表由预加应力单独作用时产生的反向曲率，其值为 φ_0，在 f 点可求得开裂弯矩 M_f 所产生的曲率 φ_f，直线 Pf 为截面未开裂时的弯矩-曲率相关线，直线 fy 为截面开裂后直至非预应力钢筋第一次达到屈服强度时的弯矩-曲率相关线。当荷载弯矩 M 小于 M_f 时，根据弯矩-曲率为双直线的假定，可按未开裂截面的材料力学公式求得其挠度，当 M 大于 M_f 时，则可利用刚度 E_hI_e（见图 36）求得开裂后梁的挠度。

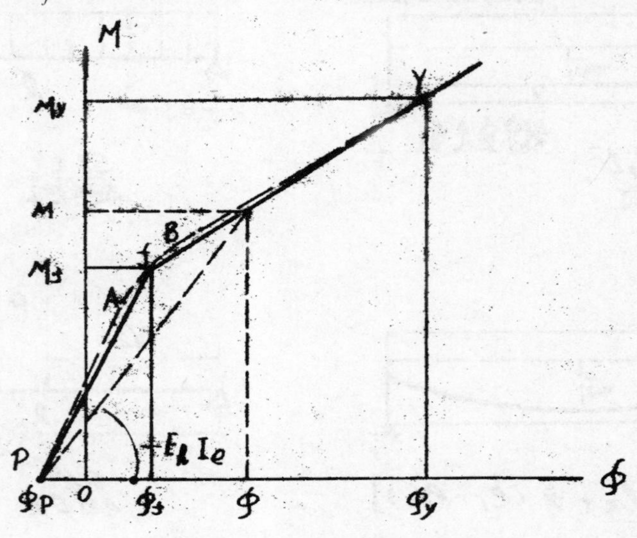

图 36　双直线弯矩-曲率图

在截面开裂前后，混凝土因构件不断出现裂缝而逐步退出工作，截面刚度也由未开裂的刚度逐步降低至开裂刚度，故相关曲线上实际存在一个过渡段（见图 36 中的虚曲线 AfB 段）。简化双直线图中的 f 点即为过渡段上的某一点。

CEB-FIP 在 1970 年提出的计算挠度的公式是以双直线假定为基础的，总挠度由截面开前的挠度和开裂后的挠度相加而得，对于承受对称荷载的等截面简支梁，其跨中挠度 δ 可按下式计算

$$\delta=\beta l^2\left(\frac{M_{\mathrm{f}}}{E_hI}+\frac{4}{3}\cdot\frac{(M-M_{\mathrm{f}})}{E_hI_{\mathrm{f}}}\right)\leqslant\beta l^2\frac{M}{E_hI_{\mathrm{f}}}\tag{87}$$

式中　M——欲计算挠度时的荷载弯矩；

M_{f}——开裂弯矩（本纳特建议采用消压弯矩）；

E_h——混凝土的弹性模量；

I——未开裂的混凝土截面惯性矩；

I_{f}——开裂的混凝土截面惯性矩；

l——梁的跨度；

β——根据支承和荷载条件而定的系数（例如对于均布荷载的简支梁取 $\beta=5/48$）。

开裂的混凝土截面惯性矩 I_f 可按下式计算

$$I_f = n(A_y + A_g)(h_0 - x)z\frac{M - M_0}{M - N_{yoz}} \tag{88}$$

式中 n——钢筋与混凝土的弹性模量比；

h_0——梁的有效高度；

$z = h_0 - \frac{x}{3}$；

M_0——消压弯矩；

N_{yo}——消压时的预应力合力，按下式计算

$$N_{yo} = N_K[1 + n\mu_y(1 + e^2 / r^2)] \tag{89}$$

N_K——张拉时的预应力；

μ_y——预应力钢筋面积与混凝土截面面积之比；

r——混凝土截面对重心轴的回转半径。

式（88）中的 x 为开裂截面中性轴的高度，按下式计算

$$\left(\frac{x}{h_0}\right)^3 + 3\left(\frac{M}{N_{y0}h_0} - 1\right)\left(\frac{x}{h_0}\right)^2 + 6n\mu\frac{M}{N_{y0}h_0}\left(\frac{x}{h_0}\right) - 6n\mu\frac{M}{N_{y0}h_0} = 0 \tag{90}$$

而

$$\mu = (A_y + A_g) / bh_0 \tag{91}$$

下面介绍 ACI 规范中采用的计算方法，计算中用的是有效惯性矩，是由勃兰生（D. E. Branson）建议的，适用于钢筋混凝土与部分预应力混凝土，也适用于一次加载和重复加载。无论是计算开裂以前的或开裂以后的挠度，均用一个有效惯性矩 I_e 进行计算，I_e 按下式计算

$$I_e = \left(\frac{M_f}{M}\right)^3 I + \left[1 - \left(\frac{M_f}{M}\right)^3\right] I_f \leqslant I \tag{92}$$

当开裂截面的中性轴位置已知时，I_f 可按下式计算

$$I_f = \frac{bx^3}{3} + n_y A_y (h_y - x)^2 + n_g A_g (h_g - x)^2 - \frac{(b - b_W)(x - h_i)^3}{3} \tag{93}$$

式中 n_y、A_y——预应力钢筋及非预应力钢筋与混凝土的弹性模量比；

h_y、h_g——梁顶纤维至预应力钢筋及非预应力钢筋重心处的距离；

b、b_W——T 形截面的翼缘及梁肋宽；

h_i——T 形截面的翼缘高。

荷载产生的挠度可按图 35 中的公式计算，亦即

$$\delta = \beta l^2 \frac{M}{M_c I_e} \tag{94}$$

第三种计算挠度的方法是曲率积分法，它被 CP110 及 CEB1978 年的模式规范所采用。

当已知某一开裂截面上的混凝土和非预应力钢筋的应力 σ_h 及 σ_g 后，则该截面上的瞬时曲率 φ 可按下式计算

$$\varphi = \frac{\sigma_h + \dfrac{\sigma_g}{n}}{E_h h_g} \tag{95}$$

而且已知

$$\frac{\mathrm{d}^2 y}{\mathrm{d}x^2} = \varphi \tag{96}$$

故对全跨积分即可求得由荷载产生的挠度。

更为精确的估算曲率的方法是把裂缝间受拉混凝土的刚度考虑在内，CP110 是按在短期荷载下混凝土拉应力呈线性分布的假定计算的，即在中性轴处的应力为零，而在受拉钢筋水平处为 1 N/mm²（考虑长期荷载时则降为 0.55 N/mm²），由此可求得两个裂缝之间的中间截面处的瞬时曲率为

$$\varphi_0' = \frac{\sigma_h + 1}{E_h h_g} \tag{97}$$

平均曲率 φ_m 假定为（95）式与（97）式的平均值，则

$$\varphi_m = \frac{2\sigma_h + \dfrac{\sigma_g}{n} + 1}{2E_h h_g} \tag{98}$$

当预加应力时，钢筋水平处的混凝土压应力为 σ_{hy}，其相应曲率为 $\sigma_{hy} / E_h d_g$，故总曲率为

$$\sum \varphi = \frac{2\sigma_{hy} + 2\sigma_h + \dfrac{\sigma_g}{n} + 1}{E_h d_g} \tag{99}$$

对上式进行积分即可求出总挠度。

CEB1978 年模式规范中提出的考虑裂缝间受拉混凝土对刚度的影响后的瞬时曲率表达为

$$\varphi_m = \frac{\varepsilon_h + \varepsilon_{gm}}{h_g} \tag{100}$$

式中，$\varepsilon_h = \sigma_h / E_h$，$\varepsilon_{gm}$ 则以（82）式表示

$$\varepsilon_{gm} = \frac{\sigma_g}{E_g}\left[1 - \beta_1 \beta_2 \left(\frac{\sigma_g'}{\sigma_g}\right)^2\right] \nless 0.4 \frac{\sigma_g}{E_g} \tag{82}$$

或

$$\varepsilon_{gm} = \frac{\sigma_g}{E_g}\left[1 - 0.7 \left(\frac{\sigma_{gr}}{\sigma_g}\right)^2\right] \tag{101}$$

σ_g 与 σ_{gm} 的关系见图 37。

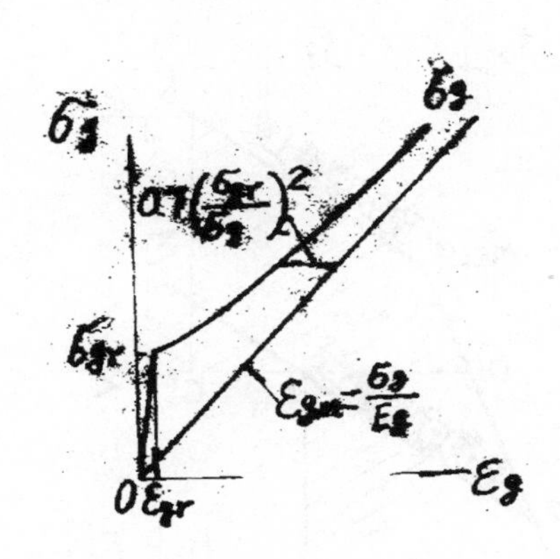

图 37　σ_g 与 σ_{gm} 的关系

苏联规范（СНИП　П-21-75）亦是采用曲率积分法求算挠度的，考虑到未裂区段由弯曲变形产生的曲率小得多，所以未裂和已裂区段的不同影响分别计算。它适用于各种受力情况下的钢筋混凝土和预应力混凝土结构的变形计算，但计算过于烦琐。

未裂区段的总曲率按下式计算

$$\frac{1}{\rho}=\frac{1}{\rho_{\text{k}}}+\frac{1}{\rho_{\text{Д}}}-\frac{1}{\rho_{\text{B}}}-\frac{1}{\rho_{\text{B·П}}} \tag{102}$$

式中　$\frac{1}{\rho_{\text{k}}}$、$\frac{1}{\rho_{\text{Д}}}$——短期荷载、恒载和长期荷载的长期作用产生的曲率；

$\frac{1}{\rho_{\text{B}}}$、$\frac{1}{\rho_{\text{B·П}}}$——预加应力产生的上拱及混凝土的收缩和徐变所引起的曲率。

已裂区段的总曲率按下式计算

$$\frac{1}{\rho}=\frac{1}{\rho_1}-\frac{1}{\rho_2}+\frac{1}{\rho_3}-\frac{1}{\rho_{\text{B·П}}} \tag{103}$$

式中　$\frac{1}{\rho_1}$、$\frac{1}{\rho_2}$——短期荷载、恒载和长期荷载的短期作用产生的曲率；

$\frac{1}{\rho_3}$——恒载和长期荷载的长期作用产生的曲率；

$\frac{1}{\rho_{\text{B·П}}}$——同未裂区段计算中所述。

南京工学院根据试验梁的实测数据，提供了计算部分预应力混凝土梁出现裂缝时的挠度的三个方案。第一个方案认为挠度可按叠加法进行计算，其根据是通过对试验数据进行分析后得知，预应力混凝土梁与非预应力混凝土梁在使用荷载范围内的弯矩-挠度曲线大致是平行的（见图 38），故可将荷载弯曲 M 分解为两部分

$$M = M_0 + M_1 \tag{104}$$

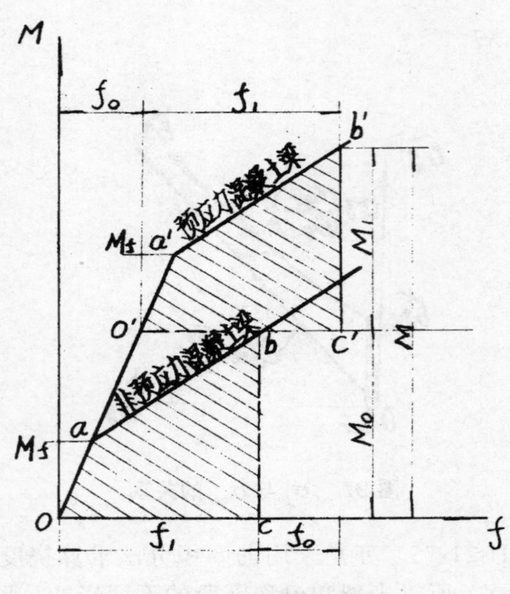

图 38 挠度叠加关系

选定一个 M_0 值，使图形 $oabc$ 与 $o'a'b'c'$ 完全相同，经计算比较后，建议取

$$M_0 = N_y \cdot d \tag{105}$$

式中 N_y——扣除相应损失后的有效预应力；

d——混凝土合压力作用点至 N_y 的距离。

在这样的 M_0 作用下，将使预应力钢筋以上某一纤维处的预压应力被抵消掉，所以可把 M_0 看作是为抵消预压应力对刚度和裂缝所起的综合影响而所需施加的弯矩。对应于 M_0 所产生的挠度 f_0，可按预应力混凝土梁的刚度

$$B_0 = 0.85 E_h J_0 \tag{106}$$

进行计算。对于 M_1 所产生的挠度 f_1，可按 TJ10—74 规范建议的用非预应力混凝土梁的刚度 B_1 进行计算

$$B_1 = \frac{(E_y A_y + E_g A_g) h_0^2}{1.15\psi_1 + \dfrac{0.2 + 6n\mu}{1+2\gamma}} \tag{107}$$

式中的钢筋应变不均匀系数 ψ_1 按下式计算

$$\psi_1 = 1.2\left[1 - \frac{0.235(1 + 2\gamma_1 + 0.4\gamma_1')bh^2 R_f}{M_1}\right] \leqslant 1 \text{ 而} > \psi_{\min} \tag{108}$$

$$\psi_{\min} = \frac{4}{3}(1.15 - K_f) \leqslant 0.4 \text{ 而} \geqslant 0.2 \tag{109}$$

$$n\mu = \frac{E_y A_y + E_g A_g}{E_h b h_0} \tag{110}$$

其余符号为常用的。

南京工学院建议的计算挠度的第二方案是把截面的平均应变符合平截面假定作为前提，先用下式求得总刚度 B_d 。

$$B_{\mathrm{d}}=\frac{(E_g A_g+E_y A_y)h_0^2}{1.15\varphi+\dfrac{n\mu}{\xi}} \tag{111}$$

在计算总挠度时，

$$\psi=1.2\left[1-\frac{0.235(1+2\gamma_1+0.4\gamma_1')bh^2R_f+0.8M_0}{M}\right]\leqslant 1.0 \text{ 而} \geqslant 0.2 \tag{112}$$

$$\frac{n\mu}{\xi}=\frac{0.2+6n\mu}{1+2\gamma'}\left(1-\frac{0.7}{1+2\gamma'}\cdot\frac{M_O}{M}\right) \tag{113}$$

第三方案的计算方法与 TJ10—74 规范相同，即利用刚度降低系数 β 求算总刚度 B_d，再用 B_d 计算相应的总挠度。

根据试验结果分析，当抗裂安全系数 K_f =0.7 时，刚度降低系数 $\beta_{0.7}$ 可按下式计算

$$(1+0.15\gamma_1)\beta_{0.7}=0.45+1.5n\mu\leqslant 0.65 \tag{114}$$

当 K_f =1.0～0.7 时，β 可在 0.85 至 $\beta_{0.7}$ 之间内插求得，已知 β 后总刚度便可按下式计算

$$B_d=\beta E_h J_0 \tag{115}$$

南京工学院还提出一个简化方案，可以免去计算方案一中的 M_0 及 ψ_1，而用通常必须计算的代替 M_0，则

$$M=M_f+M_1 \tag{116}$$

相应的总挠度为

$$f=f_f+f_1 \tag{117}$$

由 M_f 计算 f_f 时，可利用整体截面，取刚度

$$M_f=\beta_f E_h J_0 \tag{118}$$

根据试验资料的统计，β_f 平均可取 0.75。

由 M_1 计算 f_1 时，可利用截面的平均应变符合平截面假定的条件，导得相应的刚度 B_1 如式（119）所示

$$B_1=\frac{(E_y A_y+E_g A_g)h_0^2}{\dfrac{4}{3}+\dfrac{0.3+6n\mu}{1+2\gamma'}} \tag{119}$$

按简化方案计算的结果，误差较大，但仍符合实用要求。

以上介绍的预估部分预应力混凝土梁的挠度的方法中，曲率积分法比较麻烦。一般来说，短期挠度值可按弯矩-曲率为双直线关系的假定进行估算。至于长期挠度值则用不同的计算方法可得不同的结果，彼此之间存在着较大的离散性，这一课题有待进一步深入研究，需要对实际工程进行长期的观测，以便积累更多的资料。

现今长期挠度值一般是用短期挠度值乘上一个反映材料收缩、徐变和预应力损失等影

响的长期挠度增大系数的方法进行计算。ACI 预应力混凝土设计手册中，建议的增大系数范围为 1.5～3.0。但没有详细规定如何选定具体数值的标准，计算时主要凭设计人员的经验来选定。马丁（L. D. Martin）运用逐步推理的方法推导出一些用于预估长期拱度和挠度的系数，可供设计时选用（见表 12）。

表 12　估算长期拱度和挠度的增大系数表

荷　载　条　件	非组合截面	组合截面
安装时		
1.挠度——用于计算预加应力时构件自重产生的弹性挠度	1.85	1.85
2.拱度——用于计算预加应力时预应力产生的弹性拱度	1.80	1.80
终了时		
3.挠度——用于计算上述（1）中所述条件的挠度	2.7	2.4
4.挠度——用于计算上述（2）中所述条件的拱度	2.45	2.2
5.挠度——用于计算仅有外加静载产生的弹性挠度	3.0	3.0
6.挠度——用于计算顶部组合层静载产生的弹性挠度		2.30

塔德罗斯在研究材料徐变、收缩和松弛的相互影响后，提出了计算应变回复系数 μ 的图表（见图 4），并利用徐变系数 φ 按下式计算轴向应变 ε 及转角 θ。

$$\varepsilon = S\frac{N_{yo}+N}{A_h E_h}(1+\varphi)-\frac{\sigma_{ho}}{\alpha E_h}\mu \tag{120}$$

$$\theta = \frac{M-N_{yo}e}{\gamma^2 A_h E_h}(1+\varphi)+\frac{e\sigma_{ho}}{\alpha\gamma^2 E_h}\mu \tag{121}$$

式中，S 为计算时段内混凝土的自由收缩量，其余符号说明见式（4）、（5）等。式（121）中等号右边第一项为恒载及预应力产生的挠度，而后一项为预应力损失引起的挠度。

如假设预应力损失沿梁长的分布规律是按抛物线形变化时，则图 39 中的公式可用来计算预应力钢筋按直线或抛物线形布置时的跨中挠度值，图中单位为英寸。

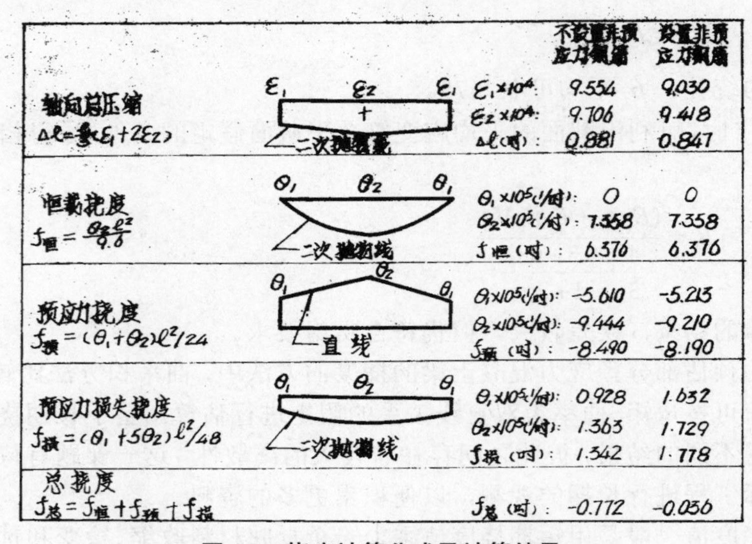

图 39　挠度计算公式及计算结果

图中所列计算结果是指两根 T 形梁设置了 2.14 平方英寸的预应力钢筋后，一为设置 1.22 平方英寸的非预应力钢筋，另一为不设置非预应力钢筋时用所列公式计算所得的各种变形值。从图中可以看出当设置非预应力钢筋后，由预应力损失项计算得的挠度已从不设置非预应力钢筋时的 1.342 英寸增至 1.778 英寸。

上海市政工程设计院在修建上海青浦北青公路朝阳河部分预应力混凝土桥梁以前，对 12 根矩形截面的试验梁进行了试验。试验结果表明，梁开裂后的挠度随非预应力钢筋数量的增加而显著降低。这一结论与图 39 中的结果完全相反，这种矛盾的出现可能是上海市政工程设计院的试验未反应非预应力钢筋对预应力损失的影响和长期荷载使混凝土抗拉刚度逐渐降低所致。亦可能两者都是正确的，只不过各自反应不同时段的挠度而已，但由此可以认为挠度的计算问题还需深入研究。

在重复荷载作用下预应力混凝土梁的挠度，当前研究得更少。巴拉奇古提出的计算方法是利用 N 次重复荷载的混凝土弹性模量 $E_{h \cdot N}$、弯折模量 $\sigma_{l \cdot N}$、开裂弯矩 $M_{f \cdot N}$ 和有效刚度 $I_{f \cdot N}$ 求算挠度值。

重复荷载达 N 次时的混凝土相应弹性模量 $E_{h \cdot N}$ 按下式计算

$$E_{h \cdot N} = \frac{\sigma_{\max}}{\dfrac{\sigma_{\max}}{E_h} + \varepsilon_h} \tag{122}$$

$$\varepsilon_h = 129\sigma_m t^{\frac{1}{3}} + 17.8\sigma_m \Delta N^{\frac{1}{3}} \tag{123}$$

式中　ε_h——周期徐变应变（10^{-6}）

$\Delta = (\sigma_{\max} - \sigma_{\min}) / f_c'$，应力变化范围；

$\sigma_m = (\sigma_{\max} + \sigma_{\min}) / 2f_c'$，平均应力；

t——从开始加载算起的时间（小时）；

N——重复荷载加载次数；

f_c'——混凝土的圆柱体抗压强度（磅/平方英寸）。

当 $\sigma_m < 0.45$ 时，用上式求得的值与试验结果相当吻合。

在重复荷载作用下，裂缝间的和钢筋周围的混凝土将发生受拉疲劳，因此在 N 次重复荷载时的弯折模量 $\sigma_{l \cdot N}$ 将比初始的弯折模量 σ_l 为小，其关系为

$$\sigma_{l \cdot N} = \sigma_l \left(1 - \frac{\log_{10^N}}{13} \right) \tag{124}$$

N 次重复荷载时的开裂弯矩 $M_{f \cdot N}$ 可按下式计算

$$M_{f \cdot N} = \left\{ \left[\frac{E_{h \cdot N}}{E_y} + A_y (r^2 + e^2) \right] [A_y \sigma_g (e + k_t) + 7.5W\sqrt{f_c'}] - A_y (e + k_t) e m_0 \right\} \Big/ \left[I \frac{E_{h \cdot N}}{E_y} + A_y (r^2 - e k_t) \right] \tag{125}$$

式中　I——截面惯性矩；

W——对截面下缘的截面模量；

r——截面回转半径；

e——跨中截面上预应力钢筋的偏心距；

k_t——截面核心之上界至截面重心轴的距离；

M_D——恒载弯矩；

σ_g——钢筋应力。

N 次重复荷载时的截面中性轴高度 C_N 由下式试算求得

$$\left[\frac{A_y E_y}{3M_a}(\varepsilon_{ge}+\varepsilon_{he})b\right]C_N^3+\left[b-\frac{A_y E_y}{M_a}(\varepsilon_{ge}+\varepsilon_{he})bd_y\right]C_N^2+$$

$$\left[2(b_i-b)h_i+\frac{2A_g E_g}{E_{cN}}+\frac{2A_g' E_g'}{E_{c\cdot N}}+\frac{2A_y E_y}{E_{cN}}-\frac{A_y E_y}{M_a}(\varepsilon_{ge}+\varepsilon_{he})+\right.$$

$$\left.\left\{2(b_i-b)h_i d_y-(b_i-b)h_i^2-\frac{2A_g E_g}{E_{c\cdot N}}(d_g-d_y)-\frac{2A_g' E_g'}{E_{cN}}(d_g-d_y)\right\}\right]C_N-$$

$$\left[(b_i-b)h_i+\frac{2}{E_{c\cdot N}}(A_g E_g d_g+A_g' E_g' d_g'+A_y' E_y' d_y')+\frac{A_y E_y}{M_a}(\varepsilon_{ge}+\varepsilon_{he})+\right.$$

$$\left.\left\{\frac{2}{3}(b_i-b)h_i^3+\frac{2A_g E_g}{E_{c\cdot N}}(d_g-d_y)d_g+\frac{2A_g' E_g'}{E_{c\cdot N}}(d_g'-d_y')d_g'-(b_i-b)h_i^2 d_y\right\}\right]=0 \quad (126)$$

式中

$$\varepsilon_{ge}=\sigma_{ge}/E_y \quad (127)$$

$$\varepsilon_{he}=\frac{1}{E_{cN}}\left[\frac{A_y\cdot\sigma_{ge}}{I}(\gamma^2+e^2)-\frac{M_D e}{I}\right] \quad (128)$$

σ_{ge}——钢筋计算强度；

M_a——计算最大弯矩。

N 次重复荷载时的开裂惯性矩 $I_{f\cdot N}$ 按下式计算

$$I_{f\cdot N}=\frac{b_i c_N^3}{3}+A_y n_y(d_y-C_N)^2+A_g n_g(d_g-C_N)^2-\frac{(b_i-b)(C_N-h_i)^3}{3} \quad (129)$$

截面有效惯性矩 I_e 按下式计算

$$I_e=I_{f\cdot N}+\left[\frac{M_{f\cdot N}}{M_a}\right]^3(I-I_{f\cdot N})\leqslant I \quad (130)$$

梁的计算抗弯刚度则为 $E_{h\cdot N}\cdot I_e$，用此即可求出 N 次重复荷载时的挠度。

计算所得的挠度必须小于有关规范规定的允许最大计算挠度。

ACI 规定的允许最大计算挠度见表 13。

表 13　允许最大计算挠度

编号	构建形式	考虑的挠度	挠度限值
1	平屋面，不支承或附有可能被大挠度所破坏的非结构成分	由于活载荷重引起的短期挠度	$L/180$
2	楼面，不支承或附有可能被大挠度所破坏的非结构成分	由于活载重引起的短期挠度	$L/360$
3	屋面或楼面结构，支承或附有可能被大挠度所破坏的非结构成分	非结构成分附着以后发生的总挠度，即所有永久荷重引起的长期挠度和任何附加活荷重引起的短期挠度之和	$L/480$
4	屋面或楼面结构，支承或附有不可能被大挠度所破坏的非结构成分		$L/240$

《钢筋混凝土与预应力混凝土结构实用设计建议》（草案）中指出，在许多情况下，只要注意下列措施，即可避免发生有害的变形和省去冗繁的计算。如施加预应力，即使是较低的预应力；采用水灰比低的高强混凝土；对混凝土细心养护；尽可能晚地拆除脚手架或对结构加临时支撑；按图 32、图 33 合理选定钢筋的尺寸和构件；避免选用高跨比 $\alpha \cdot l/h$ 大的梁。对不同的结构体系，近似地产生相同挠度的 α 值如表 14 所列。当跨度小于 5 米，或 $\alpha \cdot l/h$ 不超过 25（梁）或 30（板），则挠度极少成为控制设计的决定性因素。

表 14　α 值（假想跨度与真实跨度之比）

	α
边跨	1.0
l	0.8
	0.6
l　　$l_{min} \geq 0.8\, l_{max}$　　l	2.4

四–5　抗　震

目前，预应力混凝土用于抗震结构的远没有钢筋混凝土那样广泛，其原因是缺乏预应力混凝土结构承受地震荷载时的理论研究和试验资料，由此对构件塑性铰截面的能量耗散能力以及能否达到所要求的延性等存在着传统的考虑。对此，日本、新西兰、美国等不少国家的学者为将预应力混凝土用于抗震结构进行了许多有益的实验和理论分析研究，并对其中的一些问题现已日益明确，并可作出结论，有些抗震问题已达到了新的技术水平并有最新综述。虽然大多数国家至今尚未编制有关预应力混凝土结构的抗震规范，但是根据最新的大量科研成果和试验资料，EIP 抗震结构委员会、新西兰标准协会等分别提出或草拟了这类建议，这就为抗震结构中选用预应力混凝土创造了条件。值得着重指出的是，在研究和运用预应力混凝土和钢筋混凝土的基础上，表明部分预应力混凝土用于抗震结构中具有很大的潜力，因为混合配筋的部分预应力混凝土中的非预应力纵向钢筋，能使抗震结构中危险截面的能量耗散和延性得到很大的改善，因此，抗震结构中使用部分预应力混凝土是很有吸引力的。

把在强震期间记录下来的地面运动作用在结构物上，并进行弹性反应动力分析后表明，结构物承受的理论的惯性荷载将比规范给出的静力设计侧向荷载大很多。因此，按规范给出的静力设计侧向荷载设计的结构物，在强震时实际上将出现大量的非弹性变形，由于这种非弹性变形来吸收和耗散了地震能量，使作用在结构物上的地震力的影响大大降低，就使结构物得以抵抗强震的作用。这里可以看出，要使结构物能够承受强震，则必须要有足够的非弹性变形，也就是说需要结构物具有足够的延性。

延性是结构物塑性特性的指标。延性结构是一种在接近最大荷载作用时能发生非弹性大变形但不发生脆性破坏的结构。用延性系数 μ 来表征延性的量级，目前对预应力混凝土延性系数的定义并不统一，有以下几种。

（1）位移延性系数

$$\mu=\frac{\Delta_u}{\Delta_y} \tag{131}$$

式中，Δ_u 为结构物的最大侧向（水平）位移；Δ_y 结构物在第一次屈服时的侧向位移。采用这种定义的根据是认为预应力混凝土开裂后的性能与开裂前相比会有较大的变化。

（2）转角（挠度）延性系数

$$\mu=\frac{\theta_u}{\theta}\left(=\frac{f_u}{f}\right) \tag{132}$$

式中，$\theta_u(f_u)$为计算极限荷载作用时临界截面上的转角（挠度），$\theta(f)$为实际荷载作用下的转角（挠度）。采用这种定义是考虑到按规范规定计算的极限荷载都保留着一定的安全度，即使当梁上荷载达到极限荷载后，梁仍能继续变形，这种定义即能表征梁继续变形的能力（见图 40）。

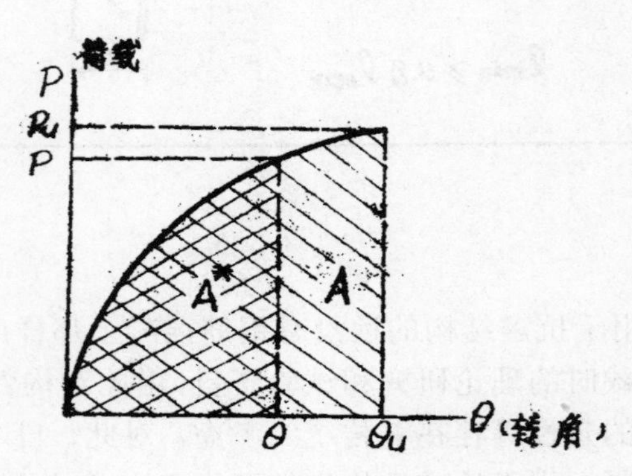

图 40 转角（挠度）的延性系数定义

当然延性系数亦可用曲率比来表示，如

$$\mu=\frac{\varphi_u}{\varphi_y} \tag{133}$$

式中，φ_u 及 φ_y 分别为构件塑性铰处的最大曲率和发生第一次屈服时的曲率。采用这种定义是考虑到构件塑性铰处所要求的截面性态为设计时必须具备的基本性态，而且认为曲率延性系数比其他延性系数更重要。因为一旦出现塑性铰后，构件的变形主要集中在塑性铰处，即使是位移也主要是由塑性铰的转动而产生。

预应力混凝土构件的荷载-位移曲线不是弹塑性的，这是因为预应力钢筋的应力-应变曲线没有较为确定的平稳屈服段，又因非预应力钢筋常位于截面的不同位置，因而它们将在不同的荷载时刻出现屈服而非同时出现屈服。另外结构物中的所有构件或许不在同时出现塑性铰，这也是一个原因。这些原因都给确定第一次屈服时的位移、曲率或转角（挠度）带来了困难。下面所述的等效屈服位移延性系数就是为了克服这种困难而提出的。

（3）等效屈服位移延性系数

此法所述的定义表达式如前各式，其中 Δ_y 的确定见图 41。

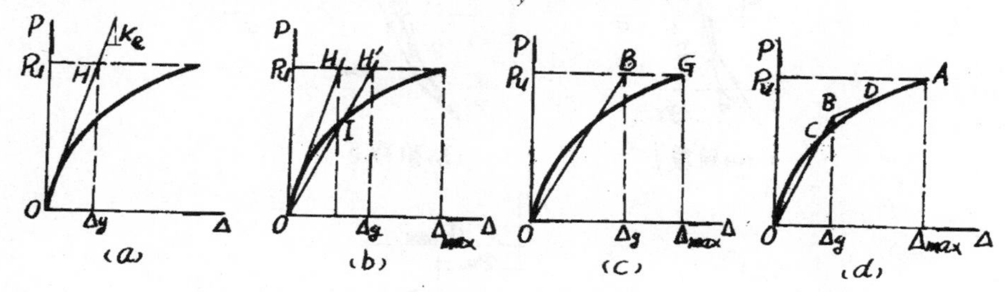

图 41　等效屈服位移法定义 Δ_y

以实测的荷载-位移曲线为基础，按下述方法确定 Δ_y 值。在图 41（a）中，过 O 点，以弹性刚度 K_e 为斜率作直线，与 $P=P_u$ 的水平线交于 H，则与 H 点相对应的位移即为 Δ_y；在图 41（b）中，用前法求得 H 点后，作 HI 线垂直水平轴，与曲线交于 I 点，连 OI 线并延长之与 $P=P_u$ 的水平线相交于 H' 点，则与 H' 点相对应的位移即 Δ_y；图 41（c）所示的为过 O 点作 OB 线，使 $OBG\Delta_{max}$ 所围之面积等于原曲线所围之面积，则 B 点所对应的位移即为 Δ_y；图 41（d）所示的为过 O 点作双直线 OB 及 BA，使 $OBA\Delta_{max}$ 所围之面积等于原曲线所围之面积，则 B 点所对应的位移即为 Δ_y。以上诸法，所得 Δ_y 之值相差较大，从方法上说，图 41（d）所示的双直线法较为严谨，但比较费事。

从延性系数的定义可以看出，延性实际上是结构吸收能量能力的一种度量。结构吸收的能量转化为弹性应变能、塑性应变能和其他形式的能后而被耗散掉。因此，延性也可以说是耗散能量的一种能力的度量。

结构需要的延性系数通常用非线性动力分析来确定。新西兰规范规定，按规范设计的延性框架在承受非常强的地震时，要求位移延性系数的典型值为 3～5。但是，一般来说，规范并不要求设计者计算塑性铰的真实延性去满足这种延性要求。因为，在构造上作适当处理后，预应力构件便可提供该截面所要求的延性。

在循环荷载作用下理想化的预应力混凝土的弯矩-曲率（M-φ）关系如图 42 所示，它是由一系列直线组成。图 42（a）所示的是截面已开裂但箍筋外的混凝土保护层尚未压碎时的第一阶段关系曲线。从开始加载至截面开裂时的（M_f、φ_f）点，直线是按弹性刚度 K_e 发展的，之后则按刚度 K_1 发展。卸载时，相关曲线并不按原直线返回，而是到达 $I_{ip}[(M_f-M_{li})$、$\varphi_f]$ 点，这里的 M_{li} 称为初始环的弯矩深度。如继续卸载并接着反向加载，

则相关曲线由 I_{ip} 发展到负的弹性变形开始点 $I_{in}(-M_f、-\varphi_f)$，它是沿着反向加荷的刚度发展的。从 I_{in} 点继续加载或卸载，则相关曲线重复上述顺序发展。

当一个方向达到最大弯矩 M_u 或 $-M_u$，随之使相应一侧的混凝土保护层压碎时，则相关曲线由 $\pm\varphi_u$ 按刚度 K_2 发展（见图 42（b）），卸载时，M_{li} 被降级环的弯矩深度 M_{ld} 所代替，I_{ip} 点也被 C_{ip} 点所代替。C_{ip} 点的坐标与最大曲率 $\varphi_{\max}$ 有关，可按有关公式计算求得。

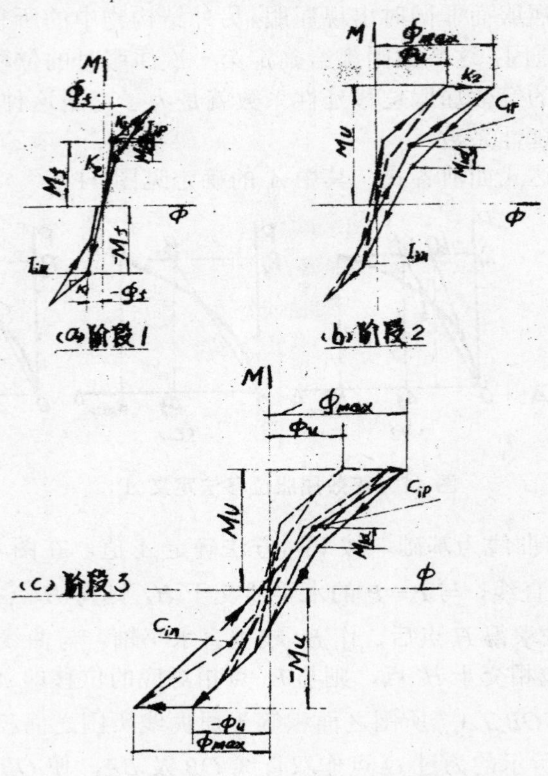

图 42　预应力混凝土理想的弯矩–曲率曲线

当两个方向都达到最大弯矩 M_u 和 $-M_u$ 时，两侧的混凝土保护层均被压碎，其 M-φ 曲线如图 42（c）所示。此时，I_{ip}、I_{in} 点被 C_{ip}、C_{in} 代替，M_{li} 被 M_{ld} 代替。

在循环荷载作用下钢筋混凝土的理想化弯矩-曲率（M-φ）关系如图 43 所示，该曲线可用拉姆伯格-奥斯哥德（Ramberg-osgood）函数给定（见下式）

$$(\varphi-\varphi_0)\,K_e=(M-M_0)\left[1+\left(\frac{M-M_0}{M_{ch}-M_0}\right)^{\gamma-1}\right] \tag{134}$$

式中　K_e——截面的初始弹性刚度；

φ_0、M_0——一般加载曲线开始时的曲率及弯矩；

M_{ch}——特征弯矩，按下式计算。

$$M_{ch}=M_u\left(1-0.05\frac{\varphi_{\max}}{\varphi_y}\right)\geqslant 0.5M_u \tag{135}$$

式中，$\varphi_{\max}$、φ_y 分别为最大曲率和第一次发生屈服时的曲率；M_u 为极限弯矩。屈服曲率并不明显地存在，但 φ_y 可按协定屈服点的定义用下式计算。

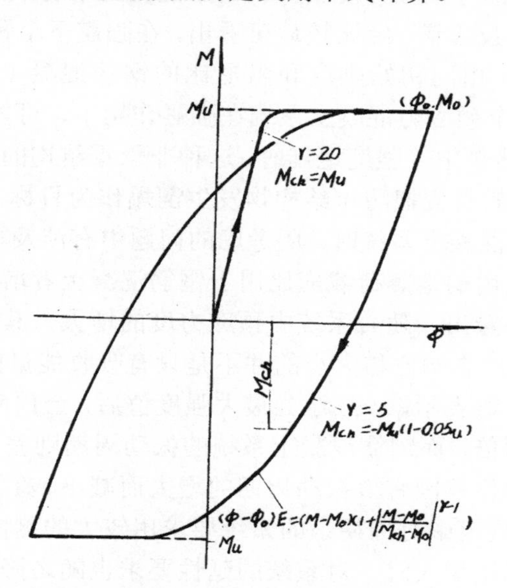

图 43　钢筋混凝土的理想弯矩–曲率曲线

$$\varphi_y = M_u / K_e \tag{136}$$

γ 拉姆伯格–奥斯哥德参数，当弯矩小于最大弯矩时，γ 可取 2.0。任何方向的弯矩都达到最大弯矩时，γ 可取 5.0。

从比较预应力混凝土系统和钢筋混凝土系统的理想化弯矩–曲率滞回曲线中可以看出（见图 44），预应力混凝土体系的滞回曲线宽度（见图 44（a））比钢筋混凝土体系的滞回曲线宽度窄（见图 44（b）），这表明前者吸收及耗散地震能量的能力将小于后者。这是因为在钢筋混凝土体系中，大部分的能量以塑性应变能的形式被耗散掉，用于恢复应变的弹性应变能则较小。而在预应力混凝土系统中，在混凝土压碎以前，地面运动的动能大部分以弹性应变能的形式储存起来，只有当混凝土压碎之后，才有一定数量的能量被耗散掉，当然这不是因为预应力钢筋的应力达到屈服而耗散掉的。这样在混凝土压碎以前，它便有较大的恢复能力。能量的耗散能力和阻尼比远小于钢筋混凝土系统，这是预应力混凝土系统的特点。

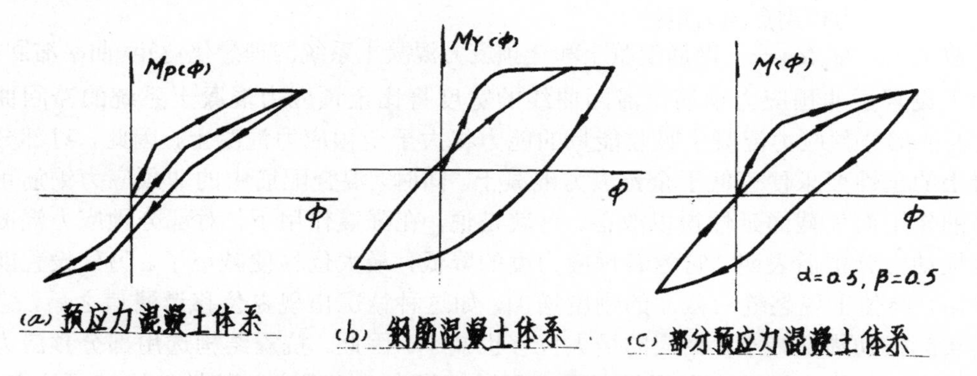

图 44　部分预应力钢筋混凝土理想弯矩–曲率滞回曲线

对全预应力混凝土、部分预应力混凝土和钢筋混凝土系统，按单自由度进行的非线性动力分析所得的最大位移反应谱，经比较后可看出，在强震下全预应力混凝土系统的最大位移要比具有相同强度、相同初始刚度和阻尼比的钢筋混凝土系统的最大位移平均大1.3～1.4倍。这就预示着全预应力混凝土系统在强震作用下，可能引起非承重结构部分的破坏，甚至发生倒塌。当然在中等强度地震时，这种非承重结构的破坏可能是不太严重的。因此，按强震荷载设计一般是应把防止结构物发生倒塌作为目标，而不是为了避免发生破坏。如果在设计全预应力混凝土系统时，所考虑的问题中有涉及非承重结构的破坏，则按新西兰规范的建议，所采用的地震荷载应比用于钢筋混凝土者增大20%。

从上面的分析中可以看出，随着系统中预应力度的增大，其吸收能量的能力则减少，最大位移值相应增大。不过影响位移大小的并不是只有吸收能量的能力一个因素。非线性动力分析所得的位移反应谱表示，一旦达到最大强度值后，全预应力混凝土系统的振动周期差不多是初始周期的两倍，而钢筋混凝土系统的振动周期则差不多未变。因此，全预应力混凝土系统在强震时的位移因有效振动周期的增大而减小，随之对全预应力混凝土系统所要求的延性也将减小。规范中对周期小的系统要求用较大的侧向荷载值进行设计其道理即在于此。另外，当阻尼比增大时，对系统的延性要求也随之降低。

混合配筋的部分预应力混凝土系统，它的理想化弯矩-曲率滞回曲线见图44（c）。这种曲线可根据钢筋混凝土和预应力混凝土在系统中各自所占的比例α及β的不同，按下列规律绘制。

$$M(\varphi)=\alpha M_{\gamma}(\varphi)+\beta M_{p}(\varphi) \tag{137}$$

$$\alpha=M_{\gamma u}/M_{u} \tag{138}$$

$$\beta=M_{pu}/M_{u} \tag{139}$$

$$\alpha+\beta=1.0 \tag{140}$$

式中　M_u——部分预应力混凝土截面的极限承载弯矩；

M_{pu}——在截面极限承载弯矩达到M_u时，截面中预应力钢筋合力对受压区压应力合力作用点的力矩；

$M_{\gamma u}$——在截面极限承载弯矩达到M_u时，截面中非预应力钢筋合力对受压区压应力合力作用点的力矩；

$M_{\gamma}(\varphi)$、$M_{p}(\varphi)$——钢筋混凝土和全预应力混凝土系统的理想化弯矩-曲率滞回曲线。

由于设置了非预应力钢筋，滞回曲线的宽度将比全预应力混凝土系统的滞回曲线要宽。这表征部分预应力混凝土吸收能量的能力将大于全预应力混凝土，因此，对部分预应力混凝土的延性要求便可低于全预应力混凝土。同时，混合配筋中的非预应力钢筋可起受压钢筋的作用而使截面延性得以改善。这就是说，在强震作用下，对部分预应力混凝土进行非线性动力分析后表明，它随着预应力度的降低，最大位移便减小了。另外设置非预应力钢筋后，能使出现裂缝后截面的刚度增加，如这种情况出现在位移谱峰值之后，它将使系统的实际振动周期减小，相应的最大位移也减小。因此，抗震结构选用部分预应力混凝土便能综合全预应力混凝土和钢筋混凝土两者的优点。三者之间的性能比较可从表15看出。对抗震的连续框架结构来说，如选用部分预应力混凝土，便可利用预应力钢筋来平衡垂直荷载，又可利用非预应力钢筋来提高能量的吸收能力和延性。

汤姆生和派克（K. J. Thompson 和 R. Park）在对抗震结构进行分析研究的基础上，为全预应力混凝土和部分预应力混凝土延性梁承受地震荷载时提出了构造建议，其内容为：

（1）预应力钢筋和非预应力钢筋的总用量，在可能出现塑性铰的区域当达到弯曲强度时应满足 $a/h \leqslant 0.2$ 的要求，这里 a 是指混凝土矩形受压区的高度，h 是截面的总高。

表 15　不同预应力度时的抗震性能比较表

性能	全预应力混凝土	部分预应力混凝土	钢筋混凝土
强度衰减	少	中	大
刚度衰减	少	中	大
能量吸收能力	稍小	中	稍大
能量耗散能力	小	中	大
阻尼	小	中	大
延性	稍小	中	稍大
延性要求	大	中	小
地震反应	大	中	小
弹性恢复能力	大	中	小

这一建议限制了最大用钢量，使得延性梁在高曲率时，截面的抗弯能力一直能保持接近最大值，而不产生弯矩的突然下降或引起脆性破坏。这一建议同时又是对受压区的高度加以限制，可以避免混凝土因达到极限应变值而破坏，这样张拉钢筋也就不会发生屈曲，截面的高延性才得以实现。

（2）在可能出现塑性铰的区域内，梁内箍筋的距间不应大于 $h_0/4$，且 h_0 不大于 $0.8h$。这里 h_0 及 h 分别为截面的有效高度和总高度。同一排箍筋中垂直肢之间的距离不应大于 20 厘米。

试验研究表明，设置了横向箍筋后，使混凝土受到约束，便可防止承受循环荷载时混凝土的破坏向核心区延伸，同时防止纵向钢筋的屈曲，从而改善了延性。如按上述建议设置箍筋将会得到合理的延性，但当箍筋间距减小时，将使混凝土保护层剥落的趋势增加，在高曲率时梁的抗弯承载能力将会减小。

（3）部分预应力混凝土中，在可能出现塑性铰的区段里，靠近上、下边缘纤维应设置非预应力钢筋，使其至少承受 80%的地震力，并在梁高中部的 1/2 范围内设置一束以上的预应力钢筋。

要求设置非预应力钢筋的原因如前所述。试验分析证明，上下部配置非预应力钢筋后，即使增加预应力钢筋，对延性也没有明显的减小，但强度却可增加，当然总用钢量仍应满足建议（1）的要求。如果是全预应力混凝土梁，为能使预应力钢筋起到抗压钢筋的作用，从而避免在高曲率时，抗弯能力的明显减弱，故希望预应力钢筋在截面内能分散设置，至少在离上下纤维不超过 15 厘米内各设置一束预应力钢筋，在梁截面中部 1/3 高度内亦至少设一束。

日本学者对部分预应力混凝土结构的抗震问题亦进行了较系统的实验研究，在结构的能量吸收、可能达到的位移、截面的延性、等效塑性较长度及等效黏性阻尼比等方面都取得了一些有价值的研究成果。

屋卡莫泰（Ohamoto）教授的研究成果指出，如果梁内设置的箍筋间距较密并有侧限约束螺旋筋时，则部分预应力混凝土梁的配筋系数 q 即使大于 EIP 设计建议中所建成的最大限值 0.2，甚至达 0.3 以上时，其曲率延性系数仍能超过 10。q 按下式计算

$$q=\frac{A_g\sigma_g+A_y\sigma_y}{bh_0f_c'} \tag{141}$$

式中，f_c' 为 20×30 厘米混凝土圆柱体的抗压强度；σ_y 为预应力钢筋的 0.2%条件屈服强度。

华泰奈勃（Watanahe）指出，采用高强度钢材作螺旋箍筋以约束混凝土的侧向变形就可以达到提高弯曲延性的目的。他是用极限强度为 12 200 kg/cm^2 的 $\Phi\sigma$ 钢丝弯制成螺旋箍筋代替普通箍筋的。试验梁在单向多次重复荷载和很大超载重复荷载作用下，进入塑性范围后的荷载-挠度滞回曲线仍然非常稳定，承载能力没有降低。

五、设　计

当前国际上对全预应力混凝土和钢筋混凝土受弯构件的设计存在着不同的方法，就现有的技术水平而言，钢筋混凝土受弯构件一般用极限状态法设计，并校核使用状态时的裂缝、挠度等性状；全预应力混凝土受弯构件则以使用状态为基础，按容许应力法设计，并校核其极限强度。就概念上说，全预应力混凝土和钢筋混凝土分别是部分预应力混凝土的两种特殊状态，因此，部分预应力混凝土受弯构件的设计，可像钢筋混凝土那样从极限状态着手，亦可以像全预应力混凝土那样从使用状态着手。不论以何种状态着手，部分预应力混凝土受弯构件的设计均应同时满足使用状态时的各项性能要求和极限状态时的强度要求，前者称为适用性设计，后者称为强度设计。

具体来说，部分预应力混凝土受弯构件的设计准则包括：

极限状态时，确保截面的极限抵抗弯矩 M_u 大于或等于规定的计算极限弯矩 M_P（其值为安全系数乘计算弯矩）。在有些条件下（如抗震结构）亦需规定结构具有最小的延性系数等。

使用荷载作用时：

（a）临时荷载（如初始预加应力、运输和安装时的荷载）或全部使用荷载作用下混凝土的应力不应超过允许值。

（b）在全部或部分活载作用下，材料（包括混凝土、预应力钢筋和非预应力钢筋）中的应力增量不应超过有关规范所规定的最大应力增量，以保证结构具有规范规定的疲劳寿命（例如承受循环荷载达 2×10^6 次）。

（c）在全部活载作用下，裂缝最大计算宽度必须小于规范规定的相应数值。

（d）由恒载和预应力共同作用而产生的短期和长期拱度必须小于规范规定规定的限值，而在活载、活载和附加的长期恒载共同作用下，构件产生的最大挠度必须满足规范规定的限值。

（e）构件的质量应令人满意，起码从环境对钢筋的腐蚀作用方面来说应如此。

本纳特、巴赫曼等分别为部分预应力混凝土受弯构件建议的设计方法都是从使用状态

着手的，其方法是计算在使用荷载作用下的截面应力，并要求这些应力小于规定的容许应力。而在规定这些容许应力时，又与使用性能方面的有关限值相联系，因此限制截面上的应力就可满足有关的使用性能。英国 CP110：1972 和 BS5400：1978 规范中所列出的是混凝土的容许拉应力（见表 8)。该容许拉应力与表中所列的裂缝限制宽度相一致，表示当截面拉应力小于表列规定值时，其裂缝宽度也小于表列限值。BS5400：1978 中还增加了对应于裂缝限制宽度为 0.25 毫米时的混凝土容许拉应力，使这规范的适用范围有所扩大。这里所说的在使用荷载作用下的截面最大拉应力是按截面未开裂时的特性计算的，而按此算出的拉应力接近表列容许值时，实际截面是开裂的，所以将这种拉应力称之为名义拉应力。用未开裂的截面特性计算应力时，可免去对开裂截面的冗长的分析计算，这是这种设计法的优点，同时发现利用这种简便的方法计算，所得结果与实际情况相当吻合，因此这种方法被列入英国的有关规范中。

CEB-FIP 建议中规定的是计算非预应力钢筋中的拉应力，它与 CP110 等规范不同。这种拉应力是在使用荷载作用下按开裂截面特性计算求得的，并规定用这种拉应力按(61)式及(62)式计算所得的裂缝宽度不应超出规范的限值。瑞士 SIA 标准 162 规范与 CEB-FIP 建议相似，亦是限制非预应力钢筋的应力增量，不过它直接规定，此应力增量不应超过 150 N/mm^2。这一应力相当于限制裂缝宽度在 0.1～0.15 毫米。因此这种应力限值实质上与 CEB-FIP 的规定是一致的。

关于按 CP110：1972 规范设计部分预应力混凝土受弯构件的方法简述如下：

当构件的混凝土截面尺寸、预应力钢筋和非预应力钢筋的用量和布置、材料力学性能已知时，则可用（142）式验算受弯构件底部纤维上的混凝土名义拉应力，如其数值小于规范的规定值，则设计满足要求，否则需作适当修改，重新进行验算，直至满足要求。

$$\sigma_{hl}^{0}=\frac{N_y}{A_h}+\frac{N_y e_y}{W_h}-\frac{M}{W_h} \tag{142}$$

式中 σ_{hl}^{0}——使用荷载作用下按未开裂截面特性计算所得的截面底部纤维上的名义拉应力；

M——使用荷载产生的控制截面上的弯矩；

A_h、W_h——未开裂截面的混凝土截面面积和对底部纤维的截面模量（当钢筋用量与布置已初步确定时，亦不用换算截面特性。因为钢筋的影响已在容许的名义拉应力中得到反应)；

$N_y e_y$——预应力钢筋的有效预应力和它对混凝土截面重心轴的偏距。

如果在设计之初，仅知材料性能和荷载特性，而混凝土截面尺寸、钢筋用量及其布置均未知时，则可根据技术条件和设计经验初步选定混凝土截面各部尺寸，然后规定一个消压弯矩，通过试算确定预应力钢筋用量，再根据极限强度的要求确定非预应力钢筋的用量。这些计算都是用未开裂的截面特性进行的。最后在使用荷载作用下对开裂截面进行分析，计算非预应力钢筋的应力、裂缝宽度、构件变形-挠度等，用以校核构件的使用性能是否满足要求。由于计算必须同时满足各种适用性标准和极限强度等要求。故一般总是需要修改某些数据后重新设计。

这里所说的消压弯矩是指某一种定荷载在控制截面上产生的弯矩，它能抵消掉由预加应力产生的弯矩而使梁最下缘纤维处或预应力钢筋重心纤维处的混凝土应力为零。一般把恒载弯矩作为消压弯矩，有时为了充分发挥部分预应力混凝土的经济性，有的学者便建议把小于恒载弯矩的某一弯矩作为消压弯矩，即在恒载弯矩作用下，受弯构件最下缘纤维处的混凝土达到其抗拉强度。当消压弯矩确定后，根据上述概念就可令预应力钢筋的拉力对截面重心轴产生的弯矩等于消压弯矩，从而求出必需的预应力钢筋面积。

例 1

今有一根部分预应力混凝土梁，跨度为 20 米，承受 0.9 t/m 的均布活载，要求在使用荷载作用下产生的裂缝宽度限制在 0.02 毫米以内。选用的混凝土标号为 R=500 kg/cm^2，预应力传递时的混凝土标号为 R'=0.8 R=400 kg/cm^2，预应力损失按控制应力的 20%计。预应力钢筋选用公称直径为 12.5 毫米的钢绞线，其公称截面面积为 94.2 mm^2，极限强度为 17 500 kg/cm^2，故每根钢绞线的特征强度为 16 500 kg。非预应力钢筋选用冷拔变形钢筋，其强度为 4 250 kg/cm^2，试设计该梁截面。

根据技术条件初步拟定的混凝土截面如图 45（a）所示，截面特性为

$$A_{\text{h}} = 100\times12+60\times30 = 3\,000\ \text{cm}^2$$
$$I_{\text{h}} = 1\,487\,400\ \text{cm}^4$$

截面重心轴距梁顶纤维的距离为

$$y_{\text{上}} = \frac{1\,200\times6+60\times30\times42}{3\,000} = 27.6\ \text{cm}$$

对上翼缘的截面模量

$$\text{W}'_{\text{h}} = I_{\text{h}}\,/\,y_{\text{上}} = \frac{1\,487\,400}{27.6} = 54\,000\ \text{cm}^3$$

对下翼缘的截面模量

$$\text{W}_{\text{h}} = I_{\text{h}}\,/\,y_{\text{下}} = \frac{1\,487\,400}{72-27.6} = 33\,500\ \text{cm}^3$$

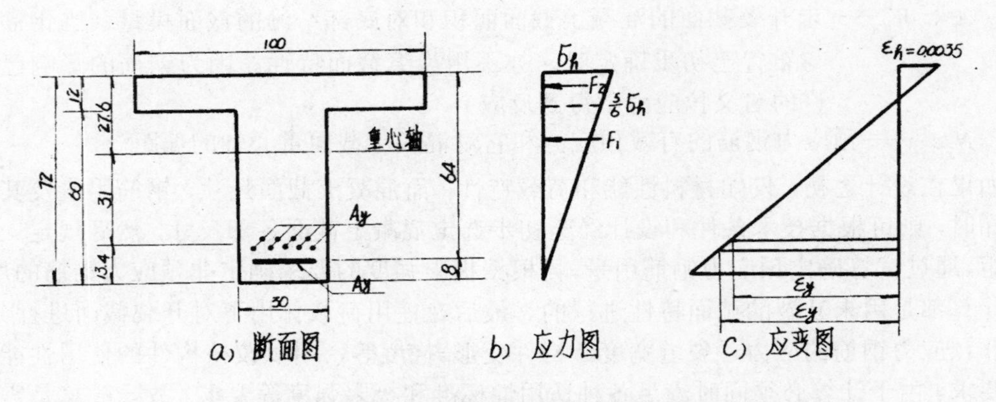

图 45 部分预应力混凝土梁截面布置及应力应变图

所拟定混凝土截面的自重

$$G = 2.3\times0.3 = 0.69 \approx 0.7\ \text{t/m}$$

自重弯矩 $M_G = \frac{1}{8}Gl^2 = \frac{1}{8}0.7\times20^2 = 35$ t-m

活载弯矩 $M_q = \frac{1}{8}ql^2 = \frac{1}{8}0.9\times20^2 = 45$ t-m

总弯矩 $M_P = M_G + M_q = 35 + 45 = 80$ t-m

按实用条件将预应力钢绞线设置得使其重心放在载面重心轴以下 31 厘米处，以便其下面有足够的空间设置非预应力钢筋。

消压状态时的分析：

现取梁的自重弯矩为消压弯矩。消压时的截面应力分布如图 45（b）所示，设顶纤维的混凝土压应力为 σ_h。底纤维的混凝土压应力为零，沿截面高度的应力分布按直线变化。

根据以上假定，梁腹板部分的和翼缘部分的混凝土压力分别为 F_1 和 F_2

$$F_1 = 30\times72\frac{1}{2}\sigma_h = 1\,080\sigma_h$$

$$F_2 = 12(100-30)\frac{1}{2}\left(1+\frac{5}{6}\right)\sigma_h = 770\sigma_h$$

设 F_1 和 F_2 的合力作用在顶纤维以下 a 处，其值为

$$a = (770\sigma_h\times5.82+1\,080\sigma_h\times24)/1\,850\sigma_h = 16\ \text{cm}$$

由此求得合力作用点至钢绞线重心的距离 z 为

$$z=31.0+27.6-16.0=42.6\ \text{cm}$$

按消压弯矩的概念，有效预应力 N_{y1} 对合压力作用点的弯矩应等于消压弯矩，故可得

$$42.6N_{y1} = 35\ \text{t-m}$$

$$N_{y1}=3\,500\,000/42.6=83\,000\ \text{kg}$$

当预应力总损失假定为 20%时，则预应力总值应为

$$N_y = 1.25\times83 = 103\cdot8\ \text{t}$$

现已知每根钢绞线的特征强度为 16 500 kg，设张拉时达到其强度的 70%，故每根张拉力为 16 500×0.7=11 550 kg。由此求得钢绞线的根数 n 为

$$n=103.8/11.55\approx9\ \text{根}$$

相应的钢绞线面积为

$$A_y = 9\times94.2 = 848\ \text{mm}^2 = 8.48\ \text{cm}^2$$

钢绞线的布置见图 45（a）。

极限状态时的分析：

计算极限弯矩 M_p 现按 ACI 规范分别用恒载安全系数 1.4 和活载安全系数 1.6 进行计算，得

$$M_p = 1.4\times35+1.6\times45 = 120\ \text{t-m}$$

假定极限状态时沿截面高度的应变分布按直线变化，梁顶混凝土纤维处的压应变达极

限值为 0.003 5。极限状态时钢绞线的总应变可认为由下面所述的三部分组成：有效预应力产生的应变；由预应力产生的在预应力钢绞线重心处的混凝土应变和由荷载作用时开裂截面中钢绞线应变。它的总应变可用下式计算：

$$\varepsilon_y=\frac{N_{y1}}{E_y A_y}+\frac{N_y}{E_h}\left(\frac{1}{A_h}+\frac{e_y}{W_h}\right)+\varepsilon_h\frac{d}{x} \tag{143}$$

式中，钢绞线的弹性模量 $E_y=2.0\times10^6\,\text{kg/cm}^2$；混凝土弹性模量 $E_h=3.4\times10^5\,\text{kg/cm}^2$；x 为混凝土截面受压区高度，经试算后初步定为 12 厘米；d 为钢绞线重心至中性轴的距离，d=27.6+31.0−12=46.6 厘米。按（143）式计算得：

$$\varepsilon_y=\frac{83\,000}{2.0\times10^6\times8.48}+\frac{11\,550\times9}{3.4\times10^5}\left(\frac{1}{3\,000}+\frac{31}{33\,500}\right)+$$

$$0.003\,5\frac{46.4}{12.0}=0.004\,9+0.000\,38+0.013\,6$$

$$=0.019\,0$$

下面利用钢绞线的应力-应变曲线。校核极限状态时的钢绞线应力是否达到其特征强度。当钢绞线的特征强度 $R_k^b=16.5\,\text{t}$，采用材料强度折减系数 $\gamma_m=1.15$时，利用 CP110 规范中钢绞线的应力-应变曲线（见图 46），计算得其应变为

$$\varepsilon'_y=0.005+\frac{16\,500}{1.15}\cdot\frac{1}{0.942}\cdot\frac{1}{2.0\times10^6}$$

$$=0.012\,6$$

由于 $\varepsilon_y>\varepsilon'_y$，故知钢绞线在极限状态时的强度已达 16 500/1.15 kg，其总拉力为

$$N_{y\cdot u}=9\times16\,500/1.15=129.2\,\text{t}$$

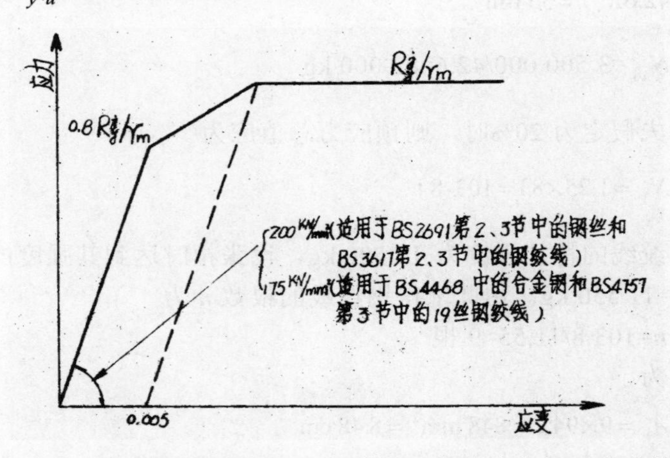

图 46　低的和正常的放驰率钢丝等的短期设计应力-应变曲线

混凝土标号 R=500 kg/cm^2，当极限应变为 $\varepsilon_{hu}=0.003\,5$ 时，其极限抗压强度可按 $R_{hu}=0.4\times R=0.4\times500=200\,\text{kg/cm}^2$ 计，则混凝土的总压力为

$$N_h=100\times12\times200=240\,\text{t}$$

因此需要设置一定数量的非预应力钢筋，以便和预应力钢筋一起与混凝土的总压力平衡。

非预应力钢筋需要承受的拉力 N_g 为

$$N_g = N_{\text{h·u}} - N_{\text{y·u}} = 240 - 129.2 = 110.8\ \text{t}$$

非预应力钢筋设于预应力钢筋的下面，其重心位于梁顶以下 64 厘米处，在极限状态时，根据图 54（c）中的应变图可求得非预应力钢筋的应变 ε_{gu} 为

$$\varepsilon_{gu} = \frac{0.003\,5}{12}(64-12) = 0.015\,16$$

利用 CP110 规范所给的非预应力钢筋的应力-应变曲线，按此应变求得其应力已达 $\sigma_g = R_g / \gamma \cdot m = 4\,250/1.15 = 3\,696\ \text{kg/cm}^2$，故需设置非预应力钢筋的面积为

$$A_g = 110\,800/3\,696 = 30\ \text{cm}^2$$

根据以上求得的预应力钢筋和非预应力钢筋面积以及拟定的混凝土截面面积，便可计算截面的极限抵抗弯矩，在计算时可将非预应力钢筋换算成预应力钢筋后，按通常的方法进行。换算的预应力钢筋总面和 A'_y 按下式进行：

$$A'_y = A_y + \frac{R_g}{R_y^j} A_g \qquad (144)$$

式中，R_g 为非预应力钢筋的强度，R_y^j 为预应力钢筋的极限强度，题中所用钢绞线的 R_y^j =17 500 kg/cm²。故

$$A'_y = A_y + \frac{R_g}{R_y^j} A_g = 8.48 + \frac{4\,250}{17\,500}30$$

$$= 8.48 + 7.30 = 15.78\ \text{cm}^2$$

A'_y 重心至梁顶纤维的距离 h'_0 为

$$h'_0 = \frac{7.30\times 64 + 8.48\times 58.6}{15.78} = 61\ \text{cm}$$

力臂（A'_y 重心至混凝土合压力作用点距离）z' 为

$$z' = h'_0 - \frac{x}{2} = 61 - \frac{12}{2} = 55\ \text{cm}$$

极限抵抗弯矩 M_u 为

$$M_u = A'_y \frac{R_y^j}{\gamma_m} z' = 15.78\frac{17\,500}{1.15}55 = 132.0\ \text{t-m}$$

$$M_u > M_p = 120\ \text{t-m} \qquad \text{（可）}$$

极限状态时的中性轴位置校核。

$$\mu' = \frac{A'_y R_y^j}{R b h'_0} = \frac{15.78\times 17\,500}{500\times 100\times 61} = 0.09$$

在 CP110 规范的有关表中，已给出当 $\mu' = 0.05$ 时 $\xi = x/h'_0 = 0.109$。μ'=0.10 时，ξ=0.217，现 μ'=0.09，故内插得 ξ=0.19，则 $x = 0.19\times 61 = 11.6\ \text{cm}$，此值与原试算结果 $x = 12\ \text{cm}$ 非常

接近。

关于使用荷载作用下开裂截面的分析简单地介绍如下：

部分预应力混凝土受弯构件在使用荷载作用下开裂截面的分析将比钢筋混凝土受弯构件复杂，因为后者的中性轴位置仅取决于横截面的几何尺寸和材料特性，而前者除此以外还取决于轴向预应力和荷载弯矩。为了便于分析，故作如下假定：

① 虽然构件已经开裂，但仍假定混凝土和钢筋的应力各自都在弹性范围内，这样截面上的应变分布还可假定是线性的。

② 在使用荷载作用下，有效预应力假定是常数。

③ 忽略截面中性轴以下混凝土的拉力强度。

④ 忽略裂缝间的未开裂截面的影响。

根据以上假定，开裂截面成为承受轴向压力（有效预应力）和荷载弯矩的偏心受压构件，故可利用内力平衡、弯矩平衡和应变协调条件建立受压区混凝土高度 x 的数学表达式，该表达式为 x 的三次方程式。经试算求出 x 后，便可对混凝土合压力作用点取矩，令 $\sum M = 0$，则可求出开裂截面中非预应力钢筋和预应力钢筋的应力。本例题中，当使用荷载弯矩为 80.0 t-m，A_y 及 A_g 采用前面所求得的值时。求得的 $X = 20.5$ 厘米及非预应力钢筋应力 $\sigma_g = 2\,030\ \mathrm{kg/cm^2}$，此值小于其特征强度 $2\,450\ \mathrm{kg/cm^2}$，故符合设计要求。计算过程从略。

现按（61）式计算非重复荷载时在非预应力钢筋处的最大裂缝宽度，计算结果为

$$\begin{aligned} W_{\max} &= (\Delta\sigma_g - 40)10^{-3} \\ &= (2\,030 - 4\,000)10^{-6} = 0.016\,3\ \mathrm{cm} = 0.163\ \mathrm{cm} \end{aligned}$$

由此求得梁底纤维处的最大裂缝宽度为

$$W'_{\max} = 0.163\frac{72-20.5}{64-20.5} = 0.193\ \mathrm{mm} < 0.2\ \mathrm{mm}$$

这表明本设计符合要求。

例 2

除裂缝宽度的限制由 0.20 毫米改为 0.10 毫米外，其余条件均同例 1。试设计该梁截面。

如裂缝宽度限制为 0.10 毫米时，而混凝土截面尺寸不变，则预应力钢筋和非预应力钢筋截面都要增加。现设预应力钢筋由 9 根增至 14 根，而非预应力钢筋面积保持不变，仍为 $A_g = 30\ \mathrm{cm^2}$。

由例 1 知，每根钢绞线的拉应力为 11.55 t，预应力损失以 20%计，则总有效预应力为

$$M_{y1} = 14\times11.55\times0.8 = 129.4\ \mathrm{t}$$

由（142）式求得的梁底纤维处的名义拉应力为

$$\begin{aligned} \sigma_{hl}^{0} &= \frac{N_y}{A_h} + \frac{N_y e_y}{W_h} - \frac{M}{W_h} \\ &= \frac{129\,400}{3\,000} + \frac{129\,400\times31}{33\,500} - \frac{8\,000\,000}{33\,500} \\ &= 75.9\ \mathrm{kg/cm^2} \end{aligned}$$

按 CP110：1972 规范所规定的容许名义拉应力计算办法，进行计算：

基本容许值（限制裂缝宽度 0.1 毫米）$63\ \mathrm{kg/cm^2}$；

高度因子（构件高 720 mm）0.84；

非预应力钢筋每增 1%时的容许应力增量为 $30\ \mathrm{kg/cm^2}$。

今非预应力钢筋截面面积为 $30\ \mathrm{cm^2}$，$A_h = 3\,000\ \mathrm{cm^2}$，故容许名义拉应力为

$$[\sigma_{hl}^0] = 63\times0.84+\frac{30}{3\,000}\times30\times100 = 82.9\ \mathrm{kg/cm^2}$$

经比较名义拉应力后，可知设计能满足裂缝限制宽度小于 0.1 毫米的要求。

奈曼等人为部分预应力混凝土受弯构件建议的设计方法是从极限状态着手的。这是基于这样一种认识，即部分预应力混凝土受弯构件达到极限状态时，其受力性能是与全预应力混凝土和钢筋混凝土的受弯构件相同的，亦即梁的截面是开裂的，混凝土所受的总压力与钢筋所受的总拉力是平衡的，因此三者均可用极限状态进行设计。

美国 ACI 规范规定，在全部使用荷载作用下，如挠度计算符合要求，且挠度对使用不产生危害时，则受弯构件的混凝土名义拉应力容许达到$12\sqrt{f_c'}$或更高，如不符合上述条件，则混凝土的弯曲拉应力限制在$6\sqrt{f_c'}$以内。CP110：1972 规范中所规定的名义拉应力是随着限制裂缝宽度的减小、混凝土标号的降低以及梁高的增加而减小的，不过其数值的变化范围与$6\sqrt{f_c'}$至$12\sqrt{f_c'}$相当。

奈曼等人对名义拉应力设计法进行了分析，用以分析的构件包括单 T 梁、双 T 梁、矩形板和空心板等；混凝土的压力强度 f_c' 分为 5 000 磅/平方英寸和 9 000 磅/平方英寸两种；预应力钢筋在重复荷载作用下的应力限值取 $0.1R_y^j$ 及 $0.6R_y^j$ 两种；全部使用活载包括恒载和活载。在疲劳设计中活载的取值又分为全部活载的 50%、70%和 100%三种。利用优化设计选定一个最小预应力，使之满足部分预应力混凝土受弯构件的强度、适应性等各项指标，最后计算各个构件的名义拉应力。将所得名义拉应力汇总后发现，其值在$5\sqrt{f_c'}$至$46\sqrt{f_c'}$之间的一个很大范围内变动，这表明在设计时很难在这个大范围内选用某一个名义拉应力值，或选定它的一个区段值使之能适应所有的实际情况。因此，如果按 CP110：1972 或 ACI 规范所规定的名义拉应力进行设计，结果便会使得不同的构件具有不同的安全系数，这说明按名义拉应力法设计时存在着不合理性。为此，奈曼等人建议从极限状态法着手设计。

按极限状态设计部分预应力混凝土受弯构件，需要求算的有预应力钢筋面积 A_y、非预应力钢筋面积 A_g 和混凝土截面的受压区高度 x 等三个未知数，这和全预应力混凝土或钢筋混凝土不同，他们一般只有 A_y 或 A_g 和 x 两个未知数，所以利用内力平衡和弯矩平衡两个方程即可求解。对于部分预应力混凝土受弯构件，为了求解三个未知数，必须补充一个方程，补充的方程一般以预应力度来表达，所谓预应力度它是用来表示预应力钢筋或非预应力钢筋在部分预应力混凝土受弯构件中的负荷能力。目前，关于预应力度的定义并不统一，下面作一些简单介绍。

瑟利曼建议的定义如（145）式所示

$$\lambda = \frac{A_y\sigma_{0.2}}{A_y\sigma_{0.2}+A_gR_g} \tag{145}$$

式中，$\sigma_{0.2}$ 为预应力钢筋 0.2%残余应变时的条件流限。这一定义清楚地表明了预应力钢筋和非预应力钢筋所能承受的那部分拉力，它与外荷载无关，也不反映受弯构件的抗弯能力或极限弯矩，这对受弯构件来说就显得不足，故产生了下式所示的定义

$$\lambda=\frac{A_y R_y\left(h_y-\dfrac{x}{2}\right)}{A_y R_y\left(h_y-\dfrac{x}{2}\right)+A_g R_g\left(h_g-\dfrac{x}{2}\right)}=\frac{M_{uy}}{M_u} \tag{146}$$

式中，h_y、h_g 分别表示预应力钢筋和非预应力钢筋重心至截面顶纤维的距离，x 为极限状态时混凝土受压区的高度，M_{uy}、M_u 分别表示预应力钢筋和全部钢筋所提供的极限弯矩。

拉马斯惠米建议的预应力度定义如（147）式所示

$$\lambda=\frac{M_0}{M_{max}} \tag{147}$$

式中，M_0 为消压弯矩，其值应另行予以规定。M_{max} 为最大使用荷载产生的弯矩。由于定义中引入了消压弯矩，便将预应力度与截面内出现拉应力或裂缝的特征相联系起来，故将这一定义用于适用性设计便有其明显的优点。（146）式的定义用于极限强度设计亦能显示其优越性，所以奈曼等人建议的预应力度定义即同此式，并给以一个“部分预应力比”PPR 的专用术语。即

$$\mathrm{PPR}=\frac{M_{uy}}{M_u} \tag{148}$$

无论是 λ 或是 PPR。其值均在 0 至 1 之间，全预应力混凝土的值为 1，钢筋混凝土则为零。如按极限状态设计时，则 PPR 可适用于全预应力混凝土、部分预应力混凝土和钢筋混凝土，其优点更为显著。

《钢筋混凝土与预应力混凝土结构实用设计建议》（草案）1982 中对预应力度的建议相当全面，根据不同的设计准则定义如下：

1. 按任何荷载组合下的主力状态

（a）全预应力混凝土：沿预应力钢筋方向没有达到消压极限状态。

（b）有限预应力混凝土：主拉应力没有达到混凝土抗拉强度的设计值。

（c）部分预应力混凝土：混凝土的拉应力没有限制。

2. 按承载能力极限状态时的强度比

$$\lambda=\frac{A_y R_{yk}}{A_y R_{yk}+A_g R_{gk}} \tag{149}$$

式中，R_{yk} 为预应力钢筋的特征强度，取残余应变为 0.1%的屈服强度，R_{yk} 为非预应力钢筋的特征抗拉强度，取弹性极限应力的 5%分位值或残余应变为 0.2%处的屈服强度。

3. 按正常使用极限状态时的荷载平衡程度

$$K=\underset{\text{(一般)}}{\frac{S_y}{S}}\text{或}\underset{\text{(正常)}}{\frac{M_y}{M}}\text{或}\underset{\text{(特殊)}}{\frac{N_y}{N}} \tag{150}$$

式中，S_y、M_y 及 N_y 分别表示预加应力的总效应、产生的弯矩及产生的反向力，S、M 及 N 分别表示永久荷载的效应、产生的弯矩及永久荷载的作用力。

设计时选定一个合适的预应力度相当复杂，因为它必须同时满足强度和适用性等方面的要求，如容许应力、极限抗力、疲劳、拱度、挠度、裂缝以及腐蚀等，而且它还与荷载性质、活载与恒载之比、全部荷载的发生次数、周围环境对刚才腐蚀的影响等因素有关。为此不少学者对此进行了许多研究，巴赫曼就预应力度对梁的总破坏安全系数、预应力钢筋、非预应力钢筋用量和两者的总用量、非预应力钢筋应力和预应力钢筋的应力增量、混凝土截面的上翼缘压应力和当未开裂时的下翼缘拉应力等的影响进行了研究。他研究时采用的方法是先按全预应力混凝土对构件进行设计，然后逐步用非预应力钢筋代替预应力钢筋以保持规定的破坏安全系数，但当预应力度较大时，非预应力钢筋往往受最小含筋率的要求而不能随之减小，致使破坏安全系数有所提高。按瑞士 SIA 标准 162 当弯曲受拉时最小含筋率应为截面受拉部分面积的（0.2～0.3）%。研究指出当 $\lambda=0.6$ 时，预应力钢筋和非预应力钢筋的总用量为最小。当预应力度较大时，非预应力钢筋和预应力钢筋的应力增量均减小。与钢筋混凝土相比，即使预应力度为中等值时，钢筋应力亦相应较低。巴赫曼根据他的研究成果指出，对不同的截面形式，取 $\lambda=0.6$～0.7，将使总用钢量为最小。

上海铁道学院就我国1975年设计的三标桥2017道砟桥面低高度先张法预应力混凝土梁通用图，用巴赫曼的分析方法进行了研究，发现用钢量最小时的预应力度随跨度的增大而提高，当跨度为 8、10、12 及 16 米时相应的预应力度 λ 分别为 0.18、0.85、0.90 及 0.97。这些数值比巴赫曼指出的 0.6～0.7 要大。其原因之一是认为瑞士规范所定的非预应力钢筋最小含筋率较大，使得所要求的预应力钢筋相应减小。

奈曼等人对 PPR 值进行了多方面的研究，研究时用来分析的构件为选自 PCI 设计手册中的单 T 形、双 T 形、实心板和空心板等，分析中包含的参数为跨度、混凝土强度、活载强度、分析疲劳时所用的活载分量及预应力钢筋的应力增量 $\Delta\sigma_y$ 限值等。先通过优化设计求得各种构件的能满足所有适用性标准时的最小 PPR 值，然后在此基础上提出了一个供设计时选用的 PPR 初值（见表 15）。通过多方面的分析后，奈曼等人提出以下结论：

表 15　PPR 的分析值和推荐值

截面形式	$\Delta\sigma_y=0.06R_y^j$			$\Delta\sigma_y=0.1R_y^j$		
	PPR 的分析值范围	设计时第一次的 PPR 推荐值		PPR 的分析值范围	设计时第一次的 PPR 推荐值	
	$\Psi=0.5$ $\Psi=0.7$	$\Psi=0.5$	$\Psi=0.7$	$\Psi=0.5$ $\Psi=0.7$	$\Psi=0.5$	$\Psi=0.7$
	0.33 ~ 0.61	0.45	0.70	0.29 ~ 0.48	0.4	0.6
单 T	0.68 ~ 0.79			0.54 ~ 0.7		
双 T	0.49 ~ 0.60	0.55	0.70	0.42 ~ 0.59	0.5	0.6
矩形板（12×24 英寸）	0.65 ~ 0.74			0.58 ~ 0.67		
空心板（4×1 英寸）	0.79 ~ 0.96*	0.85	0.85	0.79 ~ 0.96*	0.85	0.85
	0.79 ~ 0.96*			0.79 ~ 0.96*		
	0.65 ~ 0.75*	0.65	0.65	0.65 ~ 0.75*	0.65	0.65
	0.65 ~ 0.75*			0.65 ~ 0.75*		

*挠度控制；

Ψ 为疲劳分析时所用活载与全部活载之比。

1.在大多数情况中，当疲劳分析中所用的活载与全部活载之比ψ越高，则所要求的最小 PPR 值也越高。对上述分析中所用的截面形式来说，当$\psi=1$时，采用部分预应力混凝土的优越性就很小了。当$\psi<0.5$时，则长期挠度就会控制设计。当$\psi>0.7$而$\Delta\sigma_y$限制为 0.1 R_y^j时，则经常由非预应力钢筋的疲劳控制，但当$\Delta\sigma_y$限制为 0.06 R_y^j时，则预应力钢筋的疲劳将控制设计。

2.当其他参数保持不变，而混凝土强度提高，活载数量增加时，则最优的 PPR 值不会有很大的增加。

3.最大裂缝宽度或混凝土的疲劳限制很少对梁的设计起控制作用，但对板除外。

奈曼等人分析时所用的强度和适用性标准均选自 ACI 规范，其中包括恒载和活载安全系数分别为 1.4 和 1.8、用纳威和黄的公式计算最大裂缝宽度并规定其允许值为 0.4 毫米、活载产生的允许挠度为$l/180$，活载及附加长期影响产生的允许挠度$l/240$，疲劳分析时容许应力分别为：预应力钢筋 0.1 R_y^j和 0.06 R_y^j、非预应力钢筋 1 400 kg/cm^2、混凝土（$0.4 f_c'-\sigma_{\min/2}$）。由于实际设计中所要求满足的标准或计算公式并不和分析时所用的完全相同，故表中所列的 PPR 推荐值只能作为设计时的首次采用值。

奈曼等人为部分预应力混凝土受弯构件建议的按极限强度设计的方法可分为两大步，其一是由表 15 选定一个 PPR 初值，再计算A_y及A_g值；其二是在使用荷载作用下对开裂截面进分析，以校核是否符合拱度、挠度、裂缝和疲劳等性能标准。一般来说，这种计算要反复试算几次才能完全满足各种要求。

按极限强度要求确定A_y及A_g值

1.当截面为矩形时所需公式推荐如下：

设“部分预应力比”PPR 按（146）式表示

$$\mathrm{PPR}=\frac{M_{\mathrm{uy}}}{M_{\mathrm{u}}}=\frac{A_y R_y\left(h_y-\dfrac{x}{2}\right)}{A_y R_y\left(h_y-\dfrac{x}{2}\right)+A_g R_g\left(h_g-\dfrac{x}{2}\right)} \tag{146}$$

当$h_y=h_g$时，则上式简化为

$$\mathrm{PPR}=\frac{A_y R_y}{A_y R_y+A_g R_g} \tag{151}$$

矩形截面尺寸及钢筋布置见图 47。混凝土压力分布简化成矩形，压应力为$0.85R_{\omega}$。这里的R_{ω}为圆柱体强度，受压的顶部纤维至中性轴的距离为c，简化后的压力图形高为x，令$x=\beta c$。

由图 47 可知，预应力钢筋和非预应力钢筋的合拉力作用点至受压的顶部纤维的距离h_0可按下式求得

$$A_y R_y h_y+A_g R_g h_g=(A_y R_y+A_g R_g)h_0$$

所以

$$h_0=\mathrm{PPR}h_y+(1-\mathrm{PPR})h_g \tag{152}$$

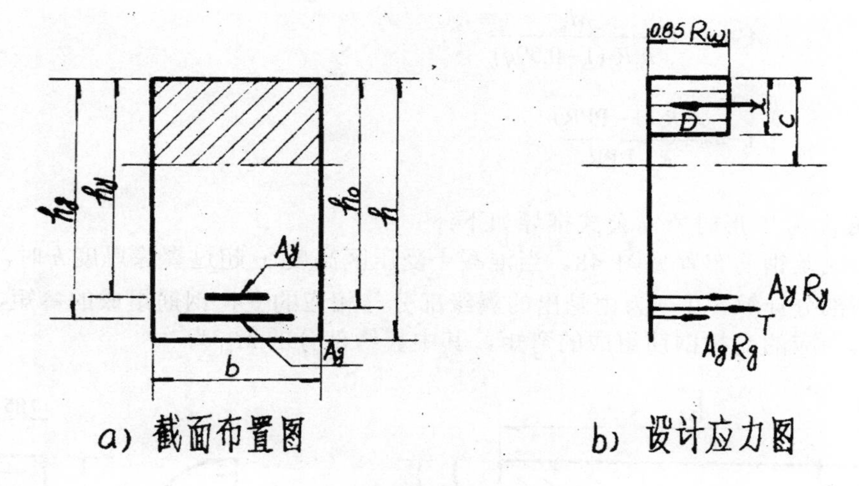

图 47　截面布置及应力图

由 $\sum x=0$ 的平衡条件得

$$D=0.85R_{\omega}Rcb=A_yR_y+A_gR_g=T \tag{153}$$

所以

$$x=\frac{1}{0.85}\cdot\frac{A_yR_y+A_gR_g}{bh_0R_{\omega}}h_0=1.18qh_0 \tag{154}$$

式中，钢筋指数 q 为

$$q=\frac{A_yR_y+A_gR_g}{bh_0R_{\omega}} \tag{155}$$

由 $\sum M=0$ 的平衡条件得

$$\begin{aligned}M_u&=D\left(h_0-\frac{x}{2}\right)\\&=0.85R_{\omega}1.18qh_0b\left(h_0-\frac{1.18qh_0}{2}\right)\\&=R_{\omega}bh_0^2q(1-0.59q)\end{aligned} \tag{156}$$

所以

$$q(1-0.59q)=\frac{M_u}{R_{\omega}bh_0^2} \tag{157}$$

按 ACI 规范要求，为使非预应力钢筋在构件达到极限承载能力之前先达到其屈服强度，由（157）式解得的 q 应小于 0.3。

将（151）式和（155）式代入（156）式后可得

$$\begin{aligned}M_u&=\frac{A_yR_y+A_gR_g}{bh_0R_{\omega}}bh_0^2R_{\omega}(1-0.59q)\\&=\frac{1}{PPR}A_yR_yh_0(1-0.59q)\end{aligned}$$

由此可求得

$$A_y = \text{PPR}\frac{M_u}{h_0 R_y(1-0.59q)} \tag{158}$$

$$A_g = \frac{A_y R_y(1-\text{PPR})}{R_g \cdot \text{PPR}} \tag{159}$$

2. 当截面为 T 形时所需公式推导如下：

截面形式及钢筋布置见图 48。当混凝土受压区高度 x 超过翼缘厚度 h_i 时，则极限弯矩可分为两部分计算，其一为由悬出的翼缘部分与相应的受拉钢筋组成的弯矩，其二为梁腹板部分与相应的受拉钢筋组成的弯矩，其中翼缘部分的 M_{u1} 为

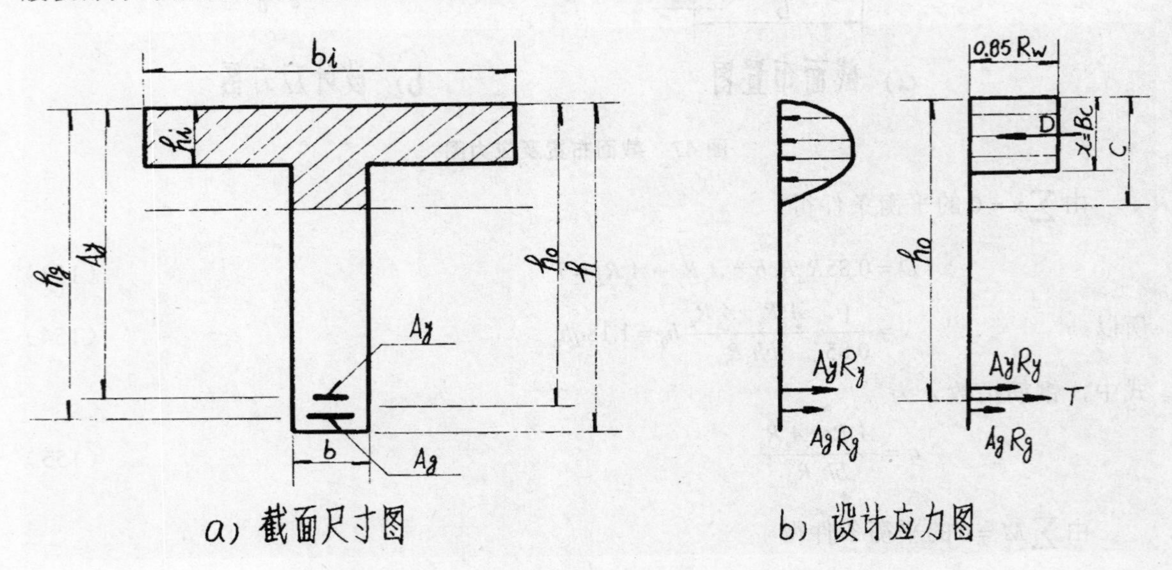

图 48　部分预应力混凝土梁的截面布置及计算应力图

$$M_{u1} = 0.85R_\omega(b_i - b)^{hi}\left(h_0 - \frac{h_i}{2}\right) \tag{160}$$

由 $\sum x = 0$ 得

$$D_1 = 0.85R_\omega(b_i - b)h_i = A_{y1}R_y + A_{g1}R_g = T_1 \tag{161}$$

上式除以 bh_0R_ω 后得

$$\frac{0.85R_\omega(b_i - b)h_i}{bh_0R_\omega} = \frac{A_{y1}R_y + A_{g1}R_g}{bh_0R_\omega}q_1$$

故可得：

$$T_1 = q_1 bh_0 R_\omega \tag{162}$$

$$q_1 = 0.85(b_i - b)h_i/bh_0 \tag{163}$$

梁腹板部分承受的极限弯矩 M_{u2} 为

$$M_{u2} = M_u - M_{u1} \tag{164}$$

由 $\sum x = 0$ 得

$$D_2 = 0.85R_\omega b\text{x} = A_{y2}R_y + A_{g2}R_g = T_2$$

上式除以 bh_0R_ω 后得

$$\frac{0.85R_\omega bx}{bh_0R_\omega} = \frac{A_{y2}R_y + A_{g2}R_g}{bh_0R_\omega}q_2$$

所以

$$q_2 = 0.85bx/bh_0 \tag{165}$$

而

$$x = 1.18q_2h_0 \tag{166}$$

$$T_2 = q_2bh_0R_\omega \tag{167}$$

$$M_{u2} = T_2\left(\text{h}_0 - \frac{x}{2}\right)$$

$$= q_2bh_0R_\omega\left(h_0 - \frac{1.18q_2h_0}{2}\right)$$

$$= q_2bh^2{}_0R_\omega(1-0.59q_2) \tag{168}$$

所以

$$q_2(1-0.59q_2) = \frac{M_{u2}}{bh_0^2R_\omega} \tag{169}$$

设钢筋总拉力为 T，

$$T = T_1 + T_2 = q_1\text{bh}_0\text{R}_\omega + q_2bh_0R_\omega$$

$$= \frac{0.85(b_i - b)h_i}{bh_0}bh_0R_\omega + q_2bh_0R_\omega$$

$$= 0.85(b_i - b)h_iR_\omega + q_2bh_0R_\omega \tag{170}$$

其中预应力钢筋的拉力便为

$$T_y = \text{PPR}\times T$$

$$= \text{PPR}[0.85(b_i - b)\text{h}_i + q_2bh_0]R_\omega$$

所以

$$A_y = T_y/R_y = \text{PPR}\frac{R_\omega}{R_y}[0.85(b_i - b)h_i + q_2bh_0] \tag{171}$$

非预应力钢筋所受的拉力为

$$T_g = (1-\text{PPR})T$$

$$= (1-\text{PPR})[0.85(b_i - b)h_i + q_2bh_0]R_\omega]$$

所以

$$A_g = T_g / R_g(1-\text{PPR})\frac{R_\omega}{R_g}[0.85(b_i - b)h_i + q_2bh_0] \tag{172}$$

按极限强度计算部分预应力混凝土受弯构件的电算程序框图如图 49 所示。

例 3

一后张法部分预应力混凝土公路桥简支梁，计算跨度 15.50 米，梁长 16 米，跨中截面尺寸如图 50 所示。混凝土标号 R=400，抗压设计强度 R_a=230 kg/cm^2。弹性模量 E_h=3.3×10^5 kg/cm^2。预应力钢筋为 ϕ5 高强碳素钢丝，标准强度 $R_y^b = 16\,000\ \text{kg/cm}^2$，抗拉设计强度 $R_y = 12\,800\ \text{kg/cm}^2$，弹性模量 $E_y = 2.0\times10^6\ \text{kg/cm}^2$。非预应力钢筋选用Ⅱ级 ϕ18 螺纹

钢，抗拉设计强度 $R_g = 3\,400\ \text{kg/cm}^2$，弹性模量 $E_g = 2.0\times10^6\ \text{kg/cm}^2$。梁承受极限弯矩 M_u=180 t-m，设计荷载弯矩 M=100 t-m，试设计预应力钢筋和非预应力钢筋面积。

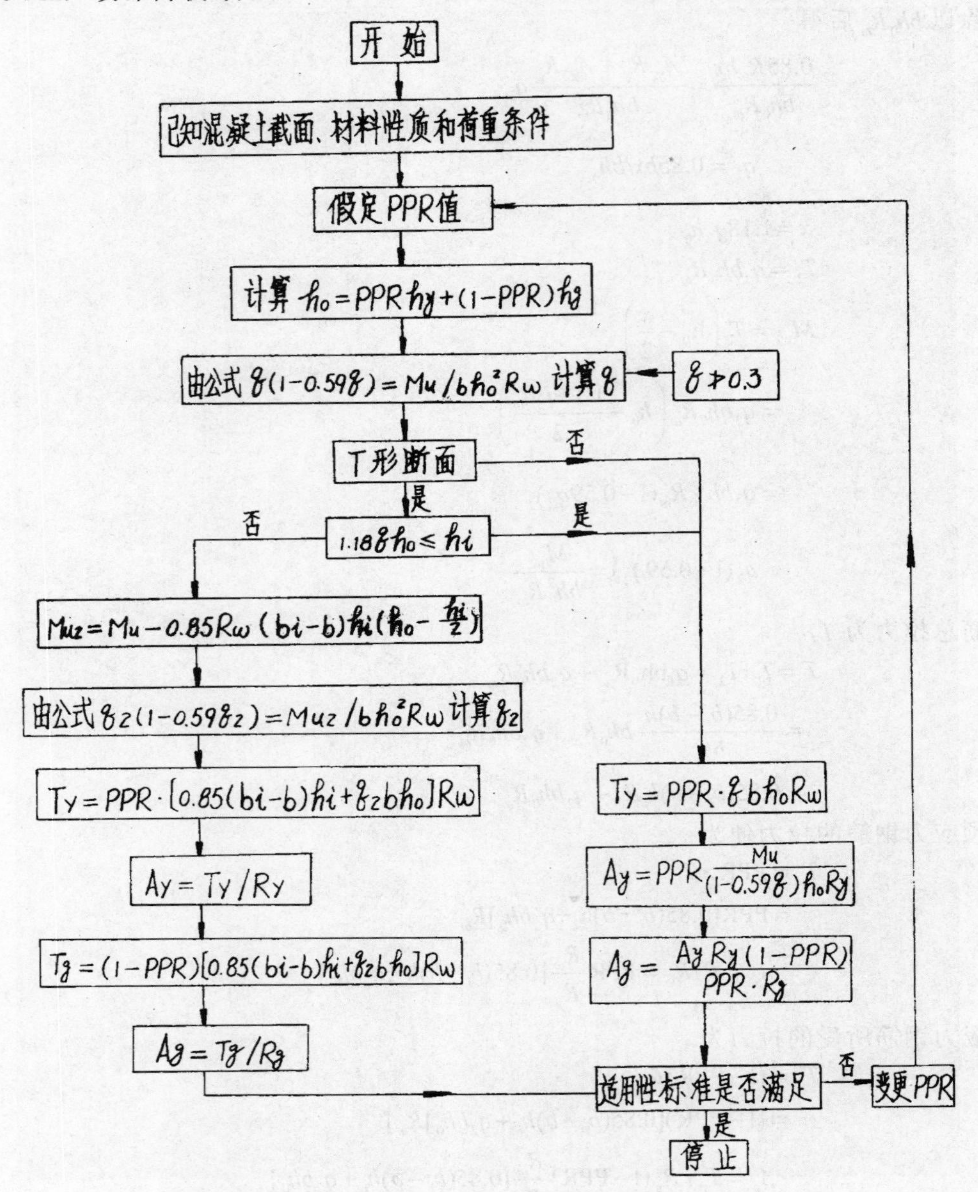

图 49　部分预应力混凝土受弯构件极限强度设计程序框图

设预应力钢筋非预应力钢筋重心分别距梁底纤维 12 厘米和 6 厘米，则

$$h_y = h - a_y = 100 - 12 = 88\ \text{cm}$$

$$h_g = h - a_g = 100 - 6 = 94\ \text{cm}$$

设初步选定 PPR=0.66，则计算有效高度

$$h_0 = \text{PPR}\cdot h_y + (1-\text{PPR})h_g$$

$$= 0.66\times88+(1-0.66)94=90.1\text{cm}$$

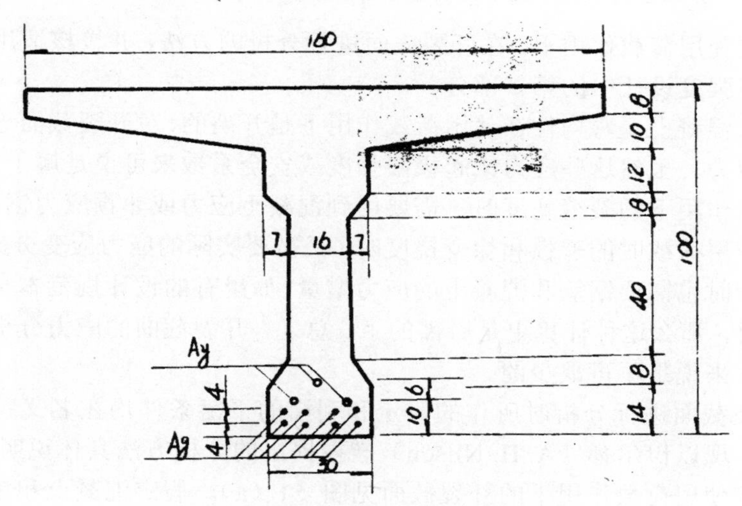

图 50　部分预应力混凝土梁跨中截面图

因为 $$R_a = 0.85R_\omega$$

所以 $$R_\omega = R_a / 0.85 = 230/0.85 = 270.6\ \text{kg/cm}^2$$

钢筋系数 q 由下式求得

$$q(1-0.59q) = M_u / bh_0^2 R_\omega$$
$$= 18\,000\,000/160\times90.1^2\times270.6$$

$$q = 0.052\,3 < 0.3 \qquad （可）$$
$$1.18qh_0 = 1.18\times0.052\,3\times90.1 = 5.56\ \text{cm} < 8.0\ \text{cm}$$

故可按矩形截面求算钢筋面积。

极限状态时预应力钢筋承受的拉力为

$$T_y = qbh_0R_\omega\cdot\text{PPR} = 0.052\,3\times160\times90.1\times270.6\times0.66 = 134\,654\ \text{kg}$$

预应力钢筋面积

$$A_y = \text{PPR}\cdot M_u / h_0R_y(1-0.59q)$$
$$= 0.66\times18\,000\,000/90.1\times12\,800(1-0.59\times0.052\,3)$$
$$= 10.63\ \text{cm}^2$$

选用 3 束 18 丝 $\phi5$ 钢束，每束钢丝面积为 3.534 cm^2，

故 $$A_y = 3\times3.534 = 10.60\ \text{cm}^2 \approx 10.63\ \text{cm}^2 \qquad （可）$$

非预应力钢筋面积

$$A_g = \frac{A_yR_y(1-\text{PPR})}{R_g\cdot\text{PPR}} = \frac{10.63\times12\,800(1-0.66)}{3\,400\times0.66} = 20.62\ \text{cm}^2$$

选用Ⅱ级钢筋 8 根 $\phi18$ 得

$$A_g = 8 \times 2.545 = 20.36\ \text{cm}^2 \approx 20.62\ \text{cm}^2 \quad \text{（可）}$$

下面介绍在使用荷载作用下，在开裂截面进行分析的方法，并校核适用性标准是否满足，这是按极限强度设计中的第二部分。

部分预应力混凝土受弯构件在使用荷载作用下是开裂的，对开裂截面进行分析是为了计算材料中的应力。虽然这些应力比起极限强度或安全系数来可说是属于第二的，但是，当校核使用荷载作用下的裂缝宽度时，需要用到混凝土应力或非预应力钢筋的应力增量；当精确地计算使用荷载时的弹性和徐变挠度时，又需要实际的应力应变分布曲线；当校核构件的疲劳寿命时也需要钢筋和混凝土的应力增量；如果有的设计规范本身要求核算开裂截面上的应力时，那么这种计算更是必需的了。总之，开裂截面的应力分析对部分预应力混凝土受弯构件来说是不可缺少的。

关于对开裂截面进行分析时所作的假定和利用的平衡条件均在名义拉应力设计法中为你作了说明。现以伊尔孙（A. H. Nilson）教授提出的分析方法具体说明其原理。

在预应力和使用荷载作用下的开裂截面见图 51（a）。假定混凝土和钢筋的应力都处在它们的弹性范围内，从预加应力开始至使用荷载作用下截面开裂这一过程中的截面应变变化见图 51（b）。为了计算的方便将这一过程分解为三个阶段。阶段①为仅有有效预应力作用时的情况，此时的有效预应力 σ_{y1} 为

$$\sigma_{y1} = N_{y1} / A_y \tag{173}$$

而非预应力钢筋在这一阶段中是受压的，当它与混凝土黏结良好时，其应力 σ_{g1} 为

$$\sigma_{g1} = -E_g \varepsilon_{g2} \tag{174}$$

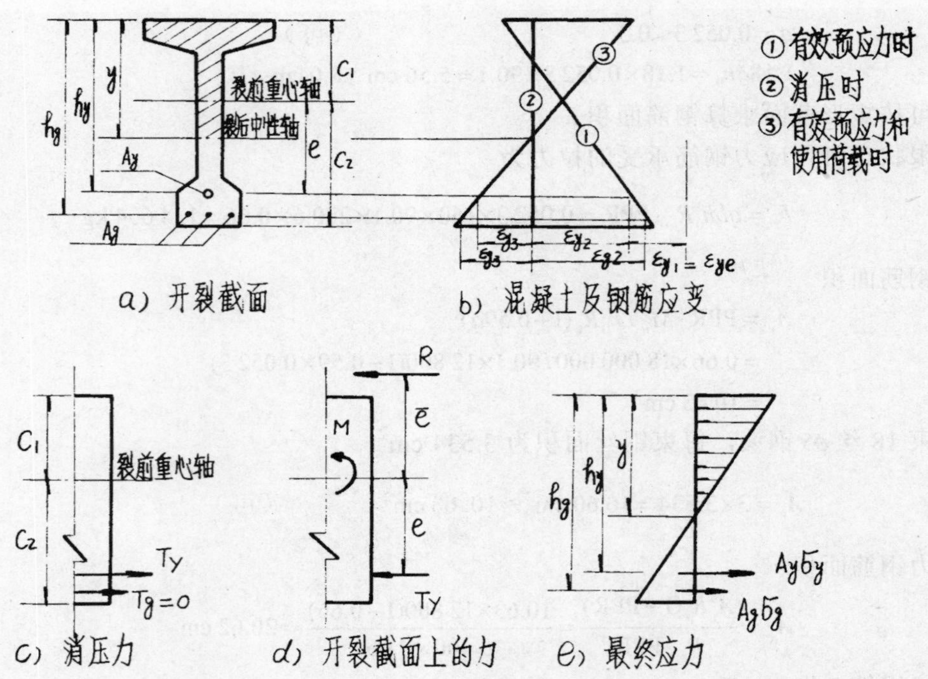

图 51　开裂截面的计算原理

阶段②是一个虚拟荷载阶段，相应于有效预应力的作用全部消除，故截面全高度上混凝土的应变均为零。当钢筋与混凝土黏结良好时，由阶段①过渡到阶段②时，预应力钢筋与非预应力钢筋分别获得拉应变 ε_{g2} 和 ε_{y2}，相应拉应力为

$$\sigma_{y2} = E_y \varepsilon_{y2} \tag{175}$$

$$\sigma_{g2} = E_g \varepsilon_{g2} \tag{176}$$

应与按未开裂截面特性计算的预应力钢筋水平处的混凝土应变相等，即

$$\varepsilon_{y2} = \frac{N_{y1}}{A_h E_h}\left(1+\frac{e^2}{r^2}\right) \tag{177}$$

式中，r 为截面的回转半径。故在阶段②时，钢筋应力分别为

$$\sigma_g = \sigma_{g1} + \sigma_{g2} = -E_g \varepsilon_{g2} + E_g \varepsilon_{g2} = 0$$

$$\sigma_y = \sigma_{y1} + \sigma_{y2}$$

预应力钢筋的总拉力为

$$T_Y = A_y \cdot \sigma_y \tag{178}$$

虚拟荷载阶段时作用在截面上的力如图 51（c）所示。

需要强调指出的是，在仅有有效预应力作用时的应变阶段①过渡到全截面应变均为零的虚拟阶段②，截面上必须有一个虚拟力作用着，而且这虚拟力需要满足与 T_Y 力大小相等、方向相反和作用在同一点上的要求。

荷载对截面的影响可用在阶段②上加上一个荷载弯矩 M 来表示，这样作用在开裂截面上的力如图 51（d）所示，其应变便由阶段②过渡到阶段③。在阶段③时，作用在开裂截面上的力 T_Y 和荷载弯矩 M 可用一个偏心压力 R 来代替，这里 $R = T_Y$，它对未开裂截面重心的偏心距 $\overline{e}$ 则为

$$\overline{e} = (M - T_Y e)/R \tag{179}$$

这样，开裂的部分预应力混凝土受弯构件就可按钢筋混凝土偏心受压构件进行分析，其应变分布如图 51（b）的③所示。由阶段②过渡到阶段③，钢筋的应变分别为 ε_{y3} 及 ε_{g3}，相应的应力则分别为 ε_{y3} 及 ε_{g3}，而混凝土的应力则为 σ_{h3}。最后将三个阶段的应力叠加便可得各种材料的总应力，其最终应力图如图 51（e）所示。

为了求算 ε_{y3} 和 ε_{g3} 等应变，需要知道开裂截面上混凝土受压区高度 y 值。开裂的换算截面见图 52（a），在这个截面上用混凝土压力和钢筋拉力对合偏心力 R 作用点取矩，并以 $\sum M = 0$ 的平衡方程式中求得 y 值。该平衡方程式为 y 的三次方程式，用试算求得 y 后，即可计算出开裂截面的重心轴位置及其 c_1'、c_2' 和 e' 等值。再按下列各式求算 σ_{h3}、σ_{y3}、σ_{g3} 等应力，其应力图见图 52（b）。

$$\sigma_{h3} = -\frac{R}{A_h'} - \frac{Re'c_1'}{I_h'} \tag{180}$$

$$\sigma_{y3} = n_y\left[-\frac{R}{A_h'} + \frac{Re'(h_y - c_1')}{I_h'}\right] \tag{181}$$

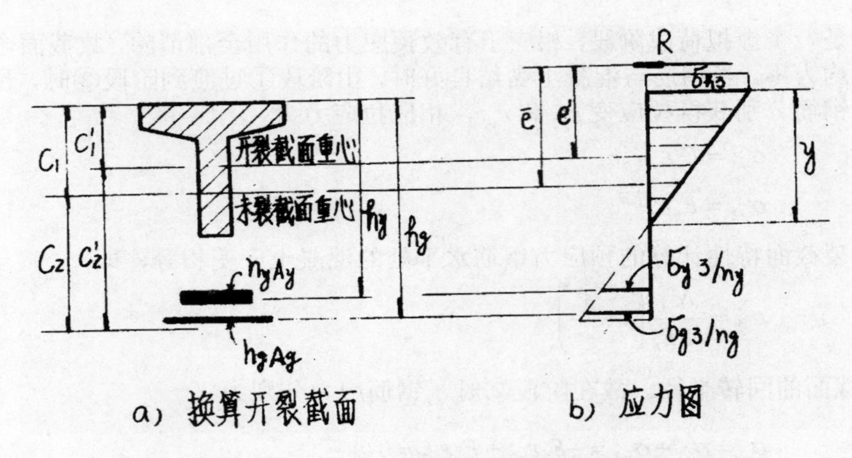

图 52　部分预应力混凝土受弯构件开裂的换算截面及应力图

$$\sigma_{g3}=n_g\left[-\frac{R}{A_h'}+\frac{Re'(h_g-c_1')}{I_h'}\right] \tag{182}$$

最后所得的各材料总应力则为

$$\sigma_h=\sigma_{h3} \tag{183}$$

$$\sigma_y=\sigma_{y1}+\sigma_{y2}+\sigma_{y3} \tag{184}$$

$$\sigma_g=\sigma_{g3} \tag{185}$$

关于部分预应力混凝土受弯构件开裂截面的分析计算不少学者提出了不同的方法。别格（Bieger）提出的方法是根据有关参数直接在制备好的双诺模图中查出比值 $K=y/h_y$ 及 σ_h，然后用这些数据便能计算出钢筋应力。天津大学建议的方法是根据有关参数在已制备好的族线中查出受压区相对高度系数 K，然后计算 y 值和各材料的应力。这两种方法实际上是图解法。

奈曼等人则为部分预应力混凝土受弯构件的未开裂和开裂截面推导了一组供计算用的公式（见表 16、17）。该表适用于矩形及 T 形截面，不论混凝土受压区是否设置了非预应力钢筋，这些公式仍可应用。公式中带“，”者用于设置在受压区的非预应力钢筋。表中主要的符号介绍如下：

ε_{y1}——预应力钢筋在有效预应力作用下的应变；

ε_{h1}——在预应力钢筋重心处，由有效预应力及自重引起的混凝土应变；

$\sigma_{h\cdot g}$——在非预应力钢筋重心处的混凝土应力；

$\sigma_{h\cdot a}$——受压边缘纤维上的混凝土应力；

K——从混凝土截面重心轴至核心下边界的距离；

K'——从混凝土截面重心轴至核心上边界的距离。

其余符号均为常用者，故不再予说明。

表 16　计算未开裂截面的基本公式

荷载情况	使用公式：未开裂截面	公式编号
N_y+M_d	$\sigma_y=\sigma_{y1}$	（186）
	$\varepsilon_{y1}=\sigma_{y1}/E_y$	（187）
	$\varepsilon_{h1}=\dfrac{1}{E_h}\left[\dfrac{A_y\sigma_{y1}}{I}(r^2+e^2)-\dfrac{M_d e}{I}\right]$	（188）
N_y+M $(M_d\leqslant M\leqslant M_f)$	$\sigma_y=\sigma_{y1}+\dfrac{(M-M_d)e}{n_yI+A_y(r^2+e^2)}$	（189）
	$\sigma_{h\cdot g}=\dfrac{A_y\sigma_y}{A_h}\left[1+\dfrac{e(hg+C_1)}{r^2}\right]-\dfrac{M(hg-C_1)}{I}$	（190）
	$\sigma_g=-n_g\cdot\sigma_{h\cdot g}$	（191）
	$\sigma_{h\cdot a}=\dfrac{A_y\sigma_y}{A_h}\left(1-\dfrac{e}{k}\right)+\dfrac{MC_1}{I}$	（192）
N_y+M_f	$M_f=\dfrac{[n_yI+A_y(r^2+e^2)][A_y\sigma_{y1}(e+k')+7.5W\sqrt{f_c'}\,]-A_y(e+k')eM_d}{n_yI+A_y(r^2-ek')}$	（193）

表 17　计算开裂截面的基本公式

荷载情况	使用公式：开裂截面	公式编号
N_y+M（$M>M_f$）但混凝土和钢筋应力仍在弹性范围内，截面上应力和应变图形呈线性分布	$\left[\dfrac{A_yE_y}{3M}(\varepsilon_{y1}+\varepsilon_{h1})b\right]y^3\left[b-\dfrac{A_yE_y}{M}(\varepsilon_{y1}+\varepsilon_{h1})bh_y\right]y^2+\Big[2(b_i-b)\ h_i+2\dfrac{A_gE_g}{E_h}+2\dfrac{A_g'E_g'}{E_h}+\dfrac{2A_yE_y}{E_h}-\dfrac{A_yE_y}{M}(\varepsilon_{y1}+\varepsilon_{h1})\Big\{2(b_i-b)h_ih_y-(b_i-b)h_i^2-2\dfrac{A_gE_g}{E_h}(h_g-h_y)-2\dfrac{A_g'E_g'}{E_h}(h_g-h_y)\Big\}\Big]y-[(b_i-b)h_i^2+\dfrac{2}{E_h}(A_gE_gh_g+A_g'E_g'h_g'+A_yE_yh_y+\dfrac{A_yE_y}{M}(\varepsilon_{y1}-\varepsilon_{h1})\Big\{\dfrac{2}{3}(b-b_i)\ h_i^3+\dfrac{2A_gE_g}{E_h}(h_g-h_y)h_g+\dfrac{2A_g'E_g'h_g'}{E_h}(h_g'-h_y)-(b_i-b)h_i^2h_y\Big\}\Big]=0$	（194）
	由（194）式求得 y 后，再用下列各式计算：	
	$\sigma_{h\cdot a}=\dfrac{A_yE_y(\varepsilon_{y1}+\varepsilon_{h1})y}{\dfrac{b_iy}{2}-\dfrac{(b_i-b)}{2}(y-h_i)^2-\dfrac{A_yE_y}{E_h}(h_y-y)-\dfrac{A_gE_g}{E_h}(h_g-y)-\dfrac{A_g'E_g'}{E_h}(h_g'-y)}$	（195）
	$\sigma_g=n_g\sigma_{h\cdot a}(h_g-y)/y$	（196）
	$\sigma_y=E_y(\varepsilon_{y1}+\varepsilon_{h1})+n_y\sigma_{h\cdot a}(h_y-y)/y$	（197）
	$\varepsilon_y=\sigma_y/E_y$	（198）
	$\varepsilon_g=\sigma_g/E_g$	（199）

例 4

已知一部分预应力混凝土梁的跨中截面尺寸及钢筋布置如图 53 所示。梁的跨度为

19.30 米，全长 20.00 米。混凝土标号为 400，预应力钢筋为Ⅳ级钢筋，非预应力钢筋为Ⅱ级钢筋。

截面特征为

$$A_{\text{h}} = 307.5\ \text{cm}^2$$

$$c_1 = 39.3\ \text{cm}$$

$$c_2 = 60.7\ \text{cm}$$

$$I_h = 331.9\times10^4\ \text{cm}^4$$

$$W = 5.47\times10^4\ \text{cm}^3$$

$$W = 8.45\times10^4\ \text{cm}^3$$

$$A_{\text{y}} = 29.45\ \text{cm}^2$$

$$A_{\text{g}} = 19.64\ \text{cm}^2$$

使用荷载弯矩 M=110 t-m，有效预应力 $\sigma_{\text{y1}} = 4\,300\ \text{kg/cm}^2$。试校核截面应力、挠度和裂缝最大宽度等适用性标准。

解：400 号混凝土弯曲或偏心受压时的容许压应力 $[\sigma_{\text{h}}] = 140\ \text{kg/cm}^2$。容许拉应力为 $[\sigma_l] = 26\ \text{kg/cm}^2$，$E_{\text{h}}$=3.3X10^5 kg/cm^2。

Ⅳ级钢筋：　R_{y}=7 500 kg/cm^2, $E_{\text{y}} = 1.8\times10^6$ kg/cm^2

使用荷载下的最大容许拉应力为

$$0.75R_{\text{y}}=5\ 625\ \text{kg}$$

Ⅱ级钢筋：　R_{g}=3 400 kg/cm^2，$E_g = 2.1\times10^6$ kg/cm^2

$$n_{\text{y}}=E_{\text{y}}/E_{\text{h}}=1.8\times10^6/3.3\times10^5=5.45$$

$$n_{\text{g}}=E_{\text{g}}/E_{\text{h}}=2.0\times10^6/3.3\times10^5=6.06$$

预应力钢筋对截面重心轴的偏距 e 为

$$e_{\text{y}} = h_{\text{y}} - c_1 = 84.8 - 39.3 = 45.5\ \text{cm}$$

有效预应力 N_{y1} 为

$$N_{\text{y1}} = A_y\sigma_{y1} = 29.45\times4\,300 = 126\,635\ \text{kg}$$

（一）截面应力校核

1. 名义拉应力验算

按（142）式计算下翼缘的名义拉应力

$$\begin{aligned}\sigma_{hl}^0 &= \frac{N_{\text{y1}}}{A_{\text{h}}} + \frac{N_{\text{y1}}e_{\text{y}}}{W_{\text{h}}} - \frac{M}{W_{\text{h}}}\\ &= \frac{126\,635}{3\,075} + \frac{126\,635\times45.5}{5.47\times10^4} - \frac{11\,000\,000}{54.7\times10^4}\\ &= 41.18+105.34-201.10\\ &= 54.58\ \text{kg/cm}^2 > 26\ \text{kg/cm}^2\end{aligned}$$

以上计算结果表明截面已经开裂，故需按开裂截面进行验算。

2. 按开裂截面验算

按照伊尔孙建议的方法验算开裂截面上各材料的应力。

阶段①

已知$\sigma_{y1} = 4\,300\ \text{kg/cm}^2$

阶段②

$$r = \sqrt{I/A_h} = \sqrt{331.9 \times 10^4 / 3\,075} = 32.85\ \text{cm}$$

按（177）式计算ε_{y2}，得

$$\begin{aligned}\varepsilon_{y2} &= \frac{N_{y1}}{A_h E_h}\left(1 + \frac{e_2}{r^2}\right) \\ &= \frac{126\,635}{3\,075 \times 3.3 \times 10^5}\left(1 + \frac{45.5^2}{32.85^2}\right) \\ &= 0.000\,36\end{aligned}$$

按（175）式计算σ_{y2}

$$\begin{aligned}\sigma_{y2} &= \varepsilon_{y2} \times R_y \\ &= 0.000\,36 \times 1.8 \times 10^6 = 648.0\ \text{kg/cm}^2\end{aligned}$$

阶段③

$$\sigma_y = \sigma_{y1} + \sigma_{y2} = 4\,300 + 648 = 4\,948\ \text{kg/cm}^2$$

$$T_y = \sigma_y A_y 4\,948 \times 29.45 = 145.72\ \text{t}$$

按（179）式计算$\bar{e}$，式中$R = T_Y = 145.72\ \text{t}$。

$$\begin{aligned}\bar{e} &= (M - T_Y e)/R \\ &= (110.0 - 145.72 \times 0.455)/145.72 = 0.30\ \text{m} \\ &= 30\ \text{cm}\end{aligned}$$

计算开裂截面的中性轴的位置 y。

钢筋换算面积

$$\bar{A}_y = n_y A_y = 5.45 \times 29.45 = 160.5\ \text{cm}^2$$

$$\bar{A}_g = n_g A_g = 6.06 \times 19.64 = 119.0\ \text{cm}^2$$

截面上的混凝土和钢筋应力见图 53（c）。将所有内力对合力 R 取矩，经整理后可得 y 的方程式如下：

$$y^3 + 2.4y^2 + 7\,013.1y - 580\,962 = 0$$

解之得　　$y = 56.3\ \text{cm}$

开裂换算截面特征计算

$$\begin{aligned}A'_h &= A_{c\cdot a} + n_y A_y + n_g A_g + n'_g A'_g \\ &= 2\,107.0 + 160.5 + 119.0 + 28.54 = 2\,415.0\ \text{cm}^2\end{aligned}$$

式中，$n'_g A'_g$ 为 $6\phi10$ 受压钢筋的换算面积，见图 53（a）。

换算截面对上缘的静矩 $S_{换h} = 65\,985\ \text{cm}^3$

$$c'_1 = S_{换} / A'_h = 65\,985 / 2\,415.0 = 27.3\ \text{cm}$$

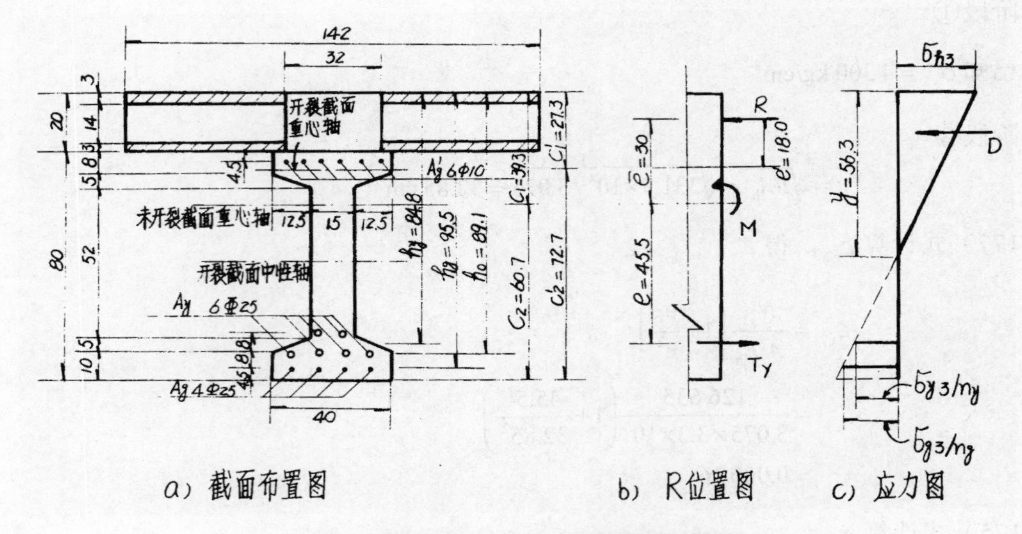

图 53　部分预应力混凝土梁截面布置图

开裂的换算截面对重心轴的惯矩 I'_{h} 为

$$I'_{\mathrm{h}} = I_{\mathrm{h}} + n_y I_y + n_g I_g + n_g I'_g = 15.91\times10^5\ \mathrm{cm}^4$$

按（180）式计算阶段③的混凝土应力

$$\begin{aligned}\sigma_{\mathrm{h3}} &= -\frac{R}{A'_{\mathrm{h}}} + \frac{Re'c'_1}{I'_{\mathrm{h}}}\\ &= -\frac{145\,720}{2\,415.0} - \frac{145\,720\times(27.3-9.3)27.3}{15.91\times10^5}\\ &= -60.34 - 45.00 = -105.35\ \mathrm{kg/cm^2} < 140\ \mathrm{kg/cm^2}\quad（可）\end{aligned}$$

按（181）式计算阶段③的预应力钢筋应力

$$\begin{aligned}\sigma_{y3} &= n_y\left[-\frac{R}{A'_{\mathrm{h}}} + \frac{Re'(h_y - c'_1)}{I'_{\mathrm{h}}}\right]\\ &= 5.45\left[-\frac{145\,720}{2415.0} + \frac{145\,720\times18.0(84.8-27.3)}{15.91\times10^5}\right]\\ &= 5.45[-60.34+94.80] = 187.78\ \mathrm{kg/cm^2}\end{aligned}$$

按（182）式计算阶段③的非预应力钢筋应力

$$\begin{aligned}\sigma_{g3} &= n_g\left[-\frac{R}{A'_h} + \frac{Re'(h_g - c'_1)}{I'_{\mathrm{h}}}\right]\\ &= 6.06\left[-\frac{145\,720}{2\,415.0} + \frac{145\,720\times18.0(95.5-27.3)}{15.91\times10^5}\right]\\ &= 6.06[-60.34+112.44] = 315.70\ \mathrm{kg/cm^2}\end{aligned}$$

使用荷载作用下开裂截面中预应力钢筋的总应力 σ_y 为

$$\sigma_y = \sigma_{y1} + \sigma_{y2} + \sigma_{y3}$$
$$= 4\,300 + 648 + 188 = 5\,136 \text{ kg/cm}^2 < 5\,625 \text{ kg/cm}^2 \qquad （可）$$

使用荷载作用下预应力钢筋的应力增量为

$$\Delta\sigma_y = \sigma_{y2} + \sigma_{y3}$$
$$=648+188=836 \text{ kg/cm}^2$$

（二）适应性标准校核

1. 变形计算

已知跨中恒载弯矩 $M_d = 59.4$ t-m，活载弯矩 $M_q = 59.6$ t-m。预应力损失全部完成后的有效预应力 $\sigma_{y1} = 4\,300 \text{ kg/cm}^2$，混凝土收缩、徐变损失未完成时的有效预应力 $\sigma'_{y1} = 5\,168 \text{ kg/cm}^2$。

预应力引起的上拱度 δ 预计算。

运营之初，混凝土收缩和徐变引起的预应力损失尚未完成，故计算预应力产生的上拱度时需用 $\sigma'_{y1} = 5\,168 \text{ kg/cm}^2$。混凝土截面未开裂，故计算中用未开裂的截面特性。本梁为一组合梁，预应力施加在高 80 厘米的预制工字梁上，预应力钢筋重心至预制梁截面重心轴的偏距为 24.0 厘米，$I = 131.1\times10^4 \text{cm}^4$。

$$\sigma_{预} = \frac{A_y\sigma'_y 1\cdot el^2}{8EI} = \frac{29.45\times5\,168\times24.0\times1\,930^2}{8\times3.3\times10^5\times131.1\times10^4}$$
$$= 3.93 \text{ cm（上拱度）}$$

恒载弯矩引起的挠度计算。

全部恒载由预制的工字梁承受，故恒载挠度为

$$\delta_d = \frac{5M_d l^2}{40EI} = \frac{5\times59.4\times10^5\times(1\,930)^2}{48\times3.3\times10^5\times131.1\times10^4} = 5.33 \text{ cm}\downarrow$$

活载弯矩引起的挠度计算。

活载作用下截面已开裂，故需用开裂的截面特性进行计算挠度。

开裂弯矩可按下式计算。

$$M_f = W(\sigma_h + R_l) + A_y\sigma_y e_y \qquad (186)$$

式中 W——未开裂的组合截面对下翼缘的截面模量；

R_l——混凝土的极限抗拉强度；

σ_h——相应于阶段②时由预应力钢筋的预应力产生的混凝土应力，

$$\sigma_y = \sigma_{y1} + \sigma_{y2} = 4\,300 + 648 = 4\,948 \text{ kg/cm}^2。$$

$$\sigma_h = \sigma_y A_y / A_h = 4\,948\times29.45/3\,075 = 47.39 \text{ kg/cm}^2$$

$$M_f = 5.47\times10^4(47.39+26) + 29.45\times4\,948\times45.5$$
$$= 4\,014\,433 + 6\,630\,196 = 106.45 \text{ t-m}$$

有效惯性矩按下式计算

$$I_e = \left(\frac{M_f}{M}\right)^3 I_h + \left[1 - \left(\frac{M_f}{M}\right)^3\right] I'_h$$

$$= \left(\frac{106.45\times10^5}{110.00\times10^5}\right)^3 331.9\times10^4 + \left[1 - \left(\frac{106.45\times10^5}{110.00\times10^5}\right)\right]^3 15.91\times10^5$$

$$= (30.079+1.491)\times10^5 = 31.57\times10^5\ \text{cm}^4$$

$$q = \frac{5}{48}\cdot\frac{M_q l^2}{EI_e} = \frac{5}{48}\cdot\frac{50.6\times10^5\times1930^2}{3.3\times10^5\times31.57\times10^5}$$

$$= 1.88\ \text{cm}\downarrow$$

总挠度为

$$\delta = \delta_{顶} + \delta_d + \delta_q = -3.93 + 5.33 + 1.88 = 3.28\ \text{cm}\downarrow$$

容许挠度为 $l/600 = 1930/600 = 3.22\ \text{cm}$，尚属合格。如考虑长期挠度则将超出容许值，需要修改设计。

2. 裂缝计算

选用（64）式纳维—— 黄公式计算裂缝最大宽度

$$W_{max} = \alpha(10^{-5})\beta\Delta\sigma_y \frac{A_{hl}}{\Sigma O}$$

式中：

$$\alpha = 5.85$$

$$\beta = \frac{未开裂截面重心轴至受拉边缘纤维的距离}{未开裂截面重心轴至非预应力钢筋重心的距离}$$

$$= \frac{c_2}{h_g - c_1} = \frac{60.7}{95.5-39.3} = 1.08$$

$\Delta\sigma_y$ 为非预应力钢筋的应力增量，但代入公式时需换算成英制单位。

$$\Delta\sigma_y = \sigma_{g3} = 315.70\ \text{kg/cm}^2 = 315.70\times14.22$$

$$= 4.49\ 千磅/英寸^2$$

$\sum O$ 为所有钢筋的周长。受拉区设有预应力和非预应力钢筋共 10 根 $\phi25$，故

$$\sum O = 10.2\pi\frac{2.5}{2} = 25\pi = 78.54\ \text{cm}$$

A_{hl} 为受拉区的混凝土有效握裹面积，该面积的顶面设在最上层钢筋重心线以上一个保护层厚度处，即高度为 $4.5+8.0+8.0+4.5 = 25\ \text{cm}$，故其面积为

$A_{hl} = 40\times10 + \frac{1}{2}(15+40)\times5 + 15\times10 = 687.5\ \text{cm}^2$ $A_{hl}/\sum O$ 项代入（64）式时亦以英制为单位，故

$$A_{hl}/\sum O = 687.5/78.54 = 8.75\ \text{cm} = 3.5\ 英寸$$

$$W_{max} = 5.85\times10^{-5}\times1.08\times4.49\times3.5$$

$$= 99.29\times10^{-5}\ 英寸$$

$$= 0.025\ \text{mm}$$

计算结果尚能符合要求。

关于部分预应力混凝土受弯构件的抗剪设计目前一般仿照全预应力混凝土受弯构件的方法进行设计，故这里不再重叙。

六、应　用

由于部分预应力混凝土本身有它的复杂性，因此以往在各种工程中应用得比较少。早期把它应用于工程实践中的是艾贝莱斯。第二次世界大战后，在英国东部地区的铁路进行电气化时，碰到了公路跨线桥下挂线净空不足的问题。对于中小跨度的公路跨线桥，艾贝莱斯采用部分预应力混凝土低高度梁进行改建，结果不仅技术上获得成功，而且亦有显著的经济效果。

至 20 世纪六十年代，瑞士把部分预应力混凝土纳入规范 SIA162（1968）中之后，瑞士绝大部分结构都按部分预应力混凝土原则设计，全预应力混凝土或限值预应力混凝土反而要在特许的情况下才能应用。在丹麦近二三十年来建造的桥梁大部分亦是部分预应力混凝土的。近年来澳大利亚、罗马尼亚、捷克斯洛伐克、东德、苏联、新西兰及荷兰等国亦随着它们对部分预应力混凝土理论研究的进展，使得在应用方面亦有相应的发展，应用的范围也越来越广。现已由一般的土建工程向现代化工业建设中的能源工程、海洋石油开采平台等领域发展。

部分预应力混凝土在我国的应用历时更短。初期仅用于试验性结构中，如陕西省建研所将它用于带挑阳台的大楼板中。安徽马鞍山十七冶亦生产了一部分 9 米跨度的部分预应力混凝土层面板。但近年来在各种工程中应用部分预应力混凝土取得了许多新的发展，例如在工民建方面，建成了大跨度多层框架结构；双向预应力装配整体式屋盖及楼盖；在有些建筑中采用了部分预应力空心板、叠合式续板和大跨度楼面梁等新构件。部分预应力混凝土公路桥梁亦已建成，并付之运营。

长沙市银星电影院采用了跨度达 24 米的部分预应力混凝土楼座简支梁，承受由梯级板及十三根斜梁传来的全部楼座荷载，大梁本身支承于两根钢筋混凝土矩形柱上。楼座的平面布置见图 54，楼座的纵截面示意图见图 55。

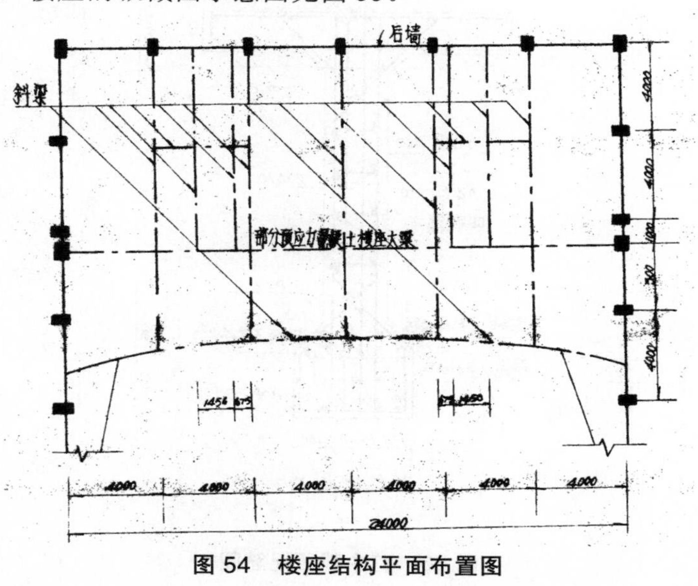

图 54　楼座结构平面布置图

为了满足楼座挑出长度大，同时不影响建筑空间的要求，经初步比选后决定选用高跨比为 1/12 的预应力混凝土大梁。但在设计过程中碰到了如下问题，如按强度要求，楼座大梁需置 288ϕ^s5 碳素钢丝（12 束 24ϕ^s5）。而按 TJ10—74 规范关于抗裂安全系数需满足 $K_f \geqslant 1.25$ 的要求进行设计，需设置 324 根 ϕ^s5 碳素钢丝（18 束18ϕ^s5），这不仅多用了 12.5%的钢材，而且张拉控制应力需达 $0.75R_y^j$，这个值又超出了规范的容许值。如要满足规范关于控制应力的要求，则需增大梁的截面高度，梁高的增大，导致整个建筑物的高度和造价增加，产生了不利的影响。

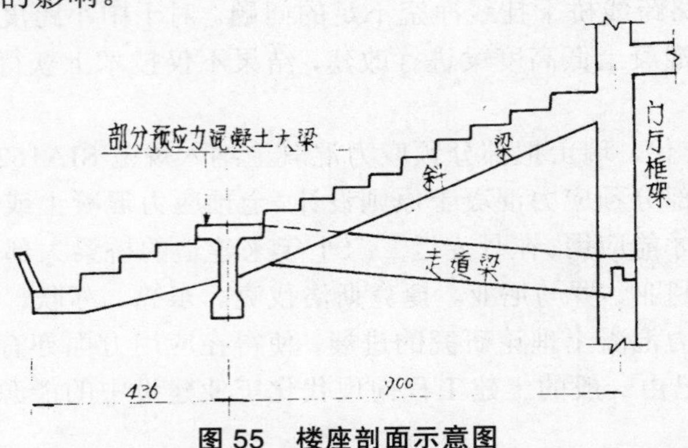

图 55　楼座剖面示意图

关于这个相互影响的问题，当把全预应力混凝土改为部分预应力混凝土后便都解决了。因为全预应力混凝土要求 $K_f \geqslant 1.25$。而部分预应力混凝土则仅要求在使用荷载作用下不出现拉应力、或出现拉应力而未开裂、或出现开裂而裂缝未超出限值，但能满足使用性能的要求。现以在准永久荷载作用下正截面上不出现拉应力，在全部使用荷载作用下正截面混凝土拉应力不超过 rR_l，即不出现裂缝作为准则对楼座大梁进行设计，设计后的大梁跨中截面见图 56。

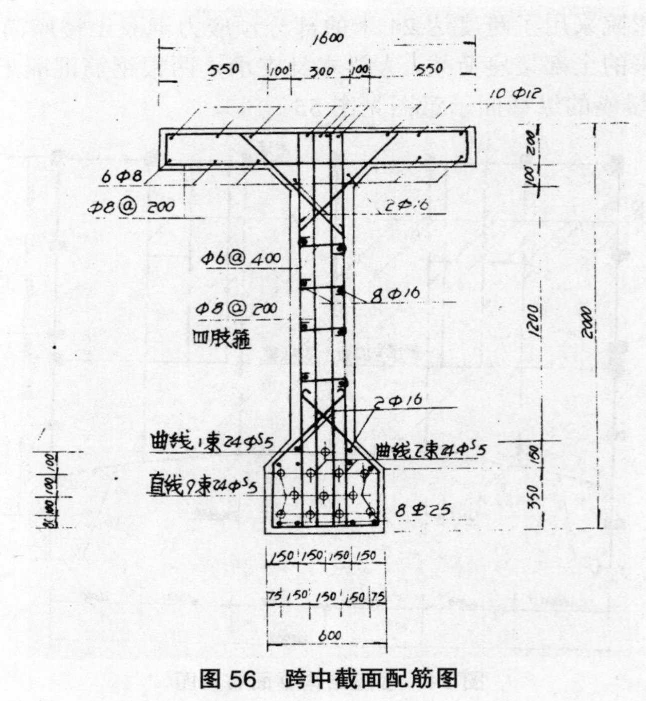

图 56　跨中截面配筋图

现行规范未规定准永久荷载值应如何确定，设计时则参照 CEB-FIP 的 1978 年模式规范，把楼座满座时的活载作为常遇值，此值的一半作为准永久荷载，经计算得为 50 kg/m²。

跨中截面设置 12 束 $24\phi^s 5$ 钢丝束，张拉控制应力取为 $0.65R_y^j$，在恒载和准永久活载作用下，跨中正截面下翼缘混凝土拉应力为 $146.2\ \text{kg/cm}^2$，而预压应力为 $152.2\ \text{kg/cm}^2$，故未出现拉应力。在全部使用荷载作用下，跨中正截面下翼缘混凝土拉应力为 $188.7\ \text{kg/cm}^2$，400 号混凝土的 $R_l = 25.5\ \text{kg/cm}^2$，$r$ 选用 1.5，则

$\sigma_h + rR_l = 152.2\ \text{kg/cm}^2 + 1.5\times 25.5 = 190.5\ \text{kg/cm}^2 > 188.7\ \text{kg/cm}^2$，由此看出，按部分预应力混凝土准则设计楼座大梁，完全满足要求，原来按全预应力混凝土准则设计所带来的问题也就消除了。

部分预应力混凝土楼座大梁经荷载试验后表明，结构性能完全满足使用要求，在未包括楼座恒载在内的标准荷载作用下，跨中挠度为跨度的 1/5 850，截面应力呈直线分布，未出现裂缝。按楼座满座时的荷载作用下，跨中挠度仅为跨度的 1/3 480。

上海色织四厂 75 英寸布机车间是由旧厂改建成的大跨度部分预应力混凝土多层框架结构。车间本身为六层双跨框架，柱网为（20+20）×7.2 米，平面为 40×36 米，总高为 33.9 米，车间西侧为 5 米宽的辅助用房，东侧为办公用房，总建筑面积为 11 254 平方米。建筑平面见图 57，纵截面见图 58。双跨框架的梁部是由计算跨度为 19.7 米的后张法部分预应力混凝土连续梁组成，与边柱尺寸为（75×60 厘米）和中间柱尺寸为（75×100 厘米）现浇成整体框架，混凝土标号为 350。大梁高 164 厘米（见图 59），高跨比为 1/12。连续配筋的预应力钢筋共 4 根，每根用 6 束 $7\phi 4$ 的钢绞线组成，非预应力钢筋为Ⅰ级和Ⅱ级钢。梁顶翼缘总宽为 100 厘米，两侧设台座，以便搁置楼板。楼板采用先张法生产的 240 预应力多孔板，板长 650 厘米，与大梁上翼缘的帽宽 70 厘米合在一起构成 720 厘米的柱距。在大梁跨度的 1/3 处设两个尺寸为 150×70 厘米的空洞，供暖通管道穿越之用。

部分预应力混凝土双跨连续框架梁按 PPR 法设计。关于适用性标准的限值为：裂缝的限制宽度为 0.1 毫米；检验疲劳强度时，预应力钢绞线的应力增量限值为 $0.1R_y^j$；非预应力钢筋的应力增量限值为 $138\ \text{N/mm}^2$；破坏阶段时的受压区高度按 TJ10—74 规定取 $\leqslant 0.4\,h$。实际的 PPR 值在跨中截面为 0.63，在中支座截面为 0.51。

在本工程施工之前，为了验证所采用的计算方法和设计参数能否满足工程所要求的安全储备，特在南京工学院进行了模拟梁的试验。模拟梁的设计原则是使截面形式、跨高比、混凝土标号、钢材品种及 PPR 值、配筋形式、设计内力等因素基本上与实际工程一致。模拟梁为 2×6.0 米的部分预应力混凝土连续梁，为了模拟框架柱对梁端的影响，故在两端各增设 1.55 米长的矩形连续梁（见图 60）。

本工程在修建过程中，曾对实际框架进行了足尺试验。足尺试验的范围是纵向 20+20 米，横向 5+5 米，此时大梁承受楼盖和屋盖的总恒载为 6.26 t/m。加载方法是先在试验范围四周砌墙，然后注入水以比拟活载。两跨同时加载时，水深达 0.75 米，相应荷载为 3.75 t/m，总荷载为 10.01 t/m。单跨加载时，水深达 1.0 米，相应荷载分别为 5 t/m 及 11.26 t/m。

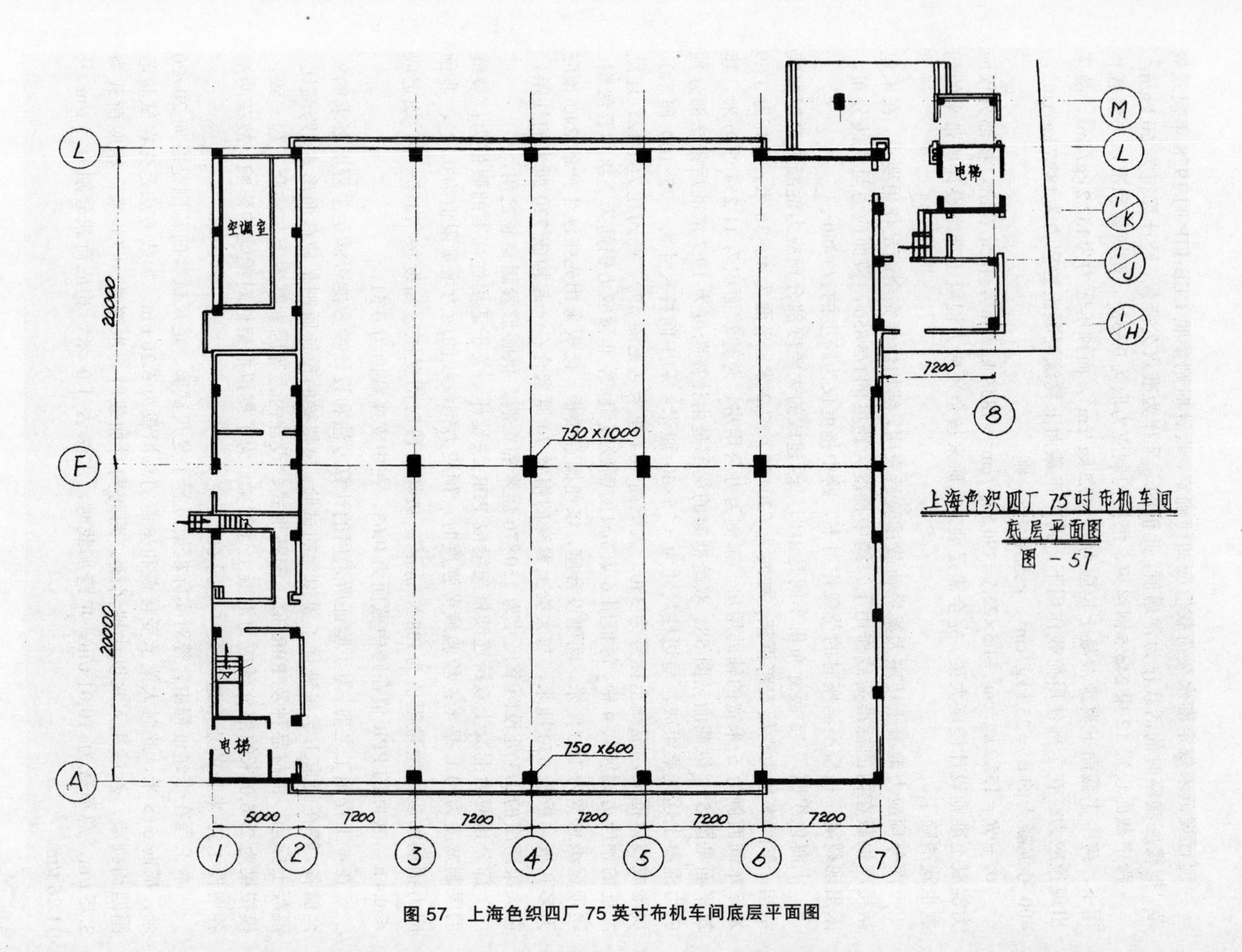

图 57 上海色织四厂 75 英寸布机车间底层平面图

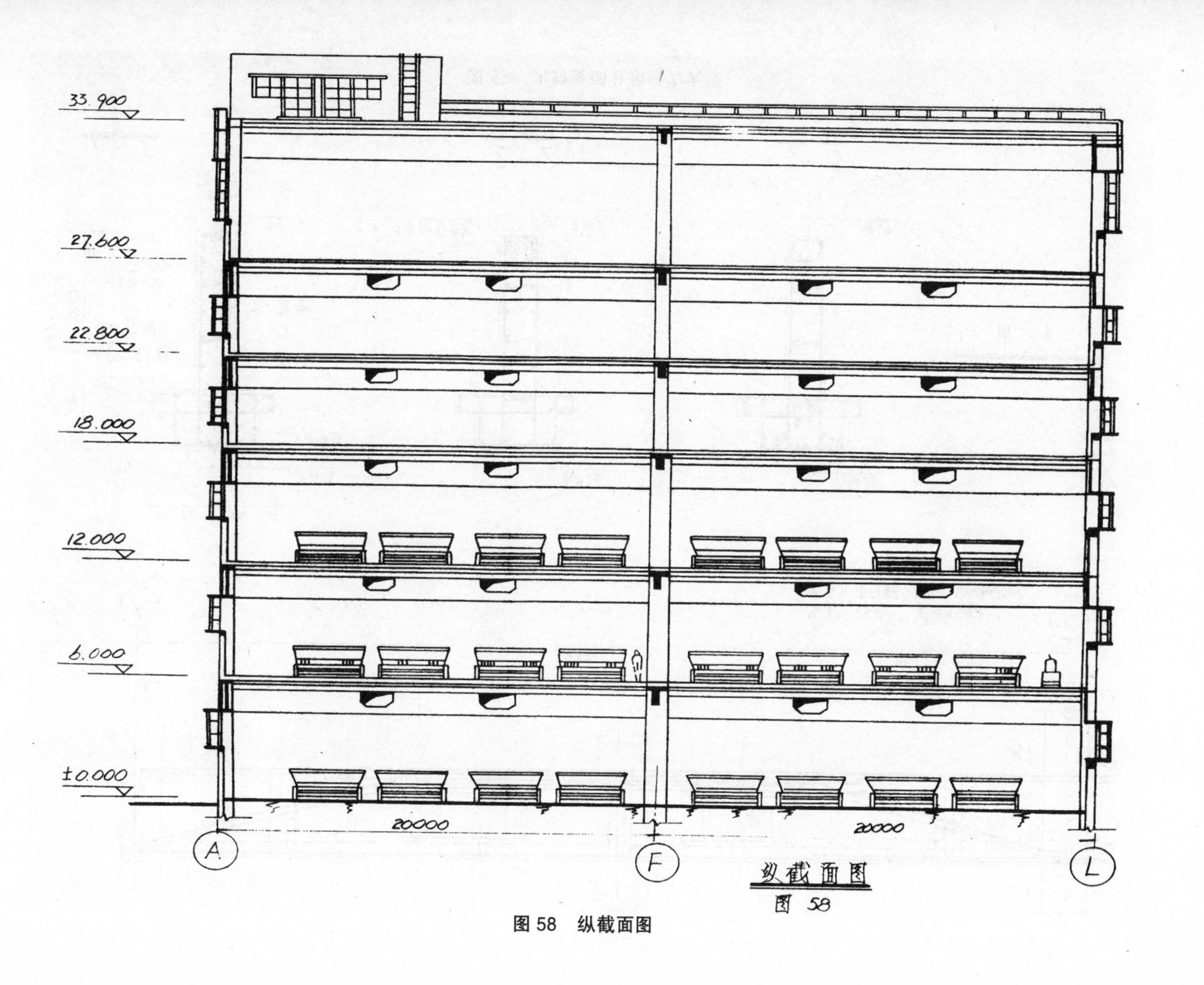
33.900
27.600
22.800
18.000
12.000
6.000
±0.000
20000
20000
A
F
L
纵截面图
图 58

图 58 纵截面图

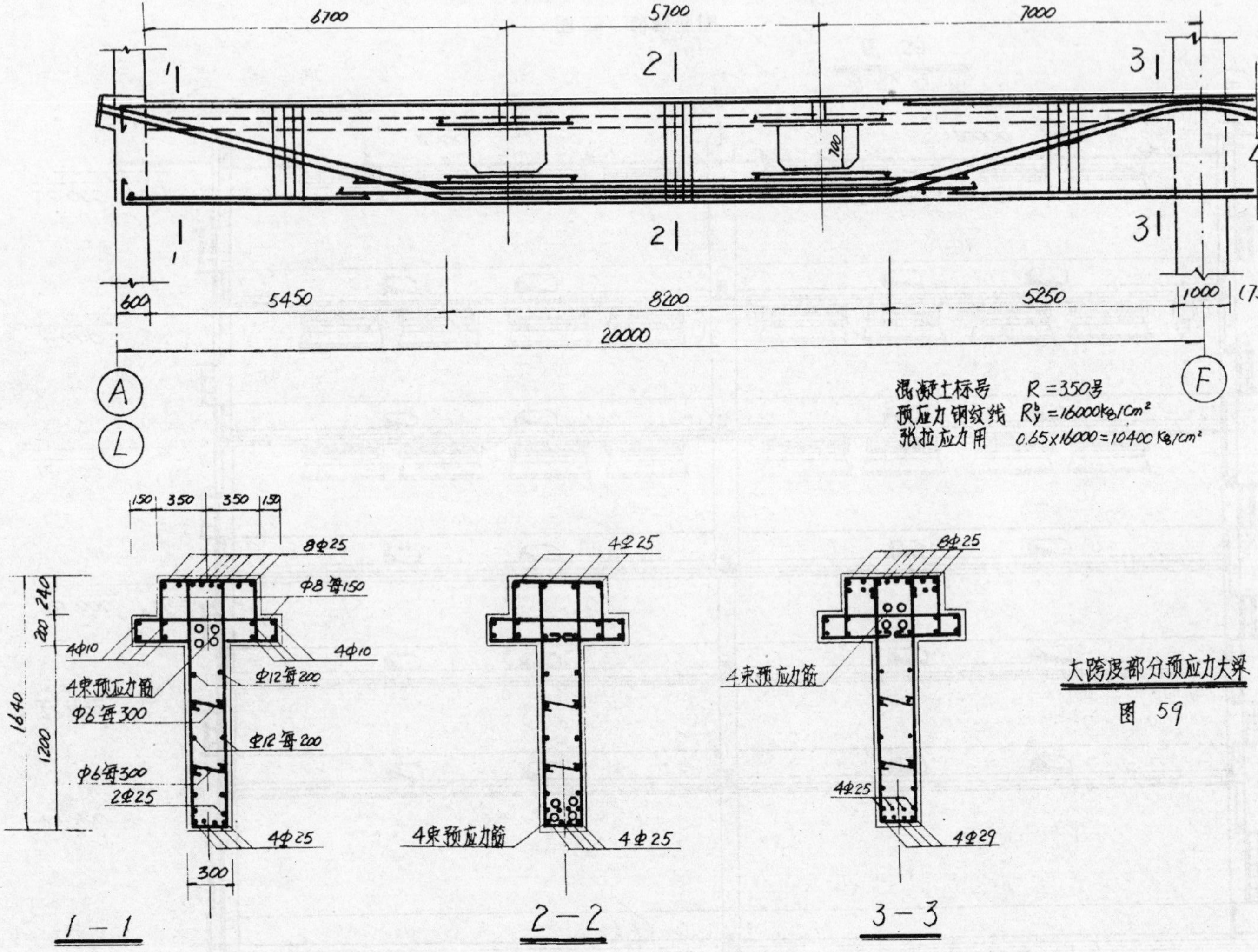

6700 5700 7000

600 5450 8200 5250 1000 (750)

20000

混凝土标号 R＝350号
预应力钢绞线 $R_y^b = 16000 kg/cm^2$
张拉应力用 $0.65 \times 16000 = 10400 kg/cm^2$

1—1

150 350 350 150
8Φ25
Φ8每150
4Φ10
4Φ10
4束预应力筋
Φ12每200
Φ6每300
Φ12每200
Φ6每300
2Φ25
4Φ25
240 200 1200 1640 300

2—2

4Φ25
4束预应力筋
4Φ25

3—3

8Φ25
4束预应力筋
4Φ25
4Φ29

大跨度部分预应力大梁
图 59

图 59　大跨度部分预应力大梁

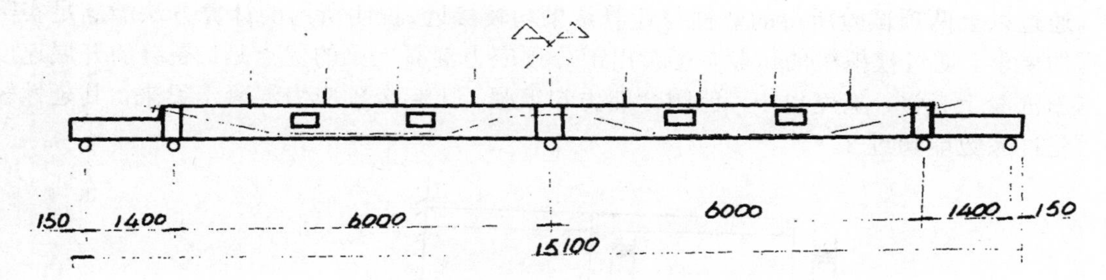

图 60　部分预应力混凝土连续框架的模拟试验梁简图

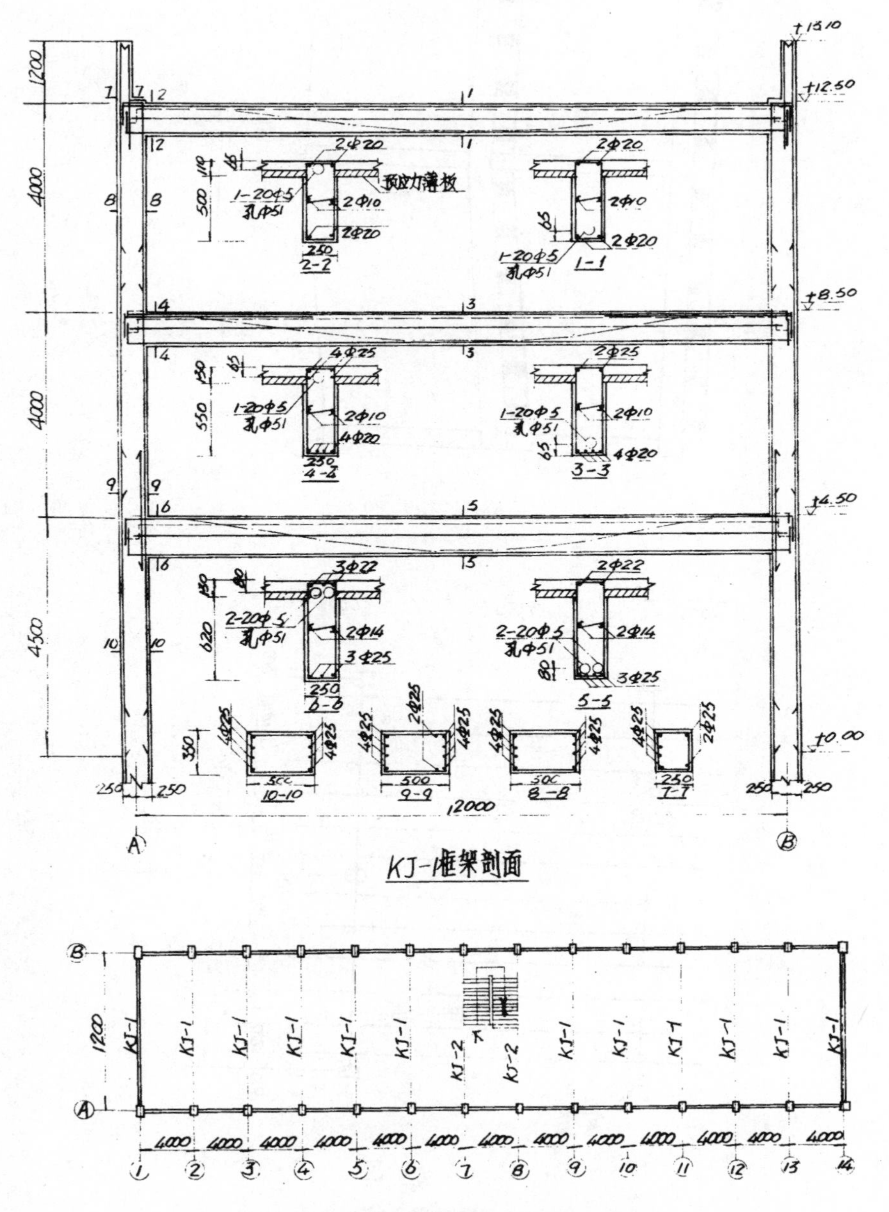

图 61　现浇预应力框架平面与剖面图

通过以上两项试验所得的数据与计算结果均较接近，说明所用的计算方法能满足实际工程的要求。通过模拟梁的试验，可看出部分预应力混凝土梁的优点是：裂缝的开展速度比钢筋混凝土者慢，宽度也小，但闭合能力却很强。比起全预应力混凝土梁来，其延性较好，延性系数能超过 3。

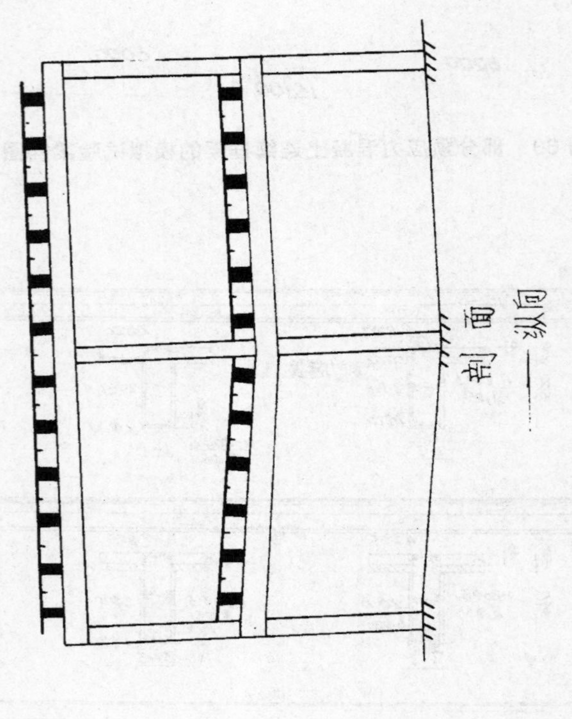

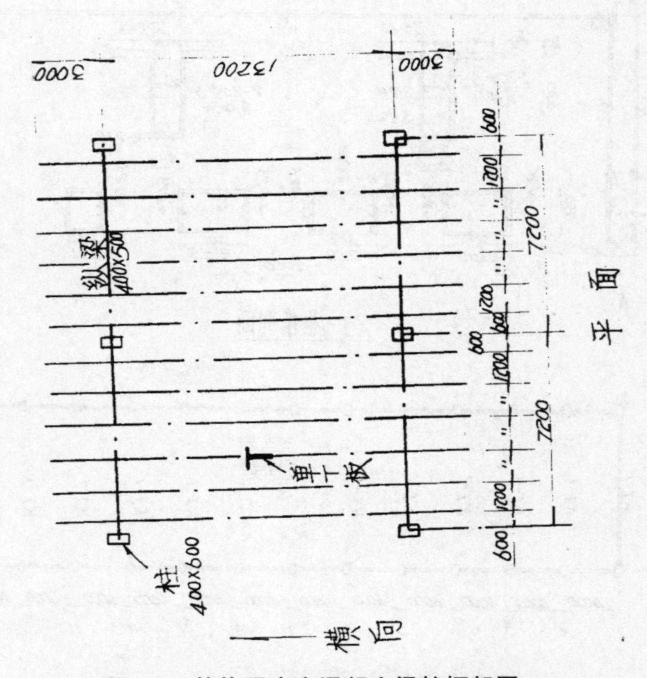

图 62　整体预应力混凝土梁柱框架图

图 61 所示的为南京 3503 厂机电楼部分预应力混凝土单跨框架工程，共三层，平面总尺寸为 52×12 米，柱网尺寸为 12×4 米，框架梁的跨度为 12 米，梁高分别为 75、68 及 61 厘米，梁宽 25 厘米，为有黏结后张法部分预应力混凝土梁，用 350 号混凝土与框架柱现浇成整体，使具有良好的抗震性能，本工程按 7 度设防。

为了改革现浇结构的楼面模板，本工程的楼板是采用先张法长线台座生产的预应力薄板，尺寸为 3 790×1 460×50 毫米，待薄板安装后，在其上现浇叠合层，厚 6～9 厘米。采用这种结构的优点是省去现灌用的模板并在叠合层内易于设置电气管道。混凝土标号为 350 号，在支承处设置一定数量的负弯矩钢筋使形成多跨连续叠合板。

重庆建筑工程学院第一综合楼的阶梯教室是一座整体预应力混凝土梁柱两层框架结构，跨度 13.2 米，两边各悬挑 3.0 米，开间 7.2 米，层高 5.0 米。框架纵梁是采用预制后张部分预应力混凝土两跨连续梁，横向楼面构件是采用叠合截面预制后张部分预应力混凝土单 T 板，框架柱亦是采用竖向整体预应力的（见图 62），所以这种结构是三向预应力的。采用对柱进行竖向预应力使之与框架梁形成整体的方法，其优点是在柱梁构件组合时，对超静定结构不会产生次应力，但后张预应力却能提高大偏心受压柱的抗裂性能。另外在楼面或屋面上对柱进行一次性张拉，这种施工方法既方便又安全。梁与柱的联结构造也可大为简化。

本工程的双跨连续梁或双悬臂 T 形板，如按全预应力混凝土准则设计，要求在跨中及支座截面处均不出现拉应力将是困难的，除非在设置曲线的预应力钢筋后，另外，在跨中梁底及支座梁顶再设置直线预应力钢筋，但是这样不仅构造复杂，而且用钢量亦不一定节省。现按部分预应力混凝土准则设计，首先充分利用连续配筋的预应力钢筋的有利特性，再用非预应力钢筋补充其不足部分，这样便为发展部分预应力混凝土结构提供了新的前提。

国外已大量采用无黏结后张法预应力混凝土构件，因为他不需要设置管道及压浆，使得施工工艺简单，操作方便，造价较低。不过这种梁由于预应力钢筋与两锚头之间的混凝土不黏结，因此其开裂特点是只出现一条裂缝，裂缝一经出现便急剧扩展，荷载增加不了多少便出现脆性破坏，其极限强度将比有黏结的预应力混凝土梁降低 10%～30%。试验证实，无黏结梁的这种不利性状可用增设适量的非预应力钢筋的方法来改善。麦托可（A. H. MattcK）建议设置的非预应力钢筋面积不宜少于混凝土受拉面积的 0.4%，这样的无黏结梁在开裂前将具有预应力混凝土的良好弹性性能，开裂后的裂缝间距和宽度亦能变得密而细，刚度和强度也都有明显地提高。由此可以看出发展这种无黏结的后张法部分预应力混凝土构件具有很大的现实意义，近几年来我国在这方面也进行了一定的试验研究工作，并对一些实物构件作了试验，如铁道部建厂局科研所和建筑科学研究院结构所等进行了无黏结部分预应力 18 米薄腹梁的试验等，取得了可靠的试验数据，为推广使用这种构件准备了条件。

北京全国政协大院内新建的汽车楼即是一幢现浇的无梁、无柱帽结构的无黏结后张法部分预应力平板的三层建筑物，供停放汽车之用，原设计方案为柱网距 6×6 米的钢筋混凝土无梁楼盖结构，汽车从单坡道进出，上楼后续拐弯进入停车场，容易碰撞柱子，使用很不方便，故改为柱网距 8.4×9 米的无黏结后张法预应力平板，属于混合配筋的部分预应力混凝土结构，分为三层主楼及两个配楼，总面积为 2 679 平方米（见图 63），大大提高了建筑物的使用功能。

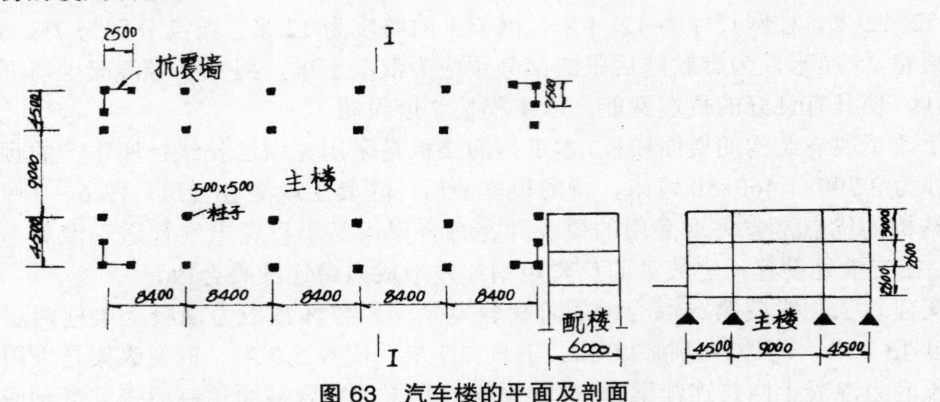

图 63　汽车楼的平面及剖面

无黏结后张法部分预应力混凝土平板的使用带来的优点大体是：改变了楼盖通常用预制空心板形式的格局。因为按部分预应力混凝土准则设计时，平板的跨度得以增大，随着柱网间距也可增大，这样不仅增大了使用面积，而且平面布置也更为灵活，有效利用系数有所提高。由于平板厚度的减少，使得层高也可降低，比之梁板结构，这种构件的施工显得更为简便，现浇结构与预制装配结构相比，前者的造价本来就低，采用现浇后张法无黏结平板结构后，总造价便更为便宜。本工程抗震设防裂度为 8 度，现在采用现浇的整体结构，正好能发挥其抗震特长。

北京二七车辆厂轴承鞍车间是一座预应力装配整体式抗震屋盖的试点工程。进行这项试点工程的目的是为了摸索一套经验，用以消除以往采用的全装配式钢筋混凝土结构整体性和稳定性较差，不利于抗震的缺点。

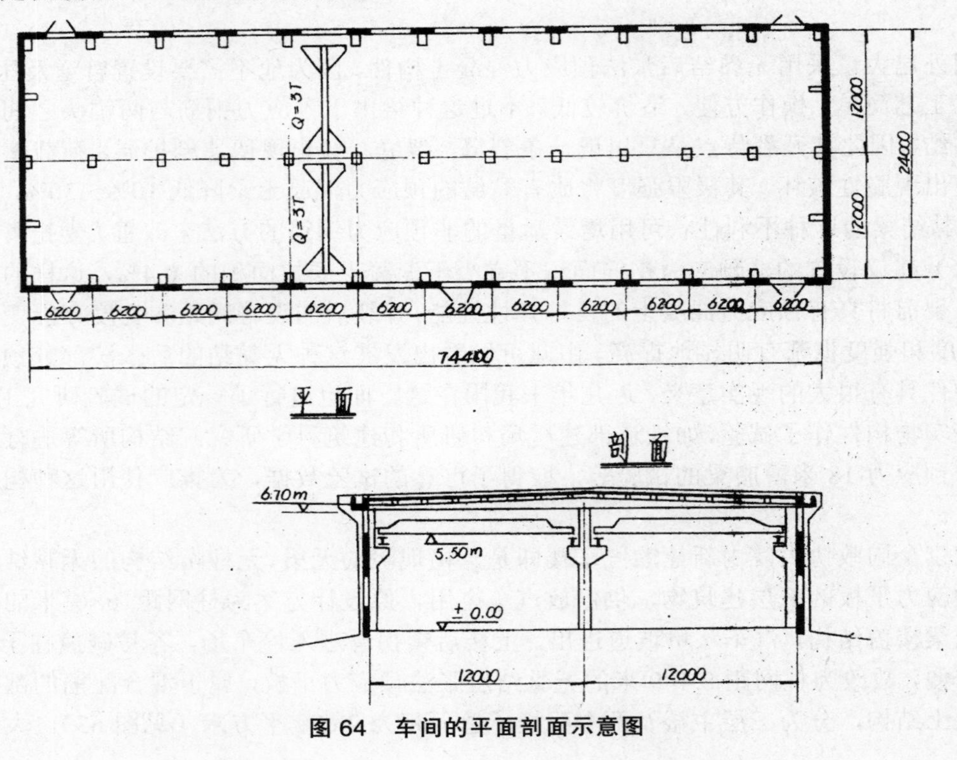

图 64　车间的平面剖面示意图

本工程为单层双跨结构，每跨 12 米，柱距定为 6.2 米，共 12 个柱距，全长 74.4 米，建筑面积 1 830 平方米，车间每跨各有一台 3 吨的电动单梁吊车。承重结构包括现浇钢筋混凝土基础，预制钢筋混凝土柱及吊车梁，屋盖结构为后张无黏结部分预应力混凝土屋面大梁，上铺 1.5×6.0 米预应力大型屋面板。围护结构采用柔性连接的炉渣混凝土横向墙板。车间的平面及剖面见图 64。

预制的 1.5×6.0 米大型槽形屋面板两端支承在屋面大梁上，屋面板间设有宽 95 毫米的纵向板缝，其间设置一束 $3\phi^s5$ 钢丝束，张拉钢丝束后使屋面承受 6～8 kg/cm^2 的平均预应力，之后用细石混凝土进行灌缝（见图 65）。横向板缝宽 200 毫米，其间设置一束 $7\phi^s5$ 无黏结钢丝束，这板缝中的混凝土和为了形成双跨连续梁而在屋面大梁顶部浇筑的叠合层混凝土同时浇筑（见图 66）。为了承受中间支座处的负弯矩，在大梁连接处的顶部还增设了非预应力钢筋。

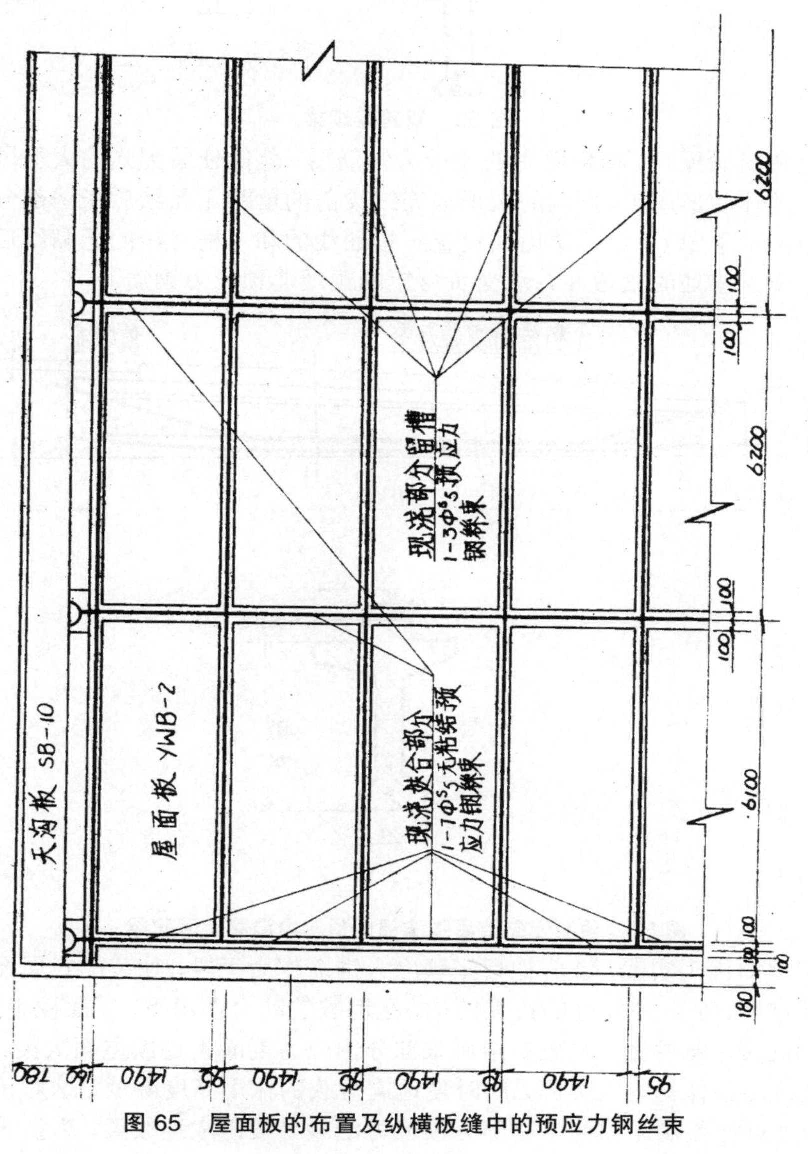

图 65　屋面板的布置及纵横板缝中的预应力钢丝束

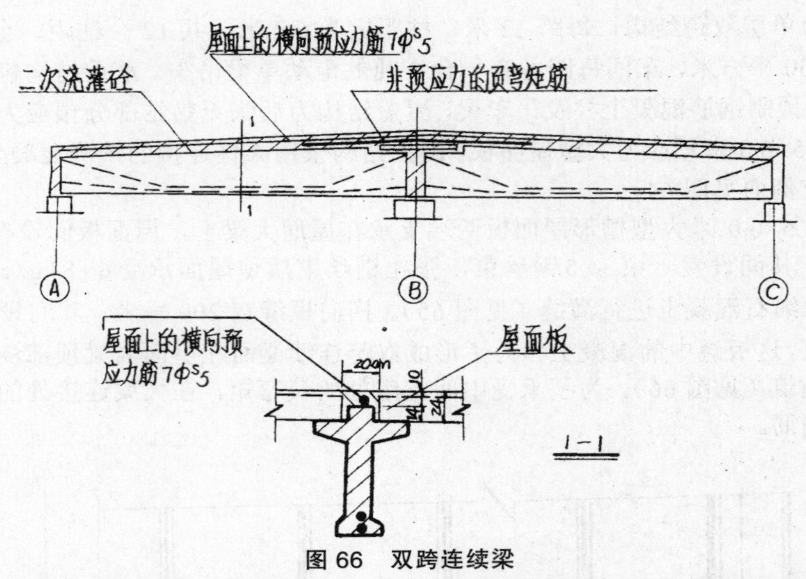

图 66　双跨连续梁

张拉设置在屋面板纵、横板缝内的预应力钢筋后，就能使装配式的大型屋面板和屋面大梁形成一个整体肋形屋盖。预制的未形成连续梁前的单跨无黏结后张法部分预应力混凝土薄腹梁的简图示于图 67 中，梁内共设置一根曲线的和一根直线的无黏结后张法预应力钢丝束，在中间支座处的梁顶并有承受负弯矩的预埋非预应力钢筋。

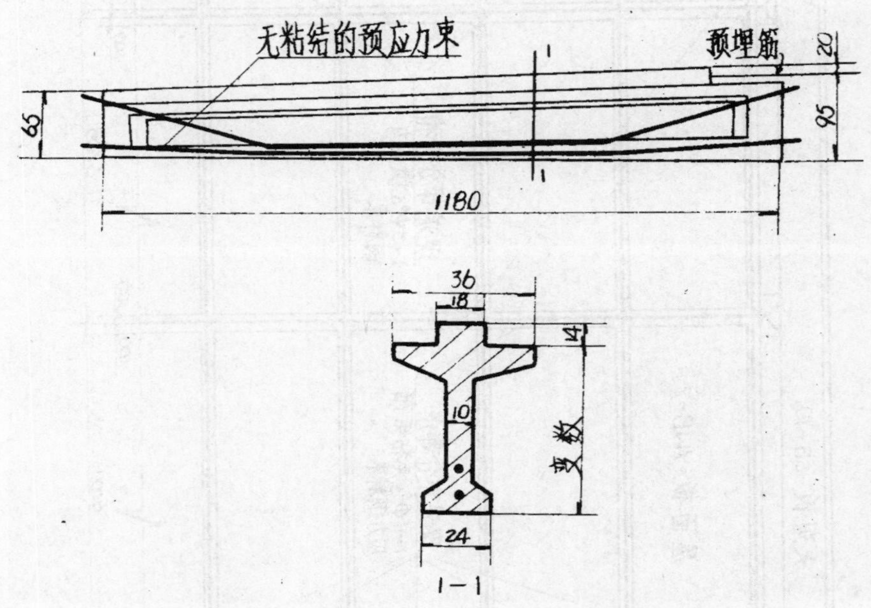

图 67　预制无黏结后张法部分预应力混凝土薄腹梁

通过本工程的施工实践，证明把后张预应力钢筋作为手段，使装配式屋面大梁组成板梁合一的整体结构，是一种较好的抗震结构，在地震的动力作用下，屋面板不致松散脱落，屋盖位移协调同步。采用叠合式无黏结后张部分预应力混凝土连续屋面大梁，能减小建筑高度，使得屋盖的整体稳定性提高，同时使地震荷载的作用高度降低，这对抗震都是有利的。这个试验工点把预制无黏结单跨部分预应力混凝土梁组成连续梁，为扩大这种梁的使用范围开辟了新的途径。实践证明，高空张拉后张预应力钢筋，操作并不繁重，也不困难，可以推广使用。

部分预应力混凝土应用于电力线路的电杆上亦非常合宜，电力工业部电力建设研究所曾对此进行过专门的试验研究。对于环形截面的电杆要按全预应力混凝土准则设计是很困难的，故大多数电杆是按限值预应力混凝土准则设计的，不过试验研究表明按部分预应力混凝土准则设计将是更为理想，尤其是对锥形电杆。因为部分预应力混凝土的预应力较低，混凝土的预压应力较小，使得在限值预应力混凝土电杆上经常出现的纵裂现象有所减轻。锥形电杆小头，所需抗弯能力较小，只用纵贯全杆的预应力钢筋提供的抗力已能满足要求。随着杆长的增加，虽然杆身截面亦随之增大，但所需的抗力亦相应增大，除了通长的预应力钢筋提供的抗力外，不足部分尚需用增设的非预应力钢筋来补充。这种部分预应力混凝土电杆，可使各断面处的含筋率大致相等，这样的设计便比较合理，灌注混凝土也不会出现困难，主筋的用量也将比用限制预应力混凝土准则设计的电杆节省 7%～14%。

把部分预应力混凝土用于公路桥者，国内首创的是上海市政工程设计院设计的建于上海青浦北青公路朝阳河上的跨径为 20 米的公路桥。该桥于 1979 年 6 月开始设计，1980 年初建成。在此期间同时进行了有关项目的实验室试验研究。1981 年初在现场对桥梁进行加载试验。本桥至今使用情况良好。

本桥梁长 20 米，计算跨度为 19.30 米。全桥有六片先张法预应力工字梁，上面架设预应力空心板后形成组合梁。桥面宽 7.0 米，工字梁高 80 厘米，空心板厚 20 厘米，一般尺寸见图 68。每一主梁中设置了 6Ⅱ25 的Ⅳ级钢筋作为预应力钢筋，另外设置 4ϕ25 的Ⅱ级钢筋作为非预应力钢筋。

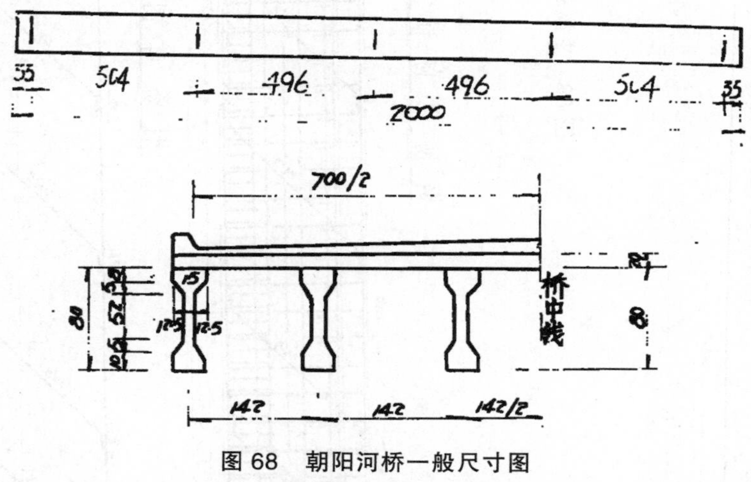

图 68　朝阳河桥一般尺寸图

国内另一座部分预应力混凝土公路桥建于甘肃山丹县霍城河上，该桥于 1981 年 4 月施工，同年 10 月 1 日建成正式通车，9 月底对一片梁进行静载试验，试验结果表明，该梁完全满足设计要求。

本桥主梁长 16.0 米，计算跨度为 15.50 米，全桥由 5 片 T 形主梁组成，桥面宽 7.0 米。主梁轮廓图及钢束布置图见图 69。预应力钢筋采用 ϕ5 高强碳素钢丝，每一主梁内设三束，每束由 18 根 ϕ5 钢丝组成。非预应力钢筋选用Ⅱ级 ϕ18 螺纹钢筋，每一主梁内设 8 根，钢筋布置图见图 70。

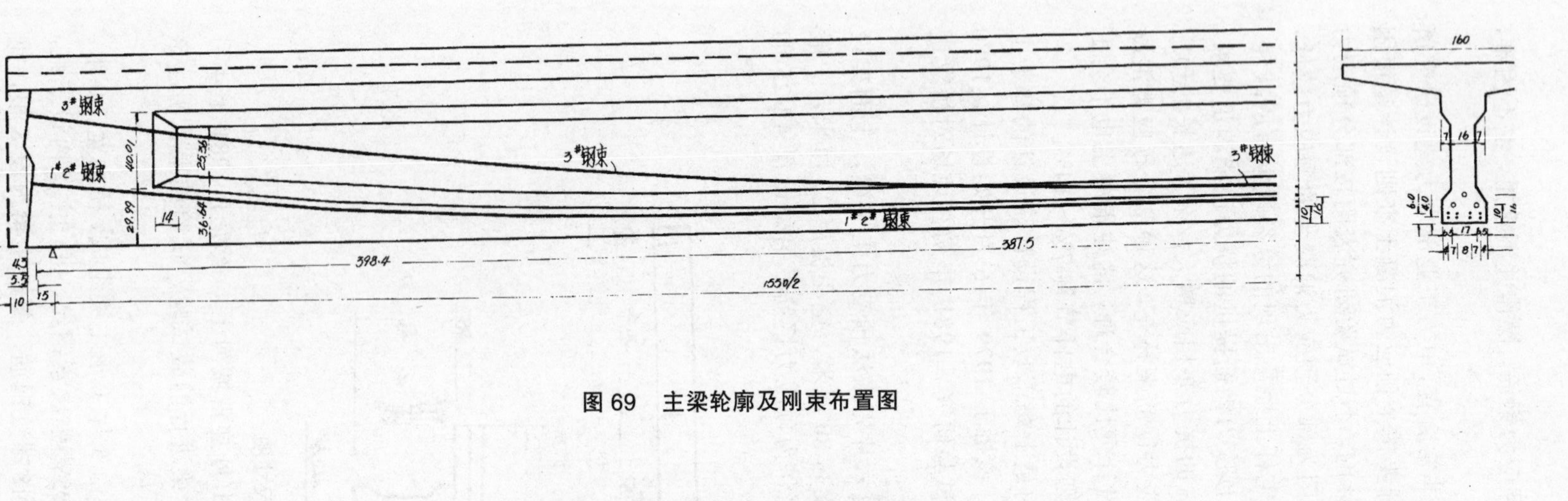

图 69　主梁轮廓及刚束布置图

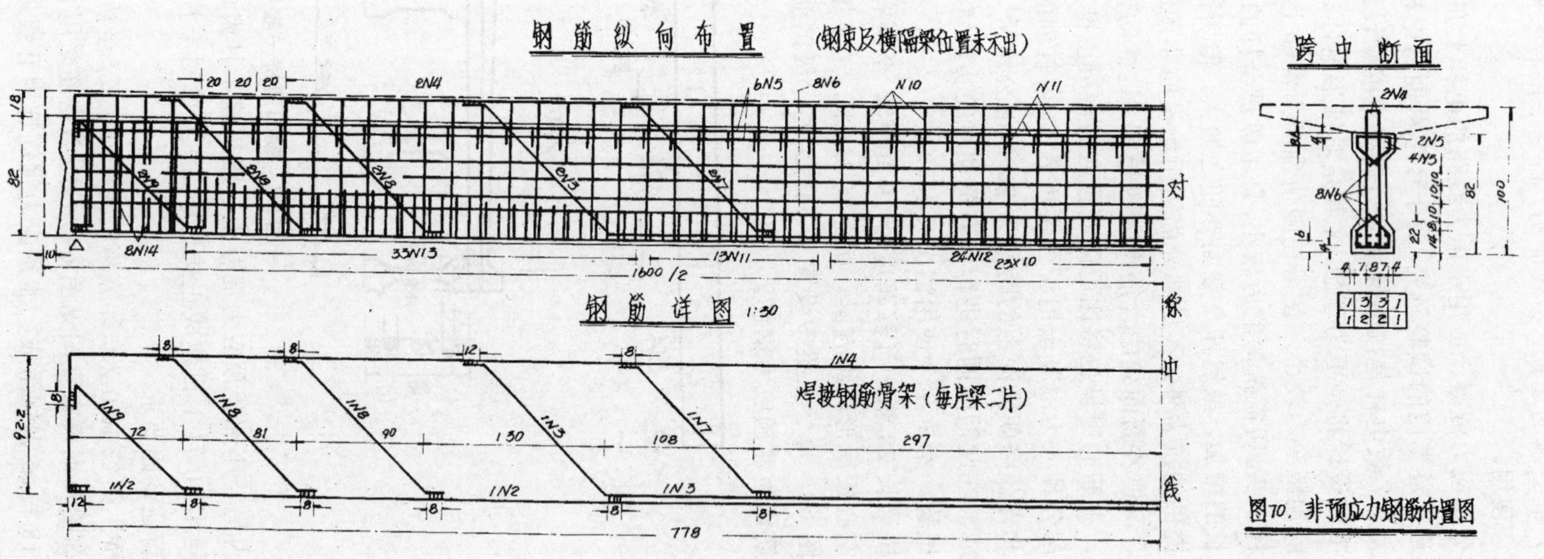

图 70　非预应力钢筋布置图

国外有些国家选用部分预应力混凝土建筑的结构物较多，建造的桥梁也不少，跨度也较大，现选几座大跨度的桥梁作一介绍。

瑞士甘特尔桥是一座于 1980 年底完成的最大跨度达 174 米的部分预应力混凝土公路桥，该桥位于瑞士南部的布里克境内，跨过甘特尔溪谷，桥梁全长约 700 米，高 150 米，桥梁平面呈 S 形，弯道半径为 200 米（见图 71）。主跨 174 米，与主跨相连的边跨各为 127 米，其余边跨为 30～80 米。

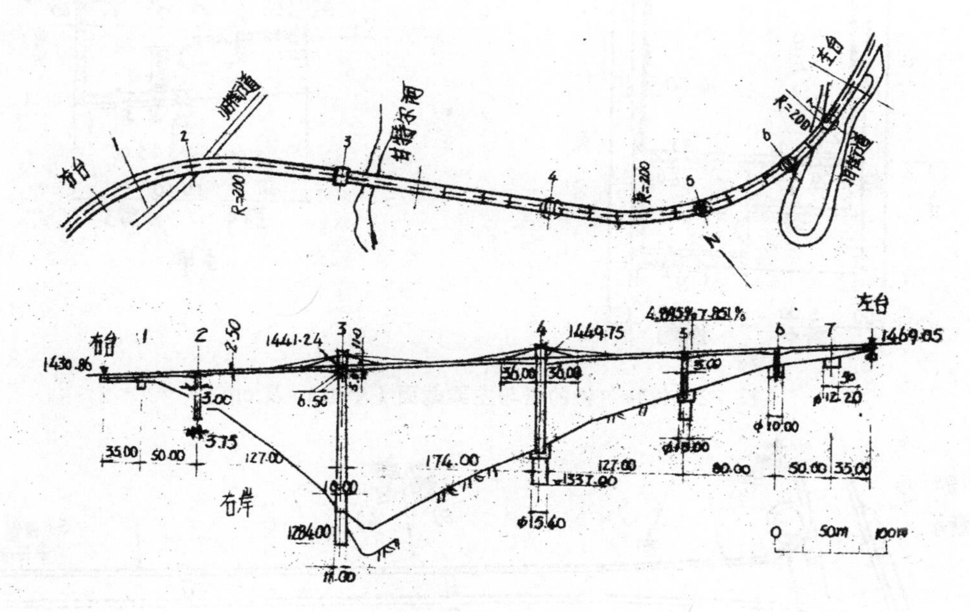

图 71　甘特尔桥总图（单位：m）

甘特尔桥的构造特点是在 3、4 号桥墩上先建造塔架，然后用部分预应力混凝土的斜拉板将 127+174+127 米 3 主跨的箱形梁体斜吊在塔架顶端，全桥为变截面的 8 跨箱形连续刚架桥，除了在一号墩和两台处用活动支座与墩台连接外，其余各墩处的梁与墩均为刚性连接。2～6 号墩均为空心箱形截面，1～3 号墩直接固定于基岩中，4～7 号墩的墩底与基顶之间设置氯丁橡胶盒式活动支座，以便地基出现蠕动后可进行调整。

桥塔和主梁的截面见图 72。斜拉板中配置由16ϕ13毫米钢绞线组成的直径约 90 毫米的缆索，缆索张拉后即用混凝土斜拉板包裹起来。斜拉板与主梁腹板相连处的厚度为 0.4 米，然后截面逐渐增大，在塔顶与塔架连接处，截面变为 1.0×0.8 米。采用这种斜拉板的目的是：减小自重弯矩；使主梁不负担活载弯矩，活载弯矩由自重施加了“预应力”的桥墩负担；使悬臂法施工简单而迅速地进行；提高施工时的稳定性等。

另一座用部分预应力混凝土建筑的桥是跨越莱茵河的萨津根桥。该桥位于瑞士阿尔高州的斯丹和西德巴登—符腾堡州的休养地萨津根之间，根据桥址地形和当地景物特点，将桥梁设计成 106+85+53 米的部分预应力混凝土单室箱形连续梁（见图 73），桥梁为瑞士和西德共有，主梁截面见图 7.4，连接梁的设计基本上是按瑞士 SIA162 规范进行，所以桥梁轴向及横向均是部分预应力混凝土的，截面尺寸设计得十分纤细，腹板厚仅 46 厘米，桥面板厚 2.2 厘米，最薄的底板厚度只有 14 厘米，梁高在 280 至 625 厘米之间变化。桥面为 2×4.25 米的双行车道，两侧各有宽 2.0 米的人行道，梁内预应力钢筋的布置见图 75。

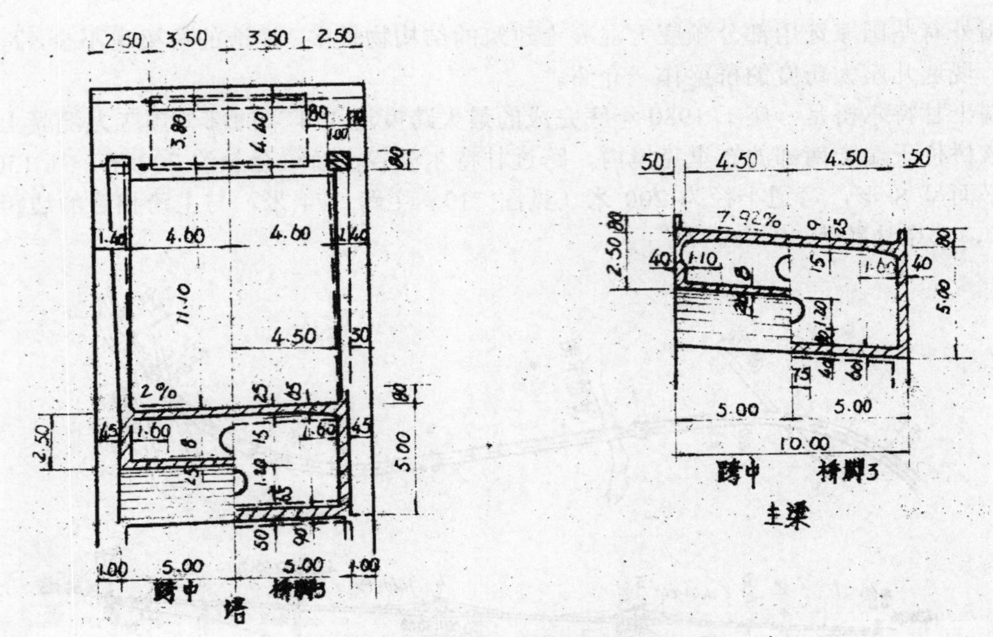

图 72　甘特尔桥的塔与主梁截面（单位 m 及 cm）

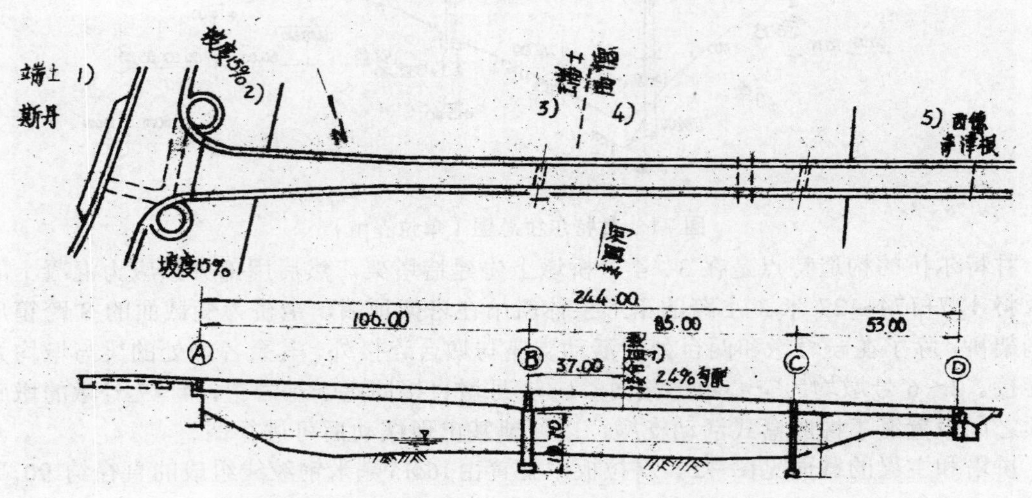

图 73　斯丹—巴特　萨津根桥总图（单位 m）

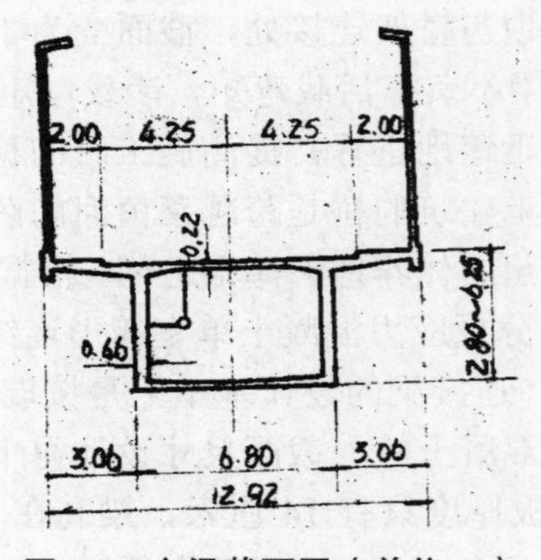

图 74　主梁截面图（单位 m）

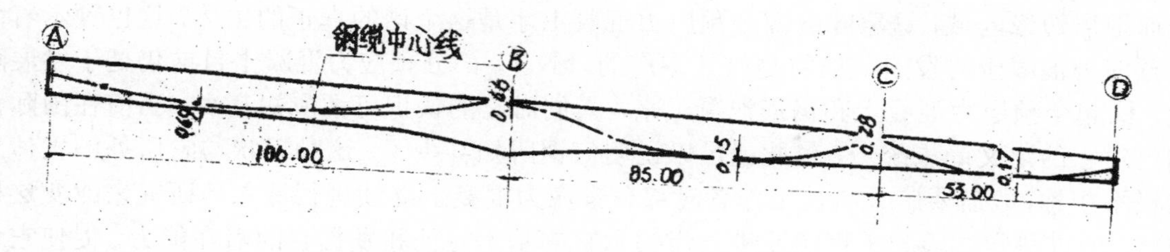

图 75　预应力钢筋的配置

最后介绍奥地利维也纳市的跨越多瑙河的新建帝国桥，这是一座多用的部分预应力混凝土变高度多跨连续梁桥。桥梁全长 864.5 米，包括多瑙河 528.3 米和新多瑙河桥 212.3 米，以及河岸处的跨线桥 123.9 米三部分。多瑙河桥主跨为 169.6 米的变高度连续梁（见图 76），墩顶处梁高达 8.8 米，其他部分为 5.5 米的等高度梁。主梁由两个分别施工的箱形梁组成，它们之间顶部用连续的顶板，底部则用每隔 8 米设置的用以连接底板的混凝土带联结成整体。

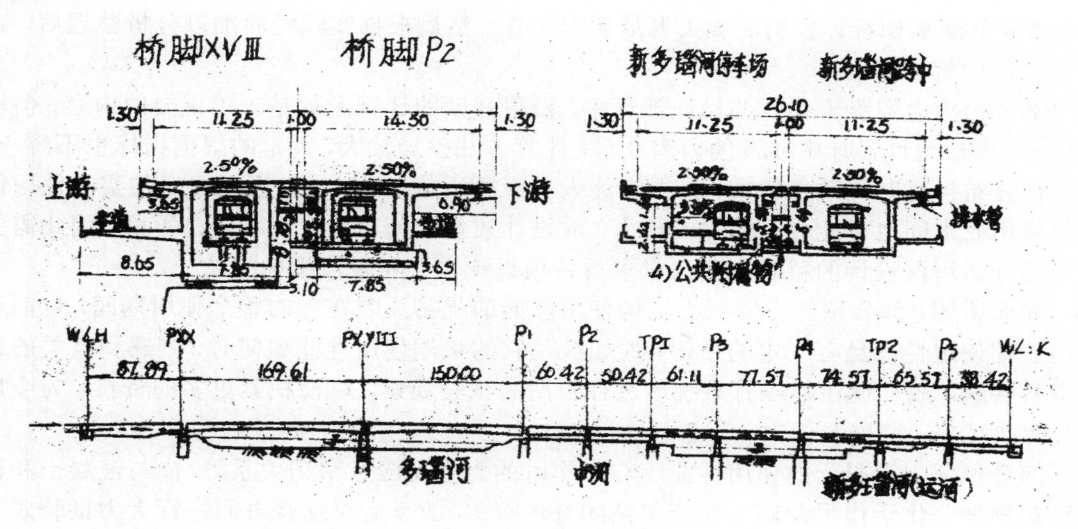

图 76　新建的维也纳帝国桥总图（单位 m）

桥梁要求设置公路 6 车道，人行道及自行车车道。地下铁道及支承公共附属设备的支架，同时还要求考虑城市美观。为了满足这些要求，桥梁设计成双层，顶面设行车道，桥面宽 25.5 米，引桥部分则扩宽至 32.5 米。在箱梁内部设置地下铁道，在上下游的主梁腹板上悬挑出臂板作为人行道及自行车道，在两箱梁之间集中设置水管等公用附属设备，在新多瑙河部分的桥梁上还设置了地下铁道车站。这样设计使各种机能互不干扰，桥宽可压缩到最小，地下铁道的噪声可以得到防止，人行道可供行人观赏多瑙河的景色而不受车辆的影响。

整个桥梁在轴向、竖向及横向都是选用部分预应力混凝土。

结束语

随着预应力混凝土的发展，部分预应力混凝土现已占据了整个预应力混凝土谱的广阔领域，人们熟知的全预应力混凝土和钢筋混凝土却只作为部分预应力混凝土的两个极端情况而退居边缘区域，这意味着部分预应力混凝土才是这个谱的真正的主体，这也预示着部分预应力混凝土的发展前途将是极其宽广的。不过，部分预应力混凝土目前仍处于发展阶段，比起全预应力混凝土和钢筋混凝土来，人们对它的认识可谓所知甚少。当前在国际范围内对它的定义尚未统一，仅此就足以说明何谓所知甚少了。这种现状与它所处的主体地位极不相称，故需要广大科技工作者对部分预应力混凝土继续进行深入地研究来改变这种现状。通过科学试验和工程实践进一步揭示它的基本特征和发掘它的潜在能力，促使它迅速发展。由此可以预见到，广大科技工作者在这个领域内将是大有作为的。

为使部分预应力混凝土迅速发展而需进行研究的课题是多方面的。但下述课题宜作为重点从速进行。

部分预应力混凝土结构在整个使用过程中表现出来的性能是否符合规定的使用要求，这是衡量部分预应力混凝土质量好坏的重要标准。而规定的使用要求是与不同使用阶段时的作用荷载有关的，为此如何合理确定不同使用阶段时的荷载值，如设计荷载、使用荷载、常遇荷载及持久荷载值等，这是一个重要的研究课题。目前对这一课题的研究工作做得极少，故需从速累积统计资料和大力开展研究工作，然后根据实践经验加以分析整理后，合理确定各种荷载值。

部分预应力混凝土构件的设计计算中，极限强度的计算无疑是一项重要的内容，但较为单一。而适用性设计中涉及的内容众多，计算方法差异较大，规定的限值指标也不统一，致使计算结果有时离散性较大，弄得设计人员无所适从，同时构件表现出来的实际使用性能与使用要求间也可能会有较大的出入，故设计质量和使用质量都将随之下降。因此需要大力进行适用性设计的科研工作，以求得各项设计方法和限值指标的统一。

如前所述，部分预应力混凝土结构使用性能的优劣反映在它的整个使用期间，目前对它的短期使用性能虽有一定的了解，但如涉及它的长期使用性能如何时，则感到有关的试验资料甚缺，故从现在起应有系统地进行长期的试验观察，以便积累更多的资料，为今后设计提供依据。

部分预应力混凝土的使用性能除与工作时的力学反应有密切关系外，尚与混凝土和钢材等的物理—化学作用及施工生产工艺的好坏有关，故今后对这些方面进行大力试验研究是很有必要的。

参考文献

[1] 杜拱辰. 部分预应力混凝土的现状与发展——1980 年国际预应力协会部分预应力学术讨论会简介，中国建筑科学研究院结构所，1980.

[2] 劳远昌，蔡绍怀. 第一届预应力混凝土学术交流会论文综合报告——基本理论及计算方法方面综合报告，中国土木工程学会混凝土及预应力混凝土学会，1980.

[3] T.Y.林著. 预应力混凝土结构物设计，葛守善译. 北京：人民铁道出版社，1958.

[4] [英]F.索柯、邹鸿仁等译. 预应力混凝土的发展——第四章，部分预应力（E.W.Ben-nett 著），中国铁道出版社，1981.

[5] T.Y.林著、周远棣译. 部分预应力设计的概念和方法，《国外公路》，1981.4。

[6] P.W.Abeles 著、周远棣译. 部分预应力设计的概念，《国外公路》，1981.4。

[7] F.Leonhardt 著、周远棣译. 关于预应力混凝土结构“预应力度”的建议，《国外公路》，

1981.
[8] 唐铁汉. 部分预应力钢筋混凝土结构，《铁道建筑》，1982.
[9] 李本安. 部分预应力在铁路混凝土桥梁中应用的可能性和经济性，斜拉桥交流会文件，1980.
[10] P. W. Aleles、R. Küng 著、江炳章译. 由于收缩和徐变在非张拉钢筋中的效应引起的预应力损失，《部分预应力混凝土资料集（2）》，重庆建筑工程学院道桥系。
[11] M. K. Tadros、A. Ghali、W. H. Dilger 著、萧墨芳译. 非预应力钢筋对预应力损失和挠度的影响，《铁道勘测与设计》，铁道部第四勘测设计院科研所，1980.4。
[12] 陈永春、曾兵、张蔚柏、徐金声. 考虑非预应力钢筋的预应力损失的计算，中国建筑科学研究院建筑结构研究所，1982 年 11 月。
[13] W.H.Dilger ，“ Creep Analysis of Prestressed Concrete Structures Using Creep-Transformed Section Properties，” PCI JOURNAL，V.27，No.1，JAN/FEB1982，98-118.
[14] 劳远昌. 部分预应力混凝土的疲劳（发言稿），全国部分预应力混凝土学术交流会，1982.
[15] 周法仁、杜拱辰. 对预应力交强钢丝疲劳强度试验方法的建议，中国建筑科学研究院结构所，1982.
[16] E.W.Bennett、H.W.Joynes 著、江炳章译. 部分预应力梁的钢筋疲劳抗力，《部分预应力混凝土资料集（2）》，重庆建筑工程学院道桥系。
[17] 唐铁汉. 混合配筋受拉试件预应力钢筋疲劳特性的试验研究，铁道部科学研究院铁建所，1982 年 11 月。
[18] 胡匡璋. 关于部分预应力混凝土梁设计、检算及试验研究的若干意见，上海铁道学院，1982 年九 9。
[19] 孙慧中、刘承瑞、顾水生等. 允许出现裂缝的部分预应力混凝土梁疲劳性能及计算方法，中国建筑科学研究报告，1981，No.23。
[20] P.N.Balagwcu 著、林瑞铭译. 疲劳荷载下预应力混凝土梁的分析，《国外科技——部分预应力混凝土，47》，天津大学图书馆，1982。
[21] 姚明初. 基于可靠性的混凝土结构疲劳设计模式，铁道部科学研究院，1981 年 8 月。
[22] E. Naaman、A. Siriaksorn 著、吴明东译. 部分预应力梁的适用性设计（第一、二部分），转载于《部分预应力混凝土结构》，西南交通大学，一九八二年三月。
[23] 丁大钧、吕志涛 部分预应力混凝土梁的变形和裂缝计算——国内外情况综述，南京工学院建筑结构研究室，一九八二年十月。
[24] 赵国藩、廖婉卿、王健. 部分预应力混凝土及钢筋混凝土构件的裂缝控制，大连工学院，一九八一年十二月。
[25] 张士 译. 部分预应力混凝土梁裂缝计算公式的建议，同济大学科技情报站，一九八二年二月。
[26] 国际预应力混凝土协会（FIP）《钢筋混凝土与预应力混凝土结构实用设计建议（草案）》——根据 CEB-FIP 模式规范 MC78 编制——1982 年 6 月，中国建筑科学研究院结构所译. 1982.10。

[27] 岡村进甫著、童保全译. 钢筋混凝土结构极限状态设计法，电力工业出版社，1982.4。
[28]《部分预应力混凝土》，80-7，专题情报资料，重庆交通学院道桥系、交通部科学技术情报研究所，1980 年 3 月。
[29] 江炳章. 部分预应力混凝土梁裂缝计算方法的探讨——兼评荷兰 DELFT 技术大学的方法，重庆交通学院，一九八二年十月。
[30] 刘永颐. 钢筋混凝土构件裂缝宽度的简化计算，1982.10。
[31] L.D.Martin，“A Rational Method for Estimating Camler and Deflection of Precast Prestressed Memlers，” PCI JOURNAL Vol.22，No.1，JAN/FEB 1977，100-108。
[32] K.J.Thompson、R. Parh 著、何子健译. 预应力和部分预应力混凝土梁截面的延性，《建筑科技情报》，一九八一年第三期，国家建工总局第一工程建筑科学研究所。
[33] N.M.Hawkins 著、何子健译. 预应力和预制混凝土结构的抗震(一)，《建筑科技情报》，一九八一年第三期，国家建工总局第一工程局建筑科学研究所。
[34] 何子健. 整体预应力装配式摩擦节点研究述评，《建筑科学情报》，一九八一年第三期，国家建工总局第一工程局建筑科学研究所。
[35] K. J. Thompson、R. Park 著、朱政奎译. 部分预应力混凝土对地震的反应，《国外科技——部分预应力混凝土，47》，天津大学图书馆，1982。
[36] A.H.Nilson，“Design of Prestressed Concrete，” 1978，New York.
[37] G.S.Ramaswamy，“Modern Prestressed Concrete Design，” 1976。
[38] H.Baehmamn 著、彭宝华译. 瑞士部分预应力的经验和设计问题，《国外公路》，1981.4。
[39] A.H.Nilson 著、许克宾译. 部分预应力梁开裂后的弯曲应力，《铁道标准设计通讯》，1982.2。
[40] 季晓峰. 介绍国外部分预应力混凝土受弯构件的研究和设计方法（一）、（二）、（三），《冶建科技》，81.3、81.10、82.3，一冶冶金建筑研究所编。
[41] 上海市政工程设计院 部分预应力混凝土梁试验及在桥梁上的应用，一九八二年七月。
[42] 甘肃省交通科学研究所、甘肃省交通学校、甘肃省张掖地区工交局. 部分预应力公路桥设计与计算研究（山丹霍城试验桥设计与试验研究报告），1982.10。
[43] 林瑞铭、于庆荣、高永孚、姚崇德 部分预应力混凝土受弯构件的工作特性，天津大学土木系、天津建筑设计院，1982 年 10 月。
[44] 长沙市规划设计院、长沙市建筑工程公司、湖南省第六工程公司科研所. 长沙银星电影院 24 米部分预应力混凝土楼座大梁设计、施工与试验，一九八一年十一月。
[45] 余如柏、张芩、王恒尧、余雨生. 上海色织四厂 75 英寸布机车间大跨度部分预应力多层框架结构设计，上海工业建筑设计院，一九八二年十月。
[46] 南京工学院. 部分预应力混凝土连续梁试验研究，一九八二年七月。
[47] 铁道部建厂工程局、铁道部北京二七车辆厂、中国建筑科学研究院. 单层厂房预应力装配整体式抗震屋盖试点工程，铁道部建厂局科研所，1982.10。
[48] 铁道部建厂局科局研所、建筑科学研究院结构所. 无黏结部分预应力 18 米薄腹梁的试验报告，铁道部建厂工程局科研所，1982.10。
[49] 北京市建筑工程研究所 无黏结现浇预应力平板设计与施工，一九八二年七月。

[50] 南京工学院、南京市建三公司. 部分预应力混凝土框架试点工程简介，1982.11.
[51] 王正霖、邓朝荣、李唐宁. 一种竖向整体预应力混凝土梁柱框架设计简介，重庆建筑工程学院科技资料 82-013，一九八二年九月
[52] 池田甫等著、戴振藩译. 利用部分预应力的混凝土桥，《国外桥梁》，1982 年第 4 期。
[53] 水利电力部电力建设研究所 部分预应力钢筋混凝土电杆在我国电力线路上的应用与试验，一九八二年十一月。

科 技 译 文 篇

一、非预应力钢筋对预应力损失和挠度的影响

《非预应力钢筋对预应力损失和挠度的影响》

原著　美国　梅赫　K. 塔德罗斯
加拿大　艾来　格利
沃尔特　H. 迪尔格

提　要

本文介绍一个简单而精确的方法，可用它计算设置预应力钢丝和非预应力钢筋的构件横截面上的预应力损失、轴向应变和转角。提供了两张图表，他将有助于设计，并以数字实例说明其用法。

该法表明，构件中设置了非预应力钢筋后，它将使预应力钢丝中的应力损失略为降低，但可使混凝土中的预应力明显减小。它对轴向压缩的影响较小，而对上拱度或挠度的影响却十分显著。

预应力混凝土构件中设置了非预应力钢筋，会对随时应力及由于混凝土的收缩和徐变、钢丝的松弛等引起的变形产生显著的影响。在有些预应力混凝土构件中，设置的非预应力钢筋的面积的的确确是相当大的。

设置在预应力混凝土简支梁底部的非预应力钢筋，它可约束混凝土的变形和导致预应力损失及上拱度的减小（或向下挠度的增大）。当受压混凝土产生收缩和徐变时，非预应力钢筋便持续地承受压力，相应地混凝土中预压应力的损失则必然增大。

在不同的研究者[1-4]之间，对于这些影响的量的方面存在着事实上的差异，特别是对传递到混凝土上去的预应力损失这一点，而这一点却又是设计中的首要问题。

本文提出一个简便方法，对于设置非预应力钢筋和预应力钢丝的构件，可用此法来正确估价横截面中的预应力损失、轴向应变和转角。并用一个算例来说明非预应力钢筋在实际情况中影响程度的大小。

问题简述

设在预应力传力锚固时混凝土的龄期为 t_0，研究一个承受轴向静载 N 和弯矩 M 的预应力混凝土构件的截面（见图 1）。只有在特殊情况中，轴向力 N 才不等于 0，例如在后张法静不定刚架中。假定截面内设置预应力钢丝和非预应力钢筋，其截面面积各为 A_{ps} 和 A_{ns}。

通常在经过一段时间后的 t_k 时，需要求算混凝土截面的轴向应变 ε、转角 ϕ 和混凝土、预应力钢丝与非预应力钢筋中的应力。求得构件不同截面上的轴向应变及转角后，便可确

定构件的压缩量及挠度。

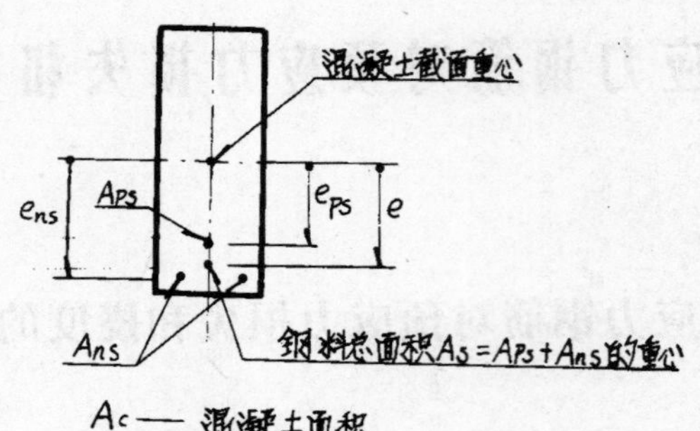

图 1　设置预应力钢丝和非预应力钢筋的预应力混凝土截面

除了截面的几何特性以外，下面的各值假定都是已知的：

S，t_k—t_0期间内，混凝土的自由收缩量；

υ，徐变系数，它等于在匀布荷载作用下，在t_k时的徐变和t_0时的即时应变之比；

L_r，一根钢丝在两固定点之间以初应力f_{pso}进行张拉，在t_k—t_0期间内应力的实际松弛损失；

E_c，在t_o时的混凝土弹性模量；

E_s，钢料的弹性模量，假定预应力钢丝和非预应力钢筋的弹性模量是相同的。

符号规定

在钢丝中的预应力P_{ps}和在混凝土中的预应力P_c总是正号。当压力时N为正。使构件底部纤维受拉的M为正。ε和ϕ的符号各自与N和M的符号相一致。混凝土的压应力为正。

以上的符号规定和美国预应力混凝土设计手册中所采用的规定是一致的。

本方法的一般说明

除考虑了非预应力钢筋这唯一的特点以外，本法均与最近出版的论文[6]所描述的相同，本文已将全部设计程序列出，不过在文献[6]中已提到的某些新细节，这里没有重复说明。

计算预应力钢丝中由于收缩、徐变和松弛引起的预应力损失的近似公式为：

$$L_{ps}=SE_s+L_r+\upsilon nf_{co} \tag{1}$$

式中，f_{co}为预应力钢丝处的混凝土的初应力，和：

$$n=E_s/E_c \tag{2}$$

用公式（1）估算的预应力损失将偏大，因为它未考虑随着预应力的损失使混凝土的应力接着相应地减小这一因素。由于钢丝长度缩短引起钢丝中应力降低，这就使由此产生的松弛值将比实际松弛值L_r为小，这一点在公式（1）中也未考虑。

这是因为实际松弛损失L_r与钢丝中的应力状态很有关系，它可用比值β来表达，β等于钢丝中的初应力f_{pso}除以钢丝的极限强度。

本文采用了一个更为精确的公式：

$$L_{ps}=SE_s+\psi L_r+(\upsilon-\mu)nf_{co} \tag{3}$$

对于设置非预应力钢筋的构件来说，f_{co} 是偏距为 e 的钢料总面积重心处的混凝土的初应力，钢材总面积为：

$$A_s = A_{ps} + A_{ns} \tag{4}$$

系数 ψ（<1.0）（见图 2）说明钢丝松弛的减小。变数 μ 表示应变的恢复。其值等于即时应变加上由于预应力损失引起的徐变应变与在传递预应力时的混凝土的即时应变之比；两者都是指 A_s 重心处的应变。

$$\beta = \frac{\text{刚传递预应力后，预应力钢丝中的应力}}{\text{预应力钢丝的极限强度}}$$

$$\Omega = \frac{\text{预应力损失}-\text{实际松弛损失}}{\text{刚传递预应力后，预应力钢丝中的应力}}$$

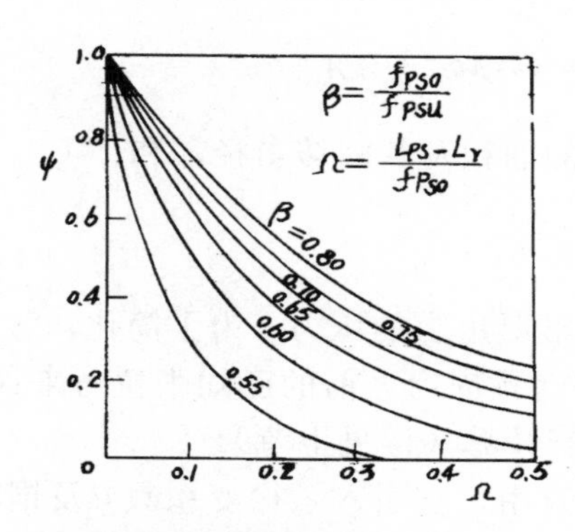

图 2　松弛损失系数 φ 对 Ω

可用图 3 查得回复变数 μ 值。在附录 B 中用美国预应力混凝土学会预应力损失委员会建议的逐步计算法推导出 μ 值来。有了图 3 可以免去冗长的附加运算。

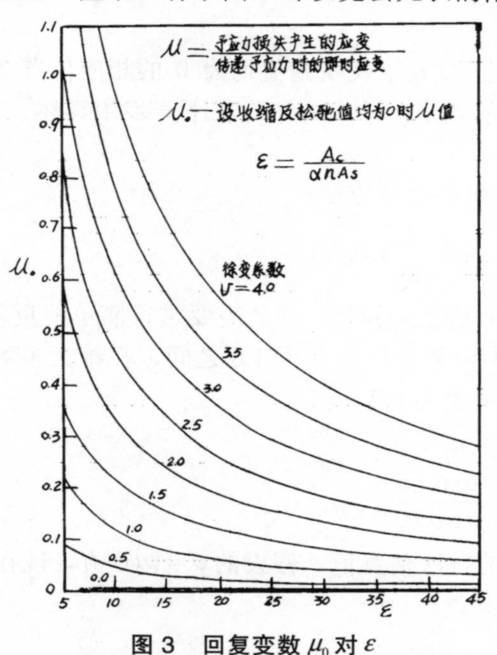

图 3　回复变数 μ_0 对 ε

以上所说的回复应变对挠度有显著的影响，而对轴向压缩则影响较小。此μ值同时可用来计算随时轴向应变ε和转角ϕ。

设计程序

由于设置了非预应力钢筋，钢丝中的预应力损失$L_{ps}A_{ps}$，其绝对值将小于混凝土中预应力的损失ΔP_c。其差额就是非预应力钢筋承受的压力。

混凝土中的有效应力是设计时的最重要数据。其值等于混凝土的初应力减去由于作用在截面偏距e处的ΔP_c所产生的混凝土应力。

用下述三个步骤计算L_{ps}、ΔP_c、轴向应变ε和转角ϕ等值：

第一步：

在刚传递预应力后，偏距e处的混凝土应力计算：

$$f_{co}=(\bar{\alpha}P_{co}+N-Me/r^2)/A_c \tag{5}$$

式中，A_c和r是混凝土截面的面积及其回转半径，和：

$$\bar{\alpha}=1+(\mathrm{ee_{ps}}/r^2) \tag{6}$$

P_{co}项为刚传递预应力后混凝土上的压力（为了简化，假设它集中作用在偏距e_{ps}处）。对先张法构件，P_{co}的值按传递预应力之前的已知张拉力来计算，而对后张法构件，则用传递预应力时的初预张拉力来计算（详见下节）。

回复变数μ_0可在图3中查用，它引入了徐变系数υ及钢料面积变数：

$$\xi=A_c/(\alpha n A_s) \tag{7}$$

式中：

$$\alpha=1+e^2/r^2 \tag{8}$$

μ_o值可在图3的曲线上按收缩及松弛值均为0的相应位置处查得。在实际情况中，回复系数μ是一个比较大的数字，计算方法将在下一步中详述。

第二步：

下面说明收缩-松弛变数的计算方法：

$$\omega=(SE_s+\psi L_r\frac{A_{ps}}{A_s})/(nf_{co}) \tag{9}$$

这里，松弛减小系数Ψ是个未知数，因此需要进行简单的反复试算。开始时，先用初次估算值Ψ(Ⅰ)代入公式中。Ψ值约在0至1.0之间，在绝大多数的实际条件中，经简单反复试算后，求得Ψ的精确值为0.7。

于是，回复变数可按下式计算：

$$\mu=\mu_o\frac{(1+0.6\upsilon)\omega}{1+0.6\upsilon+\xi} \tag{10}$$

按公式（3）计算L_{ps}的首次估算值。假设的$\psi=\psi(\mathrm{I})$值，现在可用图2来验证其精确性，这里引进了β及下列变数：

$$\Omega=(L_{ps}-L_r)/f_{pso} \tag{11}$$

如从图中查得的ψ值与假设值不同，则用$\psi=\psi$(Ⅱ)重算第二步，并从图中求得最后的数值。如需要进行这种反复运算，则在绝大多数情况下，当给出精确的回复变数ψ及预应力损失L_{ps}值后就不必再需要反复了。

在t_k时，混凝土中预压应力值的变化为：

$$\Delta P_c=-A_s\left[SE_s+\psi L_r\frac{A_{ps}}{A_s}+(\upsilon-\mu)nf_{co}\right] \tag{12}$$

括弧外面的负号表示压力的减小。

第三步：

在t_k时，轴向应变ε及转角ϕ值的计算：

$$\varepsilon=S+\frac{P_{co}+N}{A_cE_c}(1+\upsilon)-\frac{f_{co}}{\alpha E_c}\mu \tag{13}$$

$$\phi=\frac{M-P_{co}e_{ps}}{r^2A_cE_c}(1+\upsilon)+\frac{ef_{co}}{\alpha r^2E_c}\mu \tag{14}$$

先张法构件

在先张法构件中，预应力的传递使钢丝A_{ps}中的拉应力减小，而非预应力的钢筋A_{ns}中的压应力却增大。全部钢丝中拉应力的减小值可按下式计算：

$$L_{es}=nf_{ci}/\left(1+\frac{1}{\xi}\right) \tag{15}$$

式中，f_{ci}是全部钢料重心处不计即时损失时的混凝土应力。其值可按下式计算：

$$f_{ci}=(\bar{\alpha}P_{psi}+N-Me/r^2)/A_c \tag{16}$$

式中P_{psi}是在传递预应力之前，预应力钢丝中的预应力。

刚传递预应力之后，混凝土中的压力为：

$$p_{co}=P_{psi}-A_snf_{ci}/\left(1+\frac{1}{\xi}\right) \tag{17}$$

以上公式按下述条件推导于附录c中：非预应力钢筋或预应力钢丝的即时应变与钢料总面积重心处的混凝土的即时应变值相等，和在传递预应力之后，预应力钢丝中的拉力等于非预应力钢筋和混凝土的压力之和。

后张法构件

对于后张法构件，只有非预应力钢筋A_{ns}抵制混凝土的变形，这样预应力P_{pso}大于传递到混凝土上的压力，可按下式计算：

$$P_{co}=P_{pso}-A_{ns}nf_{ci}/\left[1+\left(1+\frac{e_{ns}^2}{r^2}\right)\frac{nA_{ns}}{A_c}\right] \tag{18}$$

式中，f_{ci}是不计非预应力钢筋时，在偏距e_{ns}处的混凝土应力：

$$f_{ci}=\frac{1}{A_c}\left[\left(1+\frac{e_{ns}e_{ps}}{r^2}\right)P_{pso}+N-\frac{Me_{ns}}{r^2}\right] \tag{19}$$

公式（18）中的第二项是非预应力钢筋承受的压力。公式（18）的推导见附录 C。

例 1

美国预应力混凝土设计手册[5]“10DT32”中简支双 T 型梁跨中截面的混凝土有效预应力、轴向应变及转角，原始数据如下（见图 4（a）、（b））。

$A_c = 615$平方英寸；$r = 9.85$英寸；$A_{ps} = 2.14$平方英寸；$e_{ps} = 18.48$英寸；

A_{ns}=1.22平方英寸；e_{ns}=19.48英寸；M=5 553.6英寸·千磅；P_{psi}=404千磅；

E_c=3 364千磅/平方英寸；E_s=28 000千磅/平方英寸；υ=1.88；$S = 546\times10^{-6}$；

L_r=19.1千磅/平方英寸；f_{psu}=270千磅/平方英寸。

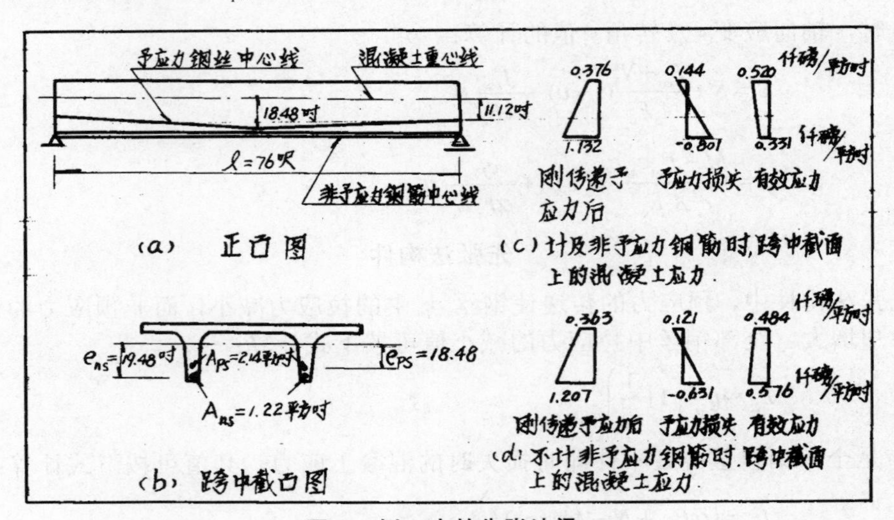

图 4　例 1 中的先张法梁

由公式（17）及（5）求得 P_{co}=376.8 千磅，f_{co}=1.05 千磅/平方英寸。钢材总面积为 3.36 平方英寸，偏距 e=18.84 英寸及 $\xi = 5.11$。以 $\xi = 5.11$ 及 $\upsilon = 1.88$ 由图 3 得 $\mu_0 = 0.555$。

为了求初值，取 $\psi = \psi(\mathrm{I}) = 0.7$ 代入公式（10），求得回复变数 $\mu(\mathrm{I}) = 1.49$。由公式（3）可求得预应力损失的初值 L_{PS}(Ⅰ)=32.4 千磅/平方英寸。按 $\beta = 0.669$ 及 $\Omega = 0.074$ 由图 2 读得改正的松弛减小系数 $\psi(\mathrm{II}) = 0.73$。

因此，得 $\mu(\mathrm{II}) = 1.43$，$L_{ps}(\mathrm{II}) = 32.7$千磅/平方英寸。以 $\mu = \mu(\mathrm{II}) = 1.43$英寸从公式（13）及（14）中求得轴向应变 ε=9.42×10^{-4}，转角 $\phi = -0.126\times10^{-5}$ $1/$英寸。

由公式（12）求得混凝土中预应力的减小值 $\Delta P_c = -93.5$ 仟磅。刚传递预应力之后和预应力损失之后混凝土中的应力分布以及其他的有效应力分布情况均示于图 4（c）中。非预应力钢筋的影响，可与 $A_{ns} = 0$ 的图 4(d)进行比较后看出来。其他数据未改变。

挠度计算

简支梁的挠度取决于沿构件长度的转角变数。用公式（14）计算的转角 ϕ 是下面各转角之和：

$$\phi_{\text{恒载}} = \frac{M}{r^2 A_c E_c}(1+\upsilon) \tag{20}$$

$$\phi_{\text{预应力}}=-\frac{P_{co}e_{ps}}{r^2A_cE_c}(1+\upsilon) \tag{21}$$

$$\phi_{\text{预应力损失}}=\frac{ef_{co}}{\alpha r^2E_c}\mu \tag{22}$$

由恒载或预应力引起的转角变化与相应的弯矩变化是一致的。

对预应力损失有理由假设是按抛物线形变化的。图 5 中的公式可用来计算按直线或抛物线形变化的跨中挠度。

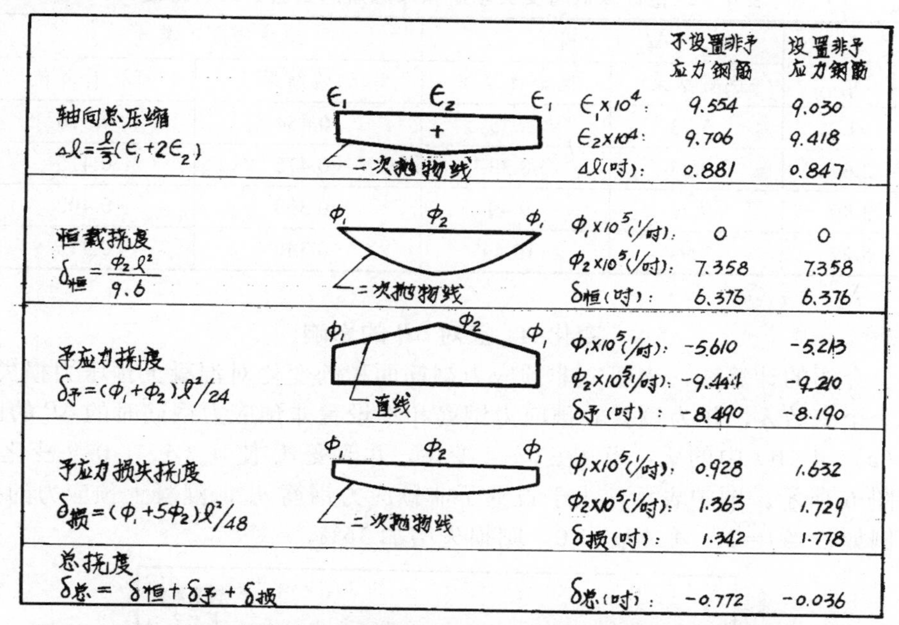

图 5　在同一梁中非预应力钢筋设置与否，对轴向压缩及跨中挠度进行比较

例 2

计算例 1 的梁的轴向压缩及跨中挠度。

刚传递预应力后，恒载弯矩将使梁端处的预应力初值略小于跨中处之值。这样，可设想实际松弛损失 L_r 比文献[6]中的值小。本例中梁支点截面处的实际松弛值可用 L_r=1.75 千磅（以马格雷等人的文献[9]资料进行计算）。

计算在 t_k 时的梁支点及跨中处的轴向应变。示于图 5 中的轴向压缩是以 ε 沿梁长按抛物线型变化的假定进行计算的。

公式（20）～（22）可以计算出由于恒载、预应力及其损失产生的支点和跨中处的转角。在图 5 中示出了转角 ϕ 的变化。以上三种因素产生的挠度和使用的计算公式也一并示于图 5 中。

对设置及未设置非预应力钢筋的相同尺寸的两根梁，进行了轴向压缩和跨中挠度的比较。设置非预应力钢筋的梁，它的轴向压缩减小了。对即时上拱度也有略为减小的效果。

然而，由预应力损失引起的向下挠度却从 1.342 大量增加至 1.778 英寸。这就显示了涉及人员可用调整 A_{ns} 及 A_{ps} 的值来控制上拱度或向下挠度。

试验结果的验证

艾贝尔斯和库恩奇[1]对一组 A_{ns}/A_{ps} 的比值自 1.00 至 5.22 间变化的简支梁进行了试验。

用测度得的非预应力钢筋及预应力钢丝的应变来推求跨中截面混凝土的预应力损失 ΔP_c。

在文献 1 中未提供徐变系数 υ 和自由收缩量 S 值，不过，利用文献 1 中记载的混凝土成分，构件尺寸及相对湿度等资料。按 CEB-FIP 委员会的建议[⑩]可以算出 υ=2.25 及 S=310×10^{-6}。

用以上介绍的计算法。对混凝土压力的减小值和跨中挠度进行了计算。在表 1 中对理论计算值和试验结果进行了比较。

表 1 理论计算值与艾贝尔斯和库恩斯的试验结果的比较

$\frac{A_{ns}}{A_{ps}}$	ΔP_c（千磅）		跨中挠度（英寸）	
	试验结果	理论计算值	试验结果	理论计算值
1	−5.73	−5.35	−0.454	−0.516
2.67	−9.23	−8.33	−0.475	−0.475
3.90	−9.21	−9.49	−0.398	−0.402
5.22	−9.94	−10.44	−0.340	−0.315

变化 A_{ns} 值对 ΔP_c 的影响

用以上介绍的计算法，来研究非预应力钢筋面积的变化对混凝土预压力损失的影响。定义一个变数 λ，作为设置非预应力钢筋和不设置非预应力钢筋时的 ΔP_c 的比值。

图 4（a）、4（b）中的梁，当 υ 在 0～4 变化，并改变 A_{ns} 使 A_{ns}/A_{ps} 在 0~2 变化，此时 λ 的变化如图 6 所示。图中表示，由于设置了非预应力钢筋 A_{ns}，混凝土预应力的损失确实增加了；例如，当 υ=2，A_{ns}/A_{ps}=1.0，则损失增加 36%。

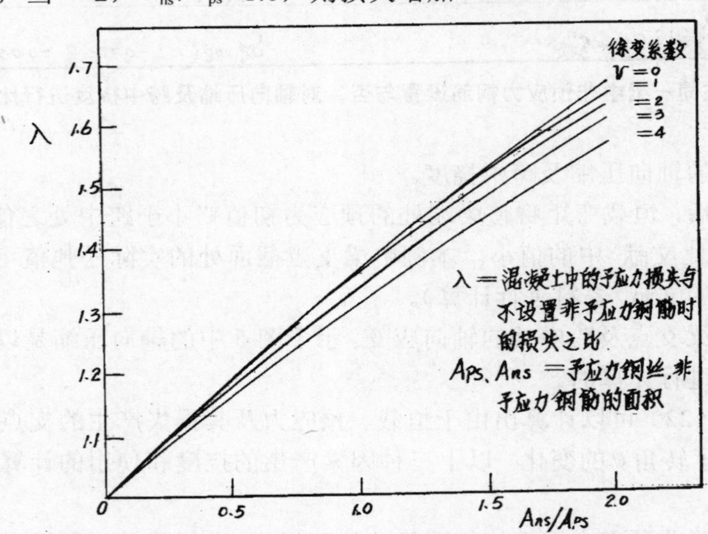

图 6 非预应力钢筋设置与否，对混凝土中预应力损失的影响

注意，利用列于表 1 中的艾贝尔斯和库恩斯奇的试验结果，计算 A_{ns}/A_{ps} 的比值与 ΔP_c 的增值间的关系也可得出同样的结论。

参考文献

[1] Aleleé P. W, Küng R, “Presress Losses Due to the Effect of shrinkage and Creep on

Nontonsioned steel” [J]. ACI Jurnal, 1973, 70(1): 19-27.

[2] AtallahR Brachet M Darpas G, Contrilution to the Estimation of Prestrese Losses and Delayed Deformations of Prestressed Concrete Structures[C]. The Seuenth International Congress of the Fédération Inlennationle de la Précontrainte, New York, May 1974.

[3] Branson D E, The “Deformation of Noncomposite and composite Prestressed Concrete Memlers” Special Pullication, SP-43,American Concrete Institute,1974. 83-127.

[4] Hutton S G, and Loov, R E. Flexural Behavior of Prestressed,Partially Prestressed, and Reinforced concrete Beam. ACI Journal, Proceedings V.63,No.12,Decemlex 1966.1401-1410.

[5] PCI Design Handlook, Prestressed Concrete Institute, Chicago, Illinois, 1972.

[6] Tadros M K Ghali， A, DilgerW.H,“Time-Dependent Prestress Loss and Deflection in P Concrete Memlers,”PCI JOURNAL,V.20,NO.3,May-June 1975.86-98.

[7] Ghali A, DemorieaxJM,“Une Methode de Calcul de perte de Précontrainte et sa Vérification Experimentale(A Method to Calculate Prestress Losses and its Experimental Verification),”Annales de Institut Tech nigue du Bâtcinent et des Traveaux Pullics,Qctoler 1971.70-84.

[8] PCI Committee on Prestress Losses,“Recommendations for Estimating prestress Losses,”PCI JOURNAL,V.20,NO.4,July-August 1975.43-75.

[9] Magura D D,Sozen M A,Siess C P, “A Study of stress Relaxation in Prestressing Reinforce ,ment,”PCI JOURNAL,V.9,NO.2,April 1964.13-26.

[10] CEB-FIP Committee,“International Recommendations for the Calculatione and Execution of Concrete Structures,”Comité Européen de Bélon-Fédeation Internationale do la Préontrainte,Prague,Czechsovakia,June1970.Pullished ly the Cement and Concrete Associatiom,London,England.

附录 A　符号*

A_c——混凝土梁的截面面积

A_{ns}——非预应力钢筋的截面面积

A_{ps}——预应力钢丝的截面面积

A_s——钢料总面积（$A_s = A_{ps} + A_{ns}$）

E_e——当 t_0 时的混凝土弹性模量

E_c——钢料的弹性模量

e——自混凝土截面重心向下量至钢料总面积重心处的偏距

e_{ns}——自混凝土截面重心向下量至非预应力钢筋重心处的偏距

e_{ps}——自混凝土截面重心向下量至预应力钢丝重心处的偏距

f_{ci}——混凝土的法向应力[公式（16）及（19）分别对应于先张法和后张法构件]

f_{co}——刚传递预应力后，偏距 e 处的混凝土压应力

f_{ps}——预应力钢丝中的张拉应力

L_{es}——在传递预应力时，钢丝束中应力的即时变化值，（对先张法构件）其值为预应

力钢丝中拉力的减少量，（对后张法构件或先张法构件）其值也等于非预应力钢筋中压力的增加值

L_{ps}——在 t_k 至 t_0 期间内，预应力钢丝的应力总损失，不包括在传递预应力时的即时损失

L_r——在两固定点之间处于张拉状态的钢丝中的应力的实际松弛损失

l——跨度长

Δl——在 t_k 时的构件的轴向压缩

M——使用荷载产生的截面弯矩，使梁底部纤维受拉的 M 为正

N——使用荷载产生的截面法向力，使截面受压的 N 为正

n——在 t_0 时，弹性模量 E_s/E_c 之比

P_o——由预应力产生的混凝土压力

P_{co}——刚传递预应力后的混凝土压力

P_{ps}——预应力钢丝中的拉力

P_{ns}——非预应力钢筋中的拉力

γ——混凝土截面的回迴转半径

S——自 t_k 至 t_o 期间内混凝土的自由收缩量

T_0——传递预应力时的混凝土龄期，天

t_k——需要计算预应力损失或移梁时的混凝土龄期，天

$\bar{\alpha}$——由公式（8）确定的无因次系数

α——由公式（6）确定的无因次系数

β——预应力钢丝的初应力与极限强度之比（$=f_{pso}/f_{psu}$）

Δ——前缀词，以示某值的增量

δ——在 t_k 时的跨中挠度

ε——在 t_k 时的轴向应变

λ——设置非预应力钢筋的混凝土中的预应力损失与未设置非预应力钢筋的混凝土中的预应力损失之比

μ——回复变数，等于即时应变加上由于预应力损失引起的徐变应变与在预应力传递时的即时应变之比，上述应变均值偏距 e 处的应变[可由公式（10）或图 3 确定之]

ξ——由公式（7）确定的钢材面积参数

υ——徐变系数，其值等于在 t_k 时的徐变与当 t_0 时均布荷载作用下的即时应变之比

Ψ——松弛折减系数（见图 2）

Ω——由公式（11）确定的无因次系数

ϕ——在 t_k 时的转角

约定：

c，s，ps，ns——表示混凝土，全部钢料，预应力钢丝，非预应力钢筋

i，o——表示预应力传递前及传递后的即时值

u——表示极限值

* 本符号表大体上采用美国预应力混凝土设计手册中的符号

附录 B　回复变数的推导

混凝土的徐变认为与应力是成比例的，叠加原理应用在应变上又认为是正确的。

把构件的整个使用期划分成 m 个时段。混凝土或钢丝在某一个中间时段内出现的力的变化 $\Delta P(i)$，假定它是在这个时段的中间时刻产生的。

在（i）时段终了时，预应力钢丝处的混凝土的应变为：

$$\varepsilon_{cp}(i+\tfrac{1}{2})=\frac{f_{cpo}}{E_c}\upsilon(i+\tfrac{1}{2},0)+\sum_{j=1}^{i}\frac{\Delta P_{ps}(j)}{E_c(j)A_c}\left(1+\frac{e_{ps}^2}{r^2}\right)[1+\upsilon(i+\tfrac{1}{2},j)]+\sum_{j=1}^{i}\frac{\Delta P_{ns}(j)}{E_c(j)A_c}\left(1+\frac{e_{ns}e_{ps}}{r^2}\right)[1+\upsilon(i+\tfrac{1}{2},j)] \tag{23}$$

式中：

f_{cpo}——由初始预应力及恒载引起的预应力钢丝处的混凝土应力；

$\upsilon(i+\frac{1}{2},j)]$——从 j 时段中间时刻至 i 时段终了期间的徐变应变与 j 时段中间时刻由于承受均匀应力而引起的即时应变的比值；

$\Delta P_{ps}(j)$——在 j 时段中预应力钢丝中出现的拉力变化（其值通常为负）；

$\Delta P_{ns}(j)$——在 j 时段中非预应力钢筋中出现的拉力变化（其值通常为负）。

钢料处的混凝土的即时应变必须等于钢料中的应变：

$$\varepsilon_{ps}(i+\tfrac{1}{2})=-\varepsilon_{cp}(i+\tfrac{1}{2}) \tag{24}$$

式中：

$$\varepsilon_{ps}(i+\tfrac{1}{2})=\frac{1}{E_sA_{ps}}[P_{ps}(i+\tfrac{1}{2})-P_{pso}+A_{ps}\overline{L}_r(i+\tfrac{1}{2})] \tag{25}$$

$\overline{L}_r(i+\frac{1}{2})$ 项为传递预应力时至 i 时段终了时产生的松弛损失。

对于非预应力钢筋及其附近处的混凝土的应变变化，也可写出类似于（23）及（25）式的公式。这四个方程式和下列平衡方程式一并求解，便可得表达式为：

$$\Delta P_{ns}(i)+\Delta P_{ps}(i)=\Delta P_c(i) \tag{26}$$

$$\frac{P_{co}-P_c(i+\frac{1}{2})}{E_sA_s}=S(i+\tfrac{1}{2})+\left(\frac{f_{cp}A_{ps}+f_{cn}A_{ns}}{A_s}\right)\times\frac{\upsilon(i+\frac{1}{2},0)}{E_c}+\mathrm{SUM}(i) \tag{27}$$

式中：

$$\mathrm{SUM}(i)=\sum_{j=1}^{i}\left\{\left[\Delta P_{ps}(j)\left\{A_{ps}\left(1+\frac{e_{ps}^2}{r^2}\right)+A_{ns}\left(1+\frac{e_{ps}e_{ns}}{r^2}\right)\right\}+\Delta P_{ns}(j)\left\{A_{ps}\left(1+\frac{e_{ps}e_{ns}}{r^2}\right)+A_{ns}(1+\frac{e_{ns}^2}{r^2})\right\}\right]\times\left(\frac{1+\upsilon(i+\frac{1}{2},j)}{E_c(j)A_cA_s}\right)\right\} \tag{28}$$

设钢丝和钢筋中的应力增值$\Delta P_{ps}(j)/A_{ps}$与$\Delta P_{ns}(j)/A_{ns}$相等，则 Sum 项便可简化为：

$$\mathrm{SUM}(i)=\sum_{j=1}^{i}\frac{\Delta P_{c}(j)\alpha}{E_{c}(j)A_{c}}[1+\upsilon(i+\frac{1}{2},j)] \tag{29}$$

当 i=1，2，…，m 时，SUM(i)的值可用逐步计算法求出，其中 m 是时段的总数。将公式（29）改写为：

$$\mathrm{SUM(i)}=-uf_{co}/E_{c} \tag{30}$$

式中，μ 为由下式确定的回复变数：

$$\mu=\frac{-E_{c}}{f_{co}}\sum_{j=1}^{m}\frac{\Delta P_{c}(j)\alpha}{E_{c}(j)A_{c}}[1+\gamma(m+\frac{1}{2},j)] \tag{31}$$

在求回复变数μ时，用了一个平均值代替预应力钢丝及非预应力钢筋中的实际的随时应了变数，这便使从公式（29）中求得的结果产生误差。但这误差可认为是不大的，特别是当e_{ns}与e_{ps}之值想接近时。

拟定的一个计算程序，用这个程序来计算就可避免上述误差。并在下述的比较中应用了这程序，用这程序对例 1 中的梁进行了分析，在这梁中，非预应力钢筋设置在两个不同的位置：

（a）非预应力钢筋的设置位置如同例 1（e_{ns}=19.48 英寸），（b）e_{ns}=5.98 英寸。后者相应于非预应力钢筋设置在混凝土截面的高度中央。

表 2 列出了用上述简化法计算所得的误差百分比。明显地，在精度上它没有产生大的误差，甚至两种设置非预应力钢筋的办法，使钢筋面积重心的偏距出入很大时也是如此（见情况 b）。

表 2　不考虑例 1 的梁内非预应力钢筋的设置位置求得的误差

随时数值		不设非预应力钢筋	非预应力钢筋设置位置					
			(a) 梁底部			(b) 混凝土截面高度中央		
			1 法*	2 法*	误差百分比	1 法*	2 法*	误差百分比
跨中截面	L_{ps}(千磅/平方英寸)	35.14	32.7	32.9	0.6	34.0	34.8	2.4
	ΔP_{c}(千磅)	−75.2	−93.0	−93.5	0.5	−98.7	−100.6	1.9
	$\varepsilon\times10^{4}$	9.70	9.39	9.41	0.2	9.37	9.36	−0.1
	$\phi\times10^{5}$(1/英寸)	−0.72	-0.13	−0.13	0	−0.56	−0.68	21.4
支点截面	L_{ps}(千磅/平方英寸)	40.6	37.6	37.6	0	39.4	38.8	−1.5
	ΔP_{c}(千磅)	−86.9	−117.4	−115.0	2.0	−114.9	−116.6	1.5
	$\varepsilon\times10^{4}$	9.54	9.04	9.03	−0.1	9.15	9.23	0.9
	$\phi\times10^{5}$(1/英寸)	−4.65	3.57	−3.58	0.3	−4.43	−4.48	1.1

注：*1 法全部以A_{ps}及A_{ns}的实际位置进行计算。2 法以本文详述的方法进行计算。

附录 C　在传递预应力时，混凝土上的预应力值

（a）先张法构件

在传递预应力之前，预应力钢丝中的力为P_{psi}。传递预应力相当于将此力作用与混凝土-钢的组合截面上。

在 A_{ps}、A_{ns} 及 A_c 三个截面中的力，分别设为 P_{pso}、P_{nso} 及 p_{co}，在刚传递预应力之后可得出：

$$P_{pso}=P_{psi}-L_{cs}A_{ps} \tag{32}$$

及

$$P_{pso}=-L_{cs}A_{ns} \tag{33}$$

在上列公式中，假设 A_{ps} 及 A_{ns} 可用位于偏距 e 处的 $A_s=A_{Ps}+A_{ns}$ 合成截面来代替。

则由力的平衡条件可得：

$$P_{co}=P_{psi}-L_{cs}(A_{ps}+A_{ns}) \tag{34}$$

或

$$P_{co}=P_{psi}-L_{cs}A_{os} \tag{35}$$

L_{cs} 的值可从混凝土的应变与偏距 e 处钢料的应变相等的条件中求得：

$$\frac{1}{A_e E_c}\left(P_{psi}\bar{\alpha}-L_{cs}A_s\alpha+N-Me/r^2\right)=\frac{L_{cs}}{E_s} \tag{36}$$

公式（36）中的前两项是由 P_{co} 产生的应变，它等于 P_{psi} 作用与 e_{ps} 处产生的应变减去 $(L_{cs}A_s)$ 作用于 e 处产生的应变。在传递预应力时，假设恒载法向力 N 及弯矩 M 均参与了作用。

（b）后张法构件

后张法构件中的预应力钢丝，在传递预应力时不与混凝土相黏结。因此，它不能抵制混凝土的变形。就是说在传递预应力时，混凝土及非预应力钢筋中的应力仅仅取决于预应力钢丝的力及其偏距，而与它的面积无关。

后张法构件可以得出下面的力方程式：

$$P_{nso}=-L_{cs}A_{ns} \tag{37}$$

$$P_{co}=P_{pso}-A_{ns}L_{cs} \tag{38}$$

由混凝土与偏距 e_{ns} 处的钢筋的应变相等的条件得：

$$\frac{1}{A_c E_c}\left[\left(1+\frac{e_{ns}e_{ps}}{r^2}\right)P_{pso}-L_{cs}A_{ns}\left(1+\frac{e_{ns}^2}{r^2}\right)+N-\frac{Me_{ns}}{r^2}\right]=\frac{L_{cs}}{E_s} \tag{39}$$

由此得：

$$L_{cs}=nf_{ci}\Bigg/\left[1+\left(1+\frac{e_{ns}^2}{r^2}\right)\frac{nA_{ns}}{A_c}\right] \tag{40}$$

式中，f_{ci} 是不计非预应力钢筋时，在偏距 e_{ns} 处产生的混凝土应力。

将公式（40）代入公式（38）中即得公式（18）。

译自 PCI JOURNAL，V.22，NO.2，March/April 1977，P.50-63.

本文首次刊登在《铁道勘测与设计》铁道部第四勘测设计院科研所　1980.4。

二、美国混凝土学会建筑法规

《美国混凝土学会建筑法规》

（ACI 31 8-77）

（1983 年 3 月 译）

第十一章　剪切和扭转　（条文）

11.0　符号概述

a——剪切跨度，为支承面至集中力作用点之间的距离。

A_c——承受剪力传递的混凝土截面面积，平方英寸。

A_g——总截面面积，平方英寸。

A_h——与弯曲受拉钢筋平行的抗剪钢筋面积，平方英寸。

A_l——抗拉的纵向钢筋总面积，平方英寸。

A_{ps}——设置在受拉区的预应力钢筋面积，平方英寸。

A_s——非预应力的受拉钢筋面积，平方英寸。

A_t——在间距 S 范围内闭合的抗扭钢筋的一个肢的面积，平方英寸。

A_v——在间距 S 范围内的抗剪钢筋面积；若为深梁，则是间距 S 范围内垂直于弯曲受拉钢筋的抗剪钢筋面积，平方英寸。

A_{vf}——摩擦抗剪钢筋面积，平方英寸。

A_{vh}——在间距 S_2 范围内的平行于弯曲受拉钢筋的抗剪钢筋面积，平方英寸。

b——构件受压面的宽度，英寸

b_o——板和底座中临界截面的周边长，英寸

b_w——腹板宽度，或圆形截面的直径，英寸

C_1——矩形的或等效矩形的柱、柱头或托座在求算弯矩的跨度方向上的尺寸，英寸

C_2——矩形的或等效矩形的柱、柱头或托座在垂直于求算弯矩的跨度方向上的尺寸，英寸

C_t——与剪应力和扭应力特性有关的系数

$$\frac{b_{wd}}{\sum X^2 y}$$

d——最外受压纤维至纵向受拉钢筋质心处的距离，但在预应力构件中，无须小于 0.80h 英寸（如为圆截面，d 无须小于从最外受压纤维至构件另一半中的受拉钢筋质心的距离）

$f'c$——混凝土的标定抗压强度，磅/平方英寸

$\sqrt{f_c'}$ ——混凝土标定抗压强度的平方根，磅/平方英寸

f_{ct}——轻混凝土的平均劈裂抗拉强度，磅/平方英寸

f_d——在外荷作用下产生拉应力的最外纤维上，由于无系数恒载（即构件自重——译注）所产生的应力，磅/平方英寸（外荷指除构件自重以外的恒载及活载——译注）

f_{pc}——在承受外荷的横截面质心处的混凝土压应力（全部预应力损失完成后），如质心位于翼缘内时，则为腹板与翼缘连接处的混凝土压应力，磅/平方英寸（在组合构件中，fpc 是组合截面质心处的合成压应力，如质心位于翼缘内时，则为复板与翼缘连接处者；上述合成压应力是由预应力和预制构件单独承载时的弯矩共同产生

f_{pe}——在外荷作用下产生拉应力的最外纤维上，仅由有效预应力（全部预应力损失完成后）产生的混凝土压应力，磅/平方英寸

f_{pu}——预应力键的标定抗拉强度，磅/平方英寸。

f_y——非预应力钢筋的标定屈服强度，磅/平方英寸

h——构件的总厚度，英寸

h_v——抗剪头横截面的总高，英寸

h_w——墙由底至顶的总高，英寸

I——承受系数外荷载时的截面惯性矩

l_n——由支承面至支撑面的净跨

l_v——从集中荷载或反力中心量至抗剪头臂端部的长度，英寸

l_w——墙的水平长度，英寸

M_{cr}——由于外荷作用而使截面产生弯曲裂缝的弯矩，见 11.42.1 节

M_m——修正弯矩

M_{max}——截面上由外荷产生的最大系数弯矩

M_p——抗剪头横截面所需要的塑性抗弯强度

M_u——截面系数弯矩

M_v——由抗剪头钢筋提供的抵抗弯矩

N_u——与 V_u 同时出现的、垂直于横截面的系数轴向荷载；压力为正，拉力为负，并包括由徐变和收缩产生的拉力影响

N_{uc}——与 V_c 同时作用于托座或牛腿上的系数拉力，拉力为正

S——在平行于纵向钢筋方向上的抗剪或抗扭钢筋的间距，英寸

S_1——墙中竖向钢筋的间距，英寸

S_2——在垂直于纵向钢筋方向上的抗剪或抗扭钢筋的间距，或为墙中水平钢筋的间距，英寸

T_c——由混凝土提供的标称抗扭强度

T_n——标称抗扭强度

T_s——由抗扭钢筋提供的标称抗扭强度。见 11.6.8.3（似应为 11.6.9 节——译注）

T_u——截面上的系数扭矩

V_c——由混凝土提供的标称抗剪强度

V_{c1}——当因剪力和弯矩共同作用而产生斜裂缝时，由混凝土提供的标称抗剪强度

V_{cw}——当腹板中因主拉应力过大而产生斜裂缝时，由混凝土提供的标称抗剪强度

V_d—— 截面上由无系数恒载产生的剪力

V_i—— 在截面上与 M_{max} 同时出现的，由外荷产生的系数剪力

V_n—— 标称抗剪强度

V_p—— 截面上有效预应力的竖向分力

V_s—— 由抗剪钢筋提供的标称抗剪强度

V_u—— 截面上的系数剪力

X—— 截面中矩形部分的短边总尺寸

Y—— 截面中矩形部分的长边总尺寸

$\sum X^2Y$—— 截面抗扭特性，见 11.6.1.1 和 11.6.1.2 节

X_1—— 闭合矩形镫筋短边的中至中的尺寸

Y_1—— 闭合矩形镫筋长边的中至中的尺寸

Y_t—— 不计钢筋的总截面中由质心轴至最外受拉纤维的距离

α—— 斜镫筋与构件纵轴线的夹角

α_t—— 系数，其本身乃 Y_1，X_1 的函数，见 11.6.10.1 节（似应为 11.6.9.1 节—— 译注）

α_v—— 下列两截面之刚度比：抗剪头臂的截面和围绕它的组合板的截面。见 11.11.4.5 节

β_c—— 集中荷载或反力作用面积中长短边尺寸之比

μ—— 摩擦系数，见 11.7.5 节

γ_f—— 在柱板连接处，由弯曲传递的不平衡力矩的分量，见 13.3.4.2 节

γ_v—— 在柱板连接处，由偏心剪力传递的不平衡力矩的分量，见 11.12.2.3 节

—— $1-\gamma_f$

ρ—— 非预应力受拉钢筋的配筋率

—— A_s/bd

ρ_h—— 水平抗剪钢筋面积与竖直截面的混凝土总面积之比

ρ_n—— 竖向抗剪钢筋面积与水平截面的混凝土总面积之比

$\rho_v=(A_s+A_h)/bd$

$\rho_w=A_s/b_{wd}$

ϕ—— 强度折减系数，见 9.3 节

11.1 抗剪强度

11.1.1 承受剪力的横断面应按下式进行设计

$$V_u \leqslant \phi V_n \tag{11-1}$$

式中，V_u 为计算截面上的系数剪力，V_n 为标称抗剪强度，按下式计算

$$V_u=V_c+V_s \tag{11-2}$$

式中，V_c 为按 11.3 或 11.4 节计算的由混凝土提供的标称抗剪强度，V_s 为按 11.5.6 节计算的由抗剪钢筋提供的抗剪强度。

11.1.2 当计算抗剪强度 V_c 时，在徐变和收缩受到约束的构件中，均应考虑由此而产生的轴向拉力之影响；在变截面构件中，则可计入斜向弯曲压力的影响。

11.1.3 在剪力作用方向上的反力，如使构件端部产生压力时，则最大的系数剪力 Vu 应按下述规定计算。

11.1.3.1 在非预应力构件中，距支承面的距离小于 d 的各截面上的剪力，可按在距离为 d 处计得 Vu 进行设计。

11.1.3.2 在预应力构件中，距支承面的距离不小于 h/2 的各截面上的剪力，可按在距离为 h/2 处计得的 Vu 进行设计。

11.1.4 对于深梁、托座、牛腿、墙、板及底座，应按 11.8 至 11.11 等节的专门条款进行设计。

11.2 轻混凝土

11.2.1 抗剪强度 V_c 和抗扭强度 T_c 的条款适用于通常的重混凝土。如选用轻混凝土，则需用下列方法之一进行修正。

11.2.1.1 当确定了 f_{ct}，且混凝土符合 4.2 节的规定，则可用 $f_{ct}/6.7$ 替换 $\sqrt{fc'}$ 对 V_c 和 T_c 值进行修正，但 $f_{ct}/6.7$ 的值不应大于 $\sqrt{fc'}$ 。

11.2.1.2 如 f_{ct} 未予确定，则所有与 V_c、T_c 及 M_{cr} 有关 $\sqrt{fc'}$ 值均应进行修正：对“全轻混凝土”乘以 0.75；对“砂质轻混凝土”乘以 0.85。当混凝土只使用部分天然砂时，则修正系数可按比例内插法求得。

11.3 非预应力构件中混凝土提供的抗剪强度

11.3.1 抗剪强度 V_c 一般用 11.3.1.1 至 11.3.1.4 节的条款进行计算，亦可按 11.3.2 节所列的更为精确的方法进行计算。

11.3.1.1 对仅承受剪力和弯矩的构件

$$V_c=2\sqrt{f_c'}b_W d \tag{11-3}$$

11.3.1.2 对受有轴向压力的构件

$$V_c=2\left(1+\frac{N_u}{2000Ag}\right)\sqrt{f_c'}b_W d \tag{11-4}$$

式中，N_u/A_g 应以磅/平方英寸计。

11.3.1.3 构件承受大的轴向拉力时，所有剪力均应由抗剪钢筋承受。

11.3.1.4 对于系数扭矩 T_u 大于 ϕ（$0.5\sqrt{f_c'}\sum X^2Y$）的截面，则应按下式计算

$$V_c=\frac{2\sqrt{f_c'}\ b_{wd}}{\sqrt{\left[1+\left(2.5C_t\frac{T_u}{V_u}\right)\right]^2}} \tag{11-5}$$

11.3.2 更为精确的抗剪强度 V_c 可按 11.3.2.1 至 11.3.2.3 节的方法进行计算。

11.3.2.1 对仅承受剪力和弯矩的构件

$$V_c=\left(1.9\sqrt{f_c'}+2\,500\rho_W\frac{V_{ud}}{M_u}\right)b_W d \tag{11-6}$$

但 V_c 不应大于 $3.5\sqrt{f_c'}b_w d$。用（11-6）式计算 V_c 时，V_{ud}/M_u 之值不应大于 1.0，M_u 是在计算截面上与 V_u 同时出现的系数弯矩。

11.3.2.2 承受轴向压力的构件，亦可用（11-6）式计算 V_c 值，但 V_ud/M_u 不再受 1.0 的限制，且 M_u 改用 M_m 代之，

$$M_m=M_u-Nu\frac{(4h-d)}{8} \tag{11-7}$$

不过，V_c 不应大于由下式计算所得之值

$$V_c=3.5\sqrt{fc'}b_W d\sqrt{1+\frac{N_u}{500A_g}} \tag{11-8}$$

式中，N_u/A_g 以磅/平方英寸计。如用（11-7）式计得的 M_m 是负值，则 V_c 应按（11-8）式计算。

11.3.2.3 构件承受大的轴向拉力时，则 V_c 按下式计算

$$V_c=2\left(1+\frac{N_u}{500A_g}\right)\sqrt{f_c'}b_W d \tag{11-9}$$

式中，N_u 拉力时用符号，Nu/Ag 以磅/平方英寸计。

11.4 预应力构件中混凝土提供的抗剪强度

11.4.1 构件中总的有效预应力不小于受挠钢筋的抗拉强度之 40%时，除了可用 11.4.2 节中更为精确的方法计算 V_c 外，一般用下式计算

$$V_c=\left(0.6\sqrt{f_c'}+700\frac{V_u d}{M_u}\right)b_W d \tag{11-10}$$

但 V_c 值不应小于 $2\sqrt{f_c'}b_W d$，亦不得大于 $5\sqrt{f_c'}b_W d$ 或由 11.4.3 节所规定之值。V_{ud}/M_u 不应大于 1.0，M_u 是在计算截面上与 V_u 同时出现的系数弯矩，用（11-10）式计算时，V_{ud}/M_u 项中的 d 是最外受压纤维至预应力钢筋质心的距离。

11.4.2 抗剪强度 V_c 可按 11.4.2.1 和 11.4.2.2 节的公式进行计算，并取 V_{ci} 或 V_{cw} 两值中之叫嚣者。

11.4.2.1 抗剪强度 V_{ci} 按下式计算

$$V_{ci}=0.6\sqrt{f_c'}b_W d+V_d+\frac{V_i M_{cr}}{M_{max}} \tag{11-11}$$

但 V_{ci} 不应小于 $1.7\sqrt{f_c'}b_W d$，式中

$$M_{cr}=(1/yt)(6\sqrt{f'c}+f_{pe}-f_d) \tag{11-12}$$

M_{max} 和 V_i 的值应按使截面上产生最大弯矩时的荷载组合进行计算。

11.4.2.2 抗剪强度 V_{cw} 可按下式计算

$$V_{cw}=(3.5\sqrt{f_c'+0.3f_{pc}})b_w d+V_p \tag{11-13}$$

V_{cw}亦可计算如下：在恒载和活载作用下，使截面质心轴上产生的主拉应力为$4\sqrt{f_c'}$时的相应剪力；或当质心轴位于翼缘内时，则应在翼缘和腹板连接处计算上述主拉应力。在组合构件中，应用承受活载的横截面进行计算主拉应力。

11.4.2.3 在（11-11）和（11-13）式中，d 应在最外受压纤维至预应力钢筋质心处的距离和 0.8h 两值之间取其大者。11.4.3 在先张法构件中，与支承面的距离为 h/2 的截面，如距构件端点的距离小于预应力腱的传递长度，则计算 Vcw 时，应考虑预应力的消减量。这样算出来的 Vcw 值，亦应取为（11-10）式的上限值。预应力的变化规律，可假设在键端点为零，而在距键端点距离等于传递长度处则有最大值，其中间系按直线规律变化。上述传递长度可假设如下：钢绞线采用 50 倍直径，单根钢丝采用 100 倍直径。

11.5 抗剪钢筋提供的抗剪强度

11.5.1 抗剪钢筋的类型

11.5.1.1 抗剪钢筋包括：

（a）垂直于构件轴线的镫筋。

（b）焊接钢丝网，其中钢丝垂直于构件轴线。

11.5.1.1 非预应力构件的抗剪钢筋还可包括：

（a）与纵向受拉钢筋成等于或大于 45°角的镫筋。

（b）弯起的纵向钢筋，其弯起部分与纵向受钢拉筋成等于或大于 30°的角。

（c）弯起的纵向钢筋和镫筋的组合。

（d）螺旋筋。

11.5.2 抗剪钢筋的设计屈服强度不应大于 60 000 磅/平方英寸。

11.5.3 镫筋和其他用作抗剪钢筋的钢丝或钢筋，应延伸到距最外受压纤维的距离为 d 之处，并应按 12.14 节的规定在两端进行锚固。俾能展现钢筋的设计屈服强度。

11.5.4 关于抗剪钢筋间距的规定

11.5.4.1 与构件轴线相垂直的抗剪钢筋之间距，在非应力构件中不应大于 d/2，在预应力构件中不应大于（3/4）h，但均不得大于 24 英寸。

11.5.4.2 斜镫筋或纵向钢筋的弯起部分，其间距应符合下述要求：从构件高度中线（d/2）上的任意一点起，向着支承反力画一 45°线，到纵向受拉钢筋为止，其间至少必须和一根抗剪钢筋相交。

11.5.4.3 当V_s超过$4\sqrt{f_c'}\,b_w d$时，则应将 11.5.4.1 和 11.5.4.2 节规定的最大间距缩小一半。

11.5.5 抗剪钢筋的最小面积

11.5.5.1 各种类型的钢筋混凝土受弯构件中（预应力的和非应力的），当系数剪力 Vu 超过由混凝土提供的抗剪强度ϕV_c的一半时，则应设置一定数量的最小面积的抗剪钢筋，但下例诸构件除外：

（a）板和底座

（b）符合 8.11 节规定的混凝土搁栅结构

（c）梁总高不大于下列三值中的最大者：10 英寸，翼缘厚度的 2.5 倍和腹板宽度的一半。

11.5.5.2 不设抗剪钢筋的构件，如经试验后证明其极限弯曲强度和极限抗剪强度均能达到设计要求，则不必按 11.5.5.1 节的规定设置最小抗剪钢筋。

11.5.5.3 如按 11.5.5.1 节或经分析须设置抗剪钢筋，且系数扭矩 T_u 不大于 ϕ（$0.5\sqrt{fc'}\sum X^2Y$）之处，则对预应力（11.5.5.4 节中所述者除外）和非预应力构件，均应按下式计算其抗剪钢筋的最小面积：

$$A_v=50\frac{b_wS}{f_y} \tag{11-14}$$

式中，b_w 和 S 以英寸计。

11.5.5.4 有效预应力不小于弯曲受拉钢筋总强度的 40%的预应力构件，其最小抗剪钢筋面积可按（11-14）或（11-15）式计算

$$A_v=\frac{A_{ps}}{80}\frac{fpu}{f_y}\frac{s}{d}\sqrt{\frac{d}{b_w}} \tag{11-15}$$

11.5.5.5 如系数扭矩 T_u 大于 ϕ（$0.5\sqrt{f_c'}\sum X^2Y$），且按 11.5.5.1 节的规定或经分析须设置腹筋处，则封闭式镫筋的最小面积应按下式计算

$$A_v+2A_t=50\frac{b_wS}{f_y} \tag{11-16}$$

11.5.6 抗剪钢筋的设计

11.5.6.1 系数剪力 Vu 超过了抗剪强度 ϕV_c 时，则应设置抗剪钢筋以满足（11-1）和（11-2）式的要求，此处抗剪强度 V_s 应按 11.5.6.2 至 11.5.6.8 节所述的规定计算。

11.5.6.2 当设置的抗剪钢筋垂直于构件轴线时，则 V_s 按下式计算

$$V_s=\frac{A_vf_yd}{S} \tag{11-17}$$

式中，A_v 是间距 S 范围内的抗剪钢筋面积。

11.5.6.3 当斜镫筋用作抗剪钢筋时，则按下式计算

$$V_s=\frac{A_v fy(\sin\alpha+\cos\alpha)d}{S} \tag{11-18}$$

11.5.6.4 当抗剪钢筋由单根弯起钢筋或由距支点同一距离处弯起的、相互平行的一组钢筋构成，则 V_s 按下式计算

$$V_s=A_vf_y\sin\alpha \tag{11-19}$$

但 V_s 不应大于 $3\sqrt{f_c'}\,b_wd$

11.5.6.5 如抗剪钢筋由一系列平行的弯起钢筋或平行的弯起钢筋组构成，而其弯起点各不相同时，则 Vs 应按（11-18）式计算。

11.5.6.6 对于弯起的纵向钢筋，只有斜筋中间的四分之三的部分才能认为是抗剪钢筋。

11.5.6.7 在构件的同一区段内，如用了不同类型的抗剪钢筋，则其抗剪强度 Vs 为各种不同类型抗剪钢筋的 Vs 值之总和。

11.5.6.8 抗剪强度 Vs 之值不得取为大于 $8\sqrt{fc'}\,b_wd$。

11.6 具有矩形或带翼缘截面的非预应力构件之抗剪和抗扭综合强度

11.6.1 系数扭矩 T_u 大于 ϕ（$0.5\sqrt{fc'}\sum x^2y$）时，扭转效应与剪力和弯矩应一起考虑，否

者可不计扭转效应。

11.6.1.1 对于截面为矩形或带翼缘的构件，总和 $\sum x^2Y$ 应就组成截面的各个矩形加以计算，但用于设计中的翼缘外伸宽度不应大于翼缘厚度的三倍。

11.6.1.2 矩形箱形截面可以当作实体矩形截面计算，但壁厚 h 至少应力 X/4。壁厚小于 X/4 但大于 X/10 的箱形截面。

也可当作一个实体截面计算，不过 $\sum x^2$ 应乘以 4h/X。当 h 小于 X/10 时，则应考虑箱壁的刚度。所有箱形截面的内角隅处均应设置梗肋。

11.6.2 如构件中的系数扭矩 Tu 要求保持平衡，则应按 11.6.4 至 11.6.10*节的规定，用该扭矩来设计构件。（*译注：11.6.10 节似应为 11.6.9 节。）

11.6.3 在静不定结构中，当扭矩能因内力重分布而减小时，最大系数扭矩 T_u 则可降至 ϕ（$4\sqrt{f_c{'}}\sum x^2Y/3$）。

11.6.3.1 此时，毗连构件亦须按相应修正的弯矩及剪力设计。

11.6.3.2 作为更精确分析的一种替代办法，由板传来的扭转荷载将看作是沿构件均匀分布的。

11.6.4 距支承面的距离小于 d 的各截面，均可用距离为 d 处的同一扭矩 T_u 进行设计。

11.6.5 抗扭强度

承受扭转的横截面设计应以下式为基础

$$T_u \leqslant \phi T_n \tag{11-20}$$

式中 Tu 是计算截面处的系数扭矩，T_n 为按下式计算的标称抗扭强度

$$T_n=T_c+T_s \tag{11-21}$$

式中，T_c 是按 11.6.6 节计算的由混凝土提供的标称抗扭强度，T_s 是按 11.6.9 节计算的由抗扭钢筋提供的标称抗扭强度。

11.6.6 混凝土提供的抗扭强度

11.6.6.1 抗扭强度 T_c 应按下式计算

$$Tc=\frac{0.8\sqrt{f_c{'}}EX^2Y}{\sqrt{1+\left(1+\dfrac{0.4\mathrm{Vu}}{Ct\mathrm{Tu}}\right)^2}} \tag{11-22}$$

11.6.6.2 构建承受大的轴向拉力时，则全部扭矩均应由抗扭钢筋承受，如果不是这样设计，则必须用更为精细的方法计算，即将按（11-22）式计算的 T_c（11-5）式计算的 V_c 均乘以（$1+N_u/500A_g$），其中 N_u 为拉力时取负号。

11.6.7 对抗扭钢筋的要求

11.6.7.1 在需要抗扭钢筋之处，应在抗剪、抗弯和抗轴向力的钢筋之外，另加设置。

11.6.7.2 所需的抗扭钢筋可与其他各种内力所需的钢筋合并在一起设置，如果其总面积等于各种不同内力要求的钢筋面积之总和，且钢筋间距和布置均能满足法规有关要求中之最严格者。

11.6.7.3 抗扭钢筋应用闭合镫筋、闭合箍筋或螺旋筋，并配以纵向钢筋共同组成之。

11.6.7.4 抗扭钢筋的设计屈服强度不应大于 60 000 磅/平方英寸。

11.6.7.5 作为抗扭钢筋的镫筋和其他形式的钢丝及钢筋，应延伸到距最外受压纤维的距离为 d 之处，并应按 12.14 节的规定其两端进行锚固，使钢筋的设计屈服强度能以展现。

11.6.7.6 至少在理论要求点之外（d+b）范围内，亦应设置抗扭钢筋。

11.6.8 抗扭钢筋的间距

11.6.8.1 闭合镫筋的间距不应大于（x_1+y_1）/4 和 12 英寸两值中的较小者。

11.6.8.2 沿闭合镫筋周边设置的纵向钢筋，其规格不应小于 $3^{\#}$钢筋，其间距不应大于 12 英寸，在闭合镫筋的每一角隅处至少应设置一根纵向钢筋。

11.6.9 抗扭钢筋的设计

11.6.9.1 在系数扭矩 T_u 超出抗扭强度 ϕT_c 之处，应设置抗扭钢筋以满足（11-20）和（11-21）式的要求。抗扭强度 T_s 按下式计算

$$T_S \frac{A_t \alpha_t X1Y_1 f_y}{S} \tag{11-23}$$

式中，A_t 是在间距 S 范围内的抗扭闭合镫筋的一个肢的面积，面 $\alpha_t=[0.66+0.33(Y_1/X_1)]$。但不应大于 1.50。沿闭合镫筋周边设置的纵向钢筋，其面积 A_l 应按 11.6.9.3 节的公式计算。

11.6.9.2 闭合镫筋的最小面积应按 11.5.5.5 节计算。

11.6.9.3 沿闭合镫筋周边设置的纵向钢筋的需要面积 A_l，应按下式计算

$$Al=2At\left(\frac{x_q+y_1}{\mathrm{s}}\right) \tag{11-24}$$

或用下式计算

$$\mathrm{A}l=\left|\frac{400xs}{fy}\left(\frac{\mathrm{Tu}}{Tu+\dfrac{Vu}{3Ct}}\right)-2\mathrm{A_t}\right|\left(\frac{x_1y_1}{S}\right) \tag{11-25}$$

然后取以上两式中的大者。由（11-25）式计算的 A_l 值不应大于用 $\frac{50b_wS}{f_y}$ 替换 $2A_t$ 后所求得的值。

11.6.9.4 抗扭强度 T_s 不应大于 $4T_c$。

11.7 抗剪摩擦

11.7.1 11.7 节的条文可用于需考虑剪力传递的平面处，诸如开裂面或潜在的开裂面、不同材料的接触面和不同时期灌筑的混凝土的接触面等。

11.7.2 假设沿受剪面产生裂缝，裂缝两侧块体的相对位移由裂缝中的摩擦力来阻止，而此摩擦力则依靠穿越裂缝的抗剪摩擦钢筋来保持。抗剪摩擦钢筋的位置，应大体上与所假设的裂缝面相垂直。

11.7.3 承受剪力传递的横截面，应以（11-1）式为基础进行设计，其中抗剪强度 V_n 按下式计算

$$V_n=A_{vf}\mu \tag{11-26}$$

式中 A_{vf} 是抗剪摩擦钢筋的面积，μ 是按 11.7.5 节选定的摩擦系数。

11.7.4 抗剪强度 V_n 不应大于 $0.2 f_c' A_c$ 或 $800A_c$，其中 Ac 是承受剪力传递的混凝土面积。$800A_c$ 则以磅计。

11.7.5 用于（11-2）式中的摩擦系数 μ 为：整体灌筑的混凝土……………………………1.4

在已硬化的混凝土上灌筑混凝土（见 11.7.9 节）……1.0

在轧制的钢材上灌筑混凝土（见 11.7.10 节）……0.7

11.7.6 抗剪摩擦钢筋的设计屈服强度不应大于 60 000 磅/平方英寸。

11.7.7 横穿假设开裂面的直接拉力应由另加的钢筋承受。

11.7.8 抗剪摩擦钢筋应沿假设的开裂面恰当地分布，并在其两端用埋置、弯钩或焊接到特别的装置上等办法妥善地进行锚固。

11.7.9 为了达到 11.7 节所述的目的，当在已硬化的混凝土上灌筑混凝土时，应将剪力传递的接触面打扫干净，使无水泥浮浆，并将整个接触面有意识地凿毛（深约 1/4 英寸）。

11.7.10 当在轧制的钢材与混凝土之间传递剪力时，应把钢材打扫干净并把油漆去掉。

11.8 对深梁的专门条款

11.8.1 11.8 节的条款适用于 ln/d 小于 5，并在顶面或受压面上加载的构件。

11.8.2 深梁的抗剪设计应以（11-1）和（11-2）式为基础，其抗剪强度 V_c 按 11.8.5 或 11.8.6 节的两公式计算，而 V_s 则按 11.8.7 节的公式计算。

1.8.3 当 l_n/d 小于 2 时，深梁的抗剪强度 V_n 不应大于 $8\sqrt{f_c'}\,b_w d$。当 l_n/d 在 2 至 5 之间时，则按下式计算

$$V_n = \frac{2}{3}\left(10+\frac{l_n}{d}\right)\sqrt{f_c'}\,b_W d \tag{11-27}$$

11.8.4 抗剪临界截面距支撑面的距离应取为：承受均布荷载的梁,0.15ln；承受集中荷载的梁，0.50a；但不应大于 d。

11.8.5 除可按 11.8.6 节中更为精确的公式计算以外，V_c 一般按下式计算：

$$V_c = 2\sqrt{f_c'}\,b_W d \tag{11-28}$$

11.8.6 抗剪强度 V_c 可用下式计算

$$Vc = \left(3.5 - 2.5\frac{M_u}{V_u d}\right)\times\left(1.9\sqrt{f_c'} + 2\,500\rho w\frac{V_u d}{M_u}\right)b_W d \tag{11-29}$$

式中，$\left(3.5\text{-}2.5\frac{M_u}{V_u d}\right)$ 项不应大于 2.5，V_c 不应大于 $6\sqrt{f_c'}\,b_w d$。M_u 是 11.8.4 节所述的临界截面上与 V_u 同时出现的系数弯矩。

11.8.7 系数剪力 V_u 超过抗剪强度 ϕV_c 处，应设置满足（11-1）和（11-2）式要求的抗剪钢筋，此处的抗剪强度 V_s 按下式计算

$$V_s = \frac{A_v}{S}\,\frac{1+\frac{l_n}{d}}{12} + \frac{A_{vh}}{S_2}\,\frac{11-\frac{l_n}{d}}{12} f_u d \tag{11-30}$$

式中，Av 是在间距 S 范围内的垂直于弯曲受拉钢筋的抗剪钢筋面积，V_{vh} 是在 S_2 范围内的平行于弯曲受拉钢筋的抗剪钢筋面积。

11.8.8 抗剪钢筋面积 A_v 不应小于 0.001 5bS_2，而 S_2 不应大于 d/5 或 18 英寸。

11.8.9 抗剪钢筋面积 A_{vh} 不应小于 0.002 5bS_2 而 S_2 不应大于 d/2 或 18 英寸。

11.8.10 在跨度全长中，抗剪钢筋均应按对 11.8.4 节规定的临界截面计算所得结果同样布置。

11.9　对托座和牛腿的专门条款

11.9.1 11.9 节的条款适用于剪切跨度与高度之比 a/d 等于或小于 1 的托座和牛腿。d 应在托座或牛腿与支承面相毗连的截面上量取，但不应大于在托座或牛腿顶面承压面积之外侧边缘处的高度的一倍。

11.9.2 当托座和牛腿的剪切跨度与高度之比等于或小于 1/2 时，则托座和牛腿可用 11.7 节的条文进行设计，但有关钢筋用量和间距的限制值仍应满足 11.9 节的规定。

11.9.3 托座和牛腿的设计应根据（11-1）式进行，其中抗剪强度 V_n 按 11.9.4 或 11.9.5 节的公式计算。

11.9.4 托座和牛腿受到由于混凝土徐变和收缩被约束而产生的拉力时。

$$V_n\left(6.5-5.1\sqrt{\frac{N_{uc}}{V_u}}\right)\left(1-0.5\frac{a}{d}\right)\times[1+(64+160]\left[1+\left(64+160\sqrt{\left(\frac{Nuc}{Vu}\right)^3}\rho\right)\right]\sqrt{f_c{}'}b_w d \qquad (11\text{-}31)$$

式中，ρ 不应大于 0.13 $f_c{}'/f_y$,N_{uc}/V_u 不应小于 0.20。拉力 N_{uc} 应看作是活载，即使是有徐变，收缩或温度变化而产生的拉力亦应如此。

11.9.5 当采取了预防措施，使得由于徐变和收缩受约束而产生的拉力可以避免，因而托座或牛腿只承受剪力和弯矩时，其 V_n 可按下式计算

$$V_n\,6.5\left(1-0.5\frac{a}{d}\right)(1+46\rho_v)\sqrt{f_c{}'}b_w d \qquad (11\text{-}32)$$

式中：$P_v=\dfrac{A_s+A_h}{bd}$

但不大于 $0.20\dfrac{f_{c'}}{f_y}$

而且 A_h 不应大于 A_s。

11.9.6 在有效高度中靠近弯曲受拉钢筋的 2/3 的范围内，应均匀分布着平行于弯曲受拉钢筋的闭合镫筋或箍筋，其总面积 A_n 不得小于 0.50A_s。

11.9.7 比值 p=As/bd 不应小于 0.04（$f_c{}'/f_y$）。

11.10　对墙的专门条款

11.10.1 对垂直于墙面的剪力设计，应按 11.11 节中的有关板的条款进行。对作用在墙平面内的水平剪力的设计，应按 11.10.2 至 11.10.8 节的条款进行。

11.10.2 在墙平面内承受剪力的水平截面的设计，应根据（11-1）和（11-2）式进行，其中抗剪强度 V_c 应按 11.10.5 或 11.10.6 节的规定办理，抗剪强度 Vs 应按 11.10.9 节的规

定办理。

11.10.3 在墙平面内承受剪力的任何水平截面上的抗剪强度 Vn，不应大于 $10\sqrt{fd'}$ hd。

11.10.4 在对墙平面内的水平剪力的设计中，d 应取为 $0.8e_w$。d 亦可选用较大值，取为从最外受压纤维至全部受拉钢筋拉力中心的距离，此值应由应变相容分析法确定之。

11.10.5 除非 11.10.6 节中更为精确的方法计算，否者，当墙承受压力 N_u 时，其抗剪强度 V_c 不应大于 $2\sqrt{f_c'}$ hd，当承受拉力 N_u 时，V_c 不应大于按 11.3.2.3 节计算所得之值。

11.10.6 抗剪强度 V_c 可用（11-33）和（11-34）式计算，并取其中之较小者。

$$V_c = 3.3\sqrt{f'c}hd + \frac{N_u d}{4l_w} \tag{11-33}$$

$$V_c = \left[0.6\sqrt{f_{c'}} + \frac{lw\left(1.25\sqrt{f_{c'}} + 0.2\dfrac{N_u}{l_{wh}}\right)}{\dfrac{M_u}{V_u} - \dfrac{l_w}{2}}\right]hd \tag{11-34}$$

式中，当 N_u 为拉力时，取负值，当（$M_u/V_u - l_w/2$）为负值时，则不应用（11-34）进行计算。

11.10.7 距墙底的距离在 $l_w/2$ 或一半墙高（取两者中的小者）范围内的各截面，均可按距离为 $l_w/2$ 或一半墙高处计得同一 V_c 值进行计算。

11.10.8 当系数剪力 V_u 小于 $\phi Vc/2$ 时，应按 11.10.9 节或十四章的要求设置钢筋。当 Vu 大于 $\phi Vc/2$ 时，墙的抗剪钢筋应按 11.10.9 节的规定设置。

11.10.9 墙中的抗剪钢筋设计。

11.10.9.1 当系数剪力 V_u 超过抗剪强度 ϕV_c 时，应设置水平抗剪钢筋以满足（11-1）和（11-2）式的要求，其中抗剪强度 V_s 按下式计算

$$V_s = \frac{A_V f_y d}{S_2} \tag{11-35}$$

式中，A_v 是间距 S_2 范围内的水平抗剪钢筋的面积，d 是 11.10.4 节中所述的距离。竖向抗剪钢筋应按 11.10.9.4 节的要求设置。

11.10.9.2 水平抗剪钢筋的面积与竖向截面的混凝土总面积之比 ρh 不应小于 0.002 5。

11.10.9.3 水平抗剪钢筋的间距 S_2 不应大于 $lw/5.3h$ 或 18 英寸。

11.10.9.4 竖向抗剪钢筋的面积与水平截面的混凝土总面积之比 ρh 不应小于

$$\rho h = 0.0025 + 0.5\left(2.5 - \frac{h_w}{l_w}\right)(\rho h - 0.0025) \tag{11-36}$$

或 0.002 5，不需大于 ρh

11.10.9.5 竖向抗剪钢筋的间距 S_1 不应大于 $lw/3.3h$ 或 18 英寸。

11.11　对板和底座的专门条款

11.11.1 板和底座在靠近集中荷载或反力处的抗剪强度，按下列两种情况中之较危险者确定。

11.1.1.1 板或底座的梁式效应。在这种情况中，临界截面横穿整个宽度，并位于距集中荷载或反力作用面积边线的距离为 d 处。此时，板或底座应按 11.1 至 11.5 节的规定进行设计。

11.11.1.2 板或底座的双向效应。在这种情况中，临界截面垂直于板平面，其位置的确定，应使得它的周长 l_0 具有最小值，但距集中荷载或反力作用面积周边的距离无须小于d/2。此时，板或底座应按 11.11.2 至 11.11.4 节的规定进行设计。

11.11.2 双向效应的板或底座应以（11-1）式为基础进行设计。如果构件未按 11.11.3 或 11.11.4 节设置抗剪钢筋，抗剪强度 V_n 不应大于由（11-37）式计得的 V_c 值，

$$V_C = \left(2+\frac{4}{\beta_C}\right)\sqrt{f_C'}\ b_0 d \tag{11-37}$$

但 V_c 值不应大于 $\sqrt{f_c'}b_0d$。式中，β_c 是集中荷载或反力作用面积的长短边之比，b_0 则是 11.11.1.2 节中规定的临界截面的周长。

11.11.3 板和底座中的抗剪钢筋可有钢丝或钢筋组成，但应符合下列条款。

11.11.3.1 抗剪强度 V_n 应按（11-2）式计算，其中抗剪强度 V_c 应按 11.11.3.4 节计算，抗剪强度 V_s 应按 11.11.3.5 节计算。

11.11.3.2 抗剪强度 Vn 不应大于 $6\sqrt{f_c'}\ b_0d$，式中，b_0 为由 11.11.3.3 节规定的临界截面的周长。

11.11.3.3 抗剪强度的校核，应在 11.11.1.2 节中规定的临界截面上以及距支点更远的截面上逐个地进行。

11.11.3.4 任一截面上的抗剪强度 V_c 不得取为大于 $2\sqrt{f_c'}\ b_0d$，其中 b_0 为由 11.11.3.3 节规定的临界截面的周长。

11.11.3.5 系数剪力 V_u 大于由 11.11.3.4 节所定的抗剪强度 ϕV_c 处，其抗剪钢筋面积 A_v 及抗剪强度 V_s 应按 11.5 节的规定计算，且应按 12.14 节的规定进行锚固。

11.11.4 在板中可用工字钢或槽钢作为抗剪钢筋（抗剪头）。在中间柱支承处传递剪力时，应按 11.11.4.1 至 11.11.4.9 节的规定设计。如在边桂或角柱支承处传递剪力时，则应进行特别设计。

11.11.4.1 每一抗剪头应由型钢通过焊接形成四个相同且互成直角的抗剪头臂构成。抗剪头臂应不中断地穿过柱截面。

11.11.4.2 抗剪头的高度不应大于型钢腹板厚的 70 倍。

11.11.4.3 每一抗剪头臂的端部可以切成与水平线不小于 30°的切角；只要切剩下来的截面强度，仍足以抵抗由该抗剪头臂分担的剪力所产生的塑性弯矩。

11.11.4.4 型钢的全部受压翼缘应置于距板的受压面为 0.3d 之范围以内。

11.11.4.5 每一个抗剪头臂的刚度与围绕宅的，宽度为（C_2+d）的组合板的开裂截面之刚度比不应小于 0.15

11.11.4.6 每一个抗剪头臂所需要的塑性抗弯强度 M_p 应按下式计算。

$$\phi M\text{p}=\frac{V_n}{8}\left(hv+\alpha v\left(lv-\frac{C_1}{2}\right)\right) \tag{11-38}$$

其中 ϕ 是抗弯强度折减系数，lv 是满足 11.11.4.7 和 11.11.4.8 节要求的每一个抗剪头臂所需要的最小长度。

11.11.4.7 板的受剪临界截面应垂直于板的平面，并应在自柱表面朝抗剪头臂端部方向量得的距离等于 $3/5\left[lv-(C_1/2)\right]$ 处通过每个抗剪头臂。确定临界截面时，应使其周长 b_0 具

有最小值，但由临界截面至柱截面周边的距离无须小于 d/2。

11.11.4.8 在 11.11.4.7 节所确定的临界截面上，其抗剪强度的取值不应大于 $\phi\sqrt{f_c'}\ b_0d$。当设置了抗剪头钢筋后，在 11.11.1.2 节所确定的临界截面上，其抗剪强度 Vn 的取值不应大于 $7\sqrt{f_c'}\ b_0d$。

11.11.4.9 抗剪头对板中每一柱列带提供的抵抗弯矩 M_v 可按 下式计算

$$M_v=\frac{\phi\alpha_v Vu}{8}\left(L_v-\frac{C_1}{2}\right) \qquad (11\text{-}39)$$

式中，ϕ 是抗弯强度折减系数，l_v 是每一抗剪头臂的实际长度。但 M_v 不应大于下列诸值中的最小者：

（a）每一柱列带要求的系数总弯矩 30%。

（b）在 l_v 长度范围内柱列带中弯矩的变量。

（c）由（11-38）式算出的 M_p 值。

11.11.5 设置空洞的板

当板中孔洞的位置与集中力或反力作用面积的距离小于板厚的 10 倍，或平板中的孔洞位于如十三章所述的柱列带以内时，则 11.11.1.2 和 11.11.4.7 节所规定的板的受剪临界截面应按下列条款修正：

（a）对不设抗剪头的板，通过荷载或反力作用面积的中心点，做切线与孔洞的外廓线相切，则原临界截面中位于两切线间的周边应认为是无效的。

（b）对设置抗剪头的板，其无效的周边应是（a）中所述的一半。

11.12 向柱传递弯矩

11.12.1 总则

11.12.1.1 当重力荷载、风载、地震荷载或其他横向荷载在结构元件与柱连接处引起弯矩传递时，则在设计柱的横向钢筋时应考虑由于传递弯矩而产生的剪力。

11.12.1.2 在结构元件与柱连接的范围之内，应设置不少于（11.14）式所要求的横向钢筋；但如连接不是抗地震基本体系的一部分，且在四侧都受到高度大体相等的梁或板的约束，则可除外。

11.12.2 对板的专门条款

11.12.2.1 当重力荷载、风载、地震荷载或其他横向力使板和柱之间产生弯矩传递时，不平衡弯矩的一部分，应按 11.12.2.3 及 11.12.2.4 节的规定，由偏心剪力来传递。

11.12.2.2 不平衡弯矩中不由偏心剪力来传递的部分，应按 13.3.4 节的规定，由弯曲来传递。

11.12.2.3 不平衡弯矩中由于剪力对临界截面中心的偏心而传递的部分，由下式给出：

$$Tv=1-\frac{1}{1+\frac{2}{3}\sqrt{\frac{C_1+d}{C2+d}}} \qquad (11\text{-}40)$$

上述临界截面与板的平面相垂直，其位置的确定应使其周长为最小，但与柱周边的距离无需小于 d/2。

11.12.2.4 由偏心剪力传递弯矩而产生的剪应力，应假定对临界截面中心是按直线规律变化，该临界截面则按 11.12.2.3 节确定之。由系数剪力和弯矩产生的最大剪应力，不应大于 $\phi(2+4/\beta_c)\sqrt{f_c'}$ 或 $\phi\sqrt{f_c'}$

第十一章　剪切和扭转（说明）

本章的剪切条文适用于非应力和预应力混凝土两种构件。而扭转条文只适用于非预应力混凝土构件。抗剪摩擦的概念（11.7 节）特别适用于装配式混凝土结构的钢筋细节设计。本章中对深梁（11.8 节）、托座和牛腿（11.9 节）、抗剪墙（11.10 节）等构件均有专门的条款。板和底座（11.11 节）的剪切条文中，包括有在柱支承处设置抗剪头的设计方法（11.11.4 节）。

11.1　抗剪强度

11.11.1 节在 1977 年法规中，有关剪切设计的基本公式，被改写为以剪力表述，而不是像 1971 年版那样用剪应力表述。在用强度设计法设计时，特别是在抗剪钢筋设计中，设计人员已显示出倾向于采用剪力表述的方式。在改写中，对各种抗剪强度限值或其他有关抗剪设计的要求，均与 1971 年法规相同，并无变动。另外，现在的设计公式明确反映了要求剪力或系数剪力 V_u 与设计抗剪强度 ϕV_n 之间的区别。要求的强度与设计强度之间的这种区分，能使人弄清楚有关抗剪强度折减系数 ϕ 的运用。强度设计中有关概念和术语的详细讨论可参考第九章的说明。

像《1971 年法规》一样，抗剪强度是以整个有效横截面 b_wd 上的平均剪应力为基础。但由于预应力键质心位置的变化，故规定预应力混凝土构件中的 d 值无须小于 0.8h。

有关的试验已指出 [11.1]，整个有效截面上的平均剪力对圆形截面亦可应用。d 被定义为（11.0 节）从最外受压纤维至对面一半中纵向钢筋质心的距离，其意图就在于把仅受横向荷载的圆形截面构件的情况包括在内。

在未设抗剪钢筋的构件中，假设剪力由混凝土腹板承受。在设置抗剪钢筋的构件中，假设剪力由混凝土的受压区和抗剪钢筋承受。

在以上两种情况中，由混凝土提供的抗剪强度假设相等，并取其值为产生显著斜裂缝时的剪力。有关这一假设的讨论可见美国土木工程师协会美国混凝土学会（ACI—ASCE）426 委员会的报告 [11.1.11.2] 和文献 11.3 及 11.4。

在混凝土梁中产生的斜裂缝可分为两种形式：腹板裂缝和弯曲裂缝。这两种形式的斜裂缝示于 11-1 中。

当构件中的内部一点上的主拉应力超过混凝土的抗拉强度时，便形成腹板剪裂。弯曲剪裂首先由弯曲裂缝开始。当构件中产生弯曲裂缝后，在裂缝以上的混凝土中剪应力便增加。当剪应力和拉应力综合应力增长到超过混凝土的抗拉强度时便形成弯曲剪缝。

在非预应力混凝土构件中产生的斜裂缝，通常是弯曲剪裂型的。腹板剪裂一般在靠近薄腹板深梁的支座处产生，或在连续梁中靠近反弯点处或钢筋切断点外，特别是在承受轴向拉力的梁中。

在预应力混凝土梁中，当作用荷载大于最大使用荷载时，两种形式的斜裂缝均可出现。在预应力构件中弯曲剪裂较为常见，特别是在均布荷载作用时。在薄腹板的、预应力大的梁中，亦会出现腹板剪裂，特别是梁在端支承附近承受巨大集中力时。

由于非预应力混凝土和预应力混凝土构件具有不同的特性，且研究斜裂缝问题时采用了不同的途径，因此，在计算抗剪强度 V_c 时有必要加以区分：对非预应力构件按 11.3 节的规定计算，对预应力构件则按 11.4 节的规定计算。

11.1.2 在变截面构件中，任一截面上的斜向弯曲应力的竖向分力会使剪内力有所增加或减小。其计算方法在各种教科书中和联合委员会 1940 年的报告中 [11.5] 均有介绍。

11.1.3 在靠近集中力或反力处，如在构件中能引起压力，则其抗剪强度将会提高。因此，在计算最大系数剪力 V_n 时，《法规》容许对非应力构件取距支点 d 处、对预应力构件取距支点 h/2 处的截面进行计算。

可以按距支点为 d 的截面计算系数剪力 V_u 的典型支承条件包括：①构件由位于其底面的支座所支承，如图 11—2（a）所示，②构件与其他构件整体连接，如图 11—2（b）所示。

本段条文不能用于下述支承条件：①构件刚结于受拉的支承构件上，如图 11—2（c）所示。此时临界受剪面应取在支承面处。但连接处内部的剪力亦应研究，并设置特别的角隅钢筋。②构件受载情况使得在支承面与距离 d 处之间的截面上的剪力，与距离为 d 者迥异。这种现象通常发生在托座中和在支承附近受有集中荷载的梁中，见图 11—2（d）。此时应取用支承面处剪力进行设计。

11.2 轻混凝土

当选用轻骨料混凝土时，提出了两种修改有关剪切条文的方法。修改内容仅涉及第十一章公式中包含 $\sqrt{f_c'}$ 的那些项。

11.2.1.1 第一个方法是对所用的轻混凝土进行试验，以确定其劈裂抗拉强度 fct 与抗压强度 $\sqrt{f_c'}$ 之间的关系。通常重混凝土的劈裂抗拉强度 fct 约等于 $6.7\sqrt{f_c'}$。因此，当特定的轻集料混凝土的 fct 确定后（见 4.1.5 节），就可用 fct/6.7 的值替代第十一章中所有与 V_c、T_c 及 M_{cr} 有关的 $\sqrt{f_c'}$ 之值。经试验 [11.6.11.7] 后表明，这样做是恰当的。

不过，轻混凝土的计算抗剪强度不应比通常重混凝土的计算抗剪强度大；因此，在计算中 fct/6.7 之值不应取为大于 $\sqrt{f_c'}$。

11.2.1.2 作为一种简化，另一个修改方法是以下述假设为基础提出来的；对于给定的混凝土抗压强度而言，轻混凝土的抗拉强度（砂更换与否均可）与通常重混凝土的抗拉强度之比值为一定值 11.8。如全部选用轻骨料，则其抗剪强度为通常重混凝土抗剪强度的 0.75 倍。如果天然砂与轻质粗骨料一起使用（所有细骨料均用砂），则修正系数可用 0.85。如果细骨料中只用了部分天然砂，则允许用线性内插法确定修正系数。对“全轻混凝土”采用 0.75 的修正系数和对“砂质轻混凝土”采用 0.85 的修正系数，意味着对应的 fc t$\sqrt{f_c'}$ 之比分别为 5 和 5.7。这些数值是对多种轻骨料混凝土进行试验后得出来的 [11.2.11.9]。

11.3 非预应力构件中混凝土提供的抗剪强度

11.3.1.1 和 11.3.2.1 对不设抗剪钢筋的构件，其抗剪强度的基本表达式为（11-6）式。这是经美国土木工程师协会美国混凝土学会（ACI—ASCE）326 委员会（现改为 426 委员会）同意后首次在 1963 年版的美国混凝土建筑法规中采用的。

此式是假定在构件中出现第一条斜裂缝时，混凝土中可用的抗剪强度即已耗尽。

设计者应认识到（11-6）式中的$\sqrt{f_c'}$（用来表示混凝土的抗拉强度）、ρ_w和V_{ud}/M_u是影响抗剪强度的三个变元，虽然某些研究报告指出[11.10.11.11]，（11-6）式对J_c'的影响估算偏高，而对于ρw和V_{ud}/M的影响估算偏低。最近的研究资料[11.12、11.13]还指出，当构件总高增大时，其抗剪强度则降低。

在（11-6）式中，规定M_u的最小值应等于V_{ud}，这是为了限制反弯点附近的V_c值。

在大多数设计中，可假设（11-6）式中的第二项等于$0.1\sqrt{f_c'}$；这样就可如11.3.1.1节中规定的，令V_c值等于$2\sqrt{f_c'}bwd$。

11.3.1.2.、11.3.2.2和11.3.1.3、11.3.2.3承受轴向压力、剪力和弯矩的构件，其所用的（11-7）式和（11-8）式取自美国土木工程师协会美国混凝土学会（ACI—ASCE）426委员会的报告11.2按（11-6）式和（11-7）式算出的Vc值将会超出由（11-8）式所决定的上限值。而且，当M_m为负值时，由（11-6）式求得的V_c值没有物理意义。此时，应以（11-8）式或（11-4）式计算V_c。对同时承受拉力、剪力和弯矩的构件，则用（11-9）式计算V_c值。

对于承受剪力和轴向荷载的构件，用各种公式计算的V_c值示于图11-3中。有关公式的讨论、比较及其试验资料均见文献11.4。

鉴于（11-6）式和（11-7）式的复杂性，故允许改用（11-4）式计算。对于承受轴向压力的构件，设计人员可以忽略轴向压力N_u对V_c产生的增量，而选用V_c等于$2\sqrt{f_c'}b_{wd}$。

11.3.1.4见11.6.1节的说明讨论。

11.4 预应力构件中混凝土提供的抗剪强度

11.4.1预应力混凝土梁中，当总的有效预应力不小于受挠钢筋的抗拉强度之40%时，（11-10）式提供了一种计算V_c的简化方法。这样对于同时设置了预应力键和非预应力螺纹钢筋的构件。亦可用（11-10）式计算其V_c值。该公式的详细讨论见文献11.4。它最适用于承受均布荷载的构件。如用在桥梁用的承受集中荷载的组合工字型梁上，其结果则偏于保守。

（11-10）式用在承受均布荷载的简支梁上时，其V_{ud}/M_u项是d/l的简单函数,这里l是跨度。如设x为计算截面支点的距离，则

$$\frac{V_{ud}}{M_{\mathrm{u}}}=\frac{d}{x}\frac{(l-2x)}{(l-x)}$$

这样，当混凝土的抗压强度为5 000磅/平方英寸时，由（11-10）式算出的V_c值可用图11-4来表示。对其他混凝土的抗压强度的构件亦可绘制相似的曲线。不过，（11-10）式对混凝土的强度十分不敏感，混凝土强度在4 000~6 000磅/平方英寸的构件，亦可以应用图11-4求V_c值，其误差小于10%。

11.4.2 和 11.4.3 这些条文是确定预应力混凝土构件 V_c值的基本设计条文。除了对（11-11）式作了一点次要的变动和采用平均抗剪强度的形式外，其余均保留了1963年版美国混凝土建筑建筑法规的原样。公式（11-11）和（11-13）分别预测产生斜向弯曲剪裂和腹板剪裂和腹板剪裂时的混凝土抗剪强度。由混凝土提供的抗剪强度假定等于 V_{ci}和V_{cu}两值中的较小者。计算V_i和M_{ma}x时用的系数外荷包括后加的恒载（指构件自重以为

的恒载—— 译注），土压力和活载等。

（11-11）式用相应于下述荷载的剪力来预测弯曲剪裂：恒载及使计算截面产生弯曲开裂的活载，加上将弯曲裂缝转变为斜向裂缝所需的荷载。

计算用于（11-11）式中的 M_{cr} 时，I 和 y_t 是构件承受外荷时的截面特征。对于组合构件（其中部分恒载系由非组合截面承受），计算 f_d 时应采用恰当的截面特征。V_d 则是作用在非组合构件上的无系数恒载所产生的剪力与作用在组合构件上的后加的无系数恒载所产生的剪力之和。

对承受均布荷载的非组合梁，（11-11）式可简化为：

$$V_{ci}=0.6\sqrt{f_c'}b_w d+\frac{V_u M_{cr}}{M_u}$$

式中：$M_{cr}=(I/y_t)(6\sqrt{f_c'}+f_{pe})$

Mu 为计算截面上的系数弯矩，Vu 是与 Mu 同时出现的系数剪力。由于恒载和活载应力都采用相同的截面特征计算（此句似宜改为：由于恒载和活载都是均布的—— 译注）。所以不必再分别计算恒载应力和剪力。而开裂弯矩反映了从有效预应力到 $6\sqrt{f'c}$ 的拉应力这一总的应力转变，在此，法规假定 $6\sqrt{f'c}$ 的拉应力将导致弯曲开裂。

用（11-13）式来预测由剪力使截面质心轴上产生约为 $4\sqrt{f'c}$ 的主拉应力时的腹板剪裂。

在计算截面上使用（11-11）式和（11-13）式时。V_d 和 f_d 项是指仅由构件自重产生的无系数恒载所引起的剪力和最外纤维上的弯曲应力。V_i 和 Mmax 项可取为：

$$V_i=V_u-V_d$$

$$M_{max}=M_u-M_d$$

式中 V_u 和 M_u 是由全部系数荷载产生的系数剪力和弯矩，M_d 是由无系数恒载产生的弯矩（亦即相应于 f_d 的弯矩）。Vp 是根据无荷载系数的有效预应力来计算。

11.5 抗剪钢筋提供的抗剪强度

11.5.2 限制抗剪钢筋的设计屈服强度为 60 000 磅/平方英寸是为了控制斜裂缝的宽度。强度更高的钢筋，在急弯附近还可能脆裂。

11.5.3 为了使抗剪（及抗扭）钢筋在任何可能出现的斜向裂缝两侧都能充分发挥作用，在其两端进行适当的锚固是必不可少的。其锚固要求一般要按 12.14 节的规定在钢筋两端设置弯钩或弯头。

不过。要注意（11-15）式只能用于有效预应力不小于弯曲受拉钢筋总强度的 40%的预应力构件中。

11.5.5 抗剪钢筋的最小面积

抗剪钢筋可以限制斜裂缝的生长，因此提高了构件的延性，且能在构件破坏之前给人以预兆。反之，如在腹板中不设抗剪钢筋，则斜裂缝的突然形成，可能会无预兆地而直接导致破坏。如构件承受意外的拉力或破坏性荷载时，则此类钢筋更属重要。因此，如总的系数剪力 V_u 大于由混凝土提供的抗剪强度 ϕV_c 的 1/2 时，则应设置抗剪钢筋，其面积不小于按（11-14）式或（11-15）式所计得者。但下面 3 种构件可不受上述最小抗剪钢筋要求的限制：板和底座、搁栅楼板和宽而矮的梁。把板、底座和搁栅除外，是因为在这些构件本身强弱部分之间能自行调整其分担荷载的分量。

按照 11.5.5.2 节的规定，对于其他形式的构件，如经适当的试验后表明，当不设抗剪钢筋时，亦能达到其所需的强度，则可不设最小抗剪钢筋。

当受弯构件上会出现重复荷载时，则在设计中应该考虑到，由重复荷载产生斜拉裂缝的应力，可能比静止荷载者要小得多。对于这种情况，即使在静荷载作用下，经试验或计算已表明不需设置抗剪钢筋，仍应谨慎地设置面积不小于按（11-14）式或（11-15）式计得的最小抗剪钢筋。

（11-14）式亦可用于预应力混凝土构件，但对于典型的建筑构件来说，用它计算出来的最小抗剪钢筋面积要比用（11-15）式计得者为大。不过（11-15）式只能用于最小预应力满足 11.5.5.4 节规定的预应力构件中。

11.5.5.5 如果非预应力构件承受的系数扭矩 T_u 大于 ϕ（$0.5\sqrt{f_c{}'}\sum x^2 y$），那末，为了抗剪和抗扭而设置的横向腹筋，其最小面积应为 $50b_wS/f_y$。这里应特别注意的是用于 11.6 节的 A_t 与 A_v 两符号在定义上的区别：A_v 是闭合镫筋的双肢截面面积，而 A_t 是同样的闭合镫筋的单肢截面面积。

11.5.6 抗剪钢筋的设计

抗剪钢筋的设计是以桁架比拟法的一种修正了的方式为基础桁架比拟法原本假定全部剪力均由抗剪钢筋承受。然而，对预应力和非预应力构件的很多研究表明，抗剪钢筋只需设计为承受全部剪力的一部分，即超出导致产生斜裂缝的部分。

为了能直接应用（11-1）式和（11-2）式，故将（11-17）～（11-19）式均用由抗剪钢筋提供的抗剪强度 V_s 来表述。当使用垂直于构件轴线的抗剪钢筋时，所需的抗剪钢筋面积 A_v 可按下述计算，

$$V_u \leqslant \phi V_n$$

$$\leqslant \phi(V_c + V_s)$$

$$V_u = \phi V_c + \frac{\phi A_v f_y d}{S}$$

解之得 A_v

$$Av = \frac{(V_u \leqslant \phi Vc)S}{\phi f_y d}$$

当斜镫筋用作抗剪钢筋时，类似地，

$$A_v = \frac{(V_u - \phi Vc)S}{\phi f_y(\sin\alpha + \cos\alpha)d}$$

当用单根钢筋或由平行钢筋构成的单一钢筋组作为抗剪钢筋时，而且组中诸钢筋均在距支点相同的距离处弯起，则

$$A_v = \frac{(V_u - \phi v_c)}{\phi f_y \sin\alpha}$$

式中，$V_u - \phi V_c$ 不能大于 $\phi 3\sqrt{f_c{}'} b_w d$。

11.6 具有矩形或带翼缘截面的非预应力构件之抗剪和抗扭综合强度

扭转设计的准则是以美国混凝土学会 438 委员会的报告 11.14 为基础拟定的，文献

11.5、11.16 和 11.17 对这些准则进行了讨论，并列举了若干例题。这里未包括预应力构件的抗剪和抗扭综合强度的计算问题。20 世纪六十年代以来，在这方面虽已进行了广泛研究，但尚不足以制定出完备的设计准则。

11.6.1 本节规定，如系数扭矩小于 $\phi(0.5\sqrt{f_{c'}}\sum x^2Y)$ 时，则在设计中可不计扭矩。把扭矩限制在这个限度内，是以其产生的最大扭应力为 $1.5\sqrt{f_{c'}}$ 作为依据的。这一应力相应于不设抗扭钢筋的构件的纯扭强度之 25%。美国混凝土学会 438 委员会 11.14 指出，这样的简化是可以的。因为这样的扭转，对抗剪强度或抗弯强度不会产生明显的折减。

在制定本扭转设计准则时，未考虑约束翘曲的影响。而在设计薄壁开口截面时，则可能要考虑由约束翘曲引起的扭转作用。

11.6.1.1 计算带翼缘的截面之 $\sum X^2Y$ 值时，与所选用的矩形组合有关。所有的矩形均不应搭叠。一般的情况，闭合镫筋是设在梗内，如图 11-5（b）所示，则 $\sum X^2Y$ 应取为：腹板延伸至截面高后的 X^2Y 值，加上两侧悬出翼缘的 X^2Y 值。不过如图 11-5（c）所示的特殊横截面。闭合镫筋置于顶部宽度较大的矩形内则较有利。此时 $\sum X^2Y$ 应取为：顶部宽矩形的 x^2y 值，加上伸出梗狭窄矩形的 x^2Y 值。在无腹筋的构件中，只要划分的矩形不重叠，就可选用产生最大 $\sum X^2Y$ 值得任一矩形组合。

11.6.1.2　11.6 节的设计准则可用于壁厚等于或大于 X/4 的空心箱形截面。当壁厚 h 小于 X/4，空心箱形截面的抗扭强度将小于同等尺寸的实体梁，其强度折减系数可用 4h/X。此系数与试验结果相比偏于保守。但这样的保守还是必须的，因为薄壁空心梁在承受扭转时会毁于脆断，而实体梁却属于延性破坏。而且，开裂扭矩与极限扭矩之比似应为：极限扭矩与开裂扭矩之比—— 译注），亦随壁厚减小而减小。

最小壁厚限制为 X/10，这是为了防止出现过大的柔度和可能的纵向曲面。当 h 小于 X/10 时，则在横截面设计中应考虑壁板的稳定性。

在箱形截面中，当沿截面周边分布的纵向抗扭钢筋少于 8 根时，则应在每一内角隅处设置梗肋，其侧边长度不得小于 X/6。当沿截面周边分布的纵向抗扭钢筋等于或多于 8 根时，则角隅处梗肋的最小侧边长度应为 X/12，但不必大于 4 英寸。

11.6.2 节和 11.6.3 在钢筋混凝土结构的扭转设计中，可以区分为两种情况：[11.18 11.19]。

（a）扭矩不能借内力分布而折减（11.6.2 节）。这种情况称为“平衡扭转”，因为其中扭矩是结构平衡所必需。

（b）截面开裂后，扭矩随内力重分布而减小（11.6.3 节）。

例如在墙托梁中 [11.20]，为了保持变形的相容性，梁扭转而产生的扭矩即属此类。这种类型的扭转称为“相容性扭转”。

以上两种设计情况的应用例示于图 11-6 中。

对于情况（a），应按 11.6.4 节至 11.6.10 节设置抗扭钢筋，用以承受全部设计扭矩。

对情况（b），可用平衡条件和变形相容条件进行结构分析。在截面开裂以前，变形相容方程中所需的扭转刚度可按 St.Venant 理论以未开裂的截面进行计算。然而，当扭转开裂时，作用扭矩无需什么变化，即可产生大的扭转变形，从而在结构中导致大量的内力重分布。[11.18、11.19] 在构件中增加抗扭钢筋可提高其极限扭矩，但这并不一定是符合希望的，因为没有更大的扭转变形就不可能有更高的极限扭矩。[11.21] 开裂扭矩的大小对抗扭钢筋的数量很不敏感，在此处所考虑的荷载组合情况中，开裂扭矩大体上相应于扭应力为 $4\sqrt{f'c}$ 者。因此，当扭矩大于开裂扭矩时，就可按下述简化法进行结构分析[11.19]：即假设临界截面上的最大系数扭矩等于

$$\phi(4\sqrt{f_c'}\sum X^2Y/3)$$

为了确保构件有充分的延性并能控制裂缝宽度，应设置一定的抗扭钢筋，其数量按极限扭矩等于开裂扭矩进行计算。这样，沿梁长分布的系数扭矩可用静力法计得，不必再用相容方程计算。

在截面开裂以前，用弹性分析法计得的系数扭矩在 $\phi(0.5\sqrt{f_c'}\sum X^2Y$ 与 $\phi(4\sqrt{f_c'}\sum X^2Y/3$ 之间，则抗扭钢筋可按实际的计算扭矩进行设计。

下面是一个扭矩可予重行分布的典型例子——一根边梁只在其一侧与楼板梁或楼板刚性连接，见图 11-6（b）。如果力矩是由承受均布荷载的板（或间隔很密的梁）传至这样的受扭构件时，则跨中扭矩为零。因此，抗扭钢筋便可向着跨中方向减小，此时，扭矩可按直线变化的规律减少，但最小的钢筋数量不得小于如 11.5.5.5 节所规定者。

11.6.3 节提到的是一般匀称的钢结条件。当构件在有限长度内实质上受到一个很大的扭转，例如一个强扭矩荷载的作用点临近一刚性柱，或该柱由于其他荷载的作用而反向转动时，则宜用更精确的分析方法进行设计。

11.6.4 本节与 11.1.3 节的情况相似

11.6.5 抗扭强度

本节与 11.1.1 节的抗剪强度相似。参阅对 11.1 节说明的讨论。

矩形截面素混凝土构件的抗扭强度可用下式表示：

$$T = \alpha X^2 Yft$$

式中，α 是与比值 Y/X 有关的一个系数，X 和 Y 是矩形截面的短边和长边尺寸，f_t 是混凝土抗拉强度。系数 α 的变化范围是，在弹性理论计算中为 0.208 至 1/3，而在塑性理论计算中为 1/3 至 1/2。然而，按照以弯曲机理来解释扭转破坏的理论[11.13]，α 可取为 1/3。这个常数与弹性理论中的最大值和塑性理论中的最小值相同。为了简化，美国混凝土学会 438 委员会[11.14]建议 α 值采用 1/3。

对于带翼缘的构件，假设其抗扭强度为腹梗和翼缘各自的抗扭强度之和。如翼缘的悬出长度不大于翼缘厚度的三倍，则对独立构件进行的试验表明，这种假设是保守的。美国混凝土学会 438 委员会建议这些设计规定也适用于如图 11-5（a）所示的，与板连成整体的梁。由于扭转产生的剪应力是计量斜拉应力的尺度，所以上式中的 f_t 可用扭转剪应力 V_t 代替。经重新整这里后得：

$$V_t = \frac{3T}{\sum X^2 Y}$$

式中，$\frac{3T}{\sum X^2Y}$ 是抗扭截面中各矩形部分的总和。这个扭应力表达式是 1971 年美国混凝土学会建筑法规提出的设计扭应力公式的基础。在 1977 年版的法规中，有关扭转的条文是

以扭矩的形式，而不是以扭应力的形式表达，故导出抗扭强度的公式如下：

$$T = V_t \frac{\frac{3T}{\sum X^2 Y}}{3}$$

例如，在 1971 年美国混凝土学会建筑法则中，当系数扭应力不大于 $\phi 1.5\sqrt{f_c'}$ 时，则可忽略扭转的影响。而在 1977 年版的法规中，限制应力的条件改用限制扭矩的形式来表示，有如 11.6.1 节中的：

$$T_u = \phi\left(1.5\sqrt{f_{c'}}\frac{\sum X^2 Y}{3}\right) = \phi\left(0.5\sqrt{f_{c'}}\frac{3T}{\sum X^2 Y}\right)$$

其余扭矩也以类似方法导得。

11.6.6 混凝土提供的抗扭强度

11.6.6.1（11-22）式是在限制扭转剪应力为 $2.4\sqrt{f_c'}$ 的基础上提出的。当纯扭转时，对于设有腹筋的梁，在极限抗扭强度时由混凝土提供的扭转剪应力系假设为 $2.4\sqrt{f_c'}$ 。对于无腹筋梁，则与此应力相当的扭矩，约为其开裂扭矩之 40%。因此，对于无腹筋梁而言，用（11-22）式预测其扭转开裂及破坏，是保守的。然而，有两个理由可以说明这种保守是合宜的。第一，当弯矩和扭矩同时作用于无腹筋梁，其抗扭强度可降低一半。因此，通过规定扭转剪应力的限值相当于开裂扭矩之 40%者，弯矩对无腹筋梁的抗扭强度的影响就可略而不计。第二，构件承受大扭矩时，设计中理应设置抗扭钢筋。

在扭矩、剪力和弯矩共同作用时，扭矩和剪力的相互影响可用圆形相关曲线[11.16]来计算。（11-22）式和（11-5）式中的平方根项就是由此而导出来的[11.17]。

在（11-22）式和（11-5）式中，弯矩的影响未明显地表示出来。不过，由于采用的扭转剪应力是开裂扭矩剪应力的 40%，弯矩的影响实际上已考虑在内了。因此，在任何一种扭矩、剪力和弯矩的组合中，对无腹筋梁来说，用这些公式计算出的结果都是安全的。

11.6.6.2 轴向拉力对出现斜拉裂缝时的扭矩的影响，尚缺乏实验研究。因为轴向拉力对开裂扭矩的影响，在理论上是与它对斜拉裂时的剪力影响相同，故将（11-9）式中的折减系数同样应用于扭转。

11.6.7 对抗扭钢筋的要求

11.6.7.1 和 11.6.7.2 容许以下述简单而保守的方法设置抗扭钢筋。抗扭所需的钢筋可与抗剪、抗弯和抗轴向力所需的钢筋简单的地叠在一起。

11.6.7.3 对承受因扭转而产生的斜拉应力来说，既需要纵向钢筋，也需要横向封闭式钢筋。如其中之一未设置，则设置的那种钢筋亦将无甚效用。镫筋必须封闭，因为由扭转产生的斜裂缝可在构件的任何侧面上发生。

在通常的箱形截面中和主要是承受扭转的实体截面这种特殊情况中，在强扭矩作用下，镫筋的混凝土保护层会剥落。这样就使得搭接的镫筋失效，并导致过早地出现扭转破坏。因此，对于上述类型的构件和荷载，封闭镫筋不能用成对的 Ц 形钢筋彼此搭接组成。

在更一般的情况中，即同时承受扭转和相当数量弯矩的实体截面中，镫筋保护层并不剥落。因此，对于这种情况，可以用由成对 Ц 形镫筋彼此搭接而成的封闭镫筋，但其搭接要求应满足 12.14.5 节的规定。

11.6.7.4 抗扭钢筋的设计屈服强度限制在 60 000 磅/平方英寸以内是为了控制斜裂缝的宽度。使用较高强度的钢筋也会在靠近锐弯处产生脆裂。

111.6.7.5 为使抗扭（和抗剪）钢筋在任何潜在裂缝的两侧都能充分发挥作用，在其两端进行适当锚固是必不可少的。一般要求按 12.14 节的规定在钢筋两端设置弯钩或弯头。

承受扭转的镫筋，其锚固弯钩应弯入镫筋内侧的混凝土内。不过，在外墙托梁中，镫筋的外肢可以一直伸入板中以代替弯钩。

11.6.7.6 设置抗扭钢筋的长度应超过理论需要点以外（b+d），它比一般抗剪和抗弯钢筋所要求的要长一些，这是合乎实际要求的，因为扭转产生的斜拉裂缝系呈螺旋状。

11.6.8 抗扭钢筋的间距。

11.6.8.1 镫筋的间距必须限制在条文规定值以内，以确保梁的极限抗扭强度得以达到，和避免在开裂之后过多地降低抗扭刚度，以及控制裂缝的宽度。

11.6.8.2 为了固定镫筋的各肢，并为易于绑扎成钢筋笼，要求在镫筋的角隅处设置纵向钢筋。现已发现角隅钢筋对展现抗扭强度和控制裂缝也非常有效。

11.6.9 抗扭钢筋的设计

为了能直接应用于（11-20）式和（11-21）式，故将（11-23）式以抗扭钢筋提供的抗扭强度 T_s 的形式来表述。承受扭转的封闭镫筋的一个肢的面积 A_t 可解得如下：

$$T_u \leqslant \phi T_n$$

$$\leqslant \phi(T_c + T_s)$$

$$T_u = \phi T_c + \frac{\phi A_t \alpha_t X_1 Y_1 f_y}{S}$$

$$A_t = \frac{(T_u - \phi T_c)\ S}{\alpha_{f_y} \alpha_t X_1 Y_1}$$

式中，$\alpha t = [0.66 + 0.33(Y_1 / X_1)]$，但不得大于 1.50。

在带翼缘的截面中，闭合镫筋可以只设置在最大矩形之中，也可设置在各个矩形部分之中。在前一种情况，（11-23）式中的 X_1Y_1 项用设置在最大矩形中的闭合镫筋的尺寸来计算。根据不多组数的纯扭试验指出，如果在各个矩形部分都设置了闭合镫筋，则（11-23）式可分别取用各矩形部分相应的 X、Y/X_1 和 Y_1 值来计算。

设计中采用的翼缘悬出宽度不应大于翼缘厚度的三倍，而其相应的镫筋尺寸则应取翼缘宽度减去（至镫筋中心的）混凝土保护层厚度。翼缘镫筋应牢固地锚固在腹板中。

11.6.9.3（11-24）式要求纵向钢筋体积应等于（11-23）式所要求的闭合镫筋体积，但为满足（11-25）式规定的最小纵筋用量而需设置更多纵筋时，则属除外。

11.6.9.4 在设计抗扭钢筋时，应使它在混凝土压碎以前达到屈服应力。试验资料[11.24]指出，纯扭转时的最大扭应力应限制为 $12\sqrt{f_c'}$。在扭矩、剪力和弯矩共同作用下的梁中，过去曾假设，在其最大剪应力和最大扭应力之间存在着一个椭圆形的相互影响关系。抗扭强度限制为由（11-23）*式所得值的五倍就是在这个相互关系的基础上确定的。（*似应为（11-22）式—— 译注）。

11.7 抗剪摩擦

11.7.1 除 11.7 节以外，实际上所有关于抗剪的条文都是企图避免斜拉力破坏，而不是防止直接剪力传递中的破坏。11.7 节的目的是为了提供一个设计方法 11.25、11.26、11.27、11.28 以供在设计中必须考虑剪力传递时加以使用，例如在装配式混凝土结构中的钢筋细节设计即属此种情况。关于抗剪摩擦概念的试验研究见文献[11.28]。

11.7.2 未开裂的混凝土直接承受剪时，其强度较高；不过，处于不利位置的截面仍常常可能出现裂缝。用抗剪摩擦概念进行设计方法是：在某一不利截面上假设出现裂缝，然后设置钢筋，防止此裂缝导致意外恶果。

当剪力沿开裂面作用时，开裂面的一侧将对另一侧产生滑移。如果开裂面是粗糙的和不规则的，那么，这种滑移就导致开裂面两侧块体的分离。最后，这种分离足以使穿过开裂面的钢筋达到屈服应力。这样钢筋对开裂面施加了一个大小等于 $A_{vf}f_y$ 的夹紧固定力。于是沿开裂面作用的剪力就由下列三种因素加以抵抗：开裂面间的摩擦、开裂面上隆起点的抗切除作用和穿过开裂面的钢筋的榫钉作用。但在抗剪摩擦的计算方法中，假设所有的剪力都是由开裂面间的摩擦来承受。因此，为了使计算的抗剪强度能与试验结果相符，就必须把公式中的摩擦系数 μ 值人为地予以提高。

在设计中运用 11.7 节的概念能否成功，关键在于正确地选定假设开裂面的位置。在图 11-7 中举出了一些假设开裂面的位置。

图 11-7（a）是预制梁端支承的细节布置。抗剪摩擦钢筋可能需用镫筋包住，以防在其周围产生二次开裂面。

图 11-7（b）所示的为一个短牛腿。根据牛腿的尺寸，其剪切破坏的模式可为主拉应力或抗剪摩擦。当 a/d 等于或小于 1/2 时，（11-26）式就可应用。

在牛腿与柱的接触面上，应按 11.7.5 节的规定校核其极限抗剪强度。在支承面上应设置受拉钢筋 A_s，以承受弯矩 $V_u a+N_{uc}$（h−d）和拉力 N_{uc}，这里 h 和 d 分别为在柱表面处的牛腿全高和有效高。

图 11-7（c）所示的为一柱面钣。作为抗剪摩擦钢筋的带帽螺栓应牢固地锚固在柱的中间部位内。

11.7.3 和 11.7.4 为了能直接利用（11-1）式，故将式（11-26）以剪力传递强度的形式来表示。所需抗剪摩擦钢筋的面积 A_{vf} 可求得如下：

$$V_u \leqslant \phi V_N$$

$$V_U = \phi A_{vf} f_y \mu$$

$$A_{Vf} = \frac{V_u}{\phi f_y}$$

剪力传递应力的上限为 $0.2f_c'$ 或 800 磅/平方英寸，必须加以遵守。

11.7.7 如果在假设的开裂面上存在着拉应力，则必须在抗剪摩擦钢筋以外另设受拉钢筋。意外的拉力会导致构件破坏，特别是在梁的支承处。温度改变、混凝土收缩和徐变、预应力和徐变产生的上拱等，均可引起拉力。

11.7.3 因为抗剪摩擦钢筋是受拉的，所以在可能出现的裂缝两侧，应将它牢靠地进行锚固。而且，抗剪摩擦钢筋的锚固必须接合至主筋；否则，在抗剪摩擦钢筋和混凝土体之间可能会出现裂缝。在装配式结构的连接构造中，对于配有钢制插入物的焊接带帽螺栓来说，上述要求尤属重要。锚固可利用黏结力、焊接锚固器或螺纹榫钉与插入螺栓来实现。

狭窄的空间条件常常需要采用焊接锚固器。

11.8 对深梁的专门条款

11.8.1 深梁设计的条文是以 250 个以上的试验资料[11.3、11.29、11.30]为依据而拟定的，并只能用于荷载作用在构件顶面或受压面上、且跨高比小于 5 的构件。如果荷载作用在构件的侧面或地面，则应按普通梁的方法进行抗剪设计。

深梁中的纵向受拉钢筋应伸到支点，并通过埋置、弯钩或焊接到特殊装置等办法进行妥善锚固。不推荐使用桁架式钢筋。

11.8.6 当无腹筋构件之跨高比减小时，它的抗剪强度将增加到大于产生斜拉裂时的剪力。在（11–29）式中，假设斜拉裂缝是在同普通梁同样的剪力强度下产生，但混凝土的抗剪强度将大于产生斜裂缝的剪力强度，其增大的比值则由（11–29）式中第一项给出，但不得超出 2.5 这一偏于保守而拟定的上限值。

设计人员应注意，如不设置抗剪钢筋，则当剪力超过了产生斜裂缝的剪力后，在构件中可产生不美观的宽裂缝。

11.8.7 在深梁中，斜裂缝的斜度可大于 45°，因此，要求设置水平和竖向两种抗剪钢筋。由（11–30）式选定的水平和竖向抗剪钢筋的数量可以相对地变换，只要它们的间距和最小钢筋面积的限值能够满足。（11–30）式列出了水平和竖向抗剪钢筋在深梁中提供的抗剪强度的计算式。以系数剪力 V_u 表示的抗剪钢筋 A_v 和 A_{vh} 可按下述计算：

$$V_u \leqslant \Phi V_n \tag{11–1}$$

$$\leqslant \Phi(V_c + V_s) \tag{11–2}$$

$$V_u \leqslant \phi V_c + \phi \frac{A_v}{S}\left(\frac{1+\frac{l_n}{d}}{12}\right) + \frac{A_{vh}}{S_2} \times \left(\frac{11-\frac{l_n}{d}}{12}\right) f_y d \tag{11-30}$$

整理后的；

$$\frac{A_V}{S}\left(\frac{1+\frac{l_n}{d}}{12}\right) + \frac{A_{Vh}}{S_2}\left(\frac{1-\frac{l_n}{d}}{12}\right) = \frac{(V_u - \phi V_c)}{\phi f_y d}$$

特别要注意妥善锚固抗剪钢筋的重要性。水平腹筋应伸至支座，并要像受拉钢筋一样予以锚固。深梁顶部上的支座应满足对托座和牛腿规定的类似要求。

11.8.10 根据对 11.8.4 节规定之临界截面进行分析的结果，可以确定构件是否需要设置抗剪钢筋；如属需要，则在跨度全长均须同样设置。

11.9 对托座和牛腿的专门条款

11.9.1 托座和牛腿的设计条文是根据 20 个以上的实验资料拟定的，并只期望用于集中力至支承面之间的距离小于 d 的构件上。

有关用抗剪摩擦法设计牛腿的算例和说明可见文献 11.27。

11.9.3 至 11.9.7 在文献 11.1 和 11.3.1 中叙述了这些条文的制定过程并列举了使用的例

子。式（11-31）和（11-32）近似地简化了文献 11.3.1 中给出的指数表达式。按这些条文设计，对受弯和受剪均属安全。

由于托座和牛腿的尺寸相当小，所以有关黏着、锚固和支承的细节设计，至为重要。根据试验过程中积累的经验，制订了下列规则；在使用法规条文时，其细节设计建议按此办理。

（1）在满足混凝土保护层厚度的条件下，拉力钢筋应尽可能锚固在靠近构件的外表面。将主钢筋焊接到专门的装置，例如与主筋同直径的横担钢筋，就是实现这种目的的一种办法。

（2）在承压面积外侧边缘量得的牛腿高度不应小于所需牛腿全高的一半。

（3）承压面积外侧至牛腿外侧的距离不应小于 2 英寸。

（4）当牛腿是按承受水平力进行设计时，则其支承板应焊接在拉力钢筋上。

11.10　对墙的专门条款

11.10.1 对于高长比小的抗剪墙来说，墙平面内的剪力是设计中考虑的重要问题。对于比较高的墙，特别是在钢筋均匀分布的墙中，抗弯要求可能是控制设计的。因此，在计算抗剪墙抗剪强度的同时，亦须计算其抗弯强度。

11.10.3 虽然抗剪墙的宽高比要比普通梁小，对于厚度等于 $l_w/25$ 的抗剪墙所进行的试验 [11∶36、11∶37] 11.36、11.37 指出，其极限剪应力可达 $12\sqrt{f_c'}$。但法规限制设计剪应力为 $10\sqrt{f_c'}$。

11.10.5 和 11.10.6（11-33）式和（11-34）式可用来预报抗剪墙中任何截面上出现斜裂缝时的强度。与（11-33）式相应的状态，是在抗剪墙横截面质心处出现大约为 $4\sqrt{f_c'}$ 的主拉应力。与（11-34）式相应的状态，是在计算截面上 $l_w/2$ 的截面处（按原文直译如此。所指之处似应为：计算截面的最外受拉纤维处—— 译注）。出现大约为 $6\sqrt{f_c'}$ 的弯曲拉应力。当 $\dfrac{m_u}{V_u}-\dfrac{l_w}{2}$ 项减小时，在其未到负值以前，已由（11-33）式控制设计。另外，当 $\dfrac{m_u}{V_u}-\dfrac{l_w}{2}$ 为负值时，代入（11-34）式中得到的 V_c 就没有物理意义。此时应用（11-33）式计算。

11.10.7 在墙底以上 $l_w/2$ 或 $h_w/2$（两者中取小者）截面处，用（11-33）式和（33-34）式计算的 V_c 值。可用于墙底与上述截面之间的任何截面上。不过，任何截面包括墙底截面处的最大系数剪力限制为 ΦVn。其中 V_n 的取值应遵守 11.10.3 节的规定。

11.10.9 墙中的抗剪钢筋设计

承受的剪力超过 $V_c/2$ 时，就需要设置足够数量的水平抗剪钢筋。同时需要增设竖向钢筋，因为试验结果指出，在矮的抗剪墙中，均匀分布的纵向钢筋和横向抗剪钢筋一样，都是需要的。

为了能直接应用（11-1）和（11-2）式，公式（11-35）是以水平抗剪钢筋提供的抗剪强度 V_S 来表示。所需的水平抗剪钢筋面积 A_V，可将（11-35）式代入（11-1）和（11-2）式中后，解之以求得：

$$A_V=\frac{(V_u-\phi V_c)S_2}{\varphi f_y d}$$

同时并应按 11.10.9.4 节的要求，在 11.10.9.5 节规定的间距限值以内设置竖向抗剪钢筋。

11.11　对板和底座的专门条款

11.11.1 必须把下列两种情况加以区分：其一是像梁一样作用的狭长的板或底座，其二是承受双向作用的板或底座。后者的破坏形式，是环绕集中荷载或反力的作用面而形成一个截头圆锥或棱锥的冲剪孔。

11.11.2 美国土木工程师协会美国混凝土学会（ACI—ASCE）426 委员会进行的研究 11.2 指出，对于承受双向弯曲的板，其受剪临界截面是顺着加载面积的边线形成的。此临界截面上的极限剪应力是 $\sqrt{f_c'}$ 和方柱边长与板的有效高度之比这两个变数的函数。然而，426 委员会建议：对后一变数的影响，用一个假想的临界截面来考虑，它位于距集中荷载作用面积的周边 d/2 处。于是。极限剪应力便与柱边尺寸和板厚之比无关了。由于此法简便，对不规则的柱截面和柱附近有孔洞的板来说，尤其如此，所以在 1963 年版的美国混凝土建筑法规中首予采用。

在 1963 年版和 1971 年版的两个美国混凝土建筑法规中，双向版中的允许剪应力为 $4\sqrt{f_c'}$。近来沿着柱或荷载对板进行冲剪试验[11.9]，还从遭受破坏的建筑物中观察。均说明：如果矩形的柱截面或荷载作用面积的长短边尺寸之比大于 2.0 的话。$4\sqrt{f_c'}$ 之值并不谨慎。在这种情况，冲剪破坏时临界截面上实际剪应力的状态是：由柱或加载面积两端均为 $4\sqrt{f_c'}$ 的最大值，沿着两端截面之间的长边降至 $2\sqrt{f_c'}$ 或更小一些的值。确切的剪应力分布是复杂的。为了便于计算冲剪强度和反映当柱截面或加载面积的边长比大于 2.0 时抗剪强度的降低。法规制定了（11-37）式。

对于非矩形截面，其按 11.11.1.2 节规定的临界截面上的剪应力，亦应小于由（11-37）式计算的值。此时 β_c 是有效加载面积中最长的总尺寸和与它相垂直的最短的总尺寸之比。反力加载面积为 L 形时的 β_c 值例示于图 11-8 中。所谓有效加载面积是一个完全包住实际加载面积的且其周长为最小的面积。

11.11.3 经研究后证实，有钢筋或钢丝组成的抗剪钢筋，只要是按 12.14 节的要求进行锚固，它在板中的工作性能是良好的。

对于板中抗剪钢筋锚固细节的重要性。无论怎样强调，也不嫌过分。板中抗剪钢筋的某些形式，比如以前曾用过的由 V 形钢丝构成的同心圆，可能不符合锚固要求。抗剪钢筋的准确就位，尤其是在薄板中，应该非常注意，予以确保。

11.11.3.2 和 11.11.3.4 设置了钢筋或钢丝等抗剪钢筋，则抗剪强度可提高到最大剪应力为 $6\sqrt{f_c'}$。不过超过了 $2\sqrt{f_c'}$ 以上的全部剪应力，设计时应由抗剪钢筋承受，这个 $2\sqrt{f_c'}$ 的限值是当不设抗剪钢筋，且矩形柱的边长为 2∶1（β_c=2）时由（11-37）式计算所得允许值得一半。

11.11.4 板中的抗剪头用型钢组成。根据试验资料[11:43]《法规》提出了设计中间柱顶部抗剪头的方法。正在进行中的试验指出，应扭转的影响以及其他特性，位于板边的抗剪头和其他地方的抗剪头相比，它们的性能是根本不同的。

对于只涉及传递剪力的抗剪头，设计时必须考虑三个基本准则。第一，抗剪头具有的最小抗弯强度必须确保在超出其抗弯强度以前，板所要求的抗剪强度先已达到。第二，必须对抗剪头末端处板中的剪应力加以限制。第三，满足以上两点要求后，按照设计截面处抗剪头提供的弯矩数量，设计人员可以相应地减少承受负弯矩的板内钢筋。对于除传递剪力以外，尚需传递弯矩的板与中间柱的联结，其设计原则见 11.12 节。

对于中间柱抗剪头，沿其臂的假想的理想化剪力分布示于图 11-9 中。沿四个臂中的每一个，其剪力均取为$\alpha_v V_c/4$；其中，α_v是抗剪头（似应为抗剪头臂—— 译注）的 EI 值和组合截面的 EI 值之比，此组合截面由开裂板的一部分组成，其宽度取为柱宽加上埋置了抗剪头之板的有效高度；V_c是板的上述同一部分的斜裂剪力（原文如此。但 V_c 似应为柱周的总斜裂剪力—— 译注）。不过，在柱表面处的剪力峰值取为下列两剪力的差值；即作用在每一个抗剪头臂上的总剪力 $V_u/4$ 减去通过板中受压区而传递给柱的剪力。后一个剪力以（$V_c/4$）（$1-\alpha_v$）表示。这样，当设置重型抗剪头时，其值接近于零，而当设置轻型抗剪头时，其值接近于 $V_c/4$。于是（11-38）式便可根据下述假定推算出现斜裂缝时的剪力 V_c 约为剪力 V_u 的一半。在（11-38）式中ϕ是抗弯强度折减系数（0.9），而 M_p 是每一个抗剪头臂所要求的塑性抗弯强度，这个强度可以确保当抗剪头达到抗弯强度时，其极限剪力亦能达到。l_v之值是从柱中心到不再需要设置抗剪头处的长度，$C_1/2$ 是在所研究的方向上柱边尺寸的一半。

试验结果指出，设置“低强”抗剪头的板，在抗剪头臂端部的临界截面上破坏时，其剪应力小于$4\sqrt{f_c'}$。虽然设置“超强”抗剪头能使抗剪强度回升到相当于$4\sqrt{f_c'}$，但试验数据为数不多，故仍以采用保守的设计为宜。因此，采取一个假定的位于抗剪头臂端部之内的临界截面。然后按$4\sqrt{f_c'}$计算其抗剪强度。

设计用的临界截面示于图 11-10 中。临界截面通过抗剪头臂上的下述位置，从柱身表面朝抗剪头臂末端量得的长度等于 $3/4\left[l_v-(C_1/2)\right]$处。然而，此假定的临界截面无须取在距柱身表面的距离小于 d/2 以内。

对于抗剪头伸出柱面以外的距离等于柱宽这样一种实用情况，在抗剪头末端截面上的剪应力变成 $3.3\sqrt{f_c'}$。当抗剪头非常长，则在末端截面上的最小剪力应接近$3\sqrt{f_c'}$。

如忽略柱身表面处的剪力峰值，并再一次假设开裂荷载 V_c 约为 V_u 的一半，则可保守地用（11-39）式计算由抗剪头提供的弯矩 M_v，其中ϕ是抗弯折减系数（0.9）。

11.11.5 设置孔洞的板

板（及底座）中有孔洞时的设计条文，是按美国土木工程师协会美国混凝土学会（ACI—ASCE）426 委员会的报告 11.2 拟定的。在图 11-11 中，邻近典型孔洞和自由边的临界截面，其有效部分用虚线示出。美国土木工程师协会美国混凝土学会（ACI—ASCE）426 委员会进一步的研究报告 [11.9]，已经证实这些条文是保守的。

11.12 向柱传递弯矩

11.12.1 总则

11.12.1.2 试验结果指出。11.33 在建筑物内部的中间柱与梁的接头区，如其四侧均由接近等高的梁加以约束时，则可不设抗剪钢筋。不过，在边柱处，因无侧向约束，为防止剪裂而使结构工作条件恶化，则需设置抗剪钢筋 [11.34]。

在强地震区，可能要求接头能经受得住若干次变号荷载的作用，其毗连梁的弯曲能力亦系按此荷载设计。见附录 A—— 地震设计专门条款。

试验指出，就分离节点进行的抗剪设计中，如包括了毗连梁的弯曲拉力和压力的作用。它就可以承受这种严峻的荷载[11.31]。

11.12.2 对板的专门条款

11.12.2.1～11.12.2.3 根据的文献是 11.35，当弯矩在板和柱之间传递时，其中 60%的弯矩是由横穿临界截面周边的弯曲作用而传递（临界截面按 11.11.12 节确定之）。其余的 40%则由剪力对该临界截面中心的偏心作用而传递。文献 11.35 中的数据绝大多数是根据方柱的试验结果得来的，非方柱的数据几乎没有。某些非矩形截面柱换算成等面积的方形截面示于图 13.3 中。对于矩形柱，可以合理地假设：临界截面中承受弯矩之面的宽度增大时，则由剪力分担传递的弯矩部分便减小。因此，这部分弯矩取为：

$$T_v = 1 - \frac{1}{1+\frac{2}{3}\sqrt{\frac{c_1+d}{c_2+d}}}$$

式中，C_2+d 为临界截面中承受弯矩之面的宽度，C_1+d 为与 C_2+d 成直角之面的宽度。其余的弯矩由按 13.3.4 节规定的弯曲作用来传递。

11.12.2.4 因为剪应力分布规律取为对临界截面中心是按直线变化，所以中间柱或边柱的剪应力分布可假设如 11-12 所示。临界截面周边 ABCD 按 11.11.1.2 节确定。系数剪力 V_u 和不平衡弯矩 M_u 均在临界截面的中心轴 C—C 上计算。最大系数剪应力可按下式计算

$$V_{u(AB)} = \frac{V_u}{A_c} - \frac{T_v M_u C_{AB}}{J_c}$$

或

$$V_{u(CD)} = \frac{V_u}{A_c} - \frac{T_v M_u C_{CD}}{J_c}$$

式中　T_V—— 因剪力对假设的临界截面中心的偏心作用而传递的弯矩，在板和柱之间不平衡弯矩中所占的分量对中间柱的 A_c 和 J_c 可按下式计算

A_c—— 假设的临界截面的混凝土面积

=2d（C_1+C_2+2d）

J_c=假设的临界截面中类似于极惯矩的特征

$$= \frac{d(C_1+d)^3}{6} + \frac{(C_1+d)^{d3}}{6} + \frac{d(C_2+d)(C_1+d)^2}{2}$$

对于板的边柱或角柱也可导出类似的 A_c 和 J_c 的公式。

在板和柱之间的不平衡弯矩中，其不能由偏心剪力传递的部分必须按 13.3.4 节的规定，由弯曲来传递。一个保守的方法，是把这部分靠弯曲传递的弯矩分布在由 13.3.4.1 节规定的板的有效宽度上。设计人员常常把柱列带中的钢筋在柱的附近加密以适应这个不平衡弯矩的要求。不过，现有的试验资料似乎指出，这样做可以提高板与柱的接头刚度，但不能提高其抗剪强度。

本文首刊于铁道部第四勘测设计院科研所、桥隧处所编专题情报资料《美国混凝土学会建筑法规》选译本中。

1983 年 3 月　武汉

三、美国混凝土学会建筑法规

《美国混凝土学会建筑法规》

（ACI 318-77）

第十八章　预应力混凝土（条文）

18.0　符号

A——横截面中挠曲受拉面与全截面重心轴之间的面积（平方英寸）。

A_c——所研究的横截面中的混凝土面积（平方英寸）

A_{ps}——受拉区中的预应力钢筋面积（平方英寸）

A_s——非预应力的受拉钢筋面积（平方英寸）

A_s'——受压钢筋面积（平方英寸）

b——构件受压面的宽度（英寸）

d——预应力钢筋质心至最外受压纤维的距离。当还有非预应力受拉钢筋时，则为预应力钢筋和非预应力受拉钢筋的总合质心至最外受压纤维的距离（英寸）

D——恒截，或与之相关的内力及力矩。

e——自然对数的底

f′c——混凝土标定抗压强度（磅/平方英寸）

$\sqrt{fc'}$——混凝土标定抗压强度的平方根（磅/平方英寸）

f′c——初加预应力时的混凝土抗压强度（磅/平方英寸）

$\sqrt{f'_{ci}}$*——初加预应力时混凝土抗压强度的平方根（磅/平方英寸）（*译注：原文误印为 $\sqrt{f_{c'}}$ ）

fpc——仅由有效预应力（全部预应力损失完成后）产生的混凝土平均压应力（磅/平方英寸）

fpu——预应力键的标定抗拉强度（磅/平方英寸）

fpy——预应力键的标称屈服强度（磅/平方英寸）

fr——混凝土的挠折模量（磅/平方英寸）

fse——预应力钢筋中的有效预应力（全部预应力损失完成后），（磅/平方英寸）

fps——（在构建达到）标称强度时，预应力钢筋中的应力（磅/平方英寸）

fy——非预应力钢筋的 标定屈服强度（磅/平方英寸）

h——构件总高（英寸）

k——预应力键每英尺长的颤动摩擦系数

l——用于式（18-1）和（18-2）中者为自张拉端至预应力键上任一点 X 的长度（英尺）——对于双向平板，为与计算钢筋平行方向中之跨长（英尺），见式（18—7）。

L——活载，或与之相关的内力及力矩

N_c——不计荷载系数的恒载和活载（D+L）所产生的混凝土拉力

P_s——张拉端处预应力键的拉力

P_x——预应力键上任一点 x 处的拉力

α——自预应力键张拉端至其上任一点 X 处的总转角，以弧度计

μ——曲线摩擦系数

ρ——非预应力受拉钢筋的配筋率=As/bd

ρ'——受压钢筋的配筋率=A′ S/bd

ρ_p——预应力钢筋的配筋率=A_{ps}/bd

ϕ——强度折减系数，见 9.3 节

$\omega'\rho$ fy/fc′

ω'——ρ' fy/ f′c

ωw、ω_{pw} / $\omega' w$——带翼缘截面中的钢筋系数，其计算方法同ω、ωp及ω'，但 b 为腹板厚度，钢筋面积则仅为展现腹板抗压强度所需者。

18.1 范围

18.1.1 本章条文适用于以钢丝、钢绞线或钢筋预加应力的构件，而上述钢元件须符合 3.5.5 节关于预应力键的规格要求。

18.1.2 本法规所有条文，凡未特别注明除外，以及与本章条文不相抵触者，均适用于预应力混凝土。

18.1.3 本法规的中的下列条文除特别说明者外，均不适用于预应力混凝土：8.4、8.10.2、8.10.3、8.10.4、8.11、10.3.2、10.3.3、10.5、10.6、10.9.1、10.9.2 等节和 13、14 两章。

18.2 总则

18.2.1 预应力构件应满足本法规所规定的强度要求。

18.2.2 预应力构件从它预加应力起的整个使用期间，在各种荷载阶段可能出现的强度和使用条件的临界状态，设计时均应加以考虑。

18.2.3 设计时应考虑由于预加应力引起的应力集中。

18.2.4 由于预加应力而引起的下列变形对毗连构件的影响应予考虑，这些变形包括：弹性及塑性变形、挠度、长度改变和转角。温度和收缩的影响亦应包括在内。

18.2.5 混凝土与预应力钢筋如在预应力钢筋的去全长上并非全部黏结，则应考虑构件在黏结点之间形成纵向挠曲的可能性。对于薄腹板和翼缘的纵向挠曲问题，亦应考虑其可能性。

18.2.6 计算未灌浆以前的截面特征时，应考虑管道对截面的削弱作用。

18.3 设计假定

18.3.1 承受弯矩和轴向荷载的预应力构件，应以 10.2 节所述的假定为基础计算其强度。而 10.2.4 节的假定只适用于所用钢筋符合 3.5.3 节规定的构件。

18.3.2 可根据下列假设采用线性理论来分析是在使荷载开裂荷载及传递预加应力时

的应力状态。

18.3.2.1 在荷载变化的整个幅度内，应变沿梁高按线性变化。

18.3.2.2 在开裂的截面上混凝土不承受拉力。

18.4 受弯构件中混凝土的允许应力

18.4.1 刚传递预加应力时（随时间而变的预应力损失尚未出现），混凝土中的应力不应超出下列各值：

（a）最外纤维的压应力……06 f'_{ci}。

（b）最外纤维的拉应力，（c）中所述者除外…… $3\sqrt{f'_{ci}}$。

（c）简支梁端点处最外纤维的拉应力…… $6\sqrt{f'_{ci}}$。

计算拉应力超出上列限值时，应在拉力区设置黏着的辅助钢筋（非预应力的或预应力的），以承受按未开裂截面的假定计算所得的混凝土中的全部拉力。

18.4.2 在使用荷载下（全部预应力损失已完成后），混凝土的应力不应超出下列各值：

（a）最外纤维的压应力……0.45 f'_c。

（b）在预压的拉力区中，最外纤维的拉应力…… $6\sqrt{f'_{ci}}$。

（c）以换算的开裂截面及双线性弯矩—挠度关系为基础对构件（双向板除外）进行分析，如计得的瞬时挠度和长期挠度符合 9.5.4 节的要求，且保护层符合 7.7.3.2 节的要求，则预压的受拉区中最外纤维的拉应力…… $12\sqrt{f'_{ci}}$。

18.4.3 构件的性能如经试验或分析后表明并未有所削弱，则混凝土的允许应力可以超出 18.4.1 和 18.4.2 节的限值。

18.5 预应力键的允许应力

18.5.1 预应力键的拉应力不应超出下列限值：

（a）张拉时……$0.80f_{pu}$ 或 $0.94f_{py}$ 两者中取小者，但不应超出预应力键或锚具制造商所规定的最大值。

（b）先张腱在刚传递预应力后……0.70fpu。

（c）后张键在腱刚锚固后……0.70fpu。

18.6 预应力损失

18.6.1 在计算有效预应力 f_{se} 时，应考虑下列诸因素产生的预应力损失：

（a）锚具变形；

（b）混凝土的弹性压缩；

（c）混凝土徐变；

（d）混凝土收缩；

（e）键应力松弛；

（f）在后张键中，由于预计的或未预计的曲度所引起的摩擦损失。

18.6.2 后张键的摩擦损失

18.6.2.1 后张键的摩擦损失应按下式计算

$$P_s = P_x e^{kl+\mu\alpha} \quad (18\text{-}1)$$

当（$kl+\mu\alpha$）不大于 0.3 时，其损失可按下式计算

$$P_s = P_x(1+kl+\mu\alpha) \quad (18\text{-}2)$$

18.6.2.2 应以由试验所得的颤动摩擦系数 k 和弯道摩擦系数 μ 来计算摩擦损失，并应在张拉时予以验证。

18.6.2.3 设计中采用的颤动摩擦系数和弯道摩擦系数值，键的张拉力和伸长量的容许范围均应于设计图中标出。

18.6.3 如构件与毗邻建筑物的连接构造可以使构件的预应力产生损失，则此种损失在设计中亦应予以考虑。

18.7 抗弯强度

18.7.1 受弯构件的设计弯矩强度应按本法规的强度设计法计算。在强度计算中，对于预应力键应以 f_{ps} 代替 f_y。

18.7.2 如 f_{se} 不小于 $0.5f_{pu}$，可用下列近似的 f_{ps} 值代替根据应变相容条件计算的精确 fps 值。

（a）对有黏着预应力键的构件：$f_{ps} = f_{pu}(1-0.50)\ \rho_p \dfrac{f_{pu}}{f_c'}$ （18-3）

（b）对有末黏着预应力键的构件：

$$f_{ps} = f_{se} + 10\,000 + \frac{f_c'}{100\rho_p} \quad (18\text{-}4)$$

但（18-4）式中的 f_{ps} 值不应大于 f_{py} 或（f_{se}+60 000）。

18.7.3 符合 3.5.3 节规定的非预应力钢筋，如与预应力键并用*，则可考虑它参与抗拉作用，并在计算弯矩强度时，取其应力等于标定强度 fy。（*译注—— 此处“并用”涵义似宜加以明确为：非预应力钢筋距中性轴的距离大体上与屈服相同或更远一些）其他的非预应力钢筋，则只能以应变相容条件确定的应力来计算它所分担的弯矩强度。

18.8 受弯构件的钢筋限量

18.8.1 除 18.8.2 节所述者外，用于计算构件弯矩强度的预应力钢筋和非预应力钢筋的配筋率应能使 $\omega_p(\omega+\omega\rho\mathrm{w}-\omega'W)$ 或（$\omega_w+\omega_{pw}-\omega_w'$）均不大于0.30。

18.8.3 非预应力钢筋和预应力钢筋的总用量，至少应足以展现一个其值不小于 1.2 倍开裂荷载的系数荷载，开裂荷载则应根据 9.5.2.3 节规定的挠折模量 fr 来计算。

18.9 黏着钢筋的最低要求

18.9.1 使用未黏着预应力键的受弯构件应设置黏着钢筋，其面积不应小于 18.9.2 和 18.9.3 节的规定。

18.9.2 除 18.9.3 节所述者外，最小黏着钢筋面积应按下式计算

$$As=0.004A \quad (18\text{-}5)$$

18.9.2.1 由（18-5）式算出黏着钢筋应均匀地分布在预压的受拉区，并尽可能地靠近

最外受拉纤维。

18.9.2.2 无论使用荷载的应力状态如何，均应设置黏着钢筋。

18.9.3 等厚的实体的双向平板中的黏着钢筋最小面积及其布置应符合下列规定。

18.9.3.1 在使用荷载下的正弯矩区，当混凝土的计算拉应力（所用预应力损失均已完成后）不大于 $\sqrt{f_c'}$ 时，就不需设置黏着钢筋。

18.9.3.2 在使用荷载下的正弯矩区，混凝土的计算拉应力大于 $2\sqrt{f_c'}$ 时，最小黏着钢筋面积则应按下式计算：

$$A_s=\frac{N_c}{0.5f_y} \tag{18-6}$$

式中，设计屈服强度 f_y 不应大于 60 000 磅/平方英寸。黏着钢筋应均匀分布在预压的受拉区内，并尽可能地靠近最外受拉纤维。

18.9.3.3 在柱边的负弯矩区，每一方向上的最小黏着钢筋面积应按下式计算：

$$A_s=0.00\,075\,hl \tag{18-7}$$

式中，l 为所需计算最小黏着钢筋方向上的板的跨度。由（18-7）式求得的黏着钢筋，应分布在由两条各离柱边 1.5h 的直线组成的板宽范围内。每一方向上至少应设置 4 根钢筋或钢丝。黏着钢筋的间距不应大于 12 英寸。

18.9.4 18.9.2 和 18.9.3 节所要求的黏着钢筋，其最小长度应符合下列条文的要求。

18.9.4.1 正弯矩区的黏着钢筋，其最小长度应为净跨的 1/3，并设置在正弯矩区的中部。

18.9.4.2 负弯矩区的黏着钢筋应向支点每侧延伸 1/6 净跨长。

18.9.4.3 按 18.7.3 节的要求为设计弯矩强度而设置的黏着钢筋，或按 18.9.3.2 节的要求因拉应力条件而设置的黏着钢筋，其最小长度尚应符合十二章的规定。

18.10 钢架和连续结构

18.10.1 预应力混凝土刚架和连续结构应按在使用荷载作用下具有满意的性能和有充分的强度条件进行设计。

18.10.2 结构物在使用荷载条件下的性能，按弹性分析法确定之，并应考虑由预应力、徐变、收缩、温度变化、轴向变形、毗连结构杆件的约束和基础下沉等因素所产生的反力、弯矩、剪力和轴向力。

18.10.3 用于计算构件所需强度的弯矩应为下列两项弯矩之和；由预加应力（其荷载系数为 1）引起的支点反力所产生的弯矩；由系数荷载产生的包括 18.10.4 节所容许的重分布在内的弯矩。

18.10.4 连续的预应力受弯构件由于重力荷载产生的负弯矩的重分布。

18.10.4.1 在支承处按 18.9.2 节的要求设置黏着钢筋的地方，对任何假定的荷载布置以弹性理论计得的负弯矩，可用不大于由下式计得的百分比进行增减。

$$20\left(1-\frac{\omega+\omega p-\omega_1}{0.30}\right)\%$$

18.10.4.2 对于同一的荷载布置可应用上述修正的负弯矩来计算各连跨内的截面弯矩。

18.10.4.3 截面设计时可按实际条件选定ω_p（$\omega+\omega_p-\omega'$）或（$\omega_w+\omega_{pw}-\omega'_w$）中的任一个，只要其值不大于 0.20，则可对负弯矩进行重分布以降低截面弯矩。

18.11 压杆——压挠杆件

18.11.1 无论设置或未设置非预应力钢筋的预应力混凝土压挠构件，其强度设计方法应遵守本法规对非预应力构件所规定者。预应力、徐变、收缩及温度变化等的影响应考虑在内。

18.11.2 对预应力受压构件的钢筋限制

18.11.2.1 平均预应力 f_{pc} 小于 225 磅/平方英寸的构件，当为柱时，其最小钢筋用量应符合 7.10 节、10.9.1 和 10.9.2 节的要求，而对于墙则应符合 10.15 节的要求。

18.11.2.2 除墙以外，平均预应力等于或大于 225 磅/平方英寸的压杆，其所有预应力键应用下述的螺旋筋或横向箍筋箍住：

（a）螺旋筋应符合 7.10.4 节的规定。

（b）横向箍筋起码要用 3#钢筋弯制或用截面面积相等的焊接钢丝网，箍筋的竖向间距不应大于 48 倍钢筋或钢丝直径，亦不应大于受压构件的最小尺寸。

（c）在底座或任一层楼板的上面，箍筋的位置在竖向不应超出其顶面半个箍筋间距，然后按规定的间距向上布置，最上一根箍筋距被支承的构件中最下一层钢筋之距离不得大于半个箍筋间距。

（d）当柱的四周均与梁或牛腿刚性联结时，箍筋可在梁或牛腿的最下一层钢筋以下不大于 3 英寸处终止。

18.11.2.3 当墙的平均预应力 f_{pc} 等于或大于 225 磅/平方英寸，如结构分析表明该处具有足够的强度和稳定性，则不必按 10.15 节的要求设置最小钢筋。

18.12 板体系

18.12.1 在一个以上方向施加预应力以抗挠的预应力板，可用满足平衡条件和几何相容条件的任何方法进行设计。在设计时应考虑柱的劲性、柱——板连接的刚度和在 18.10 节中所述的预应力效应。

18.12.2 设计普通钢筋混凝土板所用的力矩和剪力系数不能用于预应力板的设计中。

18.13 键锚固区

18.13.1 在键锚固区应在需要的地方设置加强钢筋，用来承受由于锚固键而产生的炸裂、劈裂和剥裂等应力。在截面突然变化区亦应适当加固。

18.13.2 为了支承或扩散由锚具传来的集中预加应力，需要时应设置端支承块。

18.13.3 后张锚具和支承混凝土，应按张拉时混凝土的强度设计其能承受的最大张拉力。

18.13.4 设计后张法的锚固区，应使其能展现预应力键的极限抗拉强度之保证值（此时混凝土的强度折减系数ϕ取为 0.9）。

18.14 非黏着预应力键的防锈

18.14.1 非黏着预应力键应以合适的材料全部包裹起来以确保其不受锈蚀。

18.14.2 在键的非黏着部分的全长上，均应连续地使用包裹物，同时应在灌注混凝土时防止水泥浆的渗入和包裹物的损坏。

18.15 后张管道

18.15.1 无论是用于压浆键或非黏着键的管道，均应是不漏浆的，并应与混凝土、腱或管道中的填实料不起化学反应。

18.15.2 用于单根钢丝、钢绞线或粗钢筋的键的管道，且在其中压浆时，其内径至少比键直径大 1/4 英寸。

18.15.3 用于多根钢丝、钢绞线或粗钢丝组成的键的管道，且在其中压浆时，其内横截面面积至少应比键的净面积大 2 倍。

18.15.4 如构件在压浆之前的气温低于冰点，则管道内应无积水。

18.16 用于黏着预应力键的灰浆

18.16.1 灰浆应由波特兰水泥和水；或波特兰水泥、砂和水拌和而成。

18.16.2 用于灰浆中的各种材料应符合下列要求：

（a）波特兰水泥应符合 3.2 节的规格。

（b）水应符合 3.4 节的规格。

（c）如果要用砂，则砂应符合“砌筑灰浆集料标准规范”的规格（ASTMC144），但为获得良好和易性可作必要的级配修改除外。

（d）符合 3.6 节规格的外加剂，并已知其对灰浆、钢料或混凝土无害时方能使用。氯化钙则不应使用。

18.16.3 灰浆配合比的选定

18.16.3.1 灰浆配合比应根据具下列资料之一选定：

（a）在灌注作业开工以前，对新拌制的和已硬化的灰浆进行试验的结果，或

（b）具有正式文件记载的，且所用材料、设备及工地条件均相类似的前人经验。

18.16.3.2 用于实际工程中的水泥应与选定灰浆配合比时所用的水泥相当。

18.16.3.3 含水量应按能正常泵送灰浆所必需的最小用量来确定，但以重量计得水灰比不得大于 0.45。

18.16.3.4 因推迟灌注而降低灰浆流动性之后，不得再加水以图提高其流动性。

18.16.4 灰浆的拌和与泵送

18.16.4.1 砂浆应在具有连续搅拌能力的拌和机中进行搅拌，拌和成均质砂浆后，经过筛滤再泵送，其工艺要求必须使灰浆能完全填满键管。

18.16.4.2 灌浆时构件的温度应高于 35°F，而且这一温度应一直保持到在工地养护的 2 英寸灰浆立方体的最小抗压强度达到 800 磅/平方英寸为止。

18.16.4.3 在拌和及泵送时，灰浆的温度不应高于 90°F。

18.17 预应力键的防护

在预应力键附近进行燃烧或焊接作业时，应小心进行，以免键受高温、焊接火花或接地电流等的影响。

18.18 预加力的施加和量度

18.18.1 预加力的值应同时采用下列两法来测定：

（a）测量键的伸长值。需要的伸长值应根据所用预应力键平均荷载—— 伸长曲线来确定。

（b）在标定规上或压力盒上或用标定的测力计测读千斤顶的张拉力。

由（a）及（b）两法所测读的预加力，如差值超过 5%，则应查明原因并予以校正。

18.18.2 当使用烧割预应力键的方法，将预加力从台座的端横梁传递给混凝土时，应事先研究好烧割点及烧割程序，以免产生不必要的临时应力。

18.18.3 先张法中的钢绞线如有长的外露部分，则应在邻近构件处切除，以期对混凝土的振动减至最小。

18.18.4 因断键未经更换而减少的预应力不应超过总预应力值的 2%。

18.19 后张锚具和联结器

18.19.1 非黏着的预应力键的锚具和联结器，在不超出预计的（挤紧、滑移等）变形条件之下，应能展现出键的标定极限强度。

18.19.2 用于黏着的预应力键的锚具，当在非黏着条件下实验时，在不超出预计的变形条件之下，至少应能展现腱的标定强度的 90%。然而，当键在构件中黏着后，则应 100% 地展现键的标定强度。

18.19.3 联结器应设置在技术人员同意的地段内，并封入在有足够长度的套壳中，以便联结器能做必要的移动。

18.19.4 在承受重复荷载的非黏着结构中，应特别注意锚具和联结器疲劳的可能性。

18.19.5 锚具及端部零件均应具有永久防腐蚀的能力。

第十八章 预应力混凝土（说明）

18.1 范 围

18.1.1 本章条文原为建筑中常用的板、梁和柱等构件拟定的。不过，其中许多条文亦可用于诸如压力容器、道路路面、管道和横向拉杆等其他形式的结构。对有关条文如何应用于这些结构，如法规未作明确说明，则应由技术人员自行判定。

18.1.2 及 18.1.3 除言明除外或与本章条文直接抵触者外，本法规的条文均适用于预应力混凝土。在预应力混凝土的设计中删除本法规的某些章节是有特定原因的。下面就此予以讨论说明之：

8.4 节——本章被删除，是因为预应力混凝土的弯矩重分布已在 18.10.4 节中另有规定。

8.10.2、8.10.3 和 8.10.4 节的条文是对普通钢筋混凝土 T 形梁拟定的。这些条文如用之于预应力混凝土，则将排斥许多现今良好适用的标准预应力产品。因此，经验证明，这些变更是允许的。

删除 8.10.2、8.10.3 及 8.10.4 三节之后，法规对预应力混凝土 T 形梁未另行提出特殊要求。关于翼缘有效宽度的确定，则有待工程师根据经验自行判断。8.10.2.8.10.3 及 8.10.4

三节中关于翼缘宽度的规定，在可能时，仍应采用；除非经验业已证明，对上述规定作出变更是安全和可取的。在弹性阶段的分析设计中，采用 8.10.2 节所允许的最大翼缘宽度进行计算，所得结果未必就是保守的。

8.10.1 及 8.10.5 节为对 T 形梁所规定的一段要求，同样适用于预应力混凝土梁。有关翼缘板中限制钢筋间距的条文是以板厚为基础规定的，如遇带坡度的翼缘则应用其平均厚度。

8.11 节——对普通钢筋混凝土搁栅楼盖建立的经验性限值，是根据以往适用“标准”搁栅组成之搁栏的成功实践而制定的，见 8.11 节说明。对于预应力楼盖结构，8.11 节的条文只可作为引导，其具体尺寸必须用经验和判断方能确定。

10.3.2、10.3.3、10.5、10.9.1 及 10.9.2 等节—— 10.3.2、10.3.3、10.5、10.9.1 及 10.9.2 等节对钢筋规定的限制，在预应力混凝土中已有 18.8、18.9 及 18.11.2 等节所代替。

10.6 节——有关受弯钢筋分布的 10.6 节，在最初制定时，并未考虑预应力混凝土构件在内。预应力构件与非预应力构件的特性相差颇大。在预应力构件中妥善地分布钢筋要运用经验和判断。

13 章——设计预应力混凝土板需要考虑由于波形预应力键所产生的次力矩。此外，由预应力引起的体积变化将对结构产生附加荷载，这一点在第十三章中未予适当考虑。这些与预应力有关的独特特性，使十三章中的许多设计程序不适合于预应力混凝土结构，因此改用 18.12 节的条文代替该章。

14 章——十四章中有关墙设计的要求，主要根据经验制定，而这些考虑并未企图用于预应力混凝土。

18.2 总 则

18.2.1 和 18.2.2 有如以往预应力混凝土设计实践那样，对可能是重要的所有荷载阶段均应加以研究。其中三个主要的荷载阶段是：① 张拉阶段或预加应力传递阶段——当预应力键中的拉力传至混凝土时，混凝土应力相对其强度来说，其值可能甚高；② 使用荷载阶段——指在长期的体积变化完成以后；③ 系数荷载阶段——当校核构件强度时。此外，可能还有其他的荷载阶段亦需研究，例如，若开裂荷载对构件具有重要意义时，或装运阶段会起控制作用时，则对这些荷载阶段就应予以研究。

就鉴别构件是否具有优良性能的观点来说，使用荷载阶段和系数荷载阶段是最重要的两个阶段。

使用荷载阶段是指一般建筑法规中所规定的荷载（不计荷载系数），如恒载和活载；而系数荷载阶段是指乘了适当荷载系数后的荷载。为了确保构件的强度和使用上的可靠性，就必须研究使用荷载阶段及系数荷载阶段。

例如，沿纵轴承受预加应力的梁，虽在规定荷载作用下不会产生过大的挠度，但其强度则可能会小于恰当的安全值。同样，如单纯按强度条件进行设计，则在使用荷载作用下可能会出现过大的挠度或上拱度。

研究构件在使用荷载下和传递预加力后的状况时，可利用 18.3.2 节的假设。

18.2.5 本节所指的是后张法预应力混凝土构件，其中键与混凝土之间只有间隔性的接触。应采取措施以避免此类构件出现纵向挠曲。尤其是承受很大预压应力的薄腹板或翼缘，在细长构件中的两支点之间很可能会出现纵向挠曲。

如果键与预应力构件完全密贴，或未黏着键的管道较为大些时，则在预加应力作用下构件不可能出现纵向挠曲。

18.2.6 对未压浆管道控制截面的考虑应包括联结器的鞘在内，应该处的截面面积可能大于键管的截面面积。在某些情况中，由管道至锚具间的过渡段或喇叭形段也可能会是控制截面。未压浆的管道，如在设计中确认可以忽略其影响，则可用全截面计算构件的截面特性。

先张法构件和压浆后的后张法构件的截面特性，可以根据全截面、净截面或用已黏着的键及非应力钢筋的换算面积进行计算。

18.4 受弯构件中混凝土的允许应力

为控制构件在使用中的可靠性，规定了混凝土的允许应力。允许应力并不能确保结构具有足够的强度，为此必须按规范的其他条文校核其强度。

18.4.1 本段所列允许应力适用下述阶段内：刚传递预加应力后，但在徐变和收缩等随时间而变的预应力损失未发生以前。在此阶段，混凝土应力是由预应力键传力并扣减构件自重产生的应力以及下列损失形成后所产生的应力——混凝土弹性压缩、键松弛及锚具变形。本阶段通常不考虑混凝土收缩的影响。在恰当考虑传力中的损失以后，所列应力对先张的及后张的混凝土均属同样适用。

18.4.1（b）及（c）$\sqrt[3]{f'ei}$和$\sqrt[6]{f'ei}$是指“预压的受拉区”以外的混凝土允许拉应力限值。如不超过此限值则不必设置黏着的辅助钢筋。超出此限值则应计算受拉区的总拉力，并设置钢筋以承受此拉力，所需钢筋面积按 0.6_{fy}（但不大于 30 000 磅/平方英寸）的应力进行计算。徐变和收缩几乎立刻就开始使拉应力降低，但在全部预应力损失完成后，这些受拉区仍存在一些拉应力。

18.4.2(b)所谓预压的受拉区是指受弯构件在恒载和活载作用下横截面中受拉的部分。而在预应力混凝土设计中总是使该部分在预加应力作用下承受压力，以便有效地降低其拉应力。

允许拉应力$6\sqrt{f_c'}$是与 7.7.3.1 节所规定的混凝土保护层厚度相协调的。如构件处于海水的化学侵蚀、工业大气的腐蚀、污水道的秽气或其他严重腐蚀性的环境中，则其保护层厚度应符合 7.7.3.2 节的要求，它比 7.7.3.1 节所规定者要厚，同时拉应力也应降低到使用荷载作用下不产生开裂的程度。为此技术人员必须进行判断以确定保护层厚度的增加量和是否需要降低拉应力。

混凝土允许拉应力的大小与用来控制裂缝开展的黏着钢筋的数量究竟够不够有关。这种黏着钢筋可以包括预应力或非预应力键或普通钢筋。但应指出裂缝的控制不仅取决于所设钢筋的数量，而且与它们在整个拉力区内的分布有关。

由于 18.9 节规定了对黏着钢筋的要求，一般认为装配式构件的性能和同样修建的整体式混凝土构件者相同。因此，18.4.2（b）和 18.4.2（c）款所列的允许拉应力限值可同时用于装配式和整体式构件。如果挠度对结构物有重要影响，则在计算挠度时应将装配式构件拼装接头中的裂缝考虑在内。

18.4.2（c）允许拉应力提高到$12\sqrt{f_c'}$后便改善了结构物在使用荷载下的工作性能，而当活载为瞬时性者尤其如此。为利用此提高的允许应力，要求技术人员如 7.7.3.2 款所规定那样增强钢筋的混凝土保护层厚底，并须研究就构件的挠度特征，特别是要研究构件在不开裂过渡到开裂时的荷载所产生者。

不包括双向板是根据美国土木工程师协会美国混凝土学会（ACI—ASCE）423 委员会的研究报告 10.1 确定的。该委员会建议：预应力混凝土平板若以等效刚架法或其他近似法设计，则允许拉应力不应超出$6\sqrt{f_c'}$。对于按照更为精确的分析方法而设计的平板，或者对于就强度和使用状况作了严格分析和设计的其他双向板系统，按照 18.4.3 节，上述应力限值可以超出。

预应力混凝土构件的荷载挠度曲线可概化成由两条直线组成的折线（双线性曲线）。折线的首段自初荷载以直线延伸，至开裂荷载（当构件刚度明显降低时则表示已到达开裂荷载）。折线的第二段自开裂点起，随着荷载的增加以较平缓的坡度向前延伸。坡度的变化是构件开裂时刚度 EI 降低的函数。在绝大多数条件下，这种变化是可以忽略的。在某些情况中，由于变化是如此缓慢，以致连荷载—— 挠度曲线是双线性的假设也是不必要的。然而，当开裂时刚度能量降低的场合中，挠度增加则大。故当容许应力用得较大时，法规引导技术人员用开裂截面及黏着钢筋的换算面积来计算构件刚度 EI 和相应的挠度。

18.4.3 本段条文为设计提供一种灵活性，俾使预应力混凝土的新产品、新材料和新技术的发展不致受到法规应力限值的阻碍和抑制，这些限值只代表了在制定法规时的最先进的要求。但设计应按 1.4 节的规定进行审批。

18.5 预应力键的允许应力

本法规对预应力键的应力不分临时应力和有效应力，而只提出一个应力限值。这是因为初期键应力（刚传力锚固后）能持续存在一段相当长的期间，甚至在结构物投入使用以后亦属如此。因此这种应力必须在使用条件下也具备充分的安全系数，从而不能视如临时应力。任何由于损失而使键应力的后续降低，仅起改善其工作条件的作用，因此法规未对这种应力降低规定限值。

18.6 预应力损失

18.6.1 如何计算预应力损失，可参考美国土木工程师协会美国混凝土学会（ACI—ASCE）423 委员会[18.2、435] 委员会 18.3 和预应力混凝土学会（PCI）预应力损失委员会[18.16] 的研究报告。423 委员会的报告中建议对先张键的预应力损失总值采用 35 000 磅/平方英寸，对后张键采用 25 000 磅/平方英寸，这一建议在大多数情况中都能得到满意的结果。

预应力损失的实际值与计算值如果不同，这对构件设计强度的影响很小，但对构件在使用荷载作用下的结构特性（挠度、上拱度及开裂荷载）和对毗连构件却有影响。在使用荷载作用下，过高的估算预应力损失值其效果几乎与过低的估算预应力损失值同样有害，因为估算得过高会产生过大的上拱度和水平变位。

用无初应力的钢丝组成的键，由于松弛产生的预应力损失的计算值，已在文献 18.4

中进行了分析及汇总。后来对符合美国材料试验协会（ASTM）A416 规范的无初应力的钢绞线进行的研究表明，其松弛损失与文献 18.4 所列者差不多相同。

经稳定化处理的钢绞线或钢丝，其松弛损失则比通常无初应力的键为小。当钢绞线在高温中处理时，在强大的拉力作用下产生一定的永久伸长量，从而使键在使用荷载作用下松弛损失变小。对于某一特定钢材，其具体的松弛值应由技术人员与钢材制造商研究后确定。

18.6.2 颤动摩擦和弯道摩擦所产生的预应力损失值按本法规（18-1）式或（18-2）式计算。表 18.1 所列系数值给出一般情况下可以预期的变动范围。由于管道、键和包裹材料的多样化，所以表列各值只能作为选值的参考。如选用刚性导管，

表 18.1　后张键的摩擦系数（用于（18-1）或（18-2）式）

			颤动摩擦系数 k	弯道摩擦系数 μ
键置于金属套管中并压浆		钢丝键	0.001 0—0.001 5	0.15~0.25
		高强度钢筋	0.000 1—0.000 6	0.08~0.30
		7 股钢绞线	0.000 5—0.002 0	0.15~0.25
未黏着键	用胶合料包裹的	钢丝键	0.001—0.002 0	0.05~0.15
		7 股钢绞线	0.001—0.002	0.05~0.15
	预涂润滑油的	钢丝键	0.000 3—0.002	0.05~0.15
		7 股钢绞线	0.000 3—0.002	0.05~0.15

则颤动摩擦系数 k 可以零计。当粗大的键置于半刚性导管内时，颤动摩擦系数亦可以零计。对于特定类型的键和导管，其摩擦系数值应从键的制造商那里去索取。如估算得摩擦损失比实际的小了，就会导致不适当的构件上拱度和不充足的预应力。预应力损失估算得过高而实际上并未达到，则产生额外的预加应力从而出现过度的上拱度和压缩量。如测量的摩擦系数小于设计中所假定的，则应调整键的张拉力，使结构控制截面上仅产生设计要求的预应力。

18.7　抗弯强度

18.7.1 预应力受弯构件的设计弯矩强度可用计算普通钢筋混凝土受弯构件弯矩强度的公式进行计算。

（1）矩形截面或中性轴在翼缘内的带翼缘的截面（通常翼缘厚度大于 1.4 $d_\rho pf_{ps}/f'_c$），设计弯矩强度 ϕM_n 可按下式计算：

$$\phi M\text{n}=\phi\left[Apsf_{p0}d(1-0.59\omega_p)\right]$$

$$=\phi\left[\ A_{PS}f_{PS}\left(\text{d}-\frac{a}{2}\right)\ \right]$$

（2）中性轴位于翼缘外的带翼缘的截面（通常翼缘厚度小于 1.4dρ($f_{ps}f'_c$)），设计弯矩强度 ϕM_n 可按下式计算：

$$\phi M_n=\phi\left[A_{p\omega}f_{ps}\left(\text{d}-\frac{a}{2}\right)+0.85\text{f}'_c(b-b_w)\ \text{h}_\text{f}\left(d-\frac{h_f}{2}\right)\right]$$

式中

$$A_{pw} = A_{ps} - A_{pf}$$

和 $Apf = 0.85 f'c(b - bw)\ hf/fps$

A_{PS} 和 A_{pw} 是分别为展现腹板和翼缘悬出部分的抗压强度而需要的预应力钢筋面积，其中 h_f 为翼缘的厚度。

以上强度公式的推导可见文献 18.5。

18.7.2（18-3）式是一个近似式，而更为精确的计算则是根据在系数荷载作用下使应力和应变之间达到相容条件的试算法。对于高含筋率的梁，上述近似公式计算得到的强度可能偏小，如要较为精确地估价这类梁的强度，就必须应用包含应力应变相容条件的方法。

用于未黏着键的（18-4）式，是以文献 18.6 中的试验资料为依据提出的。该文献建议地公式为

$$f_{ps} = f_{se} + 10\,000 + \frac{1.4 f_c'}{100 \rho p}$$

在文献 18.6 中，系将各种不同的试验构件加载到破坏，上列公式则代表了键应力增长数据的下包络线，因此用这个公式计算的结果是保守的。

然而美国土木工程师协会美国混凝土学会（ACI—ASCE）423 委员会建议的公式更为谨慎一些，它把 fc′ 的乘数 1.4 删去了。本法规采用了这个较为谨慎的公式，从那时以后，对未黏着的平板和细长梁的试验却证实了这个公式倒是比较恰当的。

18.8 受弯构件的钢筋限量

18.8.1 钢筋指数 0.3 的限值是美国土木工程师协会美国混凝土学会（ACI—ASCE）423 委员会建议的用作计划低配筋和超配筋构件的区分线。

当钢筋指数大于 0.3 时，用标称强度公式（$\phi = 1.0$）算出的强度和实验所得者吻合不良。

18.8.2 下列公式可用于计算超配筋构件的设计弯矩强度 ϕM_n。

（1）矩形截面或中性轴在翼缘内的带翼缘的截面，可按下式计算设计弯矩强度 ϕM_n：

$$\phi M_n = \phi\left(0.25 f_c' b d^2\right)$$

（2）中性轴不在翼缘内的带翼缘的截面，设计弯矩强度 Φ Mn 可按下式计算：

$$\phi M_n = \phi\left[0.25 f_c' b_w d^2 + 0.85 f_c'(b - b_w) h_f (d - 0.5 h_f)\right]$$

18.8.3 为防止构件开裂后立即出现由于预应力键断裂而引起突然的弯曲破坏，特制定了本条文。通常要求构件在开裂后至极限强度之间具有相当大的增载能力。这样，由此而产生的大挠度预示着构件强度即将到达。然而如果构件开裂后很快就到达极限抗弯强度，上述预警性的挠度可能不会产生。

18.9 黏着钢筋的最低要求

18.9.1 在使用未黏着键的预应力构件中，法规要求设置一些黏着钢筋。这是为了在极限强度时能确保构件的抗弯性，而不致像系杆拱那样工作，同时为了在使用荷载下当拉应力超过混凝土挠折模量时能控制构件的开裂。按 18.9 节设置的最小黏着钢筋面积将有助

于这些特性的充分实现。

研究表明：未黏着的后张法构件，在强地震荷载作用下，并非固有地具备强大的消能能力，因为这种构件本身基本上是一个弹性体。为此，按本节要求进行配筋的未黏着的后张法结构构件，在 A.1.1 节中规定的地震荷载作用下，只能假设它承受竖向荷载，而在水平方向则只能考虑它在消能杆件之间起水平隔板作用而已。

18.9.2 本段对不包括双向平板在内的构件提出了最小黏着钢筋的数量，这是根据对黏着的和非黏着的后张法梁的特性进行研究比较后确定的[18.7]。虽然除梁和平板以外，对其他构件的研究不多，但对于参考文献 18.7 中未具体涉及梁和板系结构同样使用 18.9.2 节的规定，仍然被认为是合理和可取的。对双向板运用式（18.5）的需要性，在新近的试验数据中并未得到证实；因此为了反映这种新的情报信息，对原先 ACI318—71 的规定作了修改。

18.9.3 双向平板中的最小黏着钢筋量是根据美国土木工程师协会美国混凝土学会（ACI—ASCE）423 委员会的报告[18.2、18.8]确定的。对具有柱顶托座的双向平板[18.9]或格子板[18.10]的少量已有的研究指出：这些特殊体系的性能与平板相类似。然而，在更为完备的资料可供利用之前，18.9.3 节的规定应只使用于双向平板（等厚实体板），而 18.9.2 节的规定则用于其他各种双向板系。

18.9.3.1 汇总于 423 委员会报告[18.2]中的平板试验和执行 1963 年制定的美国混凝土建筑法规的实践均表明：常用跨度的平板在一般荷载作用下，不设置黏着钢筋亦具有良好的性能。在使用荷载作用下，正弯矩区的拉应力不超出 $2\sqrt{f_c'}$ 处，不必设置最小黏着钢筋。

18.9.3.2 正弯矩区的拉应力在 $2\sqrt{f_c'}$ 与 $6\sqrt{f_c'}$ 之间时，应按（18-6）式设置最小黏着钢筋面积。式中的拉力 N_c 用在使用荷载作用下的未开裂的匀质截面进行计算。前一版美国混凝土法规 ACI 318—71 中的 N_c 的系数 1.2 现已删去，因为平板实验并未明确显示有设置任何正弯矩黏着钢筋的必需性。

18.9.3.3 美国土木工程师协会美国混凝土学会（ACI—ASCE）423 委员会[18.2]的研究指出：双向平板中负弯矩区的黏着钢筋，如按“柱列带”横截面面积的 0.15%设置，已足以控制开裂及提供充分的延性。式（18.7）则是一种修正的形式，它要求在矩形节间的支承处，在长方向上设置较多的黏着钢筋。将上述钢筋集中布置在直接位于柱上及紧邻柱侧的板身顶部，这一点是重要的。经研究后亦已表明，在使用荷载作用下的低拉应力区，即使不设黏着钢筋，在系数荷载作用时亦能表现出满意的性能。然而，现行的实践要求在法规中，无论使用荷载的应力水平如何，均需规定设置最小黏着钢筋，俾有助于保证抗弯的连续性及延性，和控制由于超载，温度变化或收缩引起的开裂。

18.9.4 黏着钢筋必须按系数荷载时的受力条件予以可靠锚固。在系数荷载作用下，按 18.7.3 节的规定为挠曲强度所需的黏着钢筋，或在使用荷载作用下，按 18.9.3.2 节的规定为拉应力条件所需的黏着钢筋，如遵照第十二章的要求布置，则可保证获得可靠的锚固，使其拉力或压力得以展现。最小锚固长度适用于按 18.9.2 节或 18.9.3.3 节要求的，而不是按 18.7.3 节为挠曲强度所要求的黏着钢筋。在连续梁上对这些最小钢筋长度研究后表明，在使用荷载和系数荷载条件下均具备良好性能。

18.10 刚架和连续结构

18.10.3 在静不定结构中，由预加应力引起的支点反力所产生的弯矩，一般称为次弯矩，次弯矩对处于弹性阶段和非弹性阶段的结构都是重要的。当塑性铰及完全的弯矩重分布出现，就形成一个静定结构，次弯矩也就消失。可是，为获得一定数量的弯矩重分布，就需要某种与之相应的非弹性转动量，而由非吻合键引起的弹性变形则将改变此需要的非弹性转动量。反之，对于具有一定非弹性转动能力的梁来说，支点弯矩可以变动之量亦将有所改变，这一改变等于由于预加应力而在支点引起的次弯矩量。因此，法规要求，在确定设计弯矩时，次弯矩应包括在内。

设计弯矩的程序为：(a) 计算由恒载和活载产生的弯矩；(b) 按规定进行重分布；(c) 取 (b) 项与次弯矩的代数和作为设计弯矩。当键由吻合束位置向下线性转换，在支承处将产生次弯矩，因此，减少了支承处的负弯矩，但增加了跨中的正弯矩。如键由吻合束位置向上线性转换则得到相反的效果。

18.10.4 连续的预应力受弯构件由于重力荷载产生的负弯矩的重分布。

当构件达到其强度时，一些截面上的非弹性特性能导致预应力混凝土梁中弯矩的重分布。在某些情况下，承认这种特性在设计中可能是有利的。弯矩重分布的严密设计法十分复杂。然而，弯矩重分布可以用简化法进行，即对按弹性计算的系数重力荷载弯矩进行一些合理的调整。这些调整量必须保持在事先预定好的安全限度之内。

弯矩重分布的容许值决定于临界截面有足够的非弹性变形的能力。在使用荷载下，结构物的适用性已由 18.4 节中的容许应力来保证。对 ω_{p}、($\omega+\omega_{p}-\omega$) 或 ($\omega_{\mathrm{w}}+\omega p_{w}-\omega_{w}$)(等受拉钢筋指数，取 0.2 作为容许进行弯矩重分布的最大限值，这与 8.4 节中对普通钢筋混凝土规定的 0.5 ρ_{b} 之要求是一致的。

本节所述的弯矩重分布的原则，如用于非黏着键的梁，则梁中必须有足够的黏着钢筋，以确保在梁体开裂后挠曲构件一样工作而不像一系列杆拱那样工作。为此最小黏着钢筋应满足 18.9 节的规定。

18.11 压杆——压挠杆件

18.11.2 对预应力受压构件的钢筋限制

18.11.2.1 平均预应力小于 225 磅/平方英寸的柱，应按 7.10 和 10.9 等节的规定设置横向和竖向最小钢筋。平均预应力小于 225 磅/平方英寸的墙，必须按 14 章或 10.15 节的规定作为普通钢筋混凝土墙进行设计。

18.11.2.3 对于平均预应力大于或等于 225 磅/平方英寸的预应力墙，如经完善的结构分析后表明较低配筋率仍具有足够的强度和稳定性，则 10.15 节中关于墙的最小钢筋用量的规定就不必遵守。

18.12 板体系

18.12 节没有提供详细说明有关预应力混凝土特异性能各个方面的设计规定。

建议用等效刚架法（见 13.7 节）计算预应力板的设计弯矩和使用弯矩 [18.1]。试验已表明利用等效刚架法能精确地计算出预应力平板的弯矩 [18.17.18.1]。至于其他的分析方法，在使用时应该小心，除非其分析成果已被实验所证实。应用平均系数的简化法不适用预应力混凝土板。

实验[18.7]指出预应力板的强度受控于键的总强度，而不是受控于键的布置。虽然在柱顶直接通过一些键系属重要，但其他部位的键布置则不是关键性的问题，并可用任何满足静力条件的合理方法进行计算。柱列带中键的最大间距建议不大于板厚的 4 倍；对中间带或腱均匀布置的板，其最大间距不应超过板厚的 6 倍。

预应力平板在每一方向上的连续跨度在两跨以上时，通常建议的跨度/板厚的最大比值为：对楼板为 42；对屋面板为 48。而如果经计算证实板的瞬时挠度和长期挠度、上拱度和振动的频率及振幅等均属容许时，则上述比值可分别放宽到 48 和 52。

瞬时的和长期的挠度，以及上拱度应根据结构物的特定用途，按其使用要求校核之。

为了避免预应力的摩擦损失值过大，以及为了减小板收缩的影响，两个构造缝之间的最大板长一般限制在 100~150 英尺。

18.13 键锚固区

因为后张键锚固区的实际应力状态十分复杂，所以应尽可能对其强度作精密的分析，并取ϕ值为 0.9。

当试验数据或更为精密的分析方法无法获得时，则可利用摘自文献 18.15 的公式来拟定键锚固区的尺寸。至于强度折减系数ϕ，则已在允许支承应力予以考虑。

（1）在腱刚锚固后：

$$f_b = 0.8 f'_{ci}\sqrt{A_a / A_1 - 0.2} \leqslant 0.25 f'_{ci}$$

（2）预应力损失完成后

$$f_b = 0.6 f'_c\sqrt{A_2 / A_1} \leqslant 0.25 f'_c$$

式中：A_1——后张键锚板的承压面积

A_2——在锚固面上与后张键锚板同心且几何相似的最大面积；

Jb——在后张键板下并设置了充分加强钢筋的锚固区端部混凝土的允许承压应力。

18.14 非黏着预应力的防锈[18.11]

作为合格的防护非黏着腱的材料应满足下列要求：

（1）在整个预期的温度范围内不会开裂、变脆或流动。在没有特定要求时，通常取为 0°F 到 160°F。

（2）在结构物的整个使用期间保持化学上的稳定性。

（3）在周围的材料如混凝土、键、包裹物或导管等无化学作用。

（4）不锈蚀或能防锈蚀。

（5）不透潮。

18.16 用于黏着预应力键的灰浆

用灌注灰浆的方法可以确保后张键与混凝土结合成整体，并能对键起防锈蚀作用。因此，选择适当的灰浆和灌浆程序对后张式结构来说是一个重要的环节。

18.16.2　3.6 节中关于外加剂的各种限制，对灰浆同样适用。使用外加剂通常是为了提高和易性、减少泌水和收缩或使灰浆膨胀。现已查明，氯化物、氟化物、亚硫酸盐和硝酸盐等化合物对预应力键、灰浆或混凝土等都是有害的。如允许使用铝粉或其他膨胀性外加剂时，其产生的自由膨胀量应在 5%~10%。差不多在所有的建筑结构中均使用纯水泥浆。仅在具有大孔隙的粗管道中，才考虑使用细级配砂于灰浆的优越性。

18.16.3　灰浆配合比的选定

按本条所述选定的灰浆配合比，其 2 英寸标准立方体的 7 天抗压强度一般超过 2 500 磅/平方英寸，28 天的抗压强度约为 4 000 磅/平方英寸。设计灰浆拌和料时，其运送和灌注的性能通常比它的强度更受重视。

18.16.4　灰浆的拌和与泵送

当环境温度为 35°F，而灰浆的初期最低温度为 60°F，则可能需要 5 天之久来达到 800 磅/平方英寸的强度。灰浆的最低温度建议用 60°F，因为这与推荐置于环境温度为 35°F 中的混凝土最低温度相协调。当允许适用快凝灰浆时，养生期可以缩短，但必须遵守供应厂家所作的各项建议。立方体试块的养生条件，在温度和适度等方面应尽可能和构件中灰浆所处的条件相同。灰浆的温度超过 90°F 后将使泵送发生困难。

18.17　预加力的施加和量度

18.18.1 本段提出的要求是为了确保在设计中采用的预加力的数值在预应力键中得以实现。在美国土木工程师协会美国混凝土学会（ACI—ASCE）423 委员会的报告 18.2 中亦有类似的条文。

18.18.4 本段条文适用于所有预应力混凝土构件。对于就地灌注的后张的板体系来说，所谓“构件”是指在设计中作为一个单元来考虑的那部分，例如，在单向搁栅体系中搁珊与板的有效宽度所构成的单元，或在双向平板体系中的柱列带或中间带。

18.18　后张锚具和联结器

在规定锚具及联结器的能力时，《法规》的意图在于：当它们展现键的标定强度时，其永久变形和（挤紧、滑移等）连续变形系属最低限度，虽然在试验至破坏时总不免会出现一些上述变形。用于黏着键的锚具，如不能 100%地展现键的最小标定强度，则只能用于下述场合，即：黏着传力长度等于或超过为展现键的强度所需要的（展伸）长度。在使用荷载及设计荷载作用下需要全部计入预应力的区段和锚具之间，应具备根据试验而确定的上述黏着长度。

建议将文献 18.8 的 4.2.3.2 节中对总装后之键的伸长要求由 2.5%降为 2.0%，使其与美国混凝土学会 301 委员会（ACI301—72）[18.14] 所要求的 2%的伸长量及最近的一些建议相一致。

18.19.4 对破坏荷载更详细的讨论可见美国可见混凝土学会 215 委员会的报告“Considerations for Design of Concrete Structures Suljected to Fatigue Locding.”[18.15]

关于非粘着键的键及锚具零件在静荷载及周期性荷载作用下的试验，其详细的建议见“ Tenta tive Recommendations for Concretc Memlers Pres tres eed with unbonded

Tendons,"[18.8] 一书的 4.2.3 节和"Specifications for Structural Concrete for Buildings（ASI 301—72）。"[18.14] 一书的 15.2.2 节。

18.19.5 关于防护问题的介绍可见"TentativeRecommendations for Concrete Memlers Prestressed with unbonded Tendons."[18.8] 一书的 4.5 节。

本文首刊于铁道部第四勘测设计院科研所、桥隧处所编专题情报资料《美国混凝土学会建筑法规》选译中

1983 年 3 月武汉

四、分段式桥梁的设计

《分段式桥梁的设计》

原著： Walter Podolny，Jr
Jean M.Muller

译自
《Construction and Design of Prestressed Concrete Segmental Bridges》
一书第四章

一九八八年十月

目 录

4.1 导 言

在美国，设计混凝土公路桥梁时应遵循美国各州公路及运输管理人员协会（AASHTO）所制定的《公路桥梁标准规范》的条文。对于铁路建筑物则应按照美国铁路工程师协会（AREA）编制的规范进行设计。但这些规范中的大部分条文，早在分段式结构在美国被认可或尚未实际使用之前就已写就了。

在讨论设计中应考虑的事项之前，作者愿意强调不偏爱在这里提及的就地灌注施工法或预制块体施工法。提及两种施工方法的意图仅是为设计者发现一个满意的设计而提供条件。两种施工方法都是具有生命力的，而且都已设计出了成功的结构物。

通常，分段技术是与所采用的施工方法和结构体系紧密相关的。这是为什么在许多申请书中，无论是就地灌注的或者是预制块体的分段式结构总是和悬臂施工结合在一起使用的理由。在本章中把悬臂法建造桥梁结构作为设计考虑事项的基础予以论述是合乎逻辑的。诸如其他的顶推法和逐段安装法等都有其专门的设计考虑事项，那些问题将在适当的章节中进行讨论。

4.2 活载条件

当就有关问题把美国的情况和其他国家的相比较时，头脑中应具有一个重要参数，那就是活载条件。从图 4.1 中可以看出，不同国建的规范在活载方面存在着相当大的差异。对于以宽 24.6 英尺（7.5 米）和跨度为 164 英尺（50 米）的简支梁为例，按西德规范要求的活载设计弯矩将比 AASHTO 规范要求的大 186%，而按法国规范则要大 290%。加拿大的有些省采用 AASHTO 规范，不过规定活载要按增大 25%采用。

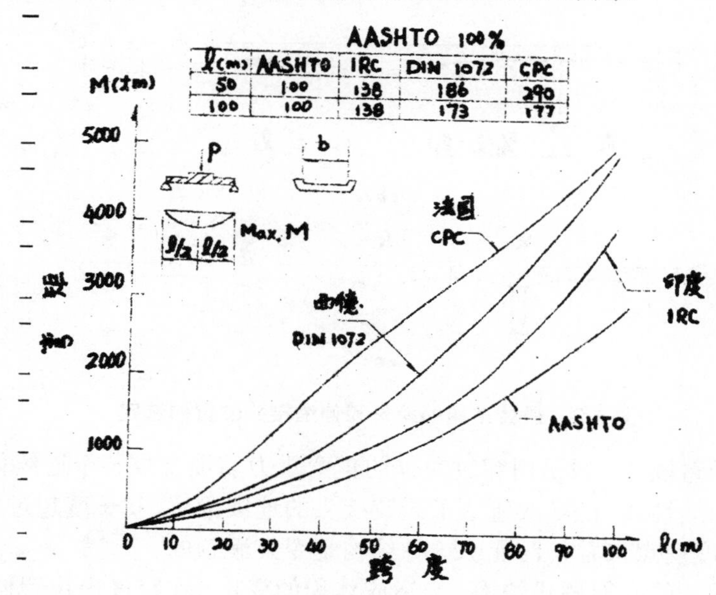

图 4.1 最大活载弯矩（简支跨）

（摘自 F.Leonhardt，“混凝土结构新实践”，IABSE，纽约，1968）

关于分段式结构的高跨比和宽高比，目前在美国是倡导选用欧洲的实践经验。由于在美国使用的活载较轻，故在我们的设计过程中应允许作进一步地斟酌。

4.3 桥梁的跨度布置和组合原则

在平衡悬臂式结构中，分段块体是布置成对桥墩对称的形式。设计人员必须始终记住，对称悬臂法施工是用对称的悬臂桥面块体以桥墩为中心进行的，而不是在相邻桥墩间已架设好的桥跨上进行的②。

对于典型的三跨式结构，边跨的长度宁可采用为主跨的 65%，而不采用通常在就地灌注结构中的 80%。这样便可使靠近桥台的桥梁长度减至最小，因为这部分的桥梁是不利于用平衡悬臂法施工的，见图 4.2（a）。

当主跨和边跨的跨长必须改变时，最好插入一个中间跨，其跨长取两侧跨长的平均值，见图 4.2（b）。这样是最合乎平衡悬臂概念的。

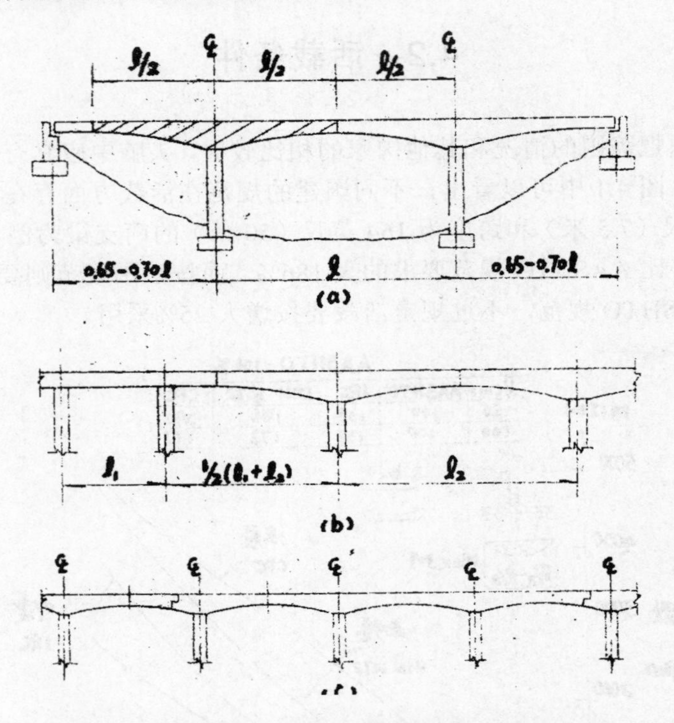

图 4.2　悬臂结构的跨长和伸缩接头位置的选定

两个分离的悬臂段，一般是用穿过块体的正弯矩力筋锁合成一个连续体。而在跨中最好不要设置任何永久性铰。已多次建造了无铰接头的连续梁桥，其长度超过 2 000 英尺（600 米），从养护和刚度观点来看，已证明这种结构是令人满意的。

对于桥长非常长的高架桥式结构，为适应体积的变化，在跨度内设置伸缩接头是无法避免的，这些接头的位置应选定在靠近反弯点处，见图 4.2（c），这样可避免把伸缩接头置于跨中时产生的令人讨厌的坡度变化，这一点将在 4.4 节中进行更详细地讨论。

在很多情况中，无法实现称心如意的最佳跨度布置。这样端跨的长度就会大于或小于期望的最佳跨长。当采用的端跨较长时，可将上部结构过桥台的前墙而形成一个附加的短跨。如图 4.3 所示的是把桥台的前墙作为一个通常的支承①，后部的预应力拉杆②用来防止端部上翘，并且容许用悬臂施工法将上部结构外伸至接头（J_1）处，在那里可有效地和从第一个中间桥墩伸出的悬臂端相接。图 4.4 表示的是另一种图式，原来带梗肋的梁段已用一个等高度梁段替代，由于艺术上的要求，已把这段梁体包藏在桥台的翼墙之内。对于一般的端跨，可用一个专门的梁段临时从桥台悬出，使其悬出端达到从下一个桥墩施工的第一个平衡悬臂处，见图 4.5。如果当地条件允许，这个梁段可考虑在脚手架上就地灌注。

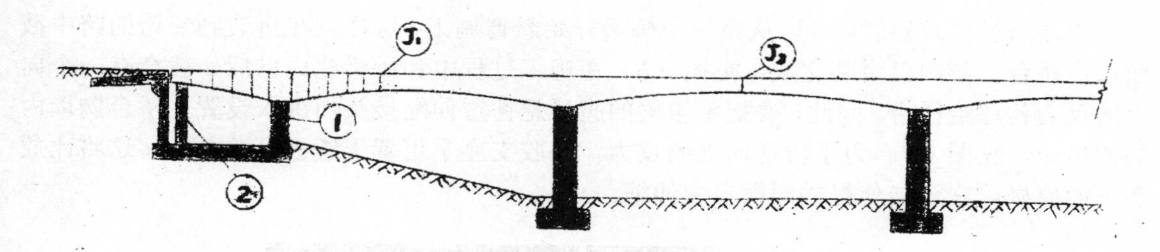

图 4.3　在桥台中的端部约束

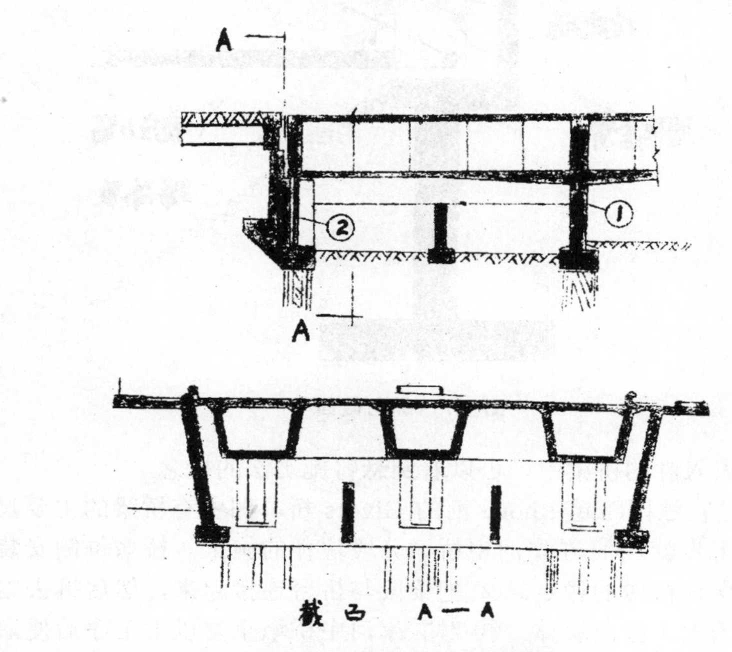

图 4.4　在桥台处的端部约束

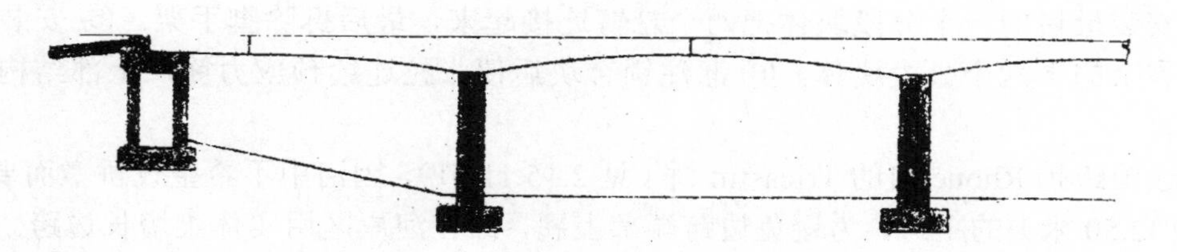

图 4.5　桥台上的一般支承形式

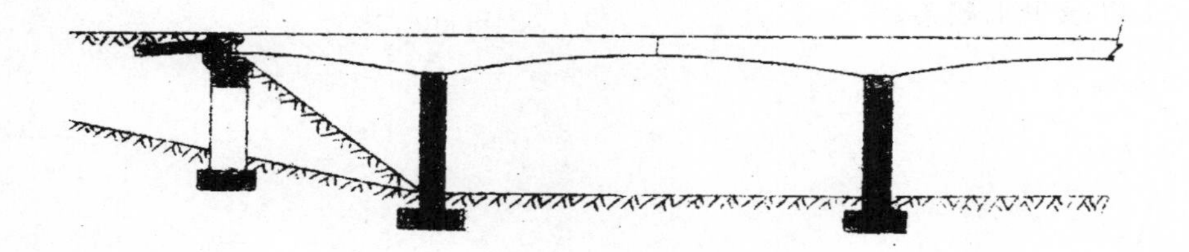

图 4.6　桥台中的防翘锚固

当端跨长度较短时，可以从第一个桥墩开始悬臂施工，这样就在拼装到邻跨的跨中截面以前桥台一侧即已拼装完成，见图 4.6。在施工过程中和桥梁建成以后，就会有一个向上的反力传递给桥台。因此，要把主箱梁的腹板悬伸过伸缩接头而进入设置主桥台胸墙内的槽口中，见图 4.7。为了传递向上的反力，橡胶支座宁可置于腹板悬臂之上，这将比放在下面要好，它还能使得桥面板自由伸缩。

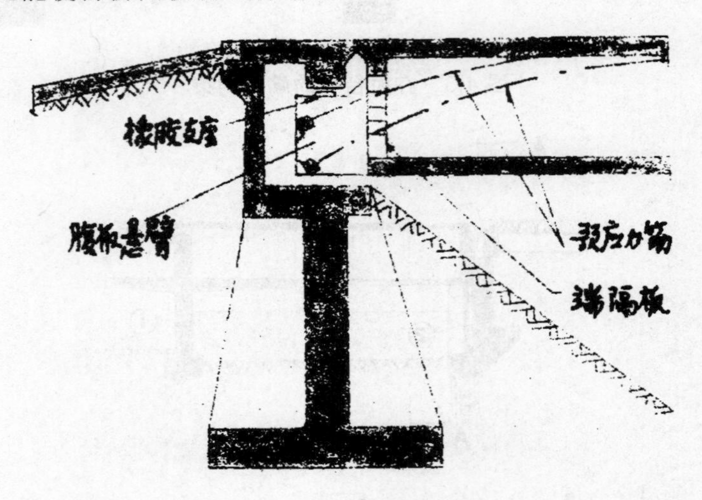

图 4.7　纵向截面

在下面三座引人入胜的桥梁中，可以看到悬臂施工法的概念。

图 4.8 所示的是在法国跨越 Rhone 河的 Givors 桥。图中有桥梁的主要尺寸并可看出上部结构的典型施工步骤。① 左岸河中桥墩分段块体的施工。桥墩每侧安装八个分段块体，并用临时支墩保证桥墩的稳定。② 把梁段与桥台连接起来，然后拆去临时支墩，再用悬臂法安装其余的七个分段块体。③ 对右岸河中桥墩重复以上工序后便灌注中间桥墩上的分段块体。在每一个桥墩的两侧再各安装两个块体，并用脚手架支承。④ 在中间的短跨内安装最后的一个分段块体把两个悬臂连接起来，最后拆除脚手架。⑤ 安装中间桥墩每侧剩余的十六个分段块体。⑥ 灌注锁合块后便张拉连续预应力筋，上部结构至此拼装完成。

在法国跨越 Rhone 河的 Tricastin 桥（见 2.15.11 节），因河中不希望设桥墩而要求 467 英尺（142.50 米）的主跨，为避免边跨端部上翘，故在河岸区用实体梁增长边跨。对河中的主跨产生端部约束的只有两个非常短的边跨，跨长为 83 英尺（25.20 米）。为此在边跨箱内填土，以此作为一个平衡重将上翘的梁端压在桥台上，见图 4.9。主跨的中部则采用轻质混凝土以减少上翘力。

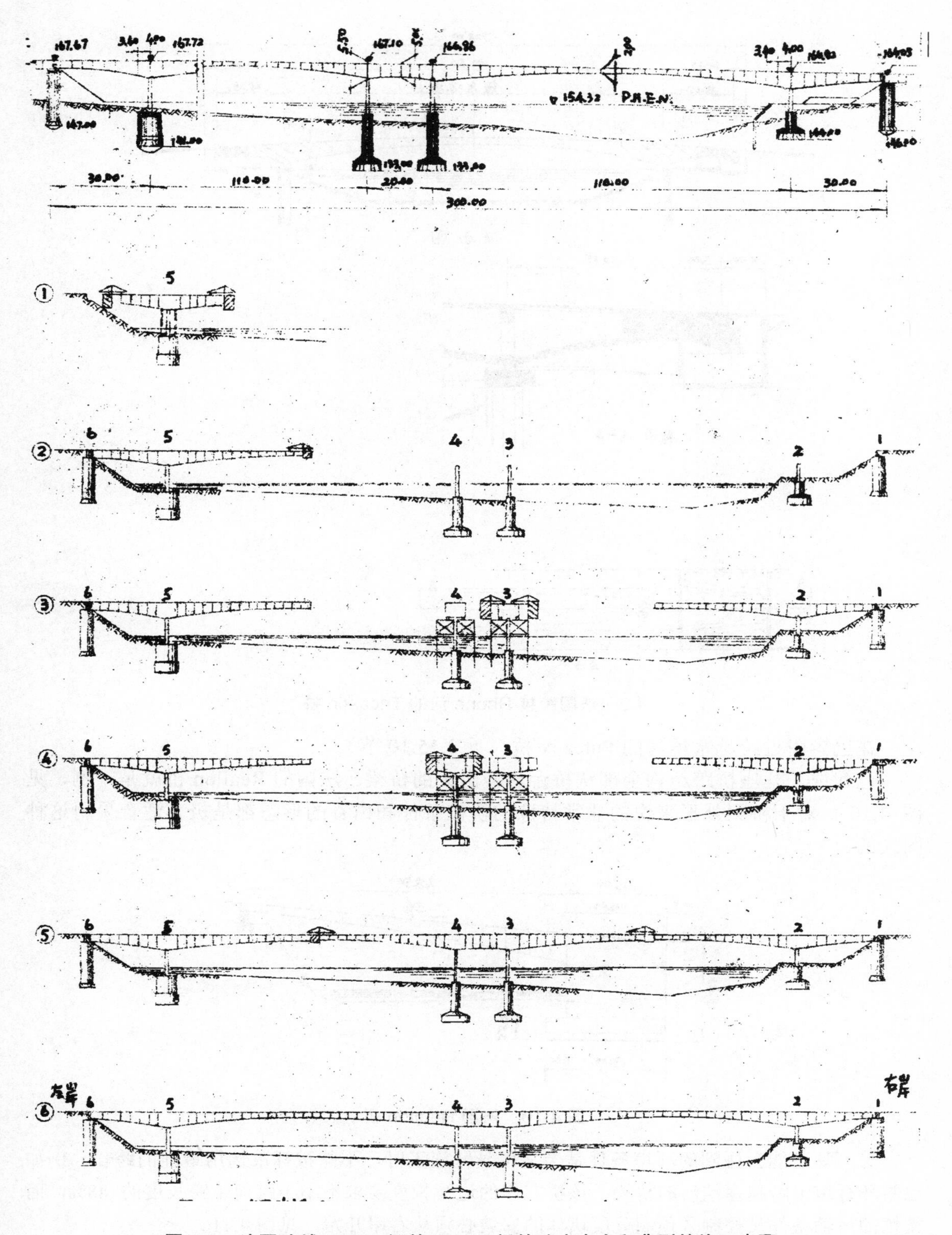

图 4.8　法国跨越 Rhone 河的 Givors 桥的跨度大小和典型的施工步骤

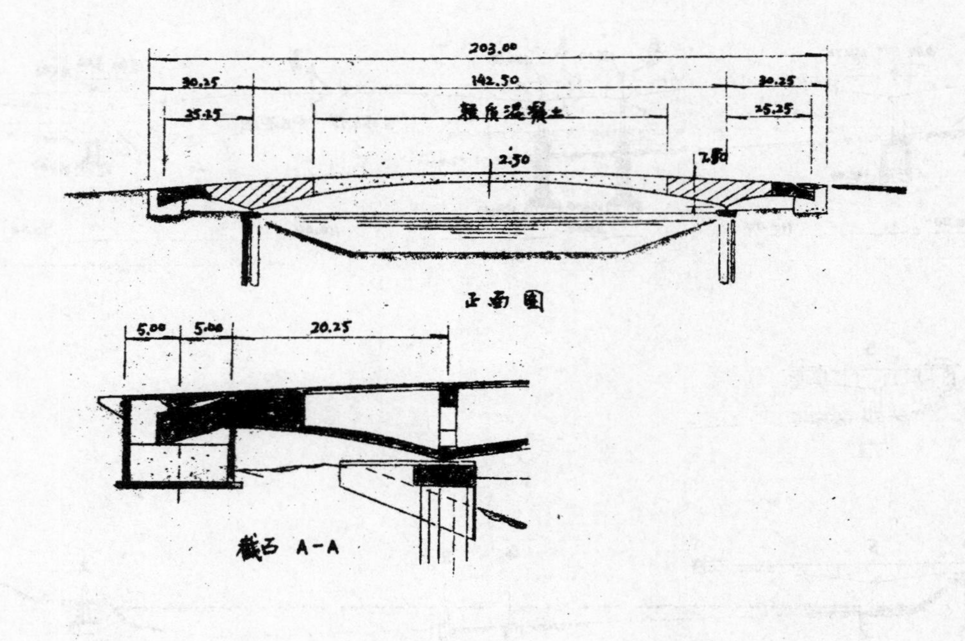

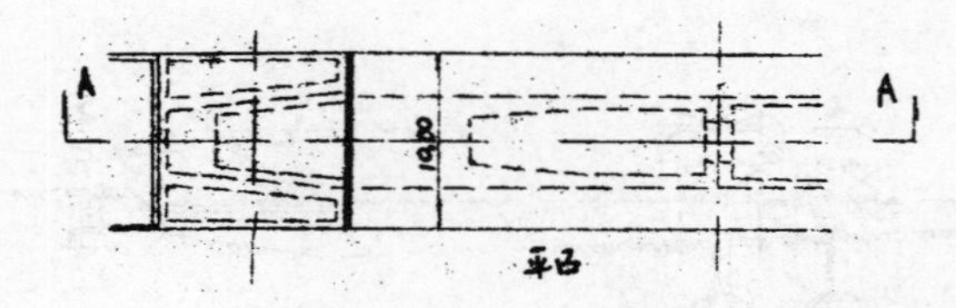

4.9 法国跨越 Rhone 河的 Tricastin 桥

在巴黎附近跨越塞纳河的 Puteaux 桥（见 2.15.10 节）。

已建成了几座桥跨结构全部从桥台悬伸出去的桥梁。法国的 Reallon 桥就是一例，见图 4.10*，对于桥梁外形来说的非常特殊的桥位条件和山谷的形态都是极其适合采用这种图式的。

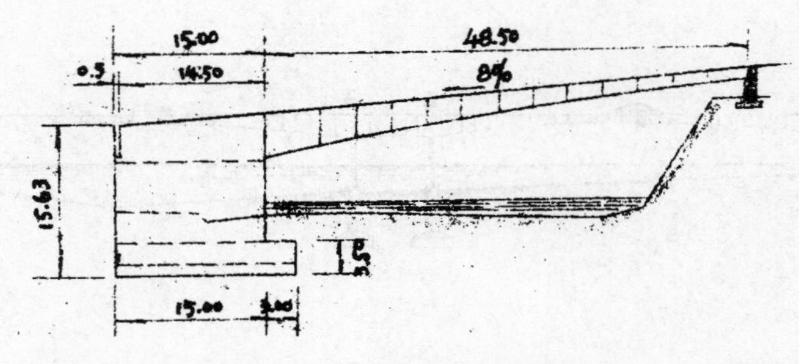

图 4.10 法国 Reallon 桥

另一种可能会碰到的环境条件是当采用悬臂施工时，不能按标准选用最佳的跨长。例如巴黎环行道上跨越塞纳河的桥梁，该桥左岸的边跨长度要求不小于跨河主跨长度的 88%，而繁忙的运输条件又控制了预制分段块体的安装必须从右岸开始，见图 4.11。

* 图内照片未予复制。

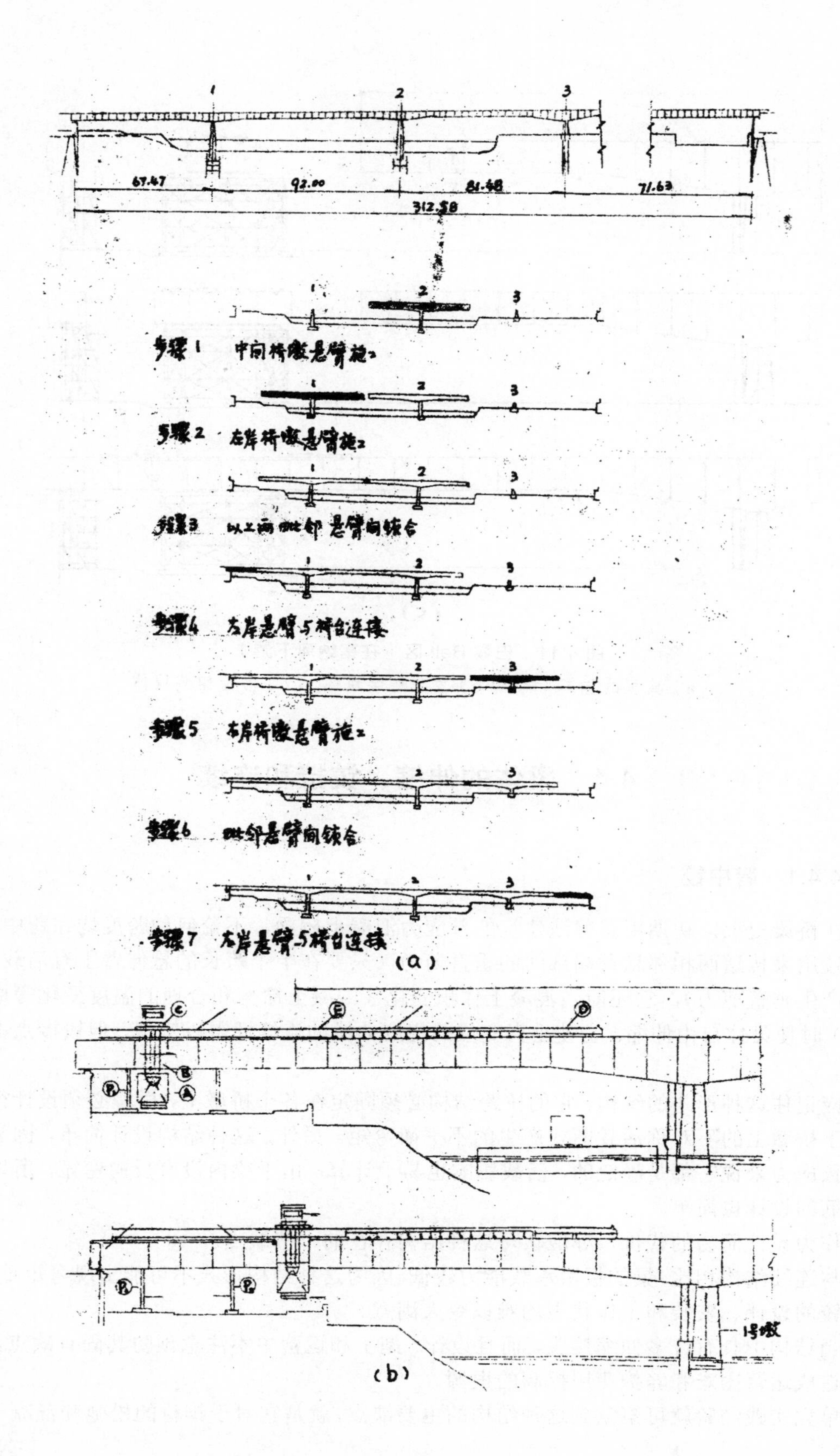

1
2
3
67.47
92.00
81.48
71.63
312.58
步骤1 中间桥墩悬臂施工
步骤2 左岸桥墩悬臂施工
步骤3 悬臂间铰合
步骤4 左岸悬臂与桥台连接
步骤5 右岸桥墩悬臂施工
步骤6 悬臂间铰合
步骤7 右岸悬臂与桥台连接
C
E
D
B
A
1号墩

(a)

(b)

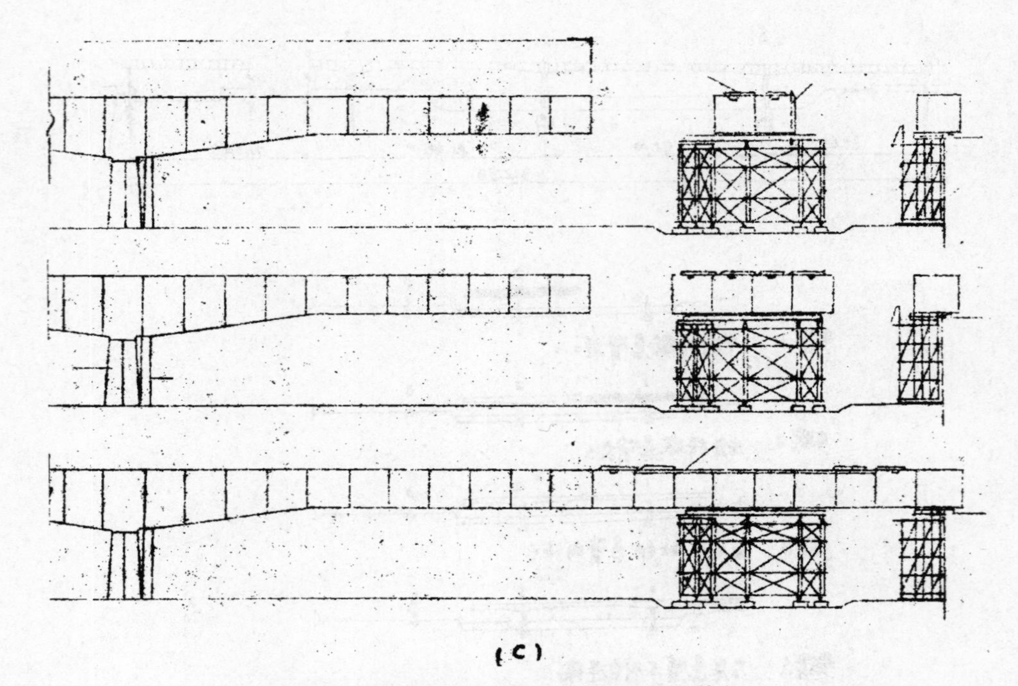

图 4.11 巴黎 Belt 区（在塞纳河下游）

（a）典型的施工步骤，（b）左岸组装块体。（c）右岸组装块体

4.4 梁体的伸缩、铰接和连续

4.4.1 跨中铰

在桥梁史上，初期用悬臂法建筑的预应力混凝土桥梁，不论何种跨度均在跨中设铰。这种铰用来传递两相邻悬臂端部间的垂直剪力（只要在半个跨长的悬伸臂上有活载作用，就会产生垂直剪力），它还能当混凝土体积变化（混凝土徐变和合理的温度变化等原因所产生）时使梁体自由伸缩。它使垂直变位的挠度曲线的连续性得以实现，但铰接点不产生转动。

应记住这种形式的结构，它的桥跨结构必须固定在各个桥墩上，桥墩必须设计得能承受由于桥墩上的不对称活载图式产生的不平衡弯矩。另外，这种结构设计简单，因为对恒载和预应力来说它都是静定的，活载影响也易于计算。由于梁内没有反向弯矩，所以预应力力筋的设计也简单。

作为设计简易的代价，亦应认可这种结构存在的一些缺点。

与连续结构相比，梁的极限承载能力较低。因为这种结构形式不可能出现弯矩重分配。

铰的设计、安装和工作状态均难以令人满意。

当结构中具有许多伸缩接头，而且设计、施工和运营中不注意预防其固有缺点，这将都是造成运营困难和养护费用提高的根源。

单凭实践经验就可察觉到这种结构的主要缺点，就是它对于钢材的松弛和混凝土徐变的极度敏感性。因为设在跨中的各个铰，不能对由于徐变效应而使悬臂产生的竖向变位和角度变位产生约束作用。而且钢材的松弛和相应的预应力损失，更使得事态变得严重，混凝土的徐变将使各跨跨中的挠度逐渐增大。在桥梁的纵向轮廓图中，铰接处的角位移将随时间而增加，已记录到的挠度值已超过一英寸*（0.03 米）。

4.4.2 连续的上部结构

对跨中有铰的结构来说，深入研究其所用的材料并确切地掌握它的特性和行为特征后，便能精确地预估挠度的期望值，还能更好地予以控制。然而更积极的办法是消除掉全部临时铰而使上部结构变成完全连续的，这一点总是能做得到的，这样就消除了产生弊端的根源。

为了反映连续结构和跨中设铰结构的有关性状态，故在 Choisg-le-Rei 桥的中间跨度上，以用跨中设铰的就地灌注悬臂结构和预制分段式连续结构两种极端情况为例，作一个数字说明，其比较结果见表 4.1 和图 4.12 至图 4.14。

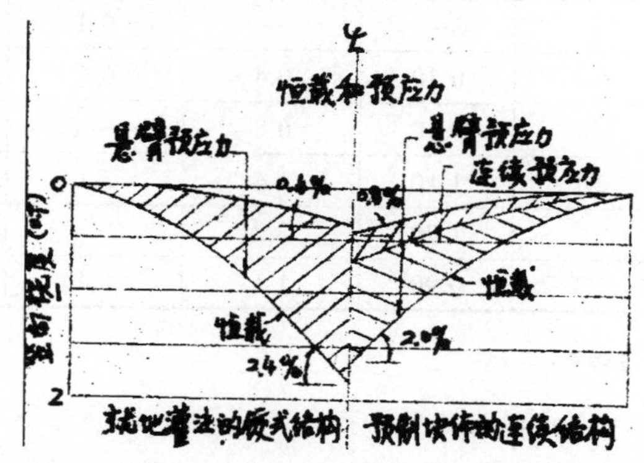

图 4.12 在恒载和预应力作用下的挠度比较（铰式结构与连续结构相比）

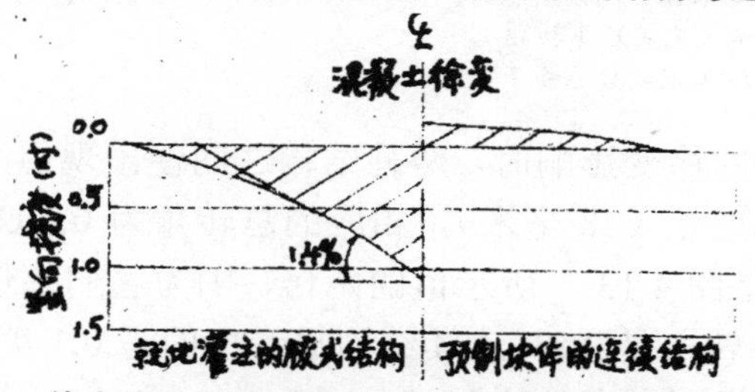

图 4.13 徐变产生的挠度比较（铰式结构与连续结构相比）

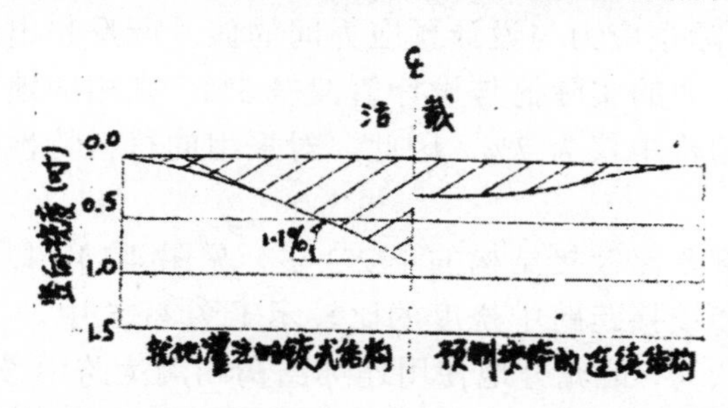

图 4.14 活载产生的挠度比较（铰式结构与连续结构相比）

* 原文为一英尺，恐有误——译者。

研究表明，在恒载和初施预应力综合作用下，两种结构按悬臂法理论，在行为特征和性状上，没有明显的差异，见图 4.12。事实上，铰式结构的跨中转角变化也非常小，这是因为预应力抵消了恒载的一大部分，由原来的 83%降为 58%。

表 4.1　跨中挠度比较（铰接结构与连续结构相比）

NO. 荷载阶段	就地灌注的铰式结构			预制分段式的连续结构		
	E （10^6psi）	Y （in）	ω （in×10^3/in）	E （10^6psi）	Y （in）	ω （in×10^3/in）
1 梁体自重	4.3	1.80	2.4	5.1	1.50	2.0
2 初始预应力	4.3	−1.50	−2.0	5.1	−0.90	−1.2
3 累计值	4.3	0.30	0.4	5.1	0.60	0.8
45%的预应力误差	—	23%			7%	
5 连续预应力	—	—	—	6.4	−0.30	0
6 上部铺装荷载	6.4	0.30	0.4	6.4	0.10	0
7 施工完成后（初期）	—	0.60	0.8	—	0.40	0.8
8 混凝土徐变和应力损失	2.1	1.10	1.4	2.1	−0.10	0
9 施工完成（终了）	—	1.70	2.2	—	0.30	0.8
10 活载	6.4	0.90	1.1	6.4	0.30	0

符号说明：
E=每一特定荷载阶段时的弹性模量
Y=跨中竖向挠度
ω=跨中处的总转角（以一千英寸/英寸计）
计算结果的由来：
（3）=（1）+（2）　　梁体自重+初施预应力
（7）=（3）+（5）+（6）　　施工完成后（初期）
（9）=（7）+（8）　　施工完成后（终了）

然而，当研究混凝土的徐变影响时，两种结构之间便出现巨大的差异，见图 4.13。铰式结构的竖向挠度为 1.1 英寸（28 毫米），相应的总转角为 0.002 8 英寸/英寸。此值为表 4.1 中所列者的两倍，也是图 4.13 中所示值的两倍，因为它们都仅是一个悬臂的转角，所以两个相邻接的悬臂的总转角是 2.8。连续结构显示出的是 0.1 英寸/（3 毫米）的上拱度，而且几乎未发现转角，因为结构是完全连续的。

另外，两种体系对实际预应力与设计预应力间的偏差所反映出的敏感性方面有很大的差异。假设在结构中预应力的实际值与设计值偏差 5%，则相应地最大挠度在铰式结构中要增大 23%，而在连续结构中仅为 7%。因此，对采用的材料特性在可能的偏差下连续结构的敏感性将小 2/3。

连续结构的活载挠度要比铰接结构的小 2/3 多，见图 4.14。以法国 Oleron Viaduct 桥的典型跨为例，连续跨和铰接跨跨中挠度的比较示于图 4.15 中。

从这些材料中可以认为，最充分地使用连续结构和淘汰跨中设铰的结构，则对桥梁的结构性状、运输的安全和舒适以及结构物艺术观瞻等方面来说都将可能会是有益的。

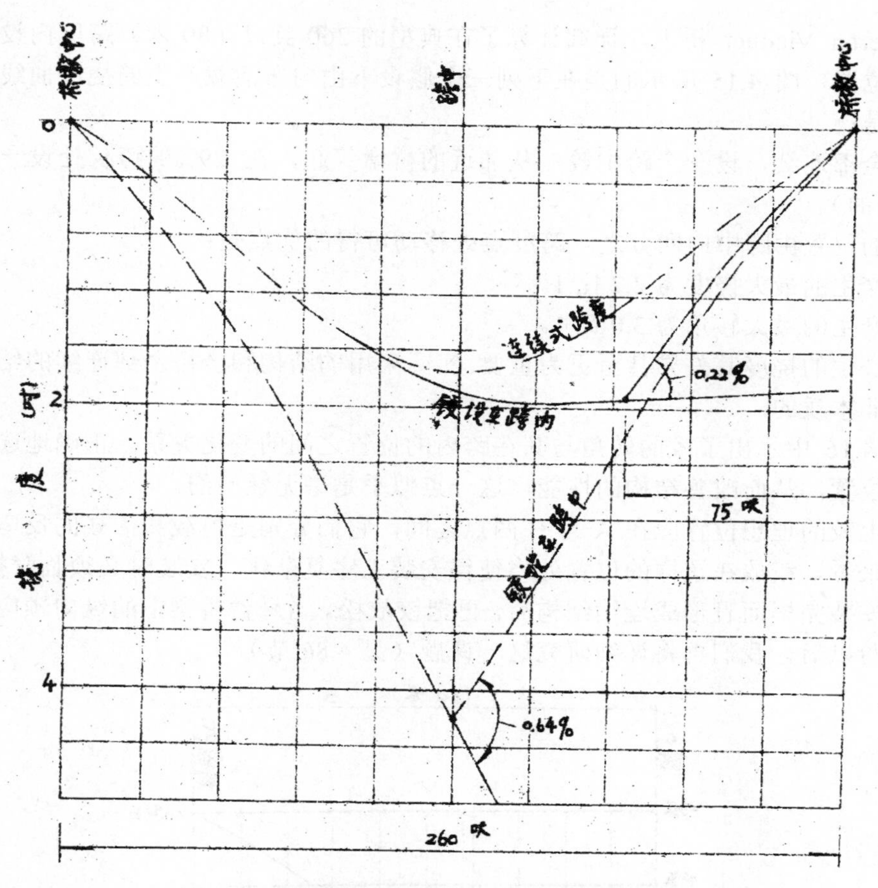

图 4.15 连续结构与铰式结构的活载挠度比较

实践中，在跨中分离的两个悬臂，可以用另外安设的预应力筋使其实现连续性。通常称这种力筋为连续预应力筋，它是沿连续结构的跨度方向设置的。这种力筋设计方面的细节将在 4.8 节中讨论。

4.4.3 长桥的伸缩

若以最佳结构特性选定了连续的上部结构，则人们必须记住，合宜的桥跨长度应该允许结构在短期效应和周期性的体积变化或者混凝土徐变的长期效应下能够伸缩。

为此，桥墩可做得足够柔韧以容许这种伸缩，或者设置弹性支承，将作用在结构上的水平荷载减小到可以接受的程度。整个桥梁设计概念中的这一重要方面将在第 5 章内讨论。

近期建造的某些桥梁，跨度的连续长度在 1 000 至 2 000 英尺（300 至 600 米）之间，在特殊情况时甚至超过了 3 000 英尺（900 米）。对于较长的桥梁，要在两桥台之间全部连续是不可能的，因为在上部结构与桥墩之间会产生过度的水平位移和其他问题。因此，必须设置中间的伸缩接头。对于长跨度桥，伸缩接头不应像以前的悬臂桥那样放在跨中，而应靠近反弯点设置，使得长期效应形成的挠度减至最小。这种概念初期使用在 Oleron Viaduct 桥梁上，近来应用于巴黎的 Saint Cloud 桥、丹麦的 Sallingsund 桥和美国跨越哥伦比亚河的 Zilwaukee 桥等长大桥梁上。

在 Oleron Viaduct 桥上，详细计算了在典型的 260 英尺（80 米）跨度内设置伸缩接头的最佳位置，图 4.15 所示的是在下列三个假设下由匀布活载产生的挠度曲线的图形，三个假设是：

全桥全部连续，设一个跨中铰，从邻近的桥墩算起，在 29%的跨长处设一个中间铰（实际采用的）。

将铰的位置由跨中向四分之一跨度点处移动可得的优点是：

活载产生的最大挠度为 2.2 比 1。

活载产生的最大转角为 3.0 比 1。

恒载产生的挠度其差异甚至更为重要。实际采用的结构和全桥全部连续的结构之间的差异倒是非本质的。

在图 4.16 中示出了铰的转角与其在跨内的位置之间的变化关系。正确地选定铰和伸缩接头的位置，从而改善结构的性能，这一点似乎是毫无疑问的。

理论上铰的理想位置应在 A 与 B 两点之间，它们分别是恒载和活载的反弯点。但从施工观点来看，铰放在这样的位置处将使得安装工序复杂化，安装时必须临时把铰锁住，待到全跨安装完毕而且形成连续结构后，再把铰放松。当悬臂桥梁中的纵向预应力筋的布置进行检验以后，我们再将详细研究这一课题（见 4.86 节）。

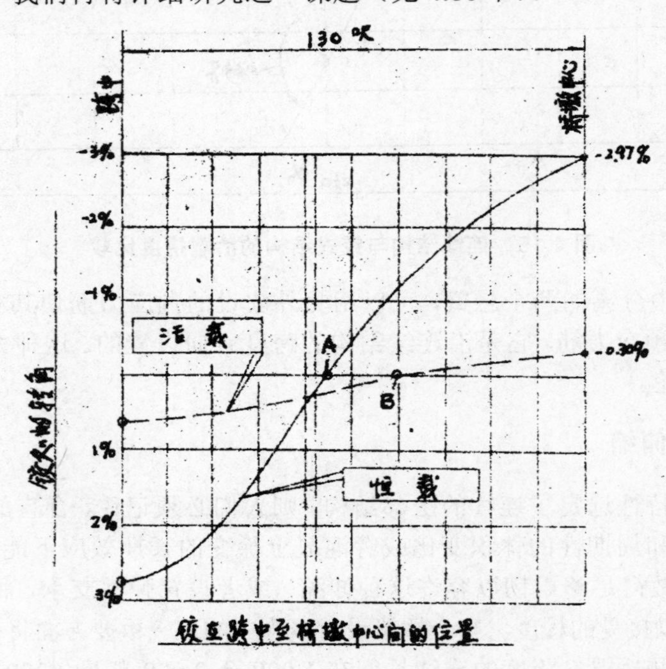

图 4.16 铰在跨内的位置与其转角的关系

最近在设计 Salling sund 桥时发现，以使用荷载下的控制挠度为条件确定的铰的最佳位置，不可能使结构在极限条件下全部达到最大承载能力，这一问题将在本章的以后有关节内讨论。

以上讨论的有关铰的定位问题，对于非常长的桥梁跨度或对于细长的桥跨结构都是特别有用的。对于有足够的梁高的中等跨度（跨度小于 200 英尺，跨高比接近 20），发现在铰接处的跨中预应力仔细布置好后，为了简化，容许在跨中设铰。这是在佛罗里达的 Long Key 桥和七英里桥的另一种悬臂桥的图式。

4.5 上部结构的类型、式样和尺寸

4.5.1 箱形截面

最适合悬臂施工的典型截面是箱形截面，原因如下：

（1）因为这种施工方法，恒载弯矩使整个跨长上的底部纤维产生压应力，且最大弯矩出现在靠近桥墩处。因此典型的截面必须能提供一个大尺寸的底翼缘，特别是靠近桥墩处。箱形截面是最能满足这要求的。

箱形截面的有效系数是最佳的，而且在给定了混凝土面积后所需的预应力钢筋的数量最小。截面有效系数通常可用下列无量纲系数来表示：

$$\rho=\frac{r^2}{c_1c_2}$$

式中，符号见图 4.17 和图 4.18，在图中已对一些基本公式作了介绍。

如混凝土面积集中在薄的翼缘上，而腹板的厚度可以忽略时，则有效系数 $\rho=1$。另外，矩形截面的有效系数仅为 1/3。通过箱形截面的有效系数 $\rho=0.6$，这就显著地比工字形梁有利。

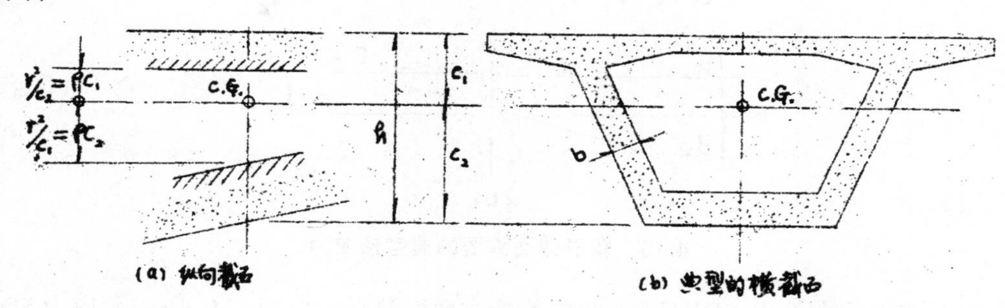

图 4.17　箱形截面的典型特征

截面总高 h；横截面面积：A；惯性矩：I；重心位置：c_1c_2；回转半径：r，由 $r^2=I/A$ 求得；有效系数：$\rho=r^2/c_1c_2$；核心边界：$r^2/c_1=\rho c_2, r^2/c_2=\rho c_1$；一般箱形梁：$\rho=0.60$。

（2）大尺寸的底翼缘的另一优点是，在极限荷载时，以足够大的混凝土面积去平衡预应力筋的全部承载能力时，不会使力偶臂的大小受到损失。

（3）在施工时和使用状态中，结构的弹性稳定都是良好的，因为封闭的箱形截面具有较大的抗扭刚度。

（4）在宽桥面的桥中，必须用几根边挨着边放置的梁，分离的箱形梁因具有大的抗扭刚度而适合于活载的横向分配，而且无需在桥墩之间的梁中设置中间横隔板。

（5）由于箱形梁的抗扭刚度大，而使它适合于作为曲线桥梁的上部结构，而且为复杂的力筋布置提供了最大的灵活性。

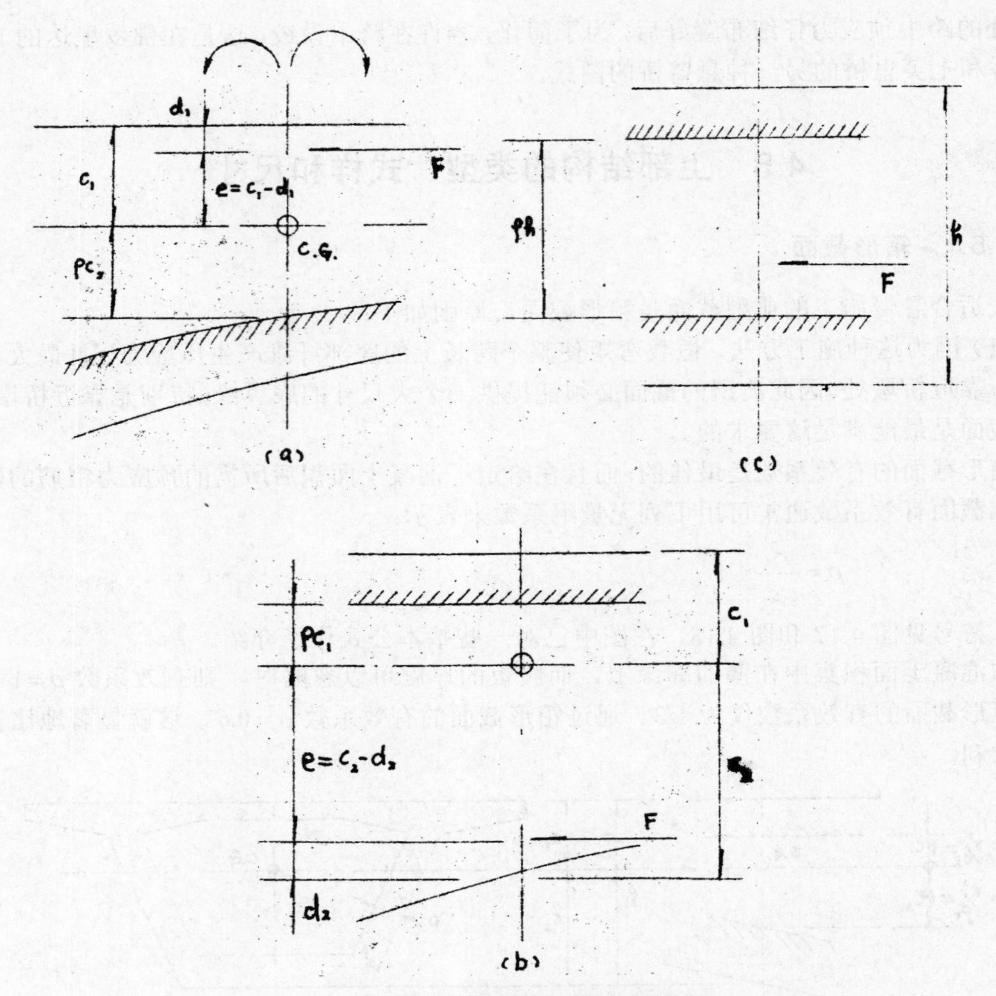

4.18 箱形截面需要的典型预应力

（a）对墩顶截面处由（DL+LL）产生的最大负弯矩：总弯矩=M；所需预应力=F=M/2，其中 $Z=c_1-d+c_2$，通常在墩顶截面处的 Z□$0.75h$。（b）对跨中截面处由（DL+LL）产生的最大正弯矩：总弯矩=M；所需预应力=F=M/2。其中 $Z=c_2-d_2+c_1$，通常在跨中截面处 $Z=0.70h$。（c）对弯矩增量（LL）：总弯矩增量=ΔM（由 LL 产生的正负弯矩之和），所需预应力=$F=\Delta M/\rho h(\rho=0.6)$。

箱形截面特性的最佳选择，一般来说是要凭经验的。仔细地参考已有桥梁的资料对初步设计将会提供一个良好的基础。在设计开始之初，应研究各种有关数据：

等高度梁还是变高度梁

跨高比

平行设置的箱梁数目

每一个箱梁的形式和尺寸，包括腹板的个数、选用竖直腹板还是倾斜腹板、腹板厚度、顶翼缘和底翼缘的厚度

所以这些因素都是彼此紧密相关的，而且在很大程度上它们又取决于施工要求——例

如工程的规模，它将要求大量投资于不必要的灌注设备上。

4.5.2 上部结构的立面形式

对于短跨度和 200 英尺（60 米）以内的中等跨度的梁来说，选用等高度梁是最方便的，而且是一个最佳的解决方案。然而，由于艺术上的原因，等高度梁也已用于 450 英尺（140 米）的大跨度上，如巴黎的 Saint Cloud 桥和美国的 Pine Valley 桥及哥伦比亚河桥等，见图 4.19（a）。

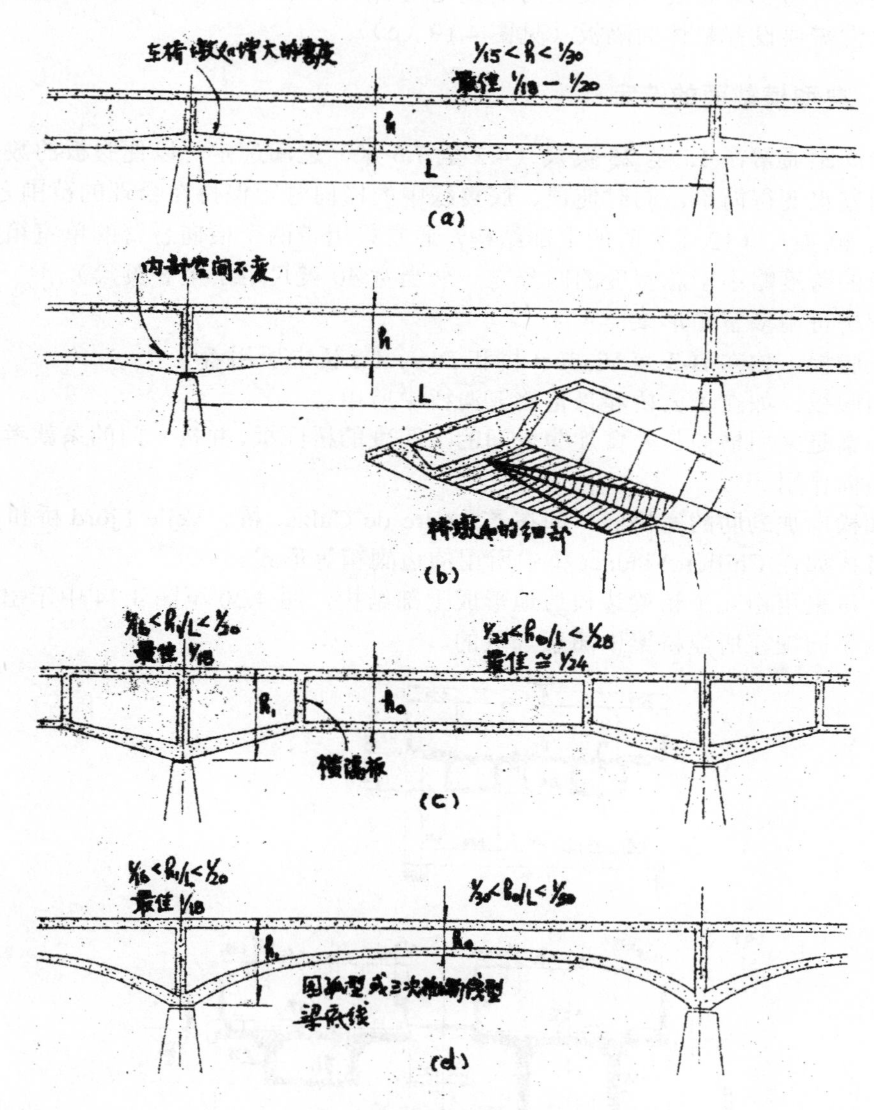

图 4.19 分段式桥梁的纵向轮廓图

（a）等高度梁（b）准等高度梁（c）直线梗肋梁（b）变高度梁

当跨度增大时，靠近桥墩处的梁内恒载弯矩数值亦将增大，因而通常要求采用变高度梁和带有曲线形的梁底线。当净空要求容许时，选用圆曲线的梁底曲线既是最简单又是在艺术上受人欢迎之举，虽然在某些情况中（如在 Houston Ship Channel 桥中），选用了更复杂的梁底外形曲线，但必须予以调整，以满足净空图上控制点的要求。在等高度的和带有曲线形梁底线的梁之间，还有中间形式可供选择，见图 4.19，例如，可选用准等高度梁，即在靠近桥墩处，把需要增大的下翼缘混凝土截面面积灌注在典型截面的外面，而不是在箱形截面的里面（以保持箱内空腔尺寸的一致）。这种方法在法国已用于两座桥上，它的艺术效果是满意的，见图 4.19（b）。

带直线梗肋的梁（用于巴黎环线上的桥梁）。使用这种梁式必须谨慎，要保证在梗肋开始处的梁高与由于梁底线突然发生角度变化而引起的局部应力相协调，在梗肋开始处的箱梁内部通常需要设置整体横隔板（见图 4.19（c））。

4.5.3 典型横截面的选定

腹板的间距通常在 15 至 25 英尺（4.5 至 7.5 米）之间选定，以便腹板的数目减至最小，构造问题也变得简单，同时使顶、底翼缘中的横向弯矩保持在合理的范围之内。

宽度达 40 英尺（12 米）时的上部结构，通常采用带两个横向悬臂的单室箱形梁来形成。悬臂板的跨度略小于总宽度的四分之一（当宽 40 英尺用 7 至 8 英尺）。

对于宽桥可用多室箱形梁：

两室三腹板：如在 B-3 南 Viaduct 桥和 Deveuter 桥中所用者

三室四腹板：如在圣云桥和哥伦比亚河桥中所用者

另一方案是采用横向长悬臂加腹板间的大跨度的桥面板，并按专门的条款考虑承受桥面活载的横向作用。

翼缘加横向加劲肋的宽桥面，如在圣 Andre de Culzac 桥、Vejle Fjord 桥和 Zlwaukee 桥中所用者：如在 Chillon Viaduct 桥中所用的边副箱等形式。

另外，可采用由几个箱梁边挨边地形成上部结构，图 4.20 至图 4.24 中示出的一些结构尺寸是从不同国家所建桥梁中随意选取的。

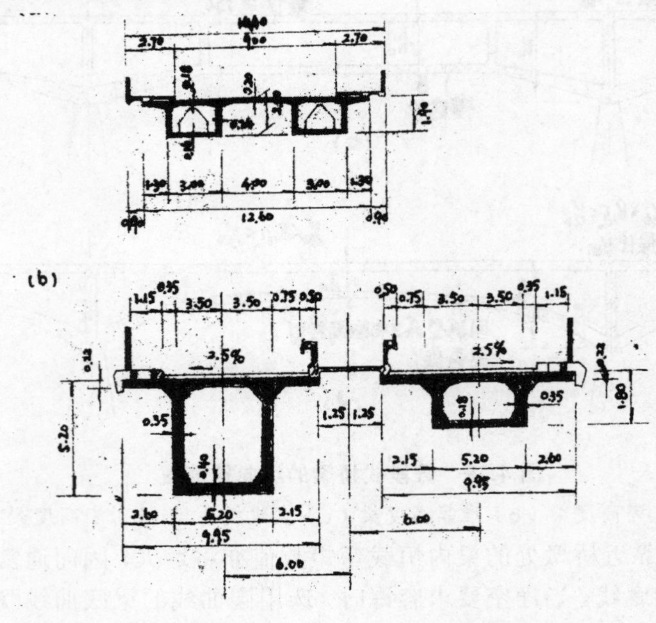

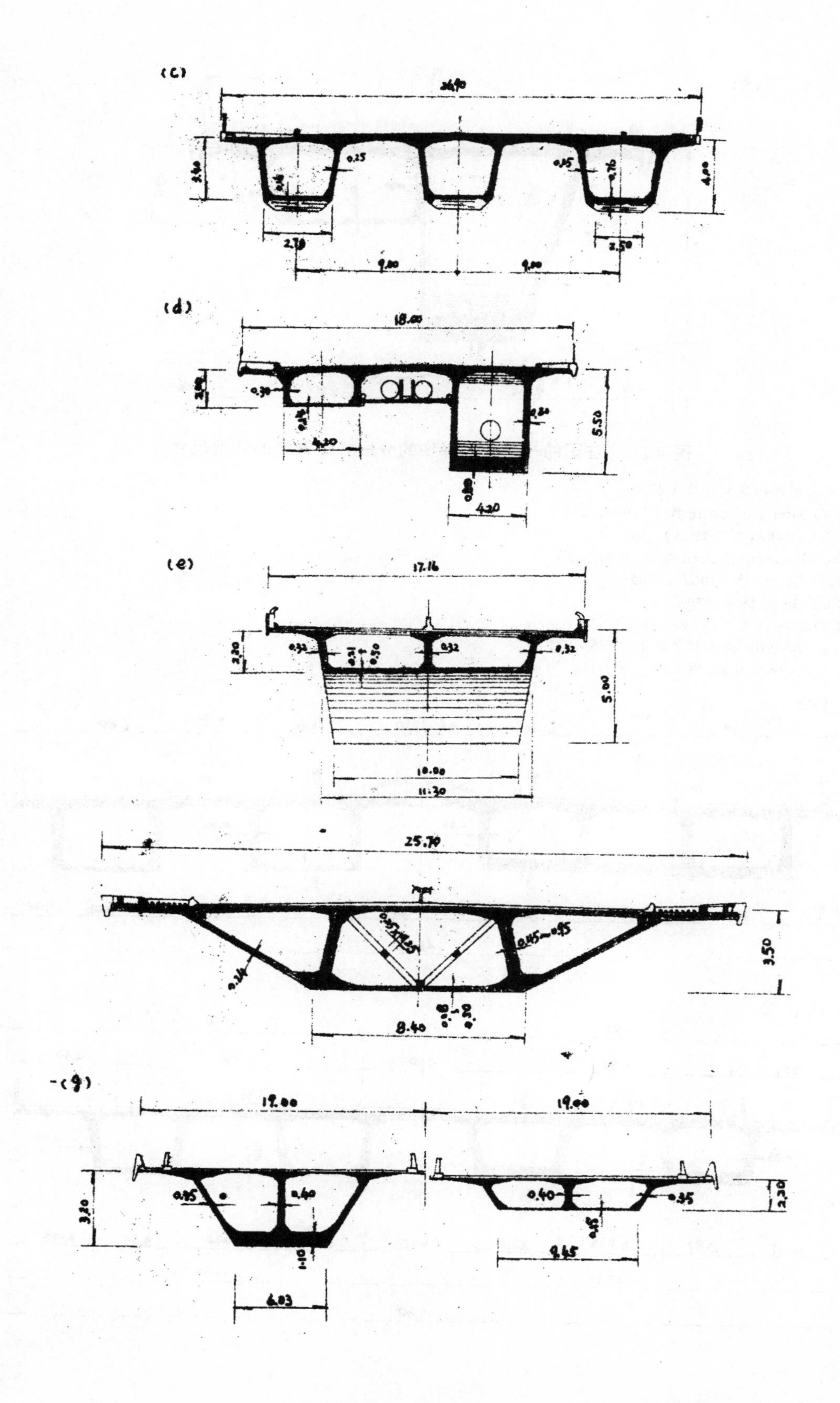
(c)
26.90
9.00
9.00
(d)
18.00
5.50
4.20
(e)
17.16
5.00
10.00
11.30
25.70
3.50
8.40
(g)
19.00
19.00
6.03
9.65

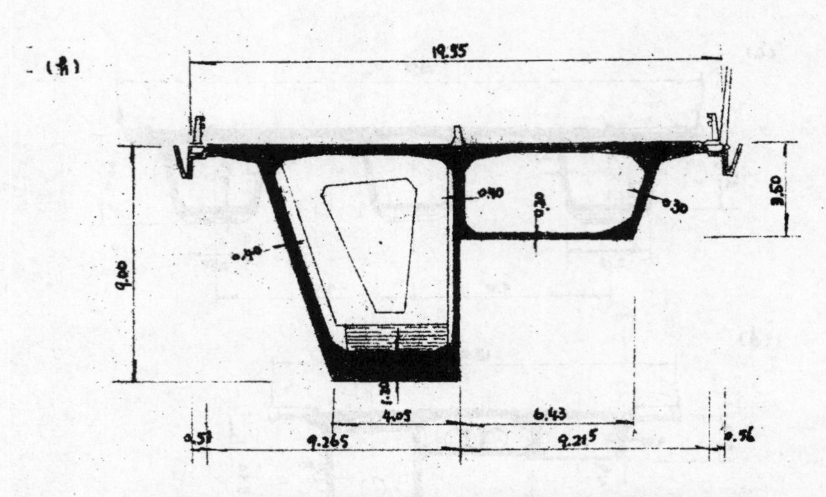

图 4.20　法国的一些就地灌注的分段式悬臂桥的典型尺寸

施工年代和最大跨度（英尺）：

（a）Moulin a Poudre 桥（1963），269；

（b）Morlaix 桥（1973），269；

（c）Bordeaux St.Jean 桥（1965），253；

（d）Givors 桥（1967），360；

（e）Oissel 桥（1970），328；

（f）Vionse 桥（1972），197；

（g）Joinville 桥（双梁式）（1976），354；

（h）Gennevilliers 桥（1976），564。

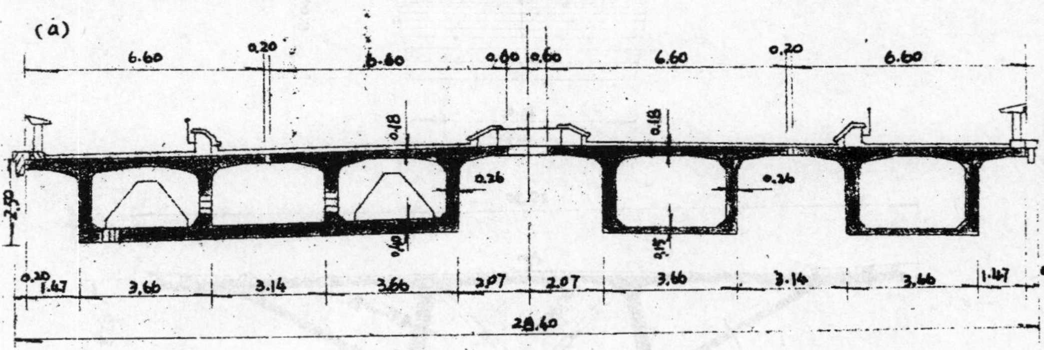

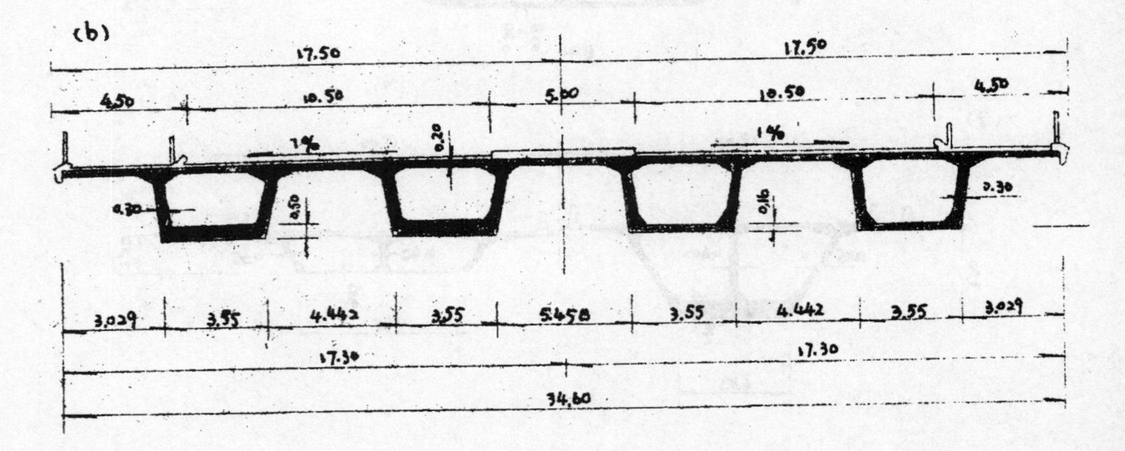

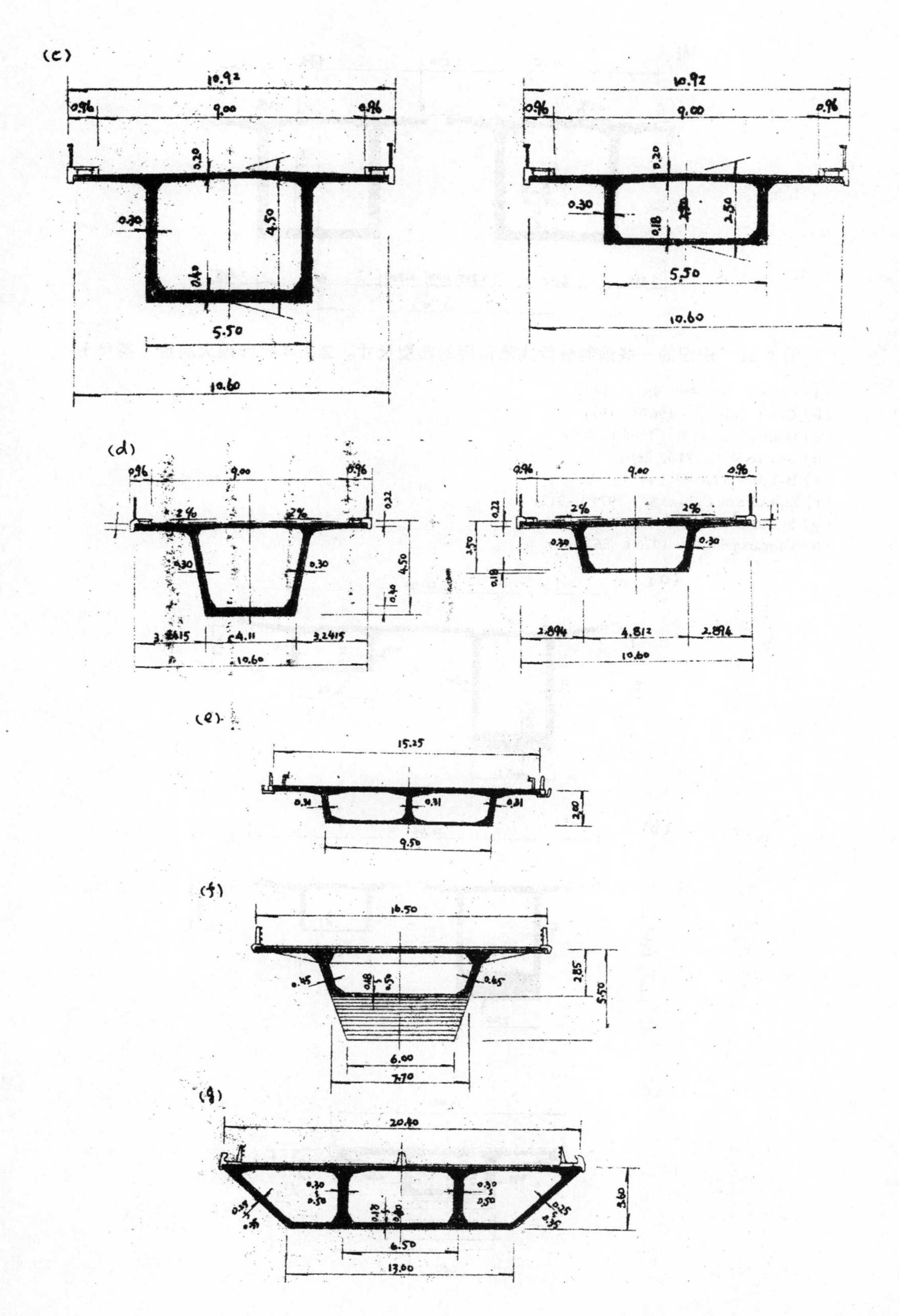
(c)
10.92
0.96
9.00
0.96
0.20
0.30
4.50
0.40
5.50
10.60
10.92
0.96
9.00
0.96
0.20
0.30
0.18
2.50
5.50
10.60
(d)
0.96
9.00
0.96
0.22
2%
2%
0.30
0.30
4.50
0.40
4.11
3.2415
10.60
0.96
9.00
0.96
0.22
2%
2%
0.30
0.30
2.50
0.18
2.894
4.812
2.894
10.60
(e)
15.25
0.31
0.31
0.31
2.00
9.50
(f)
16.50
2.85
5.50
0.45
0.65
6.00
7.70
(g)
20.40
3.60
6.50
13.00

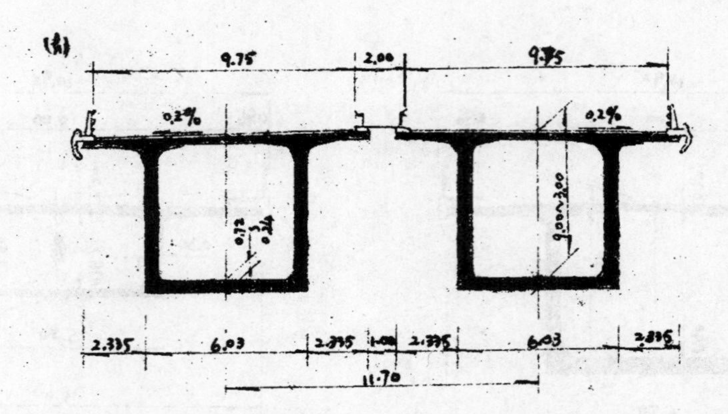

图 4.21　法国的一些预制分段式悬臂桥的典型尺寸。施工年代和最大跨度（英尺）:

（a）Choisyle-Roi 桥（1965），180；
（b）Courbevoie 桥（1967），197；
（c）Oleron Viaduct 桥（1966），260；
（d）Seudre 桥（1971），260；
（e）B-3 南 Viaduct 桥（1973），157；
（f）St.Andre de Cubzac 桥（1974），312；
（g）St.Cloud 桥（1974），334；
（h）Ottmarsheim 桥（1976），564。

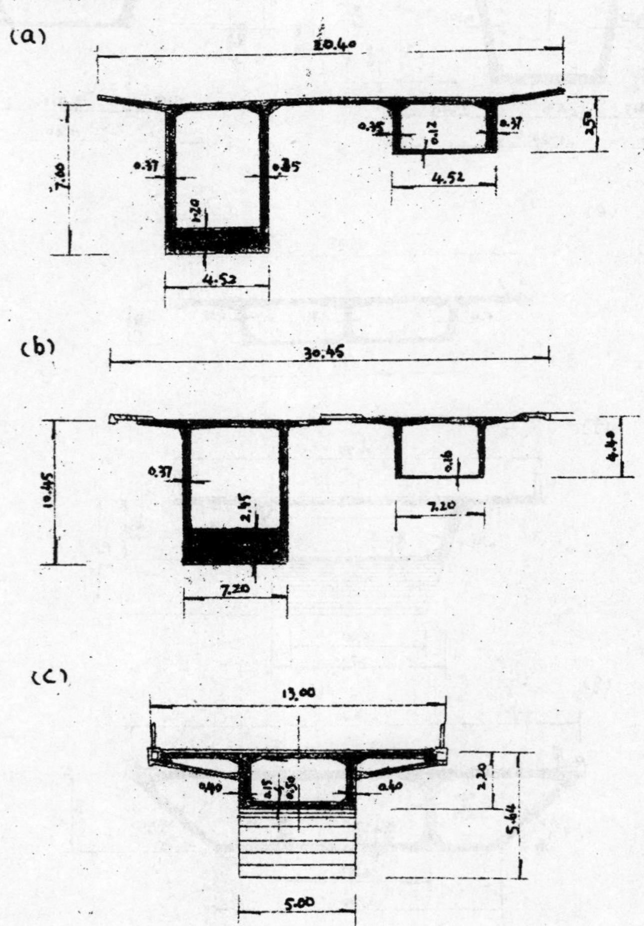

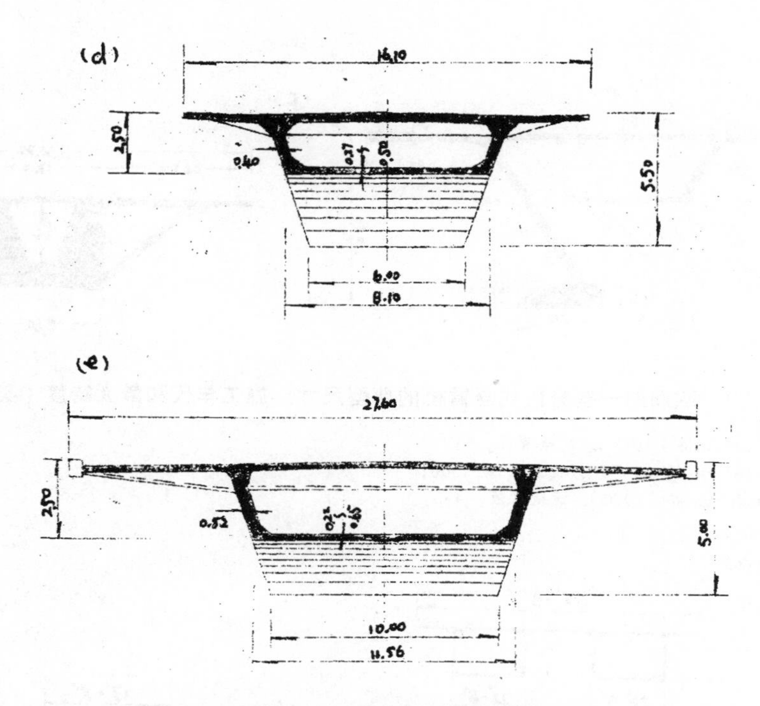

图 4.22　欧洲的一些分段式悬臂桥的典型尺寸

施工年代和最大跨度（英尺）：

（a）西德 Koblenz 桥（1954），就地灌注，374；

（b）西德 Bendorf 桥（1964），就地灌注，682；

（c）瑞士 Chillon 桥（1970），预制块体，341；

（d）丹麦 Salligsund 桥（1978），预制块体，305；

（e）丹麦 Vejle Fjord 桥（1979），就地灌注，361。

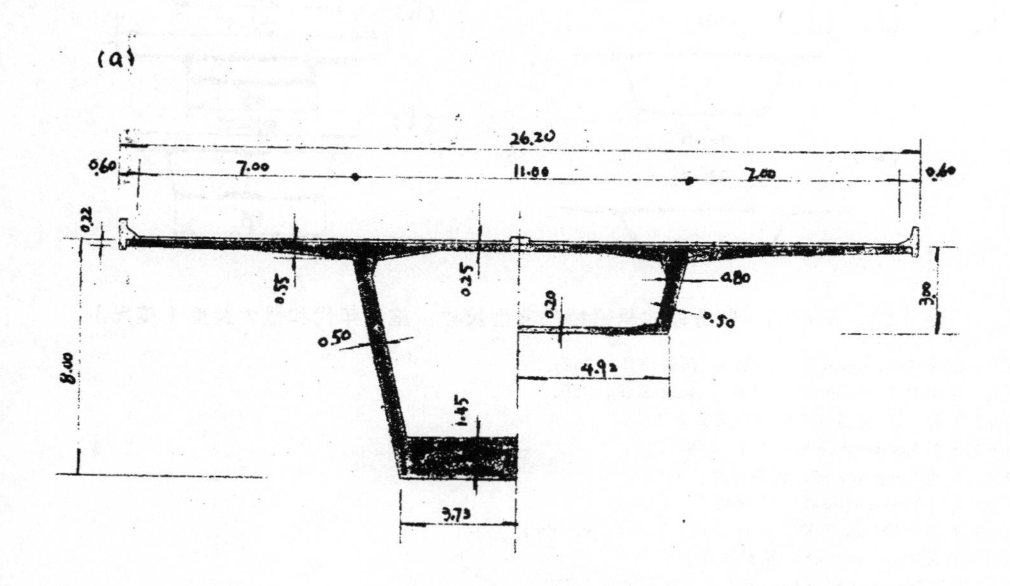

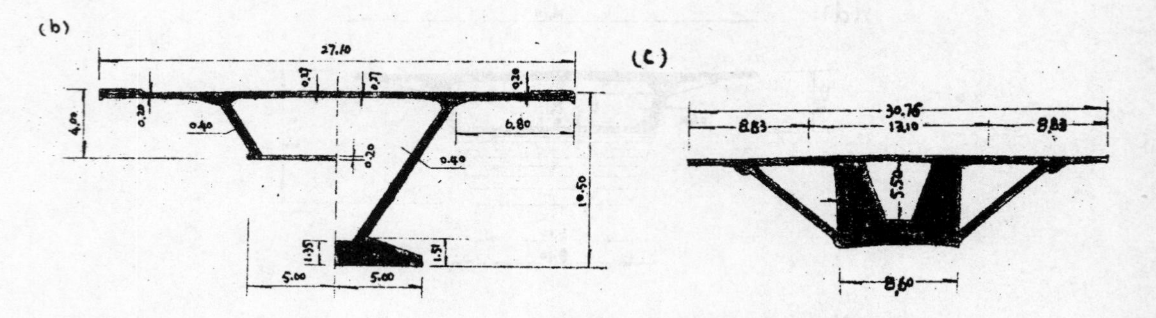

图 4.23　欧洲的一些分段式悬臂桥的典型尺寸。施工年代和最大跨度（英尺）：

（a）瑞士 Felsenau 桥（1978），就地灌注，512；
（b）意大利 Tarento 桥（1977），就地灌注，500；
（c）西德 Kochertal 桥（1970），就地灌注，453。

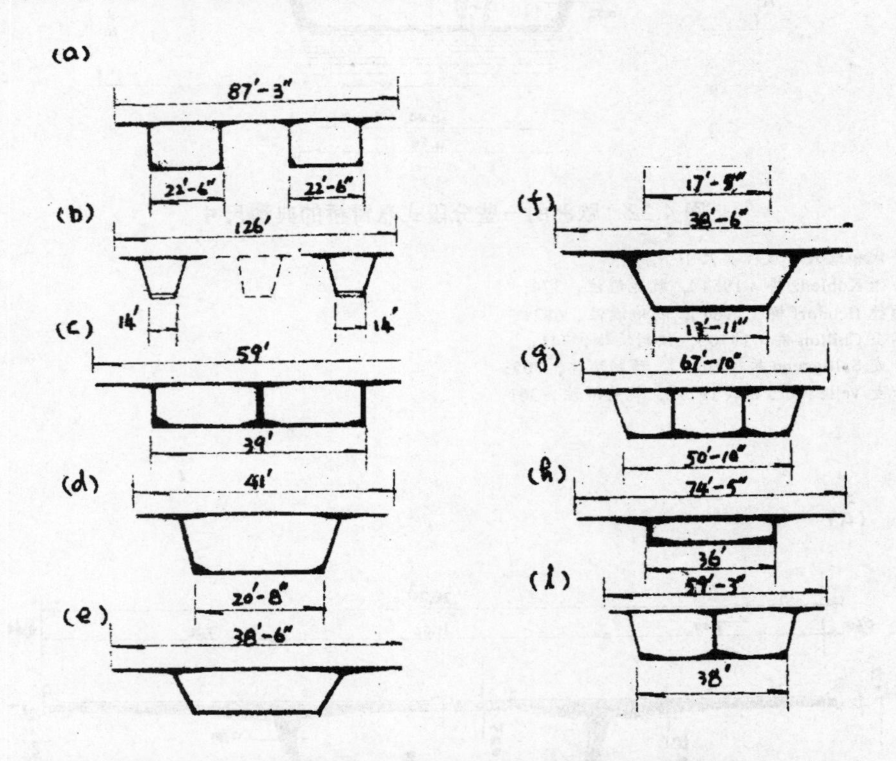

图 4.24　美洲的一些分段式悬臂桥的典型尺寸。施工年代和最大跨度（英尺）：

（a）巴西 Rio.Niteroi 桥（1971），预制块体，262；
（b）美国 Pine Valley 桥（1974），就地灌注，250；
（c）美国 Kipapa 桥（1977），预制块体，250；
（d）美国 kishwaukee 桥，预制块体，250；
（e）美国 Long key 桥，预制块体，118；
（f）美国 Seven Mile 桥，预制块体，135；
（g）美国哥伦比亚河桥，就地灌注和预制块体，600；
（h）美国 Zilwaukee 桥，预制块体，375；
（i）美国 Houston Ship Channel 桥，就地灌注，750。

4.5.4 典型的横截面尺寸

确定腹板厚度时必须考虑的三个条件：

由剪切荷载和扭矩产生的剪应力必须保持在允许限值以内。混凝土截面必须设置得当，特别是在有力筋弯起的腹板处。当力筋锚固于腹板中时，必须把锚固处集中的高预应力荷载适当地分散开。

下面是确定腹板最小厚度的一些指导准则：腹板中无预应力筋的小套管时，取 8 英尺（250 毫米）腹板中有竖向或纵向的后张力筋的小套管时，取 10 英寸（250 毫米）

当腹板中有力筋（12 丝 1/2 英寸直径的钢绞线）的套管时，取 12 英寸（300 毫米）。

当力筋（12 丝 1/2 英寸直径的钢绞线）的锚头正好锚固在腹板中时，取 14 英寸（350 毫米）。

无论是横向有预应力的或者是设置普通软钢钢筋的桥面板以及箱形梁的顶翼缘，大多数设计规范都低估了它们作为双向板的承载能力。因为顶板与腹板在横向具有刚架作用，因而储备了大量的强度。

为了防止在集中轮载作用下桥面板被剪切冲孔而应取的最小板厚度约为 6 英寸（150 毫米）。然而，建议选用的板厚不应小于 7 英寸（175 毫米），以便布置钢筋和预应力筋套管有足够的灵活性，同时也使钢筋和套管有足够的混凝土保护层。

顶翼缘板的最小厚度与它在两腹板之间的实际跨长的关系应为：

跨度小于 10 英寸（3 米）时取 7 英寸（175 毫米）

跨度在 10 至 15 英寸（3 至 4.5 米）之间取 8 英寸（200 毫米）

跨度在 15 至 25 英寸（4.5 至 7.5 米）之间取 10 英尺（250 毫米）

超过 25 英尺（7.5 米）时，通常选用肋式体系或空心板以替代一般的实心板更为经济。

早先，为了减轻控制重量和恒载弯矩，桥梁的底翼缘用得非常薄，如西德的 Koblenz 桥采用的厚度仅 5 英寸（125 毫米）。对于承受腹板间的恒载与腹板和底翼缘间的纵向剪切的综合影响，如此薄的板很难防止开裂。由于这一理由，现在建议采用的最小厚度是 7 英寸（175 毫米），并不必再考虑应力的要求。当底板中设置预应力筋的纵向套管时，根据套管的直径通常需要的最小厚度为 8～10 英寸（200～250 毫米）。

靠近桥墩处的底板厚度需要逐渐加厚，以承受由纵向弯矩产生的压力。在跨度 680 英寸（207 米）的 Bendorf 桥中，主桥墩处的底翼缘厚度为 8 英寸（2.4 米），而且密布钢筋，使得底翼缘中的压应力保持在容许限值之内。

在简要讨论了以不同的概念选定板的尺寸以后，设计事项中应该特别强调的是：

在多箱式梁体中荷载的分配问题

结构中的温度梯度效应问题

4.6 在多箱式梁体中箱形梁之间荷载的横向分配

我们首先注意的是用两个甚至三个分离箱形梁在顶翼缘处横向连接成的宽桥面梁。对于这样的桥面，活载在不同箱梁之间的分配问题已详细地分析过。我们发现在这种形式的结构中，如利用由各个箱形梁的桥面板、腹板和底板组成的横向刚架的挠曲刚度和箱形梁本身的抗扭刚度的综合效应，就可求得在箱形梁之间活载进行横向分配时的非常满意的结果。而且在箱形梁之间不需要像通常在工字形梁间那样设置横隔板。

在若干个桥梁的荷载试验综合说明书中，都指出偏心荷载的实测挠度值与理论的分析值非常吻合。这种分析成果已在不同的技术文献中提到过，这里仅摘录其成果。

就这一问题第一座进行分析的桥梁是 Choisy-Le-Roi 桥。一个沿跨度纵向布置的线性均布荷载，见图 4.25。它在横向从边到边地横向移动时，对每一个荷载分茶南。位置都可以分析出每一个箱形梁承受的竖向荷载的分量，同时亦可分析出桥面板中的相应的横向弯矩和扭矩。这种分析法能绘制出诸如纵向弯矩（跨中处或支座处）、扭矩或横向弯矩等效应的横向影响线。

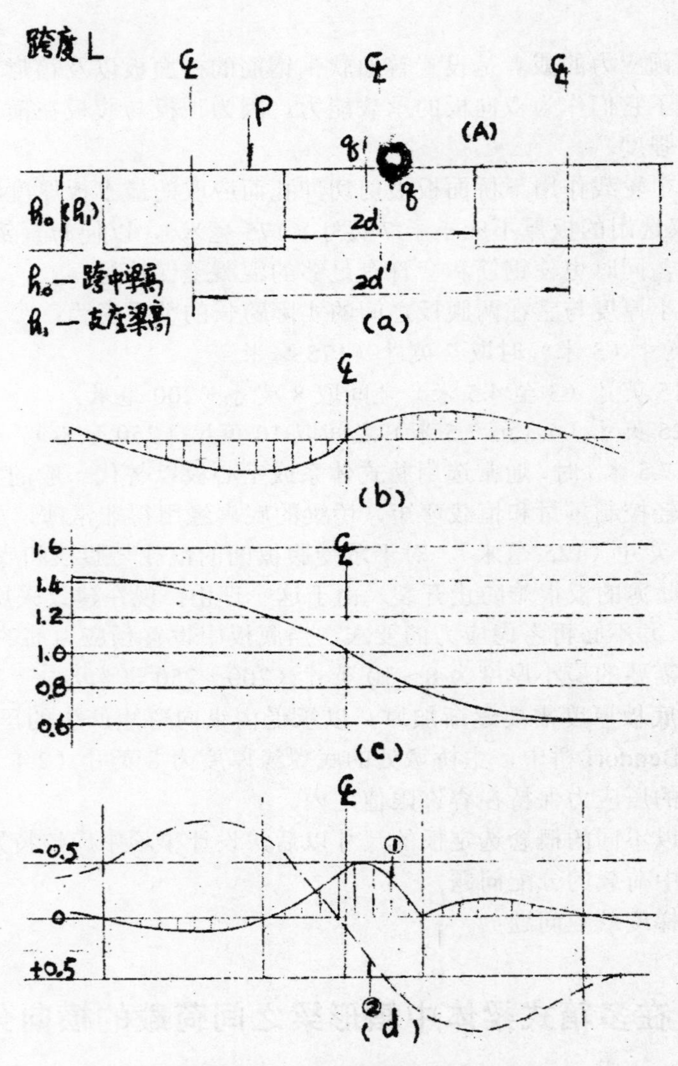

图 4.25　荷载在箱形梁间横向分配的原则

（a）尺寸　（b）板连接处的剪力影响线

（c）纵向弯矩的横向影响线　（d）在截面 A 处的横向弯矩影响线

对于纵向弯矩的影响线用无量系数来表示是方便的，见图 4.25（c），图中表示的是一个箱梁承受的荷载与假设荷载均匀地分配在两个箱梁上的平均值相比时的增减量。计算结果表明在由两个箱形梁组成的桥面上，当一个线性均布荷载作用在桥面的一个边缘处（靠近路边）时，由于横向分配作用使每一个箱形梁中产生的弯矩等于平均弯矩的 1.4 和 0.6 倍。如相同轮廓尺寸的典型桥面是用工字梁组成时，则其偏载系数约为 4 比 1.4。而且，箱形梁还具有关于桥面板的扭转应力和横向弯矩两方面令人鼓舞的效应。

箱形梁中的扭矩。活载在横向不对称分布时，使得箱形梁发生翘曲和出现剪应力。由于箱形梁具有的高抗扭刚度，促使荷载在梁体间出现有利的分配。然而，最大扭矩通常只有当结构物的半边上（在横截面内）有荷载时才会产生，因此，由这扭矩产生的应力不应与全部活载剪力产生的剪应力叠加。

桥面板中的横向弯矩。桥面板不能看成是有固定支点的连续体，因为在不对称荷载作用时，两个箱形梁间将产生相对位移。其结果示于图 4.25（d）中。如果说板是放在固定支座上的，则截面（A）的弯矩影响线将是典型曲线（1）。因为箱形梁产生一定位移和移动，其结果要与另一条曲线（2）的纵坐标叠加。

一眼即可看出，可以指望数值差并没有那样大，因为曲线（1）是反映局部集中轮载的影响，而曲线（2）是反映两箱梁之间的不同位移的影响，它是由于均匀分布荷载引起的。总之，如果不计箱形梁的柔度的话，板内弯矩仅比它们的正常值大 20%～30%。特别有趣的事是法国的几座由两个或者三个箱形梁组成的桥梁，它们的实际数值已完全反映出具有优良的性能，时间已超过十年，现示于图 4.26 和图 4.27 中。

4.7　温度梯度在桥梁上部结构中的效应

从经验得知，大跨度悬臂式桥梁对混凝土徐变的敏感性。这个效应在连续式桥中比铰式悬臂桥更为显著。然而，由于设计方法的重大变化，因而产生了另外两个问题，它们都是连续性直接引起的。这些问题是（1）桥面板中的温度梯度效应和（2）由于长期效应（钢材松弛和混凝土徐变）产生的初应力的重分布。这两个新问题的重要性是凭经验发现的。所以结构按不同的规范条文设计时，假定温度变化是作用于整个截面上的。上部结构中的有影响的弯矩，只有当上部结构和桥墩一起作为刚架作用时才会发生。在现有结构物上的实例结果是符合这个假设的。平均的混凝土截面经受的由于混凝土收缩和徐变产生的累计缩短量应与通常合理的温度变化效应相叠加，见图 4.28（b）。对于四年龄期的混凝土来说，取其总应变量为 120×10^{-6} 英寸/英寸是非常标准的。

在同一座桥上每天测读桥台上的反力数量和变形，从而发现了一个以前被忽略的因素。这就是在炎热的夏天，桥梁的板面日光曝晒的程度不同。对于跨河桥梁，因它的底翼缘面向保持冷却状态的水面，而顶翼缘上的黑色路面通常直接受到阳光的照射，使得温差更加恶化了。在昼夜 24 小时内，桥台上反力的变化可达 26%，见图 4.28（c）。上下翼缘间的等效温度相差达 18°F（10℃）。仅因温度梯度致使底翼缘平面内的最大应力达 560 psi（3.5 MPa），这个应力在设计条件中是完全被忽略的。

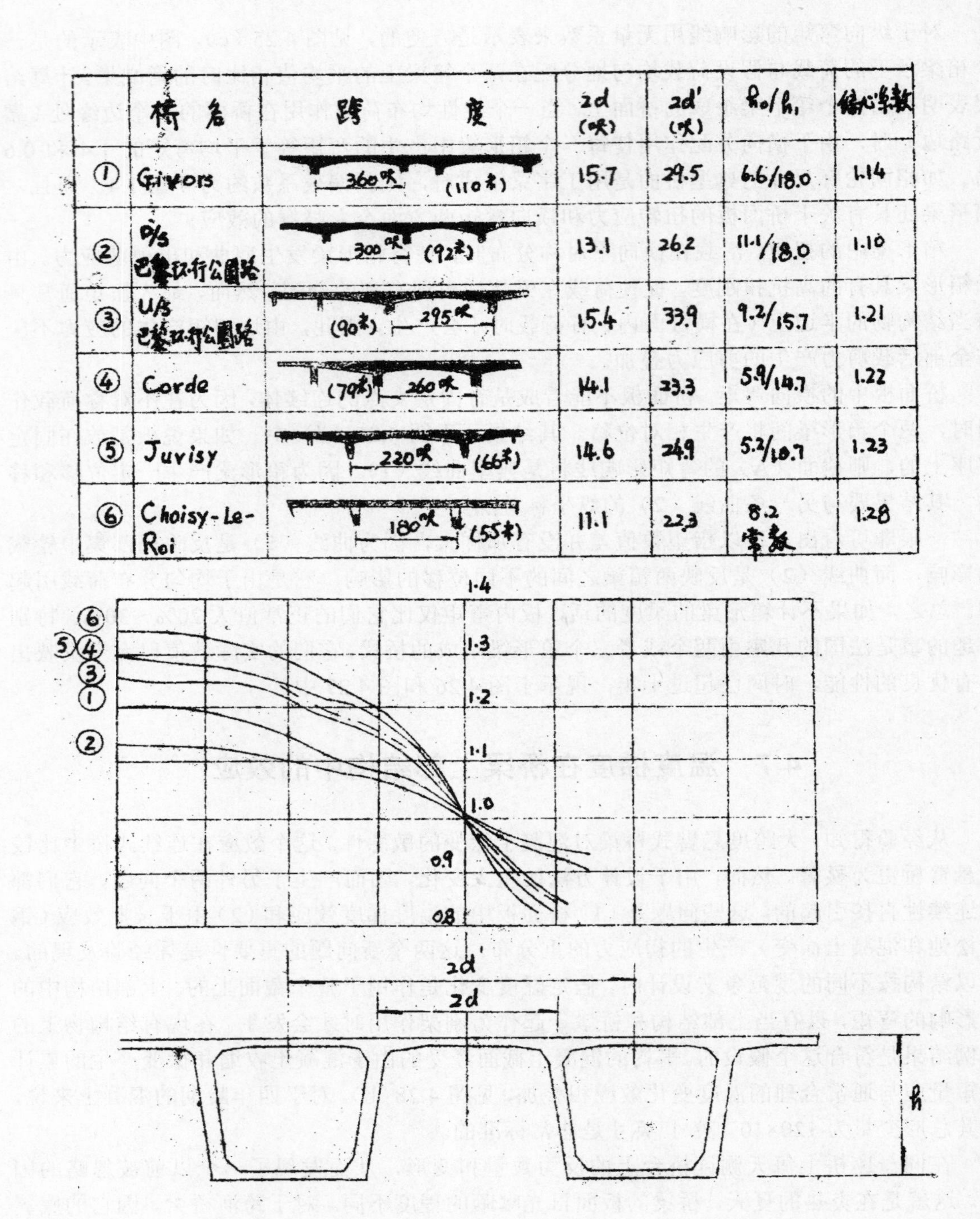

桥名	跨度	2d（呎）	2d'（呎）	h_0/h_1	偏心系数
① Givors	360呎 （110米）	15.7	29.5	6.6/18.0	1.14
② D/S 巴黎环行公园路	300呎 （92米）	13.1	26.2	11.1/18.0	1.10
③ U/S 巴黎环行公园路	（90米） 295呎	15.4	33.9	9.2/15.7	1.21
④ Corde	（79米） 260呎	14.1	23.3	5.9/14.7	1.22
⑤ Juvisy	220呎 （66米）	14.6	24.9	5.2/10.7	1.23
⑥ Choisy-Le-Roi	180呎 （55米）	11.1	22.3	8.2 常数	1.28

图 4.26　几座双箱梁桥中荷载在箱形梁间的横向分配数值

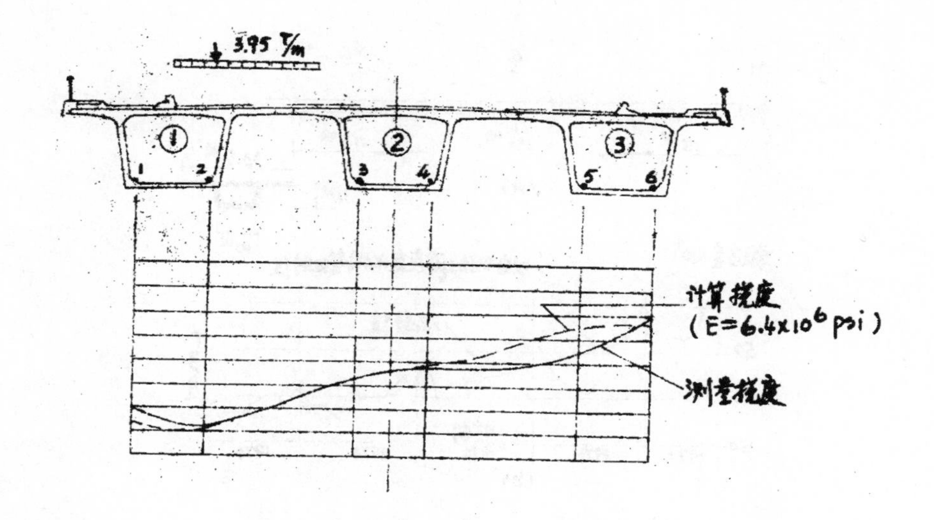

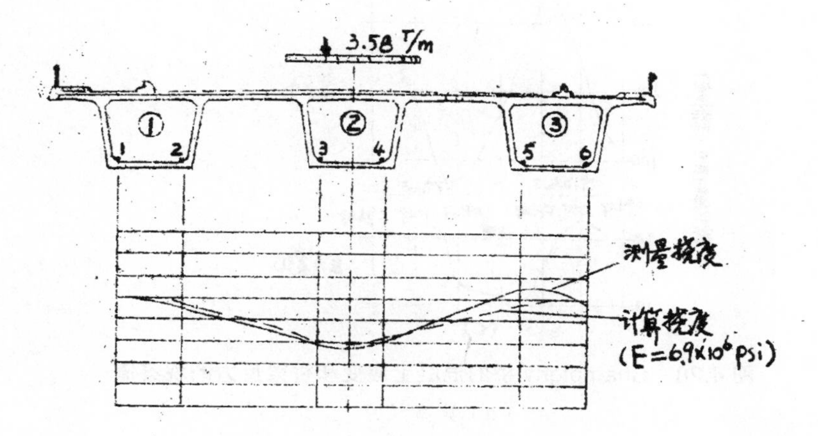

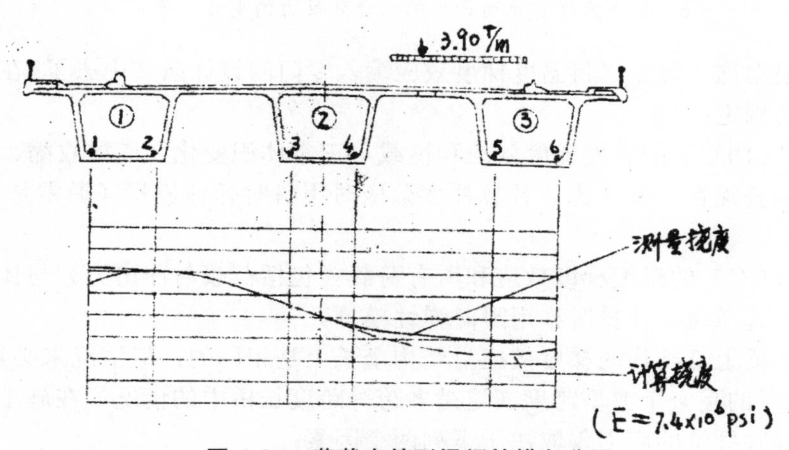

图 4.27　荷载在箱形梁间的横向分配

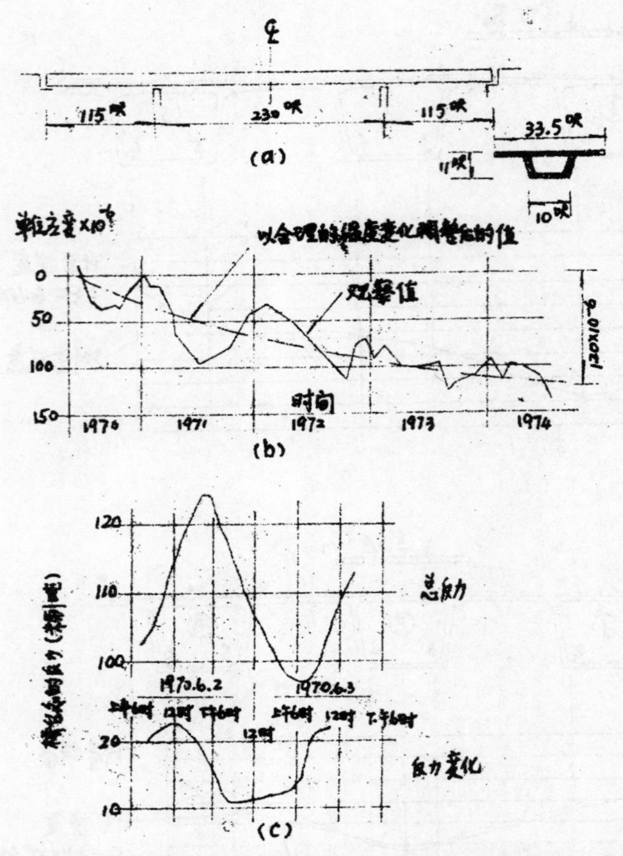

图 4.28　Champigny 桥的混凝土应变和桥梁反力的观察值

(a) 典型尺寸

(b) 由于混凝土徐变和温度变化叠加而成的桥面板的长期缩短

(c) 每天温度变化而产生的桥台处反力的变化，例证

西欧各国根据这一现象已将温度梯度效应编入专门的设计条文中去了。在法国的规范中，作了如下的规定：

1. 将 18°F（10℃）的温度梯度效应和恒载与正常体积变化（诸如收缩、徐变和最大温差）等的效应叠加在一起考虑。计算梯度效应时用瞬时弹性模量（通常是五百万磅/平方英寸）。

2. 将 9°F（5℃）的温度梯度效应和所有荷载（包括荷载与冲击力）与体积变化的综合效应叠加在一起考虑。计算时亦用瞬时弹性模量。

通常假定桥梁上部结构的梯度效应沿结构全长上是相同的，但情况未必是如此。

图 4.29 表示的是一个典型跨度（这是多跨等跨度长桥中的情况）在施工时和施工结束后的结果。其底纤维的应力仅取决于下列两个因素：

跨中梁高和支座处梁高的差异（h_1/h_0 之比）截面内的重心位置（c_2/h_0 之比）。

当为等高度对称截面梁时，其应力为最小。

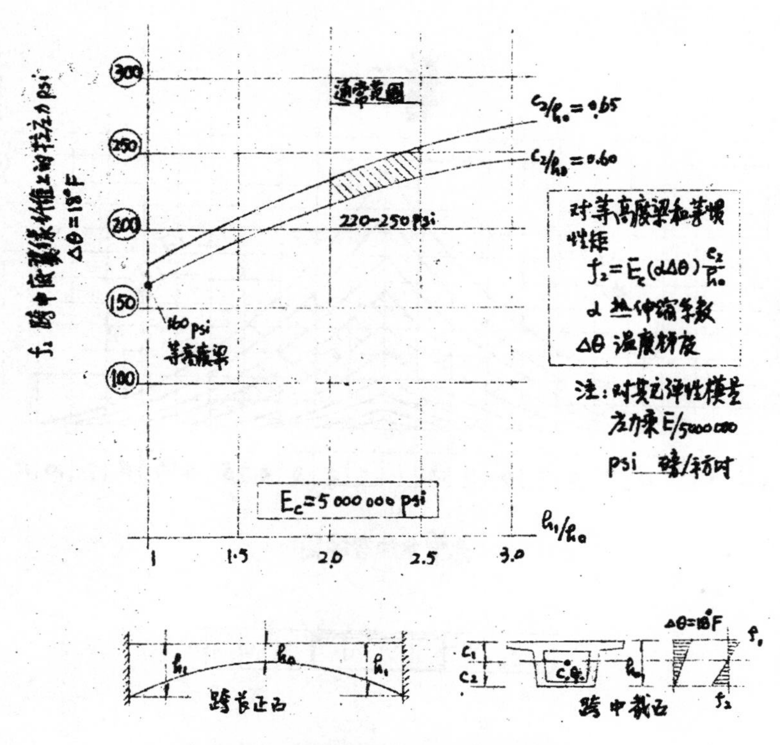

图 4.29　箱形箱板面上的温度梯度效应

当梁高变化较为显著时，应力变化也就加剧。变高度梁的梯度效应一般要比等高梁大 50%（如 9°F 的温度梯度，弹性模量为 5×10^6 磅/平方英寸时，相应的应力为 240 磅/平方英寸和 160 磅/平方英寸）。

4.8　纵向受弯构件力筋轮廓图的设计

4.8.1　预应力筋的布置原则

无论是就地灌注的还是预制块体拼装的悬臂式桥梁，它的纵向预应力筋可分为两组：

（1）在悬臂施工进程中，每次增加的恒载弯矩，由即刻放置在梁体顶翼缘内的且对桥墩对称布置的力筋来承受，见图 4.30 和图 4.31（a），这是熟知的悬臂力筋。

用影线表示图形是安装块件 8 时弯矩的增加，它是由位置 7 过渡到 8 后的结果。每安装一队分段块体便另增一副悬臂预应力筋。用这样的程序容许预应力筋的数量紧密配合施工的各个阶段

（2）待到同一跨度内的梁体，从两端分别用悬臂施工法架设完成后，在各个跨度的中部，必不可少的要用第二组力筋使分离的悬臂实现其连续性，见图 4.31（b）。因为梁体荷载的弯矩是不大的，除了长期效应的重分布外，由于施工程序，连续预应力筋被设计成主要承受以下的效应：① 铺装荷载（路面、缘石和其附属物）；② 活载；③ 温度梯度；④ 随后由梁体荷载和悬臂预应力引起的重分布。

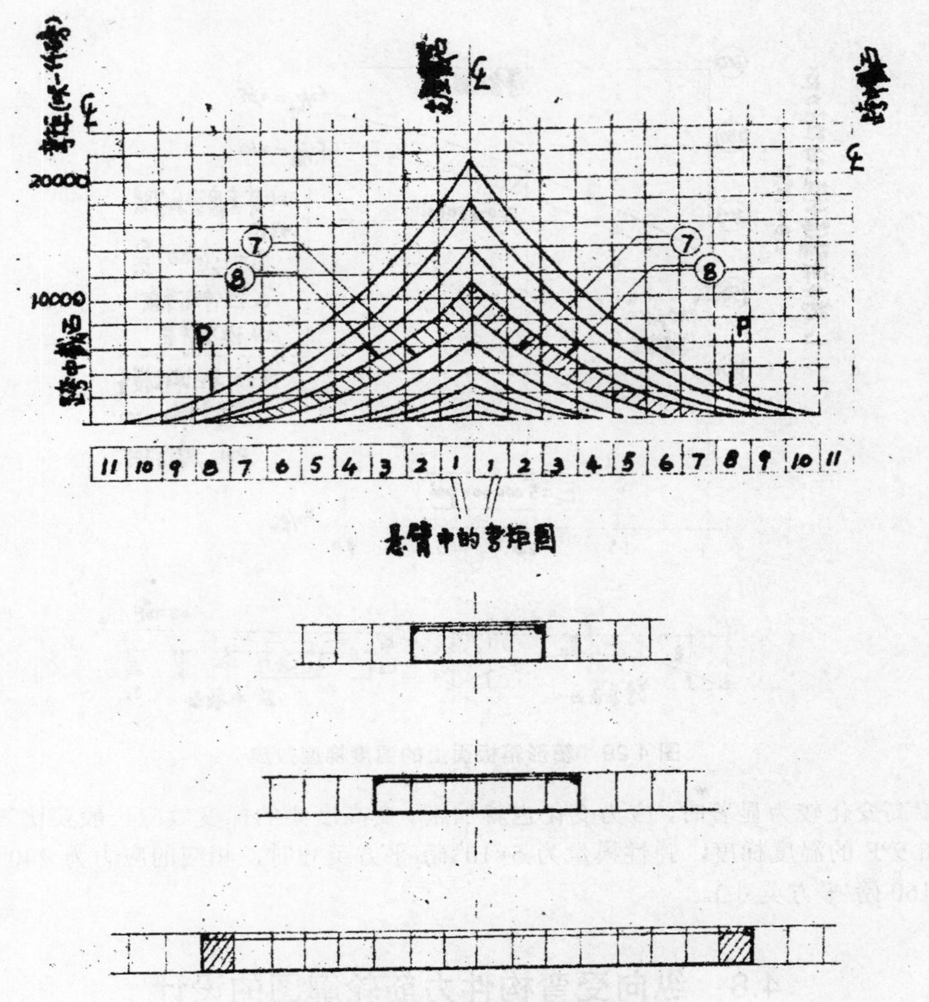

图 4.30　典型的悬臂弯矩和预加应力

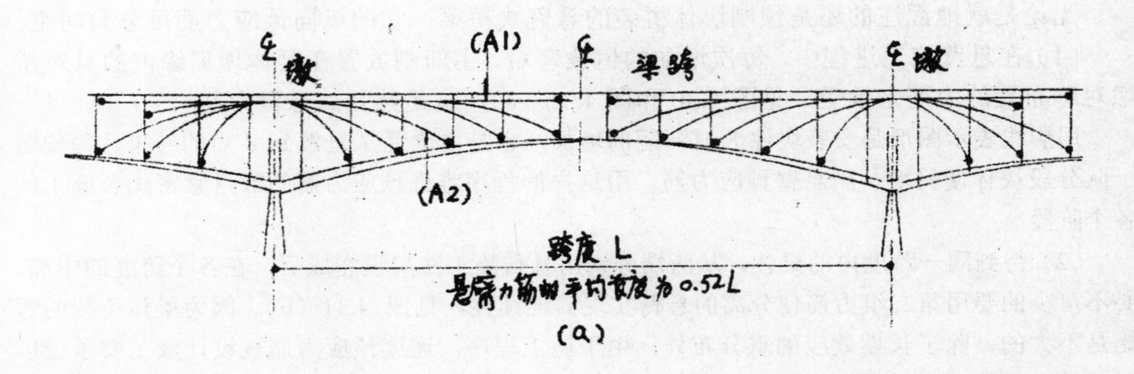

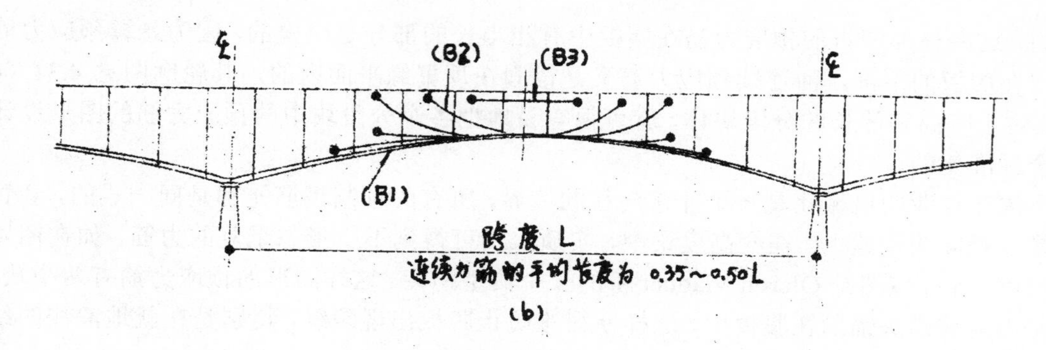

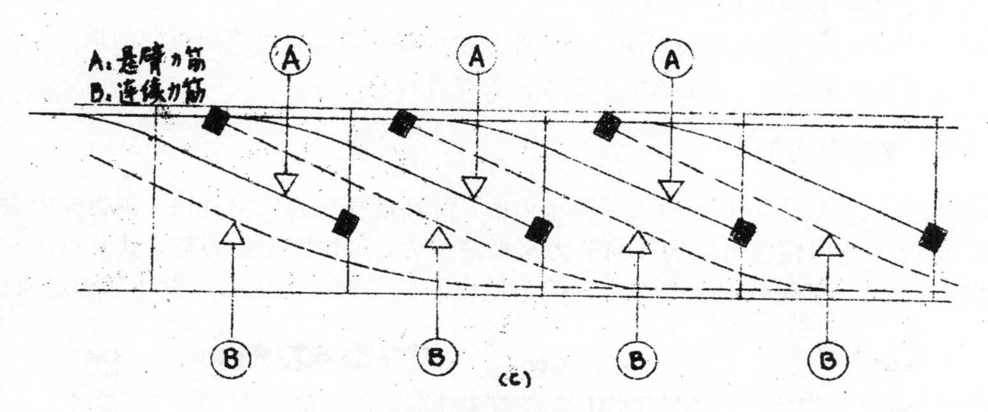

图 4.31　纵向预应力筋的典型图形

（a）悬臂力筋　　（b）连续力筋　　（c）等高分段块中力筋的标准图形

底翼缘平面内的拉应力是大的，但从受力条件来说，难能可贵的是，连续预应力筋对顶翼缘平面，连续预应力筋总能获得充分有利的偏心值。通常连续预应力筋可分为位于底翼缘内的 B_1 和 B_2 力筋。以及几根 B_3 力筋，它与较长的一些悬臂力筋接着，见图 4.31（b）。

预应力筋的最佳选择，其要点是应采用承载力足够大的预应力筋单元，以便减少混凝土截面内的力筋数量，特别是在长跨度桥梁中。另外，力筋也必须要有足够的数量，以便和悬臂中的分段块数相匹配。同时，选用极限能力过高的力筋单元，将会产生一个严重的问题，即强大的集中荷载如何传递的问题，特别是在就地灌注结构中，因为预应力时混凝土的强度总是施工过程中的一个控制因素。

在实践中，对于短的和中等跨度的桥梁来说，预应力钢筋和标准的钢绞线力筋（如 12 丝 1/2 英寸直径的钢绞线）一样适用。对于大跨度桥梁（500 英尺以上），根据预应力强度约为 700 磅/平方英寸的承载能力很大的力筋（如 19 丝直径 0.6 英寸的钢绞线），用作悬臂力筋是一个非常实用的处理方案。连续预应力筋的型号需要根据力筋所在处锚头布置的可能性和规范条文规定的集中力容许合理扩展的周围混凝土面积来选定。为了实现这一点，选用诸如 12 丝直径 1/2 英寸的或 12 丝直径 0.6 英寸的力筋，进行仔细设计后总是可行的。

4.8.2　弯起的力筋

在以前，箱形梁的腹板中设置两组外形弯折的预应力筋，它们的竖向分力可以抵消剪应力。这种外形弯折的预应力筋在腹板中有相当长的部分是交叠的，因为悬臂预应力筋使锚固在腹板的下部，而连续预应力筋又是锚固在顶翼缘平面内的，其轮廓图见 4.31（c）图。对于等高和等长的分段块体，就可很容易地把各个分段块中的预应力筋的图形设计成完全标准化的。

灌注作业的机械化是一个非常向往的境界，所有的预制钢筋笼都是同一式的，套管也总是在相同的位置上。在变高度梁中，实质上仍可得到不少形态重复的力筋，如在图 4.32 中可以看到。该图是 Oleron Viaduct 桥的一个典型跨度。这样图形的预应力筋有两个缺点：悬臂力筋的锚头锚固在腹板中，这样便很难防止腹板出现裂缝，特别是在就地灌注的结构中，除非用厚腹板和同时较小的力筋。

连续力筋的两端高出桥面板平面。带有张拉块的锚头设备很难采用预制的形式，在建成的结构中良好地防止水渗入到力筋中去是一个关键因素。

4.8.3 直线形力筋

直线形力筋是放在箱形梁的上下翼缘内的，而且锚固在腹板附件内。在腹板中设有弯折力筋，因此不能用预应力筋的竖向分力来抵消剪力。这种图形的力筋，其缺点是常常需要竖向预应力筋，以保持剪应力在容许限值以内。但它有两个优点：设计和构造简单。

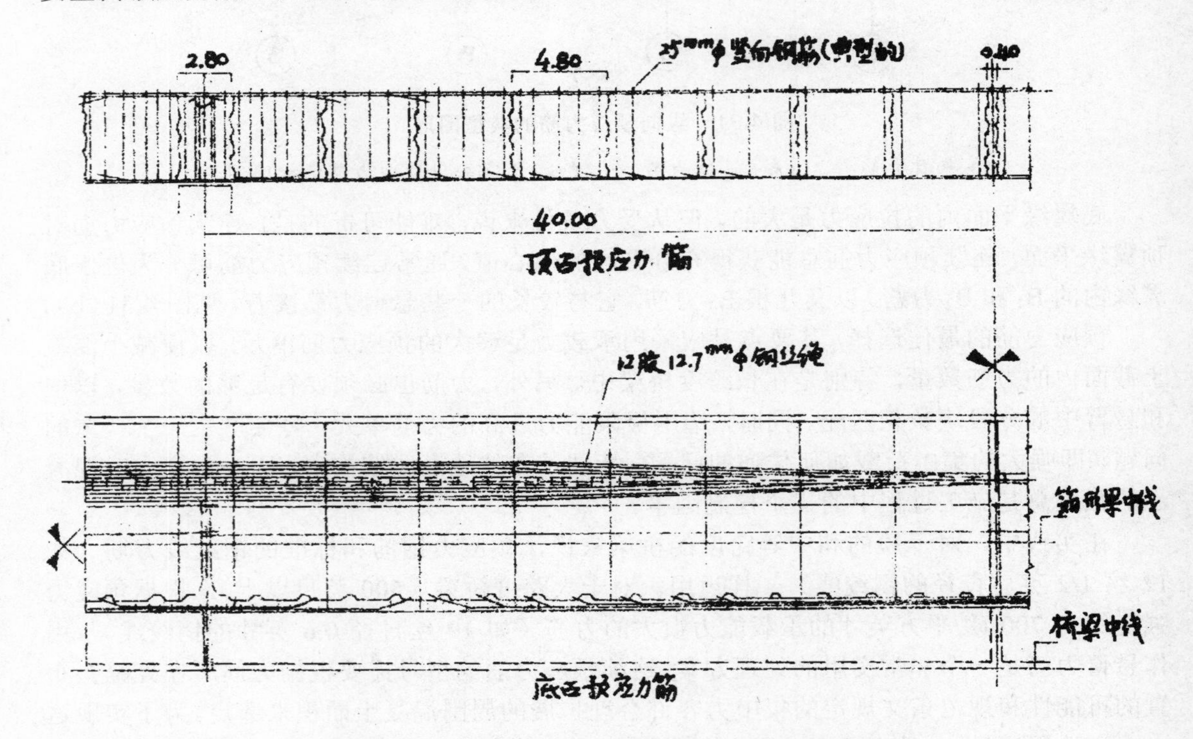

图 4.33 Rio–Niteroi 桥的典型预应力筋的图形

减小了曲线形的或蛇形的预应力筋的摩擦损失，因此，当其他条件都相同时，纵向预应力筋的用量和造价理所当然的可节省 10%。

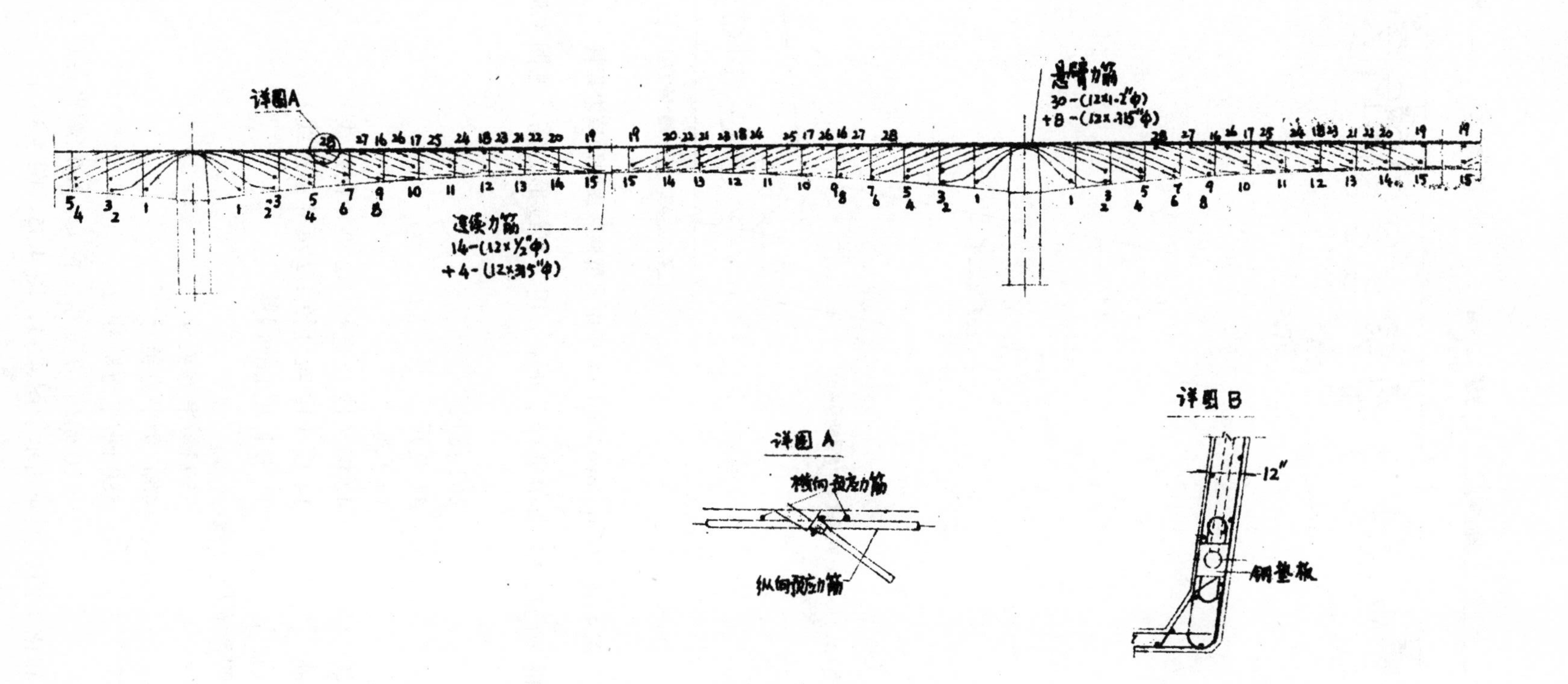

图 4.32　Oleron Viaduct 桥的纵向预应力筋

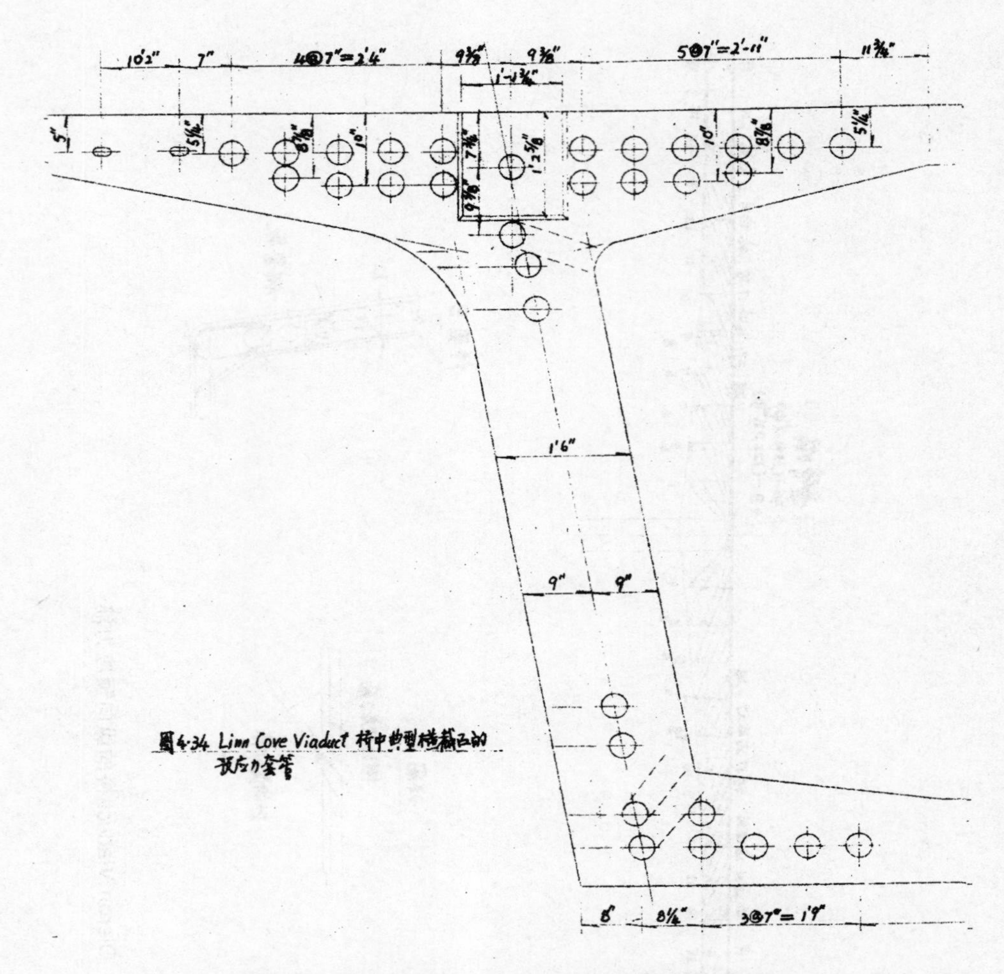

图 4.34　Linn Cove Viaduct 桥中典型横截面的预应力套管

Rio-Niteroi 桥（已在 3.8 节中进行了介绍）用了直线形力筋，见图 4.33。桥面的典型特征如下：

跨度	262 英尺
箱宽	42 英尺
两腹板各厚	14.2 英寸
纵向悬臂力筋	42 根（12 丝直径 1/2 英寸钢绞线）
纵向连续力筋	14 根（12 丝直径 1/2 英寸钢绞线）
竖向预应力筋	直径 1 英寸的钢筋

靠近桥墩处的控制应力为：

纵向压应力	850 磅/平方英寸
竖向压应力	400 磅/平方英寸
最大剪应力	580 磅/平方英寸
主应力	−110 磅/平方英寸（拉）1 300 磅/平方英寸（压）

力筋的图形和锚头的典型详图示于图 4.34、图 4.35、图 4.36 中。

4.8.4 力筋外形和锚固位置的一些概念

在上述两个结构中，力筋锚固在下述构件中：

1. 悬臂力筋：

a. 在顶翼缘和腹板之间设置梗肋，力筋锚固在梗肋部分的顶面。

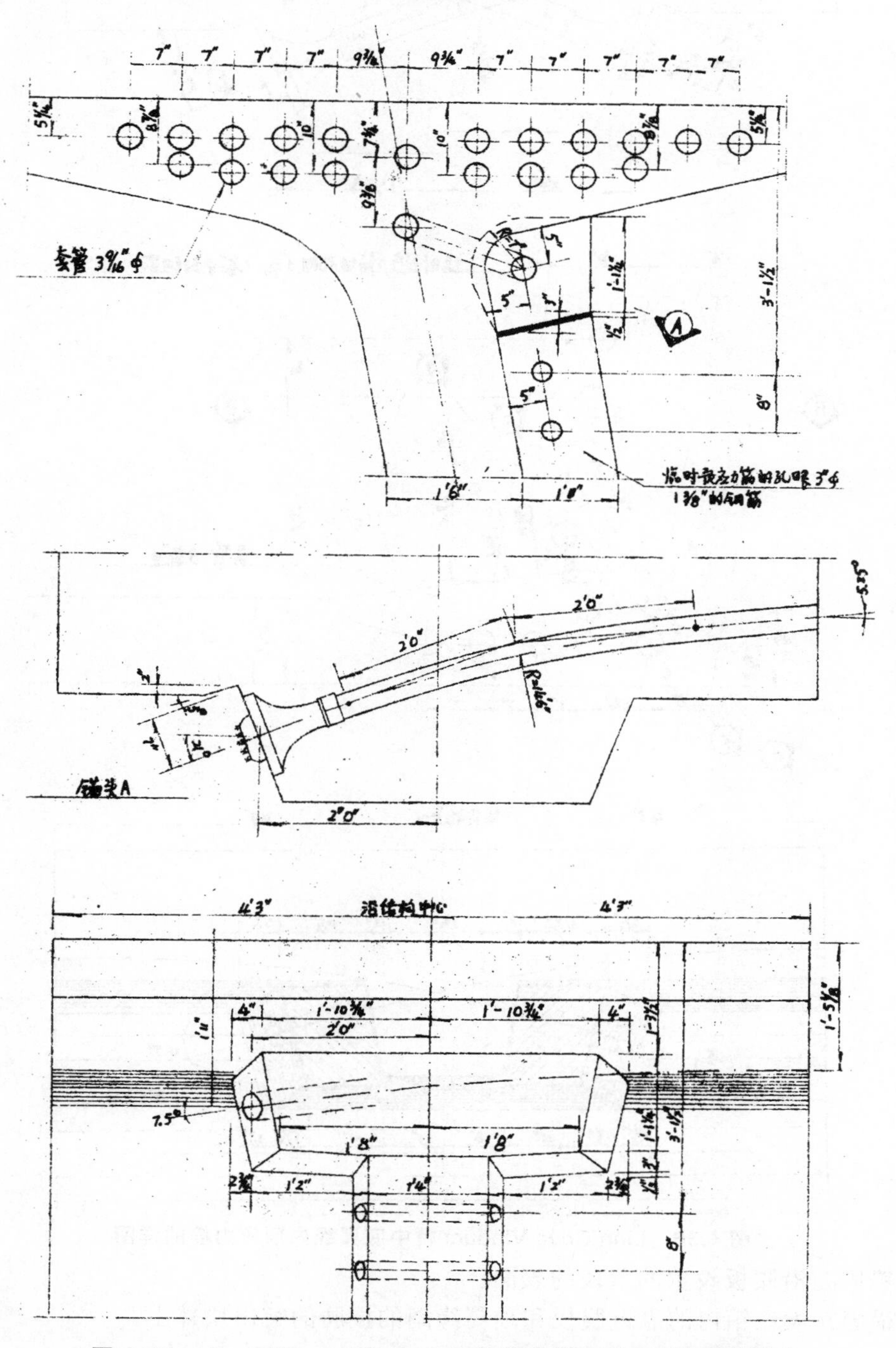

图 4.35 Linn Cove Viaduct 桥的顶翼缘内预应力筋的详图

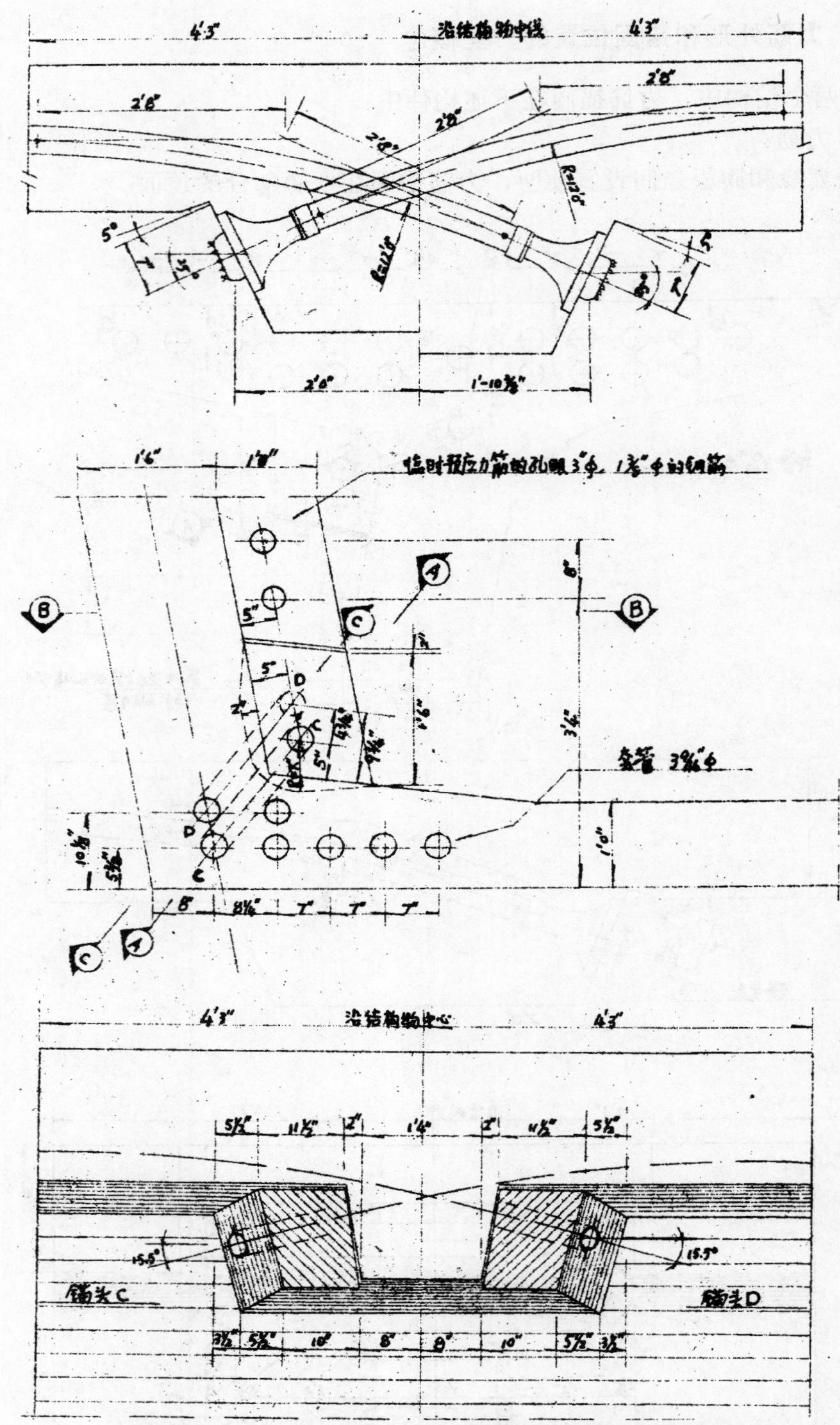

图 4.36　Linn Cove Viaduct 桥中底翼缘内预应力筋的详图

b. 锚固在沿腹板设置的节段的表面。

c. 锚固在设在箱内的靠近腹板和顶翼缘间的梗肋的突出块体上。

2. 连续力筋：

a. 在顶翼缘平面内。

b. 在靠近腹板和底翼缘间的梗肋的突出块体中。

c. 锚固在距腹板适当距离的底翼缘中的突出块体中。

1c、2b 和 2c 的构造完全允许在箱内安全有效的进行预应力的操作，见图 4.37*，这样的操作可消除分段块体在实际安装或建筑时的危险工序。在施工的第一步仅需安装为平衡块段自重而所需的力筋。其余所需的平衡力筋则可在稍后安装，甚至可以再几个悬伸臂间已达到连续之后再安装。于是追加的力筋其线型可比照用于就地灌注式梁的力筋来确定，长度可以跨过好几跨。要想对这工序作一些实际的限制看来是很牵强的，它只与力筋中的高摩擦损失有关。*

4.8.5 连续预应力筋的特殊问题和它的锚固

连续预应力筋可以有不同的锚固方式。或者甚至可以说不应该总是锚固在位于腹板和下翼缘间的承托块上。它们可以锚固在底翼缘的适当部位上。在变高度梁中，底翼缘在竖直平面内呈曲线状，因此预应力筋亦必须随之成为曲线形。在规划和详细设计阶段，如对这种实际情况不予以仔细研究，困难就很可能形成；我们可以看图 4.38 和图 4.39，该图表示的是在曲线形的底翼缘中取出的应力隔离体图，并附有数字实例。曲线形的力筋将产生一个向下的经向荷载，它必须靠腹板间的底翼缘的横向弯曲来平衡。

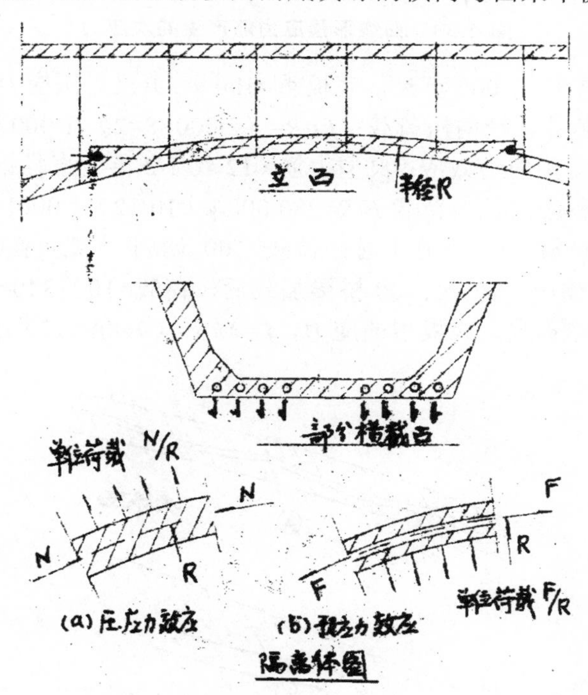

图 4.38 由曲线力筋底翼缘中产生的次应力

底翼缘中的纵向压应力，在底翼缘中同样产生一个向上的径向反力，这至少可以抵消掉一部分力筋的效应。不幸的是，当全部活载和诸如温度梯度变化等效应作用在上部结构

* 图中照片未予复制——译者。

上时，这个纵向压应力会消失掉，因此，力筋弯曲的负弯矩效应没有了。这样力筋弯曲的效应全部加到翼缘混凝土的恒载应力上去。于是弯曲应力要比恒载时的大四至五倍。如果为此而设置的钢筋数量不足，就将会出现严重的开裂而且可能破坏。实用上这种现象这会由于在分段块中的力筋套管的实际位置与设计位置出现错位而恶化。在分段块体的接缝处，套管总是放在它们的正确位置上，不过如果选用柔性管子，而且当托座或拖杆的数量不够时，则在每一个接缝处套管就会产生折角。再加上摩擦损失的增大，使底翼缘的内弧侧存在剥落和爆裂的潜在危险，见图 4.40。若选用刚性套管且正确地扣固在钢筋笼上，或将刚性套管放在灌注机械或吊车的拱弧以上适当水平位置上就可避免这种危险。

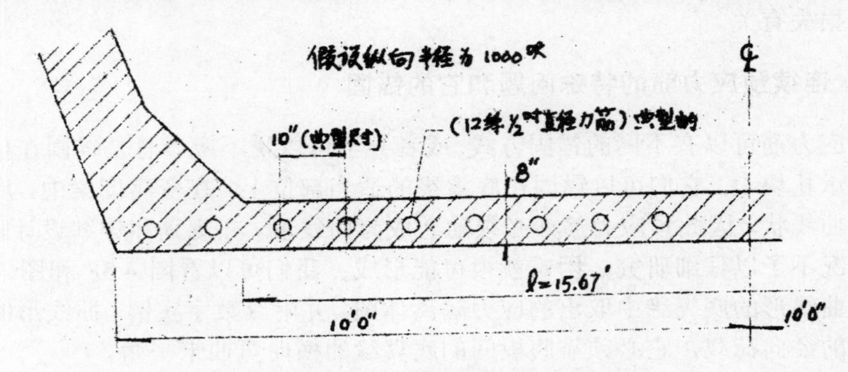

图 4.39　曲线形预应力筋产生的次应力

算例：假设纵向半径=1 000 英尺，底板重=100 磅/英尺。压应力效应：当桥梁未加载时，f_c=2 000 磅/平方英寸，径向压荷载：$f_c t/R$=（2 000×8×2）/1 000 磅/平方英尺，桥梁加载后为 0 磅/平方英尺。预应力效应：典型力筋（12 丝 1/2 英寸直径钢绞线）间距 10 英寸，承载能力 280 仟磅，相应的径向荷载 F/R=280 000/[（10/12）1 000]=336，以 340 磅/平方英尺计。底板上的总荷载：① 当施工时，荷载=100 磅/平方英尺；② 桥梁未加载时，荷载=100-200+340=240 磅/平方英尺；③ 桥梁加载后，荷载=100+340=440 磅/平方英尺，弯矩=$\omega l^2/12$=9 仟磅英尺/英尺，底板中的应力，$f=M/S$=（9 000×12）/[（12×64）/6]=840 磅/平方英寸。

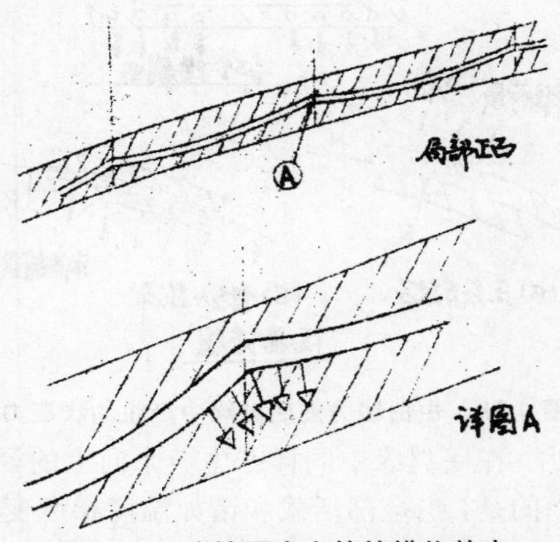

图 4.40　连续预应力筋的错位效应

另一个有关连续预应力筋的潜在问题是涉及在底翼缘中设置的锚固突块的问题，此处所指的锚固突块，不是指紧贴在位于腹板和底翼缘之间梗肋上的突块。当连接中采用这种方法时，如底翼缘很薄（在早先的桥梁中曾采用过 5 英寸或 6 英寸厚的翼缘），则几乎不可能在不产生开裂的情况下把锚块中的集中荷载传至板中。对于 7 英寸或 8 英寸厚的翼缘，建议在同一个横向连接中布置的力筋（12 丝 1/2 英寸直径的钢绞线）锚块不多于两个，并应增设钢筋以抵抗爆裂。连续力筋的锚块应布置在腹板和翼缘之间的梗肋，无论在哪，这样总是可能的，那里的截面横向刚度最大。

4.8.6 在具有铰和伸缩接头的结构中预应力筋的布置

在 4.4.3 节中已说明了上部结构中的伸缩接头宁可放在跨间的反弯点处，而不要像前面所提及的结构那样放在跨度中央。然而这种接头将会使得施工过程复杂化，因为悬臂安装继续前进过程中，必须要通过一个特殊的铰接分段块体。一个典型的施工程序和有关预应力筋的布置示于图 4.41 中。结构的几何图形见图。施工程序如下：

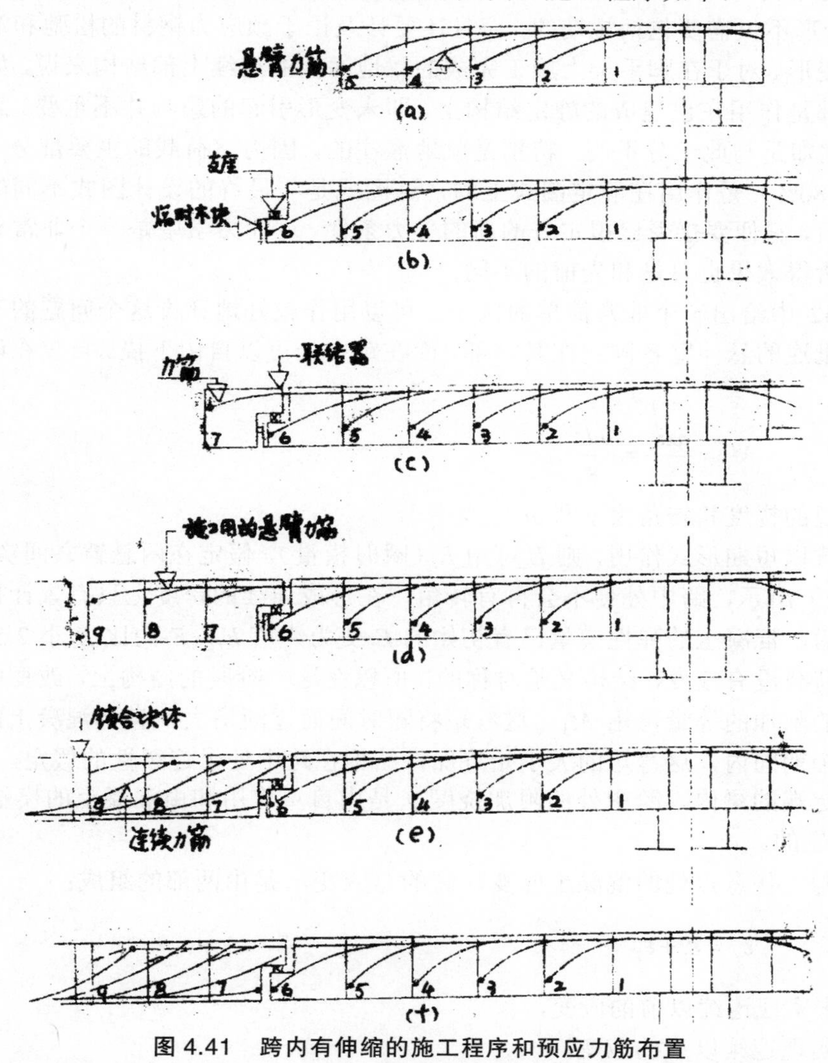

图 4.41 跨内有伸缩的施工程序和预应力筋布置

a. 以平衡悬臂法首先安装五个分段块体并设置承受恒载弯矩的悬臂预应力筋。

b. 安放特殊分段块体的下半部块体并设置相应的力筋。

c. 把带有永久性的或临时性的支座的特殊分段块体的上半部安放好，并安放允许传递纵向压应力的临时木块。利用通过伸缩接头的悬臂力筋使安装块体连接起来，或者用连接器进行连接。

d. 继续安装普通的悬臂分段块体，并张拉越过接头的力筋一直到跨中。

e. 灌注接头锁合块，使原先的悬臂成为连续体，再张拉连续力筋。这些力筋的设计包含在特殊铰式分段块体中的锚头，以便结构完工后传递剪力。

f. 拆除在铰处的临时木块。放松扣住分段块体 7、8 及 9 的悬臂力筋，或者在套管内压浆以后切断跨过铰接头的力筋。

4.8.7 由于混凝土徐变引起的弯矩和应力重分配

在静不定结构中，由于外载引起的内部应力取决于结构物的变形。在预应力混凝土结构中，这种变形不仅需要包括短期的，而且还要计及由于预应力钢材的松弛和混凝土徐变引起的长期变形。对于在脚手架上施工完成的就地灌注的连续上部结构来说，如果全部恒载和预应力都是作用在已建成的静定结构上，即未变形引起的影响并不重要。悬臂法施工的桥，其特性却是与此十分不同，特别是就地灌注的，因为它荷载的主要部分（梁体荷载占总荷载的 80%）是作用在静定图式上的，这图式是与最终的设计图式不同的。一旦结构形成连续后，它便要接受已拟定好的新的受力条件，这在力学中是一个非常普遍的转换法则，由此所得效果也总是和先前的不同。

在图 4.42 中给出一个非常简单的例子，可以用作较好地评价这个问题的基础。假设两个相同而毗连的悬伸臂各固定在其端部，而在跨中处可以自由下挠。自重在两端部产生的弯矩为：

$$M_0 = \frac{\omega a^2}{2} = \frac{\omega L^2}{8}$$

在跨中处出现的挠度和转角为 y 和 ω。

如果荷载以短期形式作用，则 E 可用 E_i（瞬时模量）。假定在两悬臂之间实现连续后，如图 4.42（c）所示，跨中处便不会再有转角，在形成连续的跨度上只有累计挠度。经历一个长时期后，混凝土的弹性模量已有初始的 E_i 变为终值 E_f，E_f 约比 E_i 小 2.5 倍。

因为外荷载没有改变，结构又是对称的，所以在这一阶段的结构上，改变的只是作用在全跨度上的附加的等量弯矩 M_1，这弯矩将随时间而逐渐增大，直至混凝土的徐变达到稳定。在整个期间内，这弯矩的大小始终保持结构在跨中处于连续性的假定。

在有固定端的梁内，跨中处的附加挠度 y_2 是由自重作用和由混凝土的模量逐渐从 E_i 变至 E_f 而发生的。

考察结构上任意点处的混凝土应变，它的总应变 ε_f 是由两部的组成：

$$\varepsilon_f = \varepsilon_1 + \varepsilon_2$$

这里　ε_1 = 未实现连续以前的应变，

　　　ε_2 = 实现连续以后的应变。

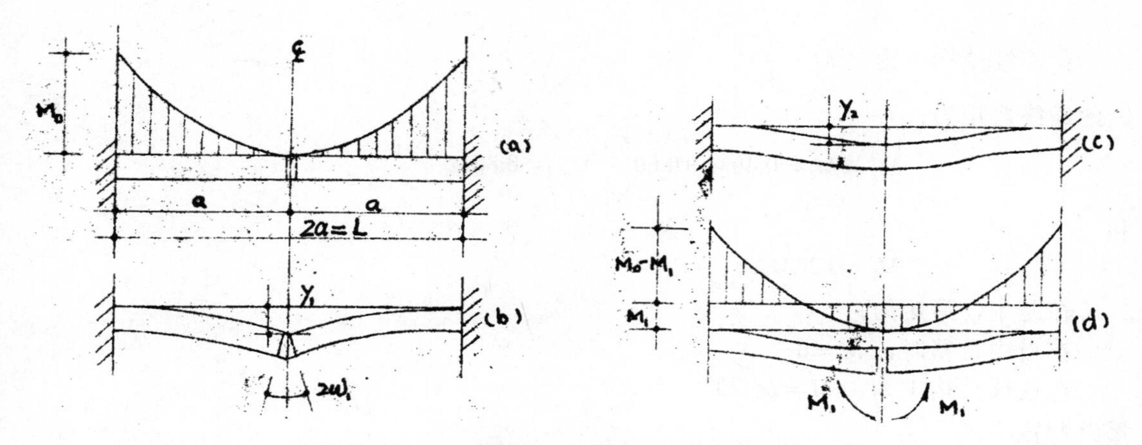

图 4.42　由于混凝土徐变引起的应力重分配

在某一时刻由：胡克定律得到的各点应力与应变的关系为：

$$\varepsilon_1=\frac{f_1}{E_i}$$

在相同的荷载作用于连续结构上时，在同一位置处产生的应力 f_2 与相应的附加应变 ε_2 之间亦有同样的关系，可以写成：

$$\varepsilon_2=\frac{f_2}{E_c}$$

这里 E_c 是徐变模量，由下式求得：

$$\frac{1}{E_c}=\frac{1}{E_f}-\frac{1}{E_i}$$

或者

$$\varepsilon_2=f_2\left(\frac{1}{E_f}-\frac{1}{E_i}\right)$$

于是：

$$\varepsilon_f=\frac{f_1}{E_i}+f_2\left(\frac{1}{E_f}-\frac{1}{E_i}\right)$$

在结构中相应的总应力则为：

$$f=f_1\frac{E_f}{E_i}+f_2\left(1-\frac{E_f}{E_i}\right)$$

换句话说，混凝土的徐变效应是评价以下两种状态之间的一个中间状态在结构中的（或者对弯矩、剪力、挠度或者对应了）最终应力：

即带有自由悬臂的初始静定状态和最终的连续状态。

例如，假定　$E_f/E_i=0.4$，于是：

$$f=0.40f_1+0.60f_2$$

这一关系对弯矩、剪力或挠度都适合。

支承截面处的弯矩为：

在自由悬臂时，$M=M_0$

在连续结构中为，$M=\dfrac{2}{3}M_0$

因此最终弯矩为：

$$M_0=M_1=0.40M_0+0.60\left(\frac{2}{3}M_0\right)=0.80M_0$$

和

$$M_1=0.20M_0$$

在跨中，弯矩为：

在自由悬臂时，$M=0$

在连续结构中为，$M=M_0/3$

最终弯矩为：

$$M_1=0.60\frac{M_0}{3}=0.20M_0$$

以上推导出的关系不仅可用于外部荷载，也可用于预应力的影响。连续预应力作用在连续结构上时，产生的内部弯矩重分配比较小，但在多跨结构中除外，因为按照实际的施工程序，各跨之间均有相互作用。悬臂预应力的作用是抵消恒载弯矩中的很可观的一部分，达到减少由外荷载产生的弯矩的重分配，见图 4.43。

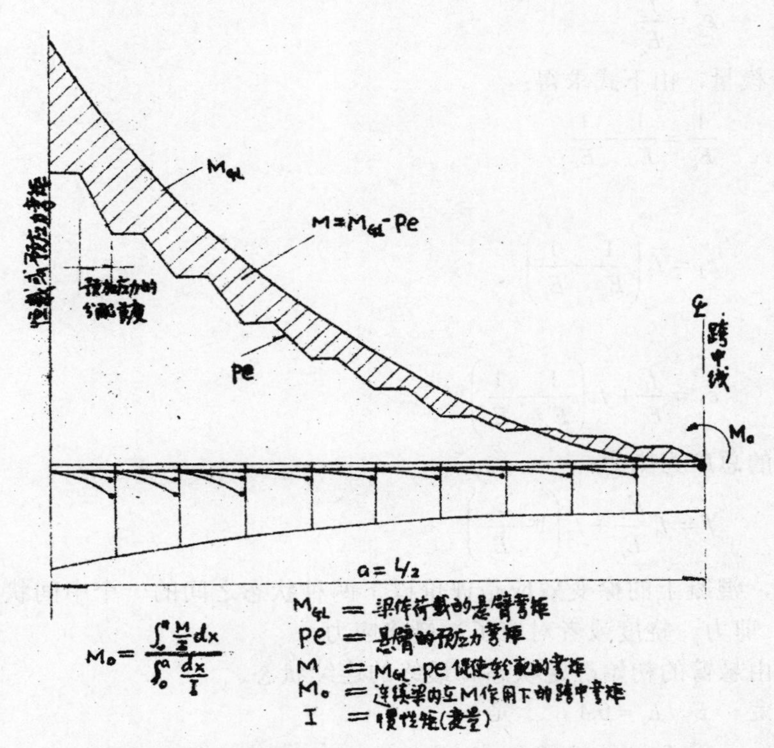

图 4.43　由恒载和悬臂预应力产生的弯矩重分配计算

直至目前，混凝土的模量只假定取 E_i 和 E_f 两个值（短期值和长期值）。事实上，在就地灌注的悬臂施工中要历时几个星期（活载甚至要几个月），所以必须取用对应于混凝土龄期和受载持续时间的混凝土应变值。在图 4.44 中绘出了普通容重的混凝土和平均气温时的这种关系值。

为方便起见，混凝土的应变是以实际应变与 28 天龄期的混凝土承受短期荷载时的应变的无量纲比值绘制的。

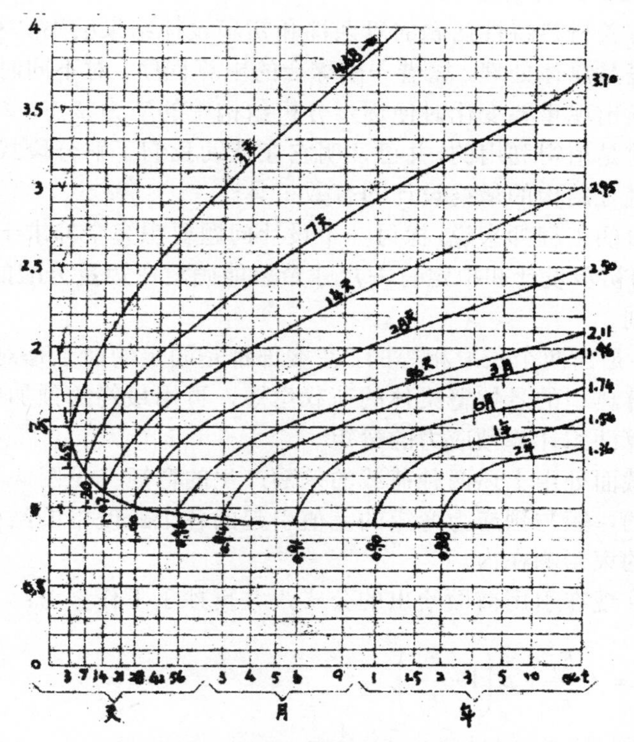

图 4.44　对于混凝土龄期和受荷载持续时间的混凝土应变

注意：图中应变是以实际应变与 28 天龄期的混凝土承受短期荷载时的参考应变的无量纲比值绘制的。

在图中我们可以看到，混凝土的短期应变与它承载时的龄期期间的变化很小，除了在很短的龄期时加载以外。然而，长期应变受混凝土的龄期影响很大。例如，三天龄期的混凝土，它的最终应变将会比三个月龄期时的混凝土最终应变大 2.5 倍。这对于就地灌注的结构来说，当它的施工周期较短时是特别重要的（每一个星期灌注一次和预加应力两对分段块体，目前已是很平常的施工进度）。

在悬伸臂连续以后的桥中，对应了重分配起重要作用的还有另外两个因素：

（1）预应力钢材的松弛和预应力损失。因为预应力钢材中的应力是随着时间而变化的（其中一部分已明确是由混凝土的徐变引起的），由此造成内部弯矩的变化，引起了结构变形并因此产生应力重分配，这些都是连续变化的。这个因素是重要的，因为悬伸臂中的总弯矩（恒载和预应力）是由两大部分的差值确定的，其中之一有了变化对其总结果通常有重要的影响，见图 4.43。

（2）混凝土截面的力学特性的改变。为简化起见，通常选用混凝土的毛截面计算弯曲应力。事实上，采用的截面应该是：

a. 在力筋与混凝土未黏结以前，用净截面（在混凝土截面中扣除纵向预应力套管的面积）计算梁体荷载和预应力的效应。

b. 在力筋与混凝土黏结以后，用换算面积（用一个合适的换算系数将预应力钢材面积计算在内）计算，此处的等效系数 $n=E_s/E_c$，它是钢材与混凝土的模量比，取值应随时间而变，可由 5 至 12，或者甚至 15。

以上讨论指出有关材料特性问题的复杂性和初步设计结果的不真实性。

唯一满意的解答是总体处理，凭借一个综合的电算程序，对不同时段和在整个施工过程中，无论什么时候出现重要变化时便逐步分析结构中的应力状态。

这样的程序当前是值得利用的，并已证明它在帮助我们了解分段式桥梁的行为方面是非常宝贵的。它是进行结构的最终设计的有效工具。

因为对相当数量的工程师来说，探讨一个设计问题要想完全仰求于计算机是会有困难的，所以为了结构的初步设计和拟定有关尺寸希望能确定弯矩重分配的数值。下面凭经验和判断作出几条准则。

（1）考虑的条件是由两个长度相等的，在端部都是固定的而且是对称施工的悬伸臂组成的对称跨度。计算典型的悬伸臂梁体的荷载弯矩，再用最终的预加应力值和 $n=10$（平均值）的混凝土换算面积计算预应力的弯矩。

（2）计算跨中截面处由上述两种荷载的差额产生的弯矩（见图 4.43）。更为一般的是计算由悬伸臂荷载的弯矩与预应力弯矩的差值引起的各个跨度中的结构最后弯矩，如果适当适应包括桥墩的约束影响在内。

（3）为了方便，现在引用前面给出的公式，并重抄于下作参考：

$$f = f_1\frac{E_f}{E_i} + f_2\left(1-\frac{E_f}{E_i}\right)$$

式中　f——最终应力（或是结构中的任一点处的弯矩或剪切荷载）；

f_1——同一点处的应力，用结构相应的静定图式，按每一个施工阶段求得的各个应力累加而得，

f_2——同一点处的应力，用最后的静定图式，当全部荷载和预加应力作用在最后的结构上时求得；

E_i——初期或中期的弹性模量（短期的或在形成连续以前荷载持续期间内的）；

E_f——最终模量（长期的）。

在桥梁施工的不同顺序上采用不同的假定，由图 4.44 便可得相应的应变，我们发现 E_f/E_i 的平均值在 0.50～0.67 变动。所以在近似计算中建议取 0.67 这个保守值。这样由于重分配的实际弯矩应该是 0.67，其值可按“2”中的办法计算。这个弯矩必须加到活载的影响和跨中热梯度的影响上去。

（4）相应地，支承弯矩（桥墩上的）则应减小相同的数额。事实上，在悬伸臂的连续施工过程中，每一跨是由两个不同龄期的悬伸臂连续而成的，这样支承弯矩的重分配可在很大的范围内变动，见图 4.45。为安全计，建议在预加应力的设计中不考虑支承弯矩的降低。

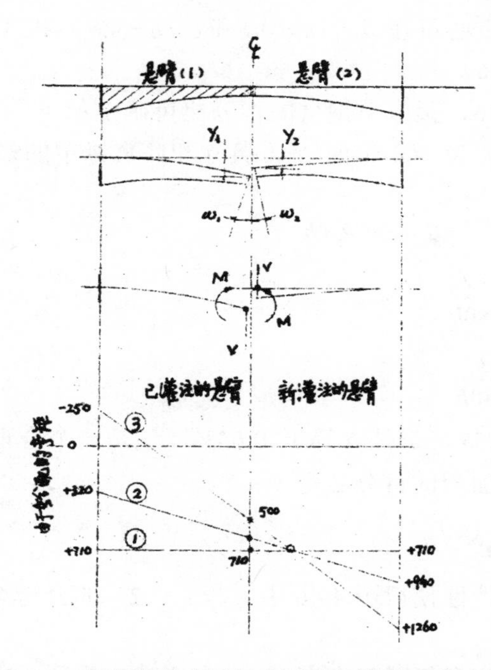

图 4.45　悬臂构件中的重分配弯矩随施工程序而变

① 两根同龄期的是悬臂（灌注 100 天）
② 悬臂（1）灌注 0～100 天
　悬臂（2）灌注 100～200 天
③ 悬臂（2）比悬臂（1）早灌注一年

有趣的是，在图 4.46 中，给出了为确定这一阶段的弯矩重分配大小所用的一些基本公式。

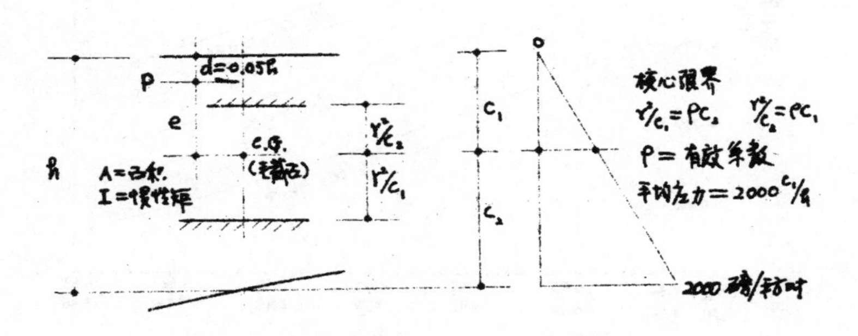

图 4.46　近似的弯矩重分配（支承截面弯矩）

总弯矩：$M_T=M_{GT}+M_{SL}+M_{LL}$。其中，M_{GT}=梁体荷载弯矩，M_{SL}=铺装荷载弯矩，M_{LL}=活载弯矩（包括冲击）。假定由连续预应力筋产生的次力矩为 0.06 M_T，最终的预加应力：$P=0.94MT/[e+(r^2/c_1)]=0.94M_T/(e+\rho c_2)$，预应力弯矩（1）：

这里假定：$Pe=0.94+M_T/[H(\rho c_2/e)]$，促使重分配的弯矩：$M_{GL}-Pe$，由（2）给出：$(M_{GL}-Pe)MT=M_{GL}/MT-0.94/[1+(\rho c_2/e)]$

在支承截面处由于张拉连续力筋而产生的次弯矩为总弯矩的 6%，悬臂力筋重心至板顶之间的距离 d 等于 $0.05h$。

根据截面尺寸确定的重心可在（$c_1/h=0.4$ 和 $c_2/h=0.6$）和（$c_1/h=0.6$ 和 $c_2/h=0.4$）之间变动。有效系数 $\rho=0.6$。

根据上述数据和图 4.46，预应力钢材的百分比可确定如下：

假定力筋中的最后应力为 160 千磅/平方英寸和底翼缘中的最大压应力为 2 000 磅/平方英寸：

$$P = A_s f_{c(\text{平均})} = 2\,000 c_1 A_c / h$$

$$A_s = \frac{\beta}{f_s} = \frac{c_1 A_c}{80h}$$

$$\beta = \frac{A_s}{A_c} = \frac{c_1}{80h}$$

对于对称截面，$c_1=0.5h$，于是 β 等于 0.63%，这是一个合理的也是经常用的数。用 n=10，则换上面积对钢材面积的百分数等于：

$$n\beta = 0.125 c_1 / h$$

改变截面的所有力学特性使得图 4.46 中方程式（2）的分母增大，则重分配的弯矩也增大。

这一事实已被完全失察多年了，在图 4.47 中清楚地看到，在不同截面中产生弯矩重分配的百分数是对换算面积或毛面积的重心点绘的。

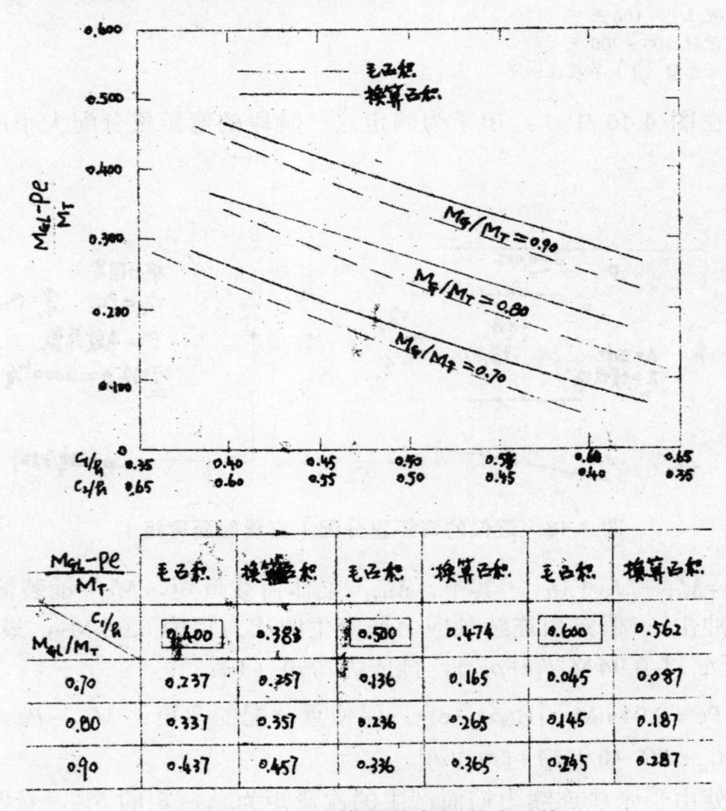

$\frac{M_{GL}-Pe}{M_T}$	毛面积	换算面积	毛面积	换算面积	毛面积	换算面积
c_1/h \ M_{GL}/M_T	0.400	0.383	0.500	0.474	0.600	0.562
0.70	0.237	0.257	0.136	0.165	0.045	0.087
0.80	0.337	0.357	0.236	0.265	0.145	0.187
0.90	0.437	0.457	0.336	0.365	0.245	0.287

图 4.47　支承截面处弯矩重分配值

有兴趣去研究由于力筋在套管中的摩擦而使预应力偶然变动的影响。例如，假设预应力降低 5%，对（支承处的对称截面）$c_1/h=0.5$ 和 $M_{GL}/M_T=0.80$。

$(M_{GL}-PE)/M_T$ 的初值改变如下：

	100%的预应力	95%的预应力	变化百分数
毛面积	0.236	0.264	1.12
换算面积	0.265	0.292	1.10

力筋的黏结和摩擦损失的综合效应使弯矩重分配增大 25%。

4.8.8 预应力损失的预估

在预应力混凝土中预估的预应力损失总是不会一成不变的。这是由于所用的预应力钢材处于高应力状态，和混凝土材料的变动性与它的徐变、收缩等特性引起的。直至 1975 年，AASHTO 对它的法规进行重要修改时，提出了一个预估预应力损失的改进方法。加利福尼亚结构工程师协会有一个关于在一般条件下混凝土徐变和收缩控制的优秀报告。报告的结论认为，对组成混凝土的材料应特别注意它们的选材和配合比，许多欧洲工程师们建议，计算徐变和收缩时应按国际预应力混凝土协会——欧洲混凝土委员会（FIP-CEB）的准则进行。

分段式预应力混凝土桥梁的设计与计算是和它的施工状态紧密联系的。每增添一个块体或每张拉一根力筋，结构状态就改变一次，计算也必须重复一次。随着分段块体的龄期增长，混凝土和预应力钢材便出现徐变，收缩和松弛。每一分段块体有它自己的龄期，这样，它的弹性模量便由它的龄期和成分来确定。在结构物的整个使用期间，所有这些影响要精确地全部用手算来计算，那将是非常困难的，特别是要求结合施工状态时。综合的电算程序如“BC”（桥梁结构）和其他近来开发的程序目前都能有效地帮助设计工程师们进行计算。

这些程序中加工结构分析部分就可对拟定好的桥梁按 AASHTO 规范进行校核。这些程序经修改后可以满足其他规范或荷载的要求，如 AREA 规范等。

不仅可以把全部的预应力损失的正确评价和取值，而且可以把由于混凝土的徐变和钢材的松弛引起的弯矩重分配等的设计分析自动的编入程序中。

4.9 构件的纵向极限抗弯能力

使用荷载是分段式桥梁设计中的基本内容之一。然而，重要的是不要忽视结构物在极限状态时的行为，以确保它在整个使用期间的安全。

对简单结构，可非常简单地用截面的极限能力与最大弯矩相比：

全部的设计荷载弯矩，包括梁体荷载和铺装荷载（DL）与活载（LL）所产生的弯矩。

预加应力所产生的截面极限弯矩 M_u。

根据不同国家的法定规范和通常的实践，可用不同的方法进行比较：

对 DL 和 LL 采用荷载系数，而对 M_u 采用材料折减系数。

对（DL+LL）可采用单一系数计算后便与 M_u 进行比较。

亦可对 LL 采用单一系数并用 DL+KLL 计算后与 M_u 进行比较。

在所有情况中，设计者必须首先根据混凝土截面的尺寸和预应力筋的特性（亦可能是传统的钢筋）计算截面的极限能力。从前面的讨论中可以看出承受预加应力的截面，它的极限弯矩可以非常容易地用称为预应力钢材重量百分比的无量纲系数 q（见图 4.48）来计算。

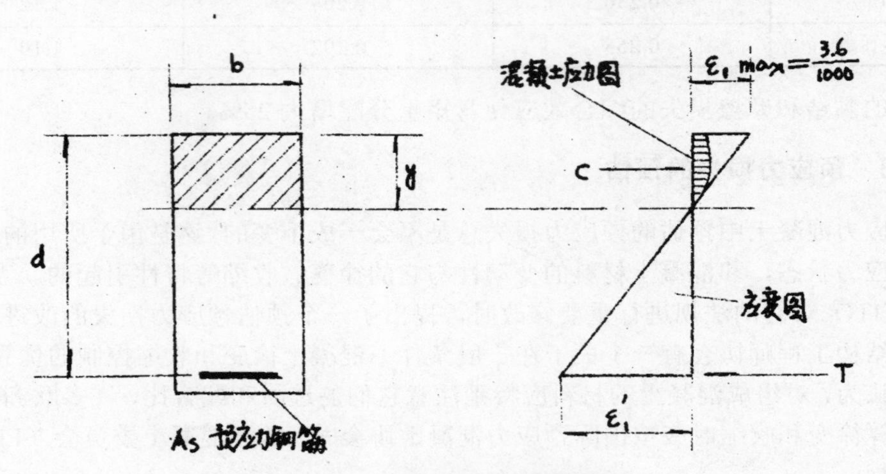

图 4.48　预应力截面的极限弯矩

（1）无量纲系数，$q' = (A_s / bd)(f_s' / f_c')$，其中 A_s=预应力钢筋面积，b=截面宽度，d=截面有效高度（预应力钢筋形心至受压纤维边缘之间的距离．

f_s'=预应力钢筋的极限抗拉强度，f_c'=混凝土的极限抗压强度。（2）极限弯矩值：当 $q' < 0.07$ 时，$M_u = 0.96 A_s f_s' d$；当 $0.07 < q' < 0.50$ 时，M_u=（$1 - 0.6q'$）$A_s f_s'$ d。

考虑到这样的事实，即混凝土特性的可靠性要比预应力钢材的低，所以众所共知的亦是非常一致的，都将混凝土的最小拉力强度的保证值作为 f_s' 的值，而 f_c' 则假定取 28 天棱柱体强度的 80%。

现在研究分段式的上部结构，它们最通常的形式是连续结构。对这种结构人们也可采用传统的方法，如同用于简支梁中那些方法一样。在结构中选取若干个截面（例如，不同跨度中的支承截面或跨中截面），并把它们当作彼此独立的截面进行比较。这样的简化，当然忽视了赘余结构在荷载作用时内部重分配的能力，所以这似乎是一个保守的假定。

不过事实上，如下面计算所得的结果所示，这种简化并不总是保守的，恰是完全的。现将 Rio-Niteroi 桥的典型跨度的算例为例予以说明。该跨的设计弯矩如下（英尺—千磅 ×1 000）：

	支承截面	跨中截面
梁体荷载	116	0
铺装荷载	10	5
全部恒载（DL）	126	5
全部活载（LL）	29	22
总计（DL+LL）	155	27

单跨梁中的活载弯矩：37。这样截面的正和负两种极限弯矩均已算出。极限弯矩的包络图示于图 4.49 中。

忽略任何弯矩重分配后，支承截面和跨中截面的弯矩数值如下：

弯矩	截面	
	支承截面	跨中截面
M_u	256	79
DL	126	5
LL	29	22
M_u=	1.65（DL+LL）	2.39（DL+LL）
或 M_u=	DL+4.5LL	DL+3.4LL

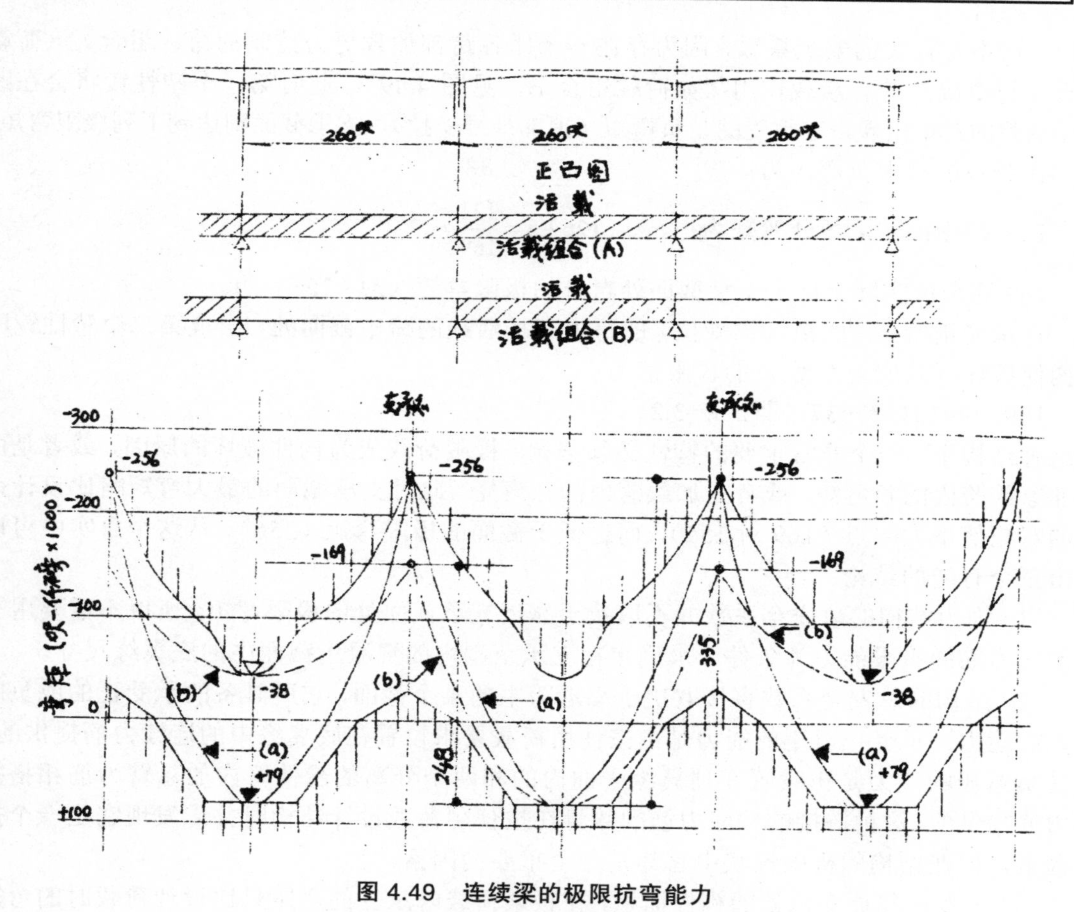

图 4.49　连续梁的极限抗弯能力

当计及由于塑性铰产生的重分配后，包络图在本质上便不同了。假定恒载和活载都同时增大（如荷载组合 A），再与支承截面和跨中截面的极限弯矩的总和比较后，我们便得到综合安全系数：

256+29=335

由 DL 和 LL 产生的单跨弯矩之和为：

DL：126+5=131

LL　　　　　37

总计　　　　168

于是总安全系数为：

$$K=\frac{335}{168}=2.0$$

这个值要比单独考虑支承截面时的大约超过 20%。事实上，更重要和更现实的是只考虑活载的增加，因为在结构上只有活载才有变动性。按上面的方法计算，仅计及活载时的安全系数为：

$$K=\frac{335-131}{37}=5.5$$

然而，这不是真实的安全系数，因为存在一个比各跨都加载更为控制的荷载组合。该荷载组合是每个隔一跨有活载作用（如荷载组合 B，见图 4.49），此时第一个塑性铰将会在跨内无活载的跨中出现，它承受的是负弯矩（顶部纤维受拉），支承截面则达到下列极限弯矩：

在跨中的极限负弯矩为：　　　　　38

在单跨中的实际恒载弯矩为：　　　$126+5=\frac{131}{169}$

169 这个值实际上低于支承截面处自身的极限弯矩（M_u=256）的。

在承受正弯矩（底部纤维受拉）的跨内有加活载的跨中截面处，出现第二个塑性铰时结构便破坏。其安全系数 K 的极限值为：

$169+79=131+K\cdot 37$，即　$K=3.2$

在这种结构中，一个非常重要的特性必须强调。极限荷载成为构件破坏的原因，或者是由于非家族跨内的负弯矩，或者是加载跨内的正弯矩，此时支承截面的最大弯矩略比设计荷载的弯矩值增大一点（169 对 155），而远低于截面的极限弯矩（256）。从这个事实中可以引出三个有趣的结论：

（1）因为结构的总安全系数并不取决于靠近支承截面处的极限弯矩，所以不需要用平衡预应力筋的极限能力为条件，来确定在支承范围内的混凝土截面中的底翼缘尺寸。

（2）结构的总安全系数直接取决于靠近跨中的某个截面，它所具备的承受正的或负的弯矩的能力。承受正弯矩的能力是由按使用荷载要求设置在底翼缘中的连续力筋提供的。承受负弯矩的能力是由设置在顶翼缘平面内的和两个分离的悬伸臂内的悬臂力筋相搭接的力筋提供的。这种搭接的预应力筋的数量在按使用荷载设计结构时并未发现它是一个控制因素，但在结构的极限性状中它却是一个重要的因素。

（3）已发现靠近支承处的构件面积，在极限荷载时承受的弯矩只比设计荷载时的弯矩稍大一点，并且在大多数情况中要低于开裂弯矩。没有因剪切和弯矩的综合作用而产生过早地破坏，这本来是预料中的事。

在一些跨内设置铰和伸缩接头的长大结构中，可用同样的原则去分析其极限承载能力。铰处是一个奇妙点，通过该点的弯矩图不必考虑荷载的组合。现已发现，根据极限安全性求得的铰的最佳位置与由长期挠度条件控制的位置稍有不同。因此将铰稍为向跨中移动一些显得更为有利，这样对简化施工也更好。

4.10 横截面的剪切和设计

4.10.1 引 言

按剪切设计预应力混凝土构件对工程师来说是一件犯难的工作，因为不同的法规在要求上有很大的差异和在原则上也有许多不同。在细节上 ACI（美国混凝土协会）法规和 AASHTO 规范与 FIP-CEB 和其他欧洲的法规之间有若干方面的不同。

在许多国家中，按剪切设计钢筋混凝土和预应力混凝土构件时，一般的习惯是允许混凝土承受一部分剪切荷载，另一部分则由箍筋（与斜筋一起）承受。但在实际的剪切设计中，各方面至今尚未完全取得完全一致。

法国的法规（如 CCBA）规定混凝土不承受剪切，全部剪切均有横向钢筋承受，这肯定是更加保守的办法。但明显地，它在计算中已计及纵向压缩的有利效应（或者是在承受轴向荷载的柱中或者是在预应力构件中）。

最近的 FIP-CEB 法规允许混凝土承受一部分剪切。

ACI 法规允许混凝土承受更大一部分剪切，随之而来的是减少了箍筋的用量。

4.10.2 钢筋混凝土梁的剪切试验

为了增加抗剪切方面的知识，近来在法国对简支的钢筋混凝土梁和预应力构件都进行了试验④。工字形的钢筋混凝土梁的静力试验结构表明，箍筋的应力与荷载成线性增长，其应力值要比按混凝土不承受剪切时的小 2/3，见图 4.50。在这一点上，所有的法规安全有理由把混凝土作为承受剪切的一个组成部分。

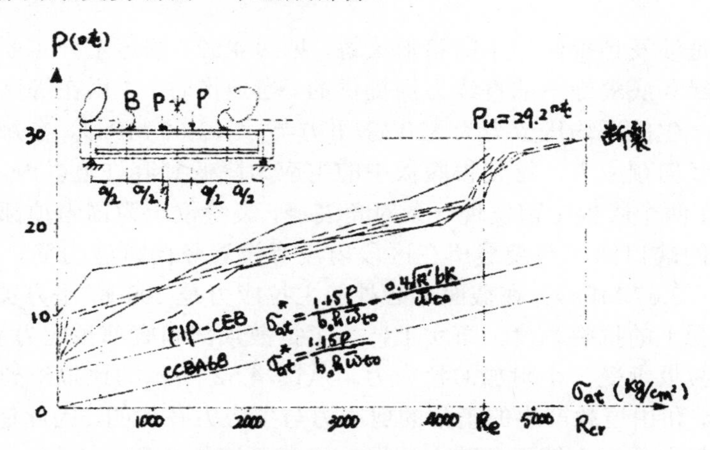

图 4.50 工字形钢筋混凝土梁静力试验时箍筋中的应力

然而，在同样的梁上进行动力试验，显示出来的性状却非常不同。重要荷载的幅值采用极限静力荷载的三分之一到三分之二，重复作用一百万次后，再进行静力试验到梁破坏，见图 4.51*。在开裂之前，均质构件的弹性特征使箍筋的应力保持在很低的水平。然而，在重复 10 000 次以前已发现裂缝的雏形，它一直保持到试验结束而且越来越显示出斜裂

* 图内照片未予复制——译者。

缝的宽度在不断增大。在动力试验的末尾裂缝宽度达 1/16 英寸（1.5 毫米）。大概重复 600 000 次左右时大部分箍筋断裂，虽然经动力试验后的梁，它的极限静力承载能力和只进行静力试验的梁的能力基本相同。这些试验表明，以静力荷载设计复板钢筋时让混凝土承受一大部分剪切的常规方法可不必增加附加的安全度，在实际结构中一旦腹板开裂可允许它发展。

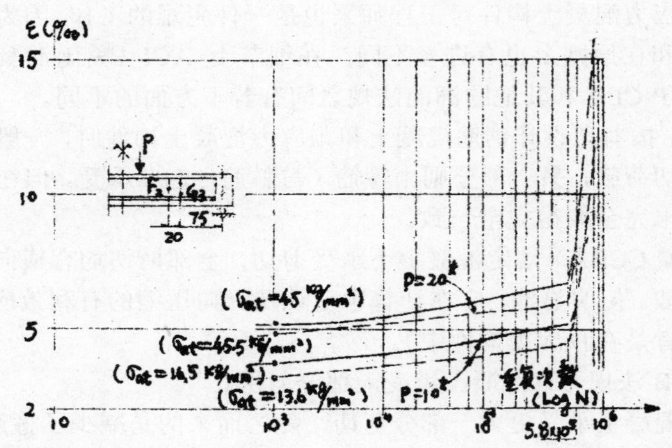

图 4.51 工字形钢筋混凝土梁动力试验时腹板开裂和箍筋中的应力

4.10.3 实际结构中的难题

已有的结构在使用中的行为成为我们另一个信息源。幸而在悬臂箱形梁桥中，因剪切引起争议的例子是极少的。这种当代争议的例子，作者仅知道两个，现汇集与此有助于设计者。

第一个例子是涉及顶推法施工的箱形梁桥，见图 4.52。按弯矩分布要求的永存预应力是由放置在顶翼缘和底翼缘中的直线力筋提供的。当顶推时，作用在等高度单箱截面上的新增均布预应力产生的平均压应力为 520 磅/平方英寸（3.60 MPa）。在每一个桥墩附近的梁体内，设计了竖向预应力，这使得腹板中的主应力降低到容许值以内。

在顶推中，在两个腹板中都发现一条对角裂缝，裂缝位于为锚固顶部和底部预应力筋而在箱梁上挖成的缺口间。在裂缝所在区段内没有设置竖向预应力筋，相应的剪应力为 380 磅/平方英寸（2.67 MPa）。在截面形心处的主拉应力是 200 磅/平方英寸（1.40 MPa），此值远低于纯混凝土的抗裂强度。事实上，为了扩散顶部和底部预应力筋的强大集中力，使得箱形截面的腹板承受一个附加的拉应力。从图 4.52 所示的比拟桁架中可以清楚地看出，这个拉应力是和由恒载产生的正常的剪应力与主应力叠加的，因此便会产生裂缝。如设置在腹板中的竖向预应力筋再向跨中伸展一段便可避免开裂。

第二个例子是涉及一座最大跨度为 400 英尺的就地灌注的变高度双室箱梁桥。因为这座桥以后想要在桥上设置横挡的塔门，所以在每跨的三分之一和三分之二点处设置了两个中间横隔板，示于图 4.53 中。预应力是由设置在顶部和底部翼缘中的直线力筋提供的，并在腹板中设置了竖向预应力筋，用以控制剪应力。该桥只是在中间横隔板附近的腹板中发现了对角裂缝，它的最大宽度为 0.02 英寸（0.6 毫米）。在裂缝中灌了浆并增加了竖向预应力钢筋后很容易地完成了修补工作。

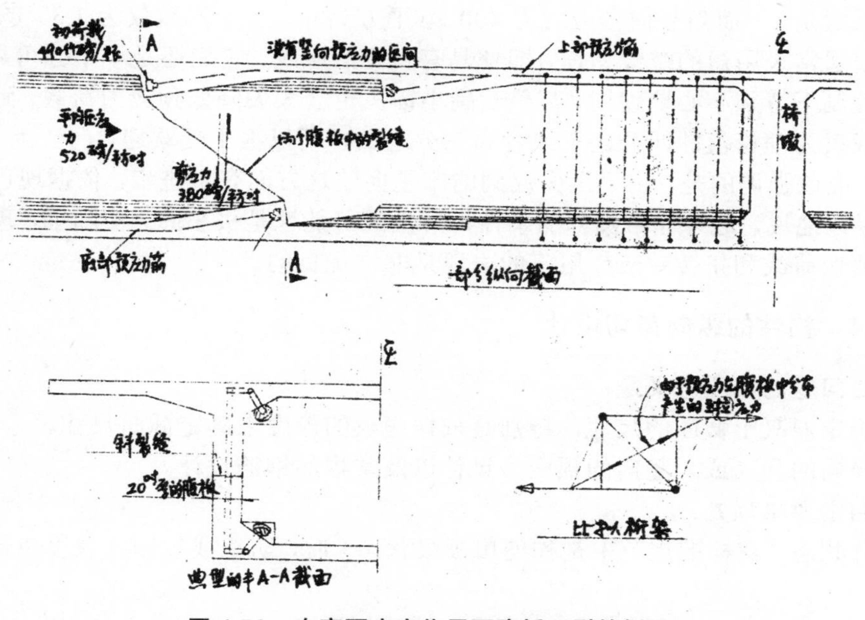

图 4.52　在高预应力作用下腹板开裂的例子

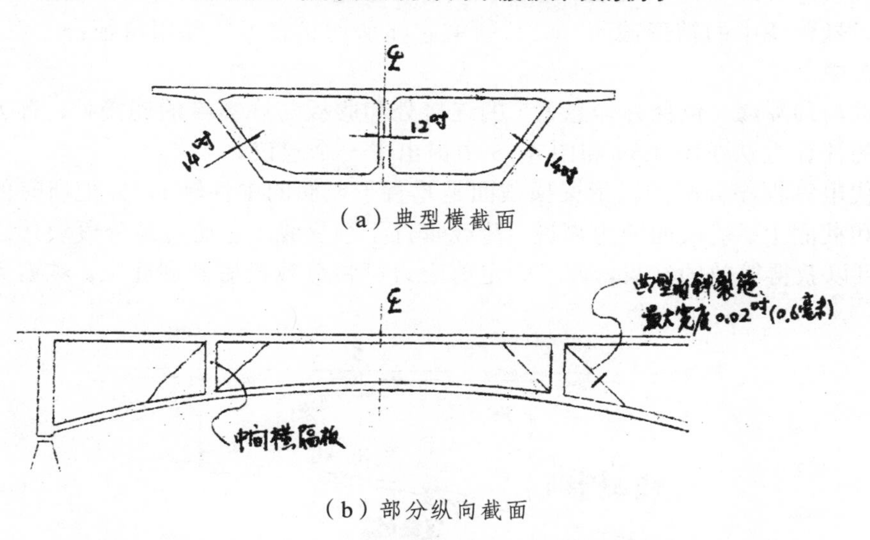

（a）典型横截面

（b）部分纵向截面

图 4.53　在 400 英尺跨度内的腹板开裂的例子

对碰到的问题进行全面的调查研究后，发现裂缝是由于几种不利影响综合而成的，其中任何一种影响，如果只是单独作用的话，对结构几乎都是无害的：① 在计算剪应力时，没有考虑到在变高度梁的底翼缘中，由于连续预应力筋产生的垂直分力的不利影响（它通常都被忽略掉了）。② 在三腹板的箱形截面中，假定剪应力在三个腹板中都是相等的。事实上，中间腹板承受了大部分荷载，所以这腹板中的剪应力便估低了。③ 中间横隔板的预应力总是小于竖直腹板的，所以实际的竖向压应力要比假设的小。④ 对使用竖向预应力筋的腹板，现行的设计法规没有规定用同样大小的开裂安全储备。当竖向预应力的数值增大时，其储备却极大地减小。在现行的法国法规中，当没有使用竖向预应力时，腹板的开裂安全系数是 2，而当竖向预应力为 400 磅/平方英寸，安全系数仅为 1.3。⑤ 当前，竖向预应力筋通常采用短的螺纹钢筋，即使具有良好的螺纹，它们还是不十分可靠的，除非在严格的控制下特别小心地使用。甚至一副小锚头也会大大降低预应力荷载，致使实际的预应力荷载仅为理论值的四分之三或者为三分之二，所以很不受欢迎。

然而，应该强调的是，由于上面提到的难题促使这方面有了进步，依据现已积累的知识，可以保证地说，这种非常例外的事件再发生的可能性是极小的。实际上，现有的箱形梁桥，在剪切荷载和扭转效应作用下的表现是非常优良的。

4.10.4 构件的纵向剪切设计

这重要问题的实质意义是：

为了确定混凝土截面的尺寸，特别是依据腹板的厚度来确定截面尺寸。

进行横向的和（或）竖向的预应力设计以及常规的钢筋设计。

考虑的主要事项是：

在设计状态（在标准规范中是称使用极限状态）时，防止或控制开裂以免钢筋锈蚀和疲劳。

在极限状态（或荷载系数设计法或最终极限状态）时，提供适当的安全度。

对用于悬臂桥中的箱形截面，必须研究它在剪切状态下的使用特征：

在腹板中

在腹板与顶翼缘（包括外伸悬臂）的连接处和腹板与底翼缘的连接处，有关剪切荷载和剪应力的计算方法在图 4.54 和图 4.55 中提出了一个建议。

用现代电算程序分析的箱形梁横截面是垂直于截面的中性轴的，并把所有的荷载投影到中性轴和截面上。就截面应力来说，荷载垂直于顶翼缘（它通常是分段块体之间连接的方法）就可以获得等效的结果，为了确定剪应力可将荷载投影到截面上。纯剪力是下列各项之和：

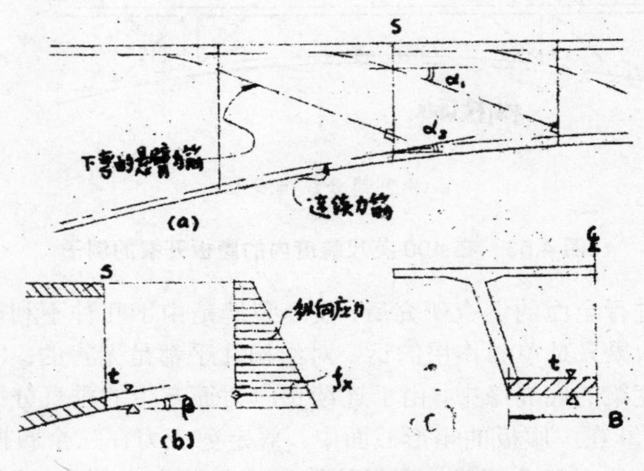

图 4.54 净作用剪切荷载的计算

（a）预应力的竖向分力。（b）斜底翼缘效应（Resal 效应）。

（c）净剪力，作用荷载产生的剪力=V，下弯力筋竖向分力的效应的折减=$-f_x \cdot t \cdot B \cdot \tan\beta$·净作用剪力=$V_0$。

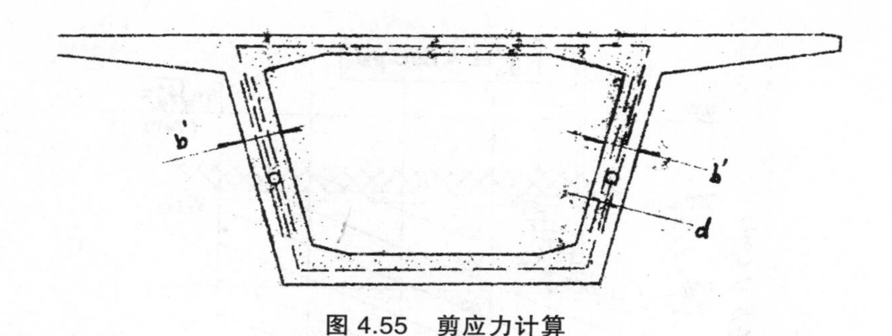

图 4.55　剪应力计算

典型箱形截面：腹板净厚 $=b=b'-\frac{1}{2}d$；由净剪切荷载的剪力产生的剪应力 $=v=V_0/[(ib)\cdot I]$。其中 Q=重心处的静矩，b=腹板净厚。I=毛惯性矩。V_0=净作用用剪切荷载；由扭矩产生的剪切力=$v=c/(2\cdot b\cdot S)$其中 c=扭矩，b=腹板净厚，S=中间封闭部分箱形面积。注意：校核中心轴水平处的剪应力。

作用荷载引起的剪力。

设置弯起力筋处，由它的垂直分量抗消的剪力。由设置在变高度梁的底翼缘中的斜向连续力筋增加的剪力。

在底翼缘中的斜向主压应力引起的折减作用（通常称 Resal 效应，因为是他第一个研究了变高度构件）。因为在腹板中的主应力方向并非完全确定，所以通常忽略了从腹板应力中导得的剪力折减效应。

剪应力也可以根据剪力和扭矩的数值用传统的弹性方法进行计算。

试验表明，因腹板中有了弯起力筋的套管，即使在张拉后在套管中进行灌浆，也会由此改变剪应力的分布。考虑到这种影响，建议所有的剪应力都用腹板的净厚度来计算，净厚度就是实际厚度减去半个套管直径后的厚度。竖向预应力筋的套管不必考虑，因为他比较小而且平行于竖向箍筋，这种预应力筋套管的微小影响将由箍筋予以补偿。

腹板厚度的确定，取决于与压应力的状态相关的剪应力的大小。在单轴压力情况下（仅有纵向预应力而无竖向预应力），主拉应力必须小于一定的限值，以保证腹板具有一个适当而且相应安全的储备，以应对开裂和有害的长期效应。在图 4.56 中所示的数据，就是以这种设想作为最后状态提出来的，所以可相信它是现实的和安全的。对于强度为 5 000 和 6 000 磅/平方英寸的混凝土，在图 4.57 和图 4.58 中提出了设计荷载下的允许剪应力值。

（a）单轴受压：允许剪应力=v=0.05 f_c' +0.20f_x，相应的主拉应力=f_p，由 $v^2=f_p(f_x+f_p)$求得。

（b）双轴受压：允许剪应力=v=0.05 f_c' +0.20f_x +0.40f_{yi} 相应的主拉应力=f_{p1} 由 $v^2=(f_x+f_y)(f_y+f_p)$求得。

图 4.56　单轴或双轴受压时，箱形中的容许剪应力

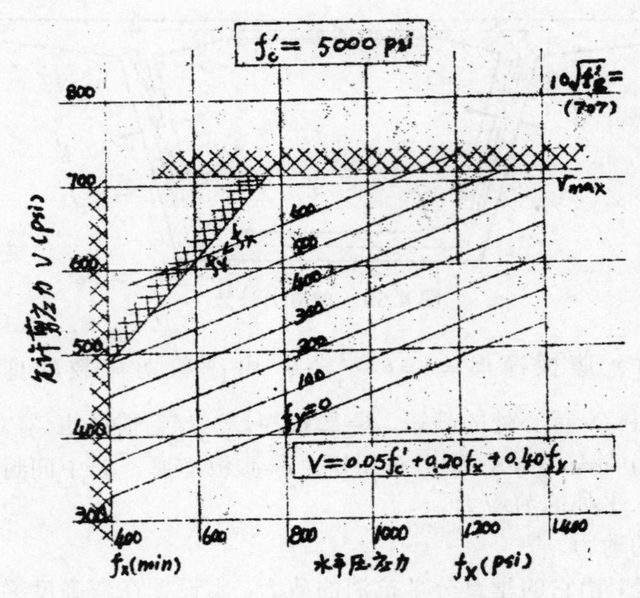

图 4.57　f_c'=5 000 时的混凝土允许剪应力

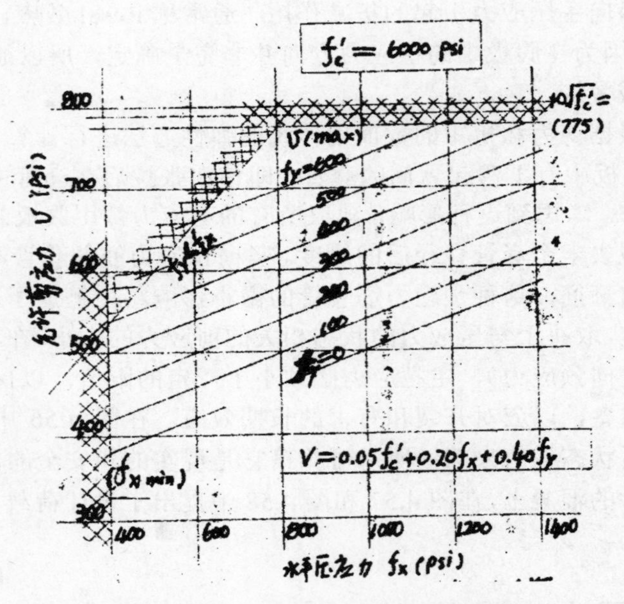

图 4.58　f_c'=6 000 时的混凝土允许剪应力

因此。腹板的厚度必须沿跨度方向，随不同的截面位置进行选择，以保证剪应力在规定的允许值以内。由于结构上的要求或其他因素，认为需要截面承受较高的剪应力时，便应采用竖向预应力，从而形成了双向受力状态。图 4.56（b）所指的就是这种双向受力状态。竖向预应力的大小，必须至少超过单轴受压时的剪应力的 2.5 倍。

当应用竖向预应力时，由于预应力的部分损失，在腹板中由水平压力产生的潜在裂缝的水平投影的长度增大是有利的效应。事实上，如果水平压力和竖向压力相等时，f_x=f_y，主应力的 $\beta = 45°$，这和普通钢筋混凝土是一样的。如果竖向应力较大，裂缝按 $\beta > 45°$ 发展，在该处混凝土上的裂缝的水平投影长度理所当然地会减小，而钢筋必须承受全部剪切。为防止这一现象出现，认为宁可采用竖向压应力不大于水平压应力的办法，及 $f_y < f_x$。

最后，就有关在高剪应力状态下，以现有的对预应力混凝土梁的特性方面的知识来说，剪应力不超过$10\sqrt{f_c'}$的限值的建议，在对专门的实验研究进行仔细地分析研究之前是可以接受的。

在这一方面，在法国的 Brotonne Viaduct 桥的结构中（将在第 9 章中介绍）出现了一个有趣的现象，其中有一孔跨度特别长，故要求其自重为最小，因而使用了高强度混凝土。在边跨的靠近桥墩处，厚度为 8 英寸（0.20 米）的腹板中所产生的剪应力是一个最为控制的条件，最大剪应力是 640 磅/平方英寸（4.5 MPa），而极不寻常的却采用了很低的纵向压应力 500 磅/平方英寸（3.45 MPa）。桥中设置了竖向预应力。在 6 000 磅/平方英寸强度的混凝土图中，见图 4.58，可以得到：

在 f_x=500 磅/平方英寸的单轴压力时，v=400 磅/平方英寸，在 f_y=550 磅/平方英寸的双轴压力时，v=620 磅/平方英寸，此值与实际剪应力 640 磅/平方英寸基本上是相等了。

有一个预制预应力腹板块段，用来试验研究它从正常的设计荷载阶段直至破坏这一期间内的工作特性，见图 4.59。试验结果示于图 4.60 中。腹板的极限能力非常大，或许大大超过了它的需要强度。这就可以认为，只要在设计荷载水平上选用适当的应力限值就能对腹板的开裂进行控制。

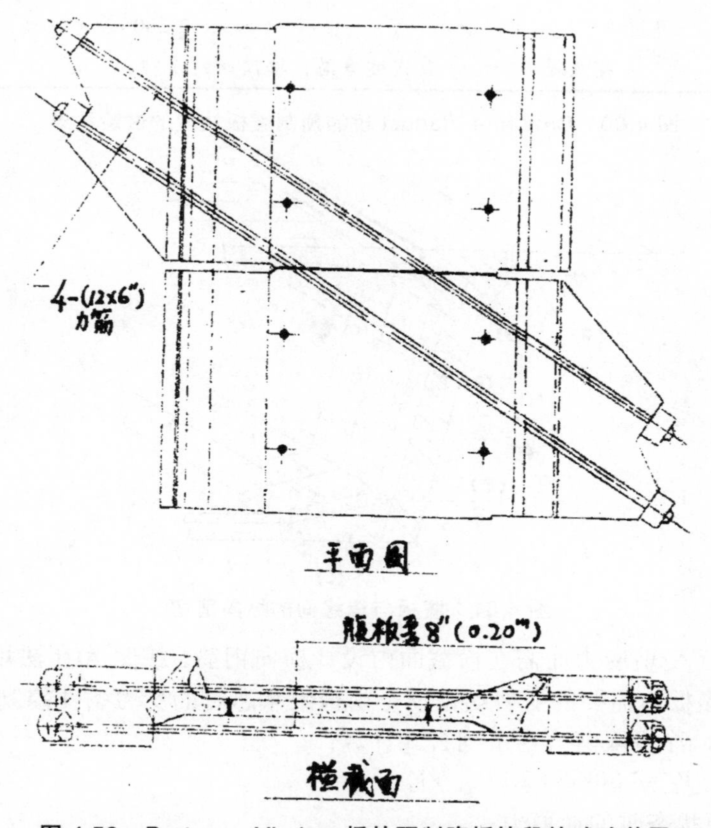

图 4.59　Brotonne Viaduct 桥的预制腹板块段的试验装置

当按剪力设计纵向桥梁构件时，另一个重要因素尚需考虑。对于无经验的工程师们来说有时会忽略这个问题。这里指的是在腹板与顶翼缘和底翼缘间产生的纵向剪应力，见图4.61。若腹板重心处的应力已经校核通过，便不必再对腹板上的其他截面（例如 d 和 e 截面）进行仔细验算，虽然在靠近桥墩处的 d 点，它的主拉应力可能会比重心处的稍大一点。另一方面，为保持箱形梁的整体性，应校核截面（a）、（b）和（c）的剪应力和主应力，并使它在允许值之内，这是非常重要的，允许值和前面讨论腹板时所规定的一样，而且在每个截面内还要有适当数量的钢筋通过。

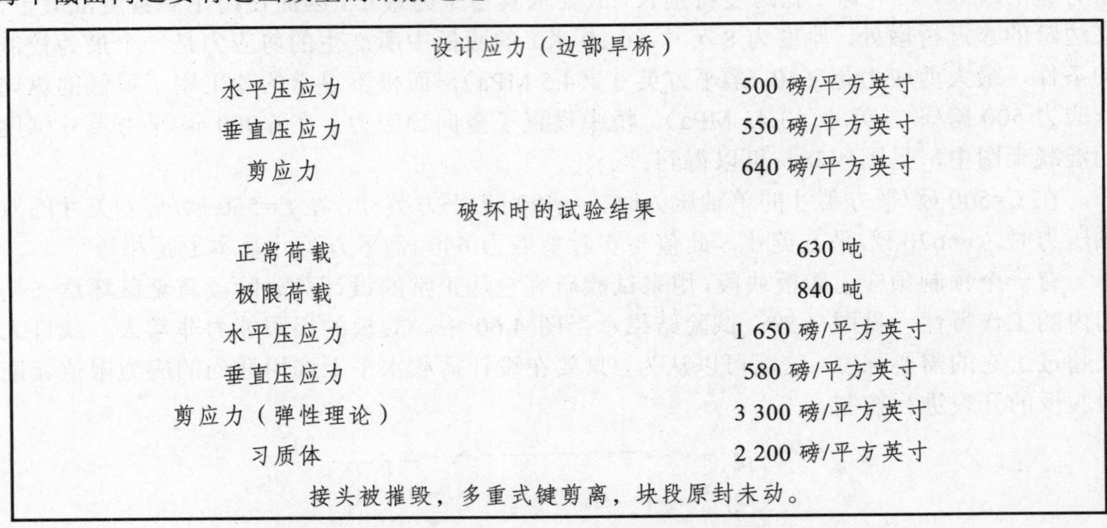

设计应力（边部旱桥）	
水平压应力	500 磅/平方英寸
垂直压应力	550 磅/平方英寸
剪应力	640 磅/平方英寸
破坏时的试验结果	
正常荷载	630 吨
极限荷载	840 吨
水平压应力	1 650 磅/平方英寸
垂直压应力	580 磅/平方英寸
剪应力（弹性理论）	3 300 磅/平方英寸
习质体	2 200 磅/平方英寸
接头被摧毁，多重式键剪离，块段原封未动。	

图 4.60　Brotonne Viaduct 桥的预制腹板块段的试验结果

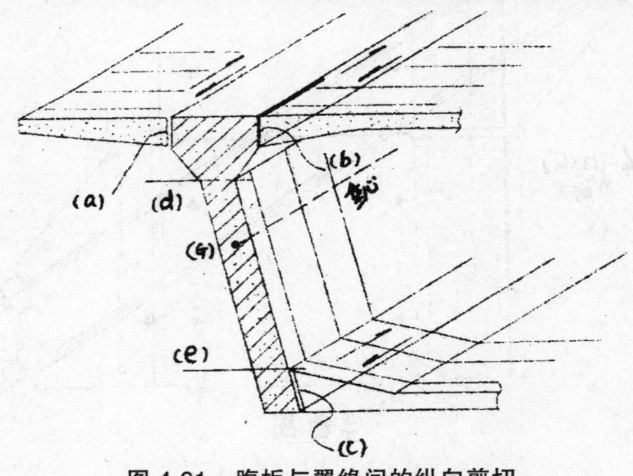

图 4.61　腹板与翼缘间的纵向剪切

这就导至为了受剪应力而需在横截面内设计横向钢筋。按照 ACI 法规和 AASHTO 规范的条文规定，腹板内需要的受剪切钢筋是由极限状态时的受力条件控制的。以现行的部分荷载系数法规，净极限剪力用下列公式计算：

$$V_u = 1.30V_{DL} + 2.17V_{LL} + V_P$$

式中　V——极限状态时的净剪力；

V_{DL}——由全部恒载效应产生的实际剪力，在适宜可包括变高度梁引起的折减；

V_{LL}——包括冲击作用在内的活载剪力；

V_P——在适用时可计及的未乘荷载系数的预应力的竖向分力。

温度梯度和体积变化的效应通常对剪切荷载的影响较小，故可忽略，但在刚性框架中除外。相反地，由于弯矩重分配和连续预应力的次应力效应产生的剪切必须包括在内。在极限荷载状态时，对材料特性方面要使用部分安全系数。

4.11 顺序灌注的分段块体间的接缝

在顺序灌注的分段块体间的接缝处，通常是涂一层薄环氧树脂，以承受接缝处的正应力和剪应力。在早期的结构中，箱形梁的每一个腹板中设置一个单键，使得块体在灌注场处，在运输和安装好的结构中具有相同的相对位置。环氧树脂在未凝结前基本上是没有剪切强度的，所以这个单键也被用来传递接缝间的剪应力。在图 4.62 中汇集了分段块体在安装时和在建成的结构中的典型的受力图式。

把一个新块体临时固定到先已建成的结构上去，通常是靠张拉顶部（有时还有底部）的纵向力筋来实现的，力筋施加的力为 F_1（和 F_2）。F_1 和 F_2 的合力 F，它与分段块体重力 W 的合力为 R。R 的垂直分力只能由键的斜面上的反作用力 R_1 来平衡，而法向力 R_2 则由分布在整个截面上的纵向压应力来平衡。在已建成的结构中，所有的法向应力和剪应力当然由接缝处的环氧树脂来承受，这种树脂的抗压强度和抗剪强度都超过分段块体混凝土本身相应的强度。

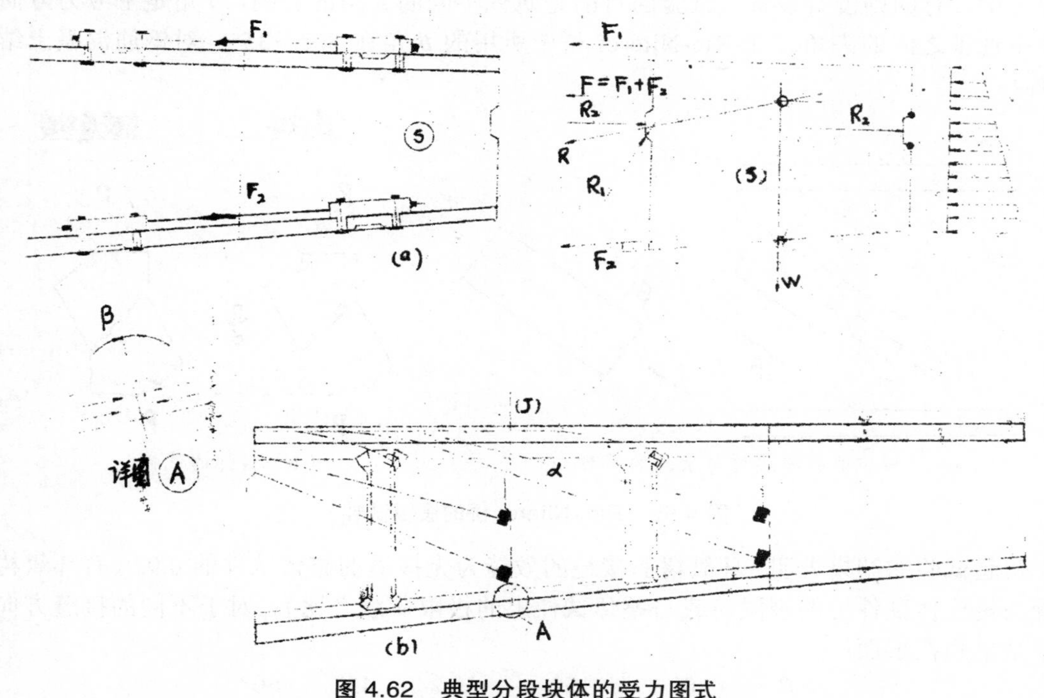

图 4.62 典型分段块体的受力图式

（a）分段块体（s）的临时固定。（b）在建成结构中的分段块体

在 Brazil 的 Rio-Niteroi 桥的施工中，为了检验涂于顺序灌注的分段块体之间环氧树

脂接缝的性能，进行了一组有趣的试验。1∶6 的模型试件是按照靠近支点处的典型跨段制造的，相应的七个分段块体示于图 4.63 中。

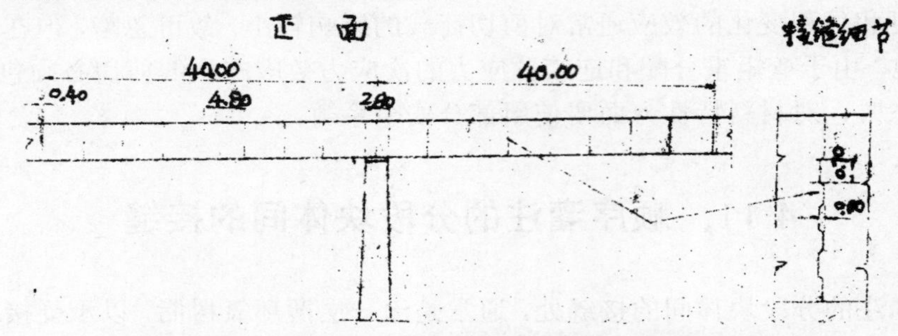

图 4.63　Rio-Niteroi 桥的部分正面图和接缝细节图

当试验荷载增加到超过设计荷载时，在腹板中展现出裂缝的雏形，见图 4.64*。环氧树脂接缝对腹板上裂缝的连续性没有产生影响，一直到极限荷载时，分段式结构的受力特性与整体式结构都十分相似。试件破坏是在箍筋应力达到屈服点时腹板的混凝土被压碎而造成的，此时相应的剪应力为 970 磅/平方英寸（6.8 MPa），棱柱体混凝土的平均强度是 4 200 磅/平方英寸（29.5 MPa）。

当试验荷载加到等于开裂荷载的 97%时，便发现第一条弯曲裂缝，开裂荷载是假定弯曲抗拉强度为 550 磅/平方英寸（3.9 MPa）计算出来的。已做过的其他试验是为了研究穿过分段块体接缝的对角主压应力，见图 4.65。已试验的棱柱体试件，有的在接缝间设置了剪力键，有的则没有设置，试验的目的是研究不同的 β 角的影响，β 角是主应力方向和梁体中性轴之间的夹角。在 Rio-Niteroi 桥中所用的 β 角在 30°～35°。对钢筋混凝土结构去 β=45°。

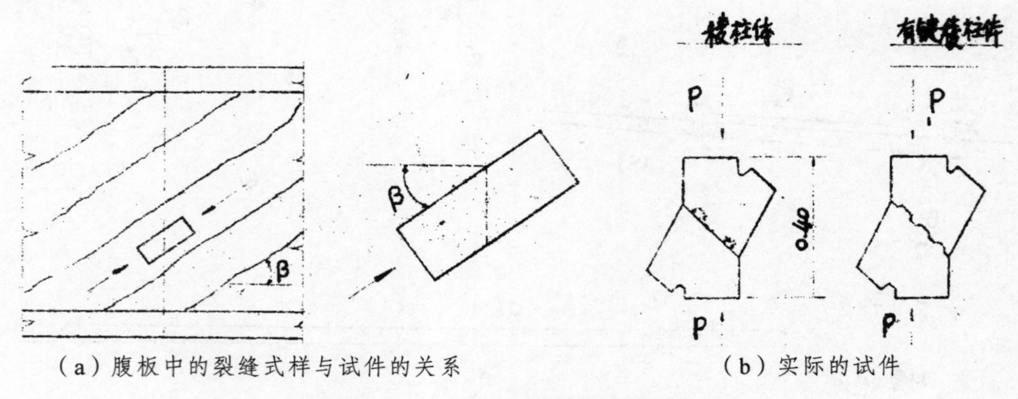

（a）腹板中的裂缝式样与试件的关系　　（b）实际的试件

图 4.65　Rio-Niteroi 桥的腹板试件

初起试验的结果表明，环氧树脂接缝的效能为无接缝的整体试件的 0.92（有环氧树脂接缝的棱柱体试件上的极限荷载与整体试件上的极限荷载之比）。对于不同的接缝方向的试验结果列在下面：

β	0°	15°	30°	45°	60°
效能	0.94	0.92	0.98	0.95	0.70

* 图内照片未予复制——译者。

从这里可以看出，β 值小于 45°时（它包括预应力混凝土构件的全部领域），斜接缝的存在几乎不影响构件的抗压强度。所以这些试验证实了早先只在经验性的研究项目中所得的结论，即环氧树脂接缝是可靠的，只要能不断地获得特定质量的材料，同时进行专门的调制和采用正确的使用方法。

早先在法国出现的几个偶发事件，最近在美国则出现得更多，它们表明上述的各种条件不总是能够满足的。因此在环氧树脂接缝的发展和改进过程中，合乎逻辑的一步是替换结构性功能的环氧树脂接缝。采用多键式（或称城墙式接缝）的接缝设计体现了这一设想，并得到了简化，安全和节省造价的优点。在箱形截面的腹板和翼缘上设置了大量的小型联锁键，按接缝间的全部应力由它们来承受进行设计，而不用树脂作结构上的协助。图 4.66 中所示的设计是用来比较在腹板上设置前述的单键和多键时接缝之间的结构性能的，其中假设环氧树脂涂量不当且已硬化。目前建议所有的分段式工程均用多键式接缝，如图 4.67* 所示。目前采用的多键式的键的高和深的尺寸，能使得接缝的总承载能力大大地超过为了安全传递主应力所要求的最小值，而且可一直到极限荷载阶段。

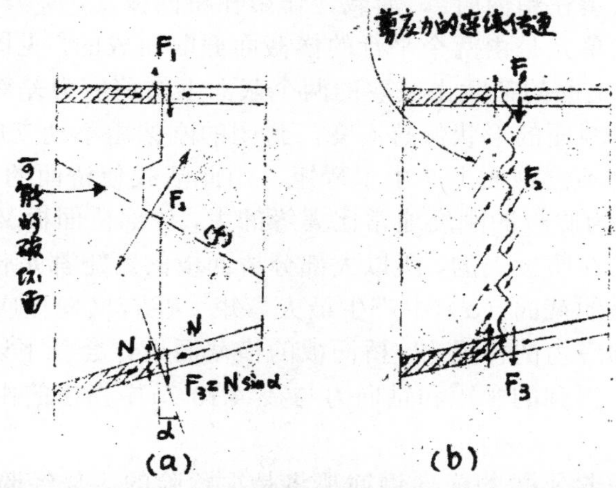

图 4.66　顺序灌注的分段块体间的接缝单键式与多键式的比较

4.12　上部结构的横截面设计

箱形梁的典型横截面是一个封闭的刚架，它承受下列荷载，见图 4.68。各个组成部分（顶翼缘，底翼缘和腹板）的重量。

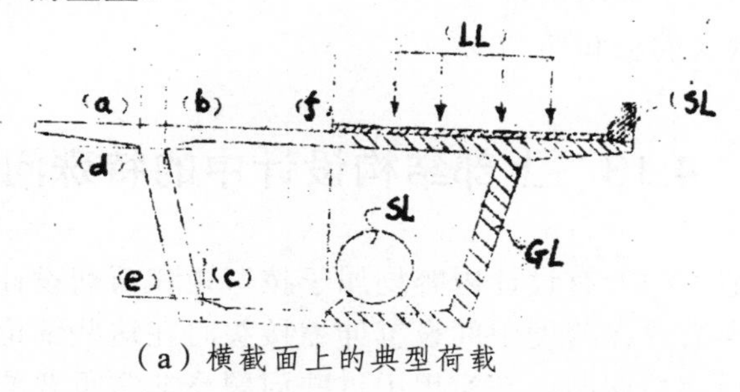

（a）横截面上的典型荷载

* 图内照片未予复制——译者。

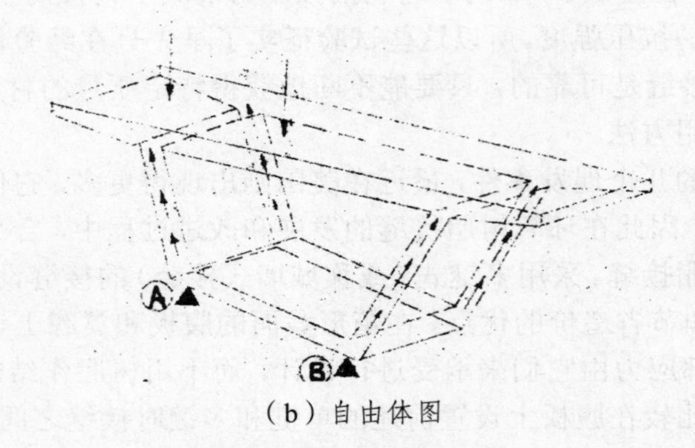

（b）自由体图

图 4.68　桥面的横截面设计

铺装荷载，它基本上作用在顶翼缘（包括栏杆，路缘石及人行道等），有时它作用在底翼缘（当公共设施安装在箱内时）。活载，作用在桥面板上。

一个典型的箱形梁单元是由两个平行的横截面截取而成的，见图 4.68（b），它处于平衡状态，因为作用在它上面的荷载由截取的两个截面上的剪应力差额平衡了。设计这样的典型横截面，通常假设截面的形状保持不变，封闭的刚架由不动支座 A 和 B 来支承。由于作用荷载使得刚架的不同截面上产生了弯矩。由此活载使桥面的（a）、（b）和（f）等截面出现最大弯矩。因为腹板的刚度通常比翼缘的大，边部桥面板又是悬臂的和并腹板间的中间桥面板都是固结在腹板上的，所以大部分桥面板的弯矩都是传入腹板内的，而且在腹板与顶翼缘的连接处的截面（d）中产生最大弯矩。在有横向预应力或者有竖向预应力或者横向和竖向都有预应力的桥梁中，桥面板的横截面设计会受下述内力的很大影响，该内力是由在刚架计算中得到的弯矩和轴向力与在 4.10 节中指出的由纵向弯矩产生的剪应力影响叠加而成。

在腹板和翼缘中只设常规的横向钢筋那将是很危险的。凭经验的一般方法如下列所述，计算图 4.68 中所示的自（a）至（e）的控制截面表面所需的钢筋面积为：

1.纵向构件中的剪应力。

2.刚架中的横向弯矩。

最小的钢筋用量不应小于下述计算结果的较大者：

1 项的用钢量加上 2 项用钢量的一半；

2 项的用钢量加上 1 项用钢量的一半；

1 项和 2 项用钢量的总和的 70%。

4.13　上部结构设计中的特殊问题

包含在以上各节中的所有设计内容均属于按弯矩和剪切设计桥梁构件范畴，而忽略了在桥墩或桥台上和当需要在跨度中间设置伸缩接头时在这些部位碰到的局部性问题。在这一节中将研究这些局部性问题，在实用中这些问题是非常重要的。

4.13.1　横隔板

在 4.6 节中已提到，由于桥面板的抗弯和箱形梁的抗扭两者的综合能力，允许活载在多箱式的梁板内进行十分满意的横向分配。因此，在通常的实践中可以省去箱梁之间的所以横隔板，桥台处除外。在大多数工程中，中间桥墩处的箱内横隔板仍是需要的。

4.13.2　桥墩上的上部结构

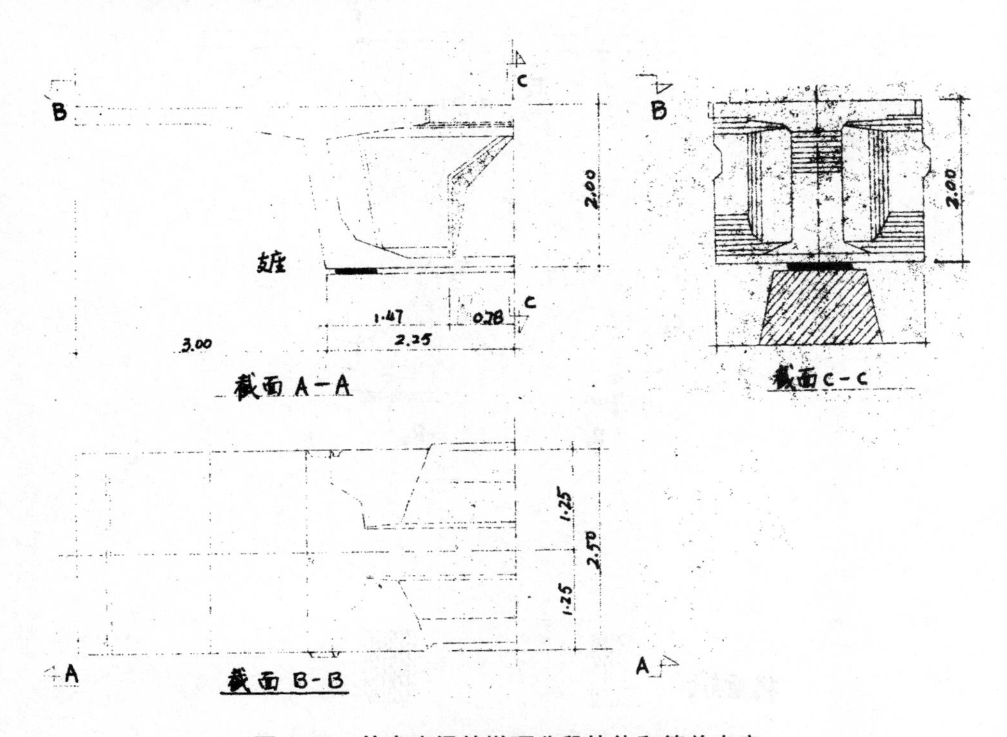

图 4.69　等高度梁的墩顶分段块体和简单支座

最简单的情况示于图 4.69 中，它是一个等高度的梁体搁置在桥墩上，支座则放在箱形梁的腹板之下。反之直接由腹板传到支座，这里只需要一块简单的内部横隔板，当可能会有扭矩时，将它产生的剪应力传给上部结构。当支座偏离腹板设置时便产生一个更为复杂的情况，见图 4.70。此时必须立即在桥墩之上的箱梁截面内设置钢筋和或许是预应力筋，用以完全实现下列功能：

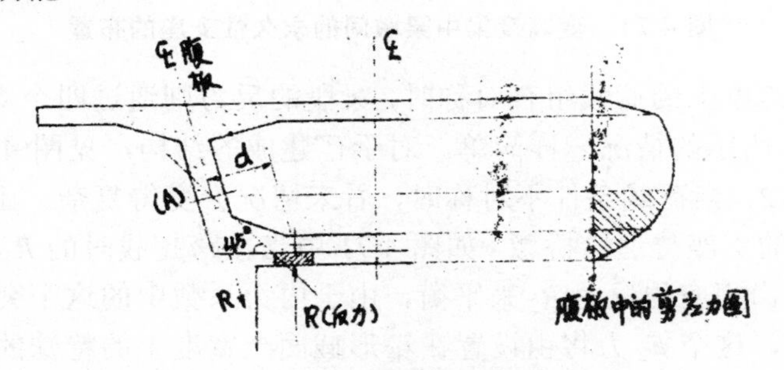

图 4.70　支座偏置的墩顶梁体

由支座边缘开始作 45°线与腹板中心线交于 *A* 点，*A* 点以下的腹板承受的全部剪应力（见剪应力图中打影线的部分）应能被注销掉。

由支座偏置引起的弯矩（*R*、*d*）应能被平衡掉。

从另一图中，我们发现变高度梁段引起的一些诘难性问题。图 4.71 显示的一个箱形梁，在正面图中它搁置在两个支座上，这样设计可以改善墩和梁段连接的刚度，理所当然地也减小了梁段中的弯矩，这个问题将在第 5 章中更为详细地予以描述。

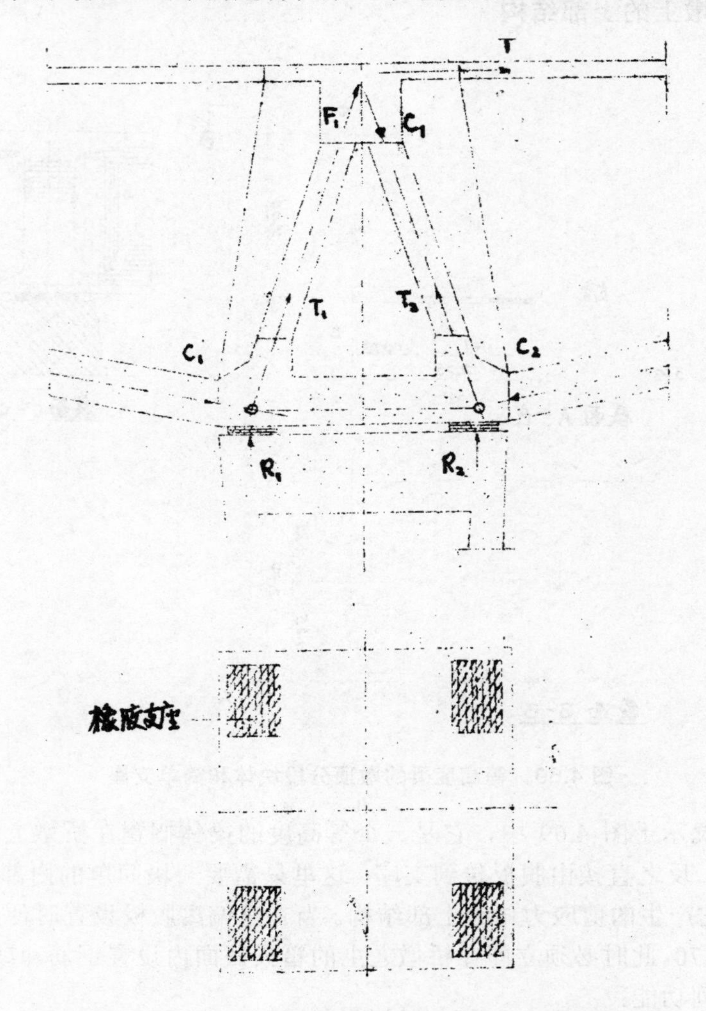

图 4.71　变高度梁中梁墩间的永久性支座的布置

当在两个相邻跨度上的荷载组合对称时，梁段的反力则通过四个支座传入桥墩，这种情况正好和图 4.69 所示的情况一样简单。对于已建成的结构，见图 4.71，或者是正在施工的结构，见图 4.72，当荷载条件不对称时，看来情况会变得复杂。让我们假定，整个梁段的反力通过一侧的支座传递给桥墩（如图 4.71 中当左跨超载时的 R_1）。右边底翼缘承受的压力 C_2，不能再由相应的反力 R_2 来平衡，由于内力系数中的这个突变而产生了一个数值大的竖向拉力 F_2，这个 F_2 力将由设置在箱形截面全宽度上的特殊的钢筋或预应力来抵消。在大跨度结构中，这种局部效应不是一个小数。以箱宽 40 英尺（12 米），底翼缘宽

20 英尺（6 米），跨度为 300 英尺（90 米）的箱梁为例，底翼缘承受的力大约有 3 000 吨（2 720 美吨），右支承上的角变位约有 10%。因此，相应的未平衡的力有 300 吨（272 美吨），这力足以使桥墩顶上的分段块体沿着腹板和底翼缘连接的截面出现撕裂，如果对这个问题没有从设计和细节上给予适当考虑的话。

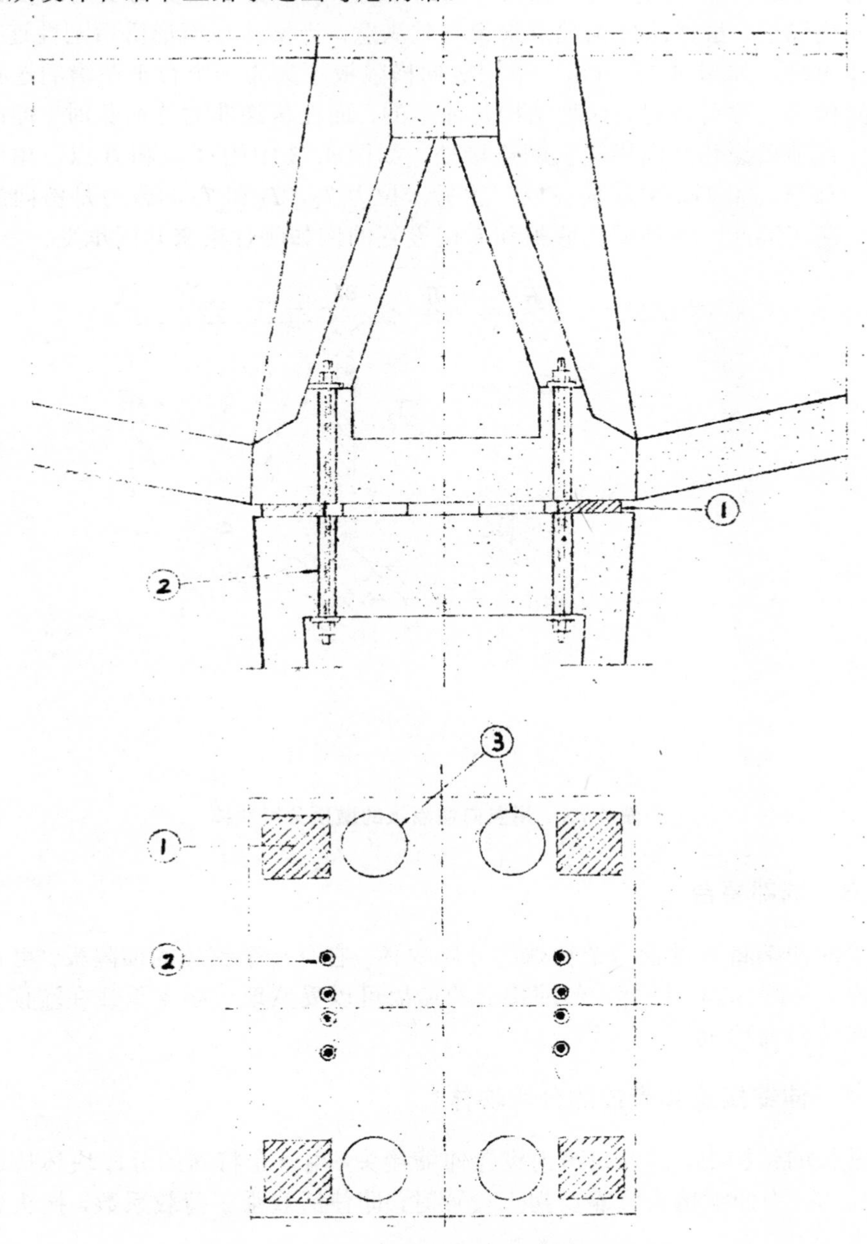

图 4.72　梁和墩之间的临时性联结

在施工时，情况甚至可能更为严峻，见图 4.72，如果未平衡的弯矩导致两个支座中的一个上举。锚杆（2）中的力加上不平衡荷载使底翼缘产生角变位。

示于图 4.71 和图 4.72 中的三角形式的横隔板体系，是由两个斜横隔墙汇交于顶翼缘平面内形成的。任何不对称弯矩在顶翼缘内产生的拉力 T 和在底翼缘内产生的压力通常均可以由 F_1 和 C_1 力来平衡，见图 4.71，而且不产生次弯矩。从这一方面来看，它是一个满意的图式。然而从细节上来说，它可能是困难的，因为在顶翼缘截面内钢筋密集或要锚固预应力筋，此处通常早已挤满了纵向力筋的套管。一个简单而更为实用的设计是在支座上设置竖向横隔板，虽然从理论观点来说它欠满意。当梁体与箱形桥墩刚性连接，和墩壁延伸入梁体内时，如图 4.73 所示，采用竖向横隔板不失为一个合乎逻辑的选择。在梁体与桥墩之间传递对称荷载时，这种结构是简单的，而在传递非对称荷载时，便产生了设计上的困难。在顶翼缘和竖向横隔板的连接处，如图 4.73 中的 A 点和 B 点，由于顶翼缘的拉力 T 的一部分，如 T_1，引起横隔板产生另一拉力 T_2，T_1 和 T_2 的合力是斜向的力 T_3，它无法得到平衡，因此，必须要由腹板和专门设置的例如刚性梁来共同承受。

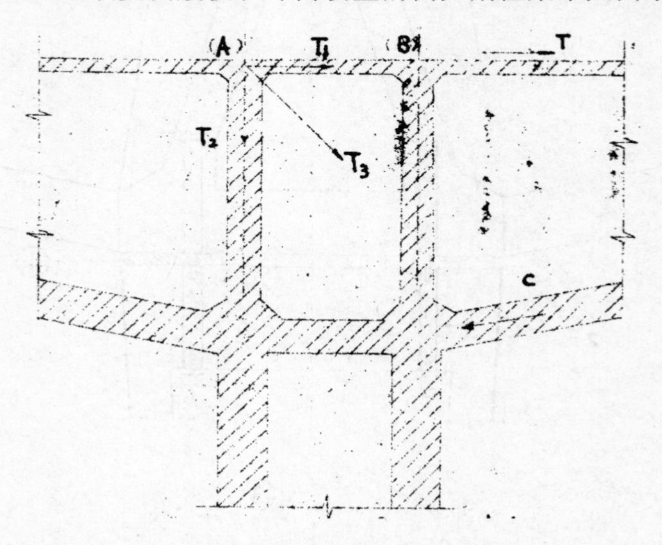

图 4.73　用竖向横隔板的墩顶分段块体

4.13.3　端部桥台

在桥梁的两端将要设置一个特殊的分段块体，它有一个整体的横隔板，可将扭转应力传递给支座，见图 4.74。因此，伸缩接缝的盖板可以妥然地一端支承载在端横隔板上，另一端支承在桥台前墙上。

4.13.4　伸缩接头和带铰的分段块体

在非常长的结构中，需要在跨内设置伸缩接头，用一个特殊的分段块体传递接头两侧桥跨上的反力。当伸缩接头紧靠反拐点设置时，即使活载乘了荷载系数，接头处也不会有任何上举力。

因此带铰的分段块体是由上下两块半段式块体组成，如图 4.75 所示。

起承托作用的一块半段式块体（参考 A 段），用预应力连接在铰所在跨内的短伸臂上。

起传力作用的一块半段式块体（参考 B 段），用预应力连接在铰所在跨内的长伸臂上。

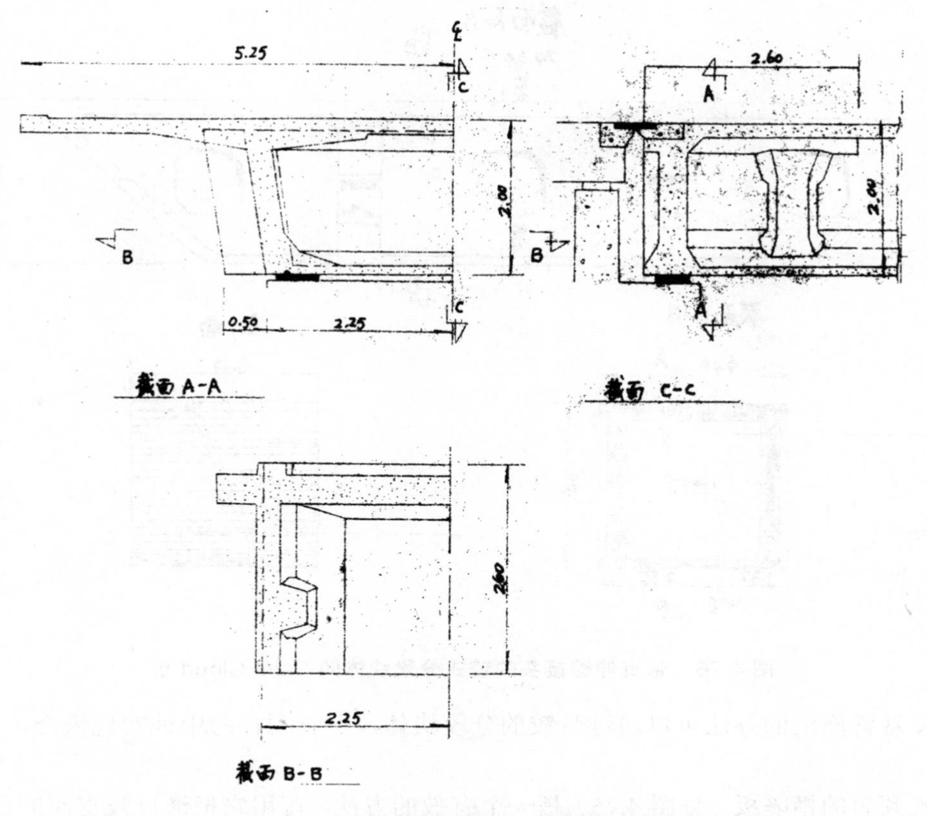

图 4.74　桥台上的端部分块体的轮廓图

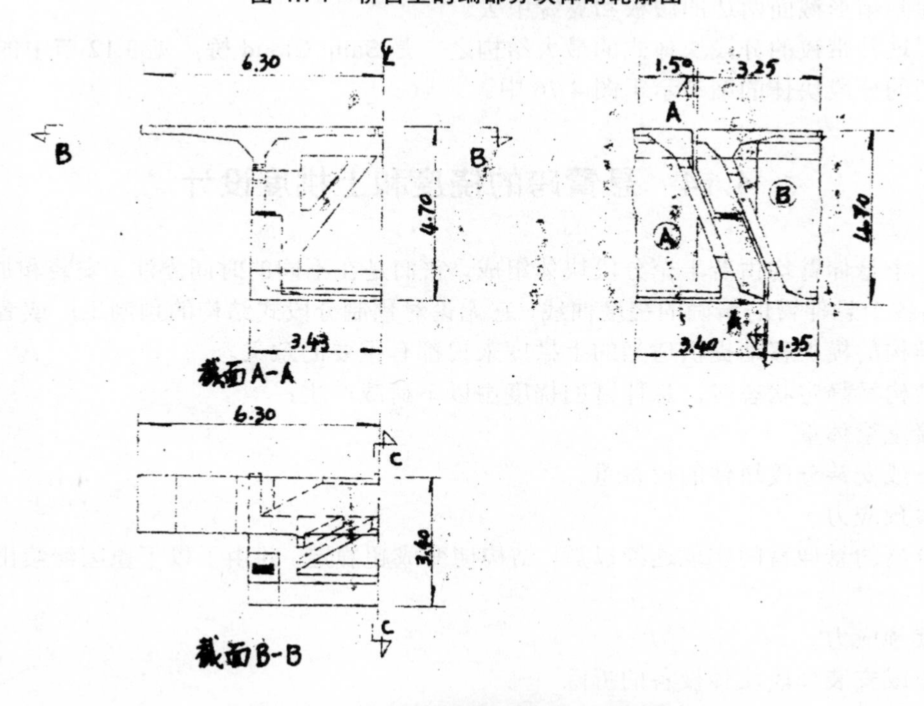

图 4.75　带有伸缩接头的铰式分段块体

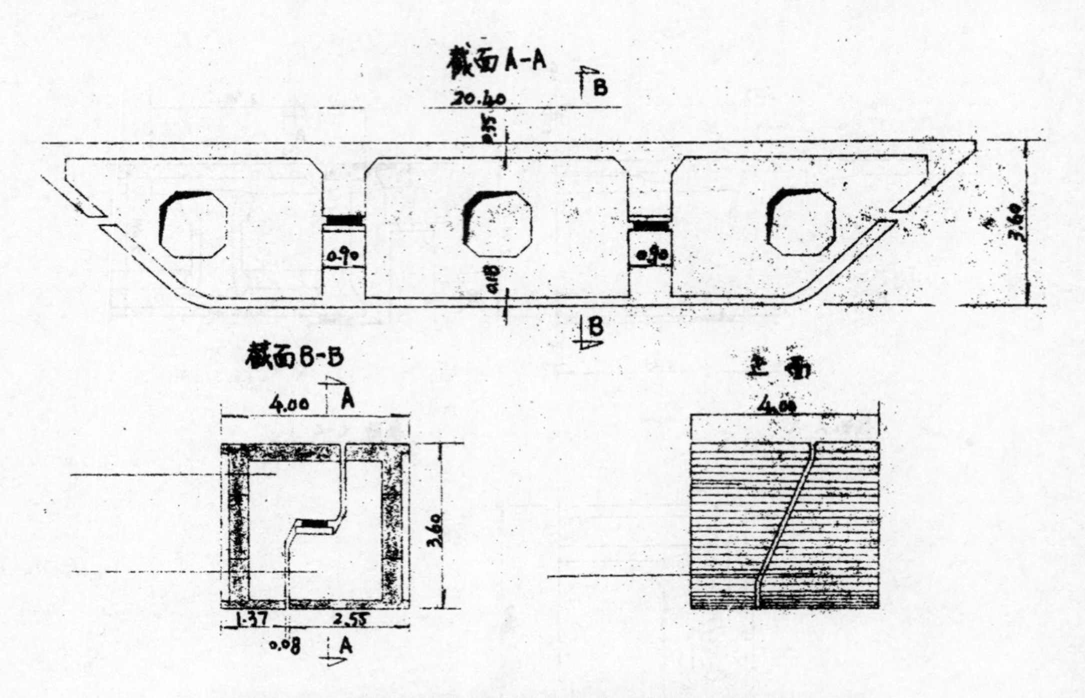

图 4.76　带有伸缩接头的铰式分段块体的 Saint Cloud 桥

连续悬臂施工的办法可以通过带铰的分段块体，一直到在跨中处实现锁合，见 4.8.6 节所述。

设置倾斜的横隔板（见图 4.75）是一个有效的方法，可用它把通过铰支座的反力吊销或者传递到箱形截面两边的腹板和翼缘中去。

设置这种带铰的分段块体式的最大结构之一是 Saint Cloud 桥，见 3.12 节中的描述。一个典型的分段块体的细节示于图 4.76 中。

4.14　悬臂跨的挠度和上拱度设计

每一个悬伸臂均由若干个分段块体组成，它们是在不同的时间灌注、安装和加载。因此，预估各个悬伸臂的精确的挠度曲线，它无论对预制分段式结构的预制工厂或者对就地灌注式结构的模板移动提供适当的上拱度来说都有重要的意义。

当结构呈静定状态时，悬伸臂的挠度由以下荷载产生：

混凝土梁体重

吊车或安装分段块体的设备重

悬臂预应力

在分离的悬伸臂间实现连续以后，结构便变成超静定，并由于以下原因继续出现附加挠度：

连续预应力

吊车或安装分段块体设备的拆除

临时支点的拆除和梁体与桥墩间连接的放松

铺装荷载的施加

由于后继的混凝土徐变和预应力损失引起的长期挠度也应计及。对于下列三种形式的挠度，必须用适当的上挠度予以补偿或进行调整：

1. 悬伸臂的挠度。
2. 结构实现连续时的短期挠度。
3. 结构实现连续后的长期挠度。

前已提及，混凝土的弹性模量是随首次加载时的龄期算起至荷载所持续的时间而变化的（见4.8.7节）。上面第二和第三两种挠度是很容易调整的，其方法是在每一截面中，用相应的位移数值，改变结构的纵向理论图形，使之恰好抵消掉将来发生的全部挠度。更棘手的问题倒是精确地预估分离的悬伸臂在施工时的挠度以及它的足够大的后继挠度。这便必须按照施工程序一步一步地分析每一个施工阶段和逐次确定悬伸臂的挠度曲线。在图4.77中表示的是一个有五段分段块体的悬臂的简单挠度曲线。图中起伏不定的线型是各个挠度曲线的包络图，也表示了在每一个施工阶段悬伸臂端点形成的空间轨迹。

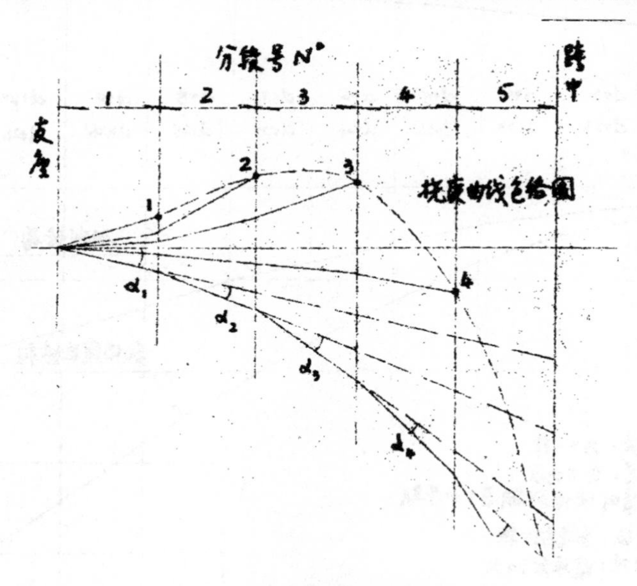

图 4.77　典型悬伸臂的挠度

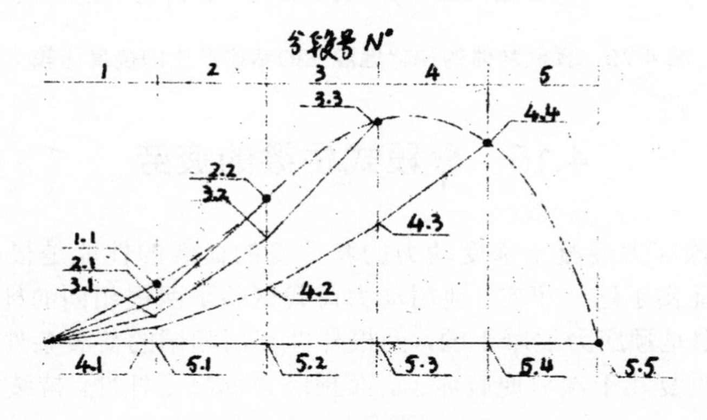

图 4.78　上拱度的选择和控制

对于所研究的简单情况来说，用$-\alpha_1$，$-\alpha_2$等小角度来改变各个分段块体的相对角位置，这样悬臂便应该安装在如图 4.78 所示的令人满意的纵向图形的最后位置上。这个重要问题的实际应用可参见 11.4 节和 11.6 节。

去比较就地灌注的和预制块体施工的挠度和上拱度的相对重要性是很有意义的，图 4.79 中所表示的是一个实际结构的挠度数值，它是用两种不同的方法计算的结果。计算中所作的假定已在图 4.79 中列出，计算指出在大多数情况中结果将会有差异甚至差得很大，如果使用的就地灌注的周期小于一星期或者预制分段块体储存时间短于两星期。然而，一个就地灌注的悬伸臂产生的挠度比预制块体悬伸臂的相应挠度大二至三倍，人们视为这是正常的。

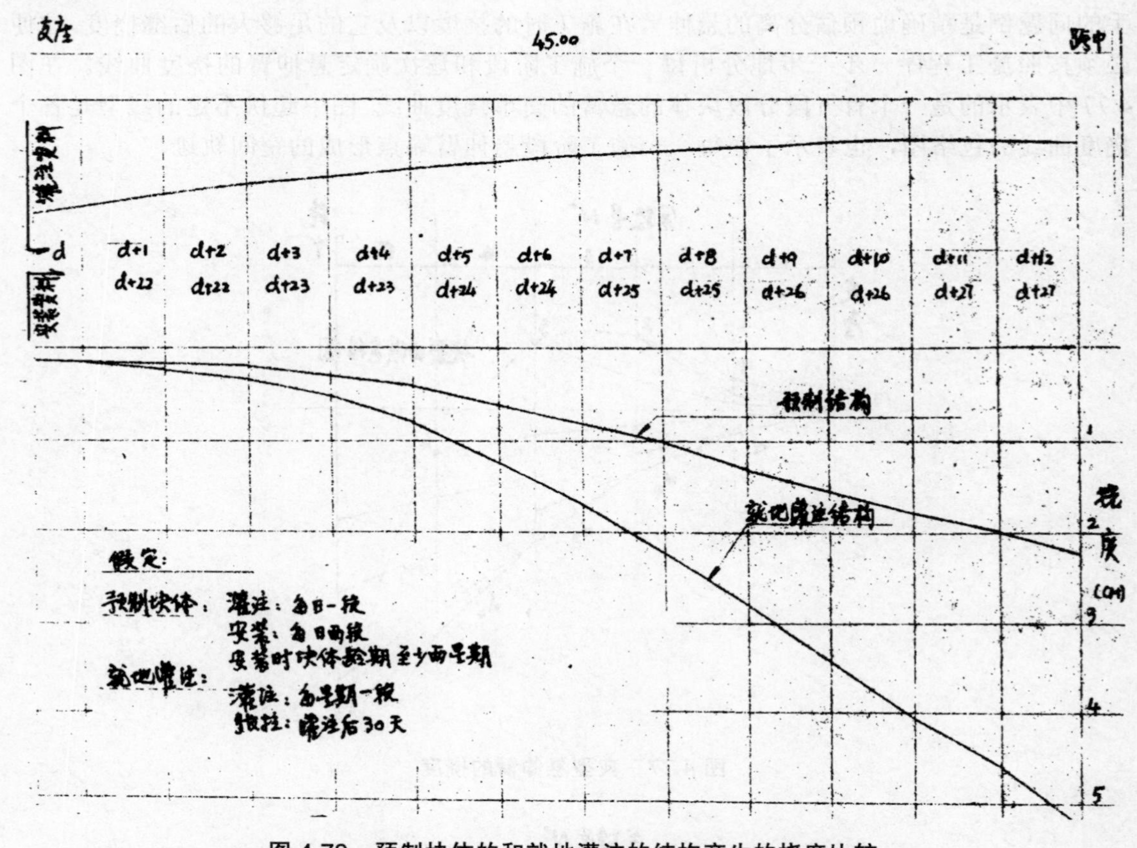

图 4.79 预制块体的和就地灌注的结构产生的挠度比较

4.15 分段式桥梁的疲劳

从根本上说，预应力混凝土承受动力的和重复的荷载的性能是很好的。E.Freyssinet 早在五十年前就已证实了这一事实。他用动力荷载试验了两根相同的杆件。其中一根是钢筋混凝土的，另一根是预应力混凝土的，两根杆件都用相同的荷载条件进行设计。钢筋混凝土的杆件在荷载重复几千次后便破坏了，而预应力混凝土杆件，持续的动力荷载次数却是无限值（几百万次）。

在任何已知的结构中，还未曾发生过混凝土自身的疲劳问题，因为对混凝土中压应力的增量它可以无限期地支承着。当提到预应力混凝土的疲劳时，它总是意味着不是弯矩就是剪切导致截面开裂，结果使得预应力钢材或普通钢筋产生疲劳问题。如果在预应力结构中可以避免开裂，则疲劳问题也将会完全地消除。

图 4.80 表示的是当今用于预应力混凝土结构中的预应力钢绞线的疲劳抗阻力。该图表示的是由于不同的原因产生疲劳破坏时的极限应力对预应力钢材的平均应力的关系。为了简化，两个应力均用极限强度的比值来表示。对于重复次数在 10^6～10^7 时，可以接受的钢材应力为极限应力的 60%，可以有±8%的变动幅度。例如，采用 270 磅/平方英寸级的钢绞线，其变动幅度是±22 000 磅/平方英寸，或者是总变动量为 44 000 磅/平方英寸。

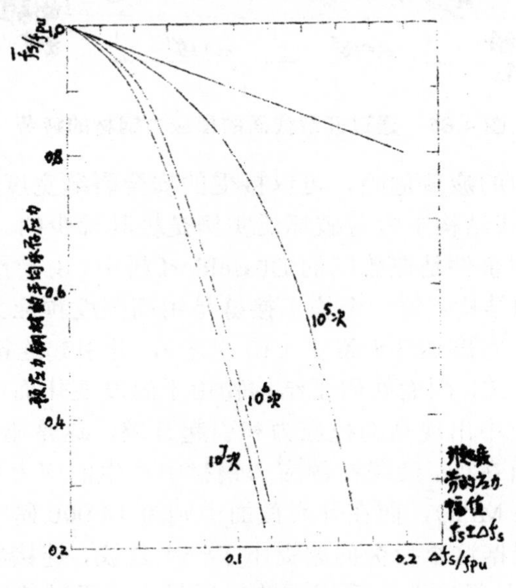

图 4.80　预应力钢绞线的疲劳抗力

因为动力荷载在桥上是属于短期性质的荷载，所以混凝土的模量高，钢材和混凝土的模量比可定为 5。当然，在未开裂截面中产生疲劳破坏时的混凝土应力为 44 000/5=8 800 磅/平方英寸，此值大约是在设计活载作用下公路箱形梁桥中应力变化量的十倍。因此，一个未开裂的预应力混凝土结构，在不计活载影响的应力数值时，对疲劳是十分安全的。从腐蚀的观点来看，如果开裂得以控制，则适量的开裂并不危险，虽然这样考虑较为草率。

试验和经验表示，灌浆后的预应力筋可以传递达 500 磅/平方英寸的黏结应力到周围的混凝土上去。取一个典型的外径为 2.5 英寸（64 毫米）的力筋（12 丝 1/2 英寸直径的钢绞线）为例，如它的应力变化为 40 000 磅/平方英寸时，力筋钢材中产生的拉力变量为 73 000 磅（33 美吨），则跨过一条裂缝时的黏结展现长度为 73 000/（500×2.5×πn）=18 英寸（0.46 米），见图 4.81。相应的裂缝宽度 ε 便等于预应力钢材在 A 和 B 点之间的伸长量，当应力图形为三角形时，在 18 英寸的平均长度上的力是 40 仟磅/平方英寸，或

$$\varepsilon = \frac{40}{E_s' = 26\,000} \times 18 = 0.028\text{ 英寸（0.7 毫米）}$$

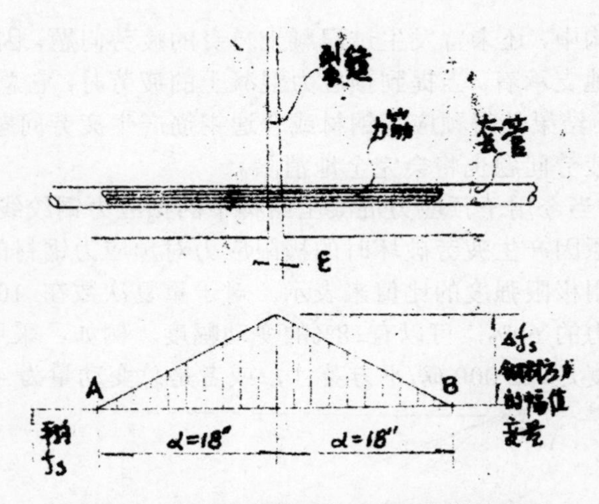

图 4.81　通过开裂截面的预应力钢材的疲劳

为消除预应力钢材中的疲劳危险，可以接受的安全裂缝宽度限值是 0.015 英寸（0.4 毫米）。事实上，在分段式结构中疲劳破坏的实例是极其稀少的。

一个已报道过的个别事件是在德国的 Düsseldorf 桥中，由于预应力钢筋的疲劳而发生了破坏。这座就地灌注的结构，每一个施工接缝是用高强度预应力钢筋联结的。使用十年以后，一个接缝裂开了，宽度达 3/8 英寸（10 毫米），并引起连接器处的钢筋破坏。经调查发现，由于支座已被冻结，因而妨碍了结构物由于温度变化而产生的纵向变形。这个偶然性的约束，导致混凝土中出现高的拉应力和引起开裂，这是施工接缝中首次发现裂缝，而且恰好是在连接钢筋所在处。活载在预应力钢材中产生的应力变量为，在未开裂的截面中为 850 磅/平方英寸（6 MPa），而在开裂截面中则为 14 000 磅/平方英寸（96 MPa），这样便导致钢筋的破坏。根据这个疲劳问题提出了一个建议，连接器应该移开，距施工接缝至少 16 英寸（0.4 米），如果实践中采用钢筋的话就应该通过接缝。另一个有关腹板中钢筋疲劳的敏感因素，已在 4.10.2 节中介绍钢筋混凝土试验梁时提及。如果剪应力和主应力保持在控制腹板开裂的限值以内，则在预应力混凝土中就不会存在这种危险。

总之，如果在设计和施工实践中作几项简单规则的话，则在预应力混凝土中不会有潜在的疲劳危险的：

（1）在通常的最大荷载诸如恒载，预应力，包括弯矩重分配在内的设计活载和一半的温度梯度等荷载组合作用下，不容许有拉应力出现，或者在顶翼缘和底翼缘纤维上只有限值的拉应力出现，以避免因弯矩而在梁中出现开裂。

（2）规定适当的腹板厚度和尽可能采用竖向预应力，使得主拉应力保持在允许限值以内，以免腹板开裂。

（3）在设计和养护支座和伸缩接头时，要使得梁体体积可以自由变形。温度应力不能控制就会产生巨大的内力，此力不是撕裂梁体就是损坏桥墩和桥台。在这一方面，合成橡胶支座工作时可以变形而且不会冻结，它比摩擦支座更为牢靠，但这种支座较容易受到灰尘和接触面老化等的影响。

人们关心分段式结构中的裂缝控制，在欧洲通常认为钢筋和预应力筋的混凝土保持层过大不仅不能阻止锈蚀，反而会增大裂缝宽度③。例如，在美国，桥面板保护层一般采用的典型厚度为 2 英寸（50 毫米），在欧洲认为此值是极端状态，对暴露于海水中的混凝土采用 4 英寸（100 毫米）的保护层，欧洲工程师们对此感到十分惊奇。

在表 4.2 中对分段式桥梁常用的几个保护层实例，进行了简单的比较。

表 4.2　欧洲的钢筋和预应力筋的混凝土保护层

保护层（英寸）	说明
西德	
$1\frac{1}{8}$ 至 2	用于钢筋
$1\frac{1}{2}$	暴露在外表的力筋
$1\frac{1}{4}$	暴露在内部的力筋
法国	
1	横向钢筋
$1\frac{1}{2}$	纵向钢筋或力筋（正常大气下）
2	腐蚀性大气中（盐水）
荷兰	
$1\frac{1}{8}$	正常暴露的钢筋和力筋
$1\frac{3}{8}$	轻质混凝土
2 至 $2\frac{3}{8}$	暴露于盐水中

4.16　为力筋的后续张拉作准备

在较长的分段式桥梁中，当施工完成后需要调整预加应力。例如，用悬臂法施工的桥梁，正弯矩（连续）力筋是在安装完成后另加的。又如在 4.8.6 节中讨论过的那样，有些力筋可能被放松以形成一个伸缩接头。除了这些在施工之后立即进行调整的力筋以外，还有以后为了修正未预计到的徐变挠度或因新添了桥面的耐磨层而增加了新荷载，需要增大预应力而进行再张拉。在欧洲的一些桥梁上设置备用的力筋套管就是这个理由。一个合理的假设是，使得将来可以提供 5%～10%的总预加应力。

因为后备套管中的力筋是位于箱形梁内部的，而且通常是锚固在腹板与翼缘间的梗肋处的，所以力筋是容易穿进去的。如果需要再进行张拉，只要把所需的力筋插进套管里，张拉到设计荷载后予以锚固再进行压浆。因为所有这些工作都可以在箱形梁内部完成，所以不需要中断交通，工作人员的安全是有保障的。

后记——六十周年祭奠记

时值吾娘西去六十周年，清明节，幼子专程前来福地祭奠。

忆 1935 年，突发丧事三起。随之书香门第烟消，社会声望堕底，家庭经济濒于破产，吾娘膝围八童艰难度日。

然吾娘乃大家闺秀，平时思维敏捷，遇事分析判断正确。今身居窘境，仍处变不惊，振兴家业之责未怠。首提尽力发展农副生产为安家之策。在经受四子女殇殁之痛后，又提培育和谐无争家庭作为振兴家业的治家之道。其要义为：大姐关爱弟妹，料理日常生活；二哥外出学徒，结余补贴家用；七姐八弟在家则劳动，外出则学习，肩负日后振兴家业之重任。和谐家庭延续至今，时至今日，四姐弟虽各成家业，分居各地，但无争家庭犹存未变，故居横山草堂仍立原地，成为四姐弟的共同财产。

值此祭奠之际，首禀报吾娘者是：在可以预料的不久的将来，故居横山草堂将整修如新重现于原地。这首先归功于和谐无争家庭将故居保留至今。其次是故居横山草堂于 2003 年由无锡市人民政府核定为无锡市文物保护单位。根据《文物保护法》的要求，现存的文物保护单位必须进行整修，再加上多年的家庭积蓄，目前已有支付少量整修费用的经济实力。同时孙辈女强人已经造就，具有掌控整修工程的能力，故居横山草堂的整修重现，这在外部形象上标志着横山草堂家业的复兴已实现。

再禀吾娘者为：迄今四姐弟虽分居各地，但都早已远离困境，在经济上纷纷进入小康以上经济家庭。对此七姐在数点烧香浜后，指出当今的全家经济总实力，已位居烧香浜之首，此乃标志在经济领域内，吾娘为之奋斗终生的重振家业之遗愿也已实现。

三禀吾娘为：昔日书香门第之美名荣誉满兮邑，但后来却成烟云，然而不久却又见到了曙光，因为从书香门第的词义而言，乃指书生辈出，以此对照幼子全家可谓发展了书香门第，目前大学生满屋，高级、中级、初级工程师职称齐全，重孙辈则更有去美国读研究生的，有将去荷兰读大学的，有在国内读大学的，虽然最幼者仍在读小学。如此众多的大学生，岂非又重新发展了横山草堂的书香门第气息。这标志着横山草堂在文化领域内也有了新的发展，重振家业之愿终于实现。为此吾娘可含笑九天，保佑子孙矣。

二〇一三年　四月　四日，清明节

幼子　萧墨芳